1 MONTH OF
FREE
READING

at

www.ForgottenBooks.com

By purchasing this book you are
eligible for one month membership to
ForgottenBooks.com, giving you
unlimited access to our entire
collection of over 700,000 titles via
our web site and mobile apps.

To claim your free month visit:
www.forgottenbooks.com/free456950

ISBN 978-0-332-46344-5
PIBN 10456950

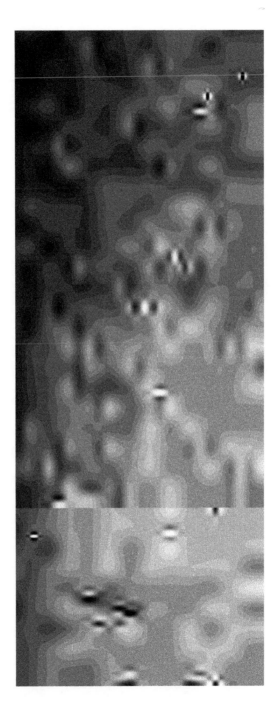

LEHRBUCH

DER

DARSTELLENDEN GEOMETRIE

VON

Dr. KARL ROHN

O. PROFESSOR DER MATHEMATIK
AN DER UNIVERSITÄT LEIPZIG

UND

Dr. ERWIN PAPPERITZ

O. PROFESSOR DER MATHEMATIK
AN DER BERGAKADEMIE FREIBERG

DRITTE, UMGEARBEITETE AUFLAGE IN DREI BÄNDEN

ERSTER BAND

ORTHOGONALPROJEKTION.
VIELFLACHE, PERSPEKTIVITÄT EBENER FIGUREN,
KURVEN, CYLINDER, KUGEL, KEGEL, ROTATIONS-
UND SCHRAUBENFLÄCHEN.

MIT 341 FIGUREN IM TEXT.

LEIPZIG

VERLAG VON VEIT & COMP.

1906

Vorwort zur ersten Auflage.

Für die Studierenden der exakten Wissenschaften liegt die Notwendigkeit vor, sich eine geläufige Raumanschauung zu erwerben. Ohne diese ist ein tieferes Eindringen in die einzelnen Naturwissenschaften und technischen Fächer unmöglich. Die praktische Erfahrung hat aber gelehrt, daß genaue Raumvorstellungen schwer zu erlernen sind. Das einzige Mittel hierzu bietet die bildliche Wiedergabe räumlicher Objekte nach mathematischer Methode, also die darstellende Geometrie. Durch sie und nur allmählich unter Behandlung zahlreicher Beispiele wird der Studierende dahin gebracht, sich in den Fragen, welche die räumlichen Formen betreffen, mit Sicherheit zurecht zu finden. Die darstellende Geometrie hat die Methoden zur Abbildung aller der geometrischen Gebilde zu entwickeln, die als Formelemente an den praktisch vorkommenden komplizierteren Objekten wiederkehren. Bei der Auswahl und Anordnung des Stoffes ist aber vor allem als Ziel die Entwickelung der Raumanschauung ins Auge zu fassen. Von diesem Gesichtspunkt aus erscheint es zweckmäßig, auch bei den ebenen Figuren zur Erklärung ihrer Eigenschaften und ihrer Abhängigkeit voneinander die sich im Raume vollziehende Projektion zu benutzen und die letztere überhaupt, wo es nur angeht, in den Vordergrund zu stellen. Dies gilt beispielsweise von der Erklärung der Kollinearverwandtschaften ebener Figuren und von der Theorie der Kegelschnitte; bei den letzteren ist die Entstehung aus der Zentralprojektion des Kreises als Ausgangspunkt geeigneter, als die Erzeugungsweise durch projektive Büschel und Reihen, die der mehr formalen Methode der Geometrie der Lage entspricht. Das vorliegende Buch soll nach der Meinung der Verfasser vornehmlich dem Zwecke dienen, durch die Lösung der Darstellungsprobleme dem Leser die klare Erfassung geometrischer Fragen und die Bildung präziser Raumvorstellungen zu vermitteln. Es setzt

nur die einfachsten geometrischen Kenntnisse voraus, schreitet systematisch vom Leichten zum Schwereren fort und bezieht viele solche
stereometrische Aufgaben in den Lehrbereich ein, die zur Erreichung
des oben bezeichneten Zieles geeignet erscheinen. Hierdurch dürfte
es besonders den Bedürfnissen des Studierenden Rechnung tragen.
Dem mit dem Stoff vertrauten Leser wird neben dem Bekannten
gewiß manches Neue, manche Vereinfachung von Konstruktionen
und Beweisen entgegentreten.

Der Wunsch, die Ergebnisse der darstellenden Geometrie durchweg auf die Projektionsmethoden begründet zu sehen, mag das Erscheinen dieses Buches rechtfertigen. Möge es sich im dargelegten
Sinne als nutzbringend erweisen!

Im August 1893.

Karl Rohn. Erwin Papperitz.

Vorwort zur dritten Auflage.

Bevor wir eine Neubearbeitung des seit längerer Zeit vergriffenen
zweiten Bandes vornehmen konnten, hatte sich die Veranstaltung
einer dritten Auflage des ersten Bandes unseres Lehrbuches notwendig gemacht. Wir haben uns bei diesem Anlaß entschlossen,
den ganzen Stoff neu anzuordnen und ihn statt auf zwei auf drei
Bände zu verteilen.

Maßgebend für die neue Einteilung war die gebotene Rücksicht-
nahme auf die Bedürfnisse der Studierenden. Unser oberstes Ziel
war und ist die methodische Schulung der geometrischen Vorstellungs-
kraft, deren kein Studierender exakter Wissenschaften entraten kann.
Und als das einzig und allein geeignete Mittel zur Erreichung dieses
Zieles betrachten wir das intensive Studium der darstellenden
Geometrie. Man muß indessen klar und scharf unterscheiden
zwischen den Bedürfnissen, welche die Studierenden der technischen
Wissenschaften und die der Mathematik haben. Die Studierenden
der technischen Hochschulen, die künftigen Ingenieure, brauchen die

Theorie in geringerem Umfang, dafür aber um so mehr Einübung der
graphischen Methoden, denn die exakte Zeichnung ist die „Sprache
der Ingenieure". Sie sollen das Greifbare in der Geometrie be-
herrschen und verwerten lernen. Anders bei den Studierenden der
reinen Mathematik; für diese bildet die beschreibende Geometrie
gewissermaßen nur ein Durchgangsstadium, das sie von der grob-
sinnlichen Auffassung der Raumformen zu einer verfeinerten begriff-
lichen Erkenntnis ihrer Gesetze hinführt. Auch sie sollen die
Anwendbarkeit ihrer Wissenschaft kennen und nicht vernachlässigen;
sie sollen aber andererseits in theoretischer Beziehung weiter vorwärts schreiten und selbst komplizierte räumliche Gebilde erforschen
lernen, wenn auch die hier zu gewinnenden Kenntnisse nicht immer
eine unmittelbare Anwendung auf andere Wissenszweige zulassen;
denn die darstellende Geometrie bezweckt für den Mathematiker in
erster Linie die Schulung der Raumvorstellung.

Im übrigen war unser Bestreben darauf gerichtet, die Darlegung
der Methoden, die Konstruktionen und die Beweise so einfach wie
möglich zu gestalten. Die Anwendungsbeispiele, die Literaturnachweise und historischen Anmerkungen sind vermehrt worden.

Der erste Band behandelt vorbereitend die notwendigen
Grundlagen der darstellenden Geometrie, d. h. die Kollinearverwandtschaften der ebenen Figuren (Ähnlichkeit, Affinität
und Perspektivität), sowie unter tunlichster Beschränkung auf das
Notwendige die konstruktive Theorie der Kegelschnitte und die
Hauptsätze über die ebenen Kurven, Raumkurven und Flächen.
Im wesentlichen aber ist dieser Teil der Methode der orthogonalen Projektion, also dem Grund- und Aufrißverfahren, und
seiner Anwendung auf ebenflächige Gebilde, Kugel, Cylinder,
Kegel, Rotationsflächen, zyklische Kurven, Schraubenlinien
und Schraubenflächen gewidmet. Die Schattenkonstruktionen
sind allenthalben berücksichtigt. Dieser Band umfaßt sonach diejenigen Teile der darstellenden Geometrie, die nicht nur jeder
Mathematiker, sondern auch jeder Ingenieur unbedingt kennen muß.

Der zweite Band enthält die Axonometrie, die freie und
angewandte Perspektive, sowie die Beleuchtungslehre. Wie
wichtig die axonometrischen Darstellungsverfahren für Ingenieure
sind, denen sie die beste Methode des Skizzierens liefern, und welche
Bedeutung die Kenntnis der Perspektive für Architekten und bildende
Künstler besitzt, braucht hier nicht besonders hervorgehoben zu werden.

Der dritte Band ergänzt die beiden ersten durch die Weiterführung der Theorie und ihre Anwendung auf allerlei dem Techniker ferner liegende geometrische Fragen, um so die Raumanschauung noch zu vertiefen. Er bringt — immer in konstruktiver, der projektiven Geometrie angepaßter Behandlungsweise — die allgemeine Theorie der Kurven und Flächen zweiten Grades, vieler Raumkurven und Flächen höherer Art (darunter vorzugsweise der Regelflächen), sowie die Hauptsätze über die Krümmung der Flächen.

Die drei Bände erscheinen in der neuen Bearbeitung gleichzeitig. Um die Neubearbeitung auch äußerlich als ein einheitliches Ganzes zu kennzeichnen, ist sie durchgängig als dritte Auflage bezeichnet worden, obgleich nur diejenigen Teile, die früher im ersten Bande vereinigt waren, tatsächlich eine dritte Auflage darstellen.

Wir hoffen durch die vorgenommene Umarbeitung die Brauchbarkeit unseres Lehrbuches erhöht zu haben. Möge es wiederum freundliche Aufnahme bei den Fachgenossen finden und den Lernenden zum Nutzen dienen!

Im September 1906.

Karl Rohn. Erwin Papperitz.

Inhalt.

Ellipse, Parabel und Hyperbel als perspektive Bilder des Kreises.

Sechstes Kapitel. Ebene Kurven und Raumkurven.

Begriff des Unendlichkleinen in der Geometrie.

Erzeugung ebener Kurven.

EINLEITUNG.

Alle Zweige der Geometrie haben die Untersuchung gesetz-mäßig entstandener Raumgebilde (ebener und räumlicher Figuren) zum Gegenstande. Während aber die Geometrie der Lage und die analytische Geometrie das hierdurch bezeichnete Ziel auf rein theoretischem Wege zu erreichen suchen, beschäftigt sich die darstellende Geometrie, wie schon ihr Name besagt, mit der praktischen Durchführung des Prozesses der Darstellung oder Konstruktion der Figuren, die für die vorgenannten beiden Disziplinen an sich nebensächlich ist und mit steigender Entwickelung des Anschauungsvermögens mehr und mehr entbehrlich wird. Die darstellende Geometrie ist eine angewandte mathematische Disziplin: sie dient den Bedürfnissen der Praxis in verschiedenen Zweigen der technischen Wissenschaften und der Kunst. Zugleich aber bildet sie für den Mathematiker und Techniker das wirksamste Mittel, um das Vermögen der räumlichen Anschauung, dessen sie bei der Behandlung räumlicher geometrischer Fragen allenthalben be-dürfen, bis zu möglichst hohem Grade zu entwickeln.

Der Zweck der darstellenden Geometrie ist die Be-stimmung der Raumgebilde nach Gestalt, Größe und Lage durch die Konstruktion. Sie bedient sich dabei in der Haupt-sache ebener Bilder derselben, indem sie zeigt, wie man mittels geeigneter Methoden erstens von den die Raumgebilde bestimmenden Angaben (also von ihrer Definition) ausgehend zu diesen Bildern gelangen, zweitens wie man von letzteren auf die Eigenschaften der dargestellten Figuren zurückschließen kann. In dieser letzteren Beziehung dient sie also dazu, geometrische Eigenschaften räumlicher und ebener Gebilde aufzufinden und zu beweisen.

Außer auf die Strenge und Einfachheit des mathematischen Gedankenganges hat die darstellende Geometrie bei der Ausbildung ihrer Methoden auch auf die Erreichung größtmöglicher Genauig-keit für die praktische Ausführung der Konstruktionen Bedacht zu nehmen. Unter den verschiedenen möglichen Methoden, die zur gesetz-mäßigen Abbildung der Raumfiguren führen, wählt sie demgemäß nur eine kleine Anzahl, als für ihre Zwecke geeignet, aus. Diese beziehen sich sämtlich auf die Konstruktion der ebenen Bilder durch Projektion.

Die Methode des Projizierens ist aus den Vorgängen beim Sehen der Gegenstände abstrahiert. Die Zentralprojektion entsteht wenn man aus einem gegebenen Projektionszentrum (Augpunkt) durch die Punkte des Objektes projizierende Strahlen (Sehstrahlen) zieht und diese mit einer Ebene, der Bildebene, schneidet. Statt des Projektionszentrums kann auch eine feste Richtung für die projizierenden Strahlen gegeben werden, so daß sie gegen die Bildebene gleiche Neigung erhalten, insbesondere zu ihr rechtwinklig werden; hierbei ergibt sich die schiefe oder speziell die orthogonale Parallelprojektion. Diese Methoden empfehlen sich vor anderen durch die Bildlichkeit der Darstellungen, d. h. dadurch, daß die Gesichtseindrücke, die wir von letzteren haben, in allem Wesentlichen mit denen übereinstimmen, wie sie die dargestellten Objekte selbst hervorrufen würden. Hiermit ist der weitere Vorteil verknüpft, daß bei ihrer Zugrundelegung die Entwickelung der geometrischen Beziehungen an den räumlichen Objekten sich am durchsichtigsten gestaltet.

Mit Rücksicht auf die Anwendungen sucht man die Anschaulichkeit der Darstellungen räumlicher Objekte dadurch zu erhöhen, daß man ihnen die Wiedergabe der Beleuchtungsverhältnisse für eine geeignet angenommene Lichtquelle, namentlich die Eigen- und Schlagschatten in genauer Konstruktion hinzufügt. Die Lichtquelle wird entweder durch einen leuchtenden Punkt im Endlichen vertreten, oder man nimmt sie in unendlicher Ferne an, so daß die Lichtstrahlen parallel werden. Die Theorie der Schattenkonstruktionen ist in der Projektionslehre enthalten; die Theorie der Beleuchtung gesetzmäßig gestalteter Oberflächen schließt sich eng an die erstere an, bedarf aber besonderer Auseinandersetzungen.

In letzter Linie kommen für die darstellende Geometrie Methoden in Betracht, welche auf die Konstruktion räumlicher Abbilder oder Modelle der Raumfiguren abzielen. Hierbei bedarf die Konstruktion von Modellen, insoweit sie mit den gegebenen Objekten kongruent oder (bei verändertem Maßstabe) in allen Teilen ähnlich sind, ihrer unmittelbaren Faßlichkeit wegen, keiner näheren Erläuterung. Abgesehen davon kommt die sogenannte Reliefperspektive gelegentlich zur Anwendung. Ihre Theorie läßt sich als eine Verallgemeinerung der Projektionsmethode an deren Darlegung ohne Schwierigkeit anfügen.

Die darstellende Geometrie bedarf zu ihrer Entwickelung keiner anderen theoretischen Voraussetzungen als der Begriffe und Lehrsätze der elementaren Planimetrie und Stereometrie. Diese bezeichnen daher auch das Maß der mathematischen Vorkenntnisse, die zum Verständnisse dieses Lehrbuches erforderlich sind und auf die Bezug genommen wird, ohne Erklärungen oder Beweise hinzuzufügen. An die Elemente der Raumlehre anknüpfend bildet die darstellende Geometrie selbständig die Lehre von den Projektionen aus. Das Verfahren des Projizierens aber, das in erster Linie benutzt wird, um die Darstellung gegebener Raumfiguren zu gewinnen, soll gleichzeitig dazu dienen, Eigenschaften derselben zu erkennen und zu beweisen. Auch sollen die Projektionsmethoden auf höhere stereometrische Fragen angewandt und diese durch Konstruktion gelöst werden. Dann erst wird dem Zwecke der mathematischen Schulung der Anschauung genügend Rechnung getragen; denn jede konstruktive Lösung besteht in einer methodisch geordneten Folge von Operationen, deren geometrische Bedeutungen, im Gegensatz zu denen der rechnenden Operationen, einzeln anschaulich erfaßt, in ihrer Gesamtheit aber bei der graphischen Ausführung überblickt werden können.

Durch ihre Methoden wird unsere Wissenschaft naturgemäß auch zur Untersuchung solcher Eigenschaften der Figuren geführt, die sich bei den durch Projektion gewonnenen Bildern wiederfinden. Diese durch Projektion unzerstörbaren oder projektiven Eigenschaften der Raumgebilde sind es, die in allgemeinster Weise aufgefaßt die Grundlagen der Geometrie der Lage ausmachen. Bei letzterer fällt die Rücksicht auf Darstellbarkeit fort; sie operiert lediglich mit Begriffen. Die darstellende Geometrie aber bereitet die Bildung dieser Begriffe vor, indem sie alle geometrischen Gesetze untersucht, die durch den wirklichen Vorgang der Projektion direkt begründet werden.

Steht also die darstellende Geometrie zur Geometrie der Lage in näherer Beziehung als zur analytischen Geometrie, da diese die Gebilde und ihre Eigenschaften durch Gleichungen zwischen Maßzahlen bestimmt, so kann sie doch auf den Gebrauch von Maßrelationen nicht völlig verzichten, weil die Bestimmung der Größenverhältnisse, ebensogut wie die der Lagebeziehungen in ihrer Aufgabe liegt. Aber sie verwendet nur die einfachsten Formen derselben, wobei an die Stelle der Rechnung mit analytischen Größen sogleich die Konstruktion treten kann.

Irgend eine Aufgabe der darstellenden Geometrie ist als gelöst zu betrachten, wenn sie zurückgeführt ist auf solche Elementaroperationen, die man ohne weiteres mit bekannten Hilfsmitteln durchführen kann. Unter jenen Elementaroperationen aber sind lediglich die folgenden, die sich sämtlich auf eine ebene Zeichnungsfläche beziehen, zu verstehen:

> das Ziehen gerader Linien durch gegebene Punkte; insbesondere das Ziehen gerader Linien, die zu einer gegebenen Geraden parallel sind, oder auf ihr rechtwinklig stehen;
> das Schlagen von Kreisen um ein gegebenes Zentrum und mit gegebenem Radius.

Bezüglich des Entwickelungsganges mag Folgendes im voraus bemerkt werden. Mit dem Einfachsten wird begonnen; so geht bei der Darstellung räumlicher Objekte die orthogonale der schiefen Parallel- und der Zentralprojektion voraus. Zuerst werden durch diese Projektionen ebene Figuren abgebildet. Vereinigt man dann Bild- und Originalebene in geeigneter Weise, so ergeben sich mittelbar geometrische Abhängigkeiten, die zwischen Figuren ein und derselben Ebene stattfinden; sie werden Kollinearverwandtschaften oder Kollineationen genannt, weil dabei gerade Linien stets wieder Geraden entsprechen. Bei paralleler Lage von Bild- und Originalebene liefert die schiefe Parallelprojektion kongruente Figuren, die Zentralprojektion aber ähnliche Figuren bei ähnlicher Lage. Ist dagegen die Bildebene beliebig gegen die Originalebene gelegen, so erhält man eine Verwandtschaft ebener Figuren, die bei Parallelprojektion als Affinität bei affiner Lage und bei Zentralprojektion als zentrische Kollineation ebener Systeme oder gewöhnlich als Perspektivität bezeichnet wird.

Gerade deshalb, weil die genannten Verwandtschaften ebener Gebilde aus Projektionen im Raume entstanden gedacht werden können, haben sie für die darstellende Geometrie eine prinzipielle Wichtigkeit; die bei der Darstellung räumlicher Objekte auftretenden Probleme führen immer wieder auf sie zurück. Es erschien daher zweckmäßig, sie an geeigneter Stelle ausführlich zu behandeln. Wir beginnen also die Darlegung der Methoden der Parallelprojektion mit einem Kapitel über Ähnlichkeit und Affinität bei ebenen Figuren. Dementsprechend würde ein Kapitel über Perspektivität ebener Figuren vor der Behandlung der Perspektive räumlicher Figuren seinen natürlichen Platz finden. Wir ziehen es aber vor, ein solches bereits an einer früheren Stelle einzuschalten und später darauf zurück zu verweisen, weil für gewisse Gebilde schon an und für sich die Gesetze der Perspektivität in Betracht kommen, namentlich für Pyramiden und Kegel und ihre ebenen Schnitte.

Bei der Entwickelung der Projektionsmethoden für beliebige (nicht ebene) Objekte wird jedesmal mit der Darstellung der einfachen Grundgebilde: Punkt, Gerade, Ebene und der Lösung der aus ihren möglichen Beziehungen sich ergebenden **Fundamentalaufgaben** begonnen, um daran die **Darstellung und Untersuchung der komplizierteren Gebilde** in angemessener Ordnung anzuschließen.

Schließlich mögen noch einige Bemerkungen über die hauptsächlichsten, zum Teil am gehörigen Orte noch näher zu erläuternden **Bezeichnungen und Abkürzungen** Platz greifen. Wir werden durchgängig:

Punkte mit großen lateinischen Buchstaben: $A, B, \ldots P, \ldots$,

Gerade mit kleinen lateinischen Buchstaben: $a, b, \ldots g, \ldots$,

Ebenen mit großen griechischen Buchstaben: $\mathsf{A}, \mathsf{B}, \ldots \mathsf{E}, \ldots$,

Winkel mit kleinen griechischen Buchstaben: $\alpha, \beta, \ldots \varphi, \ldots$,

bezeichnen, und zwar verwenden wir meist die ersten Buchstaben des betreffenden Alphabets für gegebene oder bekannte Elemente, für variable oder unbekannte aber die später folgenden Buchstaben.

Als Zeichen der Verbindung mehrerer Elemente durch ein neues Grundgebilde, welches sie zusammengenommen bestimmen, dient die bloße Nebeneinanderstellung der sie bezeichnenden Buchstaben. Es bedeutet also:

$g = AB$ die gerade Verbindungslinie der Punkte A und B,

$\mathsf{E} = ABC$ die Verbindungsebene der drei Punkte A, B, C,

$\Delta = Ab$ die Verbindungsebene des Punktes A und der Geraden b,

$\Gamma = ab$ die Verbindungsebene der sich schneidenden Geraden a und b.

Zur Bezeichnung der Schnittelemente wählen wir das zwischen die betreffenden Buchstaben einzufügende Symbol $\times$. Hiernach bedeutet:

$P = g \times h$ den Schnittpunkt der in einer Ebene liegenden Geraden g und h.

$Q = g \times \mathsf{E}$ den Schnittpunkt der Geraden g und der Ebene E,

$g = \mathsf{E} \times \Delta$ die Schnittlinie der Ebenen E und Δ.

Wie gebräuchlich, legen wir parallelen Geraden einen **unendlich fernen Schnittpunkt** (Richtungspunkt, Richtung), parallelen Ebenen eine **unendlich ferne Schnittlinie** (Stellungsgerade, Stellung) bei.

Diese Bezeichnungen werden miteinander nach Bedürfnis kombiniert; z. B. würde $AB \times PQR$ den Schnittpunkt der Verbindungslinie der Punkte A, B mit der Verbindungsebene der Punkte P, Q, R darstellen, u.s.f.

Als Dreieckszeichen dient $\triangle$, als Winkelzeichen $\angle$, so daß

$\triangle\ ABC$ das Dreieck mit den Ecken A, B, C,

$\alpha = \angle\ ABC$ den Winkel, welchen die Schenkel BA und BC am Scheitel B einschließen,

$\beta = \angle\ ab$ den Winkel der Geraden a und b,

$\gamma = \angle\ a\mathsf{E}$ den Neigungswinkel der Geraden a gegen die Ebene E,

$\varphi = \angle\ \mathsf{E}\triangle$ den Winkel der Ebenen E und $\triangle$

bezeichnet.

R ist das Symbol für den rechten Winkel oder 90^0, $2R$ für den gestreckten Winkel u. s. f.

Neben den bereits üblichen Abkürzungen $\parallel$, ⫲, $\perp$, $\sim$, $\cong$ für **parallel, parallel und gleich, senkrecht, ähnlich und kongruent**, führen wir noch ein neues Symbol für den **senkrechten Abstand** ein; es soll nämlich $(P \dashv g)$ die Entfernung des Punktes P von der Geraden g, $(P \dashv \mathsf{E})$ die des Punktes P von der Ebene E repräsentieren.

Übrigens wird für die geometrischen Beziehungen keineswegs ausschließlich die symbolische Schreibweise angewendet werden. Dieselbe soll nur bei Beweisen die Übersicht erleichtern und bei der unvermeidlichen Wiederholung geläufiger Operationen die Möglichkeit der Kürzung gewähren.

Im besonderen sind folgende feststehende Bezeichnungen zu nennen:

Π_1, Π_2 für die beiden rechtwinkligen Projektionsebenen bei **orthogonaler Projektion**, x für ihre Schnittlinie oder **Achse**.

P', P'' für die Projektionen eines Punktes P,

g', g'' für die Projektionen einer Geraden g,

G_1, G_2 für die Spurpunkte einer Geraden g,

e_1, e_2 für die Spurlinien einer Ebene E.

Schiefe Parallelprojektionen werden durch Anhängung des unteren Index s, zentralperspektive Bilder durch die des Index c bezeichnet. Die Umlegung einer ebenen Figur in eine andere Ebene um die zu beiden gehörige Spurlinie charakterisieren wir durch den unteren oder oberen Index o, Elemente, die durch **Drehung** um irgendeine Gerade eine neue Lage erhalten haben, ebenso durch den Index $\triangle$, endlich **Schatten** durch den unteren oder oberen Index $*$ oder *.

Ziffern auf halber Höhe, z. B. [1]), verweisen auf die Literaturnachweise am Ende des Bandes.

ERSTES KAPITEL.

Ähnlichkeit und Affinität ebener Figuren.

1. Bevor wir die allgemeinen Gesetze der orthogonalen Parallelprojektion entwickeln und sie auf räumliche Gebilde anwenden, betrachten wir die ebenen Gebilde für sich. Hierbei beschränken wir uns nicht auf die orthogonale Parallelprojektion, sondern behandeln zuerst — gewissermaßen als Vorstufe — die einfachste Form der Zentralprojektion, bei welcher Original- und Bildebene parallel liegen, hierauf aber sogleich die schiefe Parallelprojektion. Aus diesen beiden im Raume zu vollziehenden Projektionsarten werden die Ähnlichkeit und die Affinität zwischen Figuren einer Ebene abgeleitet; ihre Kombination ergibt eine allgemeinere Verwandtschaft, die Affinität im weiteren Sinne, die uns jedoch hier nicht beschäftigen soll.[1])

Ähnlichkeit ebener Figuren.

2. Es sei eine Ebene E im Raume gegeben. Zu ihr parallel werde eine zweite Ebene E_1 und außerhalb beider ein Punkt O nach Willkür festgelegt. Zieht man durch alle Punkte einer in E gelegenen Figur von dem Zentrum O ausgehende, projizierende Strahlen, ebenso durch alle Geraden dieser Figur projizierende Ebenen, so liefern diese Strahlen und Ebenen in ihrem Schnitt mit der Ebene E_1

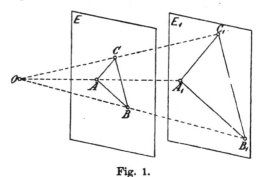

Fig. 1.

als Bildebene eine zweite Figur, deren Punkte und Geraden denen der gegebenen Figur eindeutig entsprechen. Beispielsweise geht (Fig. 1) aus dem Dreieck ABC in E ein Dreieck $A_1B_1C_1$ in E_1 als

Bild hervor. Die Beziehung, in welcher die einander entsprechenden Figuren stehen, heißt Ähnlichkeit bei ähnlicher Lage und
besitzt folgende Eigenschaften:

α) Entsprechende Gerade sind parallel; also:

β) Parallelen Geraden g und h entsprechen parallele
Gerade g_1 und h_1 und einem Winkel φ ein ihm gleicher Winkel φ_1.

γ) Das Verhältnis irgend zweier entsprechenden
Strecken AB und $A_1 B_1$ ist konstant $= e:e_1$, wenn
$e = (O \dashv E)$, $e_1 = (O \dashv E_1)$ gesetzt wird.

Offenbar ist:

$$AB : A_1 B_1 = OA : OA_1 = e : e_1$$

und folglich auch:

$$AB : A_1 B_1 = BC : B_1 C_1 \text{ u. s. f.}$$

Ist für irgend zwei ebene Figuren eine der beiden letzten Eigenschaften und folglich auch die andere erfüllt, so sind sie nur als
ähnlich zu bezeichnen. Kommt aber die erste Eigenschaft hinzu,
so befinden sie sich in ähnlicher Lage. In der Tat braucht
man nur zwei einander entsprechende parallele Strecken AB und

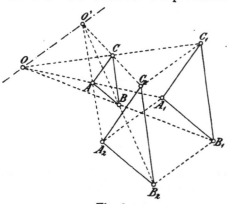

$A_1 B_1$ zu kennen, um das
Ähnlichkeitszentrum
$O = AA_1 \times BB_1$ zu finden.
Hieraus folgt weiter, daß
je zwei ähnliche Figuren
auf unendlich viele Arten
in ähnliche Lage gebracht
werden können.

3. Die ähnlichen
Figuren bleiben in
ähnlicher Lage, wenn
die Bildebene E_1 sich
selbst parallel ver-
schoben wird. An Stelle

Fig. 2.

von O tritt dabei ein neues Zentrum O'. Die Strecke OO', d. i.
die Verschiebung des Zentrums, ist mit derjenigen der Bildebene
parallel und gleichgerichtet oder ihr entgegengesetzt, je nachdem O
und E_1 auf derselben oder auf verschiedenen Seiten von E liegen;
der Größe nach ist sie durch die Relation:

$$OO' = a \cdot \frac{e}{e_1 - e}$$

bestimmt, wobei a die Größe der Verschiebung der Punkte von E_1 bezeichnet. Geht nämlich (Fig. 2) A_1, das Bild eines beliebigen Punktes A, bei der im Raume vollführten Parallelverschiebung von E_1 in A_2 über, so schneidet die Gerade A_2A die durch O gezogene Parallele zu A_1A_2 in einem Punkte O', welcher durch die obigen Angaben bestimmt ist; dies gilt für jedes Paar entsprechender Punkte. — Insbesondere bleibt der Charakter unserer Abbildung erhalten, wenn E_1 durch eine geeignete Parallelverschiebung mit E selbst zur Deckung gebracht wird. Diese Operation, bei der ein bestimmter Punkt von E_1 in einen beliebigen Punkt von E verschoben wird, liefert ähnliche und ähnlich liegende Gebilde in einer Ebene. In die Ebene E fällt auch das Zentrum O' und die proji-

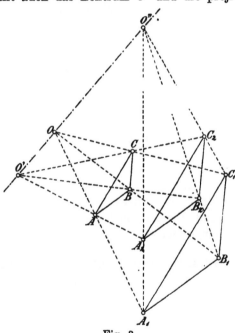

zierenden Strahlen. Die drei oben genannten Eigenschaften bleiben für die so erhaltene ähnliche Beziehung in der Ebene unverändert bestehen. Sie ist eindeutig bestimmt durch Angabe des Zentrums und zweier einander entsprechender Punkte, oder durch ein Paar paralleler entsprechender Strecken.

4. Der vorige Satz ist ein Spezialfall des folgenden: Sind im Raume zwei Figuren zu einer dritten ähnlich und ähnlich gelegen, so sind sie es auch zueinander. Das neue Ähnlichkeitszentrum liegt

Fig. 3.

mit den beiden gegebenen in gerader Linie. Sind nämlich A, B und A_1, B_1 (Fig. 3) entsprechende Punkte zweier ähnlicher und ähnlich gelegener Figuren, sowie O das zugehörige Ähnlichkeitszentrum, gilt ferner dasselbe von A, B, A_2, B_2 und O', so liegen A_1A_2 und B_1B_2 in einer Ebene, weil $A_1B_1 \| AB \| A_2B_2$ ist. Weiter liegt der Strahl A_1A_2 in der Ebene AOO' und schneidet OO' in einem Punkte O''. In demselben Punkte wird OO' von B_1B_2 geschnitten; denn B_1B_2 und OO' müssen sich in einem Punkte schneiden, da sie in einer Ebene liegen; das muß aber der Schnittpunkt von OO' mit der Ebene $A_1B_1A_2B_2$, also O'' sein. O'' ist das neue Ähnlichkeitszentrum. Der Satz gilt auch für Figuren in einerlei Ebene.

5. Von den Folgerungen, die man unmittelbar aus diesen Betrachtungen ziehen kann, mag als beachtenswert hervorgehoben werden, daß jede zu einem Kreise ähnliche Figur wiederum ein Kreis ist, und daß je zwei Kreise einer Ebene in doppelter Weise als in ähnlicher Lage befindlich angesehen werden können. Läßt man näm- lich die Mittelpunkte M und M_1 (Fig. 4) und je zwei parallele und gleich oder entgegengesetzt ge- richtete Radien einander entsprechen, so ergeben sich auf MM_1 zwei Ähnlichkeitszentren O und O' (ein äußeres und ein inneres), für welche die Verhältnis- gleichung $OM : OM_1 = r : r_1 = O'M : O'M_1$ besteht. Die Verbindungs- linien der Endpunkte von parallelen, gleichgerichteten Radien gehen durch O, von entgegengesetzt gerichteten Radien aber durch O'. Durch O und O' gehen auch die gemeinsamen Tangenten der beiden Kreise, deren es im allgemeinen vier gibt.

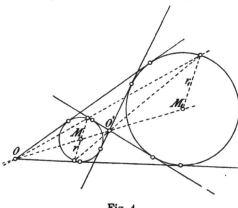

Fig. 4.

Parallelprojektion einer ebenen Figur auf eine andere Ebene.

6. Die zu projizierenden Gebilde seien in der Ebene E ge- legen; als Bildebene nehmen wir irgend eine zweite Ebene E_1 an. Werden durch die Punkte und Geraden einer in der Ebene E be- findlichen Figur in einer festgewählten Richtung projizierende Strahlen resp. Ebenen gezogen und mit E_1 geschnitten, so ent- steht eine zweite Figur, die mit ihren Punkten und Geraden der vorgelegten eindeutig entspricht. Das Dreieck $A_1B_1C_1$ in E_1 geht z. B. auf diese Weise aus dem Dreieck ABC in E hervor (Fig. 5). Das benutzte Verfahren wird im allgemeinen als schiefe, im be- sonderen, wenn die Projektionsrichtung zur Bildebene E_1 senkrecht steht, als orthogonale Parallelprojektion bezeichnet. Die geometrische Abhängigkeit zwischen den entsprechenden Figuren

heißt Affinität bei affiner Lage; die projizierenden Strahlen werden Affinitätsstrahlen, ihre Richtung Affinitätsrichtung, die Schnittlinie $a = E \times E_1$ wird Affinitätsachse genannt.

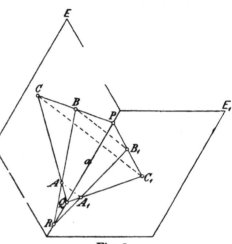

Fig. 5.

7. Aus der Definition ergeben sich die Eigenschaften affiner und affin gelegener ebener Figuren.

α) Jeder Punkt der Affinitätsachse *a* entspricht sich selbst; entsprechende Gerade *g* und g_1 schneiden sich auf *a*, und insbesondere ist $g_1 \parallel a$, wenn $g \parallel a$ angenommen wird.

β) Parallelen Geraden *g* und *h* entsprechen parallele Gerade g_1 und h_1.

γ) Einem Winkel *φ* entspricht im allgemeinen ein von ihm verschiedener Winkel $φ_1$. Es existiert aber an je zwei affinen Punkten *P* und P_1 ein Paar entsprechender rechtwinkliger Strahlen.

δ) Das Verhältnis je zweier Strecken auf der nämlichen oder auf parallelen Geraden ist dem ihrer Bilder gleich.

Die unter *γ*) angeführten entsprechenden rechten Winkel erkennt man aus folgender Konstruktion. Man lege durch die Mitte der Strecke PP_1 eine zu ihr rechtwinklige Ebene A und um deren Achsenschnittpunkt $M = a \times A$ eine Kugelfläche, welche *P* und also auch P_1 enthält. Schneidet diese die Achse *a* in *X* und *Y*, so sind $\angle XPY$ und $\angle XP_1Y$ einander entsprechende. und, weil sie über dem Kugeldurchmesser *XY* stehen, zugleich rechte Winkel.

Liegen die in *δ*) erwähnten Strecken auf der nämlichen Geraden *g*, also ihre Bilder auf der affinen Geraden g_1, so werden die gegebenen und ihre Bildstrecken auf den Schenkeln des $\angle gg_1$ durch Parallelen ausgeschnitten, woraus der eine Teil des Satzes unmittelbar folgt. Der allgemeinere Fall zweier paralleler Strecken *AB* und *CD* wird auf den vorigen zurückgeführt, in dem man (Fig. 6) AB um die Strecke $BE = CD$ verlängert. Dem Parallelogramm $BCDE$ entspricht nach β) ein affines Parallelogramm $B_1C_1D_1E_1$, wo $B_1E_1 = C_1D_1$ die Verlängerung von A_1B_1 bildet.

Umgekehrt sind zwei ebene Figuren affin und affin gelegen, wenn ihre Punkte und Geraden einander so entsprechen, daß die unter α), β) und δ) aufgeführten Eigenschaften erfüllt sind. Aus α) und β) folgt δ), ebenso kann man aus α) und δ) die Eigenschaft β) folgern. Denn sind A, B, C, (siehe Fig. 5) irgend drei Punkte der einen, A_1, B_1, C_1 die entsprechenden Punkte der anderen Figur, so schneiden nach α) die Geraden BC, CA, AB ihre Bilder in Punkten P, Q, R der Schnittlinie $a = ABC \times A_1B_1C_1$. Da ferner nach δ): $RA : AB = RA_1 : A_1B_1$ sein soll, so ist $AA_1 \parallel BB_1$ u. s. f.

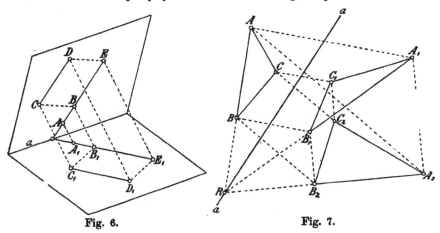

Fig. 6.　　　　　　　　　　　Fig. 7.

8. Es seien $\mathfrak{F}$, $\mathfrak{F}_1$ und $\mathfrak{F}_2$ drei Figuren, deren Ebenen E, E_1 und E_2 sich in einer Geraden a schneiden; ferner gehe $\mathfrak{F}_2$ aus $\mathfrak{F}$ und $\mathfrak{F}_1$ aus $\mathfrak{F}_2$ durch eine Parallelprojektion hervor. Dann ist auch $\mathfrak{F}_1$ eine Parallelprojektion von $\mathfrak{F}$, d. h. es besteht der Satz: **Sind in bezug auf eine und dieselbe Achse zwei ebene Figuren zu einer dritten affin und affin gelegen, so sind sie es auch zueinander.** Es genügt, den Beweis des Satzes für irgend zwei Punkte und ihre beiderlei Bilder zu führen. Den Punkten A, B in $\mathfrak{F}$ mögen A_2, B_2 in $\mathfrak{F}_2$ und diesen A_1, B_1 in $\mathfrak{F}_1$ entsprechen (Fig. 7). Die Geraden AB, A_1B_1, A_2B_2 schneiden sich in einem Punkte R auf a. Da aber zugleich $AA_2 \parallel BB_2$ und $A_1A_2 \parallel B_1B_2$ ist, so sind die Dreiecke AA_1A_2 und BB_1B_2 ähnlich und ähnlich gelegen (aus dem Ähnlichkeitszentrum R), folglich ist $AA_1 \parallel BB_1$ u. s. f.

9. Wenn man die bisherigen Annahmen spezialisiert, indem man die Ebene E_1 als mit E zusammenfallend betrachtet, so gelangt man zu einer indirekten Definition **affiner und affin gelegener Figuren $\mathfrak{F}$ und $\mathfrak{F}_1$ in einer Ebene**, nämlich durch Vermittelung zweier nacheinander angewandter beliebiger Parallelprojektionen, welche zuerst $\mathfrak{F}$ in $\mathfrak{F}_2$· und dann $\mathfrak{F}_2$ in $\mathfrak{F}_1$ überführen. In der Folge wird die direkte Abhängigkeit zwischen $\mathfrak{F}$ und $\mathfrak{F}_1$ ohne Zuhilfenahme räumlicher Konstruktion untersucht. Der obige Satz läßt aber bereits erkennen, daß die Bedeutung der Affinitätsachse a als der Linie sich selbst entsprechender Punkte erhalten bleibt, sowie daß die Strahlen AA_1, BB_1, u. s. w., die jetzt gleichfalls der Ebene E angehören, parallel sind; dagegen kann das Bild eines Punktes nicht mehr als Spur seines projizierenden Strahles in der Bildebene erklärt werden. Die Parallelprojektion in der Ebene bedarf also besonderer Erklärung, da die im Raume anwendbaren Operationen beim Übergang zu Gebilden einer Ebene aufhören einen bestimmten Sinn zu haben.

10. Wird eine ebene Figur um eine in ihrer Ebene enthaltene Achse gedreht, so beschreiben die Punkte der Figur Kreisbogen, deren Sehnen parallel sind. Mithin folgt aus obigem Satze als Korollar: **Zwei affine und affin gelegene ebene Figuren bleiben in affiner Lage, wenn eine von ihnen um die Affinitätsachse beliebig gedreht wird.** Insbesondere kann hiernach für die betrachteten Figuren auf doppelte Art die affine Lage in einer Ebene herbeigeführt werden, indem man die Bildebene durch Drehung nach der einen oder der anderen Seite mit der Originalebene zur Deckung bringt. Dreht man umgekehrt von zwei in einer Ebene affin gelegenen Figuren die eine beliebig um die Achse aus der Ebene heraus, so wird sie in der neuen Lage eine Parallelprojektion der anderen darstellen.

Affine und affin gelegene Figuren einer Ebene.

11. Zufolge der im vorigen Abschnitt enthaltenen indirekten Definition müssen zwei Figuren $\mathfrak{F}$ und $\mathfrak{F}_1$ derselben Ebene, wenn zwischen ihnen Affinität bei affiner Lage bestehen soll, folgende Eigenschaften aufweisen:

α) **Jeder Punkt der Affinitätsachse entspricht sich selbst.**

β) **Den Punkten einer Geraden entsprechen wieder Punkte einer Geraden.**

γ) **Die Verbindungslinien entsprechender Punkte sind parallel.**

Die hier aufgeführten Eigenschaften genügen, um zu
einer Figur ihr affines und affin gelegenes Bild zu konstruieren, wenn die Affinitätsachse a und ein Paar entsprechender Punkte P und P_1 gegeben sind. In der Tat kann
zu jedem gegebénen Punkte Q der entsprechende Q_1 bestimmt
werden, indem man (Fig. 8) $S = PQ \times a$ sucht und SP_1 mit der durch

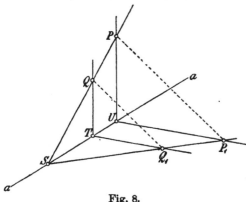

Q gelegten Parallelen zu
PP_1 in Q_1 schneidet. Das
Bild einer Geraden g
ergibt sich, indem man
zu einem ihrer Punkte
Q den Bildpunkt Q_1
zeichnet und diesen mit
$T = g \times a$ verbindet.

Die Figur läßt auch
erkennen, daß par-
allelen Geraden PU
und QT der einen
Figur parallele Bil-
der P_1U und Q_1T in

Fig. 8.

der anderen entsprechen. Um das Bild g_1 von $g = QT$ zu erhalten
kann man deshalb $PU \parallel g$ zeichnen, dann P_1U und $g_1 \parallel P_1U$ durch
den Punkt $g \times a = T$ ziehen.

Finden die unter α), β) und γ) aufgezählten Beziehungen zwischen
zwei Figuren $\mathfrak{F}$ und $\mathfrak{F}_1$ statt, so wird $\mathfrak{F}_1$ durch eine beliebige
Drehung um die Affinitätsachse a in eine räumliche Lage $\mathfrak{F}_2$ übergeführt, bei welcher sie eine Parallelprojektion von $\mathfrak{F}$ darstellt. Sind
A, B zwei beliebige Punkte von $\mathfrak{F}$, A_1, B_1 resp. A_2, B_2 die entsprechenden Punkte von $\mathfrak{F}_1$ resp. $\mathfrak{F}_2$, so ist nur zu zeigen, daß
$BB_2 \parallel AA_2$ ist. Aber es ist einerseits $AA_1 \parallel BB_1$ und andererseits
$A_1A_2 \parallel B_1B_2$, als Sehnen der von A_1 und B_1 bei der Drehung beschriebenen Bogen. Es schneiden sich ferner AB und A_1B_1 in einem
Punkt R der Achse a, durch diesen geht dann auch A_2B_2; denn A_1B_1
und A_2B_2 liegen in einer Ebene, da $A_1A_2 \parallel B_1B_2$ ist. Somit ist auch
$AA_2 \parallel BB_2$, da sie aus der Ebene RAA_2 durch die parallelen Ebenen
AA_1A_2 und BB_1B_2 ausgeschnitten werden.

Eine Folge hiervon sind die Sätze:

δ) Parallelen Geraden entsprechen in der affinen Figur
   wieder parallele Gerade.

ε) Parallele Strecken verhalten sich wie ihre affinen
   Bilder.

12. Die Konstruktion der entsprechenden rechten Winkel an zwei affinen Punkten P und P_1 erfolgt (Fig. 9) mit Hilfe eines Kreises durch P und P_1, dessen Zentrum M der Affinitätsachse a angehört. Schneidet dieser a in den Punkten X und Y, so sind

$\angle XPY$ und $\angle XP_1Y$ die gesuchten rechten Winkel. Ist
P_1' der in bezug auf a zu P_1
symmetrische Punkt, so ist
$\angle P_1PY = \angle P_1'PY$, weil die
Bogen P_1Y und $P_1'Y$ gleich
sind; der Strahl PY halbiert
den $\angle P_1PP_1'$, der Strahl PX
den Nebenwinkel. Diese Bemerkung kann zur Konstruktion der Rechtwinkelstrahlen
dienen, falls etwa M außerhalb
der Zeichnungsfläche liegt. —
Symmetrisch zu PX (oder PY)

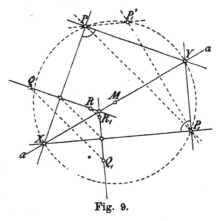

Fig. 9.

gelegenen Punkten, z. B. Q und R, entsprechen symmetrisch zu P_1X (oder P_1Y) gelegene Punkte Q_1 und R_1.

13. Es gibt auch an P und P_1 entsprechende, gleiche Winkel von jeder gegebenen Größe φ, die man in fol-

gender Weise kon-
struiert. Wir gehen
von dem Fall aus,
wo P und P_1 auf
derselben Seite der
Affinitätsachse liegen
(Fig. 10). Sei Q die
Mitte von PP_1 und
$QR \perp PP_1$, während
R auf a liegt. Dann
ist ein Kreis k durch
P und P_1, also mit
dem Zentrum M auf
QR, so zu bestim-
men, daß $\angle XPY =$

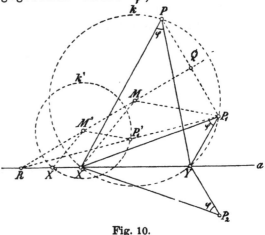

Fig. 10.

$\angle XP_1Y = \varphi$ und somit $\angle MXY = R - \varphi$ wird ($\angle XMY = 2\varphi$), wenn X und Y die Achsenschnittpunkte von k sind. Zieht man aus einem beliebig auf QR angenommenen Punkte M' den Strahl $M'X'$ unter dem Winkel $R - \varphi$ gegen a und beschreibt um M' einen Kreis k' durch X', so ist R das Ähnlichkeitszentrum für die Kreise k und k'. Man findet daher M, indem man RP_1 mit k' in P_1' schneidet und $P_1M \| P_1'M'$ zieht. Da RP_1 den Kreis k' in zwei Punkten schneidet, so gibt es zwei Lösungen, in der Figur ist jedoch nur eine gezeichnet. Werden die gegebenen affinen Punkte durch die Achse voneinander getrennt, wie P und P_2, so betrachte man statt des letzteren den symmetrisch zur Achse gelegenen Punkt P_1; dann ist $\angle XP_2Y = \angle XP_1Y$.

14. Sind g und g_1 zwei bestimmte affine Gerade, so existiert ein Wert λ der Art, daß je zwei auf ihnen liegende affine Strecken PQ und P_1Q_1 in dem konstanten Verhältnis

$$\lambda = PQ : P_1Q_1$$

(nach 11,₈) zueinander stehen, das sich auch nicht ändert, wenn g und damit zugleich g_1 eine Parallelverschiebung erfährt. Zu jeder gegebenen Richtung und der affinen gehört also ein festes Streckenverhältnis λ. Dagegen entsprechen verschiedenen Richtungen verschiedene Werte λ; dabei sind die Richtungen, welche durch die Schenkel der entsprechenden rechten Winkel gegeben sind, vor allen übrigen ausgezeichnet. Dreht sich eine Gerade g (mithin zugleich die affine g_1) um einen ihrer Punkte, so nimmt das ihrer Richtung zugehörige Streckenverhältnis λ in jedem der von den affinen Rechtwinkelstrahlen gebildeten Quadranten entweder beständig zu oder beständig ab, erreicht für symmetrische Lagen zu jenen Strahlen gleiche Werte und auf denselben ein Maximum resp. Minimum.

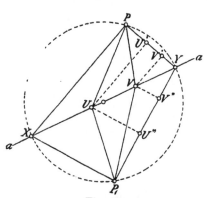

Fig. 11.

Es seien, um dies zu beweisen, $\angle XPY$ und $\angle XP_1Y$ affine rechte Winkel (Fig. 11), ferner U und V irgend zwei aufeinander folgende Lagen eines von X nach Y auf der Affinitätsachse fortschreitenden Punktes. Wir wählen nun die Strecke XY als Maßeinheit, setzen $XU = k$, $XV = l$, $UY = m$, $VY = n$ und bezeichnen mit x, u, v, y resp. x_1, u_1, v_1, y_1 die von Punkten X, U, V, Y einerseits und von P resp. P_1 anderseits begrenzten affinen Strecken. Sind nun PUU', PVV', P_1UU'', P_1VV'' rechtwinklige Dreiecke, so folgen die Relationen:

$$u^2 = m^2x^2 + k^2y^2, \qquad v^2 = n^2x^2 + l^2y^2,$$
$$u_1^2 = m^2x_1^2 + k^2y_1^2, \qquad v_1^2 = n^2x_1^2 + l^2y_1^2;$$

denn es ist: $UY : XY = m$, $U'P : YP = UX : YX = k$, u. s. f.

Es ist jetzt zu zeigen, daß unter der Voraussetzung:

$$\left(\frac{x}{x_1}\right)^2 > \left(\frac{y}{y_1}\right)^2$$

die Beziehung:

$$\left(\frac{u}{u_1}\right)^2 > \left(\frac{v}{v_1}\right)^2$$

besteht. Letzterer geben wir die neue Form:

$$(m^2x^2 + k^2y^2)(n^2x_1^2 + l^2y_1^2) - (n^2x^2 + l^2y^2)(m^2x_1^2 + k^2y_1^2) > 0,$$

und diese reduziert sich auf die Ungleichung:

$$(l^2m^2 - k^2n^2)(x^2y_1^2 - x_1^2y^2) > 0,$$

welche mit der Voraussetzung zusammenfällt, da $(l^2m^2 - k^2n^2)$ positiv ist.

Die Ellipse als affine Kurve zum Kreise und ihre Konstruktion.

15. Jede zu einem Kreise affine und affin gelegene Kurve heißt Ellipse; so ist jede Parallelprojektion des Kreises eine Ellipse. Dem Mittelpunkt M des Kreises k (Fig. 12) entspricht der Mittelpunkt M_1 der zum Kreise affinen Ellipse k_1. Jedem Kreisdurchmesser entspricht ein Durchmesser der Ellipse, der von ihrem Mittelpunkt M_1 halbiert wird. Zwei schiefwinklige Durchmesser P_1P_1', Q_1Q_1' der Ellipse heißen konjugiert, wenn sie zu zwei recht-

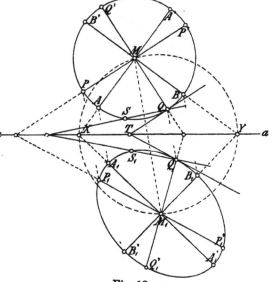

Fig. 12.

winkligen Kreisdurchmessern PP', QQ' affin sind. Von zwei konjugierten Durchmessern einer Ellipse halbiert jeder die

zum andern parallelen Sehnen und geht durch die Berührungspunkte der zum andern parallelen Tangenten.
Denn das gleiche ist bei den rechtwinkligen Durchmessern des
affinen Kreises der Fall.

Dabei ist allerdings die zu einer Kreistangente affine Gerade
als Ellipsentangente bezeichnet. Die Berechtigung hierzu erhellt
aus der folgenden Überlegung. Wie jede Gerade y mit dem Kreise k
zwei getrennte, zwei vereinte, oder keinen Schnittpunkt gemein hat,
so hat auch jede Gerade g_1 mit der Ellipse k_1 wegen der Affinität
zwei getrennte, zwei vereinte oder keinen Schnittpunkt gemein.
Eine Kreistangente QT hat mit seiner Peripherie nur einen Punkt
gemein und liegt ganz außerhalb derselben; das gleiche tritt für
die affine Gerade Q_1T in bezug auf die Ellipse ein, und deshalb
legen wir ihr die Bezeichnung einer Ellipsentangente bei (zum Unterschiede von den Sehnen). Man kann auch die Tangenten in Q
resp. Q_1 aus den Sehnen QS resp. Q_1S_1 durch Drehung um Q
resp. Q_1 hervorgehen lassen, wobei S_1 in demselben Moment mit Q_1
zusammenfällt, wo dies S mit Q tut. Hier geht der Berührungspunkt der Tangente aus der Vereinigung zweier Schnittpunkte
hervor.

Die zueinander rechtwinkligen Durchmesser A_1A_1' und B_1B_1' der
Ellipse, welche gleichfalls rechtwinkligen Durchmessern AA' und BB'
des Kreises entsprechen, heißen Achsen, ihre Endpunkte Scheitel.
Die Achsen teilen die Ellipse in symmetrische Quadranten,

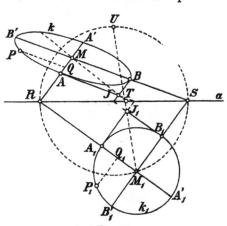

Fig. 13.

denn sie halbieren die zu
ihnen senkrechten Sehnen.
Durchläuft ein Punkt P_1 die
Ellipse, so nimmt die Strecke
M_1P_1 in jedem Quadranten
entweder beständig zu, oder
beständig ab und erreicht
auf den Achsen ein Maximum
oder Minimum (nach 14).

Aus der gegebenen De-
finition ergeben sich Konstruktionen für Punkte, Tangenten, Achsen und konjugierte
Durchmesser der Ellipse.

16. Aus einem. Kreise
lassen sich durch Affinität (oder Parallelprojektion) unendlich viele
Ellipsen ableiten, indem man noch die Affinitätsachse und den Mittel-

punkt der Ellipse beliebig wählen kann. Umgekehrt kann jede Ellipse auf unendlich viele Weisen als affines Bild eines Kreises erhalten werden, indem auch hier die Wahl der Affinitätsachse noch völlig frei steht. Hierüber belehrt uns der Satz: Eine Ellipse k ist durch zwei konjugierte Durchmesser AA' und BB' völlig bestimmt. Es sei P ein beliebiger Punkt der Ellipse k, Q ein Punkt auf AA' und $PQ \parallel BB'$; ferner setzen wir zur Abkürzung $MA = a$, $MB = b$, $MQ = x$ und $QP = y$ (Fig. 13). Ein zur Ellipse affiner und affin gelegener Kreis sei k_1; die zu A, A', B, B', M, P, Q affinen Punkte seien A_1, A_1', B_1, B_1', M_1, P_1, Q_1, während wir $M_1 A_1 = M_1 B_1 = r_1$, $M_1 Q_1 = x_1$ und $Q_1 P_1 = y_1$ setzen. Mag nun die affine Beziehung zwischen Ellipse und Kreis beschaffen sein, wie sie wolle, immer gelten die Relationen:

$$\frac{x}{a} = \frac{x_1}{r_1}, \quad \frac{y}{b} = \frac{y_1}{r_1}.$$

Nun besteht für jeden Punkt des Kreises die Gleichung; $x_1{}^2 + y_1{}^2 = r_1{}^2$, also besteht für jeden Punkt der Ellipse die Gleichung:

$$\frac{x^2}{a^2} + \frac{y^2}{b^2} = 1.$$

Dabei bedeuten x und y die Längen der beiden zu den konjugierten Durchmessern parallelen Strecken, die einerseits von dem beliebigen Ellipsenpunkt und andererseits von diesen Durchmessern begrenzt werden. Durch Länge und Lage der konjugierten Durchmesser AA' und BB' ist hiernach die Gesamtheit der Ellipsenpunkte bestimmt.

17. Wir wollen jetzt zu der Ellipse k mit den konjugierten Durchmessern AA' und BB' den affin gelegenen Kreis k_1 konstruieren, wenn die Affinitätsachse a beliebig gegeben ist. Die Tangenten in A und B mögen sich in J schneiden ($JA \parallel BB'$, $JB \parallel AA'$), dann muß dem Parallelogramm $MAJB$ in der affinen Figur ein Quadrat $M_1 A_1 J_1 B_1$ entsprechen (Fig. 13). Schneiden also die Geraden MA, MB und MJ die Affinitätsachse a in R, S und T, so ist M_1 derart zu bestimmen, daß $\angle RM_1 S = 90^0$ und $\angle RM_1 T = \angle TM_1 S = 45^0$ wird. Zu dem Ende zeichne man über RS als Durchmesser einen Hilfskreis und wähle auf ihm den Punkt U in der Mitte des Halbkreisbogens RS; dann schneidet UT den Hilfskreis in dem gesuchten Punkt M_1 ($\angle RM_1 T = \angle TM_1 S = 45^0$ als Peripheriewinkel über den Viertelkreisbogen RU und US). In der Tat entspricht jetzt dem Parallelogramm $MAJB$ in der affinen Figur ein Quadrat $M_1 A_1 J_1 B_1$, wobei M_1 der zu M affine Punkt ist, und zu dem Kreise k_1 mit dem Mittelpunkt M_1 und dem Radius $M_1A_1 = M_1B_1$ ist die Ellipse k mit den konjugierten Halbmessern MA und MB affin ($JA \times J_1A_1$ und $JB \times J_1B_1$ auf a).

18. Will man eine Ellipse k aus zwei konjugierten Durchmessern konstruieren, so kann man einen zu ihr affinen und affin gelegenen Kreis k_1 zeichnen und dann rückwärts zu einzelnen Punkten des Kreises die affinen Punkte der Ellipse suchen. Wie wir soeben sahen, ist dabei die Wahl der Affinitätsachse a noch freigestellt. Um die Konstruktion möglichst einfach zu gestalten, empfehlen sich besonders die folgenden beiden Verfahren.

Erstes Verfahren. Es seien (Fig. 14) O der Mittelpunkt, AA' und BB' die gegebenen konjugierten Durchmesser einer Ellipse k. Der über AA' als Durchmesser beschriebene Kreis k_1 ist dann zu

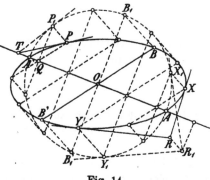

Fig. 14.

k affin und AA' ist die Affinitätsachse. Dem Punkt B von k entspricht der affine Punkt B_1 von k_1, wo $OB_1 \perp OA$ ist, und BB_1 ist ein Affinitätsstrahl. — Zu einem Punkte P_1 von k_1 ergibt sich der affine Ellipsenpunkt P, indem man $P_1Q \perp AA'$ zieht und die Parallele zu OB aus Q mit der Parallelen zu BB_1 aus P_1 in P schneidet. — Trifft die Kreistangente in P_1 die Affinitätsachse in T, so ist PT die Ellipsentangente in P. — Sollen aus einem Punkte R die Tangenten an die Ellipse gezogen werden, so suche man den affinen Punkt R_1 und die Berührungspunkte X_1 und Y_1 der von ihm an den Kreis k_1 gelegten Tangenten; dann sind die zu ihnen affinen Punkte X und Y die Berührungspunkte der gesuchten Ellipsentangenten. — Die Richtungen der Achsen der Ellipse und der zugehörigen rechtwinkligen Durchmesser des Kreises ergeben sich aus der Konstruktion entsprechender rechter Winkel an den affinen Punkten B und B_1, die Scheitel der Ellipse aus den Endpunkten der genannten Kreisdurchmesser.

19. Zweites Verfahren. Man ziehe durch den Endpunkt B des einen Durchmessers eine Parallele a zum konjugierten AA', die zugleich Ellipsentangente sein wird (Fig. 15). Ein Kreis k_1 vom Radius $O_1A_1 = OA$, welcher a ebenfalls in B berührt, ist dann zur Ellipse k affin gelegen. Dabei ist a die Affinitätsachse, O und O_1

sind affine Punkte, und den beiden zu a parallelen und senkrechten Kreisdurchmessern A_1A_1' und BB_1' entsprechen die konjugierten Durchmesser AA' und BB' der gesuchten Ellipse. Die Konstruktion einzelner Ellipsenpunkte ist analog dem Vorigen. Die Achsen findet man hier direkt aus der Bestimmung der entsprechenden rechten Winkel $\angle XOY$ und $\angle XO_1Y$ an den Mittelpunkten, hierauf aus den Endpunkten C_1 und D_1 der rechtwinkligen Kreisdurchmesser die Ellipsenscheitel C und D, u. s. f.

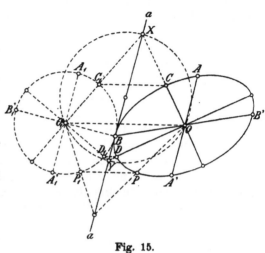

Fig. 15.

20. **Konstruktion der Ellipse aus den Achsen.** Es seien $OA = a$ und $OB = b$ (Fig. 16a) die gegebenen Halbachsen einer Ellipse k. Man schlage um O zwei Kreise k_1 und k_2 resp. vom Radius a und b. Jeder von ihnen kann als zur gesuchten Ellipse affin gelegen gelten. Bei der Affinität zwischen k_1 und k ist OA die Achse und B_1 und B sind entsprechende Punkt ($B_1B \perp OA$); bei der Affinität zwischen k_2 und k ist OB die Achse und A_2 und A sind entsprechende Punkte. — Zu einem Punkte P_1 auf k_1

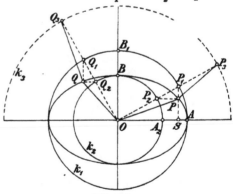

Fig. 16a.

ergibt sich der affine Ellipsenpunkt P auf k, indem man $P_1S \perp OA$ zieht, mittels der Beziehung

$$PS : P_1S = BO : B_1O = P_2O : P_1O;$$

man schneide also P_1O mit k_2 in P_2 und ziehe $P_2P \parallel OA$. P ist zugleich der affine Punkt zu P_2 auf k_2. Zwei rechtwinklige Kreisradien OP_1 und OQ_1 liefern zwei konjugierte Halbmesser OP und

OQ der Ellipse. Die Tangenten in P und Q sind zu OQ und OP resp. parallel.

Zieht man um O einen Kreis k_3 mit dem Radius $(a + b)$ und schneidet dieser die Strahlen OP_1 und OQ_1 in P_3 und Q_3 resp., so sind PP_3 und QQ_3 Ellipsennormalen, d. h. sie stehen in P und Q auf den bezüglichen Tangenten senkrecht. Denn es ist $\triangle P_1PP_3 \cong \triangle Q_3QQ_1$, $(P_1P_3 = Q_1Q_3, \angle QQ_1Q_3 = \angle PP_3P_1$, usw.); ferner ist $\triangle Q_3QQ_1 \cong \triangle OPP_3$ $(Q_3Q_1 = OP_3, QQ_1 = PP_3, \angle Q_3Q_1Q = \angle OP_3P)$. Demnach ist $Q_3Q = OP$ und $Q_3Q \perp OP$ (da $Q_3O \perp OP_1$ ist). **Jeder Strahl durch O liefert einen Punkt P der Ellipse als Schnittpunkt zweier Geraden, von denen die erste durch P_2 parallel zu OA und die zweite durch P_1 parallel zu OB gezogen ist. Die Gerade PP_3 ist eine Normale der Ellipse und gleich dem zu OP konjugierten Halbmesser OQ. Die Punkte P_2, P_1 und P_3 auf dem durch O gezogenen Strahl haben die bezüglichen Abstände b, a und $(a + b)$ von O.**

21. Das eingeschlagene Verfahren ergibt auch die Lösung der Aufgabe: **Zu einem nur der Richtung nach gegebenen Halbmesser der Ellipse den Endpunkt und den konjugierten Halbmesser zu finden.** Ein in der gegebenen Richtung aus O gezogener Strahl schneide die Kreise k_1 und k_2 resp. in den Punkten U und V (Fig. 16b); aus diesen konstruiere man wie vorher den Punkt W der Ellipse. Zieht man ferner durch U und V Parallelen zu OA und OB, die sich in X schneiden mögen, und legt man die Affinität zwischen k_1 und der Ellipse k zugrunde, so entspricht dem Punkt U der Punkt W, der Ge-

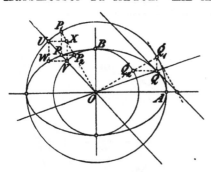

Fig. 16b.

raden UX die Gerade WV, dem Punkte X der Punkt V und folglich dem Strahl OX der Strahl OV. Insbesondere entspricht dem Punkte P_1 von k_1 der Punkt P von k $(P_1P \parallel OB, P_2P \parallel OA)$, und der zu OX rechtwinklige Strahl OQ_2Q_1 liefert den Endpunkt Q des zu OP konjugierten Halbmessers OQ.

22. **Konstruktion der Achsen einer Ellipse aus konjugierten Durchmessern.** Irgend zwei konjugierte Halbmesser OC und OD einer Ellipse (Fig. 17) werden aus rechtwinkligen Halbmessern OC_1, OD_1 resp. OC_2, OD_2 des um- und eingeschriebenen Kreises (vom Radius a und b) erhalten, indem man CC_1 und DD_1 parallel zur Halbachse OB und CC_2 und DD_2 parallel zur Halbachse OA zieht. Wird das rechtwinklige Dreieck DD_1D_2 um das Zentrum O durch den $\angle D_1OC_1 = R$ gedreht, so erhält es die Lage EC_1C_2, in der seine Katheten wiederum den Achsen parallel liegen. Nun ist $M = EC \times C_1C_2$ der Mittelpunkt des Rechteckes CC_1EC_2, also $MC = MC_1$ $= MC_2 = ME$. Deshalb schneidet EC die Achsen OA und OB resp. in A' und B', so daß: $MO = MA'$

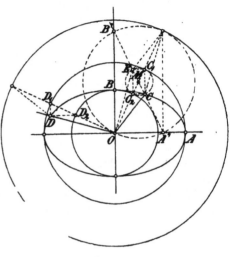

Fig. 17.

$= MB'$ wird, d. h. ein um M mit dem Radius MO beschriebener Kreis schneidet die Gerade CE in Punkten A' und B' der Achsen. Überdies folgt:

$$OC_1 = EA' = CB' = a,$$
$$OC_2 = CA' = EB' = b.$$

Sind umgekehrt OC und OD als konjugierte Halbmesser gegeben, so ergibt sich folgende **einfache Konstruktion der Achsen**. Man ziehe $OE \perp$ und $= OD$, halbiere EC in M und schneide CE mit einem Kreise vom Radius MO in A' und B'. Dann sind OA' und OB' die Achsen der Lage nach und $A'E = B'C$ resp. $A'C = B'E$ die bezüglichen Längen der Halbachsen.

23. Läßt man C die Ellipse durchlaufen, so geschieht dies auch mit dem Endpunkt D des zu OC konjugierten Halbmessers OD. Man erhält dann durch die vorige Konstruktion andere und andere Punkte A' und B' auf den Achsen; immer aber ist $B'C = a$ $A'C = b$, also die Strecke $A'B'$ von der konstanten Länge $(a + b)$. Hieraus folgt der Satz: **Gleitet eine Strecke $A'B'$ mit ihren Endpunkten auf zwei rechtwinkligen Geraden, so beschreibt ein Punkt C, der sie in die Teile a und b zerlegt, eine Ellipse mit den Halbachsen a und b.** Dieser Satz kann bequem zur Konstruktion von Ellipsenpunkten verwendet werden.

Zieht man in Fig. 17 durch C eine Parallele zu OC_1 und schneidet diese die Achsen OA und OB in A'' und B'', so ist $OA'' = EC_1$, $OB'' = EC_2$, $CA'' = b$, $CB'' = a$, $B''A'' = C_2C_1 = (a - b)$. Hieraus folgt der weitere Satz: **Gleitet eine Strecke $A''B''$ mit ihren Endpunkten auf zwei rechtwinkligen Geraden, so beschreibt ein Punkt C auf ihrer Verlängerung, dessen Abstände von ihren Endpunkten gleich a und b sind, eine Ellipse mit den Halbachsen a und b.** Jede Ellipse kann also in doppelter Weise durch Bewegung erzeugt werden, indem man entweder eine Strecke von der Länge $(a + b)$ oder eine von der Länge $(a - b)$ mit ihren Endpunkten auf den Achsen der Ellipse gleiten läßt. Im ersten Falle ist es ein Punkt der Strecke selbst, im letzteren ein Punkt auf ihrer Verlängerung, der die Ellipse erzeugt.

24. Konstruktion der Ellipse k aus fünf gegebenen Punkten A, B, C, D, E derselben. Wählen wir die Gerade

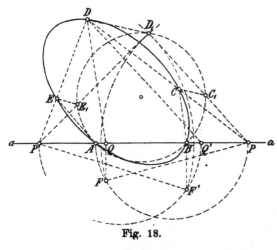

Fig. 18.

$AB = a$ zur Affinitätsachse, so muß nach 17 ein zur Ellipse k affiner Kreis k_1 existieren, falls es möglich sein soll, durch die fünf beliebig gegebenen Punkte eine Ellipse zu legen. Bezeichnen wir nun (Fig. 18) mit C_1, D_1, E_1 die affinen Punkte zu C, D, E, so müssen die Punkte $P' = DE \times D_1E_1$ und $P = DC \times D_1C_1$ auf a liegen,

ferner $DD_1 \| EE_1 \| CC_1$ sein und endlich müssen die fünf Punkte A, B, C_1, D_1, E_1 einem Kreise k_1 angehören. Das liefert die Relationen:

$$P'D : P'E = P'D_1 : P'E_1 \quad \text{und} \quad P'A . P'B = P'D_1 . P'E_1,$$

ferner:

$$PD : PC = PD_1 : PC_1 \quad \text{und} \quad PA . PB = PD_1 . PC_1.$$

Aus den ersteren folgt:

$$(P'D_1)^2 = \frac{P'A . P'B . P'D}{P'E}$$

und aus den letzteren:

$$(PD_1)^2 = \frac{PA \cdot PB \cdot PD}{PC}.$$

Da auf der rechten Seite dieser Gleichungen nur bekannte Punkte vorkommen, so lassen sich die Werte $P'D_1$ und PD_1 wie folgt konstruieren. Man bestimme Q' auf a, so daß $DQ' \| EA$ wird, dann ist: $P'Q' = P'A \cdot P'D : P'E$. Damit geht die erste Gleichung in $(P'D_1)^2 = P'Q' \cdot P'B$ über, d. h. $P'D_1$ ist gleich der Kathete $P'F'$ eines rechtwinkligen Dreieckes mit der Hypotenuse $P'Q'$, dessen Höhe in B errichtet ist. Ebenso bestimme man Q auf a, so daß $DQ \| CB$ wird; dann ist PD_1 gleich der Kathete PF eines rechtwinkligen Dreieckes mit der Hypotenuse PA, dessen Höhe in Q errichtet ist. Damit ist aber D_1 als Schnittpunkt zweier Kreise gefunden. Legt man jetzt einen Kreis k_1 durch A, B und D_1, so schneidet er D_1P' und D_1P noch in den Punkten E_1 und C_1, und es ist gemäß unserer Konstruktion $EE_1 \| DD_1 \| CC_1$. Der Kreis k_1 ist demnach wirklich zu der gesuchten Ellipse affin, und man konstruiert ihre Punkte vermöge dieser Affinität, wobei a die Achse und D und D_1 entsprechende Punkte sind.

Man erkennt aus der Figur, daß nicht immer fünf willkürlich gegebene Punkte auf einer Ellipse liegen, da die Kreise mit den Mittelpunkten P' resp. P und den Radien $P'F'$ resp. PF sich nicht immer schneiden. Die vollständige Erklärung hierfür wird sich erst an späterer Stelle im fünften Kapitel ergeben.

ZWEITES KAPITEL.

Darstellung der Punkte, Geraden und Ebenen in orthogonaler Projektion. Bestimmung der einfachen Beziehungen dieser Grundgebilde zueinander.

Das Verfahren der orthogonalen Parallelprojektion.

25. Werden durch alle Punkte einer räumlichen Figur senkrecht zu einer gegebenen Ebene Π_1 projizierende Strahlen gezogen, so erzeugen deren Schnitt- oder Spurpunkte in Π_1 ein ebenes Bild der Raumfigur, welches als eine orthogonale Projektion bezeichnet wird. Jeder Punkt P des Raumes hat einen bestimmten Punkt P' in Π_1 zu seiner Orthogonalprojektion; dagegen bildet der Punkt P' gleichzeitig die Projektion aller Punkte der in ihm auf Π_1 errichteten Normalen. Ein Raumpunkt P ist somit durch seine Projektion P' noch nicht bestimmt, vielmehr gehört hierzu ein weiteres Bestimmungsstück, etwa die Strecke PP', d. h. der senkrechte Abstand des Punktes P von der Projektionsebene Π_1. Dabei ist diesem Abstand zur Unterscheidung der beiden Richtungen, nach denen er von P' aus aufgetragen werden kann, ein bestimmtes Vorzeichen beizulegen.

Auf die zuletzt angeführte Bestimmungsweise kommt seinem Wesen nach das gebräuchlichste Darstellungsverfahren[*] zurück, das unter Voraussetzung zweier zueinander rechtwinkliger Projektionsebenen Π_1 und Π_2 jeden Punkt durch seine beiden Orthogonalprojektionen P' und P'' auf Π_1 und Π_2 bestimmt.

26. Um die Vorstellung zu fixieren, nimmt man die **erste Projektionsebene** Π_1 horizontal, mithin die **zweite Projektionsebene** Π_2 vertikal an und bezeichnet P' als **Grundriß**, erste oder Horizontalprojektion, P'' als **Aufriß**, zweite oder Vertikalprojektion. Ferner nennt man Π_1 die **Grundriß-** oder **Horizontalebene**, Π_2 die **Aufriß-** oder **Vertikalebene** und $x = \Pi_1 \times \Pi_2$ die **Achse** der Projektion. Von den Ebenen Π_1 und Π_2 werden natürlich nur begrenzte Teile als **Projektionstafeln**

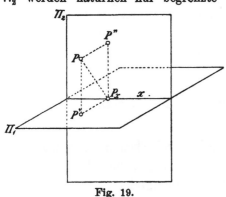

tatsächlich benutzt; sie sind aber an sich als unbegrenzt vorzustellen. Der ganze Raum wird durch die Projektionsebenen in vier Fächer oder Quadranten, jede Projektionsebene durch die Achse in zwei Halbebenen zerlegt. Zur Orientierung dienen Benennungen, die, ebenso wie die schon angeführten, für einen auf der Grundrißebene

Fig. 19.

stehenden und der Aufrißebene zugewandten Beschauer zutreffen. Man sagt nämlich von einem Punkte, er liege **über, auf** oder **unter** der Grundrißebene und zugleich **vor, auf** oder **hinter** der Aufrißebene. Die auf den projizierenden Strahlen gemessenen Strecken

$$PP' = (P \dashv \Pi_1). \quad PP'' = (P \dashv \Pi_2)$$

heißen erster und zweiter Tafelabstand des Punktes P; für beide wird das Vorzeichen in dem vorderen oberen Fache positiv angenommen; es wechselt beim Durchgang von P durch die betreffende Projektionsebene. Die Ebene $PP'P''$ der beiden projizierenden Strahlen steht zu beiden Projektionsebenen und folglich auch zur Achse x senkrecht. Ist also (Fig. 19) $P_x = PP'P'' \times x$, so sind PP_x, $P'P_x$ und $P''P_x \perp x$ und $PP'P_xP''$ ist ein Rechteck.

27. Hieraus erkennt man:

α) Die von den beiden Projektionen eines Punktes (und von diesem selbst) auf die Achse gefällten Lote haben denselben Fußpunkt P_x.

β) Der erste (zweite) Tafelabstand eines Punktes stimmt nach Größe und Vorzeichen mit dem Abstande seiner zweiten (ersten) Projektion von der Achse überein. Liegt insbesondere der Punkt P auf einer Projektionsebene, so fällt die bezügliche Projektion mit ihm zusammen, die andere auf die Achse. Ein Punkt der Achse endlich liegt mit seinen beiden Projektionen vereinigt.

Aus den beiden in Π_1 und Π_2 verzeichneten Projektionen eines Punktes, welche die Bedingung α) erfüllen müssen, sonst aber beliebig angenommen werden können, wird dieser selbst nach β) eindeutig bestimmt und zwar am einfachsten als Schnittpunkt der in P' auf Π_1 und in P'' auf Π_2 errichteten Senkrechten. — Aus der Darstellung eines Punktes ergibt sich aber die der Geraden und Ebenen, sowie überhaupt der zusammengesetzten Raumgebilde.

28. Die Projektion einer Linie wird als Gesamtheit der Projektionen ihrer Punkte erhalten. Die ersten Projektionen aller Punkte einer Geraden g ergeben deren Grundriß, erste oder Horizontalprojektion g', ebenso die zweiten Projektionen den Aufriß, die zweite oder Vertikalprojektion g''. Die projizierenden Strahlen sämtlicher Punkte von g bilden resp. eine erste oder zweite projizierende Ebene. Die Projektionen der Geraden sind also die Schnittlinien (Spuren) ihrer projizierenden Ebenen in Π_1 und Π_2, mithin selbst gerade Linien. Eine Ausnahme tritt nur für den besonderen Fall ein, daß die Gerade g zu einer Projektionsebene senkrecht ist; es existiert dann keine zugehörige projizierende Ebene mehr; die betreffende Projektion wird ein Punkt, während die andere Projektion eine zur Achse senkrechte Gerade bildet.

29. Nach Annahme einer Geraden g ist ihre Orthogonalprojektion g' auf eine gegebene Ebene als Spur der projizierenden
Ebene bestimmt; dagegen ist g durch eine Projektion noch nicht
bestimmt. Die beiden Projektionen g' und g'' auf Π_1 und Π_2, die
wir willkürlich annehmen dürfen, definieren jedoch eine Raumgerade
g, und zwar ist sie die Schnittlinie der beiden durch g' resp. g''
senkrecht zu Π_1 resp. Π_2 gelegten Ebenen. Ausgenommen hiervon
ist der Fall, wo eine der projizierenden Ebenen auf der Achse senkrecht steht; dann fällt die andere projizierende Ebene mit ihr zusammen, und die Projektionen g' und g'' stehen in dem nämlichen
Punkt der Achse auf dieser senkrecht. Ist demnach g' zur Achse
normal, so ist auch g'' in dem gleichen Punkt zur Achse normal;
zur vollständigen Bestimmung der Raumgeraden g sind hier noch
weitere Angaben erforderlich.

30. Die Darstellung einer Geraden g kann immer auf die
zweier auf ihr liegender Punkte P und Q zurückgeführt werden,
durch deren Projektionen dann die der Geraden g hindurchgehen,

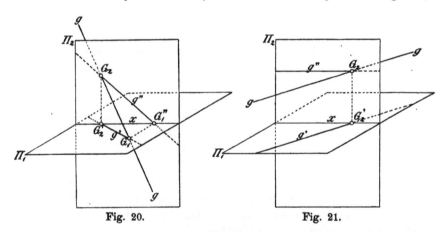

Fig. 20.   Fig. 21.

also $g' = P'Q'$, $g'' = P''Q''$. Unter allen Punkten einer Geraden haben
aber ihre Schnittpunkte mit den Projektionsebenen, nämlich $G_1 = g \times \Pi_1$
und $G_2 = g \times \Pi_2$, eine besondere Bedeutung. Sie heißen erster und
zweiter Spur- oder Durchstoßpunkt der Geraden. Jeder
Spurpunkt fällt mit seiner gleichnamigen Projektion zusammen, während seine andere Projektion auf der Achse liegt (Fig. 20). — Ist
g einer Tafelebene parallel, so liegt in dieser ihr Spurpunkt unendlich fern, die Projektion auf die andere Tafelebene wird zur Achse
parallel. Z. B. folgt aus $g \parallel \Pi_1$, daß $g' \parallel g$ und $g'' \parallel x$ ist (Fig. 21).

Ist g zur Achse parallel, so sind es auch g' und g''; G_1 und G_2 liegen dann beide unendlich fern.

Sind umgekehrt die Projektionen g' und g'' der Geraden g gegeben, so findet man ihre Spurpunkte aus der Bemerkung, daß der Aufriß von G_1 mit dem Punkt $g'' \times x$ und der Grundriß von G_2 mit dem Punkt $g' \times x$ identisch ist.

· **31.** Die Projektion einer (unbegrenzten) Ebene E überdeckt im allgemeinen die betreffende Projektionsebene in ihrer ganzen Ausdehnung und eignet sich daher nicht zur Bestimmung von E. Ausgenommen ist der Fall, wo E auf der Projektionsebene senkrecht steht; die Orthogonalprojektion der Ebene reduziert sich dann auf eine Gerade und genügt zu ihrer Bestimmung. Im allgemeinen Falle dagegen kann zur Darstellung der Ebene entweder die Angabe dreier Punkte oder zweier Geraden derselben durch ihre Grund- und Aufrisse dienen. Am gebräuchlichsten ist es, die Ebene E durch die beiden Geraden

$$e_1 = E \times \Pi_1 \text{ und } e_2 = E \times \Pi_2$$

darzustellen, die man als ihre **erste** oder **Horizontalspur** und ihre **zweite** oder **Vertikalspur** bezeichnet (Fig. 22). Die Spuren treffen sich im **Achsenschnittpunkte** $E_x = E \times x$ und bestimmen E direkt als Verbindungsebene $e_1 e_2$. Ist E zur Achse parallel,· so sind es auch ihre Spuren e_1 und e_2 und E_x ist unendlich fern. Ist E einer Projektionsebene parallel, so liegt in dieser ihre Spur unendlich fern, in der anderen parallel zur Achse. Ist E zu einer Tafelebene normal, so steht in der anderen ihre Spur zur Achse senkrecht. Enthält E die Achse, so fallen

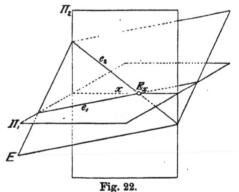

Fig. 22.

beide Spuren e_1 und e_2 mit dieser zusammen; zur Bestimmung der Ebene bedarf es dann noch der Angabe eines auf ihr liegenden Punktes außerhalb der Achse.

32. Die oben erwähnten speziellen Lagen einer Geraden oder einer Ebene, für die es nötig wird, von der gebräuchlichen Darstellung mittels Projektionen, bzw. Spuren in Π_1 und Π_2 abzuweichen, weil diese zur Bestimmung nicht genügen, können als Beispiele dafür angeführt werden, daß es unter Umständen sich empfiehlt, eine dritte Projektionsebene Π_3 einzuführen. Man legt dieselbe zumeist gegen Π_1 und Π_2, also auch gegen die x-Achse senkrecht und bezeichnet sie als Seitenrißebene (Kreuzriß). Die Geraden $y = \Pi_1 \times \Pi_3$ und $z = \Pi_2 \times \Pi_3$ bezeichnen wir auch als horizontale und vertikale Nebenachse. Der Punkt $O = \Pi_1 \times \Pi_2 \times \Pi_3$, in dem

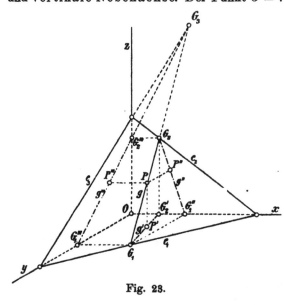

Fig. 23.

sich die drei Achsen rechtwinklig schneiden, heißt Ursprung. Von O aus werden auf jeder Achse die Strecken nach der einen Seite positiv, nach der anderen negativ gerechnet und zwar auf x nach rechts, auf y nach vorn, auf z nach oben in positivem Sinn.

33. Zu den bisherigen Darstellungselementen eines jeden Grundgebildes kommt nach Einführung von Π_3 noch je ein drittes Element neu hinzu: für den Punkt P die dritte Projektion oder der Seitenriß P''', sowie der dritte Abstand PP''' (welcher auf der rechten Seite von Π_3 positiv gerechnet wird), für eine Gerade g der Seitenriß g''' und der dritte Spurpunkt $G_3 = g \times \Pi_3$, für eine Ebene E endlich die dritte Spurlinie $e_3 = E \times \Pi_3$ (Fig. 23).

34. Die drei Ebenen Π_1, Π_2, Π_3 teilen den Raum in acht räumliche Ecken, sie selbst werden durch die Achsen x, y, z in je vier ebene Felder zerlegt. Zur Unterscheidung der möglichen Lagen eines Punktes hinsichtlich der acht Ecken dienen die Vorzeichen der drei Tafelabstände. Die Maßzahlen dieser Abstände bilden die rechtwinkligen Punktkoordinaten in der analytischen Geometrie des Raumes.

35. Es ist unmittelbar ersichtlich, daß in diesem Dreitafelsystem die Darstellung einer Geraden durch ihre Projektionen oder die einer Ebene durch ihre Spuren auch in den oben erwähnten Spezialfällen keine Unbestimmtheit mehr übrig läßt. Eine zur

Achse x senkrecht gerichtete, schneidende oder nicht schneidende (windschiefe) Gerade g, die durch ihre ersten beiden Projektionen g' und g'' nicht bestimmbar ist, wird durch eine derselben in Ver-

bindung mit der dritten (zu ihr selbst parallelen) Projektion g''' völlig bestimmt (Fig. 24). Eine die Achse x enthaltende Ebene E wird durch diese in Verbindung mit der dritten (durch den Ursprung gehenden) Spur e_3 bestimmt (Fig. 25).

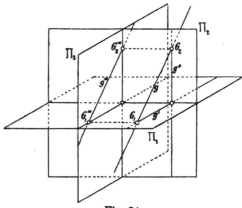

Fig. 24.

36. Im übrigen ist die Einführung einer dritten Projektionsebene (welche zudem den jeweiligen Bedingungen der Aufgabe entsprechend noch in anderer Weise gewählt werden kann) als eine der Hilfsmethoden zu betrachten, die wir in der Folge noch weiter zu entwickeln haben werden. Den Hauptbestandteil der

Methode der Orthogonalprojektion bildet die Benutzung des rechtwinkligen Zweitafelsystems oder das Grund- und Aufrißverfahren.

37. Die in der Horizontal- und Vertikalebene konstruierten Projektionen einer Raumfigur sollen jetzt in einer und derselben Zeichnungsebene zur Darstellung gebracht werden. Zu diesem Zwecke wählt man etwa

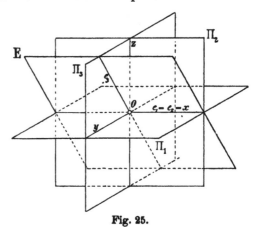

Fig. 25.

die Aufrißebene als Zeichnungsebene und denkt sich nach Ausführung der Projektionen die Horizontalebene durch Drehung um die Achse x mit der ersteren derart vereinigt, daß der vordere Teil der Grundrißebene (den wir als $+ \Pi_1$ bezeichnen wollen) in den unteren Teil der Aufrißebene ($- \Pi_2$), folglich zugleich der hintere

Teil der Grundrißebene (− Π_1) in den oberen Teil der Aufrißebene (+ Π_2) zu liegen kommt (Fig. 26).

Ist eine Seitenrißebene Π_3 zur Anwendung gekommen, so denkt man sich auch diese mit Π_2 vereinigt und zwar durch eine solche

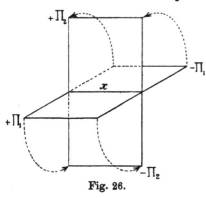

Fig. 26.

Drehung um die Achse z, daß die vordere Halbebene Π_3 die linke Halbebene Π_2 deckt. In Fig. 27a und 27b sind diejenigen Quadranten der drei Projektionsebenen, welche den oben, vorn und rechts gelegenen Raumoktanten begrenzen (in dem alle drei Tafelabstände eines Punktes P positiv sind) vor und nach ihrer Umlegung in die Bildebene dargestellt.

Durch die getroffenen (an sich willkürlichen) Festsetzungen über die Anordnung der verschiedenen Projektionen einer Figur in der Zeichnungsebene ist umgekehrt der Übergang von diesen zu ihrer Konstruktion im Raume eindeutig festgelegt.

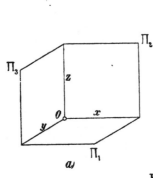
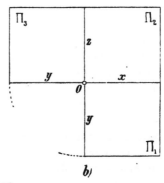

Fig. 27.

38. Zur leichteren Orientierung in den Figuren dient außer der Bezeichnung ihrer Punkte, Linien und Flächen durch Buchstaben die folgende Regel für das Zeichnen der Linien. In jeder Figur sind hauptsächliche und nebensächliche Linien zu unterscheiden; zu den ersteren gehören die bei der Problemstellung gegebenen und gesuchten Linien, sowie die Achse der Projektion, zu den letzteren die nur Konstruktionszwecken dienenden

Hilfslinien. Die Projektion einer jeden Hauptlinie wird voll ausgezogen, soweit letztere selbst im vorderen, oberen Raumquadranten liegt und sichtbar ist; andernfalls wird sie punktiert. Nebenlinien werden — ob sichtbar oder unsichtbar — gestrichelt oder strichpunktiert. Für die Beurteilung der Sichtbarkeit ist zu bemerken, daß alle vorkommenden Flächen, ebenso wie die Projektionstafeln als undurchsichtig gelten, daß ferner die Sehrichtung den projizierenden Strahlen in ihrer ursprünglichen Lage folgt und zwar für Π_1 von oben nach unten, für Π_2 von vorn nach hinten.

Bei der Abbildung allseitig begrenzter Objekte denkt man sich diese zweckmäßig ganz in dem oberen, vorderen Raumquadranten gelegen, wodurch die Darstellung an Übersichtlichkeit gewinnt.

Darstellung der Grundgebilde: Punkt, Gerade, Ebene in verschiedenen Lagen.

Wir nehmen die oben geforderte Umlegung der einen Projektionsebene in die andere als vollzogen an und betrachten alle möglichen Lagen von Punkten, Geraden und Ebenen gegen das ursprüngliche System und die entsprechende Anordnung ihrer Projektionen resp. Spuren in der Zeichnungsebene.

39. Der Punkt. Die Projektionen P' und P'' eines Punktes P liegen in einer zur Achse senkrechten Geraden (Fig. 28). Umgekehrt bilden je zwei Punkte P' und P'', deren Verbindungslinie zur Achse senkrecht ist, die beiden Projektionen eines Raumpunktes P. Aus einer derselben wird P mittels seines senkrechten Abstandes von der betreffenden Tafel konstruiert. Der Punkt P liegt senkrecht über P' im Abstand $PP' = P''P_x$, oder senkrecht vor P'' im Abstand $PP'' = P'P_x$.

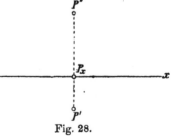

Fig. 28.

P liegt über, auf oder unter Π_1, je nachdem P'' oberhalb, auf oder unterhalb der Achse liegt, und befindet sich zugleich vor, auf oder hinter Π_2, je nachdem P' unterhalb, auf oder oberhalb der Achse liegt. Die so unterschiedenen Lagen eines Punktes sind in Fig. 29 dargestellt. Die Punkte P_1, P_3, P_7, P_9 gehören resp. dem oben vorn, unten vorn, oben hinten, unten hinten liegenden Raumquadranten, die Punkte P_2, P_4, P_6, P_8,

resp. der Halbebene $+\Pi_1$, $+\Pi_2$, $-\Pi_2$, $-\Pi_1$, endlich P_5 der Achse x an.

40. Aus den beiden ersten Projektionen P' und P'' eines Punktes P leitet man die dritte P''' mit Hilfe der

Fig. 29.

Fußpunkte P_y und P_z der von P''' auf die Nebenachsen y und z gefällten Perpendikel ab (Fig. 30). Mit Rücksicht auf den in jeder Achse festgesetzten Sinn der von O ausgehenden Strecken stimmen

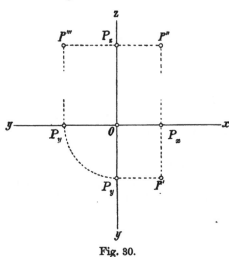

OP_z und OP_y nach Größe und Vorzeichen mit dem ersten und zweiten Tafelabstand des Punktes P, d. h. mit $P_x P''$ und $P_x P'$ überein. OP_x ist der dritte Tafelabstand.

41. Den geometrischen Ort aller Punkte des Raumes, die von beiden Projektionsebenen gleiche Abstände haben, bilden zwei die Achse enthaltende Ebenen, welche die von den Tafeln gebildeten rechten Winkel halbieren und deshalb Halbierungsebenen heißen.

Fig. 30.

Die beiderlei Projektionen der Punkte in der ersten Halbierungsebene H_1, welche durch den oben vorn und den unten hinten liegenden Raumquadranten geht, liegen nach Vereinigung der Tafeln symmetrisch zur Achse, die Projektionen der Punkte in der zweiten Halbierungsebene H_2 fallen zusammen.

42. **Die Gerade.** **Die Projektionen g' und g'' einer Geraden g sind zwei gerade Linien, deren Punkte paarweise als die beiden Projektionen eines Raumpunktes zusammengehören und auf zur Achse senkrechten Geraden liegen.** Hieraus folgt: Falls eine der Projektionen zur Achse rechtwinklig steht (also g in einer Normalebene zu x liegt), fallen beide Projektionen in die nämliche Gerade. Steht die Gerade auf einer Projektionsebene senkrecht, so ist die eine Projektion ein Punkt und die andere eine Senkrechte zur x-Achse durch diesen Punkt. Umgekehrt können je zwei (getrennte oder zusammenfallende) Gerade g' und g'', sofern nur keine von ihnen auf der Achse senkrecht steht, als die beiden Projektionen einer bestimmten Geraden g des Raumes betrachtet werden, die man nach dem Früheren als Schnitt der durch g' und g'' gelegten projizierenden Ebenen erhalten kann.

43. Jeder der beiden Spurpunkte von g fällt mit seiner gleichnamigen Projektion zusammen, während die

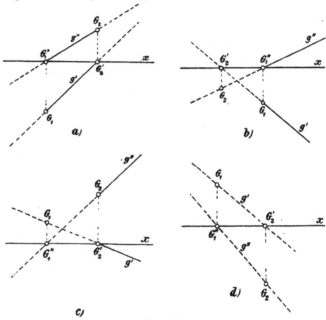

Fig. 31.

ungleichnamige auf der Achse liegt. Demnach findet man G_1 auf g', indem man auf der Achse in ihrem Schnittpunkt mit g'' eine Normale errichtet; analog findet sich G_2. Umgekehrt sind durch die Spuren G_1 und G_2 die Fußpunkte G_1'' und G_2' der von ihnen auf die Achsen gefällten Lote und die Projektionen von g als die Verbindungslinien $g' = G_1 G_2'$ und $g'' = G_2 G_1''$ bestimmt. Die von den Spurpunkten begrenzte Strecke $G_1 G_2$ der Geraden g kann in jedem der von den Tafeln gebildeten Raumquadranten liegen. Diese vier Lagen der Geraden sind in den Figuren 31 a, b, c, d dar-

3*

gestellt. Ist in einer der Tafeln die Projektion von g der Achse parallel, so liegt in der anderen der Spurpunkt unendlich fern, folglich ist g selbst letzterer parallel. Mit g' und g'' wird zugleich g

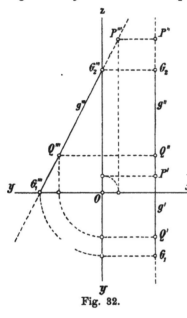

Fig. 32.

der Achse parallel. Die Darstellung solcher Spezialfälle durch Figuren ist dem Leser überlassen.

Besonders mag der Satz hervorgehoben werden: Ist eine Gerade zu einer Projektionsebene parallel bez. senkrecht, so ist ihre Projektion auf die andere zur Achse parallel bez. senkrecht.

Liegen g' und g'' symmetrisch zur Achse, so ist dies auch für die beiden Projektionen eines jeden Punktes der Geraden g der Fall; letztere fällt daher in die erste Halbierungsebene H_1. Fallen g' und g'', mithin Grundriß und Aufriß eines jeden Punktes von g aufeinander, so gehört g der zweiten Halbierungsebene H_2 an.

44. Eine senkrecht zur Achse gezogene Gerade tritt nur als Projektion einer rechtwinklig zu x gerichteten Geraden g auf und deckt sich daher mit ihren beiden Projektionen g' und g''. Durch

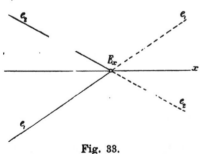

Fig. 33.

die Annahme, daß g' und g'' in eine gegebene Vertikale fallen, wird aber lediglich die g enthaltende Normalebene zur Achse fixiert; es bleibt also noch die Lage von g in dieser Ebene zu bestimmen. Hierzu kann die zu g parallele Seitenprojektion g''' dienen, deren Verzeichnung gemäß der früher für die Umlegung der Seitenrißebene Π_3 in die Zeichnungsebene gegebenen Vorschrift erfolgt. Die Spurpunkte G_1 und G_2 findet man auf $g' = g''$, wenn man in den Schnittpunkten von g''' mit den Nebenachsen y und z Normale zu diesen errichtet (Fig. 32). — Bei direkter Angabe von G_1 und G_2 wird der Seitenriß g'''

im allgemeinen entbehrlich; nur wenn G_1 und G_2 in einen Punkt der Achse zusammenfallen, also g diese selbst schneidet, ist g''' unumgänglich. — Wenn im besonderen einer der Spurpunkte G_1 und G_2 unendlich fern liegt, steht g im anderen auf der bez. Tafelebene senkrecht; die eine Projektion ist ihr Spurpunkt, ihre beiden anderen Projektionen sind wie g selbst zu einer Nebenachse parallel. — Mit Hilfe des Seitenrisses g''' wird die Aufgabe gelöst: von einer als Verbindungslinie zweier Punkte P und Q gegebenen Geraden g die Spuren

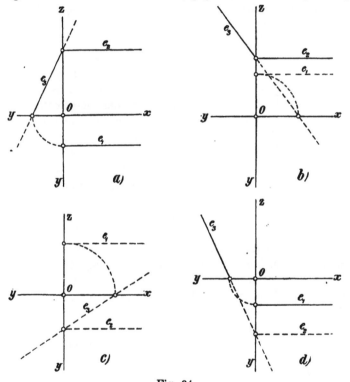

Fig. 34.

zu konstruieren, wenn die Projektionen P', P'', Q', Q'', in einer Senkrechten zur Achse x liegen. Man sucht zuerst P''' und Q''', sodann zieht man den Seitenriß $g''' = P''Q'''$ und findet mit seiner Hilfe G_1 und G_2.

45. Die Ebene. Die Spuren e_1 und e_2 einer Ebene E sind zwei Gerade, die sich in einem Punkte E_x der Achse schneiden. Ist E der Achse parallel, so sind es auch e_1 und e_2. Umgekehrt dürfen je zwei sich auf der Achse schneidende oder zu ihr parallele Gerade e_1 und e_2 als Spuren einer Ebene angenommen werden. Schneiden sich die Spuren in einem erreichbaren Punkte der Achse (Fig. 33), so bilden sie in der Ebene E selbst vier Winkelfelder, deren Punkte je einem Quadranten des Raumes angehören. Ist e_1 zur Achse senkrecht, so ist E zu Π_2 normal; ist dagegen e_2 rechtwinklig zur Achse, so steht E zu Π_1 senkrecht; findet beides gleichzeitig statt, so ist E normal zur Achse. In diesen drei Fällen sind in E selbst die Spuren zueinander rechtwinklig. Sind beide Spuren zur Achse parallel, so gilt dies auch von E und umgekehrt. E zerfällt dann durch e_1 und e_2 in drei, je in einem Raumquadranten verlaufende Parallelstreifen; der vierte Quadrant enthält überhaupt keinen Punkt von E. Die Figuren 34a,b,c,d

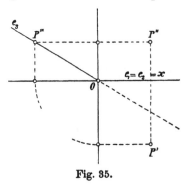

Fig. 35.

entsprechen den hierbei möglichen Fällen. Um die Lage von E deutlicher zu machen, ist jedesmal außer e_1 und e_2 in der umgelegten Seitenrißebene die dritte Spur e_3 mitgezeichnet. — Fallen die beiden ersten Spuren e_1 und e_2 in die Achse zusammen, so ist die Angabe der dritten Spur e_3 (die den Ursprung enthält) zur Bestimmung von E erforderlich. Da e_3 in diesem Falle nicht nur die dritte Spur, sondern zugleich die dritte Projektion von E darstellt, so verbindet dieselbe die dritte Projektion eines beliebig auf E gegebenen Punktes P mit dem Ursprung O, also $e_3 = OP'''$ (Fig. 35). — Ist E zu einer Projektionsebene parallel, so ist ihre Spur in dieser unendlich fern und in der anderen parallel zur Achse.

Es gilt hiernach der Satz: **Ist eine Ebene zu einer Projektionsebene parallel bez. senkrecht, so ist ihre Spur in der andern zur Achse parallel bez. senkrecht.**

Punkte, Gerade und Ebenen in vereinigter Lage. Verbindungs und Schnittelemente. Parallelismus.

46. Aus der Entwickelung der Darstellungsmethode für Punkte, Gerade und Ebenen folgen eine Reihe allgemeiner Sätze.

Die Projektionen eines Punktes P liegen auf den gleichnamigen Projektionen jeder durch ihn gehenden Geraden g.

Die Spurlinien einer Ebene E enthalten die gleichnamigen Spurpunkte jeder auf ihr liegenden Geraden g.

47. Schneiden sich zwei Gerade g und h, so sind die Projektionen P' und P'' des Schnittpunktes P die Schnittpunkte $g' \times h'$ und $g'' \times h''$ der gleichnamigen Projektionen der Geraden, folglich ist ihre Verbindungslinie zur Achse

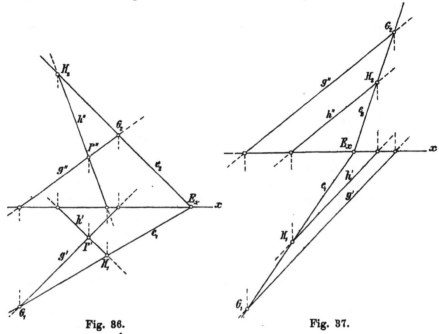

Fig. 86.   Fig. 37.

senkrecht (Fig. 36 und 38). — Sind zwei Gerade parallel, so sind ihre gleichnamigen projizierenden Ebenen und folglich ihre gleichnamigen Projektionen parallel (Fig. 37). Im besonderen können sich zwei gleichnamige Projektionen paralleler Geraden auf Punkte reduzieren.

Liegen zwei Gerade g und h in einer Ebene E, so sind ihre Spuren e_1 und e_2 die Verbindungslinien $G_1 H_1$ und $G_2 H_2$ der gleichnamigen Spurpunkte der Geraden, und folglich müssen diese sich in einem Punkte E_x der Achse schneiden (Fig. 36 und 37), oder ihr beide parallel sein (Fig. 38).

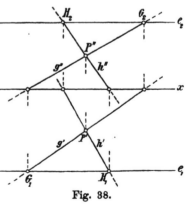

Fig. 38.

Aus der Umkehrung der letzten Sätze folgt:

48. Liegen die Schnittpunkte der gleichnamigen Projektionen zweier Geraden auf einer Senkrechten zur Achse, so schneiden sich die Geraden; sind die gleichnamigen Projektionen parallel, so sind es auch die Geraden selbst. Zwei Gerade, deren Projektionen keine dieser beiden Voraussetzungen erfüllen, sind windschief (haben keinen Punkt gemein).

Schneiden sich die Verbindungslinien der gleichnamigen Spurpunkte zweier Geraden in einem Punkte der Achse, oder sind sie beide zur Achse parallel, so liegen die Geraden in einer Ebene. Zwei Gerade, deren Spurpunkte keiner dieser beiden Bedingungen genügen, sind windschief (haben keine Verbindungsebene).

Die beiden letzten Kriterien sind einander äquivalent, insofern je zwei sich schneidende oder parallele Gerade eine Ebene bestimmen, resp. je zwei in einer Ebene liegende Gerade einen erreichbaren oder unendlich fernen Punkt gemeinsam haben.

49. Es gibt einige besondere Lagen der beiden betrachteten Geraden gegen das Tafelsystem, bei denen die Voraussetzungen des einen oder anderen der Sätze in 48 für die ersten und zweiten Projektionen oder Spurpunkte an sich erfüllt sind, ohne daß daraus die Existenz eines Schnittpunktes und einer Verbindungsebene geschlossen, bez. diese selbst nach einem der vorausgehenden Sätze direkt gezeichnet werden könnten. Hierzu kommt, daß gegebenen Falles die Schnitt- und Spurpunkte zum Teil außerhalb der Zeichnungsfläche fallen können, so daß keines der beiden Kriterien in 48 direkt anwendbar ist. In allen diesen Fällen bedarf es geeigneter Hilfskonstruktionen.

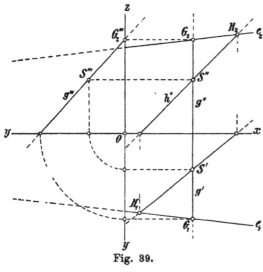

Fig. 39.

50. Liegt eine der Geraden, etwa g, in einer Normalebene N zur Achse, so wird sie von der anderen h getroffen, wenn der

Schnittpunkt $S = h \times N$ auf g, also S''' auf g''' liegt (Fig. 39); oder —
falls ihre Spurpunkte gegeben sind — wenn sich $G_1 H_1$ und $G_2 H_2$ auf
der Achse x schneiden; andernfalls sind g und h windschief. Ist
der Schnittpunkt auf der Achse x nicht erreichbar, wie in der Figur,
so wird man den Seitenriß zu Hilfe nehmen. — Liegen beide
Gerade in derselben Normalebene zur Achse, so schneiden sie sich
oder sind parallel, je nachdem dies bei ihren dritten Projektionen
g''' und h''' der Fall

ist. — Schneidet g die
Achse in G, so ver-
binde man einen be-
liebigen Punkt P auf
g mit einem Punkte Q
auf h durch eine Ge-
rade i und suche ihre
Spurpunkte, sowie die
Spurlinien der Ebene
$E = h\,i$. Fällt der
Achsenschnittpunkt
$E_x = e_1 \times e_2$ der letzteren mit G zusammen,
so geht sie zugleich
durch g (Fig. 40);
andernfalls gibt es
keine gemeinsame
Ebene durch g und

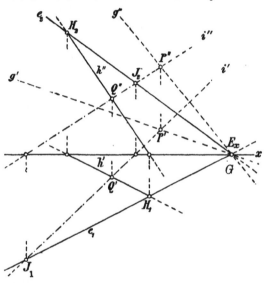

Fig. 40.

h. — Eine die beiden gegebenen Geraden g und h schneidende
Hilfsgerade i wird auch in dem Falle benutzt, wenn g und h die
Achse in getrennten Punkten schneiden. Sollen beide in einer
Ebene E liegen, so muß auch i die Achse treffen; ihre Seitenspur
e_3 deckt sich dann mit den zusammenfallenden Seitenrissen g''' und h'''.

Im Interesse der Genauigkeit der Zeichnung werden die hier be-
sprochenen Konstruktionen auch öfters verwendet, wo es theoretisch
nicht nötig wäre. Ist z. B. die Gerade h beliebig, liegen aber die Spurpunkte von g nahe bei der Achse, so können die beiden Geraden
windschief sein und gleichwohl können die Geraden $G_1 H_1$ und $G_2 H_2$
die Achse in so benachbarten Punkten schneiden, daß man sie in
der Zeichnung nicht mit Sicherheit als getrennt bestimmen kann.

**51. Parallele Ebenen haben in jeder Tafel parallele
Spurlinien.** Umgekehrt folgt aus dem Parallelismus der
gleichnamigen Spuren zweier Ebenen, daß diese selbst

parallel sind. Hierbei genügt es im allgemeinen die ersten und zweiten Spuren zu betrachten; nur wenn diese sämtlich zur Achse parallel laufen, sind noch die Spuren in irgend einer Hilfsebene, z. B. der Seitenrißebene, als unter sich parallel festzustellen.

52. Die in einer Ebene E parallel zur ersten oder zweiten Tafel und folglich auch parallel zu den gleichnamigen Spuren gezogenen Geraden heißen erste oder zweite *Hauptlinien (Streichlinien)* von E. Die eine Projektion einer Hauptlinie ist parallel zur gleichnamigen Spur (und zu ihr selbst), die andere zur Achse. Die Hauptlinien vertreten oft bei Konstruktionen die Spuren; letztere sind Hauptlinien von spezieller Lage.

53. Wie zu einer Projektion eines auf gegebener Ge-

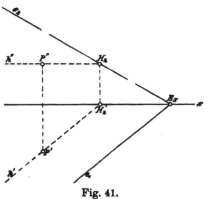

Fig. 41.

raden g gelegenen Punktes die andere Projektion, oder zu einer Spur einer durch g gehenden Ebene E die andere Spur gefunden wird, ist aus dem Vorhergehenden unmittelbar zu entnehmen. Die Aufgaben: Aus *einer* Projektion eines Punktes P und den beiden Spuren einer ihn enthaltenden Ebene E die *andere* Projektion, sowie aus *einer* Spur von E und beiden Projektionen des auf ihr liegenden Punktes P die *andere* Spur zu finden, werden auf folgende Art gelöst. Man ziehe (Fig. 41) durch P' eine Gerade h' parallel zu e_1; diese stellt den Grundriß einer ersten Hauptlinie von E dar, deren Aufriß h'' parallel zur Achse durch den Spurpunkt H_2 auf e_2 geht ($H_2' = h' \times x$, $H_2'H_2 \perp x$); P'' liegt dann auf h''. — Im anderen Falle sei neben P' und P'' die Spur e_1 gegeben. Man lege auch hier eine erste Hauptlinie h durch P, ziehe also h' durch P' parallel zu e_1 und h'' durch P'' parallel zu x; dann liegt H_2 senkrecht über $h' \times x$ und die gesuchte Spur e_2 verbindet H_2 und E_2. — Statt der Hauptlinie h kann man in beiden Fällen auch eine beliebige in E durch P gezogene Gerade benutzen. Zieht man z. B. i' durch P' parallel x, so ist $J_1 = i' \times e_1$ der erste Spurpunkt einer in E liegenden Geraden i. Der zu J_1 gehörige Aufriß liegt auf der Achse, durch diesen zieht man i''

und zwar im ersten Falle parallel zu e_2 und im zweiten durch P'', woraus sich dann entweder P'' oder e_2 ergibt.

Auf Grund der angeführten Sätze können eine Reihe von Fundamentalaufgaben gelöst werden, die sich darauf beziehen: Punkte, Gerade und Ebenen durch ihre Projektionen resp. Spuren darzustellen, wenn dieselben ursprünglich auf andere Weise definiert sind.

54. Die Verbindungslinie g zweier Punkte P und Q. Sind P und Q endliche Punkte, so hat man nur $g' = P'Q'$ und $g'' = P''Q''$ zu ziehen. — Liegt einer der Punkte, etwa Q, unendlich fern, d. h. bildet er die Richtung einer gegebenen Geraden q, so lautet die Aufgabe: Eine Gerade g parallel zu einer Geraden q

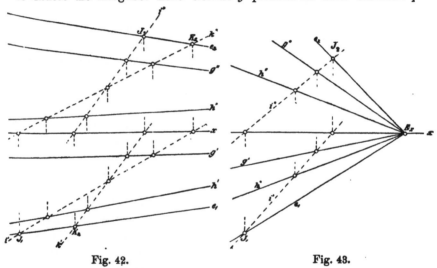

Fig. 42.   Fig. 43.

durch einen Punkt P zu legen. Hier zieht man g' parallel zu q' durch P' und g'' parallel q'' durch P''.

55. Die Verbindungsebene E zweier sich schneidender oder paralleler Geraden g und h. Aus den Projektionen von g und h findet man zuerst deren Spurpunkte G_1, G_2, H_1, H_2, hierauf die Spuren der Verbindungsebene $E = gh$ als $e_1 = G_1 H_1$ und $e_2 = G_2 H_2$ (Fig. 36, 37 u. 38). — Liegen die Spurpunkte teilweise oder sämtlich außerhalb der Zeichnungsfläche, so benutzt man zwei Hilfsgeraden i und k (Fig. 42), die g und h gleichzeitig schneiden, bestimmt deren Spurpunkte J_1, J_2, K_1, K_2 und erhält hierauf die Spuren der Verbindungsebene $E = gh = ik$ als $e_1 = J_1 K_1$ und $e_2 = J_2 K_2$. Eventuell genügt schon eine Hilfsgerade i. — Ähnlich kann man verfahren, wenn sich die gegebenen Geraden auf der Achse in E_2

schneiden. Man zieht eine beide Gerade schneidende Hilfsgerade i in beiden Projektionen und verbindet ihre Spurpunkte J_1 und J_2 mit E_x (Fig. 43). Diese Verbindungslinien stellen die Spuren e_1 und e_2 der Verbindungsebene $E = gh$ dar. Auf dieselbe Weise kommt man zum Ziele, wenn E_x unendlich fern liegt, also g und h beide zur Achse parallel laufen.

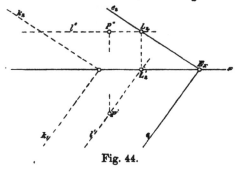

Fig. 44.

56. Wird die Verbindungsebene E eines Punktes P und einer Geraden k gesucht, so wähle man auf k einen Hilfspunkt Q nach Willkür, ziehe die Gerade $i = PQ$ in beiden Projektionen und bestimme wie oben $E = ik$. Insbesondere kann man die Hilfsgerade i durch P zu k parallel annehmen. — Ist k eine unendlich ferne Gerade, d. h. die Stellung einer Ebene K so ist die Aufgabe: Durch einen Punkt P eine Parallelebene E zu K zu legen. Die Spuren und also auch die Hauptlinien von E sind parallel zu den Spuren von K. Zieht man also l' parallel zu k_1 durch P' und l'' parallel zu x durch P'', so ist l eine erste Hauptlinie von E (Fig. 44). Durch ihren zweiten Spurpunkt L_2 geht dann e_2 parallel zu k_2 und durch $E_x = e_2 \times x$ geht e_1 parallel k_1.

57. Ist die Verbindungsebene E dreier Punkte A, B, C durch deren Projektionen $A', B', C', A'', B'',$

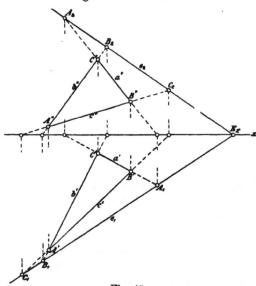

Fig. 45.

C'' gegeben (Fig. 45), so sind zugleich die Projektionen der drei auf E liegenden Geraden $a = BC$, $b = CA$, $c = AB$ bekannt. Man kann ihre Spurpunkte aufsuchen und erhält die Spuren e_1 und e_2

der gesuchten Ebene wiederum als deren Verbindungslinien ($e_1 = A_1 B_1 C_1$, $e_2 = A_2 B_2 C_2$).

Die Parallelebene E zu einer Geraden g durch eine Gerade h zu legen erscheint als ein spezieller Fall der voran-
stehenden Aufgabe, indem einer der drei Punkte ins Unendliche rückt. Man ziehe durch einen beliebigen Punkt P auf h eine Parallele i zu g, wobei man der Einfachheit halber i' mit g' zusammenfallen lassen kann ($g' \times h' = P'$, P'' auf h'', $i'' \| g''$ durch P'').

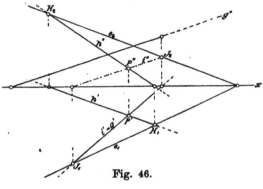

Fig. 46.

Die Spuren der Ebene E verbinden alsdann die gleichnamigen Spurpunkte der Geraden h und i; man hat also $e_1 = J_1 H_1$ und $e_2 = J_2 H_2$ (Fig. 46).

Einen weiteren Spezialfall bildet die Aufgabe: Durch einen

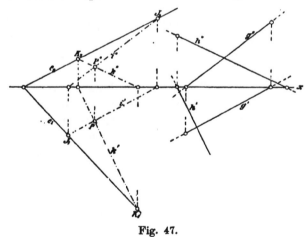

Fig. 47.

Punkt P eine Ebene E parallel zu zwei gegebenen Geraden g und h zu legen. Zieht man durch P' die Parallelen i' und k' resp. zu g' und h', ebenso durch P'' die Parallelen i'' und k'' resp. zu g'' und h'', so sind i und k zwei Gerade durch P und resp. zu g und h parallel, welche die gesuchte Ebene E bestimmen. Ihre Spuren sind $e_1 = J_1 K_1$ und $e_2 = J_2 K_2$ (Fig. 47).

58. Die Schnittlinie g zweier Ebenen **A** und **B**. Man findet die Spurpunkte von g als Schnittpunkte der gleichnamigen Spurlinien der gegebenen Ebenen (Fig. 48 a), nämlich $G_1 = a_1 \times b_1$, $G_2 = a_2 \times b_2$, weiter durch Lote auf die Achse G_1'' und G_2', schließlich die Projektionen der Schnittlinie $g' = G_1 G_2'$ und $g'' = G_1'' G_2$. — Sind zwei gleichnamige Spuren der Ebenen, etwa a_1 und b_1, parallel, so ist auch die Schnittlinie g zu ihnen parallel (Fig. 48 b);

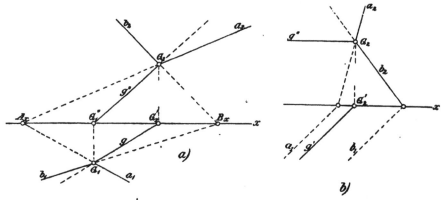

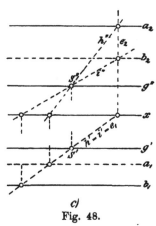

c)

Fig. 48.

daher ist g'' parallel zur Achse durch $G_2 = a_2 \times b_2$ und g' parallel zu a_1 durch G_2' zu ziehen. —. Sind beide Ebenen, also auch ihre Spuren, sowie die Schnittlinie g zur Achse parallel, so schneide man sie mit einer beliebigen Hilfsebene **E**, die man etwa senkrecht zum Grundriß annehmen kann. Von den Schnittlinien $h = $ **A** $\times$ **E** und $i = $ **B** $\times$ **E** fallen die ersten Projektionen mit e_1 zusammen (Fig. 48 c); aus den zweiten Projektionen ergibt sich der Aufriß ihres Schnittpunktes $S = h \times i$ und aus ihm der Grundriß auf e_1. Die Projektionen g' und g'' der gesuchten Schnittgeraden sind nun durch S' resp. S'' parallel zur Achse zu ziehen.

59. Liegen die Spurpunkte $G_1 = a_1 \times b_1$ und $G_2 = a_2 \times b_2$ der Schnittlinie $g = $ **A** $\times$ **B** außerhalb der Zeichnungsfläche (Fig. 49), so lege man eine Hilfsebene **Γ** parallel zu einer der gegebenen Ebenen, etwa zu **B**, so daß ihre Spuren c_1 und c_2 diejenigen von **A** in erreichbaren Punkten H_1 und H_2 schneiden. Dann zeichne man die Schnittlinie $h = \mathsf{A} \times \Gamma$ in Grund- und Aufriß und suche auf der Achse die Punkte $G_2{}'$ und $G_1{}''$, durch welche die Projektionen g' und g'' resp.

zu h' und h'' parallel zu ziehen sind. Zur Konstruktion von $G_2{}'$ und $G_1{}''$ dient aber die Bemerkung, daß $A, C, H_1, H_1{}'', H_2, H_2{}'$ und $A, B, G_1, G_1{}'', G_2, G_2{}'$ entsprechende Punkte zweier ähnlicher und ähnlich liegender Figuren sind, folglich A ihr Ähnlichkeitszentrum ist. Zieht man daher durch A einen beliebigen Strahl r, welcher b_2 und c_2 in B' und C' schneiden mag, so sind $B'G_1{}''$ und $B'G_2{}'$ resp. zu $C'H_1{}''$ und $C'H_2{}'$ parallel und demgemäß $G_2{}'$ und $G_1{}''$ bestimmbar.

60. Schneiden sich die gegebenen Ebenen A und B in einem Punkte A der Achse (Fig. 50), so benutzt man am einfachsten eine senkrecht zum Grundriß (oder Aufriß) gestellte Hilfsekene Γ. Zuerst sucht man ihre Schnittlinien h und i mit A und B ($h' = i'' = c_1$), dann ist $S = h \times i$ ein Punkt der Schnittgeraden g. Demnach verbindet g'' den Punkt A mit $S'' = h'' \times i''$ und g' den Punkt A mit S' (S' auf c_1).

Aus dem Folgenden (62) ergibt sich eine einfache Konstruktion der Schnittlinie g zweier Ebenen A und B, wenn diese je durch ein Dreieck oder — was wesentlich auf dasselbe hinauskommt — durch je zwei Gerade gegeben sind.

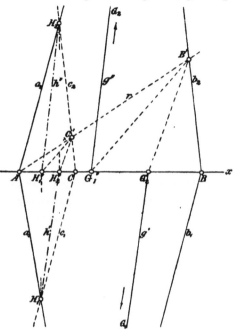

Fig. 49.

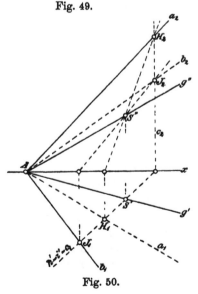

Fig. 50.

61. Der Schnittpunkt P einer Ebene E und einer Geraden k. Um $P = \mathsf{E} \times k$ zu bestimmen, lege man eine beliebige

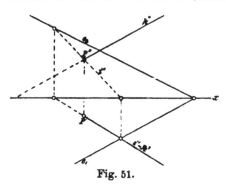

Hilfsebene K durch k, zeichne die Schnittlinie $i = \mathsf{K} \times \mathsf{E}$, dann ist $P = k \times i$. Insbesondere kann man die Ebene K senkrecht zum Grundriß wählen, so daß ihre erste Spur mit k' zusammenfällt und ihre zweite Spur senkrecht zur Achse wird (Fig. 51); dann ist $P'' = i'' \times k''$ und P' liegt senkrecht darunter auf $k' = i'$.

Fig. 51.

Ist die Ebene E durch ein Dreieck ABC mit den Seiten $AB = c$, $BC = a$, $CA = b$ gegeben, so denke man sich wiederum durch k eine vertikale Hilfsebene gelegt, welche die Dreiecksebene in einer Geraden i schneidet, diese trifft dann die Gerade k in dem gesuchten Punkte $P = k \times i$ (Fig. 52).

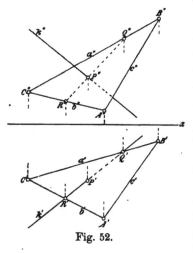

Die Gerade i, deren Grundriß i' sich mit k' deckt, mag die Seiten a und b in Q und R schneiden, also $Q' = a' \times i'$ und $R' = b' \times i'$, ferner Q'' auf a'' und R'' auf b''. Hiermit ist $i'' = Q''R''$ und auch $P'' = i'' \times k''$ gefunden, der zugehörige Grundriß P' liegt senkrecht darunter auf k'. — Die gleiche Konstruktion führt auch zum Ziel, wenn die Ebene E durch zwei parallele Gerade bestimmt ist.

62. Auf Grund des soeben erklärten Verfahrens wird auch die Schnittlinie g der Ebenen zweier gegebener Dreiecke ABC

Fig. 52.

und DEF gefunden. Man suche nämlich ganz wie vorher die Schnittpunkte P und Q der Seiten $d = EF$ und $e = DF$ des zweiten Dreiecks mit der Fläche des ersten Dreiecks, dann ist $g'' = P''Q''$ und $g' = P'Q'$ (Fig. 53). — Zur Darstellung des Schnittpunktes dreier Ebenen, $P = \mathsf{A} \times \mathsf{B} \times \mathsf{\Gamma}$, konstruiere man zuerst die Schnittlinien $g = \mathsf{A} \times \mathsf{B}$ und $h = \mathsf{B} \times \mathsf{\Gamma}$ zweier Ebenenpaare und aus diesen den gemeinsamen Punkt $P = g \times h$ nach einer der angeführten Methoden.

63. Für die Schnittpunkte S und T einer Geraden g mit den beiden Halbierungsebenen H_1 und H_2 mag beiläufig eine einfache Konstruktion angegeben werden, die sich aus den besonderen Eigenschaften der letzteren ergibt (vergl. 41). Der Grundriß S' und Aufriß S'' liegen auf g' bez. g'' symmetrisch zur Achse (Fig. 54); hieraus folgt, daß sie der durch $M = G_1 G_2 \times x$ gezogenen Normalen zur Achse angehören, was zu ihrer Konstruktion dient. In der Tat hat man: $S''M : G_2 G_2'$ $= G_1''M : G_1''G_2' = G_1 S' : G_1 G_2'$ $= MS' : G_2 G_2'$, d. h. $S''M = MS'$. Die beiden Projektionen T' und T'' von T liegen im Schnittpunkt $g' \times g''$ vereinigt.

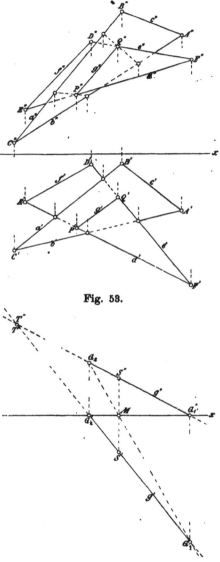

Fig. 53.

64. Durch einen Punkt P die gemeinsame Sekante s zweier Geraden g und h zu ziehen. Man konstruiere die Ebene $E = Pg$, schneide sie mit h in R, dann ist PR die gesuchte Sekante, die auch g in einem Punkte Q schneidet, da sie mit g in der gemeinsamen Ebene E liegt. Bei Ausführung der Konstruktion (Fig. 55) zeichne man zuerst in beiden Projektionen die Parallele i zu g durch P und betrachte E als durch die parallelen

Fig. 54.

Geraden g und i gegeben, so daß der Schnittpunkt $R = h \times gi$ nach 61 konstruiert werden kann. — Ist P ein unendlich ferner

Punkt, d. h. ist die **R i c h t u n g** der gemeinsamen Sekante *s* von *g* und *h* gegeben, so ziehe man in dieser Richtung durch irgend einen Punkt von *g* eine Gerade *i* und schneide wiederum die Ebene E = *gi* mit *h* in *R*. Die durch *R* gezogene Parallele zu *i* ist die fragliche gemeinsame Sekante.

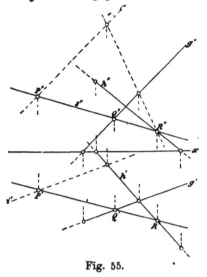

Fig. 55.

65. Auf Grund der vorangehenden Entwickelungen kann leicht entschieden werden, ob **drei Punkte in einer Geraden oder vier Punkte in einer Ebene liegen, ob drei Ebenen durch eine Gerade oder vier Ebenen durch einen Punkt gehen, ob eine Gerade zu einer Ebene parallel liegt** und dergleichen mehr.

Gerade und Ebenen in rechtwinkliger Stellung. Abstände und Winkel. Die Umlegung in eine Tafel und die Drehung um die Parallele zu einer Tafel.

66. Die Grundlage unserer nächsten Entwickelungen bildet folgender Satz:

Ist ein Schenkel eines rechten Winkels zu einer Tafel parallel, so ist auch seine orthogonale Projektion auf dieselbe ein rechter Winkel. Sind nämlich *g* und *h* die Schenkel, und ist $g \parallel \Pi_1$ und *l* das Lot aus dem Scheitel des Winkels auf Π_1, so ist $g \perp l$; da zugleich $g \perp h$, so ist auch $g \perp hl$ und ebenso $g' \perp hl$, da $g' \parallel g$ ist. Wenn aber g' auf der Ebene hl senkrecht steht, ist sie zu jeder in der Ebene liegenden Geraden rechtwinklig, also auch zu der Geraden $h' = hl \times \Pi_1$. — Offenbar kann der Satz in der allgemeineren Form ausgesprochen werden. **Zwei normal zueinander gerichtete (windschiefe oder sich schneidende) Gerade *g* und *h* haben zueinander rechtwinklige Projektionen, wenn eine von ihnen zu der betreffenden Projektionsebene parallel ist.**

67. Hieraus folgt weiter: **Steht eine Gerade *g* auf einer Ebene E senkrecht, so sind ihre Projektionen zu den gleichnamigen Spuren der Ebene rechtwinklig.** Es ist nämlich g, wie zu allen Geraden der Ebene E, so insbesondere zu ihren Spuren e_1 und e_2 normal, also nach dem vorigen Satze $g' \perp e_1$ und $g'' \perp e_2$.

68. Die in einer Ebene E rechtwinklig zu ihren ersten (zweiten) Hauptlinien gezogenen Geraden werden als erste (zweite) *Falllinien* bezeichnet, insofern sie unter allen Geraden von E die größte Neigung (oder den stärksten Fall) gegen die bezügliche Tafel haben. Die eine Projektion einer Falllinie steht senkrecht auf der gleichnamigen Ebenenspur, was unmittelbar aus dem Satze in 66 folgt.

Dies vorausgeschickt, können wir zur Besprechung der in der Überschrift dieses Abschnittes bezeichneten Fundamentalaufgaben und der zu ihrer Lösung erforderlichen besonderen Methoden übergehen.

69. Das aus einem Punkte P auf eine Ebene E gefällte Lot l wird nach 67 gefunden, indem man seine Projektionen l' und l''

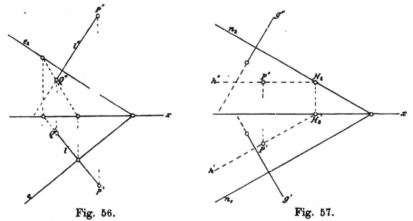

Fig. 56.   Fig. 57.

resp. durch P' und P'' und senkrecht zu e_1 und e_2 zieht. Sein Fußpunkt Q ergibt sich als Schnittpunkt $l \times E$ nach dem früher (61) entwickelten Verfahren (Fig. 56). Ein anderer Weg zur Darstellung, auf dem man zugleich die Länge des Lotes oder Abstandes $(P \dashv E)$ erhält, findet sich in 75.

70. Die Normalebene N zu einer Geraden g durch einen Punkt P. Die Spurlinien n_1 und n_2 der gesuchten Ebene müssen rechtwinklig zu g' und g'' liegen. Legt man also durch P eine erste Hauptlinie h unserer Ebene, so ist h' durch P' senkrecht zu g' und h'' durch P'' parallel zur Achse zu ziehen. Durch den Spurpunkt H_2 von h geht dann die Spur n_2 und durch $n_2 \times x$ die Spur n_1 ($n_2 \perp g''$, $n_1 \perp g'$) (Fig. 57).

4*

71. Die wahre Länge einer durch ihre Projektionen gegebenen Strecke. Eine Strecke AB bildet mit ihrer ersten Projektion $A'B'$ und den projizierenden Geraden ihrer Endpunkte ein ebenes, bei A' und B' rechtwinkliges Viereck $A'ABB'$. Dieses Trapez kann in der Grundrißebene verzeichnet werden, indem man (Fig. 58) in den Endpunkten von $A'B'$ die Normalen $A'A_0$ und $B'B_0$ errichtet und resp. gleich den ersten Tafelabständen der Punkte A und B, also gleich $A''A_x$ resp. $B''B_x$ macht. Die vierte Seite A_0B_0 gibt die wahre Länge der Strecke AB an. — Das Trapez $A'A_0B_0B'$

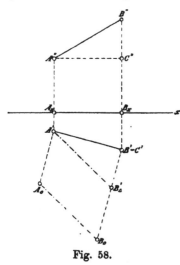

Fig. 58.

stellt eine der beiden Lagen dar, die das Trapez $A'ABB'$ annehmen kann, wenn es durch Drehung um die Grundlinie $A'B'$ in die erste Tafel umgelegt wird. Das geschilderte Verfahren bezeichnet man daher als **Umlegung der Strecke in eine Tafel um ihre bezügliche Projektion.**

72. Wird von einem Endpunkte A der vorgelegten Strecke ein Lot AC auf BB' gefällt, so entsteht das rechtwinklige Dreieck ABC, dessen Hypotenuse die zu bestimmende Strecke ist und dessen Katheten resp. parallel und normal zum Grundriß sind (Fig. 58) ($C' = B'$, $A''C'' \parallel x$). Die Kathete AC erscheint im Grundriß $A'C'$ und die Kathete BC im Aufriß $B''C''$ in wahrer Größe. Trägt man daher an den Grundriß $A'C'$ die Strecke $C'B_\triangle' = C''B''$ unter rechtem Winkel an, so gibt $A'B_\triangle'$ die Streckenlänge an. Das Dreieck $A'B_\triangle'C'$ stellt den Grundriß des durch Drehung um seine horizontale Kathete AC in horizontale Lage gebrachten Dreiecks ABC dar. Unser Verfahren ist also anzusehen als **eine Drehung der Strecke bis zum Parallelismus mit einer Tafel und zwar um eine Gerade, die durch einen Endpunkt der Strecke zu ihrer bez. Projektion parallel läuft.**

73. Endlich kann man auch noch folgende dritte Methode in Anwendung bringen. Man trage (Fig. 59) an die Strecke $B''C''$ im Aufriß als andere Kathete des rechtwinkligen Dreiecks ABC die Strecke $C''A_\triangle'' = B'A'$ horizontal an und ziehe die Hypotenuse $A_\triangle''B''$, welche die gesuchte Strecke darstellt. Das Dreieck $A_\triangle''B''C'$ kann als Aufriß des um seine vertikale Kathete BC zur Aufrißebene

parallel gedrehten Dreiecks ABC angesehen werden. Bei dieser
Drehung behalten die Punkte B und C ihre Lagen bei, während
der Punkt A einen Kreisbogen $AA_\triangle$ in horizontaler Ebene beschreibt. Der Grundriß $A_\triangle'A'$ dieses Bogens ist also ein kongruenter
Bogen und sein Aufriß $A_\triangle''A''$ eine
Parallele zur Achse. Nach der Drehung
muß die Strecke zu Π_2 parallel sein,
also $B'A_\triangle' \parallel x$. Dieses dritte Verfahren führt also eine Drehung der
Strecke bis zum Parallelismus
mit einer Tafel aus und zwar um
das aus einem Endpunkt auf die
andere Tafel gefällte Lot. — Bei
jedem der drei Verfahren zur Strecken-
bestimmung hat man die Wahl, ob
man vom Grund- oder Aufriß, ferner ob
man vom einen oder anderen Endpunkt

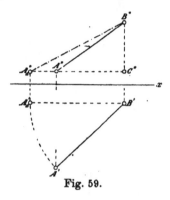

Fig. 59.

ausgehen, endlich ob man die Drehung im einen oder anderen
Sinne vornehmen will.

74. Die Teilung einer durch ihre Projektion gegebenen Strecke AB nach vorgeschriebenem Verhältnis erfolgt auf Grund des Satzes, daß sich parallele Strecken, also insbesondere die Teilstrecken einer Geraden, wie ihre Projektionen
verhalten (vergl. 7 δ). Man teilt demnach die Projektionen $A'B'$
und $A''B''$ in dem verlangten Verhältnis. Handelt es sich darum,
auf AB eine Teilstrecke AC von gegebener Länge aufzutragen, so
müssen nach einer der in 71—73
gegebenen Methoden die wahre
Größe von AB gezeichnet, auf ihr
die Strecke AC aufgetragen und
durch Zurückdrehung die Projektionen gefunden werden.

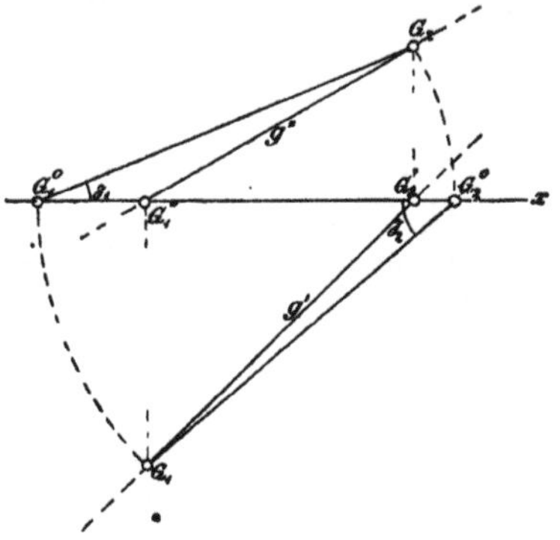

75. Die Neigungswinkel γ_1
und γ_2 einer Geraden g gegen
die Tafeln. Unter dem Neigungswinkel einer Geraden gegen eine
Ebene versteht man den spitzen
Winkel, den sie mit ihrer senkrechten Projektion auf die Ebene

Fig. 60.

einschließt. Man erhält den Winkel $\gamma_1 = \angle\, G_2 G_1 G_2'$ durch Umlegung der Winkelebene um ihre zweite Spur $G_2 G_2'$ in die zweite

Tafel. Hierbei beschreibt der Scheitel G_1 in der Grundrißebene einen Kreisbogen $G_1 G_1^0$ um G_2', der auf der Achse endigt, und es ist $\gamma_1 = \angle\, G_2 G_1^0 G_2'$. Analog findet man den Winkel $\gamma_2 = \angle\, G_1 G_2 G_1''$ durch Umlegen in die erste Tafel als $\angle\, G_1 G_2^0 G_1''$ (Fig. 60). — Unter allen Winkeln, die eine Gerade mit den Geraden einer Ebene einschließt, ist ihr Neigungswinkel gegen dieselbe am kleinsten. Für jede Lage von g ist daher $\gamma_2 \leqq \angle\, G_1 G_2 G_2'$; da andererseits $\angle\, G_1 G_2 G_2' = \angle\, G_1^0 G_2 G_2' = R - \gamma_1$ ist, so folgt für die Summe der Tafelneigungen einer Geraden die Relation: $\gamma_1 + \gamma_2 \leqq R$.

76. Durch einen Punkt P eine Gerade g mit den Neigungswinkeln γ_1 und γ_2 gegen die Tafeln zu legen.

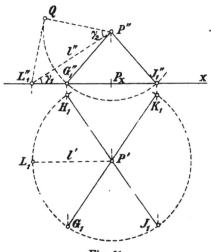

Fig. 61.

Man ziehe zunächst durch P eine Gerade l parallel zur Aufrißebene mit dem Neigungswinkel γ_1 gegen die Grundrißebene. Ist L_1 ihr erster Spurpunkt, so ist also $\angle P'' L_1'' P_2 = \gamma_1$ und $P'L_1 \parallel x$ (Fig. 61). Dreht man nun l um die Vertikale PP', so behält sie ihren Neigungswinkel γ_1 gegen Π_1 bei, während ihr Spurpunkt L_1 einen Kreisbogen c in Π_1 um P' beschreibt. Insbesondere kann l durch eine solche Drehung in die Lage der gesuchten Geraden g übergeführt werden, deren Spurpunkt G_1 muß also auf dem genannten Kreise c liegen. Hierbei ist er so zu bestimmen, daß der Aufriß von PG_1 die Länge $P''G_1''$ $= PG_1 . \cos \gamma_2 = PL_1 . \cos \gamma_2 = P''L_1'' . \cos \gamma_2$ erhält. Man zeichne demgemäß über $P''L_1''$ als Hypotenuse ein rechtwinkliges Dreieck, dessen Kathete $P''Q$ mit l' den Winkel γ_2 einschließt, und schlage um P'' mit dem Radius $P''Q$ einen Kreisbogen, so schneidet dieser die Achse in G_1''; denn dann ist $P''G_1'' = P''Q = P''L_1'' . \cos \gamma_2$ wie verlangt. Der Spurpunkt G_1 liegt auf c senkrecht unter G_1''. Es gibt offenbar vier Lösungen unserer Aufgabe, nämlich die Geraden g, h, i und k, deren Spurpunkte G_1, H_1, J_1 und K_1 auf dem Kreise c liegen und die Endpunkte zweier in bezug auf l symmetrischer Durchmesser bilden. Eine andere Lösung ist in 78 enthalten.

77. Die Neigungswinkel ε_1 und ε_2 einer Ebene E gegen die Tafeln. Unter dem Neigungswinkel einer Ebene gegen eine der Tafeln wird der Neigungswinkel von irgend einer gleichnamigen Falllinie der Ebene verstanden. Er wird bestimmt, indem man ihn entweder (wie in 75) in die ungleichnamige Tafel oder um den einen Schenkel in die gleich-

namige Tafel umlegt. Um ε_1 zu finden, ziehen wir (Fig. 62) F_1F_2' normal zu e_1 als Grundriß einer ersten Falllinie mit den Spurpunkten F_1 und F_2 und zeichnen nach dem früheren Verfahren $\varepsilon_1 = \angle F_2F_1F_2' = \angle F_2F_1{}^0F_2'$. Um ε_2 zu bestimmen, ziehen wir G_2G_1'' normal zu e_2 als Aufriß einer

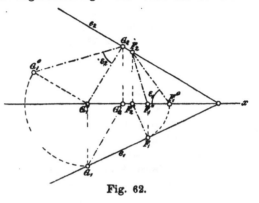

Fig. 62.

zweiten Falllinie mit den Spurpunkten G_1 und G_2 und legen das Dreieck $G_1G_2G_1''$ um seine Kathete G_2G_1'' in die Aufrißebene als Dreieck $G_1{}^0G_2G_1''$ um, wodurch $\varepsilon_2 = \angle G_1{}^0G_2G_1''$ erhalten wird ($G_1''G_1 = G_1''G_1{}^0$, $G_1''G_1{}^0 \perp G_1''G_2$). — Daß unter allen Geraden einer Ebene die Falllinien gegen die zugehörige Tafel den größten Neigungswinkel haben, ist schon oben (68) erwähnt worden. Erwägt man, daß der Neigungswinkel einer Ebene durch den gleichnamigen Neigungs-winkel der Ebenennormale zu einem Rechten ergänzt wird, so folgt aus 75 für die Summe der Tafel-neigungen einer Ebene die Beziehung: $\varepsilon_1 + \varepsilon_2 \gtreqless R$.

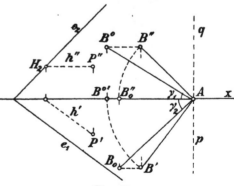

Fig. 63.

78. Eine Ebene E mit den Neigungs-winkeln ε_1 und ε_2 durch einen gegebenen Punkt P zu legen. Durch einen Punkt A der Achse denken wir uns eine Gerade AB von beliebig gewählter Länge senkrecht zu E gezogen; sie besitzt die Neigungswinkel $\gamma_1 = R - \varepsilon_1$ und $\gamma_2 = R - \varepsilon_2$. Nun ziehen wir durch A senkrecht zur Achse zwei Gerade p und q, von denen die erste der Grundriß-, die zweite der Aufrißebene angehört (Fig. 63).

Legen wir jetzt AB um p als Strecke AB_0 in die Ebene Π_1 nieder und ebenso um q als Strecke AB^0 in die Ebene Π_2, so schließen AB_0 und AB^0 mit der Achse die Winkel γ_2 resp. γ_1 ein ($AB^0 = AB_0$). Beim Rückwärtsdrehen von AB_0 um p in die Raumlage AB beschreibt B_0 einen Kreisbogen, sein Aufriß einen dazu kongruenten Kreisbogen und sein Grundriß eine Parallele zur Achse. Beim Rückwärtsdrehen von AB^0 um q in die Raumlage AB beschreiben B^0 und sein Grundriß kongruente Kreisbogen und sein Aufriß eine Parallele zur Achse. So ergeben sich B' und B'' als Schnittpunkte von je einem Kreisbogen und einer Parallelen zur Achse. (Es gibt wieder vier Lösungen wie in 76, die zu der in der Figur gezeichneten Lösung symmetrisch in bezug auf die Tafelebenen sind.)

Die Spuren e_1 und e_2 der gesuchten Ebene sind senkrecht zu AB' nnd AB''. Zeichnet man eine in E liegende erste Hauptlinie h durch P und ihren Spurpunkt H_2 ($h''\|x$ durch P'', $h'\perp AB'$ durch P'), so ist nur noch e_2 durch H_2 normal zu AB'' und e_1 durch $e_2 \times x$ normal zu AB' zu ziehen.

✗ **79.** Der senkrechte Abstand eines Punktes P von einer Ebene E kann nach 69 in Verbindung mit 71 bestimmt

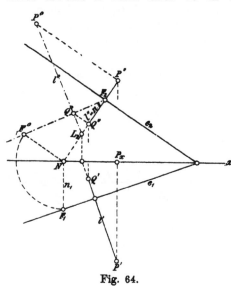

Fig. 64.

werden. Ebenso einfach ist folgender Weg. Ist $l = PQ$ das gesuchte Lot, so lege man durch dasselbe eine Ebene N senkrecht zu Π_2 (Fig. 64). Dann ist ihre Spur $n_2 = l''$ normal zu e_2 und ihre Spur n_1 normal zur Achse (n_2 durch P'', $n_1 \times n_2 = N$ auf x). Diese Ebene N steht auf e_2 senkrecht und schneidet E in einer Falllinie $F_2 F_1$ ($F_2 = n_2 \times e_2$ und $F_1 = n_1 \times e_1$), die ebenfalls zu dem gesuchten Lot rechtwinklig ist. Legt man also N um die Spur n_2 in Π_2 um, so gelangt die Falllinie in die Lage $F_1{}^0 F_2$ und P in die Lage P^0 ($NF_1{}^0 \perp n_2$ und $= NF_1$, $P^0 P'' \perp n_2$ und $= P'P_x$). Jetzt ziehe man die Gerade $l^0 \perp F_1{}^0 F_2$, die auf der letzteren den Punkt Q^0 und auf n_2 den Spurpunkt L_2 aus-

schneidet. Aus der Umlegung Q^0 des Fußpunktes Q findet man
rückwärts Q'' auf l'' durch eine zu n_2 normale Gerade Q^0Q'' und
hieraus Q'. P^0Q^0 ist die wahre Länge des Abstandes.

80. Bestimmung der wahren Gestalt einer ebenen
Figur durch Umlegung in eine der Tafeln. Eine ebene Figur
und ihre Projektion auf eine Tafel sind affin und in affiner Lage
und bleiben es auch, wenn die erstere um die bezügliche Spur ihrer
Ebene (d. i. um ihre Affinitätsachse) in die Tafel umgelegt wird
(vergl. 10). Durch
Benutzung dieses
Umstandes werden
die zur Umlegung
nötigen Operatio-
nen vereinfacht. Es
sei beispielsweise
ein Dreieck ABC
durch die Spuren e_1
und e_2 seiner Ebene
E und seinen Aufriß
$A''B''C'$ gegeben,
woraus sich der
Grundriß in be-
kannter Weise er-
gibt (Fig. 65). Zur
Ermittelung seiner
wahren Gestalt lege
man das Dreieck
um e_2 in die Auf-
rißebene um. Man
denke sich in E

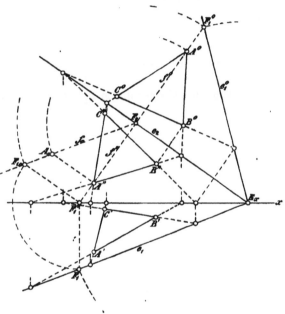

Fig. 65.

durch den Punkt A eine Falllinie f gezogen ($f \perp e_2$, $f'' \perp e_2$). Diese
lege man, um zunächst ihre Länge zwischen den Spurpunkten F_1
und F_2 zu finden, wie in voriger Nummer um f'' seitwärts in die
Aufrißebene nieder als $f_0 = F_2F_{10}$; sodann lege man sie um e_2 in Π_2
um als $f^0 = F_2F_1^0$. Hieraus ergibt sich die Umlegung $e_1^0 = E_xF_1^0$
von e_1. Die Umlegung $A^0B^0C^0$ des Dreiecks ABC aber kann als
die affine Figur zu $A''B''C''$ gezeichnet werden, da man außer der
Affinitätsachse e_2 zwei einander entsprechende Punkte F_1^0 und F_1''
kennt (vergl. 11); die Affinitätsstrahlen sind normal zu e_2. So ist
$B^0B'' \perp e_2$ und die Parallelen durch B'' und B^0 resp. zu x und e_1^0
treffen sich in einem Punkte von e_2; denn bei unserer Affinität

entsprechen sich der Aufriß der Spur e_1, d. h. die Achse x und ihre Umlegung $e_1{}^0$. Ferner schneiden sich $B''C''$ und B^0C^0 auf e_2 und treffen x resp. $e_1{}^0$ in entsprechenden Punkten u. s. f. — Man kann die Umlegung eines jeden Punktes auch mittels seines Abstandes von der Drehachse e_2 konstruieren, indem man den Umstand benutzt, daß sich dieser Abstand zu seiner Projektion jedesmal wie $F_{10}F_2$ zu $F_1''F_2$ verhält. So schneidet eine Parallele zu e_2 durch B'' auf f_0 die wahre Länge des Abstandes $(B \dashv e_2)$ ab.

Die oben ausgeführte Umlegung der Falllinie f und ihres Spurpunktes F_1 um e_2 nach f^0 und $F_1{}^0$ in die Aufrißebene läßt sich durch folgende Überlegung noch einfacher gestalten. Der Abstand des Punktes F_1 von E_x erscheint sowohl im Grundriß als auch in der Umlegung in wahrer Länge, also $F_1E_x = F_1{}^0E_x$. Deshalb liegt $F_1{}^0$ sowohl auf einem Kreis mit dem Zentrum E_x und dem Radius E_xF_1, als auch auf einer durch F_1'' senkrecht zu e_2 gezogenen Geraden.

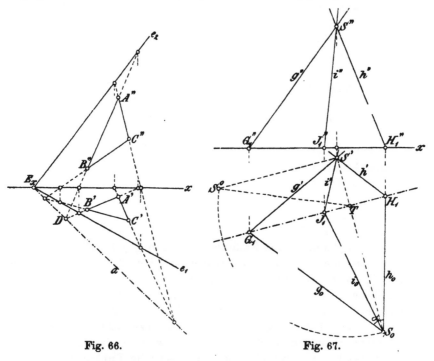

Fig. 66. Fig. 67.

81. Affinität zwischen Grund- und Aufriß einer ebenen Figur. Die beiden Projektionen einer ebenen Figur sind affin und befinden sich nach der Umlegung der einen Tafel in die andere in affiner Lage. In der Tat sind die Verbindungslinien entsprechender Punkte parallel, nämlich senkrecht zur Achse; sie bilden die Affinitätsstrahlen; anderseits fallen Grund- und Aufriß der Geraden, in welcher die Ebene E der betrachteten Figur von der zweiten Halbierungsebene H_2 geschnitten wird, in eine Gerade a (Fig. 66) zusammen; dies ist die Affinitätsachse. Die Gerade a geht durch den Achsenschnittpunkt E_x von E; einen zweiten Punkt auf ihr liefert der Durchschnitt D der beiden Projektionen von irgend einer in E gezogenen Geraden (vergl. 64). — Hiernach kann die Affinität benutzt werden, um von einer in gegebener Ebene liegenden Figur aus einer Projektion die andere abzuleiten (wie dies in unserer Figur für das Dreieck ABC ausgeführt ist).

82. Der Winkel a zweier durch ihre Projektionen gegebenen Geraden g und h. Man kann annehmen, daß beide Gerade sich in einem Punkte S schneiden (indem man nötigenfalls die eine durch eine Parallele ersetzt). Den Scheitel S lege man um die Verbindungslinie der Spurpunkte der Schenkel in eine Tafel um, z. B. durch Drehung um $G_1 H_1$ (Fig. 67). Der niedergelegte Punkt S_0 findet sich auf der aus S' zur Drehachse gezogenen Normalen $S'T$, und seine Entfernung $S_0 T$ von dieser ist nach früherem gleich $S^0 T$, wo $S^0 S'T$ das um die Kathete $S'T$ in den Grundriß umgelegte Dreieck $SS'T$ bedeutet $(S^0 S' = (S'' - x))$. Dann ist $a = \angle G_1 S_0 H_1$.

Die Halbierung des Winkels a kann nur nach seiner Darstellung in wahrer Größe gefunden werden. Die umgelegte Halbierungslinie i_0 schneidet auf der Drehachse den ersten Spurpunkt J_1 aus, woraus sich dann i' und i'' ergeben.

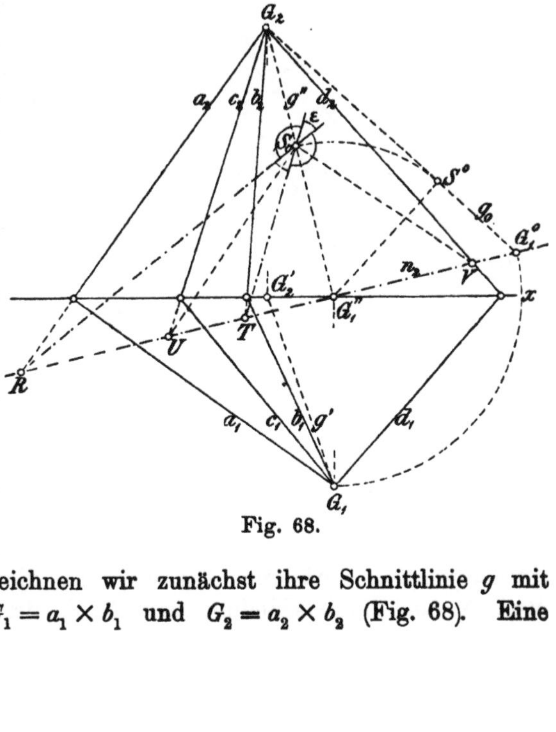

83. Um den Winkel ε zweier durch ihre Spuren gegebenen Ebenen A

Fig. 68.

und B zu finden, zeichnen wir zunächst ihre Schnittlinie g mit ihren Spurpunkten $G_1 = a_1 \times b_1$ und $G_2 = a_2 \times b_2$ (Fig. 68). Eine

Normalebene N zu g schneidet A und B in den Schenkeln und g in dem Scheitel S des gesuchten Winkels ε. Die zweite Spur n_2 von N ist senkrecht zu g'', und wir ziehen sie etwa durch G_1''; dann sind $R = n_2 \times a_2$ und $T = n_2 \times b_2$ die Spurpunkte der Schenkel. Legen wir jetzt den Winkel $\varepsilon = \angle RST$ um n_2 in die Aufrißebene nieder, so gelangt sein Scheitel S in eine bestimmte Lage S_0 auf g'', denn $S_0 S''$ muß senkrecht zur Drehachse n_2 sein. Dabei ist $G_1''S$ das von G_1'' auf g gefällte Lot und $G_1''S_0$ ist seine wahre Länge. Diese finden wir, indem wir g um g'' in die Aufrißebene als g^0 umlegen und von G_1'' das Lot $G_1''S^0$ auf g^0 fällen ($G_1''G_1^0 = G_1''G_1$, G_1^0 auf $n_2 \perp g''$). Schließlich ist $\angle RS_0T$ der gesuchte Winkel oder dessen Nebenwinkel.

Um die zu A und B gehörigen Winkelhalbierungsebenen Γ und Δ zu bestimmen, schneide man n_2 mit den beiden Geraden, die den umgelegten Winkel ε und seinen Nebenwinkel halbieren, in den Punkten U und V; es sind dies die zweiten Spurpunkte der Winkelhalbierenden von ε und seinem Nebenwinkel. Da die gesuchten Ebenen je eine dieser Geraden enthalten müssen, so ist $c_2 = G_2 U$ und $d_2 = G_2 V$, während c_1 und d_1 aus G_1 nach ihren Schnittpunkten mit der Achse zu ziehen sind.

Der Winkel zweier Ebenen ist dem von ihren Normalen eingeschlossenen gleich. Man kann daher von einem beliebigen Punkte die Lote auf diese Ebenen fällen und deren Winkel nach 82 bestimmen.

84. Der Neigungswinkel α einer Geraden g gegen eine Ebene E ergänzt den Winkel zwischen g und der Ebenennormale zu einem Rechten. Man fälle daher aus irgend einem Punkte S von g auf E ein Lot n und bestimme die wahre Größe des Winkels $\beta = \angle gn$ nach dem in

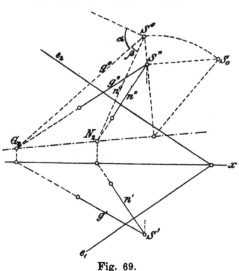

Fig. 69.

82 dargelegten Verfahren (Fig. 69). Zu diesem Zweck lege man etwa S um die Verbindungslinie $G_2 N_2$ der zweiten Spurpunkte

von g und n in die zweite Tafel um. Mit β ist auch der Winkel
$\alpha = R - \beta$ bekannt.

85. Die Bestimmung der wahren Gestalt eines in
beiden Projektionen gegebenen Dreiecks ABC durch
Paralleldrehung seiner Ebene zu einer Tafel. Man schneide
die Dreiecksebene mit einer zur Aufrißtafel parallelen Hilfsebene Π
in der Hauptlinie $a = DE$, die als Achse der Drehung dienen soll.

Die Paralleldrehung zu Π_2
kann man dann als Um-
legung um a in die Ebene Π
auffassen. Der Aufriß des
gedrehten Dreiecks $A_\triangle B_\triangle C_\triangle$
wird seine wahre Gestalt
zeigen, der Grundriß in die
Gerade a' fallen (Fig. 70).
Der Eckpunkt A beschreibt
einen Kreisbogen, dessen
Ebene auf a normal steht
und dessen Aufriß folglich
in die zu a'' senkrechte Gerade $A''G''$ fällt. Der Radius
dieses Bogens ist das von A
auf a gefällte Lot AG und
bildet die Hypotenuse des
rechtwinkligen Dreiecks mit

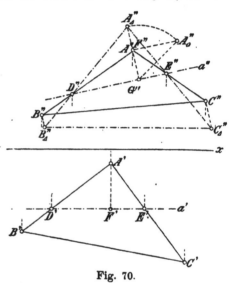

Fig. 70.

den Katheten $AF = (A \dashv \Pi)$ und $FG = (F \dashv a)$; erstere erscheint
mit ihrer wahren Länge im Grundriß $A'F'$, letztere im Aufriß
$F''G''$ ($A'F' \perp a'$, $F''G'' \perp a''$, $F'' = A''$). Dieses rechtwinklige Dreieck AFG sowie die Bahnkurve $AA_\triangle$ des Punktes A zeichnen wir,
um FG in die Hilfsebene Π umgelegt, im Aufriß als Dreieck
$A_0''F''G''$ und Kreisbogen $A_0''A_\triangle''$. Da man nun $A_\triangle''$ kennt, kann
die weitere Konstruktion mit Benutzung der Affinität erfolgen;
a'' ist die Affinitätsachse und $A_\triangle''$ und A'' sind ein Paar ent-
sprechender· affiner Punkte ($A''B'' \times A_\triangle''B_\triangle''$ auf a'', $B''B_\triangle'' \perp a''$).

Nach dem auseinandergesetzten Verfahren kann die wahre
Gestalt jeder durch ihre Projektionen gegebenen ebenen Figur ermittelt werden.

86. Der senkrechte Abstand eines Punktes P von
einer Geraden g. P und g seien durch ihre Projektionen gegeben. Ein erster Weg zur Ermittelung des Abstandes $PQ = (P \dashv g)$
ist folgender. Man bestimme mittels zweier Hauptlinien h_1 und h_2

die Normalebene N zu g, welche den Punkt P enthält, indem man als Projektionen von h_1 und h_2 durch P' resp. P'' je eine Parallele

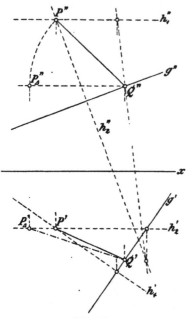

zur Achse und eine Normale zur gleichnamigen Projektion von g zieht (Fig. 71). Hierauf schneide man N mit g nach dem in 61 erklärten Verfahren in Q und bestimme die wahre Länge von $PQ = (P \dashv g)$ nach der in 73 angeführten Methode als $P_\triangle'Q'$.

Fig. 71.

Wir geben eine zweite Lösung der vorigen Aufgabe an, welche auf der in 85 entwickelten Methode beruht. P und g liegen in einer Ebene, die wir um eine Achse a parallel zum Aufriß drehen. Als Drehachse a diene die zweite Hauptlinie durch $P(a' \parallel x)$, welche die Gerade g im Punkte A trifft (Fig. 72). Um dieselbe werde die Gerade g und mit ihr das von P auf sie gefällte Lot PQ gedreht, bis sie zum Aufriß parallel werden. Die gedrehte Gerade $g_\triangle$ und das gedrehte Lot $PQ_\triangle$ erscheinen im Aufriß zueinander rechtwinklig und letzteres in wahrer Länge. Die Drehung selbst wird an einem auf g beliebig gewählten Punkte B (genau wie in 85) vorgenommen, hierauf $g_\triangle'' = A''B_\triangle''$ und senkrecht dazu $P''Q_\triangle''$ gezogen. Q'' findet man durch Zurückdrehen in die ursprüngliche Lage, wobei der von Q beschriebene Kreisbogen sich als Senkrechte zu a'' projiziert. Aus dem Aufriß ergibt sich der Grundriß Q' und

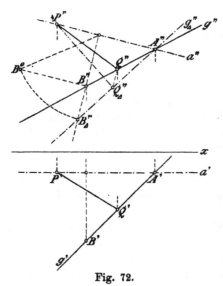

Fig. 72.

die beiden Projektionen von PQ.

87. Das in 79 angegebene Verfahren, um Lote auf eine durch ihre Spurlinien gegebene Ebene zu fällen, läßt sich umgekehrt anwenden, um auf ihr die Normale in einem ihrer Punkte zu errichten. Wir führen gegenwärtig eine Modifikation desselben an, die zur Errichtung einer Normalen von gegebener Länge l auf einer Dreiecksebene in vorgeschriebenem Punkte P dient. Man denke sich durch P parallel zur Aufrißebene eine Hilfsebene Π gelegt und zeichne die Hauptlinie h, die sie aus der Dreiecksebene ABC ausschneidet (Fig. 73). Ferner

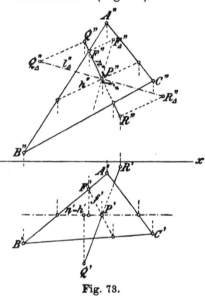

denke man sich zu k eine Normalebene N durch P, die ABC in einer Falllinie f schneidet; es wird dann $f'' \perp k''$ sein. Die gesuchte Normale liegt in N und steht auf f senkrecht. Man drehe also die Ebene N um ihre in Π liegende Hilfsspur n, bis sie mit Π zur Deckung kommt; dabei ist zu beachten, daß der Grundriß n' dieser Hilfsspur mit h', der Aufriß n'' mit f'' zusammenfällt. Man erhält zuerst durch Drehung eines Punktes der Falllinie, etwa F auf AB, die Lage von $F_\triangle''$ und von $f_\triangle''$ ($F''F_\triangle''$ $= (F' \dashv n')$), sodann den Auf

Fig. 73.

riß der gedachten Normalen $l_\triangle''(\perp f_\triangle'')$, dem die Länge $l = P'Q_\triangle''$ zu erteilen ist. Beim Zurückdrehen um n beschreibt der Aufriß des Endpunktes die Strecke $Q_\triangle''Q''$; senkrecht unter Q'' und um dieselbe Strecke von n' entfernt findet man Q'. Hierbei ist zu erwägen, daß F und Q in der Ebene N auf verschiedenen Seiten von n liegen, wie man aus der gedrehten Ebene erkennt, und daß deshalb auch F' und Q' im Grundriß auf verschiedenen Seiten von n' liegen müssen. — Die zu PQ entgegengesetzt gerichtete Normale sei PR, R liegt mit F auf der nämlichen Seite von n und ebenso müssen sich ihre Grundrisse R' und F' in bezug auf n' verhalten.

88. Für spätere Anwendungen ist die Lösung der Aufgabe von Wichtigkeit: **einen Punkt P um eine Tafelparallele a durch einen gegebenen Winkel ω zu drehen.** Durch die Achse a, die

man etwa zur Aufrißtafel parallel nehmen mag, lege man eine
vertikale Hilfsebene Π und durch P eine Ebene N normal zu a,

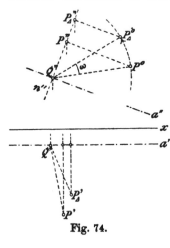

Fig. 74.

welche die Bahnlinie dieses Punktes
enthält. N schneidet in Π die Hilfs-
spur n aus ($n'' \perp a''$, $n' = a'$) (Fig. 74).
Eine Seitenansicht, die man durch Um-
legen von N in Π gewinnt, zeigt die
Bahnlinie in ihrer wahren Gestalt,
nämlich als den um $Q'' = n'' \times a''$ durch
die Seitenansicht P^0 von P beschriebenen Kreisbogen. Trägt man daher an
$Q'' P^0$ in vorgeschriebenem Drehungs-
sinne den Winkel $\omega = \angle P^0 Q'' P_\triangle{}^0$ an,
so ist $P_\triangle{}^0$ die Seitenansicht des gedrehten Punktes. Hieraus ergibt sich der
Aufriß $P_\triangle''$, wenn $P_\triangle{}^0 P_\triangle''$ normal zu n''
gezogen, und der Grundriß $P_\triangle'$, wenn
sein Abstand von a' derselben Strecke
gleichgemacht wird. Diese letzten Operationen entsprechen dem
Wiederaufrichten der umgelegten Ebene N.

89. Der kürzeste Abstand zweier wiederschiefen Geraden ist die-
jenige Strecke, die
auf beiden senk-
recht steht. Es
werde durch die
eine Gerade g
eine Parallelebene
E zur anderen h
gelegt, dann k auf
E senkrecht pro-
jiziert und g mit
dieser Projektion
im Punkte P ge-
schnitten. Errich-
tet man schließlich
in P die Normale
auf E, so trifft
sie k in einem

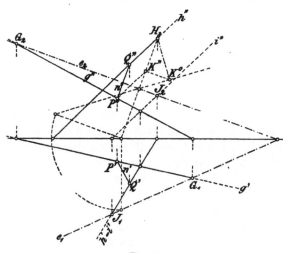

Fig. 75.

Punkte Q und PQ ist der gesuchte Abstand. In der Tat, alle
Punkte von k haben von E einerlei senkrechten Abstand $d = PQ$,

folglich kann kein Punkt von h um weniger als die Strecke d von g entfernt sein.

Aus dieser Überlegung ergibt sich folgende Konstruktion (Fig. 75). Man ziehe durch einen Punkt von g die Gerade i parallel zu h etwa so, daß i' mit h' zusammenfällt, und zeichne die Spurlinien e_1 und e_2 der Ebene $E = g\,i$. Aus einem auf h beliebig angenommenen Punkte — in der Figur ist der Spurpunkt H_2 benutzt — fälle man sodann das Lot auf E nach dem in 79 gegebenen Verfahren. Man lege nämlich durch H_2 eine Ebene senkrecht zu e_2, die E in einer Falllinie schneidet; wird diese um ihre zweite Projektion umgelegt und fällt man von H_2 das Lot H_2K^0 auf sie, so besitzt dasselbe die Länge des kürzesten Abstandes d. Hieraus folgt dann auch der Aufriß H_2K'' und damit der Aufriß $P''Q''$ des gesuchten gemeinsamen Lotes, das mit jenem parallel und gleichlang ist ($K''P'' \| h''$, P'' auf g'', $P''Q'' \perp e_2$). Aus P'' und Q'' ergeben sich die Grundrisse P' und Q' auf g' und h', zugleich ist zu beachten, daß $P'Q'$ zur ersten Spur e_1 normal sein muß.

90. Die gemeinsame Normale zweier zu einer Tafel, etwa zu Π_2, parallelen Geraden liegt zu dieser senkrecht; ihr Aufriß reduziert sich demgemäß auf den Schnittpunkt der zweiten Projektionen, während ihr Grundriß direkt den kürzesten Abstand angibt. Wir erhalten daher eine zweite Lösung unserer Aufgabe, wenn wir durch Drehung den Parallelismus der Geraden g und h zur Aufrißtafel herbeiführen. — Man ziehe, wie oben, durch den Punkt G von g die Parallele i zu h (Fig. 76) und hierauf eine in der Ebene $g\,i$ liegende,

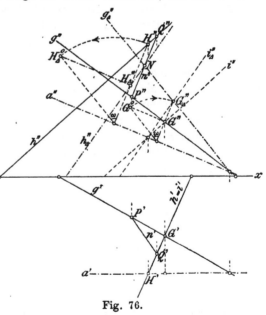

Fig. 76.

zur Aufrißtafel parallele Drehachse a. Um diese sind die gegebenen Geraden zu drehen, bis g und i und folglich auch k zu

Π_2 parallel werden. Die gedrehten Elemente bezeichne der Index $_\triangle$, die erforderlichen Seitenrisse (vergl. 88) der obere Index ^{0}. Zunächst wird G in die Lage $G_\triangle$ gedreht $\left(G^0 G'' \| a'' \perp G_\triangle'' G'', \; G^0 G'' = (G' \dashv a')\right)$; man erhält so $G_\triangle''$, $g_\triangle''$ und $i_\triangle''$. Der Seitenriß $G^0 G_\triangle''$ der Bahnlinie von G ergibt den Drehwinkel ω. Hierauf drehen wir einen Punkt von h, am einfachsten den vertikal über der Drehachse a gelegenen Punkt H, um den gleichen Winkel ω und in gleichem Sinne. Im zugehörigen Seitenriß geht H'' in die Lage $H_\triangle{}^0$ über, wobei der beschriebene Bogen wieder zum Winkel ω gehört. In der Figur ist der letztere Seitenriß durch eine Umlegung im umgekehrten Sinne hergestellt, so daß die zu den Winkeln ω gehörigen Bogen entgegengesetzten Drehsinn haben; das bietet den Vorteil, daß die Schenkel der Winkel ω parallel werden. Die Strecke $H_\triangle{}^0 H_\triangle''$ gibt die kürzeste Entfernung d an. Ferner ergibt sich $h_\triangle''$ durch $H_\triangle''$ und parallel zu $i_\triangle''$, sowie der Aufriß $N = g_\triangle'' \times h_\triangle''$ der gemeinsamen Normalen n nach der Drehung. Beim Zurückdrehen bewegt sich der Aufriß eines jeden Punktes von n auf der durch N gelegten Senkrechten zu a''; folglich findet man auf ihr $n'' = P'' Q''$ und hieraus $n' = P' Q'$.

91. Wir führen noch eine dritte Lösung desselben Problems an, um dadurch die Bedeutung verschiedener Methoden hervortreten zu lassen. Wiederum ziehen wir durch einen Punkt von g eine Parallele i zu h, etwa so, daß $i' = h'$ wird, und zeichnen dann die Spur $e_1 = J_1 G_1$ der Ebene $\mathsf{E} = i g$. Hierauf wählen wir eine Ebene Π_3 senkrecht zu e_1, die wir als Seitenrißebene benutzen und um ihre Spur y in die Grundrißebene niederlegen (Fig. 77). Im Seitenriß konstruieren wir nun $g''' = i'''$ und $h''' \| i'''$ und fällen von einem Punkte A von h das Lot AC auf E. Dieses Lot ist gleich der Länge des gesuchten kürzesten Abstandes d und erscheint im Seitenriß $A''' C'''$ in wahrer Größe und normal zu g''', während sein Grundriß $A' C'$ zu e_1 senkrecht ist. In der Figur fällt A' mit $B' = g' \times h'$ zusammen $(B = g \times i)$. Zuletzt verschieben wir $A' C'$ parallel mit sich selbst in der Richtung von h', bis der eine Endpunkt auf g' gelangt, indes der andere auf h' bleibt. Die so erhaltene Strecke $P' Q'$ stellt den Grundriß des gesuchten kürzesten Abstandes von g und h dar, woraus der Aufriß unmittelbar folgt. Der hier verwendete Seitenriß läßt sich entbehren, wenn man die Figur einer gewissen Drehung unterwirft. Man drehe nämlich g und h um die vertikale Achse a, welche die Geraden in B und A resp. schneidet, deren Grundriß also $A' = B' = g' \times h'$ ist, und zwar richte man die Drehung so ein, daß die gedrehte Ebene $\mathsf{E} = g i$ senkrecht zu Π_2, d. h. ihre

Spur $e_{1\triangle}$ senkrecht zur Achse x wird. Dann verbindet der Aufriß $g_\triangle''$ der gedrehten Geraden $g_\triangle$ den Punkt B'' mit $e_{1\triangle}\times x$, und das von A auf die gedrehte Ebene E gefällte Lot hat den Aufriß $A''C_\triangle''$ und erscheint in wahrer Länge, da $AC_\triangle$ parallel zu Π_2 ist. Aus dem gleichen Grunde ist $(C_\triangle\dashv a'') = (C_\triangle\dashv a)$; weil aber $C_\triangle$ seinen Ab-

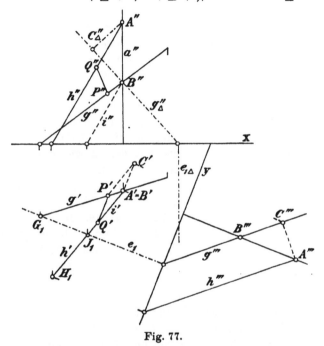

Fig. 77.

stand von a bei der Rückwärtsdrehung nicht ändert, hat man $C'A'$ senkrecht zu e_1 zu ziehen und $=(C_\triangle''\dashv a'')$ zu machen. Jetzt verschiebt man wieder $A'C'$ wie vorher und erhält zunächst den Grundriß $P'Q'$ und sodann den Aufriß $P''Q''$.

Lösung verschiedener stereometrischer Aufgaben durch Projektionsmethoden.

Wir wenden im folgenden die bisher entwickelten Methoden der Projektion auf eine Reihe einfacher stereometrischer Probleme an, deren Lösungen in späteren Untersuchungen von Nutzen sein wird. Zu diesem Zwecke aber bedarf es der Feststellung einiger Vorbegriffe.

92. Dreht sich eine Gerade g um eine sie schneidende feste Achse a, so beschreibt sie eine Fläche, die man als Rotations-

kegel oder geraden Kreiskegel bezeichnet. Der Schnittpunkt
$S = g \times a$ heißt die Spitze, die Linie a die Achse des Kegels,
die auf ihm liegenden Geraden seine Erzeugenden oder Mantellinien (Kanten). Die vollständige Fläche besteht aus zwei in der
Spitze zusammenhängenden Teilen oder Mänteln, die man auch
durch die Benennung als Kegel und Gegenkegel unterscheidet.
Jede zur Achse a senkrechte Ebene schneidet den Kegel in einem
Kreise. Eine durch die Spitze gelegte Ebene hat mit dem Kegel
zwei Mantellinien, eine oder keine Mantellinie gemein, je nachdem

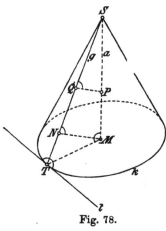

ihre Spurlinie in irgend einer Normalebene zur Achse den bezüglichen
Spurkreis des Kegels in zwei Punkten
schneidet, in einem Punkte berührt
oder garnicht trifft. Eine Ebene,
die mit dem Kegel nur eine Erzeugende gemein hat, heißt Berüh-
rungs- oder Tangentialebene und
die fragliche Erzeugende ihre Berührungslinie. Ist k der Spurkreis
des Kegels in einer beliebigen Normalebene zur Achse a (siehe die schiefe
Ansicht in Fig. 78), M sein Mittel-

Fig. 78.

punkt und T sein Berührungspunkt
mit der Spurlinie t der Ebene T,
die den Kegel längs der Erzeugenden $g = ST$ berührt, so ist
sowohl MT als auch $a = MS$ zu t rechtwinklig. Folglich ist die
Ebene MST, welche die Achse a mit der Berührungslinie g verbindet,
zu t und zur Tangentialebene T normal. Ein aus einem Achsenpunkt auf g gefälltes Lot, wie MN oder PQ, liegt in MST und
steht daher auf der Tangentialebene T senkrecht. Umgekehrt liegt
der Fußpunkt eines jeden aus einem Achsenpunkt auf die Tangentialebene T gefällten Lotes auf ihrer Berührungslinie g.

93. Ein vollständiger Rotationskegel wird von einer um seine
Spitze beschriebenen Kugel in zwei gleich großen Kreisen geschnitten. Zwei Rotationskegel mit gemeinsamer Spitze
haben im allgemeinen vier Erzeugende gemein. Denn eine
um die gemeinsame Spitze beschriebene Kugel schneidet aus jedem
der beiden Kegel ein Paar Kreise aus und jeder Kreis des einen
Paares schneidet jeden Kreis des anderen Paares in zwei Punkten
(als Kreise auf der nämlichen Kugelfläche). Es entstehen so acht
Schnittpunkte, die sich paarweise diametral gegenüberliegen und so

vier gemeinsame Erzeugende liefern. Diese vier Geraden können paarweise in je eine Berührungslinie der Kegel zusammenrücken, bez. in Wegfall kommen.

94. Denkt man sich durch die Spitze S eines Rotationskegels $\Re$ zu jeder Berührungsebene T eine Normale g_1 gezogen, so erzeugen diese einen zweiten um dieselbe Achse a beschriebenen (koaxialen) Rotationskegel $\Re_1$, den sogenannten Polarkegel. Legt man umgekehrt in der Mantellinie g_1 an den Polarkegel die Tangentialebene T_1 und zieht durch die Spitze S eine Normale g zu ihr, so ist g eine Mantellinie des ursprünglichen Kegels und T die zugehörige Tangentialebene. Ist nämlich g die Berührungslinie von T, so ist die Ebene ga normal zu T, folglich enthält die Ebene ga auch die Gerade g_1 (als Normale von T) und zwar sind g und g_1 rechtwinklig. Die Ebene T_1 steht aber auf der Ebene gag_1 senkrecht und die auf ihr errichtete Normale fällt demnach mit g zusammen. Die Beziehung zwischen einem Kegel und seinem Polarkegel ist umkehrbar, die Erzeugenden eines jeden sind die Normalen zu den Tangentialebenen des anderen.

Den gemeinsamen Erzeugenden zweier Rotationskegel mit gemeinsamer Spitze entsprechen die gemeinsamen Tangentialebenen ihrer Polarkegel. Hieraus folgt: zwei Rotationskegel mit gemeinsamer Spitze haben im allgemeinen vier gemeinsame Berührungsebenen. Im besonderen kann ihre Zahl sich vermindern, indem sie paarweise zusammenrücken oder ganz fortfallen.

95. Dreht sich eine Gerade g um eine zu ihr parallele feste Achse a, so beschreibt sie einen Rotationscylinder oder geraden Kreiscylinder, den man auch als Rotationskegel mit unendlich ferner Spitze auffassen kann. Die auf ihm liegenden Geraden heißen wieder Erzeugende oder Mantellinien und a die Achse des Cylinders. Alle Ebenen normal zur Achse schneiden den Cylinder in gleich großen Kreisen. Eine Parallelebene zur Achse des Cylinders schneidet ihn entweder in zwei Mantellinien, oder berührt ihn längs einer Mantellinie, oder hat keine mit ihm gemein. Eine gegen die Achse geneigte Ebene schneidet den Cylinder in einer Kurve, die zu dem Kreise des Normalschnittes affin ist, also in einer Ellipse. Zwei Rotationscylinder mit parallelen Achsen haben entweder zwei getrennte, oder zwei vereinte, oder keine Erzeugende gemein.

96. Es mag daran erinnert werden, daß, ebenso wie die Punkte einer Kugel, auch ihre Tangenten und Tangentialebenen, da sie

normal zu den Radien nach ihren Berührungspunkten stehen, einerlei Abstand vom Zentrum haben.

Analog haben die Punkte, Tangenten und Tangentialebenen eines Rotationscylinders einerlei senkrechten Abstand von seiner Achse. Denn jede Tangentialebene steht senkrecht auf der Ebene, die durch ihre Berührungslinie und die Achse gelegt wird; ihr Abstand von der Achse ist also gleich dem der Mantellinien von der Achse. Jede Tangente des Cylinders liegt in einer Tangentialebene, ihr Berührungspunkt auf deren Berührungslinie; der kürzeste Abstand einer Tangente von der Achse ist also gleich dem der sie enthaltenden Tangentialebene von der Achse, sein Endpunkt auf der Tangente ist ihr Berührungspunkt.

Der geometrische Ort aller Geraden, die man durch einen Punkt S unter gegebenem Neigungswinkel γ gegen eine Ebene E, mithin unter dem Winkel $(R - \gamma)$ gegen das von S auf E gefällte Lot a ziehen kann, ist der durch Rotation des Winkels $(R - \gamma)$ um seinen Schenkel a erzeugte Kegel mit seiner Spitze S. Der vom Kegel auf E ausgeschnittene Kreis mag als der zur Spitze S und zum Winkel γ gehörige Neigungskreis jener Ebene bezeichnet werden; sein Zentrum ist der Fußpunkt des von S auf E gefällten Lotes, er enthält die Spurpunkte der oben definierten Geraden. — Den in Rede stehenden Kegel müssen andererseits alle durch S unter dem Neigungswinkel γ gegen E (oder dem Winkel $(R - \gamma)$ gegen a) gelegten Ebenen berühren, weil der Neigungswinkel einer Tangentialebene des Kegels gegen seine Achse mit dem ihrer Berührungslinie identisch ist. Die Spurlinien der fraglichen Ebenen in E berühren sonach den Neigungskreis.

97. Gerade von gegebener Tafelneigung in gegebener Ebene. Es sollen die Geraden durch einen Punkt P in der Ebene E dargestellt werden, welche mit Π_1 den Winkel γ_1 bilden. Damit die Aufgabe Lösungen habe, darf γ_1 nicht größer als die erste Tafelneigung von E sein; ist dies der Fall, so genügen ihr zwei Gerade g und h. Sie erscheinen als Schnittlinien der Ebene E mit einem Rotationskegel, dessen Spitze P, dessen Achse PP' ist und dessen Mantellinien mit ihr den Winkel $(R - \gamma_1)$ einschließen (Fig. 79). Wir zeichnen zunächst die zu Π_2 parallele Mantellinie PQ des Kegels, deren Aufriß $P''Q''$ die Achse x unter dem Winkel γ_1 in Q'' schneidet. Dann geht sein in Π_1 liegender Spurkreis k durch Q und hat den Punkt P zum Zentrum; er schneidet e_1 in den Spurpunkten G_1 und H_1 der gesuchten Geraden. — Berührt e_1 den Neigungskreis k, so fallen g und h in eine Falllinie von E zusammen.

98. Ebenen von gegebener Tafelneigung durch eine gegebene Gerade. Durch eine Gerade g mögen die Ebenen gelegt werden, die mit Π_1 den Winkel ε_1 ein-schließen, was nur möglich ist, wenn ε_1 nicht kleiner als die erste Tafelneigung von g ist. Man wähle auf g irgend einen Punkt (Fig. 80), etwa den zweiten Spurpunkt G_2, als Spitze eines Kegels und das von ihm auf Π_1 gefällte Lot $G_2 G_2'$ als seine Achse. Seine in der Aufrißebene liegende Mantellinie schneidet x unter dem Winkel ε_1. Dann geht der Spurkreis k des Kegels durch den (auf x liegenden) Spurpunkt der verzeichneten Mantellinie und G_2' ist sein Zentrum. (Ist der auf g gewählte Punkt beliebig, so zeichne man die zu Π_2 parallele Mantellinie, deren Aufriß mit x den Winkel ε_1 bildet). Die von G_1 an k gelegten Tangenten d_1 und e_1 sind die ersten Spurlinien der gesuchten Ebenen, deren zweite Spuren durch G_2 gehen. In der Tat be-rühren diese Ebenen den genannten Kegel, besitzen also die gleiche Tafel-neigung ε_1 gegen Π_1 wie seine Mantellinien.

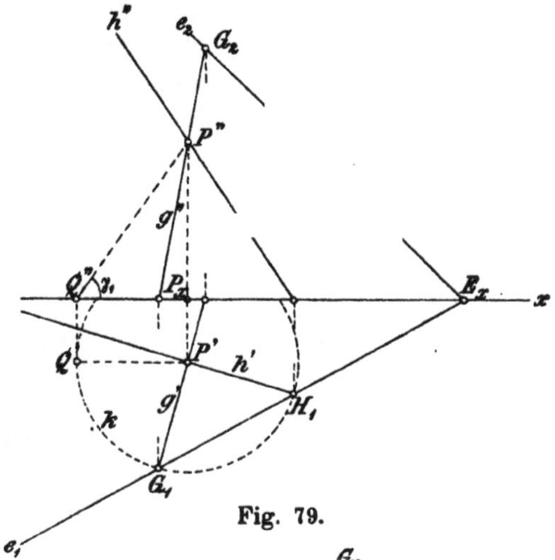

Fig. 79.

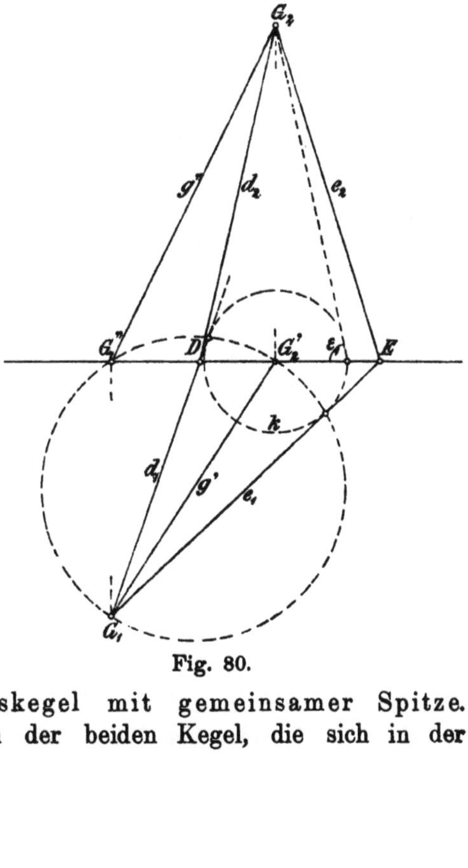

Fig. 80.

99. Die Schnitt-linien zweier Rotationskegel mit gemeinsamer Spitze. Sind a und b die Achsen der beiden Kegel, die sich in der gemeinsamen Spitze S schneiden, so lege man sie mit ihrer Ebene um die zugehörige erste Spurlinie in die Grundrißebene nieder. Dann bestimme man für diese Lage der Achsen die gesuchten Schnittlinien und führe schließlich die der vorher genannten Niederlegung entgegengesetzte Bewegung aus (nach 82 u. 88). Dadurch gelangen die Achsen a und b wieder in ihre ursprüngliche Lage und zugleich nehmen die gefundenen Schnittlinien eine Lage ein, in der sie die Lösung der ursprünglich gestellten Aufgabe darstellen. Wir behandeln hier nur den Fall, wo die Achsen a und b in Π_1 liegen (Fig. 81), so daß Π_1 die Kegel $\mathfrak{K}$ und $\mathfrak{L}$ in je zwei Erzeugenden, $K_1 K_3$, $K_2 K_4$ und $L_1 L_3$, $L_2 L_4$ schneidet. Eine um den Punkt S als Zentrum beschriebene Kugel, die Π_1 in einem Kreise c schneidet, hat mit den Kegeln je zwei Kreise gemein, deren Ebenen resp. zu a und b normal sind. Diese Kreise projizieren sich deshalb als gerade Linien $K_1 K_2$ und $K_3 K_4$, resp. $L_1 L_2$ und $L_3 L_4$, und die Schnittpunkte A', B', C', D' der letzteren sind die Projektionen von je zwei symmetrisch zu Π_1 liegenden Schnittpunkten A_1, A_2, B_1, B_2, C_1, C_2, D_1, D_2 der ersteren. Den Abstand des einzelnen Schnittpunktes von der Grundrißebene (nach oben oder unten) entnimmt man aus der Umlegung eines der

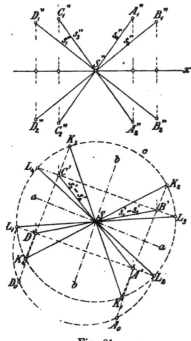

Fig. 81.

beiden ihn enthaltenden Kreise um seinen in Π_1 liegenden Durchmesser. Daraus ergibt sich dann sofort der Aufriß des fraglichen Punktes ($A_0 A' = (A_1'' \dashv x)$ u. s. w.), sowie die Aufrisse $A_1'' C_2''$, $A_2'' C_1''$, $B_1'' D_2''$, $B_2'' D_1''$ der gesuchten Schnittlinien und ihre paarweise sich deckenden Grundrisse $A'C'$ und $B'D'$. — Je nachdem die vier Ecken des Parallelogramms $A'B'C'D'$ alle vier innerhalb oder außerhalb, oder teils inner-, teils außerhalb liegen, besitzen die beiden Kegel vier, keine oder zwei gemeinsame Erzeugenden. Fallen zwei gegenüberliegende Ecken auf den Kreis c, so berühren sich die Kegel in einer in Π_1 gelegenen Mantellinie.

100. Die gemeinsamen Tangentialebenen zweier Rotationskegel mit gemeinsamer Spitze. Wir nehmen wiederum die Kegelachsen a und b in Π_1 an; als Erzeugende der Kegel $\mathfrak{K}$ und $\mathfrak{L}$ seien SK_1, SK_2 und SL_1, SL_2 in Π_1 gegeben (Fig. 82). Es genügt, die Konstruktion für eine der vier im allgemeinen möglichen

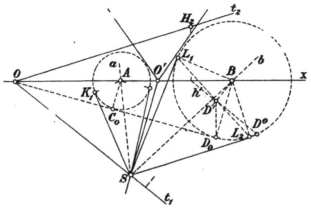

Fig. 82.

gemeinsamen Berührungsebenen der Kegel $\mathfrak{K}$ und $\mathfrak{L}$ durchzuführen, da sich die übrigen ganz ebenso zeichnen lassen.

Wir wählen auf a und b willkürlich zwei Punkte A und B, etwa die Schnittpunkte mit der Achse x, und denken uns aus ihnen auf die gesuchte Berührungsebene T die Lote AC und BD gefällt, deren Fußpunkte C und D auf den Berührungslinien liegen (vergl. 92). Die Verbindungslinie CD, die mit den parallelen Loten in einer Ebene liegt, trifft die Achse x in einem Punkte O. Durch O geht auch die um x in Π_1 umgesetzte Gerade C_0D_0, die man in folgender Weise bestimmt. Alle von A auf die Mantellinien des Kegels $\mathfrak{K}$ gefällten Lote sind gleich, also $AK_1 = AC = AC_0$ ($AK_1 \perp SK_1$), und da $AC \perp CO$ ist, ist auch $AC_0 \perp C_0O$. Ganz ebenso findet man $BL_1 = BD = BD_0$ und $BD_0 \perp OD_0$, so daß die Gerade OC_0D_0 die beiden Kreise berührt, welche um die Punkte A resp. B mit den Radien AK_1 resp. BL_1 beschrieben sind. Demnach ist O ein Ähnlichkeitspunkt dieser beiden Kreise (vergl. 5) und $OS = t_1$ die erste Spurlinie der gesuchten Ebene T. Die Fußpunkte aller aus B auf die Mantellinien des Kegels $\mathfrak{L}$ gefällten Lote liegen auf einem Kreise, dessen Projektion mit seinem in Π_1 liegenden Durchmesser L_1L_2 zusammenfällt. Auf diesem findet man daher auch den zu D gehörigen Grundriß D' ($D_0D' \perp x$, $BD' \perp t_1$) und durch Umlegen des

rechtwinkligen Dreiecks $DD'B$ um eine Kathete $D'B$ den Tafel-
abstand $DD' = D^0D'$ des Punktes D ($D^0D' \| t_1$, D^0 auf dem Kreis).
Die Hauptlinie h ($\| t_1$) durch D hat den gleichen Tafelabstand, also
liegt ihr zweiter Spurpunkt H_2 senkrecht über $h' \times x$ im Abstand
D^0D'. Damit ist die zweite Spur $t_2 = OH_2$ von T gefunden.

Symmetrisch zu T in bezug auf Π_1 liegt eine zweite gemeinsame
Tangentialebene; ihre erste Spur ist wieder t_1, während ihre zweite
Spur mit x den gleichen Winkel bildet wie t_2. Ist O' der andere
Ähnlichkeitspunkt der beiden um A und B beschriebenen Kreise,
so ist $O'S$ die gemeinsame erste Spur zweier weiterer Tangentialebenen, die wiederum zu Π_1 symmetrisch sind. Ihre zweiten Spuren
sind in der Figur eingetragen, jedoch ohne Konstruktion.

Die gegebenen Kegel haben nur dann vier verschiedene Tangentialebenen gemein, wenn die Linien OS und $O'S$ beide außerhalb
derselben liegen. Umschließen die Kegelflächen eine dieser Linien
oder beide, so kommen zwei resp. vier gemeinsame Tangentialebenen
in Wegfall. Den Übergang bilden die Fälle, wo die gegebenen
Kegel einander längs einer Mantellinie berühren, die dann in Π_1
liegen muß.

Es mag noch erwähnt werden, daß die Bestimmung der gemeinsamen Tangentialebenen zweier Rotationskegel mit derselben Spitze
auch auf die der gemeinsamen Erzeugenden ihrer Polarkegel zurückgeführt werden kann (vergl. 94).

101. Das in 99 gegebene Verfahren läßt sich, natürlich mit
gewissen Abkürzungen, auf die schon in 76 behandelte Aufgabe
anwenden: **die Geraden durch einen gegebenen Punkt P mit
den Neigungswinkeln γ_1 und γ_2 gegen die Tafeln zu ziehen.**
Die zum gegebenen Punkt P und den gegebenen Winkeln γ_1 und γ_2
in Π_1 und Π_2 gehörigen Neigungskreise k_1 und k_2 bestimmen zwei
Rotationskegel mit der Spitze P, deren gemeinsame Erzeugende
die Lösungen des Problems bilden. Die Achsen PP' und PP'' dieser
Kegel liegen in einer zur Projektionsachse x senkrechten Ebene Π_3,
die als Seitenrißebene zu benutzen ist. Damit nimmt die Aufgabe,
was die Darstellung der dritten Projektionen der gesuchten Geraden
betrifft, dieselbe Form wie in 99 für die ersten Projektionen an.
Zur Auffindung der ersten und zweiten Projektionen dient hier die
Bemerkung, daß die bezüglichen Spurpunkte auf den Neigungs-
kreisen k_1 und k_2 liegen.

102. Die in 78 erledigte Aufgabe: **durch einen Punkt P
die Ebenen mit den gegebenen Tafelneigungen ε_1 und ε_2
zu legen,** kann auch nach der in 100 dargelegten Methode be-

handelt werden. Diese Ebenen müssen die beiden Kegel gleichzeitig berühren, welche durch den Punkt P als Spitze und die zu ihr und zu den Winkeln ε_1 und ε_2 in Π_1 und Π_2 gehörigen Neigungskreise k_1 und k_2 bestimmt sind. Man benutze wiederum die durch P gelegte Seitenrißebene Π_3. Hat man in ihr, wie in 100 für Π_1, die paarweise zusammenfallenden dritten Ebenenspuren gefunden, so hat man aus ihren Schnittpunkten mit den Nebenachsen y und z nur noch die Tangenten an die Kreise k_1 und k_2 zu legen; diese sind die ersten und zweiten Spuren der gesuchten Ebenen. — Man kann die Aufgabe auch auf die in 99 gelöste zurückführen, indem man zuerst die Geraden durch P konstruiert, welche die Tafelneigungen $(R - \varepsilon_1)$ und $(R - \varepsilon_2)$ haben und zu ihnen die Normalebenen durch P legt.

103. Um die Geraden darzustellen, welche zwei gegebene windschiefe Gerade k und i unter gegebenen Winkeln α und β schneiden, suche man zuerst die Richtungen derselben auf die folgende Art. Man ziehe durch einen beliebigen Punkt S auf k eine Parallele l zu i. Die Schnittlinien der Kegel $\Re$ und $\mathfrak{L}$, die durch Rotation des Winkels α um den Schenkel k und des Winkels β um den Schenkel l erzeugt werden, wenn die Scheitel dieser Winkel in S vereinigt liegen, geben die fraglichen Richtungen an. Man lege daher k und l in Π_1 um die Spur ihrer Ebene nieder (oder drehe sie zu Π_1 parallel), wende zur Bestimmung der gemeinsamen Mantellinien der mitgedrehten Kegel das Verfahren in 99 an und drehe hierauf zurück. Schließlich lege man durch k und i parallel zu einer der gefundenen Richtungen zwei Ebenen, die sich dann in einer der gesuchten gemeinsamen Sekanten von k und i schneiden.

104. In ähnlicher Weise erhält man die Ebenen durch einen gegebenen Punkt P, die mit zwei gegebenen Geraden k und i gegebene Neigungswinkel α und β einschließen. Auch diese Aufgabe hat, wie die vorangehenden, im allgemeinen vier Lösungen. Ist wiederum l eine Parallele zu i, welche k schneidet, und sind $\Re$ und $\mathfrak{L}$ die wie vorher bestimmten Kegel, so geben ihre gemeinsamen Tangentialebenen die Stellungen an, welche die unserer Aufgabe genügenden Ebenen haben. Letztere sind also durch P parallel zu jenen zu ziehen. Statt aber die fraglichen Berührungsebenen nach 100 zu bestimmen, empfiehlt es sich hier, die Polarkegel von $\Re$ und $\mathfrak{L}$ miteinander zu schneiden und zu ihren gemeinsamen Erzeugenden durch P die Normalebenen zu legen. Man gelangt so kürzer zum Ziele.

105. Es sei die Aufgabe gestellt: in einer gegebenen
Ebene E eine Gerade zu ziehen, die von zwei festen
Punkten P und Q des Raumes vorgeschriebene Abstände
p und q hat. Man denke sich um P und Q resp. mit den Radien
p und q je eine Kugel beschrieben. Die gesuchten Geraden sind
dann die in E liegenden gemeinsamen Tangenten beider Kugeln,
oder — was dasselbe besagt — sie sind die gemeinsamen Tangenten
der beiden Kreise
m und n, welche E
aus jenen Kugeln
ausschneidet. Man
erkennt hieraus, daß
die Aufgabe keine
Lösung   besitzen
kann, falls eine der
beiden Kugeln die
Ebene   E   nicht
schneidet, daß sie
aber — abgesehen
von diesem Falle —
keine, vier oder
zwei Lösungen be-
sitzt, je nachdem
einer der beiden
Kreise den anderen
einschließt,   oder
beide sich gegen-
seitig ausschließen

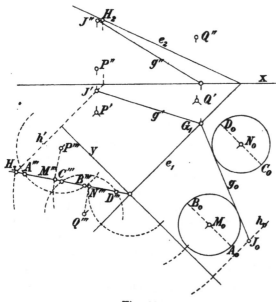

Fig. 83.

oder sich schneiden. Man führt die Konstruktion am besten mit
Hilfe einer Seitenrißebene Π_3 durch, die normal zur ersten Spur e_1
von E ist (Fig. 83). Man zeichne die Seitenrisse P''' und Q''',
sowie die Seitenrißspur e_3; letztere erhält man mittels einer Haupt-
linie h ($h' \parallel e_1$), durch deren Spurpunkt H_3 sie geht ($(H_3 \dashv y) = (H_2 \dashv x)$).
Nun fälle man von P und Q auf E die Lote PM und QN, und
schlage um ihre Fußpunkte M und N resp. die Kreise m und n.
Um die Durchmesser dieser Kreise zu bestimmen, lege man durch
P und Q Ebenen parallel zu Π_3; sie schneiden die bezw. Kugeln
in größten Kreisen und die Ebene E in Falllinien; auf diesen
werden durch die letztgenannten Kreise die obengenannten Durchmesser AB und CD ausgeschnitten. Alle diese Dinge stellen sich
in Π_3 in wahrer Größe dar. Die gemeinsamen Tangenten von m

und n findet man, indem man zunächst in der um e_1 in den Grundriß niedergelegten Ebene E die gemeinsamen Tangenten an m_0
und n_0 zeichnet. Man suche M_0, A_0 und B_0 auf der umgelegten
Falllinie, deren Verlängerung durch P' geht, und ebenso N_0, C_0
und D_0 auf der umgelegten Falllinie, deren Verlängerung durch Q'
geht. Dann kann man m_0 und n_0 und ihre gemeinsamen Tangenten
von denen g_0 in der Figur eine ist, unmittelbar zeichnen. Daraus
ergibt sich g' als Verbindungslinie des Spurpunktes $G_1 = g_0 \times e_1$
mit dem zu $J_0 = g_0 \times h_0$ gehörigen Grundriß J' und hieraus sofort g''.

106. Durch einen Punkt P die Geraden zu legen, die
in bezug auf zwei gegebene Gerade a und b die vorgeschriebenen kürzesten Abstände p und q besitzen. Alle
Geraden, die in bezug auf a den kürzesten Abstand p aufweisen,
berühren nach 96 einen Rotationscylinder $\Re$ mit der Achse a,
dessen Normalschnitt ein Kreis vom Radius p ist. Ganz ebenso
müssen die gesuchten Geraden einen Rotationscylinder $\Re$ mit der
Achse b berühren, dessen Normalschnitt ein Kreis vom Radius q
ist. Man lege demgemäß durch P zwei Tangentialebenen, eine an
den Cylinder $\Re$ und eine an den Cylinder $\Re$; ihre gemeinsame
Schnittlinie ist eine von den gesuchten Geraden. Es gibt offenbar
vier Lösungen unserer Aufgabe, da man von P aus sowohl an $\Re$,
als auch an $\Re$ je zwei Tangentialebenen legen kann. Hieraus erkennt man auch, daß die Konstruktion nur dann, aber auch immer
dann möglich ist, wenn die Abstände des Punktes P von den Geraden a und b größer als p und q respektive sind.

Die eigentliche Konstruktion gestaltet sich, wie folgt. Alle
Tangentialebenen an den Cylinder $\Re$ sind zu seiner Achse a
parallel; die beiden durch P gehenden Tangentialebenen enthalten
demnach eine Gerade c, die durch P parallel zu a gezogen wird.
Legt man ferner durch P eine Normalebene zu a, so schneidet
diese a in einem Punkte M und $\Re$ in einem Kreise m mit dem
Zentrum M und dem Radius p. Jede der beiden aus P an m gezogenen Tangenten bestimmt mit c zusammen eine der gemeinten
Tangentialebenen an $\Re$. Legt man ebenso durch P eine Normalebene zu b, welche b in N und den Cylinder $\Re$ in einem Kreise n
schneidet, so gehören die aus P an den Kreis n gelegten Tangenten zwei Tangentialebenen des Cylinders $\Re$ an, die außerdem
eine Parallele d zu b durch P enthalten. Die Schnittlinien der
letzteren und ersteren Tangentialebenen stellen die Lösungen unseres
Problems dar.

Die Normalebene zu a bestimmt man durch zwei Hauptlinien g und k ($g'\|x$, $h''\|x$, $g''\perp a''$, $h'\perp a'$), die durch P gezogen sind, sucht ihren Schnittpunkt M mit a und dreht sie um g parallel zur Aufrißebene nach 85. Gelangt hierbei M nach $M_\triangle$, so schlage man um diesen Punkt mit dem Radius p den Kreis $m_\triangle$ und lege aus P zwei Tangenten $t_\triangle$ und $u_\triangle$ an ihn; durch Zurückdrehen gewinnt man die Tangenten t und u. Man kann dazu die Affinität benutzen, für welche g'' die Achse ist und $M_\triangle$ und M'' ein Paar entsprechender Punkte sind; t'' und u'' stellen die zu $t_\triangle$ und $u_\triangle$ affinen Geraden dar. Ihre Grundrisse ergeben sich ebenfalls nach 85. In gleicher Weise konstruiere man v'', w'' und v', w' als die Projektionen der aus P an den Kreis n gelegten Tangenten. Zuletzt schneide man die Ebenen ct und cu mit den Ebenen dv und dw, was die vier Lösungen liefert.

107. Ein Dreieck ABC, dessen erste Projektion gegeben ist, soll so bestimmt werden, daß seine zweite Projektion einem gegebenen Dreieck $A_1B_1C_1$ ähnlich wird.

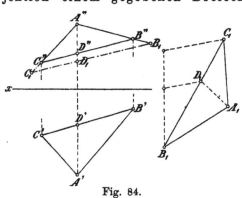

Die Aufgabe läßt die Lage des Dreiecks ABC insofern unbestimmt, als eine Parallelverschiebung desselben in der Richtung senkrecht zu Π_1 belanglos ist. Man darf daher den ersten Tafelabstand eines Eckpunktes, etwa A, willkürlich fixieren, indem man A'' auf der durch A' senkrecht zur Achse x gezogenen Geraden irgendwie

Fig. 84.

wählt. Diese Gerade teile $B'C'$ im Punkte D' (Fig. 84), die entsprechende Strecke $B''C''$ im Punkte D''; dann muß $B''D'':D''C''$ $=B'D':D'C'$ sein. Entspricht ferner im Dreieck $A_1B_1C_1$ dem Punkte D'' der Punkt D_1, so hat man wegen der vorausgesetzten Ähnlichkeit: $B_1D_1:D_1C_1 = B''D'':D''C''$. Man teile daher die Seite B_1C_1 durch den Punkt D_1 im Verhältnis $B'D':D'C'$, zeichne sodann $\triangle A_1B_1C_1$ in solcher Lage, daß A_1 sich mit A'' deckt, D_1 auf $A'A''$ und die Punkte B' und B_1 auf dieselbe Seite von $A'A''$ zu liegen kommen. Zuletzt schneide man die Geraden $A''B_1$ und $A''C_1$ mit den Vertikalen durch B' und C' in B'' und C'', womit der Aufriß $A''B''C''$ des gesuchten Dreiecks gefunden ist.

108. Ein Dreieck, dessen zweite Projektion $A'' B'' C''$ gegeben ist, soll so bestimmt werden, daß es einem gegebenen Dreieck $A_2 B_2 C_2$ ähnlich wird. Auch diese Aufgabe ist in derselben Weise wie die vorige unbestimmt, indem eine Parallelverschiebung des Dreiecks in der zu Π_2 senkrechten Richtung ohne Belang ist. Wir denken uns zunächst, daß ein unserer Aufgabe genügendes Dreieck ABC gefunden und durch Umlegung um die zweite Spur e_2 seiner Ebene in seiner wahren Gestalt als

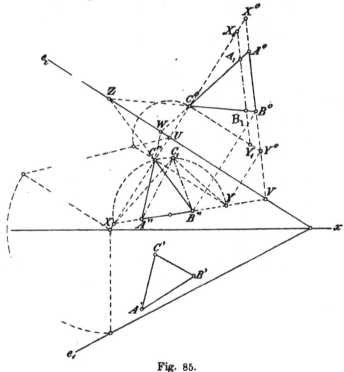

Fig. 85.

$\triangle A^0 B^0 C^0$ dargestellt sei (Fig. 85). Dann kann man durch C eine Haupt- und eine Falllinie ziehen, welche die Dreiecksseite $A B$ in zwei Punkten Y und X schneiden werden. Im Aufriß und in der Umlegung ergeben sich so zwei rechtwinklige Dreiecke $X'' C'' Y''$ und $X^0 C^0 Y^0$, deren Katheten $C'' Y''$ und $C^0 Y^0$ gleich lang und parallel sind und deren Katheten $X'' C''$ und $X^0 C^0$ auf der nämlichen Geraden liegen. Zugleich besteht die Relation $X^0 A^0 : A^0 B^0 : B^0 Y^0 = X'' A'' : A'' B'' : B'' Y''$. Schneidet man also die Seiten $C^0 X^0$, $C^0 A^0$, $C^0 B^0$, $C^0 Y^0$ mit einer Parallelen zu $A^0 B^0$ bezüglich in den Punkten

X_1, A_1, B_1, Y_1 und richtet es dabei so ein, daß $A_1 B_1 = A'' B''$ wird, so wird zugleich $X_1 A_1 = X'' A''$ und $B_1 Y_1 = B'' Y''$. Jetzt kann man das Dreieck $X_1 C^0 Y_1$ samt den Punkten A_1 und B_1 auf seiner Hypotenuse so verschieben, daß die Punkte $X_1 A_1 B_1 Y_1$ sich mit den Punkten $X'' A'' B'' Y''$ der Reihe nach decken. Dabei mag C^0 nach C_1 gelangt sein.

Das Dreieck $A'' C_1 B''$ läßt sich aber unmittelbar aus den Daten unserer Aufgabe zeichnen, indem es die Seite $A'' B''$ besitzt und dem Dreieck $A_2 C_2 B_2$ ähnlich ist. Die Punkte X'' und Y'' findet man dann dadurch, daß $\angle X'' C'' Y'' = \angle X'' C_1 Y'' = R$ ist; ein Kreis durch C'' und C_1, dessen Zentrum auf $A'' B''$ liegt, schneidet sie aus. Nun ist $X'' C'' Y''$ die Projektion eines rechtwinkligen Dreiecks, dessen Katheten auf einer Haupt- und einer Falllinie liegen und dessen Umlegung zu $\triangle X'' C_1 Y''$ ähnlich ist. Dabei ist zu beachten, daß die Kathete $X'' C''$ dieser Falllinie angehört, wenn $X'' C'' < X'' C_1$ ist. Man bringe demnach das letztgenannte Dreieck in eine solche Lage $X_1 C^0 Y_1$, daß seine Kathete $X_1 C^0$ auf der Verlängerung von $X'' C''$ liegt, wobei seine Kathete $C^0 Y_1$ zu $C'' Y''$ parallel wird. Jetzt trage man $C^0 Y^0 = C'' Y''$ auf $C^0 Y_1$ auf und ziehe $Y^0 X^0 \parallel Y_1 X_1$, so ist $\triangle X^0 C^0 Y^0$ die Umlegung und $\triangle X'' C'' Y''$ die Projektion eines rechtwinkligen Dreiecks XCY. Ist E die Ebene dieses Dreiecks, so ist ihre Spur e_2 parallel zu $C'' Y''$ und geht durch den Punkt $V = X^0 Y^0 \times X'' Y''$. Ist $U = e_2 \times C^0 C''$, so ist die Tafelneigung von E so zu bemessen, daß $C'' U$ die orthogonale Projektion von $CU = C^0 U$ wird; bildet man also aus $C^0 U$ und $C'' U$ als Hypotenuse und Kathete ein rechtwinkliges Dreieck, so schließen sie den Winkel der Tafelneigung ein. Bestimmt man noch A_1 und B_2 auf $X_1 Y_1$, indem man $X_1 A_1 = X'' A''$ und $Y_1 B_1 = Y'' B''$ macht, und schneidet die Geraden $C^0 A_1$ und $C^0 B_1$ mit $X^0 Y^0$ in A^0 und B^0, so sind A^0 und B^0 die Umlegungen der Punkte A und B, deren Aufrisse A'' und B'' sind. Denn nach der Konstruktion gilt die Relation: $X'' A'' : A'' B'' : B'' Y'' = X^0 A^0 : A^0 B^0 : B^0 Y^0$, damit werden aber $A'' A^0$ und $B'' B^0$ zu e_2 senkrecht, w. z. b. w. Somit ist die Umlegung $A^0 B^0 C^0$ des gesuchten Dreiecks gefunden; in der Figur ist dann noch eine x-Achse angenommen und der Grundriß, sowie die Spur e_1 aus Aufriß und Umlegung konstruiert.

109. Die schiefe Parallelprojektion eines gegebenen Kreises vom Radius r auf eine Ebene Π_1 soll so bestimmt werden, daß sein Bild eine Ellipse von gegebenen Halbachsen a und b wird. Der Kreis k werde um die Spur e_2 seiner Ebene in Π_1 niedergelegt. Seine Umlegung k_0 (Fig. 86 b) und sein

Bild, die Ellipse k_1, müssen sich in bezug auf e_1 als Achse in affiner Lage befinden; mithin muß dem zu e_1 parallelen Kreisdurchmesser $C_0 D_0$ ein ihm gleicher und paralleler Ellipsendurchmesser $C_1 D_1$ entsprechen. Damit aber eine Ellipse mit den Halbachsen a und b einen Durchmesser von der Länge $2r$ habe, muß $a \geqq r \geqq b$ sein. Diese Bedingung entscheidet über die Lösbarkeit unseres Problems; ist sie erfüllt, so gibt es im allgemeinen zwei Ellipsendurchmesser der geforderten Art symmetrisch zu den Achsen.

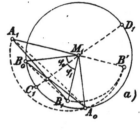

Sind $M_1 A_1$ und $M_1 B_1$ die Halbachsen der Ellipse k_1 und schneiden sie die Spur e_1 in X und Y, so entsprechen ihnen beim affinen Kreis k_0 zwei rechtwinklige Halbmesser $M_0 A_0$ und $M_0 B_0$, welche die Spur e_1 ebenfalls in X und Y schneiden (vergl. 19). In dieser affinen Beziehung zwischen k_1 und k_0 entspricht dem $\triangle A_1 M_1 B_1$ das $\triangle A_0 M_0 B_0$. Nun bleiben zwei Figuren $\mathfrak{F}_0$ und $\mathfrak{F}_1$ in affiner Lage, wenn man die eine in der Richtung der Affinitätsstrahlen gegen die andere verschiebt. Sind nämlich h_0 und h_1 zwei zur Affinitätsachse e_1 parallele, sich entsprechende Gerade, so sind je zwei auf ihnen liegende, entsprechende Strecken einander gleich. Führt man also

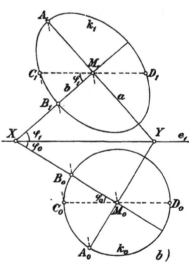

Fig. 86.

die gemeinte Verschiebung von $\mathfrak{F}_0$ aus, so daß h_0 und h_1 sich decken, so fallen auf h_1 je zwei entsprechende Punkte zusammen, d. h. diese Gerade bildet nach der Verschiebung die Affinitätsachse, während die Affinitätsrichtung ersichtlich die frühere bleibt. Insbesondere bleiben die Dreiecke $A_1 M_1 B_1$ und $A_0 M_0 B_0$ in affiner Lage, wenn man das letztere um die Strecke $M_0 M_1$ verschiebt; dann deckt sich $C_0 D_0$ mit $C_1 D_1$ und diese Gerade wird für die neue Lage der Dreiecke zur Affinitätsachse.

Es gilt hiernach zwei der Größe nach bekannte rechtwinklige

Dreiecke $A_1 M_1 B_1$ (mit den Katheten a und b) und $A_0 M_0 B_0$ (mit den Katheten r) in eine solche affine Lage zu bringen, daß M_0 und M_1 sich decken (Fig. 86a). Dazu ist nur nötig, daß $B_0 B_1 \| A_0 A_1$ wird, die Affinitätsachse verbindet dann M_1 mit dem Punkt $A_0 B_0 \times A_1 B_1$. Lassen wir also $\triangle M_1 B_0 B_1$ eine Drehung von 90^0 um M_1 ausführen, so gelangt B_0 nach A_0 und B_1 nach B' auf $M_1 A_1$, zugleich ist $\angle B' A_0 A_1 = R$. Das liefert folgende Konstruktion. Man trage $M_1 B_1 = M_1 B'$ an $M_1 A_1$ an, beschreibe über $B' A_1$ einen Halbkreis und schlage um M_1 mit dem Radius r einen Kreis. Beide Kreise schneiden sich in dem gesuchten Punkt A_0, während $M_1 B_0 = r$ senkrecht zu $M_1 A_0$ zu ziehen ist. Nun zeichne man noch die Affinitätsachse $C_1 D_1$ ein, die M_1 mit $A_0 B_0 \times A_1 B_1$ verbindet. Wie aber in Figur 86a $M_1 B_0$ und $M_1 B_1$ mit $M_1 C_1$ die Winkel φ_0 resp. φ_1 einschließen, so müssen in Figur 86b $M_0 B_0$ und $M_1 B_1$ mit e_1 die nämlichen Winkel φ_0 und φ_1 bilden. Man ziehe also $M_0 X$ unter dem Winkel φ_0 gegen e_1 und $M_0 Y$ senkrecht dazu, ferner ziehe man $M_1 X$ unter dem Winkel φ_1 gegen e_1 und $M_1 Y$ dazu senkrecht; so erhält man den Mittelpunkt M_1 der gesuchten Ellipse und auf $M_1 X$ und $M_1 Y$ ihre Scheitel A_1 und B_1 ($M_0 M_1 \| A_0 A_1 \| B_0 B_1$). Damit ist unsere Aufgabe gelöst. — Wird der Kreis k_0 in seine ursprüngliche Lage aufgedreht, so bleibt er durch Parallelprojektion auf die Ellipse bezogen.

DRITTES KAPITEL.

Ebenflächige Gebilde, Körper.

Die körperliche Ecke; das Dreikant.

110. An einem ebenflächigen Gebilde[3]) unterscheidet man Seitenflächen, Kanten und Ecken. Die Kanten sind in zweifacher Weise angeordnet; einerseits bilden sie ebene Vielecke, anderseits köperliche Ecken.

Eine körperliche n-kantige Ecke oder kürzer ein n-Kant wird gebildet von n Strahlen und n Ebenen, die von einem Punkte ausgehen. Dieser Punkt heißt der Scheitel, jene Strahlen die Kanten und die zwischen ihnen liegenden Winkel die Seiten (Seitenflächen) der körperlichen Ecke. Jede Seite wird von zwei

Kanten begrenzt und kann daher auch als Kantenwinkel bezeichnet werden, in jeder Kante stoßen zwei Seiten aneinander und bilden die Flächenwinkel oder kurz die Winkel des n-Kants.

Zwei n-Kante, die alle Seiten und alle Winkel entsprechend gleich haben, sind entweder kongruent oder symmetrisch. Dies erkennt man unmittelbar, wenn man die beiden n-Kante in eine solche gegenseitige Lage bringt, daß zwei aufeinanderfolgende Kanten des einen mit den entsprechenden des anderen zusammenfallen, wobei dann beide n-Kante sich entweder ganz decken oder sich in symmetrischer Lage in bezug auf die gemeinsame Seitenfläche als Symmetrieebene befinden. Verlängert man die Kanten eines n-Kants über den Scheitel hinaus, so erhält man ein neues n-Kant, dessen Seiten die Scheitelwinkel der Seiten des ersteren sind; beide n-Kante sind symmetrisch.

111. Ein n-Kant, bei dem jeder Flächenwinkel $< 2R$ ist, heißt konkav. Bei einem konkaven n-Kant ist die Summe der Seiten $< 4R$, vorausgesetzt, daß sich die Seitenflächen nicht durchkreuzen. Schneidet man nämlich das n-Kant mit einer Ebene, die alle Kanten trifft, so entsteht ein Körper, den man als n-seitige Pyramide bezeichnet; derselbe wird begrenzt von einem n-Eck, der Basisfläche, und n Dreiecken, den Seitenflächen (vergl. Fig. 87). Nennt man die Ecken der Basisfläche $1, 2, \ldots n$ und die nach ihnen laufenden Kanten $k_1, k_2, \ldots k_n$, so kann man die Kantenwinkel durch $\angle k_1 k_2, \angle k_2 k_3 \ldots \angle k_n k_1$, die Flächenwinkel durch $\angle k_1, \angle k_2, \ldots \angle k_n$ bezeichnen. Bedenkt man, daß die Winkelsumme in jedem der n Seitendreiecke $2R$ beträgt, so folgt:

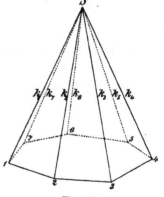

Fig. 87.

$$\angle k_1 k_2 + \angle k_2 k_3 + \ldots + \angle k_n k_1 = 2nR$$
$$- \angle S12 - \angle S21 - \angle S23 - \angle S32$$
$$- \ldots - \angle Sn1 - \angle S1n.$$

Nun ist der Punkt 2 Scheitel eines Dreikants mit den Kanten $21, 23, 2S$, und da in jedem Dreikant die Summe zweier Seiten größer als die dritte ist, hat man:

$$\angle S21 + \angle S23 > \angle 123.$$

Indem man die analogen Resultate für die Ecken $3, 4, \ldots, n, 1$ benutzt, geht die frühere Gleichung in die Ungleichung über:

$$\angle k_1 k_2 + \angle k_2 k_3 + \ldots + k_n k_1 < 2nR - \angle 123 - \angle 234 - \ldots$$

oder, da die Winkelsumme im n-Eck $(2n - 4)$ R beträgt, in:

$$\angle k_1 k_2 + \angle k_2 k_3 + \ldots + \angle k_n k_1 < 4\,R.$$

Fällt man von einem Punkte im Innern eines n-Kants der Reihe nach Lote auf seine Seitenflächen, so bestimmen die aufeinanderfolgenden Lote die Seitenflächen eines neuen n-Kants, des Polar-n-kants. Daraus folgt sofort, daß auch die Kanten des urspünglichen n-Kants auf den bezüglichen Seitenflächen seines Polar-n-kants senkrecht stehen; und es ist weiter ersichtlich, daß die Kantenwinkel eines jeden von ihnen die Supplemente der entsprechenden Flächenwinkel des anderen sind. Dabei sind solche Kanten und Seiten als entsprechend aufgefaßt, die aufeinander senkrecht stehen.

Die Summe der Winkel (Flächenwinkel) eines konkaven n-Kants ist $> (2n - 4)$ R. Denn für das zugehörige Polar-n-kant, das ebenfalls konkav ist, ist nach dem vorangehenden Satze die Summe der Seiten $< 4\,R$, also die Summe der zugehörigen Supplementwinkel $> (2n - 4)\,R$; diese sind aber jenen Flächenwinkeln gleich.

112. Wie in der Ebene die Konstruktion der n-Ecke auf die der Dreiecke zurückgeführt wird, so wird im Raume die Konstruktion der n-Kante auf die der Dreikante reduziert. Wir werden uns deshalb weiterhin ausführlicher mit den Dreikanten zu beschäftigen haben. In einem Dreikant sind alle Winkel und alle Seiten $< 2\,R$. Seine Kanten sollen durchweg mit a, b, c, die gegenüberliegenden Seiten mit A, B, Γ bezeichnet werden, so daß $A = bc$, $B = ca$, $Γ = ab$ und $a = B \times Γ$, $b = Γ \times A$, $c = A \times B$ ist.

A, B, Γ bedeuten dann zugleich die Kantenwinkel und a, b, c die Flächenwinkel des Dreikants. Nach den vorausgeschickten Untersuchungen haben wir die Ungleichungen:

$$0 < A + B + Γ < 4\,R$$
$$\text{und } 2\,R < a + b + c < 6\,R.$$

Hierzu kommen noch die Ungleichungen:

$$A + B > Γ, \quad B + Γ > A, \quad Γ + A > B,$$

welche besagen, daß die Summe zweier Seiten größer als die dritte ist. Es ist hier nicht nötig, diese letzteren Ungleichungen zu beweisen, da sie bei der folgenden Konstruktion des Dreikants aus seinen drei Seiten sofort als richtig erkannt werden. Mit Hilfe des Polardreikants folgern wir aus den letzten Ungleichungen noch die weiteren:

$$a + b < 2\,R + c, \quad b + c < 2\,R + a, \quad c + a < 2\,R + b.$$

Von den sechs Bestimmungsstücken (drei Seiten und drei Winkeln) eines Dreikants genügt es irgend drei zu kennen, um das zugehörige Dreikant konstruktiv zu bestimmen. Soll die Konstruktion nicht unmöglich werden, so dürfen die gegebenen Stücke den angeführten Ungleichungen nicht widersprechen. Es ergeben sich nun die folgenden 6 Aufgaben:

Ein Dreikant zu konstruieren

1. aus: A, B, Γ — seinen drei Seiten,
2. aus: A, B, c — zwei Seiten und dem eingeschlossenen Winkel,
3. aus: A, B, a — zwei Seiten und dem einer von ihnen gegenüberliegenden Winkel,
4. aus: A, b, c — einer Seite und den beiden anliegenden Winkeln,
5. aus: A, a, b — einer Seite, einem anliegenden und einem gegenüberliegenden Winkel,
6. aus: a, b, c — seinen drei Winkeln.

Diese Aufgaben können unter Benutzung des Polardreikants paarweise aufeinander zurückgeführt werden. Die Aufgaben 3. und 5. lassen, wie wir später sehen werden, eventuell zwei Lösungen zu, alle anderen jedoch stets nur eine Lösung, abgesehen davon, daß es zu jeder Lösung eine symmetrische gibt.

113. Konstruktion des Dreikants aus seinen drei Seiten A, B, Γ. Wir denken uns das Dreikant mit der Seitenfläche Γ in der Zeichenebene liegend, trennen es längs der Kante c auf und legen die Seiten A = bc und B = ac um die bezüglichen Kanten

b und a in die Zeichenebene nieder, so daß die gegebenen Seiten am Scheitel S nebeneinander zu liegen kommen (vergl. Fig. 88). Gehen wir von dieser Lage aus, so gewinnen wir das Dreikant, indem wir die Seiten A und B um die Kanten b und a zurückdrehen, bis die Kanten c_0 und c^0 in c zusammenfallen. Dann fällt auch P_0 mit P^0

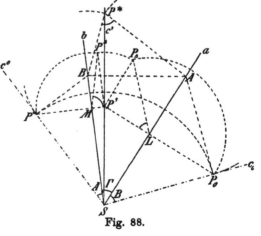

Fig. 88.

in P zusammen, wenn wir $SP_0 = SP^0$ wählen. Bei dieser Drehung beschreibt P_0 einen Kreisbogen um a als Achse, d. h. die Projektion dieses Punktes bewegt sich auf einer Senkrechten zu a; ebenso bewegt sich bei der Drehung von P^0 um b seine Projektion auf einer Senkrechten zu b. Der Schnittpunkt P' dieser Senkrechten ist die Projektion des Raumpunktes P, also $c' = SP'$ die Projektion der Kante c. Legt man die Ebenen jener Kreisbogen P_0P und P^0P in die Zeichenebene um, so erhält man die Kreisbogen $P_0P_\triangle$ und $P^0P^\triangle$, wobei $P'P_\triangle \perp P'P_0$ und $P'P^\triangle \perp P'P^0$ ist. Zugleich gibt $P'P_\triangle = P'P^\triangle = P'P$ die Höhe des Punktes P über der Zeichenebene an, und ferner ist: $\angle P'MP^\triangle = \angle b$ und $\angle P'LP_\triangle = \angle a$. Um noch $\angle c$ zu erhalten, errichte man in P auf der Kante c eine senkrechte Ebene, die die Kanten a und b in A und B schneidet, dann ist $\angle APB = \angle c$. Hiernach stehen PA und PB auf c senkrecht, also ist $P^0B \perp c^0$ und $P_0A \perp c_0$, und $AB \perp c'$ als Spur einer zu c senkrechten Ebene. Legt man das Dreieck APB um seine Seite AB in die Zeichenebene um, so kommt P^* — die umgelegte Ecke — auf c' zu liegen, und es ist $P^*A = P_0A$, $P^*B = P^0B$ und $\angle AP^*B = \angle c$.

Natürlich gibt es zwei Dreikante, die symmetrisch in bezug auf die Zeichenebene liegen. Die ganze Aufgabe stimmt in ihrem Wesen mit der in 99 behandelten überein. Auch erkennt man leicht, daß es nur dann eine Lösung gibt, wenn $\mathsf{A} + \mathsf{B} > \mathsf{\Gamma}$ ist, was zwei analoge Relationen nach sich zieht.

114. Konstruktion des Dreikants aus zwei Seiten A, B und dem eingeschlossenen Winkel c (Fig. 89). Man lege die Seiten nebeneinander in die Zeichenebene und drehe dann die eine A um die Kante c, bis sie mit B den gegebenen Winkel c einschließt. Ein Punkt P_0 auf b_0 beschreibt hierbei wieder einen Kreisbogen um c als Achse und seine Projektion eine Senkrechte zu c.

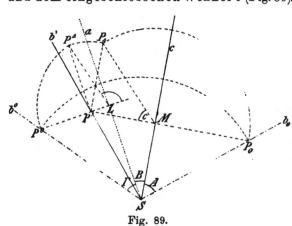

Fig. 89.

Durch Umlegen des Kreisbogens in die Zeichenebene ergibt sich der Bogen $P_0P_\triangle$, dessen Zentriwinkel $= 2R - c$ ist. Lotet man von $P_\triangle$ auf P_0M, so erhält man P' und damit b'. Dreht man die Seite $ba = \Gamma$ um die Kante a, so beschreibt die Projektion von P eine Senkrechte zu a, und es gelangt P nach P^0, wobei $SP_0 = SP^0$ ist. Auch kann man $LP^0 = LP^\triangle$ aus dem rechtwinkligen Dreieck $P^\triangle P'L$, dessen Katheten $P^\triangle P' = P_\triangle P'$ und $P'L$ man kennt, bestimmen. Hiermit ist Γ und $a = \angle P^\triangle LP'$ gefunden; der dritte Winkel des Dreikants bestimmt sich wie vorher.

115. Konstruktion des Dreikants aus einer Seite A und den beiden anliegenden Winkeln b und c. Die Seite A lege man in die Zeichenebene und durch ihre Kanten b resp. c lege man Ebenen, die mit ihr den Winkel b resp. c einschließen; die Schnittlinie dieser Ebenen ist die gesuchte Kante a. Um a zu konstruieren, ziehe man in den Ebenen $ab = \Gamma$ und $ac = B$ Hauptlinien, die in einer Parallelebene zur Zeichenebene liegen. In

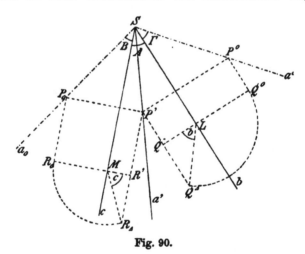

Fig. 90.

Fig. 90 sind $Q'P'$ und $R'P'$ die Projektionen solcher Hauptlinien, wenn $Q^\triangle Q' = R_\triangle R'$ ist. Denn offenbar ist R' die Projektion eines Punktes R der Ebene $ac = B$, dessen Abstand von der Tafelebene gleich $R_\triangle R'$ ist; analoges gilt für Q'. Der Schnittpunkt P unserer Hauptlinien ergibt die Kante $a = SP$. Durch Umlegen der Seiten ac und ab in die Zeichenebene erhält man B und Γ in wahrer Größe. Die entsprechende Konstruktion ist nach den bereits behandelten Aufgaben 113 und 114 leicht zu verstehen.

116. Konstruktion des Dreikants aus zwei Seiten A, B und dem der Seite A gegenüberliegenden Winkel a.

1. **Lösung** (Fig. 91). Wir breiten die beiden Seiten A und B nebeneinander in die Zeichenebene aus, die wir mit der gesuchten Seite Γ zusammenfallen lassen. Nun drehen wir die Seite B um die Kante a, bis sie mit der Tafelebene den Winkel a einschließt. Indem wir dabei genau wie in 113 vorgehen, gewinnen wir P' und damit c' und erkennen, daß P den Tafelabstand $PP' = P_\triangle P'$ besitzt. Das von P auf die gesuchte Kante b gefällte Lot PM hat die Länge $P_0 M_{00}$, woraus sich das Lot $P'M$ als Kathete eines Dreiecks mit der Hypotenuse $P_\triangle M_\triangle = P_0 M_{00}$ und der Kathete $P_\triangle P'$ ergibt. Man braucht also nur um P' einen Kreis mit dem Radius $P'M_\triangle$ zu ziehen, die gesuchte Kante b muß dann diesen Kreis berühren.

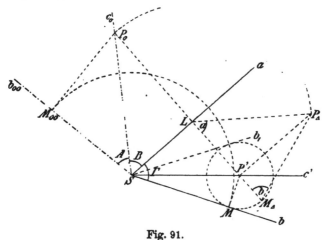

Fig. 91.

Damit ist Γ $= \angle ab$ und $b = \angle P_\triangle M_\triangle P'$ gefunden. Zur Kontrolle dient: $SM = SM_{00}$.

Ist, wie im vorliegenden Beispiel, A $<$ B, — folglich $P_0 M_{00} <$ $P_0 L$ und $P_\triangle M_\triangle < P_\triangle L$ —, so schneidet der Kreis um P' die Kante a nicht, und es gibt zwei ganz verschiedene Dreikante (abc und ab_1c), oder gar keines, wenn $P_0 M_{00} < P_\triangle P'$ ist. Ist dagegen A $>$ B, so schneidet der Kreis um P' die Kante a, und es gibt immer ein Dreikant, solange A $<$ B $+$ Γ.

117. 2. **Lösung** (Fig. 92). Wir lassen jetzt die Seite B mit der Zeichenebene zusammenfallen. Durch die Kante a legen wir eine Ebene Γ mit dem Neigungswinkel a und um die Kante c als Achse einen Rotationskegel, indem wir die Seite A $= cb_0$ um ihre Kante c sich drehen lassen. Die gesuchte Kante b muß dann gleichzeitig auf jener Ebene Γ und diesem Kegel liegen. Um die Schnittlinie der Ebene und des Kegels zu finden, benutzen wir eine zu *c* senkrechte Hilfsebene, die wir um ihre Spur in die Zeichenebene niederlegen. Unser Kegel weist in der niedergelegten Hilfsebene als Spur den Kreis mit dem Mittelpunkt *L* und dem Radius LB_0 auf und unsere Ebene Γ die Spur AP''. Denn ein Punkt *P* von Γ, dessen Projektion $P' = L$ ist, hat den Tafelabstand $P''P' = P_\triangle P'$, wo $P_\triangle P'$ Kathete des rechtwinkligen Dreiecks $P_\triangle P'M$ ist. Eine in *M* zu *a* senkrechte Ebene schneidet nämlich Γ in der Geraden *PM*, deren Umlegung in die Tafel offenbar $MP_\triangle$ ist und mit MP' den Winkel *a*

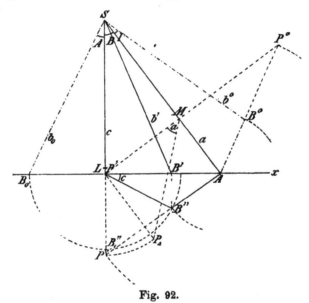

Fig. 92.

einschließt. Spurkreis und Spurlinie AP'' schneiden sich in B'', dem Spurpunkt der gesuchten Kante *b* in der Hilfsebene, woraus sich sofort *b'* ergibt. $\angle B''LA = c$ und die wahre Größe der Seite $ab = Γ$ erhält man durch Umlegen derselben um die Kante *a*. In der Figur ist zu diesem Zwecke zunächst *P* nach P^0 umgelegt, hierdurch AP^0 und auf dieser Geraden B^0 bestimmt. Zur Kontrolle dient die Gleichheit von SB_0 und SB^0. Eine zweite Lösung liefert der Punkt B_1'', doch ist die weitere Durchführung derselben unterlassen, um die Figur nicht zu sehr zu komplizieren.

118. Konstruktion des Dreikants aus einer Seite B, einem anliegenden Winkel *a* und dem gegenüberliegenden Winkel *b* (Fig. 93).

Lassen wir die Zeichenebene mit der gesuchten Seite Γ zusammenfallen und denken wir uns B in dieselbe niedergelegt. Als-

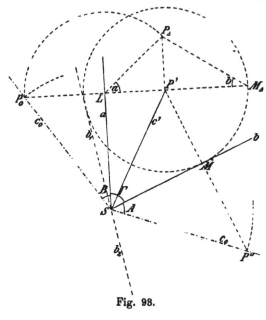

Fig. 98.

dann drehen wir B um
die Kante *a*, bis sie mit
der Tafel den Winkel *a*
einschließt; ganz wie
früher erhalten wir so
P′ und c′ und P′P△ als
Tafelabstand des Punk-
tes P. Durch c = SP
ist nun eine Ebene zu
legen, die mit der Tafel
den Winkel *b* bildet.
Die Spuren aller Ebenen
durch P mit der Tafel-
neigung = *b* berühren
nach 96 einen Kreis
mit dem Mittelpunkt P′.
Sein Radius ist eine
Kathete des rechtwink-
ligen Dreiecks P△P′M△,
dessen andere Kathete

gleich dem Tafelabstand PP′ ist und dem Winkel *b* gegenüber-
liegt.

Die Spur der gesuchten Seite A ist also die von S an unseren
Kreis gelegte Tangente *b*. Die Tangente b_1 liefert in unserer Zeichnung ein Dreikant mit dem Winkel 2R − *a*, dagegen liefert die
Verlängerung von b_1 über S hinaus, nämlich b_2, mit *a* und *c* ein
Dreikant, das die gegebenen drei Stücke B, *a*, *b* besitzt. Es
kann, ganz wie in der vorhergehenden Nummer, zwei oder keine
oder eine Lösung geben, je nachdem S außerhalb, innerhalb oder
auf dem Kreise um P′ liegt. Mit *b* ist Seite *ab* = Γ gefunden,
während sich die wahre Größe von A durch Niederlegen in die
Tafel ergibt. (MP⁰ = M△P△. Kontrolle: SP_0 = SP⁰.)

119. Konstruktion des Dreikants aus seinen drei Winkeln *a*, *b*, *c*. 1. Lösung (Fig. 94). Wir legen eine Seite, etwa A,
in die Grundrißebene, und wählen die Aufrißebene senkrecht zur
Kante *c*, so daß die Ebene der Seite B die Kante *c* zur ersten, die
Gerade, die mit der *x*-Achse den Winkel *c* einschließt, zur zweiten
Spur hat. Die gesuchte Seite Γ muß dann mit den Ebenen A resp. B
die Winkel *b* resp. *a* einschließen und kann noch durch einen be-

liebigen Punkt, etwa den Punkt P in Π_2, gelegt werden. Da Γ mit
A den Winkel b bildet, so muß sie den Kegel berühren, der durch
Rotation von PQ um die Achse PP' entsteht ($\angle PQP' = b$). Ganz
ebenso muß Γ den Kegel berühren, der durch Rotation von PR um
die Achse PF entsteht ($\angle PRF = a$, $PF \perp CF$). Es sind also die
gemeinsamen Tangentialebenen der beiden Kegel mit den Achsen
PP' und PF zu bestimmen, und wir verfahren dabei wie in 100.

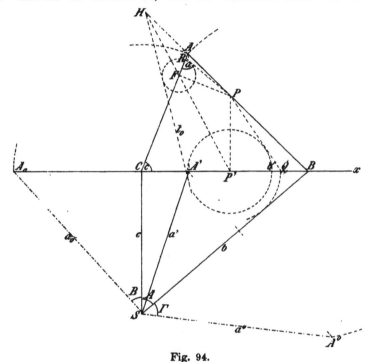

Fig. 94.

Wir denken uns nämlich aus P' und F auf die gesuchte Tangentialebene die beiden Lote gefällt. Die Verbindungslinie ihrer Fußpunkte ist eine gemeinsame Tangente t beider Kegel, ihr Schnittpunkt H mit $P'F$ ist ihr zweiter Spurpunkt und folglich PH die
zweite Spurlinie der gesuchten Seite Γ. Um H wirklich zu konstruieren, suchen wir die um $P'F$ niedergelegte Tangente t_0, deren
Abstände von P' und F gleich sind den Abständen dieser Punkte
von den Geraden PQ und PR respektive. Die Kante b, d. h. die
erste Spur der Seite Γ, findet man nun als Tangente aus B an den
ersten Spurkreis des Kegels, der durch Rotation von PQ um die
Achse PP' gebildet wurde; die Kante $a = SA$ legt man noch

um c resp. b nieder und erhält so die wahre Größe der Seiten
B und Γ.

120. 2. Lösung (Fig. 95). Man zeichne zunächst ein Dreikant mit den drei Seiten: $A_1 = 2R - a$, $B_1 = 2R - b$, $Γ_1 = 2R - c$,
indem man ganz wie in 113 zu Werke geht. Dann wähle man auf
den Kanten a_1, b_1, c_1 desselben die Punkte L, M, N respektive, und
errichte in ihnen Ebenen senkrecht zu den bezüglichen Kanten.
Bei geeigneter Wahl von L, M, N liegt der Schnittpunkt S dieser

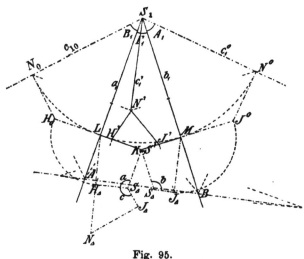

Fig. 95.

Ebenen im Innern des Dreikantes $a_1 b_1 c_1$; die Ebenen schneiden
sich dann in den Kanten des Polardreikantes mit dem Scheitel S,
das die vorgeschriebenen Winkel a, b, c besitzt. In der Figur ist
die Spur AB der in N auf c_1 normalen Ebene wie früher bestimmt.
Die Spuren der in L auf a_1 und in M auf b_1 normalen Ebenen
sind LK und MK; sie schneiden aus den Seiten B_1 resp. $Γ_1$ die Geraden LH resp. MJ aus, die in den umgelegten Seiten zu LH_0 und
MJ^0 werden. Das gesuchte Dreikant hat den Scheitel S und die
Kanten SJ, SH, SK, die auf den Seiten A_1, B_1, $Γ_1$ respektive senkrecht stehen. Die Seitenflächen unseres Dreikants sind $HSJN$,
$JSKM$ und $KSHL$, deren wahre Größe wir durch Umlegen in die
Zeichenebene finden. So erhält man $KS_\triangle J_\triangle M$, indem man $S_\triangle K$
und $J_\triangle J' \perp KM$ zieht, $J_\triangle M = J^0 M$ macht und $S_\triangle J_\triangle$ durch den Spurpunkt von JS, d. h. durch $AB \times J'S'$ zieht; ganz ebenso findet man
$KS_\triangle H_\triangle L$ ($\angle MJ_\triangle S_\triangle = R$, $\angle LH_\triangle S_\triangle = R$, $KS_\triangle = KS_\triangle$). Von dem

Vierecke *SJNH* kennt man die wahre Länge aller Seiten und die Winkel $\angle\ SJN = R$ und $\angle\ SHN = R$ und kann also die wahre Größe $S_\triangle J_\triangle N_\triangle H_\triangle$ zeichnen ($J_\triangle N_\triangle = J^0 N_0$, $H_\triangle N_\triangle = H N_0$, $H_\triangle S_\triangle$ $= H_\triangle S_\triangle$). Damit ist dann $a = \angle\ H_\triangle S_\triangle K$, $b = \angle\ J_\triangle S_\triangle K$ und c $= \angle\ J_\triangle S_\triangle H_\triangle$ gefunden.

121. Wird ein Dreikant von einer konzentrischen Kugelfläche geschnitten, so entsteht ein sphärisches Dreieck. Seine Ecken liegen auf den Kanten a, b, c. Seine Seiten (als Bogen größter Kreise auf der Kugel durch ihre Zentriwinkel bestimmt)

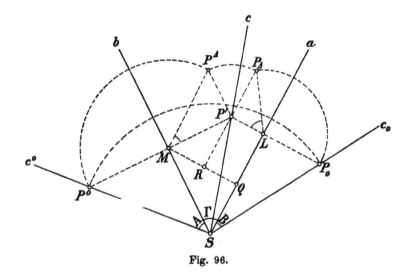

Fig. 96.

entsprechen den Seiten A, B, Γ des Dreikants und seine Winkel stimmen mit den Winkeln a, b, c desselben resp. überein.

Die gegebenen Dreikantskonstruktionen bilden daher das Äquivalent für die Berechnungen der sphärischen Trigonometrie, und aus unseren Figuren müssen sich die Formeln der letzteren ablesen lassen.

In Fig. 96, die auf dieselbe Art wie Fig. 88 in 113 entsteht, ziehe man $MQ \perp a$ und die Verlängerung von $P_\triangle P'$ bis R auf MQ. Ferner wähle man der Einfachheit halber den Kugelradius als Längeneinheit und setze dementsprechend: $SP_0 = SP^0 = 1$. Dann ist $MP^0 = \sin A$, $LP_0 = \sin B$ und $P'P^\triangle = \sin A \sin b$, $P'P_\triangle = \sin B \cdot \sin a$. Die sofort erkennbare Gleichheit der beiden letzten Strecken gibt: $\sin A \sin b = \sin B \sin a$, oder allgemein die Formel:

$$\alpha) \qquad \sin A : \sin B : \sin \Gamma = \sin a : \sin b : \sin c.$$

Sodann ist $SM = \cos \mathsf{A}$, $SL = \cos \mathsf{B}$, $SQ = \cos \mathsf{A} \cos \Gamma$, $MQ = \cos \mathsf{A}$ $\sin \Gamma$, $MP' = \sin \mathsf{A} \cos b$, $RP' = MP' . \sin \Gamma = \sin \mathsf{A} \sin \Gamma \cos b$, $MR = MP' . \cos \Gamma = \sin \mathsf{A} \cos \Gamma \cos b$, $P'L = LP_\triangle . \cos a = \sin \mathsf{B} \cos a$. Aus der Relation: $SL = SQ + RP'$ folgt daher:

$\beta)$ $\cos \mathsf{B} = \cos \mathsf{A} \cos \Gamma + \sin \mathsf{A} \sin \Gamma \cos b$.

Aus der Beziehung: $MQ = MR + P'L$ folgt zunächst:

$\cos \mathsf{A} \sin \Gamma = \sin \mathsf{A} \cos \Gamma \cos b + \sin \mathsf{B} \cos a$;

dividiert man die Gleichung mit $\sin \mathsf{A}$ und setzt dann (nach α) statt $\sin \mathsf{B} : \sin \mathsf{A}$ das Verhältnis $\sin b : \sin a$ ein, so findet man:

$\gamma)$ $\operatorname{cotg} \mathsf{A} \sin \Gamma = \cos \Gamma \cos b + \operatorname{cotg} a \sin b$.

Aus $\beta)$ und $\gamma)$ kann man gleichbedeutende Formeln entwickeln, indem man die Symbole der Seiten A, B, Γ, zugleich aber die Symbole a, b, c der ihnen gegenüberliegenden Winkel miteinander vertauscht. Bedenkt man noch, daß die abgeleiteten Gleichungen auch für das „Polardreieck" gelten müssen, das den Kugelschnitt eines „Polardreikantes" bildet und dessen Seiten und Winkel sich mit den Winkeln und Seiten unseres Dreikantes je zu 2 R ergänzen, sowie daß die Sinus supplementärer Winkel (Bogen) gleich, ihre Kosinus aber entgegengesetzt gleich sind, so findet man z. B. aus $\beta)$ die Gleichung:

$\delta)$ $\cos b = - \cos a \cos c + \sin a \sin c \cos \mathsf{B}$.

Die angeführten Gleichungen bilden die Grundlage der sphärischen Trigonometrie; aus ihnen läßt sich der ganze Formelapparat derselben entwickeln, worauf indessen hier nicht näher eingegangen werden soll.

122. Nachdem wir Dreikante aus Seiten und Winkeln konstruiert haben, könnten wir solche auch aus anderen Bestimmungsstücken konstruieren. Hierbei wird es jedoch öfters geboten sein, die Formeln der sphärischen Trigonometrie zu benutzen, um zu solchen Bestimmungsstücken zu gelangen, die ein einfaches Zeichnen ermöglichen. Für drei beliebig ausgewählte Bestimmungsstücke läßt sich die Konstruktion nicht immer durchführen. Die Aufgabe wird dann konstruktiv unlösbar, wenn sie, analytisch formuliert, von Gleichungen höheren Grades abhängt. Um hier ein konstruierbares Beispiel zu geben, soll ein Dreikant aus einer Seite A dem gegenüberliegenden Winkel a und dem Neigungswinkel α der Kante a gegen die Seite A gezeichnet werden.

Wir errichten in einem Punkte A der Kante a eine zu ihr senkrechte Ebene E, die die Kanten b und c resp. in B und C schneidet (Fig. 97). Verschiebt man A auf a, so verschiebt sich auch B auf b und C auf c, so daß durch geeignete Wahl von A die Linie

BC eine vorgeschriebene Länge erhält. Läßt man nun A mit der Zeichenebene zusammenfallen, nimmt in dieser BC beliebig an und legt die Ebene E um ihre Spur BC um, so muß man zwei Dreiecke CBS und CBA_0 mit folgenden Eigenschaften erhalten. $\angle BSC$ = A und $\angle BA_0C = a$; die Lote aus A_0 und S auf BC treffen diese Linie in dem gleichen Punkte F, da $a' \perp BC$ und $\angle FSA = \alpha$. Man konstruiere also über BC als Sehne zwei Kreise, von denen der erstere den Winkel A, der letztere den Winkel a als Peripheriewinkel faßt. Dann sind S und A_0 auf diesen Kreisen so zu bestimmen, daß $A_0 S \perp BC$ und $A_0 F : SF$

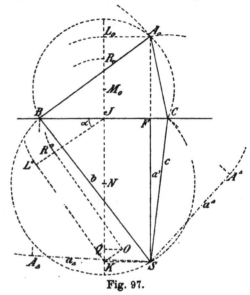

Fig. 97.

= sin α ist. Sind nun JL_0 und JK den gesuchten Strecken FA_0 resp. FS gleich, so ist:

$$M_0 A_0{}^2 = M_0 L_0{}^2 + L_0 A_0{}^2 = M_0 J^2 + JC^2$$
$$\text{und} \quad NS^2 = NK^2 + KS^2 = NJ^2 + JC^2,$$

also durch Subtraktion:

$$M_0 L_0{}^2 - M_0 J^2 = NK^2 - NJ^2,$$

oder indem man die Differenz der Quadrate zerlegt:

$$L_0 J . L_0 R_0 = KJ . KQ,$$

wobei $L_0 R_0 = M_0 L_0 - M_0 J$ und $KQ = NK - NJ$ ist.

Berücksichtigt man noch die Relation $L_0 J : KJ = \sin \alpha$, so folgt schließlich:

$$\sin \alpha = L_0 J : KJ = KQ : L_0 R_0.$$

$M_0 R_0 = M_0 J$ und $NQ = NJ$ sind bekannt; es gilt also nur noch JL_0 und JK mit Hilfe der letzten Gleichung zu finden. Trägt man aber im Punkte J die Strecke $JR^0 = JR_0$ so an, daß $\angle R^0 JB = \alpha$ ist, zieht in R^0 eine Senkrechte zu JR^0 und in Q eine Senkrechte zu JQ, die sich in O schneiden, so liegt K auf einer zu JR^0 durch O gezogenen Parallelen und L^0 auf einem von K auf JR^0 gefällten

Lote. In der Tat ergibt sich aus der Ähnlichkeit der Dreiecke $L^0 J K$ und $Q K O$ sofort:

$$\sin \alpha = L_0 J : J K = Q K : K O = Q K : L_0 R_0.$$

Hiermit ist $F A_0 = J L^0$ bekannt und die Kanten des gesuchten Dreikantes können unmittelbar gezeichnet werden.

Für das Umlegen der Seiten B und Γ genügt es zu bemerken, daß $C A^\triangle = C A_0$ und $C A^\triangle \perp S A^\triangle$, sowie $B A_\triangle = B A_0$ und $B A_\triangle \perp S A_\triangle$ ist.

Allgemeines über Vielflache; reguläre Vielflache.

123. Unter einem Vielflach oder Polyëder ist ein räumliches Gebilde zu verstehen, das von ebenen Vielecken begrenzt wird und überall geschlossen ist, also ein ebenflächiger Körper. Jene ebenen Vielecke heißen die Seitenflächen oder kurz Seiten, ihre Seitenlinien die Kanten des Vielflachs. In jeder Kante stoßen zwei Seitenflächen aneinander. Die Eckpunkte jener ebenen Vielecke sind zugleich die Ecken des Vielflachs, in denen also mindestens drei Kanten — und ebenso viele Seitenflächen — zusammenstoßen. Zwei Vielflache, die in den bezüglichen Seitenflächen einerseits und in den bezüglichen körperlichen Ecken anderseits übereinstimmen, sind kongruent resp. symmetrisch.

Zwischen der Anzahl der Ecken, der Anzahl der Seitenflächen und der Anzahl der Kanten eines Vielflachs besteht eine Beziehung (Eulerscher Satz). Sie lautet: Bei jedem Vielflach ist die Zahl der Seiten vermehrt um die Zahl der Ecken gleich der Zahl der Kanten vermehrt um 2.

Zum Beweise gehen wir von einem Vielflach mit F Flächen, E Ecken und K Kanten aus, nehmen von demselben eine Seitenfläche nach der anderen weg, bis zuletzt nur noch eine einzige Fläche übrig bleibt, und sehen zu, welche Veränderung hierbei die Zahl: $F + E - K$ erfährt. Bei Beseitigung der ersten Fläche reduziert sich diese Zahl um eine Einheit. Es entsteht nämlich dadurch ein offenes Vielflach, das einen freien Rand besitzt; die Zahl der Flächen hat sich dabei um 1 vermindert, die der Kanten und Ecken jedoch nicht. Freilich gehören diese teilweise dem Rande des offenen Vielflachs an. Bei Beseitigung jeder weiteren Fläche reduziert sich jene Zahl nicht mehr. Denn beim Abtrennen einer Seitenfläche, die n aufeinanderfolgende Kanten des freien Randes enthält, vermindert sich F um 1, K um n und E $(n-1)$. Nach der Ausführung von $(F-1)$ Operationen wird also die obige Zahl sich nur um 1 vermindert haben, so daß sie dann

gleich $F + E - K - 1$ ist. Es ist aber jetzt nur noch ein Seiten-
polygon vom ganzen Vielflach übrig, so daß die Zahl der Ecken
nun gleich der Zahl der Kanten ist, mithin muß

$$F + E - K - 1 = 1, \text{ oder: } F + E = K + 2 \text{ sein.}$$

Bei dieser Beweisführung wurde vorausgesetzt, daß jedesmal
die Seitenfläche, die man abtrennt, an den freien Rand grenzt,
aber nur mit einer Anzahl aufeinanderfolgender Kanten. Würde
dagegen eine Seitenfläche entfernt, die an zwei getrennten Stellen
— mit Kanten, die nicht aufeinanderfolgen — an den Rand des
offenen Vielflachs grenzt, so würden zwei getrennte Ränder entstehen. Das kann vermieden werden, wenn nicht zuletzt alle Seitenflächen an zwei Stellen an den freien Rand angrenzen; dann gilt
der obige Satz nicht mehr, vielmehr müssen Modifikationen an-
gebracht werden, auf die jedoch hier nicht eingegangen werden soll.
Läßt sich auf einem Vielflach keine geschlossene Folge von Kanten
angeben, ohne daß das Vielflach in zwei getrennte Teile zerfällt,
wenn man es längs dieser Kantenfolge aufschneidet, so sind die oben
geschilderten Operationen immer möglich und der Satz ist gültig.

124. Legen wir uns jetzt die Frage vor: wie viele Bestimmungsstücke (Konstanten) besitzt ein Vielflach? Offenbar
ist ein Vielflach durch die Wahl seiner Eckpunkte völlig bestimmt
Die Lage eines Raumpunktes hängt aber von der Wahl dreier
Konstanten ab — etwa seiner Abstände von drei festen Ebenen.
Die Annahme sämtlicher Eckpunkte ergibt demnach 3 E Konstanten.
An dieser Konstantenzahl sind indes noch zwei Korrektionen anzu-
bringen. Erstens ist durch die Annahme der Eckpunkte im Raume
nicht nur die Gestalt des Vielflachs an sich, sondern auch seine
räumliche Lage fixiert. Die Bestimmung der räumlichen Lage
eines Gegenstandes erfordert aber 6 Konstanten. Denn einen Punkt
desselben kann man an eine bestimmte Stelle im Raume bringen,
das bedingt 3 Konstanten, einer Achse durch jenen Punkt kann
man eine bestimmte Richtung geben, das bedingt zwei weitere
Konstanten, und um jene Achse kann man den Gegenstand noch
drehen, was noch eine Konstante erheischt. Die Zahl 6 ist also
von der ursprünglich gefundenen Zahl zu subtrahieren. Zweitens
können nicht alle Eckpunkte ganz beliebig angenommen werden,
wenn die Seitenflächen nicht lauter Dreiecke sind. Ist z. B. eine
Seite des Vielflachs ein Viereck, so können nur drei Ecken desselben
beliebig im Raume angenommen werden, die vierte muß dann in
der Ebene der drei ersten liegen. Jedes Viereck, das dem Vielflach angehört, vermindert also die Zahl der Konstanten um 1.

Ebenso vermindert jedes Fünfeck die Zahl der Konstanten um 2, da die vierte und die fünfte Ecke in der Ebene der drei ersten liegen müssen, u. s. w.

Die Gesamtzahl aller Seitenflächen hatten wir F genannt, und wir wollen nun mit F_3, F_4, F_5, ... die Anzahl der dreieckigen, viereckigen, fünfeckigen . . . . Seiten bezeichnen, so daß:
$F = F_3 + F_4 + F_5 + \ldots$ ist.

Die Zahl der willkürlichen Konstanten eines Vielflachs ist nun:

$$3 E - F_4 - 2 F_5 - 3 F_6 - \ldots - 6 .$$

Mit Berücksichtigung der Relation: $E + F = K + 2$ wird sie:

$$3 K - 3 F - F_4 - 2 F_5 - 3 F_6 - \ldots ,$$

oder: $3 K - [3 F_3 + 4 F_4 + 5 F_5 + 6 F_6 + \ldots .]$.

Der Klammerausdruck ist aber $= 2 K$, da jede dreieckige Fläche drei, jede viereckige vier Kanten liefert u. s. f., wobei dann jede Kante zweimal gezählt ist. Wir erkennen also: Jedes Vielflach enthält ebenso viele willkürliche Konstanten als Kanten.

Daraus folgt, daß, wenn die Kanten eines Vielflachs sowie ihre Verteilung in die Seitenflächen gegeben sind, im allgemeinen nur eine endliche Zahl entsprechender Vielflache existieren kann.

125. Aus dem Eulerschen Satze können wir eine Reihe weiterer Schlüsse ziehen, wenn wir bestimmte Voraussetzungen über die Art der Seitenflächen und der Ecken eines Vielflachs machen. Nehmen wir an, daß alle Seitenflächen des Vielflachs Dreiecke und alle Ecken Dreikante sind, so ergibt sich das Vierflach mit 4 Ecken. Sind die Flächen Dreiecke, aber die Ecken vierkantig, so erhält man das Achtflach mit 6 Ecken; sind endlich die Flächen Dreiecke, aber die Ecken fünfkantig, so entsteht das Zwanzigflach mit 12 Ecken. Für alle diese Fälle ist nämlich $K = \frac{3 F}{2}$, also $F = 2 E - 4$, und ferner $K = \frac{n E}{2}$, wo $n = 3$, resp. 4, resp. 5 zu nehmen ist. Vielflache, deren Seitenflächen Dreiecke sind, können nicht lauter sechskantige und mehrkantige Ecken aufweisen, wie sich direkt aus dem Eulerschen Satze ergibt.

Nehmen wir nun an, ein Vielflach besitze lauter viereckige Seitenflächen, so daß $K = 2 F$ und $E = F + 2$ ist, und seine Ecken seien Dreikante, dann ist es ein Sechsflach mit 8 Ecken. Wollte man voraussetzen, alle Ecken seien Vierkante, Fünfkante u. s. w., so würde der Eulersche Satz wieder zu einem Widerspruch führen.

Ein Vielflach kann auch lauter fünfeckige Seitenflächen besitzen; sind dann alle Ecken Dreikante, so hat man es mit dem Zwölfflach mit 20 Ecken zu tun.

126. Es mag hier noch darauf hingewiesen werden, daß nicht alle Annahmen über die Zahlen der Ecken und Flächen, die dem Eulerschen Satze genügen, auch wirklich einem Vielflache entsprechen. Einige Beispiele mögen dieses erläutern. Gehen wir von dem Falle aus, daß alle Seitenflächen Dreiecke sind, so folgt aus dem Eulerschen Satze die Zahl der Ecken: $E = \dfrac{F}{2} + 2$. Bezeichnen wir die Zahl der Dreiecke, Vierecke u. s. w. wie vorher mit F_3, F_4 u. s. w. und analog die Zahl der Dreikante, Vierkante u. s. w. mit E_3, E_4 u. s. w., so ergeben sich folgende Fälle.

Ist $F_3 = 4$, also $E = 4$, so findet man ein Vielflach mit $E_3 = 4$.

Ist $F_3 = 6$, also $E = 5$, so findet man ein Vielflach mit $E_3 = 2$, $E_4 = 3$.

Ist $F_3 = 8$, also $E = 6$, so findet man ein Vielflach mit $E_3 = E_4 = E_5 = 2$ und eins mit: $E_4 = 6$.

Dagegen kann weder ein Vielflach mit: $E_3 = E_5 = 1$, $E_4 = 4$ noch ein solches mit: $E_3 = E_5 = 3$ existieren, wie man sich leicht überzeugt, obgleich diese Zahlen den weiter oben angeführten Relationen genügen.

Ist $F_3 = 10$, also $E = 7$, so gibt es Vielflache mit: $E_3 = E_5 = 3$, $E_6 = 1$, oder mit: $E_3 = E_6 = 2$, $E_4 = 3$, oder mit: $E_3 = E_4 = E_5 = 2$, $E_6 = 1$, oder mit: $E_3 = 1$, $E_4 = E_5 = 3$, oder mit: $E_4 = 5$, $E_5 = 2$. Andere Vielflache kann es dagegen hier nicht geben, so z. B. existiert ein Vielflach mit $E_3 = 2$, $E_4 = 1$, $E_5 = 4$ nicht, obgleich die angeführten Relationen diese Möglichkeit zulassen. Diese Beispiele mögen zur Beleuchtung des Gesagten genügen.

127. Über die Konstruktion von Vielflachen ist im allgemeinen wenig zu sagen. Man hat besonders auf die Gruppierung der Kanten in den Seitenflächen und an den körperlichen Ecken zu achten; das Zeichnen der Kanten basiert im wesentlichen auf Dreieckskonstruktionen und auf der Affinität zwischen beiden Projektionen einer Seitenfläche, sowie auf der Konstruktion von Dreikanten. Ein Vielflach aus den Längen seiner Kanten und ihrer Anordnung zu zeichnen müßte nach 124 möglich sein, doch gibt es in den einfachsten Fällen bereits eine so große Anzahl von Lösungen (die, analytisch aufgefaßt, durch Bestimmung der Wurzeln von einer Reihe quadratischer und höherer Gleichungen gefunden werden müssen), daß das Problem konstruktiv zu große Schwierigkeiten bietet.

Bei der Projektion eines Vielflachs haben wir einen sichtbaren und einen unsichtbaren Teil zu unterscheiden. Jeder pro-

jizierende Strahl, der das Vielflach durchschneidet, enthält **einen**
sichtbaren und einen oder mehrere unsichtbare Punkte seiner Oberfläche; der sichtbare Punkt ist derjenige, der am weitesten von der
Projektionsebene absteht, die anderen Punkte sind verdeckt. Es
gibt auf dem Vielflach ein Polygon (oder mehrere), in dessen
Punkten die projizierenden Strahlen das Vielflach nur **streifen**;
dieses Polygon wird als der **wahre Umriß** und seine Projektion
als der **scheinbare Umriß** bezeichnet. Der wahre Umriß trennt
offenbar im allgemeinen den sichtbaren Teil der Oberfläche von dem
unsichtbaren; es kann indessen vorkommen, daß er selbst unsichtbar ist, womit auch die beiderseits anliegenden Seitenflächen unsichtbar werden. In allen Fällen wird das erwähnte Kriterium aus-
reichen, um zu entscheiden, ob eine Kante sichtbar ist oder nicht. Am
besten wählt man dazu projizierende Strahlen, die zwei Kanten des
Vielflachs treffen, also durch einen Schnittpunkt ihrer Projektionen
gehen; aus der anderen Projektion kann man dann unmittelbar ersehen, welcher der beiden Punkte der Projektionsebene näher liegt
und somit verdeckt wird. Die unsichtbaren Kanten eines Vielflachs
sind in den Zeichnungen punktiert.

128. Ein Vielflach, das nur **reguläre, unter sich kongruente Seitenpolygone und ebenso reguläre, unter sich
kongruente Ecken** besitzt, heißt **regulär.** Nach 125 gibt es folgende **reguläre Vielflache:** das **Vierflach** (Tetraëder), **Achtflach**
(Oktaëder) und **Zwanzigflach** (Ikosaëder), die von Dreiecken begrenzt
werden, das **Sechsflach** (Würfel, Hexaëder), das von Quadraten und
das **Zwölfflach** (Dodekaëder), das von Fünfecken gebildet wird.

Die **Konstruktion der regulären Vielflache.** Wir können
hier vom Vierflach und vom Würfel absehen, da ihre Konstruktion
ohne weiteres einleuchtet. Beim **regulären Achtflach** stoßen
in den Ecken je vier gleiche Kanten zusammen, die ein reguläres
Vierkant bilden und deren Endpunkte deshalb ein Quadrat bestimmen. Hieraus erkennt man, daß die 12 Kanten des Achtflachs
drei Quadrate bilden, deren Ebenen aufeinander senkrecht stehen.
Der Schnittpunkt dieser Ebenen ist der Mittelpunkt des regulären
Achtflachs; ihre Schnittlinien sind die drei **Diagonalen oder
Achsen** desselben und tragen die 6 Ecken; sie sind zugleich die
Diagonalen der genannten Quadrate.

Um das **Achtflach** darzustellen, stellen wir etwa eine Achse
senkrecht zur Horizontalebene, sie projiziert sich dann im Aufriß
in wahrer Länge, während die beiden anderen Achsen im Grundriß
in wahrer Länge erscheinen. Der Grundriß wird demnach ein

Quadrat mit seinen beiden Diagonalen, im Aufriß liegen die Punkte
C'', D'', E'', F'' auf einer Parallelen zur x-Achse, da das Quadrat
$CEDF$ zum Grundriß parallel ist (Fig. 98).

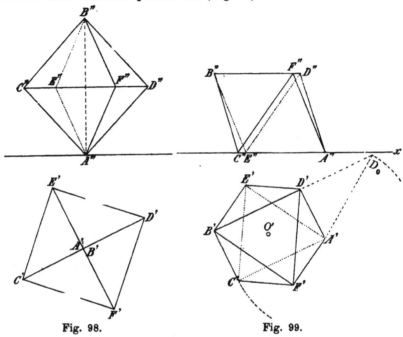

Fig. 98.   Fig. 99.

Wir geben noch eine zweite Darstellung des Achtflachs, indem wir eine Seitenfläche in die Grundrißebene legen, etwa $\triangle ACE$
(Fig. 99). Der Mittelpunkt O des Achtflachs liegt senkrecht über der
Mitte jeder Seitenfläche, also fällt O' mit dem Mittelpunkt von
$\triangle A'C'E'$ zusammen. Verlängert man OA, OC und OE um sich
selbst über O hinaus, so erhält man die Achsen AB, CD und EF,
so daß O' die Projektionen $A'B'$, $C'D'$ und $E'F'$ halbiert, wodurch
sich der Grundriß bestimmt. Im Aufriß fällt $A''C''E''$ auf die x-Achse
und $B''D''F''$ wird parallel zu ihr; es ist also nur noch der Abstand
dieser beiden Parallelen zu finden. Hierzu können wir etwa die Seite
AD benutzen, von der wir die Projektion $A'D'$ und die wahre Länge
$= A'C'$) kennen. Jener Abstand ist $= D_0D'$, wenn $D_0A' = A'C'$ ist.

129. Konstruktion des Zwölfflachs. Die Ecken des
Zwölfflachs sind reguläre Dreikante; errichtet man in den Mitten
dreier, in einer Ecke zusammenlaufenden Kanten senkrechte Ebenen,
so schneiden sich diese in einem Punkte O, der auf der Mittelsenkrechten jedes der drei regulären Fünfecke liegt, die jene körper-

liche Ecke bilden. Durch O geht demnach jede Ebene, die in der Mitte irgend einer Kante der genannten drei Fünfecke auf dieser senkrecht steht. Daraus geht weiter hervor, daß durch O die Mittelsenkrechte jeder Seitenfläche geht, die an zwei jener drei Fünfecke angrenzt. Durch Fortsetzung dieser Betrachtung folgt: **O liegt über den Mitten aller Seitenflächen und ist von allen Ecken des Zwölfflachs gleich weit entfernt, man nennt O deshalb den Mittelpunkt. Die Seitenflächen sind paarweise parallel und die Ecken liegen paarweise auf 10 Achsen durch O.** Man überzeugt sich hiervon leicht, wenn man

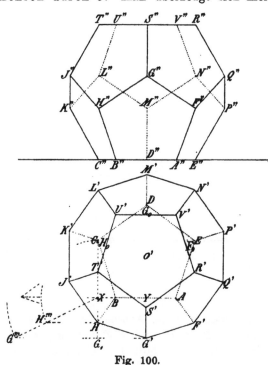

Fig. 100.

das Zwölfflach um eine zu einer Fläche senkrechte Achse durch O dreht, und zwar um einen Winkel, der $\tfrac{4}{5} R$ (oder ein Vielfaches davon) beträgt. Es kommt dann das Zwölfflach mit sich selbst zur Deckung; die Fläche senkrecht zur Drehachse geht in sich selbst, von den fünf angrenzenden Flächen geht jede in die nächste über. Gleiches gilt von den fünf Flächen, die an jene anstoßen, so daß die letzte Fläche bei der Drehung in sich übergehen, also auf der Drehachse senkrecht stehen muß.

Bei der Darstellung mag eine Fläche in den Grundriß fallen, eine zweite ist dann hierzu parallel und erscheint in der Projektion wie diese als reguläres, aber um $2 R$ gedrehtes Fünfeck. Die der ersteren anliegenden 5 Flächen werden sich dann im Grundriß als kongruente Fünfecke projizieren, ebenso die 5 Flächen, die an die zweitgenannte angrenzen (Fig. 100).

Die Horizontalprojektionen der 20 Eckpunkte kommen auf zwei konzentrische Kreise zu liegen. Das Basisfünfeck sei $ABCDE$, ein angrenzendes $ABHGF$. Um seine Projektion zu erhalten, denke man sich dasselbe um AB gedreht, bis es mit dem Basisfünfeck zusammenfällt und $H_0 G_0 F_0$ in CDE zu liegen kommen. BH und ebenso BH' schließt mit BA und BC gleiche Winkel ein und, da $H_0 H' \perp AB$, ist H' bestimmt; hiermit sind alle Ecken im Grundriß gefunden. Als Kontrolle dient der Umstand, daß sich $G_0 H_0 = DC$ und $G'H'$ auf der Verlängerung von AB schneiden müssen. Im Aufriß liegen die Ecken zu je 5 auf vier Parallelen zur x-Achse, deren Abstände man durch Bestimmung der Abstände HH' und GG' gewinnt. Zu ihrer Ermittelung wähle man eine Hilfsebene $\Pi_3 \perp AB$ und zeichne in ihr eine Seitenansicht des Fünfecks $ABHGF$, das hier als Gerade erscheint ($XH''' = XH_0$, $XG''' = G_0 Y$), wo dann $H'''H'$ und $G'''G_1$ die gesuchten Abstände sind ($H'''H' \| G'''G' \| BA$). Selbstverständlich ist von den 4 Parallelen die zweite ebensoweit entfernt von der ersten, wie die dritte von der vierten.

Zur Konstruktion können auch die folgenden Beziehungen verwendet werden. Es sei r_1 der Radius des Kreises $ABCDES'T' \ldots$ und r_2 der des Kreises durch $F'G'H'J'K' \ldots$; ferner sei s die Seite und d die Diagonale des Fünfecks $ABCDE$. Dann ist $r_1 : r_2 = V'R' : N'Q' = s : d$; ferner $M'N' = r_1$ und $R'N' = r_2$, da $R'N' \| P'Q' \| O'M'$ und $M'N' \| O'R'$; endlich $R'F = r_1$, da $R'F'S'O'$ ein Parallelogramm ist. Daraus folgt noch $ER' = r_2 - r_1$ und, da $P'Q' : ER' = r_2 : r_1$ ist, folgt weiter: $r_2 : r_1 = r_1 : r_2 - r_1$ oder: $d : s = s : d - s$, wie ja bekannt. Offenbar ist $L'N' \perp N'R'$, da ferner die Diagonale $LN \| \Pi_1$, so stehen die Diagonalen LN und NR aufeinander senkrecht. Gleiches gilt für je zwei Diagonalen, die in der nämlichen relativen Lage sich befinden, so ist $NR \perp RF$. Aber es ist die Ebene $NRF \perp \Pi_2$, demnach ist NR ebenso gegen Π_1 (resp. Π_2) geneigt wie RF gegen Π_2 (resp. Π_1) und mit Rücksicht auf $NR = RF = d$ ergibt sich: $R''F'' = R'N' = r_2$ und $R''N'' = R'F' = r_1$.

Aus dem Gesagten geht auch hervor, daß die 8 Eckpunkte $NRFELTHC$ die Ecken eines Würfels bilden.

130. Wir wollen das Zwölfflach noch in einer zweiten Lage zeichnen, wobei eine Achse, etwa AV, vertikal gestellt sein mag (Fig. 101). Die drei von A ausgehenden Kanten, etwa AB, AC, AD, haben gleiche Neigung unter sich und gleiche Neigung gegen die Horizontalebene, sie projizieren sich also als gleiche Strecken, deren Neigungswinkel $\sphericalangle E$ betragen. Die erste Spurlinie der Ebene ABC ist $a_1 \perp AD'$, und die in dieser Ebene gelegene Seitenfläche $ABEFC$ erhält durch Umlegen um a_1 in die Grundrißebene die Lage $AB_0E_0F_0C_0$, wo $E_0F_0\|a_1$. Da $B'B_0\perp a_1$, so kann man B' und ebenso C', D' angeben. Benutzt man eine Hilfsebene $\Pi_3\perp a_1$ im Punkte X, so erhält man in ihr als Seitenansicht des Fünfecks $ABEFC$ die Gerade $XB'''E'''$, wo $XB''' = XB_0$

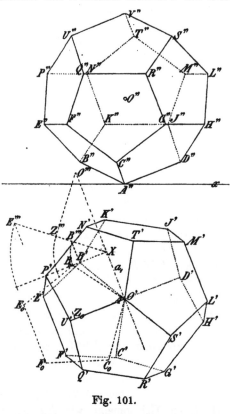

Fig. 101.

und XE''' gleich dem Lot von X auf E_0F_0 ist ($B'''B'\|a_1$). $E'F'$ ist dann parallel zu a_1 und gleich E_0F_0 und geht verlängert durch E'''.

Ganz in gleicher Weise finden sich die ersten Projektionen der Eckpunkte G, H, J, K; die 10 übrigen Eckpunkte liegen diesen diametral gegenüber und sind dadurch direkt gegeben, somit ist der Grundriß des Zwölfflachs bestimmt. Zur Kontrolle dient, daß sich $B'E'$ und B_0E_0 auf a_1 schneiden müssen. Um den Aufriß zu zeichnen, suchen wir zuerst noch den Seitenriß O''' von O. O liegt aber senkrecht über dem Mittelpunkt Z des Fünfecks $ABEFC$, also ist $O'''Z'''\perp XZ'''$ und $XZ''' = AZ_0$. Da man nun Grundriß und Seitenriß von B, E und O kennt, kann man unmittelbar ihre Aufrisse finden und hieraus, wie leicht zu erkennen, die Aufrisse sämtlicher Ecken und so den Aufriß des Zwölfflachs selbst.

Auch hier mögen wieder die Beziehungen zwischen den einzelnen Strecken erwähnt werden. Wenn wir, wie vorher, mit s und d Seite und Diagonale des Fünfecks bezeichnen, so ist $d:s = s:d-s = G'D':C'A = G'S':H'L'$, da sich die Projektionen paralleler Strecken, wie die Strecken selbst verhalten. Nun ist: $D'S' = C'A$, also $s:d = D'S':G'D'$ sowie $s:d-s = C'A:G'S'$, und durch Einfügen in die obige Relation kommt: $d:s:d-s = C'A:G'S':H'L'$. Nimmt man $C'A$ an, so kann man hiernach die anderen Strecken finden.

Die Diagonalen MD und DG liegen wieder in einer Vertikal-

ebene und stehen aufeinander senkrecht (vergl. 141), folglich ist
$(M'' \dashv x) - (D'' \dashv x) = D'G'$ und $(G'' \dashv x) - (D'' \dashv x) = M'D'$. Die
Kanten AC und HL sind zu jenen Diagonalen parallel, also ist auch:
$(C'' \dashv x) = H'L'$ und $(L'' \dashv x) - (H'' \dashv x) = AC'$.

131. Konstruktion des Zwanzigflachs. Beim Zwanzigflach stoßen in jeder Ecke fünf Kanten zusammen, die ein reguläres
Fünfkant, und deren
Endpunkte ein regu-
läres Fünfeck bilden.
Je zwei aufeinander-
folgende Seiten des
Fünfecks sind zwei
Kanten des Zwanzig-
flachs, die nicht der
nämlichen Seiten-
fläche angehören.
Umgekehrt bilden je
zwei von einer Ecke
ausgehende Kanten,
die nicht der gleichen
Seitenfläche angehö-
ren, zwei Seiten
eines regulären Fünf-
ecks, dessen andere
Seiten ebenfalls Kan-
ten des Zwanzig-
flachs sind. Ganz
ähnlich wie beim
Zwölfflach zeigt man
auch hier, daß die
Eckpunkte paar-
weise auf sechs
Achsen liegen,

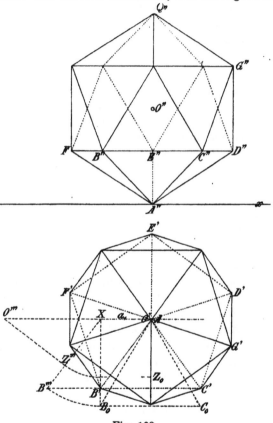

Fig. 102.

die durch einen Punkt, den Mittelpunkt, gehen, daß
dieser Mittelpunkt senkrecht über der Mitte jeder Seitenfläche liegt und daß diese paarweise parallel sind.

Wählt man bei der Darstellung eine Achse etwa AQ senkrecht
zum Grundriß, so bilden die Endpunkte der Kanten, die von A aus-
strahlen, ein horizontales Fünfeck, ebenso die der von Q ausstrah-
lenden Kanten. Die Eckpunkte beider Fünfecke liegen sich diametral
gegenüber, wonach sich der Grundriß sofort ergibt (Fig. 102). Um den

Aufriß zu zeichnen, braucht man nur noch die Abstände der beiden horizontalen Fünfecke von der Grundrißebene zu kennen. Sind nun die Kanten aus A der Reihe nach AB, AC, AD, AE, AF, und ist a_1 die erste Spur der Fläche ABC, so ist $a_1 \perp AE'$. Durch Umlegen von $\triangle ABC$ um a_1 erhält man das gleichseitige Dreieck AB_0C_0. In einer Hilfsebene $\Pi_3 \perp a_1$ im Punkte X sucht man den Seitenriß B''' von B $(XB_0 = XB''')$ und den Seitenriß Z''' von dem Mittelpunkte Z des $\triangle ABC$ $(AZ_0 = XZ''')$. Da der Mittelpunkt O des Zwanzigflachs senkrecht über der Mitte Z des $\triangle ABC$ liegt, so ist $Z'''O''' \perp XB'''$. Aus Grund- und Seitenriß von B und O findet man aber die Aufrisse dieser beiden Punkte und damit die Aufrisse aller 12 Eckpunkte. Man hätte bei der Konstruktion auch das ebene reguläre Fünfeck mit den Seiten AB und AD, dessen erste Spurlinie auf AC' senkrecht steht, benutzen können, dann wäre die Konstruktion von O überflüssig geworden.

Die Höhe der Ecken über der Horizontalebene bestimmen sich auch durch folgende Betrachtung. Es ist $AD' \perp B'F'$ und folglich auch $AD \perp BF$, da BF horizontal; analog ist $AE \perp DG$, da diese Kanten in der gleichen gegenseitigen Lage sich befinden wie jene. Man folgert daraus (wie in 129), daß $A''E'' = D'G'$ und $D''G'' = AE'$.

132. Legt man bei der Darstellung eine Seitenfläche des Zwanzigflachs etwa $\triangle ABC$ in die Grundrißebene hinein, und sind die Kanten aus A der Reihe nach AB, AC, AD, AE, AL, so läßt sich die räumliche Lage von AD, AE, AL in folgender Weise bestimmen (Fig. 103). AB, AC, AD bilden ein Dreikant, für das $\angle BAC = \angle CAD = \frac{2}{5}R$ und $\angle BAD = \frac{4}{5}R$ ist, da ja nach Früherem BA und AD zwei Seiten eines regulären Fünfecks sind; ganz ebenso bestimmt sich die Kante AL. Auch die Kanten AB, AC, AE bilden ein Dreikant, für das $\angle BAC = \frac{2}{5}R$ und $\angle CAE = \angle BAE = \frac{4}{5}R$ ist. Man zeichnet zunächst das um AB umgelegte Kantenfünfeck $BAE_0G_0H_0$ und dreht es um AB zurück, so daß E' auf die Halbierungslinie des $\angle BAC$ zu liegen kommt; durch Affinität findet man auch G' und H' $(H'B = E'A, G_0E_0 \times G'E'$ auf $AB)$. Beachtet man noch, daß die Ecken paarweise diametral einander gegenüberliegen, so kann man den Grundriß vollständig zeichnen. Im Aufriß liegen die 12 Ecken zu je drei auf vier Geraden parallel zur x-Achse, deren Abstände noch zu konstruieren sind. Dies geschieht wieder durch Benutzung einer Hilfsebene $\Pi_3 \perp AB$ im Punkte X, in der man die Seitenrisse E''' und G''' zeichnet.

Anstatt das Fünfeck $BAEGH$ zu benutzen, hätte man auch das Fünfeck $CALHJ$ bei der Konstruktion verwerten können.

Wiederum kann man gewisse Streckenbeziehungen zur Konstruktion von Grund- und Aufriß verwenden. Ist nämlich r_1 der Radius des Kreises durch $ABCG'\ldots$ und r_2 der des Kreises durch $D'E'H'J'\ldots$, so geht die Beziehung: $O'B : O'H' = BC : HK''$ über

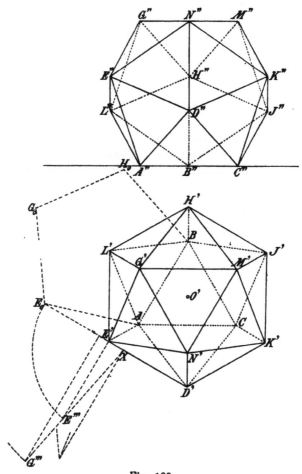

Fig. 103.

in: $r_1 : r_2 = s : d$, wo s und d Seite und Diagonale eines regulären Fünfecks sind. Da $M'C = r_1$ und $M'C : H'B = d : s = r_2 : r_1 = r_1 : r_2 - r_1$, folgt: $H'B = r_2 - r_1$, und da die Kanten JK und HB aufeinander senkrecht stehen, ergibt sich wie früher: $H''B'' = J'K' = r_2$ und $J''K'' = H'B = r_2 - r_1$.

133. Außer den angeführten gewöhnlichen regelmäßigen

Vielflachen gibt es noch verschiedene sternförmige regelmäßige Vielflache. Diese Vielflache sind dadurch charakterisiert, daß entweder die Seitenflächen reguläre Sternfünfecke oder die Ecken reguläre Sternfünfkante sind; sie lassen sich aus den gewöhnlichen Vielflachen ableiten, indem man ihre Ecken entweder wie die des Zwölf- oder wie die des Zwanzigflachs anordnet, aber in anderer Reihenfolge durch Kanten und Flächen verbindet. Sie sollen hier nicht weiter untersucht werden, vielmehr mag es genügen, auf die bezügliche Spezialliteratur hinzuweisen[4]).

134. Es mögen hier noch einige Fragen besprochen werden, die sich auf die einfachsten Vielflache, nämlich Tetraëder und Würfel beziehen.

Von einem Tetraëder kennt man beide Projektionen, jedoch nur der *Form*, nicht der *Lage* und *Größe* nach; dasselbe sei zu zeichnen. Die gesuchten Projektionen nennen wir

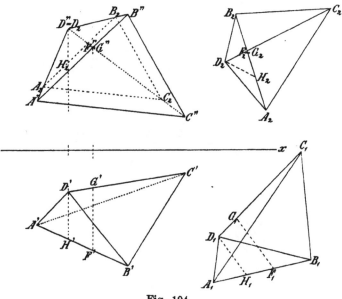

Fig. 104.

wie gewöhnlich $A'B'C'D'$ und $A''B''C''D''$; die gegebenen Figuren seien $A_1B_1C_1D_1$ und $A_2B_2C_2D_2$, und zwar setzen wir voraus, daß: $A_2B_2C_2D_2 \sim A''B''C''D''$ und $A_1B_1C_1D_1 \cong A'B'C'D'$ (Fig. 104). In der Tat können wir den Grundriß des Tetraëders auch der Größe nach wählen, also kongruent zu $A_1B_1C_1D_1$ annehmen; damit ist dann auch die Größe des gesuchten Tetraëders fixiert. $A'B'C'D'$ und $A''B''C''D''$ sind nun dadurch als orthogonale Projektionen des nämlichen Tetraëders charakterisiert, daß die Linien $A'A''$, $B'B''$, $C'C''$, $D'D''$ senkrecht zu einer Geraden, nämlich der x-Achse, stehen, also untereinander parallel sind. In dem Schnittpunkte der Geraden $A''B''$ und $C''D''$ fallen die Aufrisse $F'' = G''$ zweier Punkte zusammen, deren Grundrisse F' und G' resp. auf $A'B'$ und $C'D'$ liegen; dabei ist: $A'F' : F'B' = A''F'' : F''B''$ und $C'G' : G'D' = C''G'' : G''D''$. Ist $A_2 B_2 \times C_2 D_2 = F_2 = G_2$ und sind F_1 und G_1 die homologen Punkte zu F' und G' in der Figur $A_1 B_1 C_1 D_1$, so folgen aus jenen Relationen die weiteren: $A_1 F_1 : F_1 B_1 = A_2 F_2 : F_2 B_2$ und $C_1 G_1 : G_1 D_1 = C_2 G_2 : G_2 D_2$, wonach sich F_1 und G_1 direkt zeichnen lassen. Legt man nun die Figur $A_1 B_1 C_1 D_1 F_1 G_1$ so in die Grundrißebene, daß $F_1 G_1 \perp x$-Achse wird, so stellt sie den gesuchten Grundriß unseres Tetraëders dar. Um den Aufriß zu finden, ziehe man durch D' eine Parallele zu $F'G'$, die $A'B'$ in H' schneiden mag und bestimme H_2 auf $A_2 B_2$ gemäß der Relation: $A_2 H_2 : H_2 B_2 = A'H' : H'B'$. Nun gebe man der Figur $A_2 B_2 C_2 D_2 F_2 H_2$ eine solche Lage, daß $D_2 H_2$ in die Verlängerung von $D'H'$ fällt, dann ist der gesuchte Aufriß zu dieser Figur ähnlich und ähnlich gelegen. Man hat nur $D'' = D_2$ zu wählen und auf den Geraden $D_2 A_2$, $D_2 B_2$ und $D_2 C_2$ die Punkte $A''B''$ und C'' beziehentlich so zu bestimmen, daß $A'A''$, $B'B''$, $C'C''$ senkrecht zur x-Achse werden.

135. Einen Würfel von gegebener Kantenlänge zu zeichnen, wenn man die Richtungen der ersten Projektionen seiner Kanten kennt.

Sei A eine Ecke und seien AB, AC, AD die drei von dieser Ecke ausgehenden Kanten des Würfels, so mögen A und die Richtungen b', c', d', auf denen die Punkte B', C', D' gelegen sind, gegeben sein (Fig. 105). Da nun die Kante AB auf der Seitenfläche ACD senkrecht steht, so steht b' auf der ersten Spurlinie von ACD senkrecht. Analoges gilt für die beiden anderen Kanten. Das Spurendreieck $B_1 C_1 D_1$ in einer horizontalen Hilfsebene ist also so beschaffen, daß b', c', d' seine Höhen sind; dabei kann ein Spurpunkt, etwa B_1, noch beliebig gewählt werden, was einem bestimmten Abstand der Ecke A von der Hilfsebene entspricht. Legt man jetzt die Ebene $B_1 A C_1$ um die Spur $B_1 C_1$ in die Hilfsebene um, so erhält man $B_1 A_0 C_1$, wo $A A_0 \perp B_1 C_1$ und $B_1 A_0 \perp C_1 A_0$; ganz ebenso findet man $C_1 A^0 D_1$ durch Umlegen der Ebene $C_1 A D_1$. Auf $A_0 B_1$, $A_0 C_1$ resp. $A^0 C_1$ und $A^0 D_1$ trägt man die Kantenlänge des Würfels gleich $A_0 B_0 = A_0 C_0 = A^0 C^0 = A^0 D^0$ auf und gewinnt dann durch Zurückdrehen der umgelegten Ebenen B', C', D' und damit die erste Projektion des Würfels. Um den Aufriß des Würfels zu zeich-

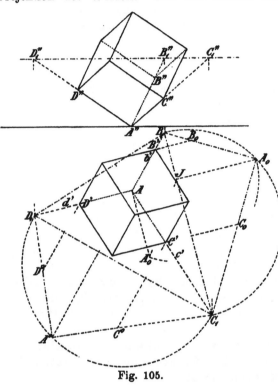

nen, hat man noch die Abstände der Ecken $ABCD$ von der Hilfsebene zu bestimmen, was in bekannter Weise geschieht; so ergibt sich z. B. der Abstand AA_0 des Punktes A von der Hilfsebene als Kathete eines rechtwinkligen Dreiecks, dessen Hypotenuse $= A_0J$ und dessen andere Kathete $= AJ$ ist.

136. Einen Würfel zu zeichnen, wenn man die Längen der ersten Projektionen seiner Kanten kennt.

Fig. 105.

Eine Ecke des Würfels, etwa A, verlegen wir in die Horizontalebene, sind dann B, C und D die benachbarten Ecken und $B'\,C'$, D' ihre Projektionen, so ist:

$$AB'^2 + BB'^2 = AC'^2 + CC'^2 = AD'^2 + DD'^2 = k^2,$$

wo k die Länge der Kanten des Würfels bedeutet. Nun läßt sich aber auch leicht zeigen, daß:

$$BB'^2 + CC'^2 + DD'^2 = k^2$$

ist. Errichtet man nämlich in A eine Vertikale, macht sie $= k$ und fällt von ihrem Endpunkte Lote auf die Kanten AB, AC, AD, so werden auf ihnen Strecken abgeschnitten, welche resp. gleich BB', CC', DD' sind. Diese in A zusammenstoßenden Strecken bestimmen ein rechtwinkliges Parallelepipedon, dessen Diagonale eben jene Vertikale k ist. Für ein solches Parallelepipedon gilt aber der Satz, daß die Summe der Quadrate dreier zueinander rechtwinkliger Kanten gleich dem Quadrate der Diagonale ist.

Aus jenen Relationen folgt nun die weitere:
$$AB'^2 + AC'^2 + AD'^2 = 2\,k^2,$$
die unmittelbar eine Konstruktion der Kantenlänge k ermöglicht, wie dies Fig. 106 zeigt (wobei $AB' = b$, $AC' = c$, $AD' = d$). Hiermit kennt man auch sofort die Neigungswinkel, die die Kanten AB, AC, AD mit der Horizontalebene einschließen. Nimmt man nun eine Aufrißebene zu Hilfe, die einer Kante, etwa AB, parallel ist und dreht die beiden anderen Kanten AC und AD um eine in A vertikale Achse, bis sie zur Aufrißebene parallel werden, so erhält man $A''B''$, $A''C_\triangle''$, $A''D_\triangle''$, $AB' = b$, $AC_\triangle' = c$, $AD_\triangle' = d$. Dreht man jetzt die beiden Kanten AC und AD wieder zurück, bis sie ihre richtige räumliche Lage eingenommen haben, d. h. bis sie beide auf AB senkrecht stehen, so erhält man die gewünschten Projektionen $A''C''$, $A''D''$ (wo $C_\triangle''C'' \parallel D_\triangle''D'' \parallel x$-Achse, $A''C'' \perp A''B''$, $A''D'' \perp A''B''$)

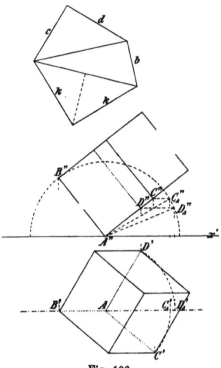

Fig. 106.

und AC', AD' (wo $AC' = AC_\triangle'$, $AD' = AD_\triangle'$). Die weiteren Kanten des Würfels lassen sich dann unmittelbar in ihren Projektionen zeichnen.

137. Einem Vierflach eine Kugel umzuschreiben.

Der Einfachheit halber mögen drei Ecken des Vierflachs $ABCD$ in der Horizontalebene gelegen sein (Fig. 107). Dann gehört der Kreis durch die Ecken ABC der Kugel an und ihr Mittelpunkt M liegt senkrecht über dem Mittelpunkt M' dieses Kreises. Wählt man nun J auf diesem Kreise so, daß $D'J \parallel x$-Achse, so ist DJ eine zur Aufrißebene parallele Sehne der Kugel. Nun geht jede in der Mitte einer Kugelsehne zu ihr senkrechte Ebene durch den Kugelmittelpunkt. Die Mittelebene der Sehne DJ projiziert sich aber im Aufriß als eine Gerade, die auf $D''J''$ in der Mitte senkrecht steht, auf der sich also M'' befinden muß. Wählt man endlich auf dem Kreise durch ABC einen Punkt K so, daß $M'K \| x$-Achse, so ist MK ein Kugelradius, dessen wahre Größe gleich $M''K''$ ist, wonach sich die Kugelprojektionen direkt zeichnen lassen.

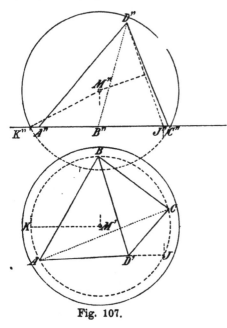

Fig. 107.

138. Einem Vierflach eine Kugel einzubeschreiben.

Der Kugelmittelpunkt muß von den vier Flächen des Körpers gleichen Abstand besitzen. Sind nun A, B, C, D wieder die vier Ecken und konstruiert man drei Ebenen, die die Flächenwinkel längs der Kanten AB, BC, CA halbieren, so hat ihr Schnittpunkt offenbar gleichen Abstand von den vier Seitenflächen, ist also der gesuchte Kugelmittelpunkt. Durch ihn gehen natürlich auch die Halbierungsebenen der Winkel an den anderen Kanten. Je nachdem man nun bei jenen Kanten die Innen- oder die Außenwinkel halbiert, erhält man acht verschiedene Lagen und demnach acht einbeschriebene Kugeln, die freilich die Flächen nicht alle von innen, sondern teilweise von außen berühren. Halbiert man überall die Innenwinkel, so liegt die einbeschriebene Kugel im Innern des Vierflachs.

Um diese Kugel zu finden, setzen wir wieder voraus, daß die Ecken ABC in der Grundrißebene liegen, dann können wir uns zur Konstruktion der Halbierungsebenen in den Kanten AB, BC, CA der folgenden Methode bedienen (Fig. 108). Die Halbierungsebene durch die Kante AB schließt mit der Seite ABD und der Grundrißebene gleiche Winkel ein, also auch mit jeder anderen Horizontalebene. Legt man demnach durch die Ecke D eine horizontale Hilfsebene, so wird dieselbe von jener Halbierungsebene in einer Hilfsspur c geschnitten ($c \| AB$), und es muß D von c und AB gleichen Abstand besitzen, d. h. es muß $DH = DL$ sein, denn $\triangle DHL$ ist gleichschenklig wegen der Gleichheit der Winkel bei H und L. Nun bestimmt sich DH als Hypotenuse eines rechtwinkligen Dreiecks mit den Katheten $D'H$ und $D''E$; man hat also nur $D'L' = DL = DH$ auf die Verlängerung von HD' aufzutragen, um L' und damit c' zu finden. Analog verfährt man, um die Projektionen a' und b' der Hilfsspuren a und b bei den Halbierungsebenen durch die Kanten BC und CA zu gewinnen. Bezeichnen wir jetzt das Dreieck der drei Hilfsspuren mit $A_1 B_1 C_1$, so sind AA_1, BB_1, CC_1 die gegenseitigen Schnittlinien unserer Halbierungsebenen und ihr gemeinsamer

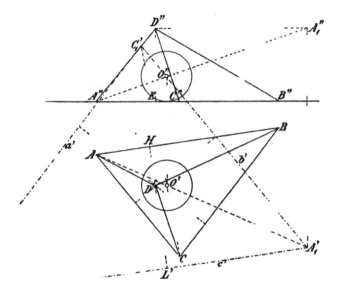

Fig. 108.

Punkt O ist der gesuchte Kugelmittelpunkt ($O' = AA_1' \times BB_1' \times CC_1'$ und O'' auf $A''A_1''$). Der Kugelradius ist gleich dem Abstande des Punktes O'' von der x-Achse.

Für die Halbierungsebene des Außenwinkels an der Kante AB gilt wiederum die Beziehung, daß der Abstand ihrer Hilfsspur von D gleich DH ist, nur ist dieser Abstand in entgegengesetzter Richtung wie vorher aufzutragen. Hieraus folgt sofort die Konstruktion der anderen berührenden Kugeln.

Die horizontale Hilfsebene kann auch in beliebigem Abstand von der Grundrißebene gewählt werden. Dann hat man zunächst das Hilfsspurdreieck der Flächen DAB, DBC, DCA zu zeichnen, was eine geringe Abänderung obiger Konstruktion nach sich zieht.

Ebene Schnitte und Netze von Vielflachen, insbesondere Prismen und Pyramiden.

139. Ist ein ebenflächiger Körper durch seine Projektionen gegeben und soll man einen ebenen Schnitt durch ihn legen, so geht man meist von der Bestimmung der **Ecken des Schnittpolygons** aus; in speziellen Fällen ist es möglich, sogleich die **Seiten** desselben zu zeichnen.

Um nun auf einer Polyëderkante JK ihren Schnittpunkt S mit der gegebenen Ebene E zu finden, benutzt man am besten zwei in

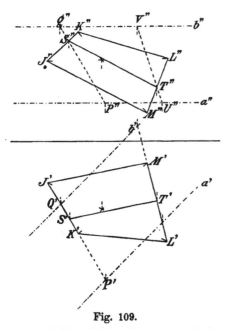

E gelegene parallele Gerade, etwa zwei Hauptlinien $a \parallel b \parallel \Pi_1$. Man denke sich (Fig. 109) durch JK eine vertikale Hilfsebene, die a und b in P und Q resp. schneiden mag, dann ist: $J''K'' \times P''Q'' = S''$. Auf diese Weise findet man alle Ecken des Schnittpolygons. Von den Polyëderkanten sind natürlich nur die zu benutzen, die unverlängert die Ebene E wirklich treffen.

Um die wahre Gestalt der Seitenflächen und der Schnittfläche des Körpers zu bestimmen, muß man ihre Ebenen zu einer Tafel parallel drehen (85) oder in die Tafel umlegen (80). Hierbei genügt es, die Endlage einer Ecke

Fig. 109.

des betreffenden Polygons durch die Drehung zu bestimmen; die übrigen ergeben sich aus der Affinität, die zwischen seiner Projektion und Umlegung besteht. — Legt man alle Seitenflächen eines Polyëders in einer Ebene nebeneinander, so daß jede mit der vorhergehenden eine Kante gemein hat, so erhält man ein **Netz des Vielflachs**.

Statt der Polyëderkanten kann man zuweilen direkt die Polyëderflächen mit der Ebene E schneiden und erhält so die Seiten des Schnittpolygons. Die weiteren Beispiele zeigen die Anwendung dieses Verfahrens auf Prismen und Pyramiden.

140. Eine prismatische Fläche wird von einer Geraden beschrieben, die an einem ebenen (offenen oder geschlossenen) Polygon so hingleitet, daß sie beständig die gleiche Richtung beibehält. Das Polygon heißt Leitlinie, die bewegliche Gerade wird im allgemeinen Erzeugende, im besonderen, wenn sie durch eine Ecke des Polygons geht, Kante genannt. Zwei parallele Ebenen schneiden die prismatische Fläche in kongruenten Polygonen, der von ihnen begrenzte Körper heißt Prisma. Jene Polygone heißen die Grundfläche oder Basis resp. die Endfläche, die übrigen Flächen (Parallelogramme) die Seitenflächen des Prismas. Stehen die Kanten senkrecht auf der Basis, so ist das Prisma gerade, sonst heißt es schief. Der Abstand zwischen der Grund- und Endfläche heißt die Höhe.

Eine pyramidale Fläche entsteht, wenn eine Gerade an einem ebenen Polygon so hingleitet, daß sie dabei beständig durch einen festen Punkt geht. Das Polygon heißt wieder Leitlinie, die bewegliche Gerade wieder Kante oder Erzeugende, je nachdem sie durch eine Ecke des Polygons verläuft oder nicht; den festen Punkt nennt man Spitze oder Scheitel. Parallele Ebenen schneiden die Fläche in ähnlichen und ähnlich gelegenen Polygonen resp. Polygonstücken. Die pyramidale Fläche besteht aus zwei symmetrischen sich im Scheitel gegenüberstehenden Flächenteilen. Eine Ebene schneidet eine solche Fläche in einem Polygon oder in mehreren Polygonstücken, je nachdem eine Parallelebene durch den Scheitel nur diesen selbst oder mehrere Erzeugende enthält.

Der von einer Ebene und einer pyramidalen Fläche begrenzte Körper heißt Pyramide. Erstere wird Grundfläche, die übrigen Flächen (Dreiecke) werden Seitenflächen genannt. Unter der Höhe der Pyramide versteht man das von der Spitze auf die Basisfläche gefällte Lot.

141. Ein reguläres Prisma, dessen Basis und Achse gegeben ist, zu zeichnen, sowie einen ebenen Schnitt desselben und das Netz des einen Teiles anzugeben (Fig. 110).

Bei einem regulären Prisma ist die Grundfläche ein reguläres Polygon und die Kanten stehen auf ihr senkrecht; die Verbindungslinie der Mittelpunkte der Grund- und Endfläche heißt die Achse, sie ist offenbar zu den Kanten parallel. Sei JK die Achse und $A_0 B_0 C_0 D_0 E_0$ das um die Hauptlinie h der Grundebene zu Π_1 parallel gedrehte reguläre Polygon, so benutze man eine vertikale Hilfsebene durch JK und drehe sie parallel Π_1 um die Hauptlinie JL. Die mit der Hilfsebene gedrehte Achse des Prismas ist dann $J'K_\triangle$;

8*

die Projektion von $A_0 B_0 C_0 D_0 E_0$ auf die Hilfsebene fällt mit $J'K'$, diejenigen von $ABCDE$ mit $A_\triangle D_\triangle$ zusammen, wo $A_\triangle D_\triangle \perp J'K_\triangle$ und $J'A_\triangle = (A_0 \dashv h')$. Aus der Hilfsprojektion des Basispolygons ergeben sich aber sofort sein Grund- und Aufriß ($A_\triangle A' \parallel h'$ und $A_0 A' \perp h'$ etc. $A_\triangle A' = (A'' \dashv J'L'')$ etc.). Hierauf lassen sich die Projektionen des Prismas leicht vervollständigen.

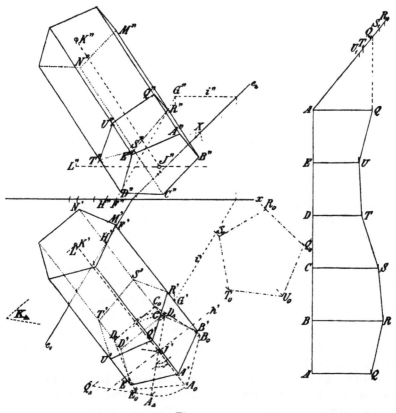

Fig. 110.

Ist die Schnittebene E durch ihre Spuren e_1, e_2 gegeben, so zeichne man zunächst in ihr eine Hauptlinie i. Die Vertikalebene in $B'M'$ schneide E in der Geraden FG; R'' ist also der Aufriß der auf BM gelegenen Ecke des Schnittpolygons. Hiernach lassen sich die Projektionen dieses Polygons $QRSTU$ angeben; denn es ist $H''S'' \parallel F''G''$ und $H' = e_1 \times C'N'$ etc. Um seine wahre Größe $Q_0 R_0 S_0 T_0 U_0$ zu finden, legen wir es um die Spur e_2 in Π_2 um; dabei ist

$Q_0 Q'' \perp e_2$ und $Q_0 X$ ist die Hypotenuse eines Dreiecks mit den Katheten $Q'' X$ und $(Q' \dashv x)$. Zur Bestimmung der übrigen Punkte kann man auch die Affinität von $Q'' R'' S'' T'' U''$ und $Q_0 R_0 S_0 T_0 U_0$ benutzen.

Um das Netz des einen Stückes des Prismas mit der Grundfläche $ABCDE$ und der Endfläche $QRSTU$ zu zeichnen, braucht man nur zu bedenken, daß die Seitenflächen Trapeze sind, deren Seiten man kennt. Im Trapez $ABRQ$ ist $AB = A_0 B_0$, $QR = Q_0 R_0$, $AQ = A_\triangle Q_\triangle$ und $\angle ABR = \angle BAQ = R$; ferner ist: $AQ:BR:CS:DT:EU = A'' Q'' : B'' R'' : C'' S'' : D'' T'' : E'' U''$. In der Figur ist $AQ_1 = 2 A'' Q''$ und $Q_1 Q \| AE$ gewählt; ist dann ebenso $AR_1 = 2 A'' R''$, etc., so muß auch $R_1 R \| AE$ sein, etc. Es mag noch erwähnt werden, daß auch die Fünfecke $ABCDE$ und $QRSTU$ affin sind, die Affinitätsachse ist die Schnittlinie ihrer beiden Ebenen, auch die Projektionen sind infolgedessen affin.

142. Von einem schiefen Prisma soll das Netz entwickelt werden (Fig. 111). Seine Grundfläche $ABCD$ mag in der Horizontalebene liegen und die Projektionen der Kante AK mögen gegeben sein, dann lassen sich die Projektionen des Prismas direkt zeichnen. Um das Netz zu bestimmen, verfährt man am besten so, daß man einen Schnitt senkrecht zu den Kanten ausführt und dessen wahre Größe sucht. Dazu benutze man eine zu den Kanten parallele Vertikalebene als Seitenrißebene und zeichne den Seitenriß des Prismas. Die Ebene des Normalschnittes hat die Spuren $e_1 \perp A' K'$, $e_2 \perp A'' K''$, $e_3 \perp A''' K'''$ und der Seitenriß des Schnittpolygons fällt mit e_3 zusammen, woraus sich auch seine anderen Projektionen ergeben. Um die wahre Größe von $LMNO$ zu finden, legt man dieses Viereck um e_1 in Π_1 nieder, was mit Hilfe des Seitenrisses in bekannter Weise geschieht. Die Vierecke $ABCD$, $L'M'N'O'$, und $L_0 M_0 N_0 O_0$ sind affin, e_1 ist für alle drei die gemeinsame Affinitätsachse.

Schneidet man die prismatische Fläche längs einer Kante auf und breitet sie in eine Ebene aus, so werden alle Kanten parallel und die Seiten des Normalschnittes bilden Stücke einer dazu senkrechten Geraden. Hiernach kann man das Netz zeichnen, indem man die Teilstücke der Kanten aus dem Seitenriß direkt entnehmen kann. In der Figur ist nur das Netz des einen Stückes des Prismas entworfen.

Handelt es sich nur um das Netz, so kann man die Projektionen des Normalschnittes fortlassen, da alsdann die Konstruktion seiner wahren Gestalt $L_0 M_0 N_0 O_0$ genügt. Wollte man einen schiefen

Schnitt zeichnen, so könnte man ganz wie vorher beim geraden
Prisma verfahren.

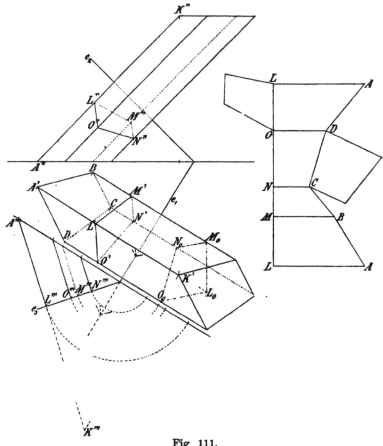

Fig 111.

143. Eine beliebige Pyramide mit einer Ebene zu
schneiden und ihr Netz zu entwickeln (Fig. 112). Wir wollen
annehmen, daß die Basisebene $ABCDE$ der Pyramide mit der Horizontalebene zusammenfällt; aus der Lage dieses Polygons und der
der Spitze gehen die Projektionen der Pyramide hervor. Sind e_1 und
e_2 die Spuren der Schnittebene E, so kann man zunächst $J = AS \times$E
in der bekannten Weise finden. Das Schnittpolygon $JKLMN$ bestimmt sich dann dadurch, daß es mit $ABCDE$ in perspektiver
Lage ist (vergl. 165), d. h. daß die Schnittpunkte homologer Seiten
$AB \times JK$, $BC \times KL$, $CD \times LM$, ... auf e_1 liegen, wie das ja klar

ist. Die Konstruktion läßt sich auch in der Weise ausführen, daß man eine horizontale Hilfsebene durch die Spitze S benutzt. E besitzt dann die Hilfsspur $e_3 \| e_1$ und die Seitenfläche SAB die Hilfsspur $SQ \| AB$, ferner ist $J'K'$ die Verbindungslinie des Punktes $e_1 \times AB$ mit $e_3' \times S'Q'$; analog konstruiert man $K'L'$ u. s. w. Endlich könnte man bei der Konstruktion wieder eine Hilfsebene $\perp e_1$ wählen und würde dann wie bei den vorausgehenden Aufgaben verfahren.

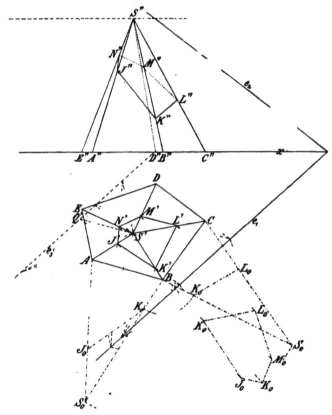

Fig. 112.

Um das Netz zu zeichnen, legt man die Schnittflächen um ihre Basislinien nieder, also SAB um AB, SBC um BC, u. s. w.; so entsteht $S_0 AB$ und $J_0 K_0$ und es ist $J'K' \times J_0 K_0 = AB \times e_1$ u. s. w. Das Polygon $JKLMN$ legt man um die Spur e_1 in Π_1 nieder.

144. Den Stumpf einer vierseitigen Pyramide zu zeichnen, wenn das Basisviereck, sowie der Neigungswinkel α

der Schnittfläche gegen die Basis gegeben sind, und die Schnittfläche ein gegebenes Parallelogramm ist.

Um eine vierseitige Pyramide mit dem Scheitel S und dem Grundviereck $ABCD$ in einem Parallelogramm $JKLM$ zu schneiden, muß man die Schnittebene parallel den Geraden $SU = SAB \times SCD$ und $SV = SBC \times SDA$ wählen (Fig. 113). Der Schnittpunkt von JK (in SAB) und LM (in SCD) muß nämlich auf SU liegen, und da $JK \| LM$, so folgt weiter $JK \| SU \| LM$. Die Seiten des Parallelogramms $JKLM$ sind paarweise den Geraden SU und SV parallel.

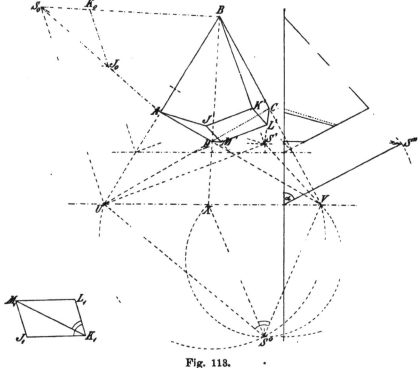

Fig. 113.

Die Diagonalen JL und KM des Parallelogramms müssen in den Ebenen SAC resp. SBD gelegen sein, also muß $JL \| SY$ und $KM \| SX$ sein, wo $SY = SAC \times SUV$ und $SX = SBD \times SUV$ ist. Hiernach läßt sich nun die Konstruktion leicht durchführen. Mit $ABCD$ ist auch U, V, X und Y bekannt. Denken wir uns die Ebene SUV um UV in Π_1 umgelegt, so bestimmt sich S^0 dadurch, daß $\angle US^0V = \angle J_1K_1L_1$ und $\angle VS^0X = \angle L_1K_1M_1$ ist; S^0 erscheint also als Schnittpunkt zweier Kreise, die über den Sehnen UV und VX resp. beschrieben sind und die bezüglichen Winkel als Peripheriewinkel über diesen Sehnen fassen. Mit Hilfe einer Ebene $\Pi_3 \perp UV$ drehen wir jetzt S^0UV um UV, bis dieses Dreieck mit Π_1 den gegebenen Winkel α einschließt, dann ist S (S', S'') die Spitze einer Pyramide, von der der gesuchte Pyramidenstumpf ein Teil ist. In der Tat schneidet jede zu USV parallele Ebene aus dieser Pyramide ein Parallelogramm, das zu dem gegebenen $J_1K_1L_1M_1$ ähnlich ist. Legt man nun noch die Seitenfläche SAB um AB in Π_1 um, so bestimmt sich J_0K_0 in ihr dadurch, daß $J_0K_0 = J_1K_1$ und $J_0K_0 \parallel S_0U$ ist; dadurch ergibt sich dann sofort $J'K'$ und somit das Parallelogramm und die Spur der Schnittfläche in der Basisebene.

Die Aufgabe: **eine abgestumpfte vierseitige Pyramide zu zeichnen, wenn die Vierecke in der Grund- und in der Schnittfläche, sowie der Neigungswinkel α dieser beiden Flächen bekannt sind,** läßt sich ähnlich behandeln, doch ist hierbei auf die Darlegungen des folgenden Kapitels zu verweisen. Man bringt nämlich beide Vierecke auf der nämlichen Ebene in perspektive Lage und dreht dann die Ebene des einen Vierecks um die Achse der Perspektivität, bis sie mit der anderen Ebene den Winkel α einschließt; schließlich hat man nur noch die entsprechenden Ecken der beiden Vierecke zu verbinden.

Durchdringung zweier Vielflache.

145. Zwei Vielflache schneiden sich — falls sie überhaupt ineinander eindringen — in einem oder mehreren räumlichen Vielecken, deren Eckpunkte auf den Kanten der Vielflache liegen und in deren Seiten sich die Flächen beider durchschneiden. Die Seite eines Durchdringungspolygons verbindet entweder zwei Kanten des nämlichen Vielflachs oder eine Kante des einen Vielflachs mit einer des anderen. Im ersteren Falle müssen beide Kanten der nämlichen Seitenfläche angehören und die nämliche Fläche durchstoßen, im zweiten Falle muß jede der beiden Kanten eine Fläche durchstoßen, die von der anderen begrenzt wird. Besteht die ganze Durchdringungsfigur aus einem einzigen Polygon, so sagt man, daß die Vielflache **ineinander eindringen,** oder daß das eine ein Stück aus dem anderen **ausschneide;** bildet sie dagegen mehrere Polygone, so sagt man, das eine Vielflach **durchdringe** das andere.

Eine Seite der Durchdringungsfigur ist **sichtbar,** sobald sie in zwei sichtbaren Flächen gelegen ist, wenn man jedes Vielflach für sich allein betrachtet; in allen anderen Fällen ist sie unsichtbar. Eine Seite ist demnach stets unsichtbar, wenn einer ihrer Endpunkte auf einer unsichtbaren Kante eines Vielflachs liegt: sie kann aber auch unsichtbar sein, wenn sie zwei sichtbare Kanten verbindet, die dann entweder dem gleichen Vielflach angehören müssen, oder von denen eine auf dem scheinbaren Umriß liegen muß.

Um die Durchdringungsfigur zu konstruieren, kann man die Seiten des einen Vielflachs mit denen des anderen zum Schnitt bringen, man erhält so die Seiten dieser Figur, deren Ecken sich auf den unverlängerten Kanten der Vielflache befinden müssen (Flächenverfahren). Man kann aber auch die unverlängerten Kanten jedes der beiden Vielflache mit den Seiten des anderen schneiden, wodurch sich die Ecken der Durchdringungsfigur ergeben. Es sind dann diese Ecken in solcher Folge zu verbinden, daß je zwei aufeinanderfolgende Ecken bei jedem Vielflach in der nämlichen Seitenfläche liegen (Kantenverfahren). Das letztere wird gewöhnlich angewendet.

146. Die Durchdringung eines Würfels mit einem Tetraëder zu zeichnen (Fig. 114). Eine Diagonale des Würfels soll auf Π_1 senkrecht stehen. Um ihn in dieser Lage zu zeichnen, gehen wir von einer speziellen Lage aus, wobei die Würfelseite $A B_0 C_0 D_0$ in Π_1 liegt und drehen den Würfel um die Gerade a $(a \perp A C_0)$, bis seine Diagonale $A C_1$ zu Π_1 senkrecht wird. Hierzu benutzen wir, wie bekannt, eine zu a senkrechte Hilfsebene als Seitenriß; daraus ergeben sich Grund- und Aufriß des Würfels. Das Tetraëder mag durch seine Projektionen gegeben sein. Wir wenden das Kantenverfahren an. Die erste projizierende Ebene durch GH schneidet die Würfelseite $B B_1 C_1 C$ in der Geraden KL, und es ist $G''H'' \times K''L'' = 1''$ ein Eckpunkt des Durchdringungspolygons. Die Kante GH durchdringt ferner die Seite $A A_1 B_1 B$ im Punkte 10. Ganz in gleicher Weise sind auf den übrigen Kanten des Tetraëders, sowie auf denjenigen des Würfels die Durchstoßpunkte zu bestimmen. Natürlich werden nicht alle Kanten an der Durchdringung teilnehmen, um sich also keine überflüssige Mühe zu machen, wird man am besten in der folgenden Weise vorgehen. Ist eine Ecke des Durchdringungspolygons gefunden, etwa $1 = GH$ $\times B B_1 C_1 C$, so ist seine Seite $1, 2 = GHF \times B B_1 C_1 C$; der Eckpunkt 2 muß somit auf einer Kante der einen oder anderen Seitenfläche liegen. Wir können nun irgend eine Kante der einen Fläche mit der anderen zum Schnitt bringen; befindet sich dieser Schnittpunkt auf der Kante und der Fläche selbst, so ist er der Punkt 2, liegt er dagegen auf der Verlängerung der Kante oder Fläche, so befindet er sich auf der Verlängerung von 1, 2. Gleichwohl ist hierdurch die Richtung der Seite 1, 2 und damit offenbar auch der Eck-

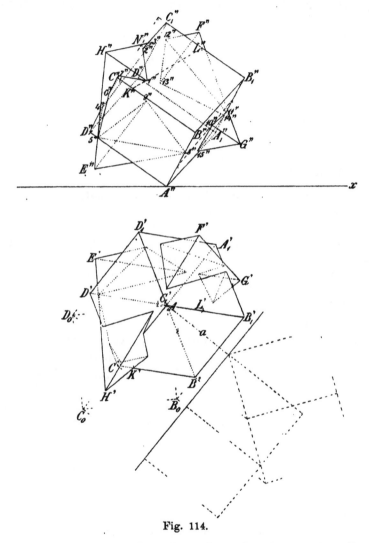

Fig. 114.

punkt 2 gefunden, der auf der Berandung der einen und im Innern der anderen Fläche gelegen sein muß. So würden wir, wenn wir in der Figur die Kante CC_1 benutzt hätten, direkt den Punkt 2 gewonnen haben, während wir bei Benutzung der Kante HF zunächst ihren Schnittpunkt N und damit 1, N und so auch 2 erhalten würden.

Die Reihenfolge der Ecken des Durchdringungspolygons ergibt sich sofort aus der Bemerkung, daß zwei aufeinanderfolgende Ecken bei beiden Vielflachen der nämlichen Seitenfläche, resp. deren Berandung, angehören müssen. So finden sich die Folgen der Ecken:

$$
\begin{aligned}
1 &= G\,H \;\times BB_1C_1C & 10 &= G\,H \;\times ABB_1A_1 & 5 &= HE \times DA \\
2 &= GHF \times C_1C & 11 &= GHF \times B_1A_1 & & \\
3 &= HF \;\times CC_1D_1D & 12 &= HF \;\times A_1B_1C_1D_1 & 8 &= EG \times DAA_1D_1 \\
4 &= HFE \times CD & 13 &= FE \;\times A_1B_1C_1D_1 & 9 &= EF \times DAA_1D_1 \\
5 &= HE \;\times DA & 14 &= FEG \times A_1B_1 & 5 &= HE \times DA \\
6 &= HEG \times CD & 15 &= EG \;\times A_1B_1BA & & \\
7 &= HEG \times CC_1 & 10 &= G\,H \;\times A_1B_1BA & & \\
1 &= H\,G \;\times BB_1C_1C & & & &
\end{aligned}
$$

Im Punkte 5 treffen sich zufällig zwei Kanten, und es laufen von ihm vier Durchdringungslinien aus. Was die Sichtbarkeit der einzelnen Linien anlangt, so genügt das, was in voriger Nummer im allgemeinen darüber gesagt worden ist. Es folgt daraus, daß die sichtbaren Teile der Durchdringungsfigur immer von den Umrissen der beiden Vielflache begrenzt werden. Von einer Ecke dieser Figur, die auf dem sichtbaren Teil des Umrisses liegt, geht stets eine sichtbare und eine unsichtbare Seite aus.

147. Die Durchdringung eines Prismas und einer Pyramide, die auf der Horizontalebene aufstehen (Fig. 115).

Hier läßt sich am leichtesten das Flächenverfahren durchführen, indem man außer Π_1 noch eine horizontale Hilfsebene Π_3 durch die Spitze der Pyramide verwendet. Jede Seitenfläche der Pyramide besitzt in Π_3 eine zu ihrer ersten Spur parallele Hilfsspur durch S, während die paarweise parallelen Spuren der Seitenflächen des Prismas zwei kongruente Vierecke bilden. Mit Hilfe dieser Spurlinien findet man die ersten und die Hilfsspurpunkte der Seiten der Durchdringungsfigur. In der Figur ist die obere Endfläche des Prismas bereits so gewählt, daß sie durch S hindurchgeht; liegt dieser Fall nicht vor, so muß erst das zu $EFGH$ kongruente Schnittpolygon gezeichnet werden. Die Seitenflächen SBC und $EFKJ$ schneiden sich in der Geraden NN_1, wo $N = BC \times EF$, $N_1 = JK \times SN_1$ und $SN_1 \parallel BC$ ist; diese Gerade nimmt nur insoweit an der Durchdringungsfigur teil, als sie zugleich im Innern der beiden Vielecke SBC und $EFKJ$ liegt, d. h. in der Erstreckung von 1 nach 2. In 2 setzt sich dann die Seite 2, 3 an, die ebenfalls der Fläche $EFKJ$

angehören muß und von der (der erstgenannten Pyramidenseite benachbarten) Seite *CDS* ausgeschnitten wird. In gleicher Weise läßt sich die ganze Durchdringung im Grundriß zeichnen. Den

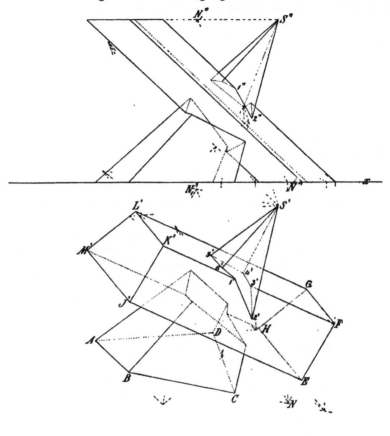

Fig. 115.

Aufriß erhält man entweder durch direktes Hinaufloten der Punkte 1′, 2′, 3′, ... oder durch Hinaufloten der Spurpunkte *N*, *N*′₁, ..

148. Das hier geschilderte Verfahren läßt sich mit geringer Abänderung auch bei der Durchdringung von Prisma mit Prisma, Prisma mit Pyramide und Pyramide mit Pyramide bei allgemeiner Lage anwenden. Im ersten Fall wähle man zwei parallele Hilfsebenen senkrecht zum Aufriß (oder Grundriß), die sonst beliebig sein können; sie schneiden die Prismen in kongruenten Vielecken, deren parallele Seiten als Hilfsspuren der Prismenflächen betrachtet werden können. Zwei Hilfsspuren in der nämlichen Hilfsebene und die entsprechenden in der anderen liefern die beiden Hilfsspurpunkte einer Seite des Durchdringungspolygons, das im Grundriß unmittelbar gezeichnet werden kann. Tritt an Stelle eines gegebenen Prismas eine Pyramide, so schneiden die Hilfsebenen nicht kongruente, sondern ähnliche Vielflache aus. Gewöhnlich wird man in diesem Falle eine Hilfsebene durch die Spitze der Pyramide legen. Analog verfährt man bei zwei Pyramiden.

149. Die Durchdringung zweier Pyramiden in allgemeiner Lage (Fig. 116). Das Kantenverfahren läßt sich hier in besonderer Weise abändern, wie es sich später noch in anderen Fällen vorteilhaft erweisen wird. Verbindet man die Spitzen beider Pyramiden durch eine Gerade a und legt durch dieselbe eine beliebige Ebene, so schneidet sie jede der beiden Mantelflächen in zwei oder mehr erzeugenden Geraden, deren gegenseitige Schnittpunkte auf der Durchdringungsfigur gelegen sind. Wählt man die Ebene durch a speziell so, daß sie eine Pyramidenkante enthält, so ergeben sich auf dieser zwei oder mehr Ecken der Durchdringungsfigur. Sind nun A und B die Basisebenen der beiden Pyramiden, ist s ihre Schnittlinie und sind P und Q die Spurpunkte von a in den Ebenen A und B, so schneidet eine beliebige Ebene E durch a aus den Ebenen A und B Gerade aus, die durch P resp. Q verlaufen und sich auf s treffen; umgekehrt bestimmen zwei derartige Gerade eine Ebene durch a. Wir suchen demgemäß zunächst auf der Verbindungslinie a der Spitzen S und T die Punkte $P = a \times$ A und $Q = a \times$ B und zwar ist $P'' = a'' \times K''L''$ und $Q'' = a'' \times H''J''$. Sodann bestimmen wir s, indem wir irgend zwei Strahlen in A mit der Ebene B des Vierecks $ABCD$ zum Schnitt bringen; so liefert die Gerade PE in A den Punkt O von s ($M'' = P''E'' \times B''C''$, $N'' = P''E'' \times C''D''$, M' auf $B'C'$, N' auf $C'D'$, $O' = P'E' \times M'N'$). Nach Auffindung von s verbinden wir P mit einem der Punkte E, F, G, etwa mit E, suchen den Punkt $O = PE \times s$ auf und verbinden ihn mit Q; diese Linie schneidet das Viereck $ABCD$ in den Punkten U, V; die Kante TE durchdringt demnach die andere Pyramide in den Punkten $1 = TE \times SV$ und $6 = TE \times SU$. Ganz analog verfahren wir mit sämtlichen Kanten aus S sowohl wie aus T und erhalten so alle Ecken der Durchdringungsfigur; die Reihenfolge derselben ist nach dem früher Gesagten leicht anzugeben.

150. Das soeben geschilderte Verfahren läßt sich ganz in der gleichen Weise anwenden bei Durchdringung von Pyramide und

Prisma. Zunächst legt man eine Gerade *a* durch die Spitze der Pyramide parallel zu den Kanten des Prismas, sucht ihre Spurpunkte *P* und *Q* in den Basisebenen A und B und die Gerade *s* = A × B auf. Dann ist genau wie vorher zu verfahren, indem jede Ebene durch *a* beide Flächen in Erzeugenden, nämlich die Pyramide in Geraden durch den Scheitel und das Prisma in Parallelen zu den Kanten schneidet.

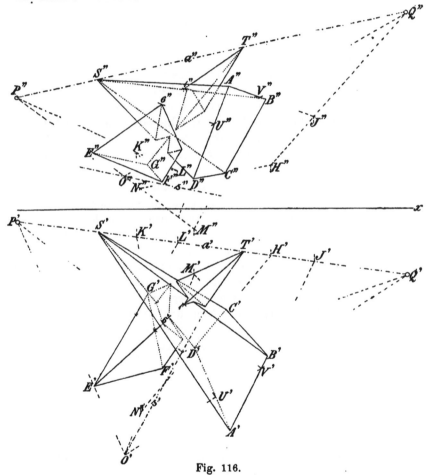

Fig. 116.

Handelt es sich um die Durchdringung zweier Prismen, so bestimme man die Schnittlinie *s* ihrer Basisebenen A und B und in diesen die Spurlinien einer zu den Kanten beider Prismen parallelen Ebene E, etwa *u* = A × E, *v* = B × E. Jede zu E parallele Ebene

schneidet aus A und B Spuren aus, die zu *u* resp. *v* parallel sind
und sich auf *s* treffen, sie schneidet die Prismen in Geraden, die
den Kanten parallel laufen. Legt man die zu E parallele Ebene
durch eine Kante, d. h. legt man ihre eine Spurlinie durch die bezügliche Ecke des Basispolygons, so gewinnt man Eckpunkte der
Durchdringungsfigur, die sich hiernach leicht völlig zeichnen läßt.

Schlagschatten und Eigenschatten bei Vielflachen.

151. Unter der Annahme paralleler Lichtstrahlen bildet
der Schlagschatten eines Körpers auf irgend eine Ebene, z. B. auf
die Grund- oder Aufrißebene, nichts anderes als eine schiefe Parallelprojektion. Ganz ebenso nun wie die Oberfläche eines Vielflachs in
bezug auf eine bestimmte Projektionsrichtung in einen sichtbaren
und einen unsichtbaren Teil zerfällt, die längs des Umrisses aneinander grenzen, zerfällt die Oberfläche desselben in einen beleuchteten und einen im Eigenschatten liegenden Teil, die
längs eines Polygons, des Lichtgrenzpolygons oder kurz der
Lichtgrenze aneinanderstoßen. Alle Kanten, in denen der Lichtstrahl den Körper bloß streift, ohne in ihn einzudringen, gehören
der Lichtgrenze an; alle Punkte, in denen der verlängerte Lichtstrahl in den Körper eindringt, liegen auf seinem beleuchteten
Teile, die Punkte dagegen, in denen der verlängerte Lichtstrahl aus
dem Körper heraustritt, befinden sich im Eigenschatten. Wird
ein Lichtstrahl, bevor er auf den Körper trifft, durch dazwischen
liegende Gegenstände aufgehalten, so liegt die betreffende Stelle des
Körpers im Schlagschatten. Von den Durchstoßpunkten eines
Lichtstrahles mit einem oder mehreren Körpern ist der erste im
Lichte, der zweite, vierte, ... im Eigenschatten, der dritte, fünfte, ...
im Schlagschatten. Die Schlagschattengrenze auf einer Projektionsebene wird gebildet von dem Schatten des Lichtgrenzpolygons.
Der Schlagschatten auf einen Körper kann teilweise von dem Lichtgrenzpolygon begrenzt werden.

152. Den Schlagschatten eines Zwölfflachs auf die
Projektionsebenen, sowie seinen Eigenschatten zu bestimmen (Fig. 117). Wir nehmen an, daß seine Projektionen nach
der früheren Darlegung gefunden und die des Lichtstrahles *l′* und *l″*
gegeben sind. Die Schatten eines Eckpunktes auf die Grund- und
Aufrißebene sind die Spurpunkte des durch ihn gelegten Lichtstrahles, so z. B. bilden E_* und E^* Grund- und Aufrißschatten
von *E*. Läßt man alle Kanten Schatten werfen, so wird die Grenze

des Schlagschattens von denjenigen Linien gebildet, die alle übrigen einschließen. Es ist indes nicht nötig, den Schatten aller Kanten zu bestimmen. Zunächst findet man mehrere Eckpunkte, die dem Lichtgrenzpolygon angehören, indem man auf dem scheinbaren Umriß der ersten Projektion diejenigen Punkte aufsucht, in denen eine Parallele zu l' diesen Umriß streift, ohne ihn zu schneiden. In der Figur sind dies die Punkte B' und G'; ihre Schatten B_* und G^*

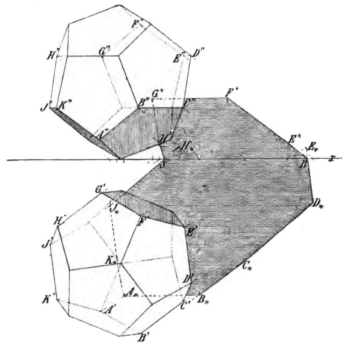

Fig. 117.

müssen notwendigerweise auf dem Randpolygon des Schlagschattens gelegen sein. Denn der Lichtstrahl aus B kann das Vielflach nicht schneiden, da ja sonst seine Projektionen die Projektionen des Vielflachs schneiden müßten, was im Grundriß nicht eintritt. Ebenso bestimmen sich mittels des Aufrisses die Punkte D_* und J_* als Eckpunkte des Schlagschattenpolygons. Von den Kanten aus B gehören zwei dem Lichtgrenzpolygon an, es sind diejenigen, deren Schlagschatten den Schatten der dritten in ihren Winkel einschließen. Hiernach können die beiden Seiten des Grenzpolygons aus B bestimmt werden und ganz analog alle übrigen Seiten desselben. Auch wenn von einer Ecke des Vielflachs mehr als drei Kanten ausgehen, lassen sich in der angegebenen Weise die Seiten des Grenzpolygons finden. Der Schlagschatten wird an der x-Achse gebrochen in den Punkten R und S, indem die Kanten DE und HJ die gebrochenen Schattenlinien D_*RE^* und H^*SJ_* liefern ($D_*E_* \times x = R,\ H_*J_* \times x = S$).

153. Den Schlagschatten einer dreiseitigen abgestumpften Pyramide auf ein Achtflach zu entwickeln (Fig. 118). Sind Pyramide und Achtflach gezeichnet, so bestimme

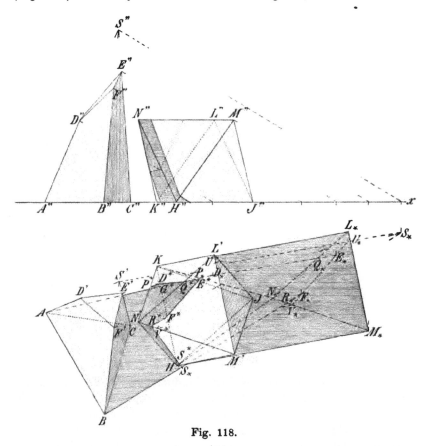

Fig. 118.

man zunächst den Schlagschatten beider auf die Horizontalebene, ganz abgesehen davon, ob er wirklich zustande kommen kann oder nicht. Außerdem zeichne man noch den Schlagschatten derjenigen Flächen des Achtflachs, die Schlagschatten von dem Pyramidenstumpf empfangen. In der Figur sind dieses die Flächen *KHN*, *KLN*, *LMN* und *HMN*, die in *N* zusammenstoßen. Da der Schatten

BF_* von BF den Schatten HN_*M_* in S_* und R_* durchschneidet, so muß der Schatten von BF auf die Seitenfläche HNM fallen und wird dort S^*R^*, wo S^*S_* und R^*R_* parallel zu der ersten Projektion des Lichtstrahles sind. Ebenso findet man den Schatten von FE auf die Fläche LMN; hier muß man F_*E_* verlängern, bis es zwei Seiten des Dreiecks $L_*M_*N_*$ in U_* und V_* schneidet, dann ist U^*V^* der Schatten dieser Geraden auf die Fläche LMN und E^*F^* derjenige von EF auf diese Fläche ($E^*E_* \parallel l' \parallel F^*F_*$). Die gleiche Konstruktion läßt sich überall durchführen. Es kommt die Konstruktion stets auf die Aufgabe hinaus, den Schatten einer Geraden a auf eine Gerade b zu finden, indem man zunächst die Schatten a_*, b_* beider Geraden auf den Grundriß bestimmt und durch ihren Schnittpunkt S_* eine Parallele zu l legt, die die eine Gerade im Schatten werfenden, die andere im Schatten empfangenden Punkte schneidet. In der Zeichnung zieht man natürlich durch S_* eine Parallele zu l', die die Horizontalprojektion der genannten Punkte aus a' und b' ausschneidet. Das Gesagte wird zur Konstruktion völlig genügen; es mag nur noch bemerkt werden, daß die Punkte $P^*D^*Q^*E^*F^*R^*S^*$ Horizontalprojektionen sind, ihre Bezeichnungen also einen Strich erhalten müßten, was jedoch der Einfachheit halber unterblieben ist.

Beispiele für angewandte Schattenkonstruktion.

Die Schattenbestimmung im Verfahren der orthogonalen Parallelprojektion mag noch durch ihre Anwendung auf einige einfache, durchweg ebenflächig begrenzte, architektonische Objekte erläutert werden. Wir stellen diese jedesmal im Grundriß, Aufriß und Seitenriß (resp. Profilschnitt) dar und geben den Tafeln Π_1, Π_2, Π_3 die meist gebräuchliche Lage zum Gegenstande.

154. In Fig. 119 ist eine **Freitreppe** dargestellt, die zwischen steinernen **Wangen** mit fünf **Stufen** zu einem mit **Brüstung** versehenen **Podest** hinaufführt.

Die Richtung l der parallel einfallenden Lichtstrahlen ist im Grund- und Aufriß durch l' und l'' gegeben ($\angle\, l'x = 45^0$). Es handele sich um die Zeichnung der Schatten des Objektes auf dem Boden und auf seinen eigenen Flächen. Die Ausführung gestaltet sich sehr einfach, weil die einen sichtbaren Schlagschatten empfangenden Flächen entweder zu Π_1 oder zu Π_2 parallel sind. In der einen Hilfsfigur (links unten) ist eine zu den schrägen Oberkanten der Treppenwangen parallele Strecke $w = AB$ so gezeichnet, daß B ihr

erster, A ihr zweiter Spurpunkt ist und folglich A' mit B'' auf der
x-Achse zusammenfällt. Hieraus findet man sofort A_* und B^* und
damit den Grundrißschatten $w_* = A_* B$, sowie den Aufrißschatten
$w^* = A B^*$ der Linie w.

Von den Schatten auf horizontalen Flächen sind die der vertikalen Kanten parallel zu l', die der schrägen parallel zu w_*, die
der horizontalen parallel zu diesen selbst. Auf den sichtbaren

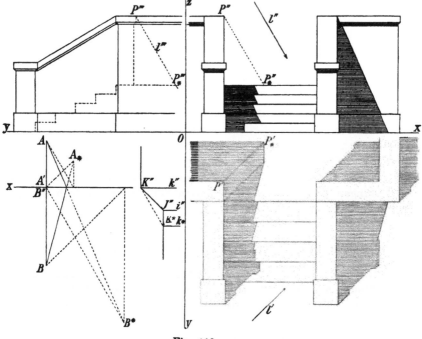

Fig. 119.

vertikalen Flächen sind die Schatten von solchen Kanten, die entweder normal zu Π_2, oder parallel zu w, oder parallel zu Π_2 laufen,
resp. mit l'', oder w^*, oder mit den Kanten selbst gleichgerichtet.

Man beginnt nun bei einem geeigneten Eckpunkte, z. B. dem
Punkte P, und bestimmt in Grund- und Aufriß seinen Schlagschatten auf die wagerechte Fläche des Podestes (P_*', P_*''). Hiervon
ausgehend kann man unter abwechselnder Benutzung der Grund-
und Aufrißelemente die Grenzen der Schlagschatten leicht bestimmen.
Zugleich ergeben sich mannigfache Kontrollen für die Richtigkeit
der Zeichnung. So kann man z. B. auch von dem Bodenschatten
einer der vordersten vertikalen Kanten ausgehen, u. s. f.

Die Deckplatten der vorgelagerten Ecksteine und der Brüstung sind unten abgeschrägt; die betreffenden Flächen sind sämtlich unter 45⁰ gegen Π_1 geneigt. Ein Teil des so entstehenden Simses ist in der zweiten Hilfsfigur vergrößert dargestellt (Aufriß). Der Eckpunkt K der horizontalen Kante k wirft (weil $\angle\, l'x = 45^0$ ist) seinen Schatten K^* auf die von J abwärts gehende vertikale Kante ($K''K^* \| l''$). Die schräge Fläche zwischen k und i liegt im Eigenschatten, die vertikale Fläche zwischen i und k^* im Schlagschatten.

155. In Fig. 120 ist ein **Fenster** gezeichnet. Die oben schwach geneigte **Sohlbank** ist mit wenig vortretenden **Konsolen**

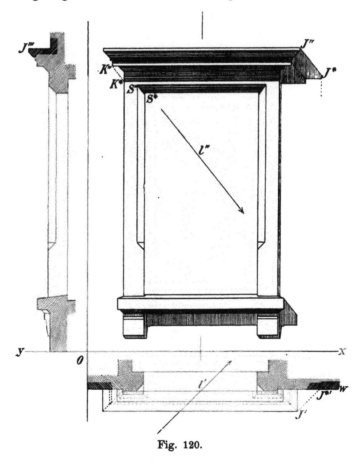

Fig. 120.

versehen. Die **Leibungen** zeigen ebenso wie der **Fenstersturz** nach innen abgeschrägte Flächen, die sogen. **Schmiegen**. Der

Sturz ist durch ein einfaches Gesims verdacht. Das Fenster-
gewände tritt ein wenig aus der Wandfläche hervor.

Die Lichtrichtung l ist durch l' und l'' gegeben ($\angle\, l'x = 45^0$
$\angle\, l''x = 60^0$). Die schrägen Flächen des Gesimses liegen im Eigen-
schatten, auf den vertikalen Flächen liegen horizontale Streifen im
Schlagschatten. Man geht zu ihrer Bestimmung etwa von einem
Punkte K aus und sucht wie im vorigen Beispiele K^* auf der
vertikalen Kante der Leibung ($K''K^*\|l''$). Um den Schlagschatten

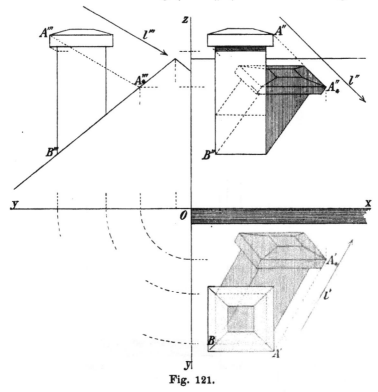

Fig. 121.

des Gesimses, der Sohlbank und der Konsole auf der Wandfläche
zu finden, die im Grundriß ·durch die Linie w vertreten ist, bestimmt man von einzelnen Eckpunkten die Schatten, z. B. von J,
indem man $J''J^*\|l''$, $J'J^*\|l'$ zieht (J^* auf w, $J^*J^* \perp x$) und be-
achtet, daß die Schatten der vertikalen Kanten wiederum vertikal,
die der horizontalen Kanten aber entweder parallel zu x oder zu l''
sind. Die Schmiege am Sturz liegt im Eigenschatten, auf den beiden
Schmiegenflächen der Leibungen entstehen oben zwei kleine drei-

eckige Schlagschatten. Nach diesen Andeutungen ist es leicht, die Schattenkonstruktion in allen Einzelheiten durchzuführen.

156. Als letztes Beispiel mag die Bestimmung des Schattens dienen, den ein **Schornstein** auf eine geneigte **Dachfläche** wirft (Fig. 121).

Die Richtung der Lichtstrahlen l ist hier so gewählt, daß $\angle\, l'x = 60^0$, $\angle\, l''x = 45^0$ und folglich $\angle\, l'''x = 30^0$ ist. Man benutzt zweckmäßig den Seitenriß (was auch schon bei den vorhergehenden Beispielen geschehen konnte). Den Schatten A_* eines Eckpunktes A am Essenkopf findet man dann, indem man durch A', A'', A''' Gerade resp. parallel zu l', l'', l''' zieht, und zwar letztere bis zu A_*''' auf der Seitenspur der Dachfläche. Dann ist $A_*'''A_*''\, \|\, x$ und $A_*''A_*'\perp x$. Liegt der betrachtete Eckpunkt auf einer vertikalen Kante, deren Durchstoßpunkt mit der Dachfläche gezeichnet ist, so findet man durch dieses Verfahren zugleich die Richtung, welche die Schatten der Vertikalen auf die Dachfläche im Aufriß zeigen; im Grundriß sind sie parallel zu l'. Man beachte noch, daß die Schatten horizontaler Kanten im Aufriß teils zu x, teils zu l'' parallel liegen; im Grundriß sind sie teils parallel zu x, teils haben sie eine schiefe Richtung, die sich aus dem Vorigen ergibt. — Die hintere Dachfläche liegt vollständig im Eigenschatten. Auch wirft die Deckplatte des Schornsteins auf seine Seitenflächen einen Streifen von Schlagschatten.

VIERTES KAPITEL.

Perspektivität ebener Figuren. Harmonische Gebilde.

Zentralprojektion einer Ebene auf eine andere Ebene.

157. Es seien im Raume zwei Ebenen E und Π und außerhalb beider ein Punkt O willkürlich festgelegt. Zieht man aus O durch alle Punkte einer in E angenommenen Figur Strahlen, so schneiden diese die Ebene Π in einer zweiten Figur, die der gegebenen eindeutig Punkt für Punkt entspricht. Dieses Abbildungsverfahren heißt Zentralprojektion oder Perspektive, der Punkt

O das Projektionszentrum oder Zentrum der Perspektive, die Schnittlinie e_1 der Originalebene E mit der Bildebene П die Projektionsachse oder Achse der Perspektive.[5]) Die einander entsprechenden Figuren werden kurz als perspektiv bezeichnet, man sagt, daß sie sich in perspektiver (zentraler) Lage befinden. Offenbar entspricht jedem Punkt *P* (Fig. 122) der Originalebene ein Punkt P_1 der Bildebene, jeder Geraden *g* eine Gerade g_1 und umgekehrt. Ferner entspricht jeder Punkt der Projektionsachse e_1 sich selbst, und je zwei entsprechende Gerade schneiden sich auf der Achse ($g \times g_1$ auf e_1) oder sind ihr im besonderen beide parallel.

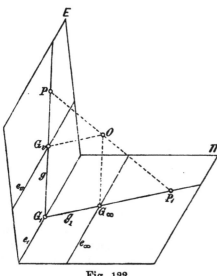

Fig. 122.

158. Die Zentralprojektion einer Ebene auf eine zweite umfaßt als spezielle Fälle die Affinität und Ähnlichkeit ebener Figuren. Die perspektive Lage geht über in die ähnliche, wenn die Bildebene zur Originalebene parallel wird, was zur Folge hat, daß die Projektionsachse ins Unendliche rückt; sie geht über in die affine Lage, wenn die projizierenden Strahlen parallel werden, also das Projektionszentrum ins Unendliche fällt. Macht man beide Annahmen gleichzeitig, so ergeben sich kongruente Figuren; solche stellen sich auch bei affiner Lage ein, wenn die projizierenden Strahlen zu einer der beiden Ebenen normal sind, welche die Winkel zwischen Original- und Bildebene halbieren. Affine, ähnliche und kongruente Figuren sind somit als spezielle Fälle perspektiver Figuren anzusehen, wenn sie sich in affiner oder ähnlicher Lage befinden.

159. Die durch *O* parallel zu E und П gelegten Ebenen mögen П und E in den Geraden e_∞ und e_v (beide parallel zur Achse e_1) schneiden (Fig. 122). Bewegt sich in E ein Punkt *P* auf der Geraden *g* nach der einen oder anderen Seite ins Unendliche, so dreht sich der projizierende Strahl *OP* in der Ebene *Og* um *O* im entsprechenden Sinne und nähert sich beide Male der nämlichen Grenzlage OG_∞, die durch O parallel zu g gezogen ist. Der Spurpunkt G_∞ dieser Geraden in Π liegt auf e_∞; er kann als das Bild des auf g ins Unendliche fliehenden Punktes aufgefaßt werden und heißt darum der zu g gehörige **Fluchtpunkt.** Offenbar gehört er ebenso als Fluchtpunkt zu allen Geraden, die mit g parallel laufen; denn flieht ein Punkt auf einer solchen Parallelen ins Unendliche, so strebt der zugehörige projizierende Strahl stets der gleichen Grenzlage OG_∞ zu. Der Gesamtheit aller unendlich fernen Punkte der Ebene E entspricht in Π die eine bestimmte Gerade e_∞, die **Fluchtlinie** der Ebene E. — Umgekehrt verschwindet das Bild des Schnittpunktes G_v der Geraden g mit e_v, d. h. es liegt auf g_1 unendlich fern; G_v heißt darum der **Verschwindungspunkt** von g. Die Gerade e_v selbst, deren Bild ins Unendliche fällt, heißt die **Verschwindungslinie** der Ebene E. — Allen zu g parallelen Geraden der Ebene E entsprechen in Π alle Gerade durch den Punkt G_∞ der Fluchtlinie e_∞, und allen Geraden der Ebene E durch den Punkt G_v der Verschwindungslinie e_v entsprechen in Π die Parallelen zu g_1. Die Punkte $OG_vG_1G_\infty$ liegen in einer Ebene und bilden die Ecken eines Parallelogramms.

160. Das angegebene Verhalten der unendlich fernen Punkte einer Geraden oder einer Ebene gegenüber der Zentralprojektion, nämlich der Umstand, daß sie nur in einem einzigen Punkt oder einer einzigen Geraden abgebildet werden, begründet die Ausdrucksweise, nach welcher einer **Geraden nur ein unendlich ferner Punkt (Richtung)** zugeschrieben wird, den sie mit allen parallelen Geraden gemein hat, und einer **Ebene nur eine unendlich ferne Gerade (Stellung),** die ihr mit allen Parallelebenen gemeinsam ist. Erst auf Grund dieser Erklärung dürfen wir das **umkehrbar eindeutige Entsprechen zwischen den Punkten und Geraden der Originalebene und den Punkten und Geraden der Bildebene** als ein ausnahmslos geltendes Grundgesetz der Zentralprojektion betrachten. — Im Verfolg dieser perspektiven Betrachtungsweise hat man eine Gerade als geschlossene Linie aufzufassen, weil ein Punkt, der sie beschreibt, sich demselben unendlich fernen Punkte nähert, gleichviel in welchem Sinne er sich bewegt.

161. Für die Zentralprojektion von E auf Π kann, wenn die Lage dieser Ebenen zueinander fixiert ist, die Angabe des Projektionszentrums O offenbar durch die zweier entsprechender Punktepaare A, B und A_1, B_1 ersetzt werden, deren Verbindungslinien AB und A_1B_1 sich auf der Achse $e_1 = E \times \Pi$

schneiden. Es liegen dann AA_1 and BB_1 in einer Ebene und bestimmen O als ihren Schnittpunkt.

162. Gehen die Ebenen dreier Figuren $\mathfrak{F}$, $\mathfrak{F}_1$, $\mathfrak{F}_2$ durch
eine und dieselbe Achse e_1 und sind zwei derselben $\mathfrak{F}$ und
$\mathfrak{F}_1$ zur dritten $\mathfrak{F}_2$ perspektiv, so sind sie es auch untereinander. Die drei Zentren liegen in gerader Linie. —
Die Perspektivitätszentren, O_2 für $\mathfrak{F}_2$ und $\mathfrak{F}$ sowie O_1 für $\mathfrak{F}_2$ und $\mathfrak{F}_1$,

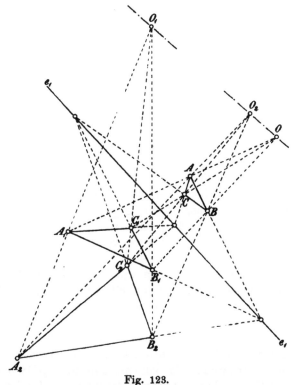

Fig. 123.

denke man sich mittels eines Punktepaares A_2, B_2 und der ihm
entsprechenden Paare A, B und A_1, B_1 bestimmt (Fig. 123). Dann
ist zu zeigen: erstens daß die Geraden AA_1 und BB_1 einen Schnittpunkt O bestimmen, zweitens daß auch die Gerade CC_1 durch O
geht, wenn dem beliebigen Punkte C_2 von $\mathfrak{F}_2$ die Punkte C_1 von $\mathfrak{F}_1$
und C von $\mathfrak{F}$ entsprechen. Nun gehen durch den Schnittpunkt von
$A_2 B_2$ und e_1 auch die Geraden AB und $A_1 B_1$ und somit liegen
auch AA_1 und BB_1 in einer Ebene und schneiden sich in einem
Punkte O. Ganz ebenso gehen AC und $A_1 C_1$ durch den Schnitt-

punkt von A_2C_2 und e_1, es müssen sich also auch AA_1 und CC_1
schneiden, und in gleicher Weise schließt man, daß BB_1 und CC_1
einen Schnittpunkt haben. Da die drei Geraden AA_1, BB_1, CC_1
sich paarweise schneiden, so müssen sie entweder in der nämlichen
Ebene liegen oder sich in einem Punkte schneiden. Das erstere
ist ausgeschlossen, sonst müßten die Dreiecke ABC und $A_1B_1C_1$,
also auch $\mathfrak{F}$ und $\mathfrak{F}_1$ in einer Ebene liegen, folglich geht CC_1 durch
$O = AA_1 \times BB_1$. Das Zentrum O liegt auf AA_1, ebenso O_1 auf
A_1A_2 und O_2 auf A_2A, folglich liegen alle drei Zentren auf der
Ebene AA_1A_2, desgleichen auf der zweiten Ebene BB_1B_2, also in
der Schnittlinie beider, durch die auch die dritte Ebene CC_1C_2
gehen muß.

163. Als einen wichtigen Spezialfall des soeben bewiesenen
Satzes heben wir folgenden hervor: **Zwei perspektiv gelegene
ebene Figuren bleiben in perspektiver Lage, wenn man die
eine derselben um die Achse der Perspektive beliebig dreht.**
Die zu drehende
Figur liegt näm-
lich zu der gedreh-
ten **affin** (vergl.
10), d. h. perspek-
tiv mit unendlich
fernem Zentrum.
Durch letzteres geht
auch die Verbin-
dungslinie des alten
und neuen Perspek-
tivitätszentrums;
sie ist somit pa-
rallel zur Sehne des
Kreisbogens, den

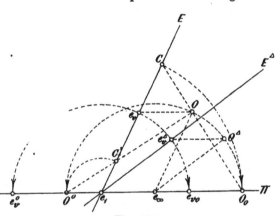

Fig. 124.

irgend ein Punkt der beweglichen Figur beschrieben hat. Wir
wollen die Sache noch etwas genauer verfolgen und etwa die Originalebene E einer Drehung unterwerfen. Um die Lageveränderung
des Perspektivitätszentrums besser zu überblicken, legen wir die
Zeichenebene normal zur Achse e_1 durch das Zentrum O. Die
beiden perspektiven Ebenen E und Π, die Achse e_1, Verschwindungslinie e_v, Fluchtlinie e_∞ u. s. f. stellen wir dann durch ihre senkrechten
Projektionen auf die Zeichenebene dar und setzen an diese die
gleichen Buchstaben, welche die Elemente selbst bezeichnen
(Fig. 124).

Die Originalebene E werde in ihrer neuen, durch Drehung um e_1 erhaltenen Lage mit $E^\triangle$, ihre Verschwindungslinie mit $e_v^\triangle$ bezeichnet. Das neue Zentrum $O^\triangle$ liegt dann in der Schnittlinie der beiden Ebenen, die durch e_∞ und $e_v^\triangle$ respektive zu $E^\triangle$ und Π parallel gelegt werden können, und überdies wiederum in der Zeichenebene. Hieraus folgt, **daß das Zentrum eine Drehung um die Fluchtlinie e_∞ erleidet von gleichem Sinne und gleichem Drehwinkel wie E selbst um die Achse e_1.**

164. Wird die Originalebene durch die Drehung mit der Bildebene zur Deckung gebracht, so gelangt auch das Perspektivitätszentrum O in die letztere und zwar, je nach dem Sinne der Drehung, entweder nach O_0 oder nach O^0 (Fig. 124). Dabei erhält die Verschwindungslinie e_v entweder die Lage e_{v0} oder e_v^0. Im ersteren Falle schließen in der Bildebene Zentrum und Achse der Perspektive die Flucht- und Verschwindungslinie zwischen sich ein; im letzteren werden sie von diesen eingeschlossen. **Jedesmal aber bleibt der senkrechte Abstand des Zentrums von der Fluchtlinie dem der Verschwindungslinie von der Achse gleich.** Derjenige Punkt C in der Originalebene E, der nachmals mit dem Zentrum O_0 zur Deckung kommt, liegt auf dem Strahle OO_0 (aus $e_\infty O = e_\infty O_0$ folgt $e_1 C = e_1 O_0$); im neuen Zentrum fallen daher zwei entsprechende Punkte der Ebenen E und Π zusammen, was — von den Punkten der Achse abgesehen — für kein weiteres Paar entsprechender Punkte eintritt. Analoges gilt bei umgekehrtem Drehsinn für C' und O^0.

165. Hier ist noch der Ort darauf hinzuweisen, daß bei einer Pyramide jedes ebene Schnittpolygon zum Basispolygon perspektiv liegt; die Spitze der Pyramide ist das Zentrum, ihre Kanten sind die projizierenden Strahlen und die Schnittlinie von Basis- und Schnittebene ist die Achse dieser perspektiven Beziehung. Aus dem vorher Gesagten geht auch hervor, daß die Projektion des Schnittpolygons auf die Basisebene mit dem Basispolygon perspektiv liegt, und zwar bildet die Projektion der Spitze das zugehörige Zentrum. Auch bei der Umlegung des Schnittpolygons um die Spur seiner Ebene in die Basisebene bleibt die perspektive Beziehung zwischen diesem und dem Basispolygon bestehen. Ihr Zentrum erhält man, wenn man durch die Spitze der Pyramide zur Schnittebene eine Parallelebene zieht und diese um ihre Spur in die Basisebene umlegt, dabei gelangt die Spitze in die Lage des neuen Zentrums. Alle diese Dinge sind nach dem Vorausgehenden unmittelbar klar.

Perspektive in der Ebene.

166. Nach 164 sind wir mittelbar zu dem Begriffe perspektiver Figuren derselben Ebene, also zur Perspektive (Zentralprojektion) in der Ebene gelangt, die noch genauerer Erörterung bedarf.

Es sollen jetzt in einer Ebene zweierlei Figuren betrachtet werden, die wir als Original und Bild unterscheiden, und die einander Punkt für Punkt nach folgenden Gesetzen entsprechen:

α) Die Verbindungslinien entsprechender Punkte gehen durch einen festen Punkt O, das Zentrum.

β) Drei Punkten in gerader Linie entsprechen drei Punkte in gerader Linie.

γ) Jeder Punkt einer festen Geraden e_1, der Achse, entspricht sich selbst.

Hieraus folgt sofort:

δ) Entsprechende Strahlen schneiden sich auf der Achse e_1; jeder Strahl durch das Zentrum O entspricht sich selbst, und mithin gilt das gleiche vom Zentrum selbst.

Eine solche Verwandtschaft zwischen zweierlei Figuren wird als Zentralkollineation oder Perspektive in der Ebene bezeichnet. Indem wir zeigen, daß zwei zentrisch-kollineare oder perspektive Figuren einer Ebene durch Drehung der einen Figur um die Achse der Perspektive in eine räumliche Lage übergeführt werden, bei der die eine als Zentralprojektion der andern erscheint, wird erwiesen, daß die vorstehenden Gesetze zwischen zwei Figuren einer Ebene die nämliche geometrische Beziehung feststellen, wie sie zwischen Original- und Bildfigur besteht, deren Ebenen nach 164 zur Deckung gebracht sind.

167. Nun seien $\mathfrak{F}$ und $\mathfrak{F}_1$ perspektive Figuren einer Ebene und O das zugehörige Zentrum. Ferner möge $\mathfrak{F}_0$ aus $\mathfrak{F}$ durch Drehung um die Achse e_1 der Perspektive hervorgegangen sein. A_1, B_1, C_1, D_1 seien beliebige Punkte der Figur $\mathfrak{F}_1$, A, B, C, D die entsprechenden Punkte von $\mathfrak{F}$, und A_0, B_0, C_0, D_0 die bezüglichen Punkte der gedrehten Figur $\mathfrak{F}_0$. Da sich $A_1 B_1$ und $A B$ auf e_1 schneiden und mithin auch $A_1 B_1$ und $A_0 B_0$, so liegen diese Punkte in einer Ebene; in gleicher Weise liegen $B_1 C_1$ und $B_0 C_0$ in einer zweiten und $C_1 A_1$ und $C_0 A_0$ in einer dritten Ebene. Diese drei Ebenen schneiden sich in einem Punkte O_0, in dem sich auch die drei Strahlen $A_1 A_0$, $B_1 B_0$ und $C_1 C_0$ treffen. Ist jetzt D_1 ein beliebiger Punkt von $\mathfrak{F}_1$, so ziehen wir $D_1 A_1$ und $D_1 B_1$; sodann verbinden wir $D_1 A_1 \times e_1$ mit A und $D_1 B_1 \times e_1$ mit B; beide Gerade schneiden sich im Punkte D von $\mathfrak{F}$, woraus man durch Drehung D_0 erhält. Wiederum liegen die vier Punkte $A_1 B_1 A_0 B_0$, resp. $B_1 D_1 B_0 D_0$ resp. $A_1 D_1 A_0 D_0$ je in einer Ebene, und die drei Strahlen $A_1 A_0$, $B_1 B_0$ und $D_1 D_0$ laufen durch einen Punkt. Da aber $A_1 A_0 \times B_1 B_0 = O_0$ ist, geht auch $D_1 D_0$ durch diesen Punkt hindurch, d. h. der beliebige Punkt D_1 von $\mathfrak{F}_1$ liegt mit dem entsprechenden Punkte D_0 von $\mathfrak{F}_0$ auf einem Strahle durch O_0. Beide Figuren $\mathfrak{F}_1$ und $\mathfrak{F}_0$ sind somit perspektiv aus dem Punkte O_0.

168. Wir hatten in 164 gesehen, wie man aus zwei perspektiv gelegenen Figuren, die sich in verschiedenen Ebenen befinden, durch Drehung zwei zentrisch-kollineare oder perspektive Figuren einer Ebene erhalten kann. Dieser Übergang gestattet auch die Eigenschaften zentrisch-kollinearer oder perspektiver Figuren einer Ebene abzuleiten. Es müssen sich diese Eigenschaften jedoch auch aus der Definition der Zentralkollineation ergeben, und dieser Gedanke soll noch mit wenigen Worten etwas näher ausgeführt werden (Fig. 125)

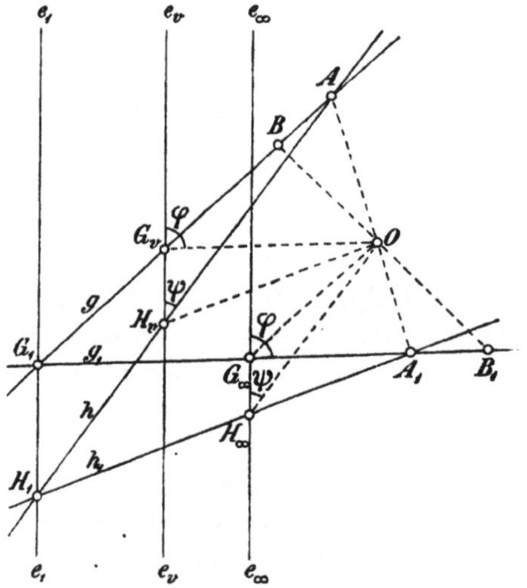

Zunächst ist klar, daß das Zentrum O, die Achse e_1 und ein Paar entsprechender Punkte A und A_1: die auf einem Strahle durch O liegen, die perspektive Beziehung in der Ebene völlig bestimmen. Zu einem beliebigen Punkte B erhält man ja das zugehörige Bild B_1, indem man $AB = g$ mit e_1 in G_1 schneidet und die Gerade $G_1 A_1 = g_1$ zieht, auf welcher der Strahl OB dann den Bildpunkt B_1 ausschneidet.

Fig. 125.

Zieht man durch O einen Strahl parallel zu g, so schneidet er die Bildgerade g_1 im Fluchtpunkt G_∞, dem Bilde des unendlich fernen Punktes von g. Zieht man durch O einen Strahl parallel zu g_1, so schneidet er auf g den Verschwindungspunkt G_v aus, dem ein unendlich fernes Bild zugehört. Mit anderen Worten: Das Bild einer Geraden g geht durch ihren Achsenschnittpunkt G_1 und ist zur Verbindungslinie $G_v O$

ihres Verschwindungspunktes mit dem Zentrum parallel. Ebenso geht das Original zu einer Geraden g_1 durch ihren Achsenschnittpunkt G_1 und ist zur Verbindungslinie $G_\infty O$ ihres Fluchtpunktes mit dem Zentrum parallel.

169. Ferner ergibt sich, daß die Fluchtpunkte auf allen Bildgeraden durch eine Gerade e_∞ ausgeschnitten werden, die zur Achse e_1 parallel ist. Ebenso schneidet eine zur Achse parallele Gerade e_v auf allen Originalgeraden die Verschwindungspunkte aus. Die Gerade e_∞ heißt wieder **Fluchtlinie** und ist das Bild der unendlich fernen Geraden des Originalsystems, während der unendlich fernen Geraden im Bildsystem die Gerade e_v als **Verschwindungslinie** entspricht. Zum Beweise wähle man noch ein Paar entsprechender Geraden h und h_1 (Fig. 125), die sich in einem Punkte H_1 der Achse e_1 schneiden, und suche wie vorher den Verschwindungspunkt H_v und den Fluchtpunkt H_∞ ($OH_\infty \parallel h$, $OH_v \parallel h_1$). Dann sind die Dreiecke AG_1A_1 und AG_vO ähnlich; also: $G_1A : G_vA = A_1A : OA$; ebenso kommt: $H_1A : H_vA = A_1A : OA$; demnach müssen $G_1H_1 = e_1$ und $G_vH_v = e_v$ parallel sein, da sie auf g und h proportionale Stücke abschneiden. In gleicher Weise erschließt man den Parallelismus von e_∞ und e_1.

Die Verschwindungslinie e_v und die Fluchtlinie e_∞ werden auch als die **Gegenachsen** von Original und Bild bezeichnet; ebenso spricht man von **Gegenpunkten** G_v und G_∞ einer Geraden und ihres Bildes.

170. Ist die Figur $\mathfrak{F}$ in der Ebene E perspektiv zu der Figur $\mathfrak{F}_1$ in der Ebene П aus dem Zentrum O, dann sind auch $\mathfrak{F}'$ und $\mathfrak{F}_1$ perspektiv aus dem Zentrum O', wenn $\mathfrak{F}'$ und O' aus $\mathfrak{F}$ und O durch die nämliche Parallelprojektion auf die Ebene П hervorgegangen sind. Denn zwei entsprechende Punkte P und P_1 von $\mathfrak{F}$ und $\mathfrak{F}_1$ liegen auf einem Strahl durch O, folglich liegen auch die entsprechenden Punkte P' und P_1 von $\mathfrak{F}'$ und $\mathfrak{F}_1$ auf einem Strahle durch O'. Ferner gehen zwei entsprechende Gerade g und g_1 von $\mathfrak{F}$ und $\mathfrak{F}_1$, die sich ja in einem Punkt von $e_1 = $ П $\times$ E treffen, in die entsprechenden Geraden g' und g_1 von $\mathfrak{F}'$ und $\mathfrak{F}_1$ über, die sich in dem nämlichen Punkt von e_1 schneiden. Da außerdem drei Punkte in gerader Linie sich wieder als drei Punkte einer Geraden projizieren, so sind die in 166 aufgezählten Bedingungen für die ebene Perspektive erfüllt. Die Achse e_1 und die Fluchtlinie e_∞, die in П liegen, spielen die gleiche Rolle für die Perspektive zwischen $\mathfrak{F}'$ und $\mathfrak{F}_1$ in der Ebene П;

während die zugehörige Verschwindungslinie offenbar die Parallelprojektion der ursprünglichen ist.

Insbesondere kann die in 164 besprochene Umlegung der Ebene E in die Ebene Π um die Achse e_1 und die gleichzeitige Umlegung von O um die Fluchtlinie e_∞ durch eine Parallelprojektion ersetzt werden. Denn alle Punkte von $\mathfrak{F}$ beschreiben bei der Umlegung Kreisbogen, die zu gleichen Zentriwinkeln gehören; ebenso ist es mit dem Punkt O, so daß die zu den Winkeln gehörigen Sehnen alle zueinander parallel werden; also $OO_0 \parallel PP_0 \parallel QQ_0 \parallel RR_0 \dots$, wenn $P, Q, R \dots$ irgendwelche Punkte von $\mathfrak{F}$ und $P_0, Q_0, R_0 \dots$ die gedrehten Punkte sind.

171. Es mag noch erwähnt werden, daß die Perspektive in der Ebene auch durch Angabe des Zentrums, der Achse und einer Gegenachse bestimmt ist. Denn durch Annahme einer Gegenachse wird jedem auf ihr liegenden Punkt der unendlich ferne Punkt des Strahles zugeordnet, der vom Zentrum nach dem Punkt der Gegenachse gezogen ist.

Wichtig für das Folgende sind die beiden unmittelbar aus der Fig. 125 zu entnehmenden Beziehungen: Das Bild einer Geraden schneidet die Fluchtlinie unter dem gleichen Winkel φ, wie der Strahl aus dem Zentrum nach dem Verschwindungspunkt die Verschwindungslinie, und anderseits: Eine Gerade schneidet die Verschwindungslinie unter dem gleichen Winkel ψ, wie der Strahl aus dem Zentrum nach dem Fluchtpunkt die Fluchtlinie.

Perspektive Grundgebilde.

Wir erklären zunächst einige öfter wiederkehrende Benennungen.

172. Faßt man eine Gerade als ein aus Punkten bestehendes Gebilde auf, so legt man ihm den Namen Punktreihe bei und nennt die Gerade den Träger der Punktreihe. Von Geraden, die in einer Ebene liegen und durch einen Punkt derselben gehen, sagt man, daß sie einen Strahlbüschel bilden; der gemeinsame Punkt heißt der Scheitel und die Ebene der Träger desselben. Ähnlich sagt man von Ebenen, die eine gemeinsame Gerade enthalten, daß sie einen Ebenenbüschel bilden und nennt diese Gerade seine Achse. — Die Punktreihe, der Strahlbüschel und der Ebenenbüschel sind die einfachsten Grundgebilde, die man aus Punkten, Geraden oder Ebenen als Elementen zusammensetzen kann. In ihnen ist das einzelne Element jedesmal durch eine einzige Bedingung bestimmbar (vergl. 210), weshalb sie auch als einförmige Grundgebilde bezeichnet werden.

173. Eine Punktreihe wird aus einem außerhalb gelegenen Punkte durch einen Strahlbüschel projiziert, ebenso ein Strahlbüschel durch einen Ebenenbüschel. Umgekehrt wird jeder Ebenenbüschel von einer nicht in ihm enthaltenen Ebene in einem Strahlbüschel und von einer Geraden in einer Punktreihe geschnitten. Zwei Punktreihen bezeichnen wir als perspektiv, wenn sie Schnitte des nämlichen Strahlbüschels sind. Ebenso heißen zwei Strahlbüschel perspektiv, wenn sie Schnitte desselben Ebenenbüschels sind, oder wenn sie eine und dieselbe Punktreihe aus zwei verschiedenen Zentren projizieren. Endlich werden zwei Ebenenbüschel perspektiv genannt, wenn sie einen und denselben Strahlbüschel aus verschiedenen Zentren projizieren. Auch von einer Punktreihe und einem Strahlbüschel, oder von einer Punktreihe und einem Ebenenbüschel, oder einem Strahl- und einem Ebenenbüschel sagt man, daß sie perspektiv seien, wenn die Elemente des einen Gebildes auf den entsprechenden Elementen des andern liegen.

Es gilt jetzt eine Reihe von Sätzen abzuleiten, die sich auf die erwähnten einfachen Grundgebilde beziehen und für die Projektionslehre von grundlegender Bedeutung sind. Wir dürfen uns dabei größtenteils auf die Betrachtung von Punktreihen beschränken, da die Übertragung der betreffenden Sätze auf Strahl- und Ebenenbüschel keiner Schwierigkeit unterliegt.

174. Wir gehen aus von zwei durch Zentralprojektion Punkt für Punkt aufeinander bezogenen Geraden g und g_1 (Fig. 126). Auf ihnen ist der Schnittpunkt beider G_1 als der sich selbst ent-

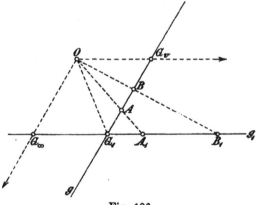

Fig. 126.

sprechende Punkt ausgezeichnet, ferner auf g_1 der Fluchtpunkt G_∞, das Bild des unendlich fernen Punktes von g, sowie auf g der Verschwindungspunkt G_v, der dem unendlich fernen Punkt von g_1 entspricht. Dreht man eine der beiden Geraden,

etwa g_1, beliebig um den Punkt G_1, so bleiben die Punktreihen
nach dem Früheren (163) perspektiv. Das Zentrum O darf daher
beliebig auf einer um G_v mit dem Radius $= G_1 G_\infty$ beschriebenen
Kugel angenommen werden, worauf sich die Lage von $g_1 \parallel O G_v$ ergibt.

Sollen zwei Punktreihen g und g_1 sich in perspektive Lage
bringen lassen, so fragt es sich, zu wieviel Punkten der einen die
entsprechenden Punkte der anderen willkürlich gewählt werden
können. Hierüber geben die nächsten Sätze weiteren Aufschluß.

175. Eine Gerade g_1 kann zu einer anderen g stets in
solche Lage gebracht werden, daß drei gegebene Punkte
A, B, C der letzteren mit drei beliebig gegebenen Punkten
A_1, B_1, C_1 der ersteren perspektiv sind. Vereinigt man z. B. zwei
entsprechende Punkte C und C_1 durch geeignete Verschiebung der
Geraden in einem Punkte G_1, so bestimmen die Verbindungslinien
$A A_1$ und $B B_1$ der übrigen das Projektionszentrum O als ihren Schnittpunkt. Dies

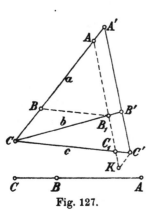

Fig. 127.

Beispiel gibt indes nicht die allgemeinste
Art der Herstellung der im Satz geforder-
ten Lage. Vielmehr kann man noch die
Lage des Zentrums O gegen eine der Geraden, etwa g, willkürlich fixieren. Dann
kann man der Geraden g_1 stets eine solche
Lage geben, daß ihre Punkte A_1, B_1, C_1
sich auf den entsprechenden Strahlen OA,
OB, OC befinden. Es gilt nämlich der
Satz: Eine Punktreihe und ein Strahlbüschel lassen sich stets in solche
Lage bringen, daß drei gegebene
Strahlen a, b, c des Büschels durch drei beliebig gegebene
Punkte A, B, C der Reihe gehen. Um diese Lage herzustellen,
lege man zunächst die Reihe A, B, C derart auf den Strahl a, daß
C mit dem Scheitel des Büschels zusammenfällt, bestimme dann B_1
auf b, indem man $B B_1 \parallel c$ macht, und ziehe die Gerade $A B_1$, die
c in C_1 schneidet (Fig. 127). Nun ist $C_1 A : B_1 A = CA : BA$; legt man
also zu $A B_1 C_1$ eine Parallele, welche die Strahlen a, b, c in A', B', C'
respektive schneidet, so hat man: $CA : BA = C'A' : B'A'$. Sorgt man
noch dafür, daß $C'A' = CA$ wird, indem man $AK = AC$ macht und
$KC' \parallel a$ zieht, so wird auch $B'A' = BA$; die Reihen A, B, C und
A', B', C' sind somit kongruent, und es kann die erstere mit der
letzteren zur Deckung gebracht werden.

176. Wie wir sahen, brauchen drei Punkte einer Geraden

keinerlei Bedingung zu erfüllen, damit man sie mit drei gegebenen Punkten einer anderen Geraden in perspektive Lage bringen kann. Dagegen müssen vier Punkte auf g_1 eine gewisse besondere Lage haben, damit sie zu vier gegebenen Punkten von g perspektiv gelegt werden können. Dies erhellt aus folgendem Satze: Liegen die vier Punkte A, B, C, D der Geraden g perspektiv zu den vier Punkten A_1, B_1, C_1, D_1 der Geraden g_1 vom Zentrum O_1 aus, so kann man die Lage von g_1 stets derart ändern, daß ihre Punkte A_1, B_1, C_1, D_1 zu A, B, C, D von einem beliebig gegebenen Zentrum O_2 aus perspektiv liegen.

177. Die Punktreihen A, B, C, D und A_1, B_1, C_1, D_1 auf g und g_1 seien ursprünglich durch Zentralprojektion aus dem Zentrum O_1 aufeinander bezogen (Fig. 128). Es werde nun im Raume beliebig ein neues Zentrum O_2 gegeben und die in der Ebene $E_1 = O_1 g$ liegende Figur auf die Ebene $E_2 = O_2 g$ in der Richtung $O_1 O_2$ projiziert. Dann ist die Gerade g_2 die Projektion von g_1 und ihre Schnittpunkte A_2, B_2, C_2, D_2 mit den Strahlen aus O_2 sind

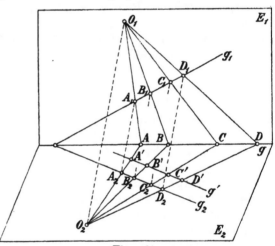

Fig. 128.

die Projektionen der Punkte A_1, B_1, C_1, D_1. Zugleich gilt die Relation: $A_1 B_1 : B_1 C_1 : C_1 D_1 = A_2 B_2 : B_2 C_2 : C_2 D_2 = A'B' : B'C' : C'D'$, wenn g' parallel zu g_2 gezogen wird und die Strahlen aus O_2 in den Punkten A', B', C', D' schneidet. Richtet man es zugleich so ein, daß $A'B' = A_1 B_1$ wird, so wird auch $B'C' = B_1 C_1$ und $C'D' = C_1 D_1$. Man kann also die Punktreihe A_1, B_1, C_1, D_1 mit der kongruenten Reihe A', B', C', D' zur Deckung bringen und dann liegt sie aus dem Zentrum O_2 perspektiv zur Reihe A, B, C, D.

178. Diese neue perspektive Lage wird aber nach 175 schon durch die Wahl der drei Punkte A_1, B_1, C_1 bestimmt; demnach ist D_1 nicht mehr willkürlich, hängt vielmehr von der Lage des Punktes D ab. Um D_1 zu konstruieren, bringt man die Reihe A_1, B_1, C_1

10*

auf irgend eine Weise in perspektive Lage mit der Reihe A, B, C, dann liegt D_1 mit D auf einem Strahl durch das Zentrum.

Am einfachsten kann das durch eine Verschiebung geschehen, die A_1 mit A zur Deckung bringt; dann ist $O = BB_1 \times CC_1$ das zugehörige Zentrum. Zwei Punktreihen liegen perspektiv, wenn sie zwei Punkte entsprechend gemein haben.

Ferner folgt der Satz: Zwei Gerade g und g_1 lassen sich nicht derart in perspektive Lage bringen, daß vier gegebenen Punkten der ersten Reihe vier beliebig gegebene Punkte der zweiten entsprechen.

179. Aus dem Vorhergehenden wollen wir noch folgende spezielle Folgerung ziehen. Liegen die Punkte A, B, C einer Geraden g perspektiv mit den Punkten A_1, B_1, C_1 einer Geraden g_1 aus einem Punkte O, und bestimmt man auf jeder Geraden den Gegenpunkt, also G_v auf g und G_∞ auf g_1 ($OG_v \| g_1$ und $OG_\infty \| g$), so bleiben G_v und G_∞ die Gegenpunkte bei jeder Lage von g und g_1, für die A, B, C mit A_1, B_1, C_1 perspektiv sind.

180. Es ergeben sich auch die weiteren Sätze:

Sind zwei Punktreihen zu einer dritten perspektiv, so können sie zueinander in Perspektive gesetzt werden, indem man sie aus einem und demselben Zentrum zur dritten Punktreihe perspektiv legt. Wenn zwei Punktreihen einerseits perspektiv gelegt und andererseits drei Punkte der einen mit den entsprechenden der andern zur Deckung gebracht werden können, so sind sie kongruent. Denn in dieser letzteren Lage sind sie von jedem Punkte aus perspektiv, so daß je zwei entsprechende Punkte beider Reihen sich decken müssen.

181. Den Sätzen über die perspektive Lage von Punktreihen in 175—180 stehen analoge Sätze gegenüber, die sich auf Strahlbüschel beziehen.

Zwei Strahlbüschel S und S_1 können stets in solche Lage gebracht werden, daß drei gegebene Strahlen a, b, c des einen mit drei beliebig gewählten Strahlen a_1, b_1, c_1 des andern perspektiv liegen, d. h. sich auf einer Geraden — der Perspektivitätsachse — schneiden. Die Lage der Perspektivitätsachse gegen einen der Büschel kann dabei willkürlich angenommen werden. Schneidet nämlich diese Achse die Strahlen a, b, c resp. in A, B, C, so kann man den Büschel S_1 so verschieben, daß seine Strahlen a_1, b_1, c_1 resp. durch A, B, C hindurchgehen. Zu diesem Zweck schneide man den ursprünglichen Büschel S_1 in einer Reihe A', B', C', die zu A, B, C kongruent ist (vergl. 175) und gebe ihm darauf eine solche Lage, daß A', B', C' mit A, B, C resp. zur Deckung gelangen.

Die einfachste Lösung — freilich nicht die allgemeine — ergibt sich, wenn man zwei entsprechende Strahlen a und a_1 zusammenfallen läßt; die Schnittpunkte $b \times b_1$ und $c \times c_1$ der andern Strahlenpaare ergeben dann die Perspektivitätsachse als ihre Verbindungslinie. **Zwei Strahlbüschel liegen perspektiv, wenn sie zwei Strahlen entsprechend gemein haben.**

182. **Liegen die vier Strahlen a, b, c, d des Büschels S perspektiv zu den vier Strahlen a_1, b_1, c_1, d_1 des Büschels S_1 in bezug auf die Achse e_1, so kann man die Lage des Büschels S_1 stets derart ändern, daß sich seine Strahlen mit den entsprechenden des Büschels S auf einer beliebig gegebenen Achse e_2 schneiden.** Seien A, B, C, D die

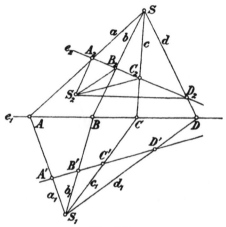

Fig. 129.

Punkte der Achse e_1, durch welche die bezüglichen Strahlen a, b, c, d des ersten Büschels und auch die entsprechenden Strahlen a_1, b_1, c_1, d_1 des zweiten hindurchgehen (Fig. 129). Ferner möge e_2 die Strahlen des ersten Büschels in den Punkten A_2, B_2, C_2, D_2 resp. schneiden. Dann gibt es nach 177 eine Gerade e', welche die Strahlen a_1, b_1, c_1, d_1 in einer zur Reihe A_2, B_2, C_2, D_2 kongruenten Reihe A', B', C', D' schneidet (vergl. auch 185). Nun verschiebe man den Büschel S_1 nach S_2 so, daß die auf seinen Strahlen liegenden Punkte A', B', C', D' mit der Reihe A_2, B_2, C_2, D_2 zur Deckung gelangen.

183. **In zwei perspektiven Strahlbüscheln S und S_1 gibt es zwei einander entsprechende Paare rechtwinkliger Strahlen.** Sie werden (vergl. 12) gefunden, indem man durch die Scheitel S und S_1 einen Kreis mit dem Mittelpunkt auf der Perspektivitätsachse legt. Schneidet dieser die Achse in X und Y, so sind $SX = x$, $SY = y$ und $S_1 X = x_1$, $S_1 Y = y_1$ die gesuchten Rechtwinkelpaare (Fig. 130).

Aus dem vorigen Satz folgt weiter: Hat man in zwei perspektiven Strahlbüscheln die entsprechenden Rechtwinkelpaare bestimmt und bringt die Büschel in irgend eine andere perspektive Lage, so entsprechen sich die Schenkel der Rechtwinkelpaare auch in der neuen Lage.

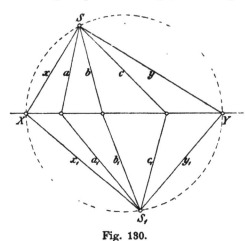

Fig. 130.

184. Wir haben ferner den Satz: Sind zwei Strahlbüschel zu einem dritten perspektiv, so können sie zueinander in Perspektive gesetzt werden, indem man sie in bezug auf eine und dieselbe Achse zum dritten Strahlbüschel perspektiv legt. Und weiter: Wenn zwei Strahlbüschel einerseits perspektiv gelegt und andererseits drei Strahlen des einen mit den entsprechenden des andern zur Deckung gebracht werden können, so sind sie kongruent.

185. An diese allgemeinen Sätze wollen wir noch einige besondere Bemerkungen anknüpfen, die weiterhin ihre Verwendung finden sollen. Schon in 177 haben wir gesehen, wie man perspektive Strahlbüschel in kongruenten Punktreihen schneiden kann. So sind in Fig. 128 die Punktreihen $A_1 B_1 C_1 D_1$ auf g_1 und $A' B' C' D'$ auf g' kongruent. Aus dieser Figur erkennt man auch,

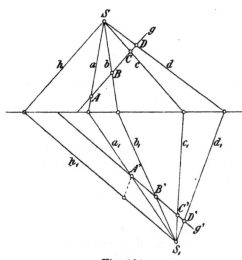

Fig. 181.

daß zwei Strahlen durch O_1 und O_2, die zu g_1 und g_2 resp. parallel laufen, sich auf g schneiden und somit entsprechende Strahlen der Büschel O_1 und O_2 sind. Die Konstruktion kongruenter Schnitte aus perspektiven Büscheln folgt hieraus und ist in Figur 131 dargestellt. Der Büschel S wird von g in der Reihe $ABCD$ geschnitten. Nun ziehe man im Büschel S den Strahl h parallel g und hierauf den entsprechenden Strahl h_1 im Büschel S_1. Die zu h_1 parallele Gerade g' schneidet dann den zweiten Büschel in der Punktreihe $A'B'C'D'$, die zu der ersteren kongruent ist, falls man die Wahl von g' derart trifft, daß $A'D' = AD$ wird. Die Richtigkeit des Gesagten erhellt auch schon daraus, daß in kongruenten Punktreihen die unendlich fernen Punkte einander wechselseitig entsprechen. Es muß also in den Strahlbüscheln S und S_1 entsprechende Strahlen h und h_1 geben, die zu den Trägern g und g' der kongruenten Schnitte parallel sind.

186. Von zwei perspektiven Strahlbüscheln kann jedes als orthogonale Projektion des andern dargestellt werden. Da man insbesondere drei be-

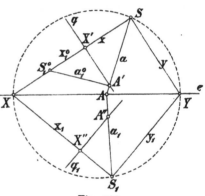

liebige Strahlen $a\,b\,c$ eines Büschels mit drei beliebigen Strahlen $a_1 b_1 c_1$ eines zweiten in perspektive Lage bringen kann, ist zu zeigen, daß sowohl die ersteren als orthogonale Projektion der letzteren, als auch die letzteren als orthogonale Projektion der ersteren erhalten werden können. Um dies einzusehen, konstruieren wir zunächst in den Büscheln S und S_1 die Schenkel der entsprechenden

Fig. 132.

rechten Winkel xy und $x_1 y_1$ (Fig. 132), die sich in X und Y auf der Perspektivitätsachse e schneiden mögen. Nun ziehen wir zu y eine beliebige Parallele q, welche die Strahlen x und a in X' und A' schneidet, und zu y_1 eine Parallele q_1, die x_1 und a_1 in X'' und A'' trifft, doch so, daß $X''A'' = X'A'$ wird. Dann liefern die Büschel S und S_1 auf q und q_1 resp. kongruente Punktreihen, und wir können den Büschel S_1 samt der Reihe q_1 derart verschieben, daß $X''A''$ mit $X'A'$ zusammenfällt. Ist $\angle x_1 a_1 > \angle xa$, so ist $X'S > X''S_1$, folglich läßt sich die Ebene des Büschels S derart um q drehen, daß die orthogonale Projektion von S mit $S_1{}^0$, der neuen Lage von S_1, zusammenfällt. Damit wird zugleich der Büschel mit dem Scheitel $S_1{}^0$ die orthogonale Projektion des Büschels mit dem Scheitel S.

Schneiden wir dagegen die Büschel S und S_1 durch Parallele zu x und x_1 in kongruenten Reihen und bedenken, daß $\angle y_1 a_1 < \angle ya$

ist, so erkennen wir, daß nach geeigneter Verschiebung und Drehung der Büschel S als orthogonale Projektion des Büschels S_1 erscheint.

187. Die seitherigen Betrachtungen können schließlich auch ausgedehnt werden auf die perspektive Lage von Ebenenbüscheln. Wir erwähnen die bezüglichen Ergebnisse hier der Vollständigkeit halber, obwohl wir uns für konstruktive Zwecke nur derjenigen Sätze zu bedienen brauchen, die sich auf Punktreihen und Strahlbüschel beziehen.

Zwei Ebenenbüschel mit den Achsen s und s_1 können stets in solche Lage gebracht werden, daß drei gegebene Ebenen A, B, Γ des einen mit drei beliebig gewählten Ebenen des anderen perspektiv liegen, d. h. so, daß ihre Schnittlinien einen Strahlbüschel bilden, dessen Träger als Perspektivitätsebene bezeichnet werden mag. Die Lage der

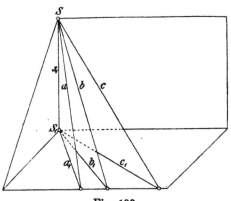

Fig. 133.

Perspektivitätsebene gegen einen der beiden Büschel kann willkürlich angenommen werden. Schneidet nämlich diese Ebene die Ebenen A, B, Γ in dem Strahlbüschel *abc*, so hat man, um die perspektive Lage der Ebenenbüschel s und s_1 herzustellen, die Ebenen A_1, B_1, $Γ_1$ in einem kongruenten Strahlbüschel zu schneiden und darauf dem Ebenenbüschel s_1 eine solche Lage zu geben, daß die kongruenten Strahlbüschel sich decken. Um aber den Ebenenbüschel A_1, B_1, $Γ_1$ in einem zu *abc* kongruenten Strahlbüschel $a'b'c'$ zu schneiden, so schneide man ihn zuerst normal zu seiner Achse s_1 in dem Büschel $a_1 b_1 c_1$ und stelle letzteren nach 186 als Orthogonalprojektion von $a'b'c'$ dar. (Vergl. die schiefe Ansicht in Fig. 133.)

188. Liegen vier Ebenen ABΓΔ eines Büschels s perspektiv zu den vier Ebenen $A_1 B_1 Γ_1 Δ_1$ eines anderen Büschels s_1 in bezug auf die Perspektivitätsebene E_1, so kann man die Lage des Büschels s_1 stets derart ändern, daß seine Ebenen die entsprechenden Ebenen des Büschels s in Geraden einer beliebig gegebenen Ebene E_2 schneiden. Es folgt das unmittelbar aus der vorhergehenden Nummer.

In zwei perspektiven Ebenenbüscheln gibt es **zwei einander entsprechende Paare rechtwinkliger Ebenen.** Sie entsprechen einander für jede mögliche perspektive Lage der beiden Büschel. Man findet sie mit Hilfe der entsprechenden rechten Winkel in den beiden Strahlbüscheln, die von zwei zu den Achsen s bez. s_1 senkrechten Ebenen aus den Ebenenbüscheln ausgeschnitten werden.

Sind zwei Ebenenbüschel zu einem dritten perspektiv, so können sie zueinander in Perspektive gesetzt werden, indem man sie in bezug auf eine und dieselbe Ebene zum dritten Ebenenbüschel perspektiv legt. Wenn zwei Ebenenbüschel einerseits perspektiv gelegt und andererseits drei Ebenen des einen mit den entsprechenden des andern zur Deckung gebracht werden können, so sind sie kongruent.

189. Zwei einförmige Grundgebilde (Punktreihen, Strahl- und Ebenenbüschel) nennt man *projektiv*, wenn sie in perspektive Lage gebracht werden können. So kann eine Punktreihe sowohl zu einer zweiten, als auch zu einem Strahl- oder Ebenenbüschel projektiv sein, u. s. f. Aus den Sätzen in 180, 184 und 188 folgt aber sofort der allgemeine Satz: Ist ein einförmiges Grundgebilde (Punktreihe, Strahl- oder Ebenenbüschel) zu einem zweiten projektiv und dieses wiederum zu einem dritten, das dritte zu einem vierten u. s. f., so ist auch das erste Gebilde zu dem letzten projektiv, d. h. die beiden können in perspektive Lage zueinander gebracht werden.

190. Sind die vier Punkte $ABCD$ einer Reihe zu den vier Punkten $A_1 B_1 C_1 D_1$ einer anderen projektiv, so sind diese Punkte $A_1 B_1 C_1 D_1$ auch zu den Punkten $BADC$ oder $CDAB$ oder $DCBA$ projektiv. Bringen wir etwa die beiden Träger der Reihen in eine solche relative Lage zueinander, daß C mit D_1 zusammenfällt (Fig. 134), dann werden die Strahlen $A_1 A$, $A_1 B$, $A_1 C$, $A_1 D$ die Gerade DC_1 in vier Punkten $A'B'C_1 D$ schneiden, die zu $ABCD$ perspektiv sind. Ebenso wird diese Gerade von den Strahlen AA_1,

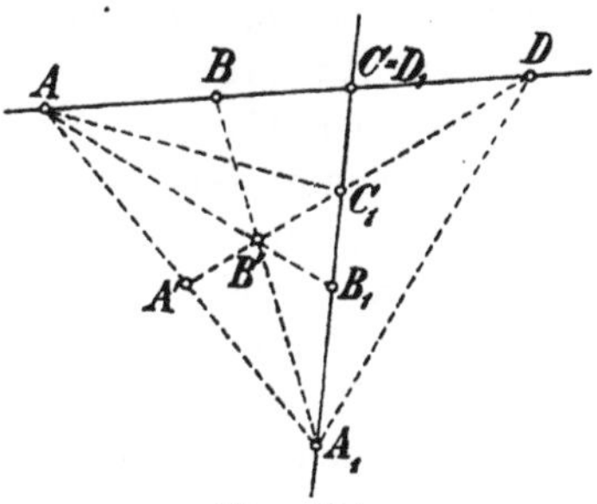

Fig. 134.

AB_1, AC_1, AD_1 in vier Punkten $A'B''C_1 D$ geschnitten, die zu $A_1 B_1 C_1 D_1$ perspektiv sind. Da aber $ABCD$ und $A_1 B_1 C_1 D_1$ projektiv sind, so gilt Gleiches für $A'B'C_1 D$ und $A'B''C_1 D$; deshalb muß nach 180 B' mit B'' identisch sein. Von dem Zentrum $B' = B''$ liegen nun die Punkte $BADC$ der Reihe nach perspektiv zu den Punkten $A_1B_1C_1D_1$; beide Reihen sind also auch projektiv. Ganz ebenso gestaltet sich der Beweis für die beiden andern oben genannten Reihenfolgen $CDAB$ und $DCBA$.

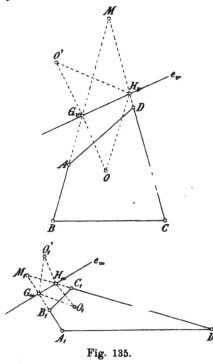

Im speziellen können die Reihen $ABCD$ und $A_1B_1C_1D_1$ kongruent sein. Dann folgt, daß die vier Reihen $ABCD$, $BADC$, $CDAB$ und $DCBA$ untereinander projektiv sind, also in perspektive Lage gebracht werden können.

191. Wir wenden uns jetzt wieder der Zentralprojektion ebener Figuren zu, von der wir ausgegangen waren, um mit den gewonnenen Hilfsmitteln folgenden Satz zu beweisen.

Je zwei ebene Vierecke $ABCD$ und $A_1B_1C_1D_1$ können in perspektive Lage gebracht werden. — Wir weisen zunächst nach, daß dies in einer Ebene möglich ist. Wird dann das eine Viereck um die Perspektivitätsachse gedreht, so ergeben sich perspektive Lagen der Vierecke im Raume.

Fig. 135.

tätsachse gedreht, so ergeben sich perspektive Lagen der Vierecke im Raume.

Es seien $M = g \times h$ und $M_1 = g_1 \times h_1$ die Schnittpunkte zweier entsprechender Gegenseitenpaare $g = AB$, $h = CD$ und $g_1 = A_1B_1$, $h_1 = C_1D_1$, die zusammen alle acht Ecken enthalten (Fig. 135). Denken wir uns eines der Vierecke, etwa $ABCD$ fest, so ist dem andern eine solche Lage zu erteilen, daß die Punktreihen ABM und $A_1B_1M_1$, sowie die Punktreihen CDM und $C_1D_1M_1$ aus einem Zentrum O perspektiv liegen. Legen wir diese Reihen zunächst einzeln irgendwie perspektiv, so können wir ihre Gegenpunkte bestimmen, nämlich G_v auf g, G_∞ auf g_1, H_v auf h, H_∞ auf h_1. Hieraus ergeben sich die Gegenachsen $e_v = G_vH_v$ und $e_\infty = G_\infty H_\infty$ der beiden perspektiven Figuren.

Nach 171 müssen ferner die Beziehungen bestehen:

$$\angle\,OG_vH_v = \angle\,g_1e_\infty, \quad \angle\,OG_\infty H_\infty = \angle\,ge_v,$$
$$\angle\,OH_vG_v = \angle\,h_1e_\infty, \quad \angle\,OH_\infty G_\infty = \angle\,he_v.$$

192. Jetzt drehen wir das zweite Viereck bis e_∞ zu e_v parallel wird, dann muß sich die gewünschte perspektive Lage der beiden Vierecke durch eine bloße Parallelverschiebung des zweiten bewirken lassen. Wir ziehen nun einerseits in dem festen Viereck durch G_v und H_v respektive die Parallelen zu den Seiten g_1 und h_1 des gedrehten Vierecks und andererseits in dem gedrehten Viereck durch G_∞ und H_∞ respektive die Parallelen zu den Seiten g und h des festen Vierecks. Dann werden sich die ersteren in einem Punkte O' und die letzteren in einem Punkte O_1' schneiden, und eine Parallelverschiebung des zweiten Vierecks, bei der O_1' mit O' zusammenfällt, bringt die beiden Vierecke in perspektive Lage. Eine andere perspektive Lage der Vierecke ergibt sich, wenn wir das zweite Viereck nachträglich um $O' = O_1'$ um 180^0 drehen.

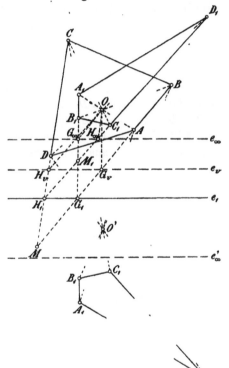

Man kann jedoch auch zuerst das zweite Viereck um e_∞ umklappen und dann eine Drehung desselben vornehmen, so daß $e_\infty \parallel e_v$ wird. In diesem Falle schneiden sich die durch G_v und H_v gezogenen Geraden, welche zu den Seiten g_1 und h_1 des

Fig. 136.

so gelegenen zweiten Vierecks parallel sind, im Punkte O, und ebenso die Parallelen zu g und h durch G_∞ und H_∞ im Punkte O_1. Eine Parallelverschiebung des zweiten Vierecks, wobei O_1 mit O zusammenfällt, bewirkt wiederum eine perspektive Lage beider Vierecke, und eine weitere perspektive Lage ergibt sich noch, wenn man das zweite Viereck nachträglich um $O = O_1$ um 180^0 dreht. Es sind also vier verschiedene perspektive Lagen in der Ebene möglich.

In der Figur 136 ist eine der zuletzt erwähnten perspektiven Lagen dargestellt, wobei O_1 mit O vereinigt liegt. Sind $G_1 = g \times g_1$ und $H_1 = h \times h_1$ die Schnittpunkte der sich entsprechenden Seiten, so sind die Vierecke $OH_\infty M_1 G_\infty$ und $MH_v OG_v$ ähnlich, da ihre homologen Seiten und die homologen Diagonalen $H_\infty G_\infty$ und $H_v G_v$ parallel laufen. Demnach sind auch ihre Diagonalen OM_1 und OM parallel, d. h. M, M_1 und O liegen auf einer Geraden. Nun sind auch die Vierecke $OH_\infty M_1 G_\infty$ und $MH_1 M_1 G_1$ ähnlich, da ihre homologen Seiten und die homologen Diagonalen OM_1 und MM_1 parallel laufen, folglich ist auch $H_1 G_1 \parallel H_\infty G_\infty$. — Jetzt liegen drei Punkte von g, nämlich M, G_v und der unendlich ferne Punkt, perspektiv vom Zentrum O aus zu den entsprechenden Punkten auf g_1, nämlich zu M_1, dem unendlich fernen Punkt und G_∞. Mithin liegen je zwei entsprechende Punkte von g und g_1 auf einem Strahle durch O; insbesondere gehen AA_1 und BB_1 durch O. Ganz ebenso zeigt sich, daß CC_1 und DD_1 durch O gehen; die Vierecke $ABCD$ und $A_1 B_1 C_1 D_1$ befinden sich also in perspektiver Lage.

193. In Fig. 136 ist noch eine andere perspektive Lage angegeben; sie geht aus der vorigen hervor, wenn man das Viereck

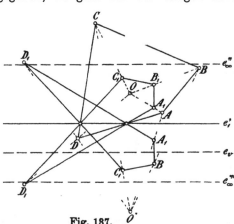

Fig. 137.

$A_1 B_1 C_1 D_1$ um die Perspektivitätsachse e_1 umklappt; hierbei ist O' das Zentrum. Die Fig. 137 bringt die beiden noch fehlenden perspektiven Lagen; sie ergeben sich aus den Lagen in Fig. 136, wenn man das eine Viereck $A_1 B_1 C_1 D_1$ um O und das andere Viereck $A_1 B_1 C_1 D_1$ um O' um 180° dreht. Im Raume sind nur zwei verschiedene Arten perspektiver Lagen der beiden Vierecke möglich. Sie werden erhalten, wenn man in Fig. 136 das Viereck $A_1 B_1 C_1 D_1$ um die Achse e_1, oder wenn man es in Fig. 137 um die Achse e'_1 aufdreht.

Harmonische Grundgebilde.　Vierseit und Viereck.

194. Die einfachste Figur in der Ebene ist — vom Dreieck abgesehen — das Vierseit. Das vollständige Vierseit wird von vier Geraden a, b, c, d einer Ebene gebildet, deren sechs Schnittpunkte seine Ecken heißen. Diese gruppieren sich

paarweise als Gegenecken, nämlich: $a \times b = E$ und $c \times d = F$, $a \times c = G$ und $b \times d = H$, $a \times d = K$ und $b \times c = J$, so daß durch jedes Paar alle vier Seiten gehen. Die Verbindungslinien je zweier Gegenecken werden Diagonalen genannt und bilden das
Diagonaldreiseit (Fig. 138).

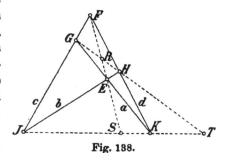

Fig. 138.

Die Ecken eines Vierseits
und seines Diagonaldreiseits weisen eine charakteristische Lage
zueinander auf, die sich bei
jedem Vierseit wiederfindet.
Daraus folgt denn auch, daß
diese charakteristische Lage
durch irgend welche Parallel-
oder Zentralprojektion nicht zerstört werden kann, da eine solche ein Vierseit immer wieder in ein Vierseit verwandelt.

195. Betrachten wir zwei Diagonalen eines Vierseits, so trägt jede von ihnen vier Punkte, und die vier Punkte auf der einen liegen zu den vier Punkten auf der andern in doppelter Weise perspektiv. So sind $GHRT$ vom Zentrum F aus perspektiv zu $JKST$, dagegen vom Zentrum E aus perspektiv zu $KJST$. Nach 180 können somit auch die vier Punkte $JKST$ zu den vier Punkten $KJST$ in perspektive Lage gebracht werden, oder wie wir uns nach 189 kürzer ausdrücken: die Punkte $JKST$ sind projektiv zu den Punkten $KJST$. Von vier Punkten $JKST$, welche diese besondere Eigenschaft besitzen, sagen wir, daß sie sich in harmonischer Lage befinden.

Wir sprechen also die Definition aus: **Auf jeder Diagonale eines Vierseits liegen die beiden Ecken und die Schnittpunkte mit den beiden andern Diagonalen harmonisch.**

196. Es läßt sich auch leicht die Umkehrung zeigen, daß vier Punkte $JKST$ einer Geraden stets zwei Gegenecken und zwei Diagonalschnittpunkte eines Vierseits bilden können, falls $JKST$ zu $KJST$ projektiv ist. Zum Beweise ziehe man durch T eine beliebige Gerade und projiziere aus einem be-
liebigen Zentrum F jene Punkte auf diese Gerade, so daß $GHRT$ zu $JKST$ perspektiv liegen (Fig. 138). Wenn nun aber $JKST$ und $KJST$ projektiv sind, so sind nach 189 auch $GHRT$ und $KJST$ projektiv, und da in T zwei entsprechende Punkte zusammenfallen, so sind nach 178 die zweimal vier Punkte sogar perspektiv, d. h. GK, JH und RS schneiden sich in einem Punkte E. Damit ist aber die erwähnte Umkehrung bewiesen.

197. Aus diesen Betrachtungen geht zugleich hervor, daß durch drei von den vier harmonischen Punkten der vierte mitbestimmt ist. Denn sind JKT gegeben, so kann man wie vorher eine Gerade durch T und einen Punkt F beliebig annehmen, dann ergeben sich G, H und $E = JH \times GK$, und damit auch $S = JK \times EF$.

Führen wir dieselbe Konstruktion zweimal aus, wie das in Fig. 139 geschehen ist, so gelangen wir von den Punkten JKT der

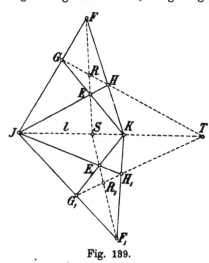

Fig. 139.

Geraden l ausgehend immer zu dem nämlichen Punkte S, der sich in harmonischer Lage mit jenen drei Punkten befindet. Das gibt den Satz: **Alle Vierseite, welche eine Diagonale und auf ihr zwei Eckpunkte und einen Diagonalschnittpunkt gemein haben, haben auch noch den andern Diagonalschnittpunkt auf ihr gemeinsam.**

Man kann die Richtigkeit dieses Satzes auch leicht direkt erkennen, wenn man in Fig. 139 von den beiden Vierseiten mit der gemeinsamen Diagonalen l und den gemeinsamen Punkten JK und T das eine um l aufdreht. Dann sind die beiden Vierseite in perspektiver Lage im Raume. Denn zunächst gilt dies von den Dreiecken FGH und $F_1G_1H_1$, deren entsprechende Seiten sich auf l schneiden; durch das zugehörige Zentrum O — als Schnittpunkt der Ebenen FKF_1, FJF_1 und GTG_1 — gehen die Geraden FF_1, GG_1 und HH_1. Auch die Ebenen GKG_1 und HJH_1 enthalten den Punkt O, und folglich geht auch ihre Schnittlinie EE_1 durch O. Die Geraden EE_1 und FF_1 liegen also in einer Ebene; diese schneidet l in einem Punkte S, durch den die beiden Geraden EF und E_1F_1 hindurchgehen.

198. Nach dem Vorhergehenden könnte es scheinen, daß von vier harmonischen Punkten zwei eine andere Rolle spielen als die beiden übrigen, insofern zwei davon, etwa J und K, zwei Ecken eines Vierseits, die beiden andern aber, etwa S und T, zwei Diagonalschnittpunkte desselben bilden. Dem ist jedoch nicht so, was daraus folgt, daß man auch Vierseite konstruieren kann, die S und T zu

Ecken, dagegen J und K zu Diagonalschnittpunkten haben. Geht man nämlich von dem früheren Vierseit aus (Fig. 140) und zieht SG und SH, so liegen die Punkte $P = SH \times GK$, $Q = SG \times JH$ und T in gerader Linie. Denn die Punkte $JKST$ sind perspektiv zu den Punkten $GHRT$, und folglich sind die Strahlen EJ, EK, ES, ET nach 189 projektiv zu den Strahlen SG, SH, SR, ST. Die zweimal vier Strahlen sind aber sogar in perspektiver Lage, da die entsprechenden Strahlen ES und SR sich decken (vergl. 181); sonach liegen die Schnittpunkte entsprechen-

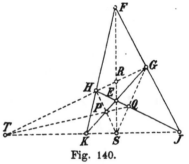

der Strahlen, nämlich Q, P und T, auf einer Geraden. Jetzt bilden die Geraden THG, TPQ, SPH, SQG die Seiten eines Vierseits, dessen Diagonalen sich in E, K und J schneiden, womit unsere Behauptung erwiesen ist. Wir erkennen also den Satz: **Vier Punkte in har-** **monischer Lage gruppieren sich** **in zwei Paare derart, daß jedes**

Fig. 140.

Paar die Ecken eines Vierseits bilden kann, welches das **andere Paar zu Diagonalschnittpunkten hat.**

Wenn man von vier Punkten $ABCD$ nur aussagt, daß sie harmonisch liegen, so ist damit noch in keiner Weise festgelegt, wie sie sich in Paare gruppieren. Will man dieser Gruppierung Ausdruck verleihen, so sagt man: **Das Punktepaar AB, oder die** **Strecke AB, wird durch das Punktepaar CD harmonisch** **geteilt.** Dann wird nach den obigen Untersuchungen zugleich die Strecke CD durch die Punkte AB harmonisch geteilt.

199. Wir haben in 190 gesehen, daß vier beliebige Punkte einer Geraden in folgenden vier verschiedenen Anordnungen $ABCD$, $BADC$, $CDAB$, $DCBA$ zu einander projektiv sind. Liegen die vier Punkte im besonderen harmonisch, und werden etwa die Punkte AB durch CD harmonisch getrennt, so sind nach 195 auch die Punkte $BACD$ und $ABCD$ projektiv. Auch hier gibt es wieder vier zueinander projektive Anordnungen $BACD$, $ABDC$, $CDBA$, $DCAB$, so daß also bei vier harmonischen Punkten im ganzen acht zueinander projektive Reihenfolgen existieren. Man erhält alle acht Anordnungen, wenn man sowohl die beiden Punktepaare, die sich gegenseitig harmonisch trennen, als auch die Punkte jedes Paares unter sich vertauscht.

200. Vier Strahlen aus einem Punkte und ebenso vier

Ebenen durch eine Achse heißen harmonisch, wenn sie von
einer Geraden in vier harmonischen Punkten geschnitten
werden. Offenbar gibt es auch für solche vier Strahlen und für
solche vier Ebenen acht Reihenfolgen, die untereinander projektiv sind.

Hiernach gilt auch der Satz: In jeder Ecke eines Vierseits
liegen die beiden Seiten harmonisch zu der Diagonale und
dem Strahl nach dem Schnittpunkt der beiden andern
Diagonalen.

201. Zweimal vier harmonische Punkte (Strahlen,
Ebenen) sind stets projektiv, d. h. sie können in perspektive Lage gebracht werden. Werden die Punkte AB durch CD
und die Punkte A_1B_1 durch C_1D_1 harmonisch getrennt, so sind durch
die Wahl der Punkte ABC einerseits und $A_1B_1C_1$ andererseits die
Punkte D und D_1 mitbestimmt. Man bringe nun $A_1B_1C_1$ zu ABC

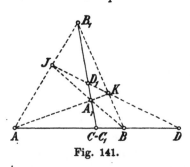
Fig. 141.

in perspektive Lage, indem man C_1
mit C vereinigt (Fig. 141), und verbinde dann A und B mit jedem der
beiden Punkte A_1 und B_1. Diese
vier Geraden bilden ein Vierseit, von
dem AB und A_1B_1 zwei Diagonalen
sind, während die dritte Diagonale
JK auf ihnen die vierten harmonischen Punkte D resp. D_1 ausschneidet. Aus der Figur ist aber
zu ersehen, daß $ABCD$ und $A_1B_1C_1D_1$

vom Zentrum K aus perspektiv liegen. Es ist nach früherem selbstverständlich, daß es acht verschiedene Reihenfolgen der Punkte
$A_1B_1C_1D_1$ gibt, deren jede zu $ABCD$ projektiv ist.

Hiermit ist auch die Aufgabe gelöst, einen Punkt D zu
finden, der mit C zusammen die Strecke AB harmonisch
teilt. Man zieht nämlich eine beliebige Gerade durch C und nimmt
auf ihr zwei beliebige Punkte A_1 und B_1 an (Fig. 141). Die vier
Geraden AA_1, AB_1, BA_1, BB_1 bilden ein Vierseit mit den Diagonalen AB und A_1B_1, dessen dritte Diagonale JK den Punkt D ausschneidet.

202. Das vollständige Viereck wird von vier Punkten $ABCD$ einer Ebene gebildet, deren sechs Verbindungslinien seine Seiten heißen. Diese ordnen sich paarweise als Gegenseiten an, nämlich AB und CD, AC und BD,
AD und BC, so daß jedes Paar alle vier Ecken enthält. Die

Schnittpunkte je zweier Gegenseiten heißen **Diagonalpunkte** und bilden das Diagonaldreieck LMN (Fig. 142).

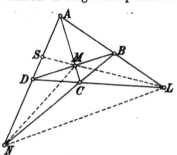

Fig. 142.

203. In jedem Diagonalpunkt werden die Seiten des vollständigen Vierecks durch die Seiten seines Diagonaldreiecks harmonisch getrennt. So liegen im Punkte M der Fig. 142 die Vierecksseiten MA und MB zu den Seiten ML und MN des Diagonaldreiecks harmonisch. Die vier Geraden BL, BM, CL, CM bilden nämlich ein Vierseit, und nach 200 liegen seine Seiten MB, MA harmonisch zu seiner Diagonale ML und dem Strahl nach dem Schnittpunkt N der Diagonalen AD und BC.

Auf jeder Seite eines Vierecks werden die Ecken durch einen Diagonalpunkt und den Schnittpunkt mit der Verbindungslinie der beiden andern Diagonalpunkte harmonisch geteilt. Denn in dem von den Geraden BL, BM, CL, CM gebildeten Vierseit sind A und D Gegenecken, S und N aber Diagonalschnittpunkte; somit werden A und D durch N und S nach 195 harmonisch geteilt.

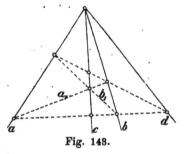

Fig. 143.

Um den Strahl d zu finden, der mit einem Strahle c zusammen den Winkel ab harmonisch teilt, wähle man auf c einen beliebigen Punkt und ziehe durch ihn zwei beliebige Gerade a_1 und b_1 (Fig. 143). Die vier Schnittpunkte $a \times a_1$, $a \times b_1$, $b \times a_1$, $b \times b_1$ bilden ein Viereck mit den Diagonalpunkten $a \times b$ und $a_1 \times b_1$, durch dessen dritten Diagonalpunkt der Strahl d zu ziehen ist.

Aus der geschilderten Konstruktion folgt zugleich, daß von den beiden Strahlen, die den Winkel ab harmonisch teilen, der eine im Winkel ab, der andere aber außerhalb liegt. Ganz ebenso zeigt die frühere Konstruktion, daß von zwei Punkten, welche die Strecke AB harmonisch teilen, der eine auf der Strecke, der andere aber außerhalb liegen muß.

204. Wir wollen jetzt unsere Aufmerksamkeit noch kurz einigen speziellen Vierseiten und Vierecken zuwenden. Projizieren wir ein

Vierseit derart auf eine andere Ebene, daß das Bild einer Diagonale ins Unendliche fällt, so erhalten wir ein Parallelogramm. Auf einer Diagonale des Parallelogramms liegen dann die Eckpunkte

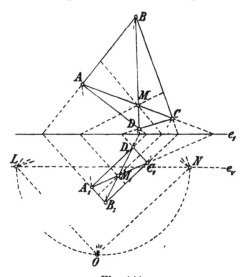

mit dem Mittelpunkt und dem unendlich fernen Punkt harmonisch. **Jede Strecke wird also von ihrem Mittelpunkt und dem unendlich fernen Punkt harmonisch geteilt.**

Durch perspektive Abbildung können wir auch ein beliebiges Viereck $ABCD$ in ein Rechteck $A_1B_1C_1D_1$ verwandeln (Fig. 144). Dazu brauchen wir nur die Verbindungslinie zweier Diagonalpunkte L und N zur Verschwindungslinie e_v zu machen und das Zentrum O so zu wählen, daß $ON \perp OL$

Fig. 144.

wird, während die Achse e_1 zu e_v beliebig parallel gezogen werden kann. Da aber im Punkte M die Geraden AC und BD mit ML und MN harmonisch liegen, so sind in M_1 die Diagonalen des Rechtecks harmonisch zu den beiden Geraden, die den Seiten des Rechtecks parallel laufen. **Jeder Winkel wird also von seiner Halbierungslinie und der Halbierungslinie seines Nebenwinkels harmonisch geteilt und umge-**

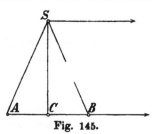

kehrt. Oder auch: Stehen von vier harmonischen Strahlen die Strahlen des einen Paares senkrecht aufeinander, so halbieren sie Winkel und Nebenwinkel der beiden andern.

Die Richtigkeit dieser Sätze erkennt man auch, wenn man vier spezielle harmonische Punkte zugrunde legt, von denen

Fig. 145.

der eine unendlich fern ist (Fig. 145). Projiziert man diese aus einem Punkte S, so daß $SC \perp AB$ ist, dann stehen zwei der vier harmonischen Strahlen durch S aufeinander senkrecht, während die beiden andern SA und SB mit SC gleiche Winkel einschließen.

205. Will man ein beliebiges Viereck $ABCD$ in ein Quadrat $A_1B_1C_1D_1$ durch Perspektive abbilden, so hat man in Fig. 144 das Zentrum O so zu wählen, daß nicht nur $OL \perp ON$ wird, sondern auch die beiden Strahlen, die O mit den Punkten $U = e_v \times AC$ und $V = e_v \times BD$ verbinden, aufeinander senkrecht stehen. Denn beim Quadrat schneiden sich auch die Diagonalen A_1C_1 und B_1D_1 rechtwinklig. Demnach wird O als Schnittpunkt zweier Kreise erhalten, von denen der eine über dem Durchmesser LN und der andere über dem Durchmesser UV beschrieben ist.

Metrische Beziehungen zwischen perspektiven Grundgebilden.

206. Für zwei ähnliche ebene Figuren gilt das Gesetz: Alle Strecken des Originals haben zu ihren Bildern das nämliche Verhältnis (gleichviel in welcher Richtung sie gezogen sind). Für affine Figuren ergab sich: Alle unter sich parallele Strecken des Originals haben zu ihren Bildern das gleiche Verhältnis (aber dies ändert sich von einer Richtung zur andern). In beiden Fällen besteht zwischen den Abständen dreier Punkte A, B, C einer Geraden und denen der entsprechenden Punkte A_1, B_1, C_1 der Bildgeraden die Verhältnisgleichung:

$$AC : BC = A_1C_1 : B_1C_1.$$

Es erhebt sich jetzt die Frage nach einem analogen Gesetze für perspektive Figuren.

207. Zwischen drei Punkten A, B, C einer Geraden und den entsprechenden Punkten A_1, B_1, C_1 der dazu perspektiven Bildgeraden kann keine Streckenrelation bestehen; denn wir haben gesehen, daß letztere noch willkürlich angenommen werden dürfen, wenn erstere gegeben sind. Dagegen zeigt der in 178 bewiesene Satz, daß vier Punkte einer Geraden g_1 eine Streckenrelation erfüllen müssen, wenn es möglich sein soll, sie mit vier gegebenen Punkten einer andern Geraden g in Perspektive zu setzen. Hier sind aber nicht mehr, wie bei affinen Figuren, die Streckenverhältnisse selbst auf der Original- und Bildgeraden gleich; vielmehr werden erst die Quotienten zweier Streckenverhältnisse auf beiden Geraden einander gleich, und ein derartiger Quotient wird Doppelverhältnis genannt. — Obgleich nun in der darstellenden Geometrie auf die Bestimmung von Doppelverhältniswerten im allgemeinen nicht Bezug genommen wird, so soll doch hier der Begriff des Doppelverhältnisses entwickelt und seine Bedeutung für perspektive Figuren erklärt werden. Dies kann indes nicht geschehen, ohne einige allgemeine Bemerkungen über die Messung von Strecken und Winkeln vorauszuschicken.[6])

208. Eine Strecke ist durch ihre Endpunkte A und B eindeutig bestimmt, wenn zugleich die Richtung gegeben ist, in der sie durchlaufen werden soll. Ist dies die Richtung von A nach B, so bezeichnen wir die Strecke durch AB, durch BA dagegen im entgegengesetzten Falle. Wir setzen ferner für jede Gerade eine positive Richtung fest (welche ist gleichgültig), d. h. wir stellen alle in der einen Richtung durchlaufenen Strecken als positiv in Rechnung, die in der umgekehrten Richtung durchlaufenen Strecken aber als negativ. Hiernach besteht für zwei beliebige Punkte A und B die Gleichung:

$$AB + BA = 0, \quad \text{oder} \quad BA = -AB;$$

ebenso besteht für drei beliebig auf einer Geraden gelegene Punkte A, B, C die Gleichung:

$$AB + BC + CA = 0, \quad \text{oder} \quad AB = AC + CB,$$

und ähnliche Gleichungen gelten für mehr Punkte.

209. Der von zwei Geraden a und b (in einer Ebene) eingeschlossene Winkel ist eindeutig bestimmt, wenn angegeben wird, nach welcher Richtung vom Scheitel O aus die Schenkel gehen und in welchem Drehsinne der Winkel beschrieben werden soll. Bezeichnen wir mit a nicht bloß die Gerade, sondern drücken durch dieses Zeichen zugleich eine bestimmte Richtung aus, die als positive Durchlaufungsrichtung genommen wird, und machen wir die gleiche Festsetzung für b, so gibt es zwischen den vom Scheitel O in positiver Richtung ausgehenden Schenkeln a und b zwei verschiedene Winkel, die sich zu $4\,R$ ergänzen. Wir setzen ferner für jede Ebene willkürlich einen positiven Drehsinn fest, d. h. wir rechnen die in dem einen Sinn beschriebenen Winkel positiv, die in dem entgegengesetzten Sinn beschriebenen negativ. Durch $\angle\,ab$ bezeichnen wir den Winkel, den die Gerade a in positivem Drehsinn beschreiben muß, um in die Lage b zu gelangen, so zwar, daß die positiven Durchlaufungsrichtungen beider Geraden übereinstimmen. Es ist dann:

$$\angle\,ab + \angle\,ba = 4\,R \quad \text{und} \quad \angle\,ab + \angle\,ba' = 2\,R,$$

wenn a' mit a zusammenfällt, aber eine entgegengesetzte positive Durchlaufungsrichtung zeigt.

Wenn wir verabreden, daß ganze Umdrehungen außer acht bleiben, also Winkel, die sich um ganze Vielfache von $4\,R$ unterscheiden, als gleich angesehen werden sollen, so haben wir die Gleichung:

$$\angle\,ab + \angle\,ba = 0, \quad \text{oder} \quad \angle\,ba = -\angle\,ab.$$

Ebenso besteht für drei beliebige Gerade *a*, *b*, *c* einer Ebene die Gleichung:

$$\angle ab + \angle bc + \angle ca = 0, \text{ oder } \angle ab = \angle ac - \angle bc.$$

Ähnliche Gleichungen gibt es für mehr Gerade. Wie man leicht erkennt, ist es gleichgültig, ob die betrachteten Geraden durch den nämlichen Punkt gehen oder nicht. Auch bedarf es keiner weiteren Erläuterung, wie die gegebenen Erklärungen auf die Bestimmung der Winkel windschiefer Geraden oder der Neigungswinkel gegebener Ebenen auszudehnen sind.

Wird ein Winkel durch seinen Scheitel *O* und zwei auf den Schenkeln gelegene Punkte *A* und *B* bestimmt, so bezeichnen wir ihn durch $\angle AOB$, wenn er von einem Strahle beschrieben wird, der aus der Lage *OA* mit positivem Drehsinn in die Lage *OB* übergeht. Dann ergibt sich, ähnlich wie vorher:

$$\angle AOB + \angle BOA = 0, \text{ oder } \angle BOA = - \angle AOB,$$
$$\angle AOB + \angle BOC + \angle COA = 0, \text{ oder } \angle AOB = \angle AOC - \angle BOC,$$

u. s. f., wobei die Punkte *O*, *A*, *B*, *C* ... beliebig in der Ebene verteilt sein können.

210. In einer Punktreihe ist nach Festlegung zweier Grundpunkte *A* und *B* jeder dritte Punkt *C* durch das Verhältnis

$$\varkappa = \frac{CA}{CB}$$

seiner Abstände von den Grundpunkten bestimmt (wobei vorausgesetzt wird, daß $\varkappa$ auch dem Vorzeichen nach bekannt sei). $\varkappa$ ist ersichtlich ein reiner Zahlenwert; jedem solchen Wert gehört ein Punkt der Reihe *AB* zu. Durchläuft das Abstandsverhältnis $\varkappa$ stetig alle positiven Werte von $+\infty$ bis $+1$ und von $+1$ bis 0, dann alle negativen Werte von 0 bis -1 und von -1 bis $-\infty$, so beschreibt dementsprechend der Punkt *C* die Punktreihe in der Richtung der Strecke *AB*, nämlich vom Punkte *B* aus bis ins Unendliche, auf der andern Seite aus

Fig. 146.

dem Unendlichen kommend bis *A*, dann von *A* bis zur Mitte *M* der Strecke *AB* und endlich von hier bis wieder zu *B* (Fig. 146).

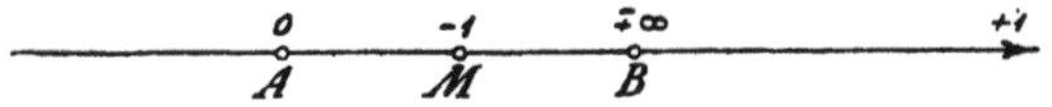

211. In einem Strahlbüschel ist nach Angabe zweier Grundstrahlen *a* und *b* (und willkürlicher Festsetzung ihrer positiven Richtungen) jeder dritte Strahl *c* durch das Verhältnis der senkrechten Abstände irgend eines seiner Punkte von den Strahlen *a*

und *b* bestimmt. Dieses Verhältnis stimmt überein mit dem Sinusverhältnis:

$$x = \frac{\sin ca}{\sin cb}$$

seiner Winkel mit den Grundstrahlen, die wir kurz durch Nebeneinanderschreiben der Zeichen der betreffenden Schenkel bezeichnen. Dabei bleibt freilich die Durchlaufungsrichtung von *c* willkürlich;

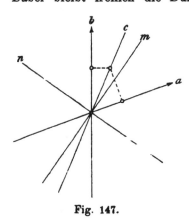

mag man diese aber wählen, wie man will, immer wird das Sinusverhältnis *x* negativ sein, wenn *c* in dem von den positiven Richtungen der Grundstrahlen *a* und *b* gebildeten Winkel liegt; im andern Falle wird *x* positiv. Speziell nimmt *x* die Werte 0, ∞, −1 und +1 an, wenn die Gerade *c* mit *a*, *b*, *m* oder *n* zusammenfällt, wo *m* den Winkel *ab* und *n* seinen Nebenwinkel halbiert (Fig. 147). Analoges gilt von der Bestimmung der Ebenen eines Büschels durch ein Sinusverhältnis.

Fig. 147.

212. Vier Punkte *A, B, C, D* einer Geraden bestimmen ein Doppelverhältnis; es ist dies der Quotient der beiden Abstandsverhältnisse, welche der dritte und vierte Punkt in bezug auf die ersten beiden ergeben, und hat somit den Wert

$$\frac{CA}{CB} : \frac{DA}{DB},$$

der gewöhnlich kurz durch das Symbol (*ABCD*) bezeichnet wird.

Vier Strahlen *a, b, c, d* (Ebenen A, B, Γ, Δ) eines Büschels haben als Doppelverhältnis den Quotient der beiden Sinusverhältnisse, welche der dritte und vierte Strahl (Ebene) in bezug auf die ersten beiden ergeben. Dasselbe hat somit den Wert

$$\frac{\sin ca}{\sin cb} : \frac{\sin da}{\sin db} = (abcd),$$

wo die rechte Seite der Gleichung wieder ein Symbol für den Wert der linken ist.

213. Ändert man die Reihenfolge der vier Punkte *ABCD*, so ändert sich im allgemeinen auch der Wert ihres Doppelverhältnisses, indem die beiden darin auftretenden Abstandsverhältnisse andere und andere werden. Bei gewissen Vertauschungen der vier Punkte bleibt jedoch der Wert ungeändert. Man hat nämlich:

$$\frac{CA}{CB} : \frac{DA}{DB} = \frac{DB}{DA} : \frac{CB}{CA} = \frac{AC}{AD} : \frac{BC}{BD} = \frac{BD}{BC} : \frac{AD}{AC},$$

oder $(ABCD) = (BADC) = (CDAB) = (DCBA)$ (vergl. 190).

Teilt man also die vier Punkte irgendwie in zwei Paare und vertauscht man in der ursprünglichen Reihenfolge die beiden Punkte eines jeden Paares miteinander, so behält das Doppelverhältnis seinen Wert bei. Den 24 möglichen Anordnungen der vier Punkte entsprechen daher nicht ebenso viele, sondern nur sechs verschiedene Doppelverhältniswerte. So zeigen die Anordnungen

$$ABCD, \; ABDC, \; ACBD, \; ACDB, \; ADBC, \; ADCB,$$

oder die mit ihnen äquivalenten, lauter verschiedene Werte.

Die gleichen Betrachtungen lassen sich für die Doppelverhältniswerte von vier Strahlen oder vier Ebenen eines Büschels wiederholen.

214. Vier Strahlen eines Büschels haben das gleiche Doppelverhältnis wie die vier Punkte, die eine beliebige Gerade auf ihnen ausschneidet. Die Gerade g mag die Strahlen a, b, c, d in den Punkten A, B, C, D schneiden, und es

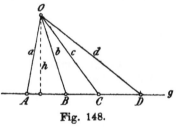

Fig. 148.

sei h das vom Scheitel O des Büschels auf g gefällte Lot (Fig. 148). Der doppelte Flächeninhalt des Dreiecks CAO läßt sich dann in der doppelten Form ausdrücken:

$$h \cdot CA = CO \cdot AO \cdot \sin ca.$$

Ebenso gelten die Relationen:

$$h \cdot CB = CO \cdot BO \cdot \sin cb$$
$$h \cdot DA = DO \cdot AO \cdot \sin da$$
$$h \cdot DB = DO \cdot BO \cdot \sin db,$$

und daraus folgt:

$$\frac{CA}{CB} : \frac{DA}{DB} = \frac{\sin ca}{\sin cb} : \frac{\sin da}{\sin db}.$$

215. In zwei projektiven Punktreihen (Strahlbüscheln) haben vier beliebige Punkte der einen Reihe (Strahlen des einen Büschels) das gleiche Doppelverhältnis wie die entsprechenden Punkte der andern Reihe (Strahlen des andern Büschels). Bringt man nämlich beide Reihen in perspektive Lage, so erscheinen sie als Schnitte eines und desselben Strahlbüschels. Nach dem voraufgehenden Satze haben dann zweimal vier Punkte, die sich in beiden Reihen entsprechen, das gleiche Doppelverhältnis wie die vier Strahlen, welche sie ausschneiden. Bringt man zwei projektive Strahlbüschel in perspektive Lage, so schneiden sich ihre entsprechenden Strahlen in den Punkten einer Geraden. Je zweimal vier Strahlen, die sich in beiden Büscheln entsprechen, haben das gleiche Doppelverhältnis wie die vier Punkte der Geraden, in denen sie sich schneiden.

216. Es gilt auch ganz allgemein der Satz: In zwei projektiven einförmigen Grundgebilden (Punktreihen, Strahlbüschel, Ebenenbüschel) weisen je vier Elemente des einen Gebildes das gleiche Doppelverhältnis auf wie die entsprechenden des andern. Für Punktreihen und Strahlbüschel ist der Beweis schon geführt; und er gilt offenbar in seiner ganzen Allgemeinheit, sobald gezeigt wird, daß vier Ebenen A, B, Γ, Δ eines Büschels das gleiche Doppelverhältnis besitzen wie die vier Geraden a, b, c, d, die eine beliebige Ebene, oder wie die vier Punkte A, B, C, D, die eine beliebige Gerade aus ihnen ausschneidet. Legt man aber zur Achse des Ebenenbüschels einen Normalschnitt, so ist das Doppelverhältnis der von ihm ausgeschnittenen Strahlen a', b', c', d' gleich demjenigen der vier Ebenen, da ja je zwei dieser Strahlen den Winkel der bezüglichen Ebenen messen ($\angle\, a'b' = \angle\, AB$, u. s. f.). Ferner sind auch die Doppelverhältnisse $(abcd)$ und $(a'b'c'd')$ gleich, da beide Strahlbüschel perspektiv sind; somit kommt: $(abcd) =$ (ABΓΔ). Daß auch die vier Punkte $ABCD$ das gleiche Doppelverhältnis besitzen, erkennt man, wenn man von einem Punkt auf der Achse des Ebenenbüschels vier Strahlen nach ihnen zieht. Denn diese vier Strahlen haben sowohl mit den vier Punkten der Reihe, als mit den vier Ebenen des Büschels das gleiche Doppelverhältnis. Damit ist unser Satz bewiesen.

217. Vom letzten Satze gibt es auch eine Umkehrung, die in gleicher Allgemeinheit gilt. Es genügt indessen den speziellen Satz zu beweisen: Damit vier Punkte A, B, C, D und vier Strahlen a, b, c, d in perspektive Lage gebracht werden können, ist notwendig und hinreichend, daß ihre entsprechenden Doppelverhältnisse gleich sind. Aus diesem Satz folgt dann unmittelbar, daß man auch zweimal vier Punkte zweier Reihen, oder zweimal vier Strahlen zweier Büschel, bei gleichem Doppelverhältnis in perspektive Lage bringen kann. Zum Beweise unseres Satzes verschieben wir den Träger der Punkte A,

B, C, D so, daß A, B und C resp. auf a, b und c zu liegen kommen (175); dann ist zu zeigen, daß auch d durch den Punkt D geht. Schnitte nun d den Träger der Punktreihe bei seiner neuen Lage im Punkte D', so wäre:

$$(ABCD) = (abcd) = (ABCD'),$$

woraus

$$DA:DB = D'A:D'B, \quad \text{oder} \quad (DA - DB):DB = (D'A - D'B):D'B$$

folgt, und da das erste und dritte Glied der Proportion gleich BA sind, muß auch $DB = D'B$ sein, d. h. D' muß mit D zusammenfallen.

218. Teilen die Punkte C, D das Punktepaar A, B harmonisch, so sind ihre Abstandsverhältnisse in bezug auf dieses Paar entgegengesetzt gleich und das Doppelverhältnis der vier Punkte hat den Wert -1. Nach 195 sind die Punkte A, B, C, D projektiv zu den Punkten B, A, C, D; sie haben also das gleiche Doppelverhältnis, und es ist:

$$\frac{CA}{CB}:\frac{DA}{DB} = \frac{CB}{CA}:\frac{DB}{DA}.$$

Die rechte Seite der Gleichung ist der reziproke Wert der linken, folglich muß das Doppelverhältnis den Wert ± 1 aufweisen. Der Wert $+1$ ist aber ausgeschlossen, sonst müßte C mit D zusammenfallen. Damit ist unsere Behauptung erwiesen, daß $(ABCD) = -1$, oder $\frac{CA}{CB} = -\frac{DA}{DB}$ ist.

Auch für die harmonische Lage von vier Strahlen a, b, c, d gilt die Relation: $(abcd) = -1$. Halbieren die Strahlen c und d im speziellen den Winkel und Nebenwinkel der Strahlen a und b, so sind ihre Sinusverhältnisse in bezug auf die letzteren gleich der negativen und positiven Einheit, sie liegen also harmonisch (vergl. 204). Halbiert der Punkt C die Strecke AB und fällt der Punkt D ins Unendliche, so werden ihre Abstandsverhältnisse ebenfalls gleich der negativen und positiven Einheit, d. h. die vier Punkte liegen harmonisch (vergl. 204).

Daß unter den vier Punkten A, B, C, D, ohne ihre harmonische Beziehung zu zerstören, die in 199 angegebenen Vertauschungen stattfinden können, drückt sich in der Gleichheit der acht Doppelverhältnisse aus:

$$(ABCD) = (BACD) = (ABDC) = (BADC) = (CDAB) = (DCAB) =$$
$$= (CDBA) = (DCBA) = -1.$$

Involutorische Grundgebilde.

219. Zwei projektive Punktreihen auf dem nämlichen Träger befinden sich in involutorischer Lage, wenn jedem Punkt des Trägers, mag man ihn zur ersten oder zweiten Reihe rechnen, der nämliche Punkt in der andern Reihe entspricht. Sind $ABCDE....$ und $A_1B_1C_1D_1E_1....$ solche Reihen, so entspricht also dem Punkte A der ersten Reihe der Punkt A_1 der zweiten, aber auch zugleich dem Punkte A der zweiten Reihe der Punkt A_1 in der ersten. Und in gleicher Weise findet überhaupt zwischen den Punkten des gemeinsamen Trägers ein vertauschbares (doppeltes) Entsprechen statt. Dabei werden also die Punkte des Trägers in Paare AA_1, BB_1, CC_1, DD_1, EE_1,.... geordnet, und die Punkte eines jeden Paares entsprechen sich, einerlei welchen von beiden man als zur ersten und welchen als zur zweiten Reihe gehörig ansieht. In Rücksicht auf diesen Umstand sagt man: Die Punktepaare AA_1, BB_1, CC_1, DD_1,.... sind involutorisch, oder sie bilden eine Involution.[7])

220. Daß man zwei projektive Punktreihen stets in involutorische Lage bringen kann, werden wir weiterhin sehen. Zunächst stellen wir den Satz auf: Zwei projektive Punktreihen auf dem nämlichen Träger sind involutorisch, sobald es ein Paar getrennter (nicht zusammenfallender) Punkte gibt, die sich vertauschbar entsprechen. Sind nämlich $A, A_1, B, C, D, ...$ und A_1, A, B_1, C_1, D_1, ... entsprechende Punkte der projektiven Reihen und entspricht dem Punkte B_1 der ersten Reihe in der zweiten der Punkt B', so sind die vier Punkte A, A_1, B, B_1 projektiv zu den vier Punkten A_1, A, B_1, B' und nach 190 auch zu den vier Punkten A, A_1, B', B_1. Nun fallen aber drei Punkte der Reihe A, A_1, B, B_1 mit den entsprechenden der projektiven Reihe A, A_1, B', B_1 zusammen, folglich müssen nach 180 auch B' und B sich decken. Demnach findet auch zwischen den Punkten B und B_1 der gegebenen Reihen ein vertauschbares Entsprechen statt; damit ist aber unser Satz bewiesen.

Insbesondere entspricht dem unendlich fernen Punkt des Trägers, mag man ihn als Punkt der ersten oder zweiten Reihe nehmen, der nämliche Punkt in der andern Reihe. Die Gegenpunkte der beiden projektiven Reihen decken sich also bei involutorischer Lage. Dieser Punkt heißt der Mittelpunkt der Involution, er bildet mit dem unendlich fernen Punkt zusammen ein Punktepaar derselben.

221. Zwei beliebige projektive Punktreihen kann man in involutorische Lage bringen, indem man die eine so verschiebt, daß ihre Träger und ihre Gegenpunkte sich decken. Denn dann bildet dieser Punkt mit dem unendlich fernen Punkt ein Paar sich vertauschbar entsprechender Punkte beider Reihen; deshalb muß nach dem Satz der vorangehenden Nummer das Entsprechen der Punkte beider Reihen immer ein vertauschbares sein, und die Reihen liegen involutorisch.

222. Liegen zwei projektive Punktreihen auf der nämlichen Geraden, so hat man bezüglich ihrer Anordnung zwei verschiedene Fälle zu unterscheiden. Wir lassen einen Punkt der ersten Reihe den Träger in einer bestimmten Richtung durchlaufen. Dann wird der entsprechende Punkt der zweiten Reihe den Träger entweder ebenfalls in der gleichen Richtung wie der erste Punkt durchlaufen oder in der dazu entgegengesetzten Richtung. Im ersten Falle nennt man die projektiven Punktreihen auf dem nämlichen Träger gleichlaufend, im zweiten Falle entgegenlaufend.

Sind zwei involutorische Punktreihen gleichlaufend, und bilden AA_1 irgend ein Paar entsprechender Punkte, dann entspricht jedem Punkt auf der Strecke AA_1 ein Punkt außerhalb; sind sie aber entgegenlaufend, dann entspricht jedem Punkt auf der Strecke AA_1 wieder ein solcher Punkt und

Fig. 149a u. b.

jedem Punkt außerhalb wieder ein Punkt außerhalb. Denn bewegt sich im ersten Falle (Fig. 149a) ein Punkt der ersten (oder zweiten) Reihe von A nach A_1, so bewegt sich der entsprechende Punkt von A_1 ins Unendliche und auf der andern Seite aus dem Unendlichen zurückkommend nach A; es liegen also niemals beide Punkte gleichzeitig auf der Strecke AA_1. Bewegt sich aber im zweiten Fall (Fig. 149b) ein Punkt der ersten (oder zweiten) Reihe von A nach A_1, so bewegt sich der entsprechende Punkt von A_1 in entgegengesetzter Richtung nach A; es liegen also beide Punkte gleichzeitig auf der Strecke AA_1 oder gleichzeitig außerhalb derselben. Wenden wir dieses Resultat auf den Mittelpunkt und den entsprechenden unendlich fernen Punkt der Reihen an, so folgt der Satz: **Bei gleichlaufenden involutorischen Punktreihen wird jedes Paar entsprechender Punkte durch den Mittelpunkt der Involution getrennt, bei entgegenlaufenden Reihen geschieht dies nicht.** In Fig. 149 ist der Mittelpunkt mit M bezeichnet.

223. Entgegenlaufende involutorische Reihen besitzen
zwei sich selbst entsprechende Punkte oder Doppelpunkte
der Involution; diese liegen zu jedem Punktepaar der Involution harmonisch. Gleichlaufende involutorische Reihen
besitzen solche Doppelpunkte nicht.

Nach dem Vorhergehenden ist das letztere selbstverständlich.
Bei entgegenlaufenden Reihen muß ein Punkt, der sich von A nach
A_1 bewegt, einmal seinem entsprechenden, der sich von A_1 nach A
bewegt, auf dieser Strecke begegnen, das liefert den einen Doppelpunkt $U = U_1$ (Fig. 149 b). Bewegt sich aber der erstere Punkt von
A durchs Unendliche nach A_1, so bewegt sich der letztere von A_1
durchs Unendliche nach A, und wiederum muß eine Begegnung stattfinden, aber dieses Mal außerhalb der Strecke AA_1, das liefert den
andern Doppelpunkt $V = V_1$. Den Punkten A, A_1, U, V der einen
Reihe entsprechen die Punkte A_1, A, U, V der andern; da aber
die Punkte A, A_1, U, V zu den Punkten A_1, A, U, V projektiv sind,
so liegen sie nach 195 harmonisch. Der Mittelpunkt bildet mit dem
unendlich fernen Punkt des Trägers zusammen ein Punktepaar der
Involution. Dieses Paar liegt ebenfalls zu den Doppelpunkten
harmonisch; folglich **halbiert der Mittelpunkt einer Involution
die Entfernung ihrer beiden Doppelpunkte.**

224. Kennt man von einer Involution zwei Paare entsprechender Punkte AA_1 und BB_1, so ist die Involution bestimmt und man kann zu jedem weiteren Punkt den entsprechenden konstruieren. Sei etwa C ein beliebiger Punkt der
Involution und C_1 der entsprechende, dann müssen diese beiden
Punkte nur die Bedingung
erfüllen, daß die vier Punkte
A, B, C, C_1 projektiv zu
den vier Punkten A_1, B_1,
C_1, C sind. Es besteht ja
alsdann ein vertauschbares
Entsprechen zwischen C,
C_1 und somit nach 220
auch zwischen A, A_1, sowie zwischen B, B_1.

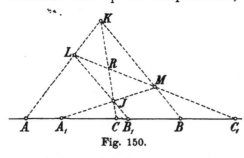

Fig. 150.

Zur Konstruktion ziehe man durch C eine beliebige Gerade
und wähle auf ihr zwei beliebige Punkte J und K (Fig. 150).
Darauf verbinde man K mit A und B, sowie J mit A_1 und B_1;
dann schneidet die Gerade, die durch $L = KA \times JB_1$ und M
$= KB \times JA_1$ geht, auf dem Träger den Punkt C_1 aus. Es sind

nämlich die Punkte A, B, C, C_1 vom Zentrum K aus perspektiv zu den Punkten L, M, R, C_1; diese sind wiederum vom Zentrum J aus perspektiv zu den Punkten B_1, A_1, C, C_1 und die letzteren sind nach 190 projektiv zu den Punkten A_1, B_1, C_1, C. Damit sind aber auch die erstgenannten Punkte zu den letztgenannten projektiv, was unsern Satz beweist.

Aus unserer Figur folgt zugleich ein weiterer Satz. $JMKL$ sind die Eckpunkte eines vollständigen Vierecks, dessen drei Paar Gegenseiten .die Punktepaare AA_1, BB_1 und CC_1 der Involution ausschneiden. Jede Gerade schneidet die drei Paar Gegenseiten eines vollständigen Vierecks in drei Punktepaaren einer Involution.

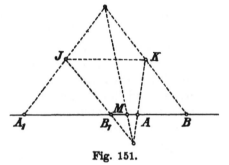

Fig. 151.

Will man speziell den Mittelpunkt der Involution finden, so ziehe man eine Gerade parallel zu ihrem Träger, wähle auf dieser zwei Punkte J und K und verbinde den ersteren mit A_1 und B_1, den letzteren mit A und B. Dann geht die Verbindungslinie von $A_1 J \times BK$ mit $B_1 J \times AK$ durch den gesuchten Mittelpunkt M (Fig. 151).

225. Nach 221 gelangen zwei projektive Punktreihen dadurch in involutorische Lage, daß man sie so aufeinander legt, daß ihre Träger und ihre Gegenpunkte sich decken. Man kann sich nun leicht davon überzeugen, daß in der neuen Lage das Entsprechen der Punkte vertauschbar ist. Sind g und g_1 die Träger zweier Punktreihen in perspektiver Lage; dann seien G_v und G_∞ ihre Gegenpunkte, A und A_1 irgend zwei entsprechende Punkte und O das Zentrum der Perspektive (Fig. 152). Bestimmt man jetzt

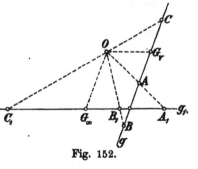

Fig. 152.

auf g_1 bez. g die beiden Punkte B_1 und C, so daß $G_v A = G_v C = G_\infty B_1$ ist, dann gilt für die entsprechenden Punkte B und C_1 die Relation: $G_\infty A_1 = G_\infty C_1 = G_v B$. Denn die Dreiecke $AG_v O$ und $OG_\infty A_1$ sind ähnlich, also wird: $G_v A . G_\infty A_1 = OG_v . OG_\infty$. Ebenso sind die Drei-

ecke BG_vO und $OG_\infty B_1$ ähnlich, und es folgt: $G_vB \cdot G_\infty B_1 = OG_v \cdot OG_\infty$.
Die rechten Seiten dieser Gleichungen sind identisch und somit folgt
aus $G_\infty B_1 = G_vA$ die Gleichheit der Strecken $G_vB = G_\infty A_1$. In
gleicher Weise ergibt sich auch $G_vB = G_\infty C_1$.

Bringt man nun die Träger g und g_1 und zugleich G_v mit G_∞
zur Deckung, so kann das in doppelter Weise geschehen. Im einen
Fall deckt sich A mit B_1 und B mit A_1; die Punkte $A = B_1$ und
$B = A_1$ entsprechen sich dann vertauschbar. Im andern Fall deckt
sich B mit C_1 und C mit B_1; hierbei entsprechen sich also die
Punkte $B = C_1$ und $C = B_1$ vertauschbar. Da der Punkt A der
Reihe g beliebig gewählt wurde, so erkennt man die Richtigkeit
der obigen Behauptung.

226. Zum Schluß mag noch einer metrischen Beziehung bei
den involutorischen Reihen gedacht werden. Zu den Punkten A,
B, M, ∞ sind die Punkte A_1, B_1, ∞, M projektiv; wobei M der
Mittelpunkt der Involution und ∞ ihr unendlich ferner Punkt ist.

Aus der Gleichheit der Doppelverhältnisse $(ABM\infty)$ und
$(A_1B_1\infty M)$ ergibt sich $\dfrac{MA}{MB} = 1 : \dfrac{MA_1}{MB_1}$, denn $\dfrac{\infty A}{\infty B} = 1$. Daraus folgt
weiter: $MA \cdot MA_1 = MB \cdot MB_1$. Da aber AA_1 und BB_1 ganz will-
kürliche Punktepaare der Involution sind, so gilt der Satz: **Das
Produkt der Abstände je zweier entsprechender Punkte
einer Involution von ihrem Mittelpunkt ist konstant.** Hat
dieses Produkt einen positiven Wert $+c$, so bestimmen sich die
Doppelpunkte $U = U_1$ und $V = V_1$ durch die Relation: $(MU)^2 =
(MV)^2 = +c$, während für den negativen Wert $-c$ eine solche
Gleichung nicht existieren kann.

227. Die obigen Definitionen und Sätze lassen sich mit Leichtigkeit auf die übrigen einförmigen Grundgebilde ausdehnen. Ebenso
wie für Punktreihen auf derselben Geraden gelten sie auch für
Strahlbüschel mit demselben Scheitel und in derselben Ebene und
für Ebenenbüschel mit derselben Achse. Man erhält z. B. zwei
involutorische Strahlbüschel oder eine Involution von Strahlen, wenn
man zwei involutorisch liegende Punktreihen aus einem außerhalb
gelegenen Zentrum projiziert, und analog erhält man eine Involution
von Ebenen durch Projektion einer Strahleninvolution aus einem
Punkte. Umgekehrt ergibt jeder ebene Schnitt einer Ebeneninvolution
eine solche von Strahlen und jeder geradlinige Schnitt einer Strahleninvolution eine solche von Punkten. Es mag hier genügen, das
Wichtigste bezüglich der involutorischen Strahlbüschel hervorzuheben.

228. Zwei projektive Strahlbüschel mit gemeinsamem

Scheitel liegen involutorisch, wenn zwischen ihren Strahlen ein vertauschbares Entsprechen stattfindet. Besteht zwischen einem Paare getrennter Strahlen ein vertauschbares Entsprechen, so ist das Entsprechen auch für die übrigen Strahlen vertauschbar; sie bilden die Strahlenpaare einer Involution. Zwei involutorische Strahlenbüschel sind entweder gleichlaufend oder entgegenlaufend, je nachdem entsprechende Strahlen sich in gleichem oder entgegengesetztem Sinne drehen. Im letzteren Falle gibt es zwei sich selbst entsprechende oder Doppelstrahlen; sie liegen zu jedem Strahlenpaar der Involution harmonisch. Diese Resultate folgen unmittelbar aus den Sätzen über Punktinvolutionen.

229. Zwei Paare entsprechender Strahlen einer Involution bestimmen diese vollständig, und man kann zu jedem weiteren Strahl derselben den entsprechenden konstruieren. Sind etwa $a a_1$ und $b b_1$ zwei Strahlenpaare der Involution und soll zu c der entsprechende Strahl c_1 gesucht werden, so wähle man auf c einen beliebigen Punkt C und ziehe durch ihn zwei beliebige Strahlen (Fig. 153). Der eine von ihnen mag a in A und b in B, der andere mag a_1 in A_1 und b_1 in B_1 schneiden; dann liegt der Schnittpunkt $C_1 = A_1 B \times A B_1$ auf einem Strahle c_1, der mit c ein Strahlenpaar der Involution bildet. Zum Beweise bezeichne man noch $P = c_1 \times A B$ und $Q = c_1 \times A_1 B_1$,

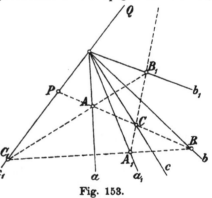

Fig. 153.

so ist: $(a b c c_1) = (A B C P)$ als Schnitt des Büschels, ferner $(A B C P) = (B_1 A_1 C Q)$, da beide Reihen aus dem Zentrum C_1 perspektiv liegen. Weiter ist $(B_1 A_1 C Q) = (b_1 a_1 c c_1)$ und endlich $(b_1 a_1 c c_1) = (a_1 b_1 c_1 c)$ nach 190; also wird auch $(a b c c_1) = (a_1 b_1 c_1 c)$, d. h. die Strahlen c und c_1 entsprechen sich vertauschbar und die Strahlenpaare $a a_1$, $b b_1$, $c c_1$ gehören einer Involution an. Diese Konstruktion liefert noch den Satz: Verbindet man die drei Paar Gegenecken eines vollständigen Vierseits mit einem beliebigen Punkt seiner Ebene, so erhält man drei Strahlenpaare einer Involution.

230. In jeder Strahleninvolution existiert ein Paar entsprechender Strahlen, die aufeinander senkrecht stehen. Für entgegenlaufende Strahlbüschel ist dieser Satz selbstverständlich, für gleichlaufende erschließt man ihn wie folgt. Sind a und a_1 zwei entsprechende Strahlen, so bestimmen sie zwei Nebenwinkel, von denen der eine spitz und der andere stumpf ist. Dreht man nun einen Strahl aus der Lage a durch den spitzen Winkel in die Lage a_1, so dreht sich der entsprechende Strahl aus der Lage a_1 durch den stumpfen Winkel in die Lage a. Bei dieser Bewegung geht demnach der eine von den entsprechenden Strahlen eingeschlossene Winkel aus einem spitzen in einen stumpfen über, er muß also bei diesem Übergang einmal ein Rechter werden. Das rechtwinklige Strahlenpaar einer Involution halbiert die Winkel seiner Doppelstrahlen, falls es solche gibt; denn sie liegen zu denselben harmonisch (228 u. 204).

Für das rechtwinklige Strahlenpaar xx_1 einer Involution besteht eine einfache metrische Beziehung. Besitzt die Involution die beiden Strahlenpaare aa_1 und bb_1, so haben wir gleiche Doppelverhältnisse $(abxx_1) = (a_1b_1x_1x)$, oder:

$$\frac{\sin xa}{\sin xb} : \frac{\sin x_1 a}{\sin x_1 b} = \frac{\sin x_1 a_1}{\sin x_1 b_1} : \frac{\sin x a_1}{\sin x b_1}.$$

Da aber $\angle xa + \angle ax_1 = R$ ist, so ist: $\sin x_1 a = \cos xa$, und ähnliche Relationen gelten für die andern Strahlen. Dadurch geht unsere Gleichung über in:

$$\tan xa : \tan xb = \tan xb_1 : \tan xa_1,$$

oder:

$$\tan xa . \tan xa_1 = \tan xb . \tan xb_1 = \text{const},$$

da ja die beiden Strahlenpaare aa_1 und bb_1 völlig beliebig aus der Involution gewählt sind. Dieses Resultat führt zu dem Satz: **Je zwei entsprechende Strahlen einer Involution schließen mit einem der beiden sich entsprechenden rechtwinkligen Strahlen zwei Winkel ein, für die das Produkt ihrer trigonometrischen Tangenten konstant ist.**

231. Läßt man in zwei Strahlbüscheln mit gemeinsamem Scheitel je zwei zueinander senkrechte Strahlen einander entsprechen, so sind sie involutorisch. Denn die beiden Büschel sind kongruent, also auch projektiv und ihre Strahlen entsprechen sich vertauschbar. **Es gibt eine spezielle Involution, deren entsprechende Strahlen aufeinander senkrecht stehen; wir bezeichnen sie kurz als Involution rechter Winkel.**

Offenbar tritt dieser Spezialfall ein, sobald die Involution zwei Paare entsprechender rechtwinkliger Strahlen xx_1 und aa_1 besitzt. Die obige Gleichung wird hier: $\tan xa . \tan xa_1 = 1$, folglich ist auch $\tan xb . \tan xb_1 = 1$ und das Strahlenpaar bb_1 ist rechtwinklig.

232. Wir beweisen hier noch zwei Sätze, die bei Konstruktionen zweckmäßig Verwendung finden. Zwei Strahlbüschel mit den Scheiteln P und P_1, in denen je zwei entsprechende Strahlen zueinander senkrecht sind, werden von einer beliebigen zu PP_1 normalen Geraden g in involutorischen Punktreihen geschnitten. Ihre Doppelpunkte liegen — falls es solche gibt — auf dem Kreis über dem Durchmesser PP_1.

Die beiden Strahlbüschel sind kongruent, sie schneiden also g in projektiven Punktreihen, wobei den Punkten A, B, $M = g \times PP_1$ und dem unendlich fernen Punkt die Punkte A_1, B_1, der unendlich ferne Punkt und M entsprechen ($PA \perp P_1A_1$, $PB \perp P_1B_1$) (Fig. 154). Dadurch ist aber die Involution bedingt und M ist ihr Mittelpunkt, während der Kreis ihre Doppelpunkte U und V ausschneidet, denn PU

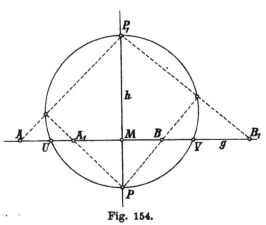

Fig. 154.

und P_1U, ebenso PV und P_1V sind entsprechende Strahlen. Aus der Ähnlichkeit der Dreiecke PMA und A_1MP_1, sowie PMB und B_1MP_1 folgt auch wieder die Relation:

$$MP \cdot MP_1 = MA \cdot MA_1 = MB \cdot MB_1 = (MU)^2 = (MV)^2.$$

233. Kennt man also den Mittelpunkt M und ein Punktepaar AA_1 einer Involution, so kann man mit Hilfe unseres Satzes ihre Doppelpunkte und zu jedem Punkt seinen entsprechenden konstruieren. Man errichte in M auf g eine Normale, ziehe durch A einen beliebigen Strahl und durch A_1 einen dazu senkrechten; diese bestimmen auf der Normalen den Durchmesser PP_1 eines Kreises, der durch die Doppelpunkte U, V der Involution hindurchgeht. Der entsprechende Punkt zu einem beliebigen Punkt B der Involution wird von dem zu PB senkrechten Strahl durch P_1 ausgeschnitten.

Offenbar schneiden zwei Strahlbüschel mit den Scheiteln A und A_1, deren entsprechende Strahlen zueinander senkrecht sind, auch auf $PP_1 = h$ eine Punktinvolution aus; PP_1 ist ein Punktepaar von ihr und M ihr Mittelpunkt. Die nämliche Punktinvolution auf h erhält man auch durch zwei Strahlbüschel mit den Scheiteln B und B_1,

deren entsprechende Strahlen aufeinander senkrecht stehen, denn
diese besitzt wieder das Punktepaar BB_1 und den Mittelpunkt M.
Jede der Geraden g und h trägt also eine Punktinvolution; die
Involution auf g besitzt Doppelpunkte, die auf h jedoch keine. Eine
beliebige Gerade schneidet g und h in zwei Punkten; ihnen entsprechen in den bez. Involutionen Punkte, deren Verbindungslinie
zu jener Geraden senkrecht ist.

Ist von einer Punktinvolution der Mittelpunkt M und ein Punktepaar AA_1 bekannt, so kann man ihre Doppelpunkte U und V auch
gemäß der Relation: $MA \cdot MA_1$
$= (MU)^2 = (MV)^2$ konstruieren.
Man beschreibe über MA einen
Halbkreis und schneide ihn mit
dem in A_1 errichteten Lot in
J, dann ist $MU = MV = MJ$
(Fig. 155).

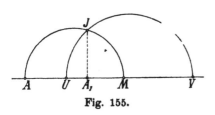

Fig. 155.

234. Legt man durch den
Scheitel einer Strahleninvolution einen beliebigen Kreis,
so schneidet er die Strahlenpaare in Punktepaaren, deren
Verbindungslinien durch den nämlichen Punkt gehen und
umgekehrt. Sind aa_1, bb_1 und cc_1 drei Strahlenpaare der Involution,
und AA_1, BB_1, CC_1 ihre Schnittpunkte mit dem Kreis (Fig. 156), so ist
$(abcc_1) = (a_1b_1c_1c)$ und nach 190 auch $= (b_1a_1cc_1)$. Nun ist aber der

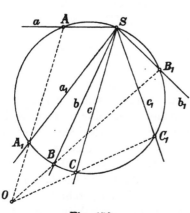

Fig. 156.

Büschel $abcc_1$ kongruent zu dem
Büschel B_1A, B_1B, B_1C, B_1C_1;
denn je zwei Strahlen des einen
Büschels und die entsprechenden
des andern schließen gleiche Winkel ein (als Peripheriewinkel über
dem nämlichen Kreisbogen). Ebenso sind die Büschel $b_1a_1cc_1$ und
AB_1, AA_1, AC, AC_1 kongruent;
aus der Projektivität der Büschel
$abcc_1$ und $b_1a_1cc_1$ folgt aber die
Projektivität der zu ihnen kongruenten Büschel. Die letzteren
sind zugleich perspektiv, da die
entsprechenden Strahlen B_1A und
A_1B sich decken. Somit liegen die Punkte $B_1B \times AA_1$, $B_1C \times AC = C$
und $B_1C_1 \times AC_1 = C_1$ in gerader Linie; die drei Geraden AA_1, BB_1
und CC_1 schneiden sich also in dem nämlichen Punkt O. Damit

ist der Beweis unseres Satzes erbracht; denn die Strahlenpaare aa_1 und bb_1 bestimmen die Involution völlig, sie bestimmen zugleich den Punkt O; ein beliebiges weiteres Strahlenpaar cc_1 schneidet den Kreis, wie soeben gezeigt wurde, in zwei Punkten, die auf einem Strahl durch O liegen.

235. Hiernach läßt sich das rechtwinklige Strahlenpaar xx_1 einer Involution leicht finden. Es schneidet den Kreis in zwei Punkten X und X_1, die auf einem Durchmesser liegen, und dieser muß durch den Punkt O gehen. Man beschreibt also einen Kreis durch S, zieht die Linien AA_1 und BB_1 und legt durch ihren Schnittpunkt O den Durchmesser; durch seine Endpunkte X und X_1 geht das rechtwinklige Strahlenpaar xx_1 der Involution (Fig. 157).

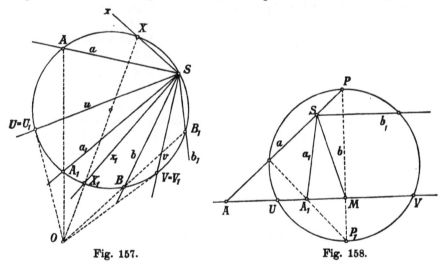

Fig. 157.   Fig. 158.

Zieht man von O die beiden Tangenten an den Kreis und verbindet ihre Berührungspunkte U und V mit S, so stellen diese Linien die Doppelstrahlen u und v der Involution dar.

Bei gleichlaufenden involutorischen Strahlbüscheln werden die Strahlen aa_1 durch die Strahlen bb_1 getrennt, folglich auch die Punkte AA_1 auf dem Kreis durch die Punkte BB_1, so daß der Punkt O ins Innere des Kreises fällt. Dann existieren keine Doppelstrahlen.

Die Doppelstrahlen einer Strahleninvolution mit den Strahlenpaaren aa_1 und bb_1 kann man auch in folgender Weise konstruieren. Eine Parallele zu b_1 schneidet die Strahleninvolution in einer Punktinvolution, deren Mittelpunkt M auf b und deren Punktepaar AA_1 auf den Strahlen a und a_1 liegt (Fig. 158). Nun suche man die

12*

Doppelpunkte U und V der Punktinvolution nach 233 ($MP \perp AA_1$, P auf a, $A_1P_1 \perp a$, U und V auf dem Kreis mit dem Durchmesser PP_2); dann sind SU und SV die verlangten Doppelstrahlen. Die Halbierungslinien der von ihnen bestimmten Winkel bilden das rechtwinklige Strahlenpaar.

236. Jede Punktinvolution ohne Doppelpunkte kann durch eine Involution rechter Winkel projiziert werden.

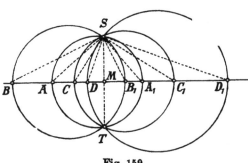

Sind nämlich AA_1 und BB_1 zwei Punktepaare von ihr, so wird das eine Paar durch das andere getrennt; demnach schneiden sich die beiden Kreise mit den Durchmessern AA_1 und BB_1 in zwei Punkten S und T. Jeder dieser beiden den Punkte ist Scheitel einer Involution rechter Winkel, welche die gegebene Punktinvolution ausschneiden, da sie ja die Punktepaare AA_1 und BB_1 liefern und diese die Punktinvolution völlig bestimmen (Fig. 159).

Fig. 159.

FÜNFTES KAPITEL.

Die Kegelschnitte als Kreisprojektionen.

Perspektivität zweier Kreise im Raum und in der Ebene. Pol und Polare beim Kreise.

237. Alle Strahlen, die durch einen festen Punkt S des Raumes nach den Punkten eines festen Kreises k gezogen werden können, liegen auf einer Fläche, die man als schiefen Kreiskegel bezeichnet. Der Punkt S heißt die Spitze oder der Scheitel, k der Grundkreis oder Basiskreis, jene Strahlen die Erzeugenden oder Mantellinien (Kanten) des Kegels. Die vollständige Fläche besteht aus zwei Mänteln (Kegel und Gegenkegel), die in der Spitze zu-

sammenstoßen; die Mantellinien des Gegenkegels sind die Verlängerungen von denen des Kegels über den Scheitel hinaus. Jede
Ebene durch die Spitze des Kegels schneidet ihn entweder garnicht
(abgesehen von der Spitze), oder sie schneidet ihn in zwei getrennten
Mantellinien, oder sie hat zwei zusammenfallende Mantellinien mit
ihm gemein, d. h. sie berührt ihn längs derselben und heißt Tangentialebene.

Man ziehe nun von der Spitze S einen Strahl nach dem Mittelpunkt M des Kreises k und fälle ferner auf die Ebene des Grundkreises das Lot SN (vergl. die schiefe An-
sicht in Fig. 160), so bestimmen diese Linien
eine Symmetrieebene A = SMN des Kegels,
d. h. zu jeder Mantellinie des Kegels gibt
es eine in bezug auf A symmetrische. Trifft
erstere den Grundkreis in P, so trifft ihn
die letztere in P', wo P und P' symmetrisch
zum Durchmesser MN liegen. Beide Mantellinien liegen in einer zu A senkrechten Ebene
und besitzen gleiche Neigungswinkel gegen
A. — Fallen die Linien SM und SN zusammen, so geht der schiefe Kreiskegel in
einen geraden oder Rotationskegel über,
und alle durch SM gelegten Ebenen sind

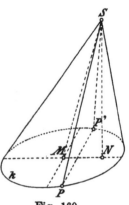

Fig. 160.

Symmetrieebenen. — Rückt die Spitze ins Unendliche, so verwandelt
sich der Kegel in einen schiefen Kreiscylinder, dessen Mantellinien
untereinander parallel sind.

238. Alle Parallelebenen zur Grundkreisebene schneiden den
schiefen Kreiskegel in Kurven, die mit k ähnlich sind, also wiederum
in Kreisen. Ebenso schneidet jedes System paralleler Ebenen aus
dem Kegel ähnliche Kurven aus. Dagegen stehen zwei beliebige
Schnitte in perspektiver Beziehung. Insbesondere kann jeder ebene
Schnitt des schiefen Kreiskegels als perspektives Bild seines Grundkreises angesehen werden, wobei die Kegelspitze das Zentrum und
die Spur der Schnittebene in der Basisebene die Achse der Perspektive
abgibt; zugleich stellt die Spur einer zur Schnittebene parallelen
Ebene durch die Spitze die Verschwindungslinie dar (159). Umgekehrt kann man das perspektive Bild eines Kreises immer als
Schnitt eines schiefen Kreiskegels erhalten; denn im Falle einer
ebenen Perspektive hat man das Bild nur um die Perspektivitätsachse aus der Ebene herauszudrehen, um zu einer räumlichen Perspektive und so zu einem schiefen Kreiskegel mit Schnittkurve zu

gelangen. Die perspektiven Bilder des Kreises werden deshalb als
Kegelschnitte bezeichnet.

239. Es soll nun gezeigt werden, daß es bei jedem schiefen
Kreiskegel außer den Schnitten parallel zur Basisebene noch ein
zweites System von Kreisschnitten gibt. Es gilt nämlich der Satz:
**Jede Kugelfläche, die den Grundkreis eines schiefen Kreis-
kegels enthält, schneidet ihn noch in einem zweiten Kreis.**
Die vorher erwähnte Symmetrieebene A durch die Spitze S des Kegels
mag seinen Grundkreis k in den Punkten A und B, also die Kegelfläche in den Mantellinien SA und SB schneiden. Die Ebene A
enthält den Mittelpunkt der Kugelfläche; in ihr liegt ein Kugel-

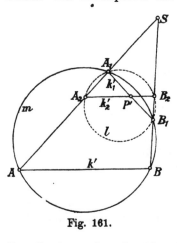

Fig. 161.

kreis m, der durch A und B geht
und die Mantellinien SA und SB noch
in zwei weiteren Punkten A_1 und B_1
schneidet. Machen wir diese Ebene
zur Projektionsebene (Fig. 161), so
fällt die Projektion des Grundkreises k
mit AB zusammen; zugleich stellt A_1B_1
die Projektion eines Kugelkreises k_1
dar, dessen Ebene auf der Projektionsebene A senkrecht steht. Dieser Kugelkreis k_1 liegt zugleich auf der Kegelfläche. Ist nämlich P ein Punkt von
k_1 und P' seine auf A_1B_1 liegende
Projektion, so ziehe man durch PP'
eine Ebene parallel zur Ebene des
Grundkreises; sie schneidet den Kegel in einem Kreise k_2, dessen
Projektion k_2' sich mit seinem Durchmesser A_2B_2 in der Ebene A
deckt. Nun liegen die Punkte A_1, B_1, A_2, B_2 auf einem Kreise l;
denn die spitzen Winkel bei A und B_1 sind einander gleich (da im
Kreisviereck ABB_1A_1 die Gegenwinkel sich zu $2R$ ergänzen), also
sind auch die spitzen Winkel bei A_2 und B_1 einander gleich und
$A_1A_2B_1B_2$ ist ein Kreisviereck. Eine Kugel aber, die den Kreis l
enthält und seinen Mittelpunkt zum Zentrum hat, enthält auch die
Kreise k_1 und k_2; diese schneiden sich also in zwei Punkten P und Q
($P' = Q'$). Sonach liegt der beliebige Punkt P von k_1 auf dem
Kreise k_2, der seinerseits der Kegelfläche angehört; das beweist
unsern Satz.

Zu jedem der beiden Kreise k und k_1 gibt es auf dem Kegel
ein System von Parallelkreisen, d. h. Kreise in parallelen Ebenen.
Legt man durch einen Kreis des einen Systems alle möglichen

Kugelflächen, so schneiden sie den Kegel in Kreisen des andern Systems. Zwei Kreise eines Kegels nennt man **Wechselschnitte,** wenn ihre Ebenen nicht parallel sind. Wir haben also den Satz: **Schneidet eine Kugel einen Kegel in einem Kreis, so schneidet sie ihn außerdem noch in einem zweiten Kreis (Wechselschnitt).**

240. Auch die Umkehrung des Satzes gilt: **Durch je zwei Wechselschnitte eines Kegels — Kreisschnitte mit nicht parallelen Ebenen — läßt sich eine Kugel legen.** Sind nämlich k und k_1 nicht parallele Kreisschnitte einer Kegelfläche (Fig. 161), so bestimme man auf ihr zum Kreise k einen Parallelkreis k_2 derart, daß er den Kreis k_1 schneidet. Seine Schnittpunkte P, Q liegen symmetrisch zu A, und sein Durchmesser in A sei $A_2 B_2$. Die Kreise k_1 und k_2 mit den gemeinsamen Punkten P und Q gehören aber einer Kugel an. Ihre Mittelpunkte befinden sich nämlich in A und ebenso die in diesen auf den Kreisebenen errichteten Normalen, die sich im Mittelpunkt der gemeinten Kugel schneiden. Demnach liegen A_1, B_1, A_2, B_2 auf einem Kreis l und folglich A, B, A_1, B_1 auf einem Kreis m, und die Kugel, die letzteren zum größten Kreis hat, enthält die beiden Kreise k und k_1.

241. Eine andere Umkehrung unseres Satzes läßt sich in der Form aussprechen: **Liegen zwei Kreise auf einer Kugel, so befinden sie sich auch in perspektiver Lage und zwar auf zweifache Weise.** Sind k und k_1 die beiden Kreise und ist e die Schnittlinie ihrer Ebenen, so ziehe man durch den Kugelmittelpunkt eine zu e normale Ebene A. Diese schneidet die Kugel in einem größten Kreise m und steht auf den Ebenen der beiden Kreise k und k_1 senkrecht; sie enthält also deren Mittelpunkte und je einen Durchmesser, die wir mit AB resp. $A_1 B_1$ bezeichnen (Fig. 161 stellt diese Verhältnisse wieder in orthogonaler Projektion auf die Ebene A dar). Nun betrachte man den Punkt $S = A A_1 \times B B_1$ als Spitze einer Kegelfläche, die den Kreis k zum Grundkreis hat. Da die Kugel durch den Grundkreis k des Kegels geht, schneidet sie ihn nach 239 noch in einem zweiten Kreis, dessen Ebene senkrecht zu A und dessen in A liegender Durchmesser $A_1 B_1$ ist.

Es gibt noch eine zweite Kegelfläche durch die beiden Kreise k und k_1; ihre Spitze wird von dem Schnittpunkt der Geraden $A B_1$ und $A_1 B$ gebildet.

Man kann die seitherigen Ergebnisse auch noch in der folgenden Form aussprechen: **Durch Zentralprojektion eines Kreises auf eine ihn enthaltende Kugelfläche aus einem** beliebigen Punkte des Raumes entsteht wieder ein Kreis; bei Parallelprojektion sind beide Kreise einander gleich.

242. Es wurde bereits gezeigt, daß jeder schiefe Kreiskegel eine Symmetrieebene A besitzt, die zu den Ebenen aller Kreisschnitte normal ist. Wählt man nun als Wechselschnitte zwei gleich große Kreise k und k_1, so werden sie auch von A in gleich langen Durchmessern AB und A_1B_1 geschnitten (Fig. 162 in schiefer Ansicht). Da wir es mit Wechselschnitten zu tun haben, ist $\measuredangle SAB = \measuredangle SB_1A_1$, also $\triangle SAB \cong \triangle SB_1A_1$; folglich muß auch $SA = SB_1$, $SA_1 = SB$, $AA_1 = BB_1$ und $\triangle AA_1E \cong B_1BE$ sein ($E = AB \times A_1B_1$). Demnach halbiert SE die Winkel A_1SB und A_1EB. Nennen wir B die Ebene, die in SE auf A senkrecht steht, so ist der eine Wechselschnitt zu dem andern symmetrisch in bezug auf B, und somit ist B ebenfalls eine Symmetrieebene für den Kegel.

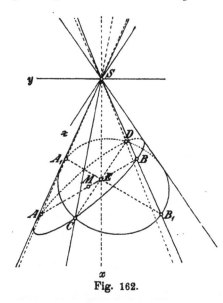

Fig. 162.

In der Figur sind die gleich großen Wechselschnitte k und k_1 auf dem nämlichen Kegelmantel genommen. Wählt man jedoch k auf dem einen und k_1 auf dem andern Mantel, so kann man die ganzen Betrachtungen wiederholen und gelangt zu einer Symmetrieebene Γ, die zu A normal ist und den Nebenwinkel von $\measuredangle ASB_1$ halbiert. Je zwei gleich große Wechselschnitte auf verschiedenen Mänteln liegen zu der Ebene Γ symmetrisch.

Ein schiefer Kreiskegel besitzt drei zueinander senkrechte Symmetrieebenen A, B, Γ; ihre drei in der Spitze S aufeinander senkrecht stehenden Schnittlinien $z = B \times Γ$, $y = Γ \times A$, $x = A \times B$ heißen die Achsen des Kegels. Es gibt zwei Systeme von Kreisen auf dem Kegel; ihre Ebenen stehen auf A senkrecht und schließen mit B (ebenso mit Γ) gleiche Winkel ein.

243. Aus der räumlichen Perspektive zweier Kreise läßt sich in einfacher Weise die perspektive Beziehung zweier Kreise in der nämlichen Ebene ableiten. Zu diesem Zweck machen wir die Basisebene des schiefen Kreiskegels zur Grundrißebene und seine Symmetrieebene A zur Aufrißebene (Fig. 163). Der Basiskreis sei wieder k, die Schnittebene E und der Schnittkreis k_1; die Durchmesser AB von k und A_1B_1 von k_1, sowie die Kegelachsen x und y liegen im Aufriß. Die Ebene E und die zu ihr parallele Ebene durch die Kegelspitze schneiden die Grundrißebene in der Achse e_1 und der Verschwindungslinie e_v der perspektiven Beziehung zwischen k und k_1 (159). Legt man nun k_1 um e_1 und S um e_v in die Grundrißebene um, wobei k_1 nach $k_1{}^0$ und S nach S^0 gelangen möge, so sind k und $k_1{}^0$ nach 164 perspektiv vom Zentrum S^0 aus, während e_1

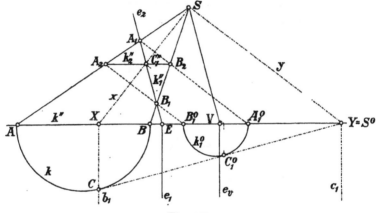

Fig. 163.

und e_v hierbei wiederum die Rolle der Achse und Verschwindungslinie spielen. In der Figur sind die Kreise k und $k_1{}^0$ nur zur Hälfte eingezeichnet.

Es gibt zwei zum Aufriß normale Symmetrieebenen des Kegels B und Γ, ihre zweiten bez. ersten Spuren sind x und y bez. b_1 und c_1. Bestimmt man zu k_1 den symmetrischen Kreis k_2 in bezug auf die Ebene B, so liegt er ebenfalls auf dem Kegel und zwar in einer Parallelebene zum Grundkreis k (A_2B_2 Durchmesser von k_2 in Π_2, $A_2B_2 \parallel AB$, $C_1 = k_1 \times k_2$ in B, $A_1B_2 \parallel A_2B_1 \parallel y$). Die vorher erwähnte Umlegung kann aber nach 170 auch durch eine Parallelprojektion auf die Grundrißebene ersetzt werden, wobei die Projektionsstrahlen SS^0, $A_1A_1{}^0$, $B_1B_1{}^0$ zur Geraden y parallel sind. Denn Dreieck $C_1{}''A_1B_2$ ist gleichschenklig, also auch das Dreieck VSY, dessen Seiten zu denen des ersteren parallel sind; somit haben wir $VS = VY$ und wegen der Umlegung $VS = VS^0$, so daß die Punkte S^0 und Y sich decken. Die Strahlen $A_1A_1{}^0$ und $B_1B_1{}^0$ gehen demnach durch B_2

bez. A_2, und so liefern die beiden Kreise k_1 und k_2 in der Richtung von y projiziert die nämliche Projektion k_1^0.

Da S ein Ähnlichkeitspunkt der Kreise k und k_2 ist und die
ähnliche Lage dieser Kreise bei einer Parallelprojektion wieder zu
ähnlich liegenden Kreisen führt, wird $S^0 = Y$ auch Ähnlichkeitszentrum
für die Kreise k und k_1^0 sein. Da ferner k und k_1 auf einer Kugel
liegen (240), besitzt jeder Punkt von e_1 in bezug auf beide Kreise die
nämliche Potenz und folglich auch für die Kreise k und k_1^0. Unter
der Potenz eines Punktes in bezug auf einen Kreis oder eine Kugel
wird bekanntlich das Produkt seiner Abstände von zwei Punkten
verstanden, die ein beliebiger Strahl durch ihn aus Kreis oder
Kugel ausschneidet; dieses Produkt ist für alle Strahlen durch den

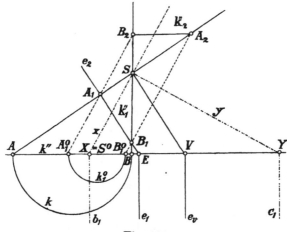

Fig. 164.

nämlichen Punkt konstant. Die Gerade e_1 ist sonach der Ort aller
Punkte gleicher Potenz in bezug auf die Kreise k und k_1^0, sie wird
ihre gemeinsame Potenzlinie oder Chordale genannt. Endlich erkennt man noch, daß e_v die Entfernung der Spurpunkte X und Y
von x und y halbiert. Man kann auch sagen, daß X und Y die
Doppelpunkte einer Involution sind, von der V der Mittelpunkt und
A, B ein Punktepaar ist. Denn X, Y liegen sowohl zu V und dem
unendlich fernen Punkt harmonisch als auch zu A und B, da x und
y die Winkel von SA und SB halbieren. Das führt aber zu der
Relation: $(VY)^2 = (VX)^2 = VA \cdot VB$. Nebenbei sei noch bemerkt,
daß die Tangentialebene längs der Mantellinie SC auf der Symmetrieebene B senkrecht steht. Sie hat deshalb y zur zweiten und die
Tangente von k in C zur ersten Spur.

Unsere Untersuchung führt uns also zu dem Resultat: Schneidet man einen schiefen Kreiskegel mit einer zur Basisebene nicht parallelen Ebene in einem Kreis und projiziert diesen in der Richtung einer Kegelachse auf die Basisebene, so ist seine Projektion wieder ein Kreis. Derselbe liegt perspektiv zum Grundkreis; ihre gemeinsame Potenzlinie ist die Achse der Perspektive und ihr einer Ähnlichkeitspunkt das zugehörige Zentrum. In Figur 163 ist Y der äußere Ähnlichkeitspunkt der beiden Kreise k und k_1, in Figur 164 dagegen der innere; im letzteren Fall liegt die Kegelspitze zwischen den beiden Parallelkreisen k und k_2, im ersteren dagegen befinden sich beide auf demselben Mantel.

244. Es ist nun leicht einzusehen, daß zwei beliebige Kreise k und k_1 in einer Ebene stets perspektiv liegen und zwar in doppelter Weise. In beiden Fällen ist ihre gemeinsame Potenzlinie die Achse der Perspektive, während einer ihrer beiden Ähnlichkeitspunkte das zugehörige Zentrum abgibt. Man drehe den einen der beiden Kreise, etwa k_1, um die Potenzlinie aus der gemeinsamen Ebene heraus, dann kann man durch beide in ihrer neuen Lage eine Kugel legen. Geht nämlich die Kugel durch den ersten Kreis und einen Punkt P_1 des zweiten, so enthält sie ihn ganz. Denn eine beliebige Ebene durch P_1 schneidet den zweiten Kreis in zwei Punkten P_1 und Q_1 und den ersten in zwei Punkten P und Q, außerdem die Potenzlinie in einem Punkte S. Da aber für diese Punkte die Relation: $SP . SQ = SP_1 . SQ_1$ besteht, liegen die Punkte PQP_1Q_1 auf einem Kreise, und dieser gehört der Kugel, mit der er drei Punkte gemein hat, ganz an. Demgemäß sind die Kreise k und k_1 in ihrer neuen Lage nach 241 in doppelter Weise perspektiv, woraus dann die perspektive Beziehung zwischen den beiden Kreisen in ihrer ursprünglichen Lage folgt.

245. Die perspektive Beziehung zweier Kreise k und k_1 in der nämlichen Ebene kann auch ohne Mühe direkt abgeleitet werden. Ist e_1 ihre Potenzlinie und O ein Ähnlichkeitspunkt, so wähle man auf k zwei beliebige Punkte P und Q, dann schneiden die Strahlen OP bez. OQ auf k_1 je zwei Punkte P_1 und P_2 bez. Q_1 und Q_2 aus (Fig. 165). Nun sind die Kreise k und k_1 ähnlich und vom Zentrum O aus in ähnlicher Lage; hierbei mögen den Punkten P und Q von k die Punkte P_2 und Q_2 von k_1 entsprechen ($M_1P_2 \parallel MP$, $M_1Q_2 \parallel MQ$, $P_2Q_2 \parallel PQ$). Die spitzen Winkel bei Q und Q_2 sind einander gleich; aber auch die spitzen Winkel bei Q_2 und P_1 sind einander gleich, da $P_2Q_2Q_1P_1$ ein Kreisviereck ist. Die Gleichheit der spitzen Winkel bei P_1 und Q hat aber zur Folge, daß PQQ_1P_1 ein Kreisviereck ist.

Schneiden sich nun PQ und P_1Q_1 in S, so ist $SP.SQ = SP_1.SQ_1$, da die vier Punkte PQP_1Q_1 auf einem Kreis liegen; demnach muß sich S auf der gemeinsamen Potenzlinie e_1 von k und k_1 befinden. Läßt man also je zwei Punkte der Kreise k und k_1 einander entsprechen, die auf einem Strahle durch O liegen, aber nicht parallelen Radien angehören, so z. B. P und P_1, Q und Q_1 u. s. f., so sind die Kreise dadurch in perspektive Beziehung gebracht, und es schneiden sich je zwei ɵntsprechende Sehnen auf ihrer gemeinsamen Potenzlinie als Achse der Perspektive. Die Figur 166 stellt zwei Kreise

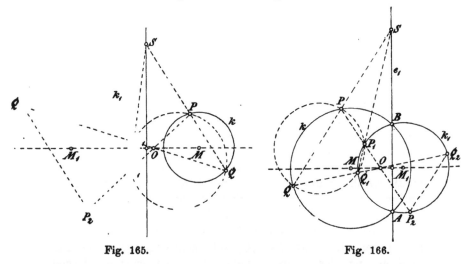

Fig. 165.   Fig. 166.

dar, die von der Potenzlinie geschnitten werden, in Figur 165 ist dies nicht der Fall.

246. Die Resultate in Nr. 239—241 können Verwendung finden, um die Perspektivität zweier Kreise unter gleichzeitiger Erfüllung besonderer Bedingungen herzustellen.

Es gibt unendlich viele Zentralprojektionen, bei denen einem gegebenen Kreise k ein Kreis und einer in der Ebene von k liegenden Geraden e_v, falls sie k nicht schneidet, die unendlich ferne Gerade der Bildebene entspricht. Die durch den Mittelpunkt von k senkrecht zu e_v gelegte Ebene A diene wieder als Aufrißebene, während wir die Ebene von k als Grundrißebene benutzen. Man zeichne nun in A irgend einen Kreis, der den Durchmesser AB von k zur Sehne hat und ziehe an ihn aus $M = \text{A} \times e_v$ eine Tangente, die in O berühren mag (Fig. 167). Schneidet dann eine beliebige Parallele zu OM die Strahlen OA und OB bez. in

A_1 und B_1, so ist $\angle BAO = \angle BOM = \angle A_1B_1O$ und folglich liegen
die Punkte ABA_1B_1 auf einem Kreise. Hieraus erkennt man nach
239, daß die durch A_1B_1
normal zu A gelegte
Ebene E auf dem Kegel
mit der Spitze O und
dem Grundkreis k einen
Wechselschnitt zu k,
also einen Kreis k_1,
ausschneidet. Da über-
dies E $\parallel Oe_v$ ist, so hat
die durch O als Zentrum
und E als Bildebene
bestimmte Zentralprojek-
tion die oben gefor-
derte Eigenschaft. Alle
durch unsere Kon-
struktion erhältlichen

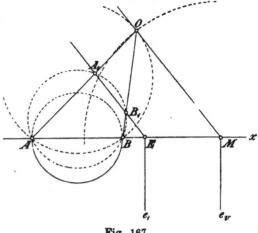

Fig. 167.

Zentren liegen auf einem in A um M beschriebenen Kreise m.

247. Es gibt unendlich viele Zentralprojektionen, bei
denen einem gegebenen Kreise k ein Kreis und einem von

k eingeschlossenen
Punkt C der Mittel-
punkt des Bild-
kreises entspricht.

Es sei $A B$ der
durch C gelegte Durch-
messer des Kreises k
(Fig. 168); ferner teile D
mit C die Strecke $A B$
harmonisch und e_v stehe
auf der Geraden $A B$ in
D senkrecht. Dann be-
nutze man die Ebene

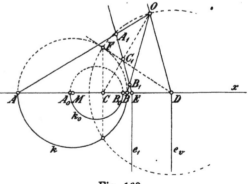

Fig. 168.

des Kreises k als Grundriß und die in $A B = x$ auf ihr senkrechte
Ebene als Aufriß und bestimme wie vorher das Zentrum O einer
Projektion, bei der e_v die Verschwindungslinie bildet und k in
einen Kreis k_1 übergeht. Werden hierbei die Punkte $A B C$ in
$A_1 B_1 C_1$ abgebildet, so entspricht dem vierten harmonischen Punkt D
der ersten Reihe der unendlich ferne der letzteren. Dieser teilt also

mit C_1 die Strecke $A_1 B_1$ harmonisch; somit ist C_1 der Mittelpunkt von $A_1 B_1$ und folglich auch vom Bildkreise k_1.

Sieht man A und B als die Doppelpunkte einer Involution an, so ist M ihr Mittelpunkt, während C und D ein Punktepaar von ihr bilden. Es ist also: $(MA)^2 = (MB)^2 = MC.MD$. Errichtet man also in C die auf AB senkrechte Sehne des Kreises k und zieht in einem ihrer Endpunkte F die Tangente, so geht dieselbe durch D. O kann in der Aufrißebene willkürlich auf dem Kreise mit dem Mittelpunkt D und dem Radius DF angenommen werden; E ist parallel zu Oe_v zu ziehen.

248. Zwei gegebene Kreise k und k_1 lassen sich derart in perspektive Lage bringen, daß drei gegebenen Punkten A, B, C des einen drei gegebene Punkte A_1, B_1, C_1 des andern entsprechen.

Wir nehmen beide Kreise als in einer Ebene liegend an und geben für diesen Fall die Konstruktion. Man zeichne einen zu k_1 konzentrischen Kreis k' mit dem Radius des Kreises k und bestimme auf ihm die Punkte A', B', C' durch die Radien $M_1 A_1$, $M_1 B_1$, $M_1 C_1$ (Fig. 169). Dann kann man k' samt seinen Punkten A', B', C' so mit k zur Deckung bringen, daß die Geraden AA', BB' und CC' sich in einem Punkte O schneiden. Soll O auf den Geraden AA' und BB' liegen, so muß $\sphericalangle AOB = \sphericalangle AB'B - \sphericalangle A'AB'$ sein. Die letzteren beiden Winkel sind aber als Peripheriewinkel über den Bogen AB und $A'B'$ bekannt. O befindet sich demnach auf dem Kreise, der über der Sehne AB beschrieben ist und den bekannten Winkel AOB als Peripheriewinkel über dieser Sehne besitzt. Ganz ebenso gehört O einem zweiten Kreise über der Sehne BC an, der den bekannten Winkel $BOC = \sphericalangle BC'C - \sphericalangle C'BB'$ als zugehörigen Peripheriewinkel aufweist. Somit ist O stets eindeutig konstruierbar, und man erhält A', B', C' in der gesuchten Lage auf k durch die Strahlen OA, OB, OC. Nun ziehe man MA' und bestimme M_1 auf

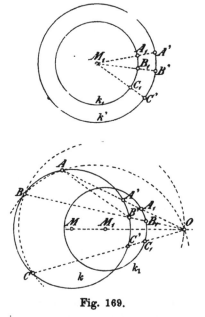

Fig. 169.

OM derart, daß die zu MA' parallele Strecke $M_1 A_1$ (A_1 auf OA) gleich dem Radius von k_1 wird. Ein um M_1 als Mittelpunkt durch A_1 beschriebener Kreis k_1 liegt vom Zentrum O aus ähnlich zum Kreis k; sind also $M_1 B_1$ und $M_1 C_1$ seine zu MB' und MC' parallelen Radien, so liegen B_1 und C_1 auf den Strahlen $OB'B$ und $OC'C$. Zugleich haben die Kreisbogen $A_1 B_1$ und $B_1 C_1$ die gegebene Größe; denn in der unteren Figur ist $\not\subset A_1 M_1 B_1 = \not\subset A' M B'$ und der letztere Winkel stimmt mit dem $\not\subset A' M_1 B'$ der oberen Figur der Konstruktion gemäß überein. Sonach liegen die Kreise k und k_1 perspektiv von ihrem Ähnlichkeitspunkt O aus (244) und den Punkten A, B, C von k entsprechen hierbei die Punkte A_1, B_1, C_1 von k_1.

Nimmt man mit dem Kreis k_1 eine Drehung um O von 180^0 vor, so befindet er sich abermals mit k in perspektiver Lage, bei der sich die Punkte ABC und $A_1 B_1 C_1$ resp. entsprechen.

249. Wir kehren zurück zum schiefen Kreiskegel und nehmen auf ihm zwei gleich große Wechselschnitte k und k_1 an, deren Ebenen E und E_1 sich in e schneiden mögen. Die auf e senkrecht stehende Ebene durch die Kegelspitze S ist eine Symmetrieebene des Kegels; sie enthält die Durchmesser AB von k und $A_1 B_1$ von k_1, sowie die beiden Mantellinien SAB_1 und $SA_1 B$, ferner die Kegelachsen x und y, welche die Winkel dieser Mantellinien halbieren. In Figur 170 liegen die Kreise k und k_1 auf dem nämlichen Kegelmantel, die Symmetrieebene dient zugleich als Aufrißebene, der Grundriß ist weggelassen. Wir schreiben noch $Y = AB \times y$ und $X = AB \times x$; durch X geht auch $A_1 B_1$ und die Gerade e steht in ihm auf der Aufrißebene senkrecht. Die Kreise k und k_1 sind perspektiv aus dem Zentrum S. Projizieren wir jetzt den Kreis k_1 parallel zur Geraden y auf die Ebene E des Kreises k_1, so fällt diese Projektion mit k zusammen, damit wird der Kreis k nach 170 zu sich selbst perspektiv. Je zwei entsprechende Punkte liegen auf einem Strahle durch das Zentrum der Perspektive Y, und je zwei entsprechende Sehnen schneiden sich auf der Achse der Perspektive e. Es ist das eine unmittelbare Folge der Resultate in Nr. 170, kann aber auch leicht direkt wie folgt nachgewiesen werden.

Seien p und q irgend zwei Mantellinien des Kegels, sie mögen k und k_1 in den Punkten $P_1 Q$ bez. P_1, Q_1 schneiden. Bestimmt man zu P_1 und Q_1 die symmetrischen Punkte P_2 und Q_2 in bezug auf die in x auf dem Aufriß senkrecht stehende Ebene B, so ist $P_1 P_2 \parallel Q_1 Q_2 \parallel y$ und P_2 und Q_2 liegen auf k; denn k und k_1 sind symmetrisch in bezug auf B. P_2 und Q_2 sind also die Parallelprojektionen von P_1 und Q_1 in der Projektionsrichtung y, und es ist

zu zeigen, daß sich PP_2 und QQ_2 in Y schneiden und daß der
Schnittpunkt von PQ und P_2Q_2 auf e liegt. Nun enthält aber die
Ebene py die zu y parallele Gerade P_1P_2 und folglich auch die
Gerade PP_2; ebenso enthält qy die Gerade QQ_2, woraus unmittelbar folgt, daß die Geraden PP_2 und QQ_2 durch Y gehen. Ferner
gehen PQ und P_1Q_1 durch den Schnittpunkt von e mit der Ebene
pq; durch diesen Punkt geht natürlich auch die Gerade P_2Q_2, da

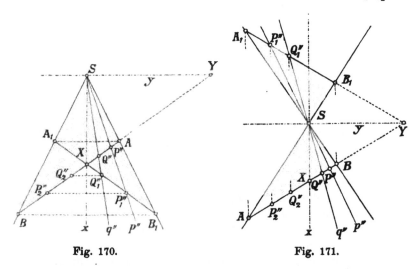

Fig. 170.   Fig. 171.

sie symmetrisch zu P_1Q_1 in bezug auf die Ebene B ist. Damit ist
aber unsere Behauptung erwiesen.

In Fig. 171 ist der andere Fall dargestellt, in dem die Kreise
k und k_1 auf verschiedenen Mänteln des Kegels liegen. Hier gehen
die Verbindungslinien entsprechender Punkte, z. B. PP_2, QQ_2, durch
das Zentrum X der Perspektive, während sich je zwei entsprechende
Sehnen, z. B. PQ und P_2Q_2, auf der Geraden e schneiden, die in Y
auf dem Aufriß senkrecht steht.

250. Bei der perspektiven Beziehung, die einen Kreis k in sich
selbst verwandelt, findet zwischen Zentrum und Achse eine besondere
Abhängigkeit statt. Die Geraden x und y in den Figuren 170 und
171 liegen zu den Mantellinien SA und SB harmonisch, da sie die
Winkel derselben halbieren (204); deshalb teilen auch die Punkte
X und Y den Durchmesser AB von k harmonisch. Zentrum und
Achse der Perspektive teilen also den durch das Zentrum gehenden
Durchmesser von k harmonisch, und die Achse steht auf ihm senkrecht.

Umgekehrt kann jeder Punkt O in der Ebene des

Kreises *k* als Zentrum einer Perspektive angesehen werden,
die den Kreis in sich verwandelt; ihre Achse *e* steht dann auf
dem Durchmesser durch den Punkt *O* senkrecht und teilt zusammen
mit *O* denselben harmonisch. Geht nämlich der Durchmesser *A B*
von *k* durch *O* und wird er von *O* und *E* harmonisch geteilt, so
beschreibe man über *O E* als Durchmesser einen Kreis in einer zur
Ebene des Kreises *k* senkrechten Ebene. Jeder Kegel, dessen Scheitel
S auf diesem Hilfskreis liegt, hat die Geraden *SO* und *SE* zu Achsen.
Denn sie liegen zu den Mantellinien *S A* und *S B* harmonisch, und
da sie zueinander senkrecht sind, halbieren sie nach 204 die Winkel
dieser Mantellinien und sind demgemäß Achsen des Kegels. Aus
der vorausgehenden Nummer folgt dann unmittelbar die Richtigkeit
unserer Betrachtung.

251. Wir haben soeben gesehen, daß in der Ebene eines
Kreises *k* zu jedem Punkt *O* eine ganz bestimmte Gerade *e* gehört
und umgekehrt. Es gibt dann immer eine Perspektive, die *O* zum
Zentrum und *e* zur Achse hat und den Kreis *k* in sich selbst verwandelt. Diese Zusammen-
gehörigkeit von *O* und *e* findet
in der folgenden Definition
ihren Ausdruck: Ein Punkt
und eine Gerade werden
als Pol und Polare in be-
zug auf einen Kreis *k* bezeichnet, wenn sie Zentrum
und Achse einer Perspek-
tive darstellen, die den
Kreis *k* in sich selbst abbildet. Durch die Wahl des
Poles (der Polaren) ist die
Lage der Polaren (des Pols)
bestimmt; der zur Polare senkrechte Durchmesser geht durch
den Pol und wird von ihm
und der Polaren harmonisch
geteilt. Ziehen wir durch den

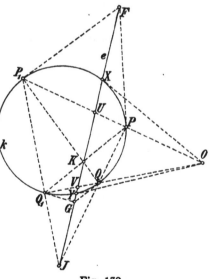

Fig. 172.

Pol *O* zwei beliebige Strahlen, die den Kreis *k* in *P* und *P*₁ bez. *Q*
und *Q*₁ schneiden (Fig. 172), so entsprechen den Originalpunkten
P, *Q*, *P*₁, *Q*₁ die Bildpunkte *P*₁, *Q*₁, *P*, *Q*. Demnach schneiden sich
die entsprechenden Geraden *PQ* und *P*₁*Q*₁ in einem Punkte *J*
der Polaren *e* und ebenso die entsprechenden Geraden *PQ*₁ und

$P_1 Q$ in einem Punkte K derselben. Hierin liegt die Konstruktion der Polaren zu einem gegebenen Punkt als Pol.

Auch die Tangenten in P und P_1 entsprechen sich, so daß ihr Schnittpunkt F auf der Polaren e liegt, und in gleicher Weise muß sich der Schnittpunkt G der Tangenten in Q und Q_1 auf der Polaren befinden. Ferner schneidet die Polare die Sehnen PP_1 und QQ_1 in Punkten U bez. V, die mit O zusammen diese Sehnen harmonisch teilen. Denn die Linien PQ, PQ_1, $P_1 Q$, $P_1 Q_1$ bilden ein Vierseit, dessen Diagonalschnittpunkte O, U und V sind. Liegt O außerhalb des Kreises k, so liegen U und V als vierte harmonische Punkte auf den Sehnen PP_1 bez. QQ_1 im Innern des Kreises; da ein gleiches Verhalten bei allen Sehnen durch O eintritt, schneidet die Polare e den Kreis in zwei Punkten X und Y. Liegt dagegen O im Innern von k, so liegen U und V außerhalb, und die Polare schneidet den Kreis nicht. Im ersteren Falle sind X und Y die Berührungspunkte der von O an den Kreis gelegten Tangenten. Denn OX schneidet k in zwei Punkten, die zu O und X harmonisch liegen, und da einer dieser Schnittpunkte mit X zusammenfällt, muß es auch der andere tun. Es stimmt dies auch damit überein, daß der Punkt X als Punkt der Perspektivitätsachse sich selbst entsprechen muß.

252. Wir fassen unsere Resultate in die folgenden Sätze zusammen:

α) Je zwei beliebige Sehnen durch den Pol schneiden den Kreis in zweimal zwei Punkten, deren vier Verbindungslinien sich paarweise in zwei Punkten der Polaren schneiden. Dieser Satz liefert die Konstruktion der Polaren zu einem gegebenen Pole.

β) Jede Sehne durch den Pol bestimmt in ihren Endpunkten zwei Tangenten, die sich auf der Polaren schneiden und umgekehrt.

γ) Jede Sehne durch den Pol wird von diesem und der Polaren harmonisch geteilt.

δ) Kann man vom Pol aus zwei Tangenten an den Kreis legen, so liegen ihre Berührungspunkte auf seiner Polaren.

Je nachdem der Pol außerhalb oder innerhalb des Kreises liegt, schneidet ihn die zugehörige Polare, oder sie schneidet ihn nicht. Im besonderen erhält man als Polare des Kreismittelpunktes die unendlich ferne Gerade der Ebene. Tangiert die Polare den Kreis, so ist ihr Berührungspunkt der zugehörige Pol und umgekehrt. Denn

legt man aus irgend einem Punkt der Polaren die beiden Tangenten
an den Kreis (deren eine in diesem Falle die Polare selbst ist), so
muß die Verbindungslinie ihrer Berührungspunkte durch den Pol gehen.

253. Die Beziehung zwischen Pol und Polare eines Kreises *k*
leitet uns unmittelbar zu einem äußerst wichtigen Satz für den Kreis,
der für die in dem nächsten Abschnitt zu behandelnden Kegelschnitte
von fundamentaler Bedeutung ist und besonders für viele Sätze und
Konstruktionen den Ausgangspunkt bildet. Vier beliebige Punkte
ABCD eines Kreises *k* bestimmen ein Viereck; seine drei Paar
Gegenseiten schneiden sich in drei Punkten *L*, *M* und *N*, und jeder

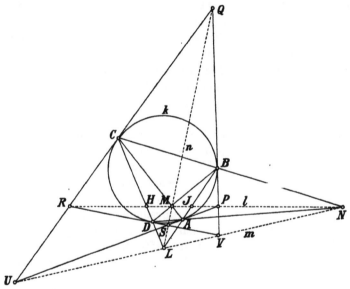

Fig. 173.

von ihnen ist der Pol zu der Verbindungslinie der beiden andern
(Fig. 173). In der Tat sind *AB* und *CD* die beiden Sehnen durch
L, so müssen sich nach der vorausgehenden Nummer die vier Verbindungslinien ihrer Endpunkte paarweise auf der Polaren von *L*
schneiden; diese Schnittpunkte sind aber *M* und *N*.   Ganz ebenso
hat man die Endpunkte der Sehnen *AC* und *BD* durch vier Linien
zu verbinden; ihre Schnittpunkte *L* und *N* liegen auf der Polaren
von *M*. Der nämliche Schluß lehrt, daß die Polare von *N* durch
L und *M* geht.

Nun ziehen wir in den Punkten *A*, *B*, *C*, *D* des Kreises *k* die
zugehörigen Tangenten; sie bestimmen ein Vierseit mit drei Paar

Gegenecken P und R, Q und S, T und U. Da die Sehnen AB und
CD durch L gehen, muß (nach 252β) der Schnittpunkt P der
Tangenten in A und B, sowie der Schnittpunkt R der Tangenten
in C und D auf der Polaren von L, d. h. auf der Geraden MN
liegen. Aus gleichen Gründen liegen die Punkte Q, S, L, M in gerader Linie und ebenso die Punkte T, U, L, N. Die Punkte L, M
und N sind die drei Diagonalpunkte des Vierecks $ABCD$, während
die Geraden PR, QS und TU die drei Diagonalen des Vierseits der
vier Kreistangenten sind. Hierbei bilden die Punkte L, M und N
die Pole der Geraden $l = MN$, $m = LN$ und $n = LM$, wie aus der
Figur unmittelbar hervorgeht. Ein solches Dreieck, dessen Seiten die
Polaren der gegenüberliegenden Ecken und dessen Ecken die Pole
der bez. Seiten sind, heißt **Polardreieck**. Somit haben wir den
Satz erwiesen: **Schreibt man einem Kreis in den nämlichen
vier willkürlich gewählten Punkten ein vollständiges Viereck
ein und ein Vierseit um, so verbinden die Diagonalen des
letzteren die Diagonalpunkte des ersteren und bilden ein
Polardreieck.**

254. Wir wollen für diesen besonders wichtigen Satz noch einen
einfachen Beweis geben, der auf der Anwendung ganz einfacher
planimetrischer Sätze beruht. Es seien wieder PQ, QR, RS, SP

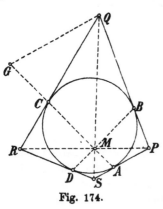

Fig. 174.

die Seiten des umgeschriebenen Vierecks
und B, C, D, A die zugehörigen Berührungspunkte (Fig. 174). Schneiden
sich dann CA und QS in M, so hat
man: $MQ:MS = QC:SA$. Liegt näm-
lich G auf AC und ist $QG \| AS$, so ist:
$MQ:MS = QG:SA$; zugleich ist $QG = QC$,
denn die spitzen Winkel bei G und C
sind beide gleich dem spitzen Winkel
bei A. Schneiden sich weiter BD und
QS in M', so erhält man analog:
$M'Q:M'S = QB:SD$. Nun ist aber
$QB = QC$ und $SD = SA$, also auch:
$M'Q:M'S = MQ:MS$; dies hat aber
das Zusammenfallen von M' und M zur Folge, da zwei verschiedene
Punkte auf einer Strecke nicht das gleiche Abstandsverhältnis besitzen können. Somit geht QS durch den Schnittpunkt von AC und
BD. Die gleiche Schlußfolgerung zeigt, daß auch PR durch diesen
Schnittpunkt hindurchgeht, so daß sich die vier Geraden AC, BD,
PR und QS in dem nämlichen Punkt M schneiden.

Indem wir von dem umgeschriebenen Viereck $PQRS$ ausgingen, zeigten wir soeben, daß die Verbindungslinien der Berührungspunkte seiner Gegenseiten AC und BD durch den Schnittpunkt M seiner Diagonalen PQ und RS gehen (Fig. 173). Legen wir das Viereck $SVQU$ zu grunde, so sind QS und VU seine Diagonalen und AB bez. CD die Verbindungslinien der Berührungspunkte seiner Gegenseiten. Deshalb können wir ganz in der gleichen Weise wie vorher schließen, daß sich diese vier Geraden in einem Punkte L schneiden. Endlich folgern wir aus dem umgeschriebenen Viereck $RVPU$, daß die vier Geraden PR, VU, AD und BC einen Punkt N gemein haben, womit unser Satz abermals bewiesen ist.

255. Der soeben in elementarer Weise abgeleitete Satz vom umgeschriebenen Vierseit und eingeschriebenen Viereck kann umgekehrt dazu verwendet werden, um die Eigenschaften von Pol und Polare, wie sie in Nr. 252 aufgezählt sind, nachzuweisen. Auf der Geraden $l = MN$ liegen noch die vier weiteren Punkte P, R, J und H; durch zwei von ihnen, etwa P und J, ist die Lage von l bestimmt (Fig. 173). Die Wahl des Punktes L und der Sehne AB durch L genügt aber, um P als Schnitt der Tangenten in A und B, sowie J als vierten harmonischen Punkt zu AB und L zu konstruieren. Denn J und L sind Diagonalschnittpunkte des Vierseits CA, CB, DA, DB, sie liegen also zu den Ecken A und B harmonisch. Hält man jetzt den Punkt L und die eine Sehne durch ihn, nämlich AB, fest, während man die andere Sehne CD sich um L drehen läßt, so bewegen sich zwar auch die Punkte H, R, M und N auf der Geraden $l = PJ$, die Lage der Geraden selbst aber bleibt ungeändert. Hält man dagegen die Sehne CD fest und läßt die Sehne AB sich um L drehen, so bleiben R und H und somit wiederum die Gerade l fest. Demnach kann man beide Sehnen durch L nacheinander Drehungen ausführen lassen, ohne daß die Gerade L ihre Lage ändert, während die sechs Punkte M, N, P, R, H, J sich auf ihr fortbewegen. Die Gerade $l = MN$ hängt demnach einzig von der Wahl des Punktes L, aber nicht von der Wahl der durch L gezogenen Sehnen ab; daraus folgen dann die früheren Polareigenschaften zwischen L und $l = MN$.

Ellipse, Parabel und Hyperbel als perspektive Bilder des Kreises.

256. Wir wollen jetzt die seitherigen Untersuchungen ausdehnen auf diejenigen Kurven, die aus einem Kreise bei einer ganz beliebigen perspektiven Abbildung hervorgehen. Dabei ist es gleichgültig, ob man die Zentralprojektion im Raume oder in der Ebene zu grunde legen will, da ja die eine in die andere übergeführt werden kann (164 und 170). Die Zentralprojektion eines Kreises aus einem Raumpunkt auf eine beliebige Ebene ist aber nichts anderes als der Schnitt dieser Ebene mit einem schiefen Kreiskegel. Aus dieser Anschauung heraus bezeichnet man jedes perspektive Bild eines Kreises als Kegelschnitt. Daß man jede derartige Kurve sogar immer als Schnitt eines geraden Kreiskegels erhalten kann, werden wir später nachzuweisen haben[8]).

Wir werden hierbei auf solche Eigenschaften der Kreise zu achten haben, die bei einer Zentralprojektion unveränderlich sind; dann kommen die gleichen Eigenschaften auch den Kegelschnitten zu. So werden alle Sätze beim Kreise, die aussagen, daß sich drei oder mehr Gerade in einem Punkte schneiden, oder daß drei oder mehr Punkte auf einer Geraden liegen, sich bei den Kegelschnitten wiederfinden müssen, da die Geraden durch einen Punkt und die Punkte auf einer Geraden sich wieder als Gerade und Punkte von der nämlichen Eigenschaft projizieren. Auch projektive Punktreihen und Strahlbüschel, die bei einem Kreise auftreten, projizieren sich als projektive Punktreihen und Strahlbüschel beim Kegelschnitt, und alle darauf basierenden Sätze haben in gleicher Weise für den Kreis und sein perspektives Bild — den Kegelschnitt — Gültigkeit. Auch harmonische Punkte oder Strahlen und involutorische Reihen oder Büschel behalten ihre Eigenschaft bei der perspektiven Abbildung. Insbesondere werden wir die folgenden beiden Sätze unmittelbar vom Kreis auf die Kegelschnitte übertragen können.

Ein Kegelschnitt ordnet jedem Punkt in seiner Ebene als Pol eine ganz bestimmte Gerade als Polare zu und umgekehrt. Zwischen Pol und Polare bestehen die nachfolgenden Beziehungen.

α) **Je zwei beliebige Sehnen durch den Pol schneiden den Kegelschnitt in zweimal zwei Punkten, deren vier Verbindungslinien sich paarweise in zwei Punkten der Polaren treffen (woraus ihre Konstruktion folgt).**

β) **Jede Sehne durch den Pol bestimmt in ihren Endpunkten zwei Tangenten, die sich auf der Polare schneiden.**

γ) **Jede Sehne durch den Pol wird von diesem und seiner Polaren harmonisch geteilt.**

δ) **Kann man vom Pol zwei Tangenten an den Kegelschnitt legen, so liegen ihre Berührungspunkte auf seiner Polaren.**

Schreibt man einem Kegelschnitt in den nämlichen vier willkürlich gewählten Punkten ein vollständiges Viereck ein und ein Vierseit um, so verbinden die Diagonalen des letzteren die Diagonalpunkte des ersteren und bilden ein *Polardreieck* des Kegelschnittes.

257. Wir stellen an den Anfang die Definition: *Die ebenen Zentralprojektionen oder perspektiven Bilder des Kreises heißen Kegelschnitte.* Durchläuft ein Punkt P den Kreis, so dreht sich sein projizierender Strahl OP um das Zentrum O, und sein Bildpunkt P_1 durchläuft den Kegelschnitt als Bild des Kreises. So wie P den Kreis in einem Zuge durchläuft und zur Ausgangslage zurückkehrt, so beschreibt auch P_1 den ganzen Kegelschnitt von einem seiner Punkte anfangend in einem ununterbrochenen Zuge und kehrt nach Durchlaufung desselben in die Anfangslage zurück. Man darf daher jeden Kegelschnitt, ebenso wie den Kreis, als eine stetige geschlossene Kurve bezeichnen. Es ist nicht ausgeschlossen, daß bei der geschilderten Bewegung der Bildpunkt P_1 sich ins Unendliche entfernt und wieder zurückkehrt, der Kegelschnitt sich also ins Unendliche erstreckt. Man hat ihn dann, ähnlich wie die gerade Linie (160), als im Unendlichen geschlossen aufzufassen.

258. Aus dem gegenseitigen Entsprechen der geraden Linien in der Original- und Bildfigur und ihrer Schnittpunkte mit dem gegebenen Kreise bez. mit seinem Bilde folgen unmittelbar die Sätze:

Ein Kegelschnitt wird von irgend einer Geraden seiner Ebene in höchstens zwei Punkten geschnitten. Im besonderen entspricht einer Kreistangente und ihrem Berührungspunkt im Bilde eine Tangente des Kegelschnittes und deren Berührungspunkt (hiervon ist schon in dem Satz am Schluß von 256 Gebrauch gemacht).

An einen Kegelschnitt können aus irgend einem Punkt seiner Ebene höchstens zwei Tangenten gezogen werden, die in eine zusammenfallen, wenn der Punkt auf der Kurve liegt.

Beim Kreise spricht man von einem Gebiete innerhalb und von einem Gebiete außerhalb desselben; dem ersteren gehören alle Punkte an, von denen sich keine Tangenten an den Kreis legen lassen, dem letzteren alle Punkte mit zwei Kreistangenten. Ganz ebenso sagt man beim Kegelschnitt, daß ein Punkt seiner Ebene außerhalb oder innerhalb desselben liege, je nachdem durch ihn Tangenten an den Kegelschnitt gelegt werden können oder nicht.

259. Es gibt drei Arten von Kegelschnitten, auf deren Unterscheidung man sofort geführt wird, wenn man ihre Beziehung zur unendlich fernen Geraden der Ebene in Betracht zieht. Geht man vom schiefen Kreiskegel aus, so kann die schneidende Ebene Π drei wesentlich verschiedene Lagen gegen den Kegel einnehmen. Sie wird entweder nur den einen Mantel des Kegels schneiden, oder sie wird beide Mäntel (Kegel und Gegenkegel) treffen, oder sie wird eine Lage einnehmen, die als Übergang jener beiden Fälle anzusehen ist. Denkt man sich durch die Spitze O des Kegels eine Parallel-ebene zu Π gelegt, so wird sie den genannten drei Fällen ent-sprechend entweder keine Mantellinie des Kegels enthalten, oder deren zwei, oder sie wird ihn längs einer Mantellinie berühren; diese Mantellinien in der Parallelebene verlaufen offenbar nach den un-endlich fernen Punkten der Schnittkurve in der Ebene Π. Nun schneidet aber die Parallelebene durch die Kegelspitze die Ebene des Basiskreises k in der Verschwindungslinie e_v. Die Lage der Ver-schwindungslinie gegen den abzubildenden Kreis ist sonach maß-gebend für die Gestalt seines Bildes.

260. Die Zentralprojektion eines Kreises auf eine Ebene führt zu drei verschiedenen Arten von Kegelschnitten, je nachdem der Kreis mit der Verschwindungslinie seiner Ebene keinen, zwei getrennte, oder einen Berührungspunkt gemein hat; sie heißen: *Ellipse, Hyperbel, Parabel.* Aus dieser Definition folgt:

Die Ellipse ist im Endlichen geschlossen. Ihre Über-einstimmung mit dem affinen Bild des Kreises (vergl. Definition in 15) wird in 271 gezeigt. Die Hyperbel schneidet die unendlich ferne Gerade ihrer Ebene in zwei getrennten Punkten; sie verläuft also zweimal durch das Unendliche. Ihre beiden unendlich fernen Punkte sind die Bilder der Schnittpunkte des Originalkreises mit der Verschwindungslinie e_v. Die Tangenten der Hyperbel in diesen beiden Punkten sind die Bilder der Kreistangenten in den beiden Verschwindungspunkten des Kreises und heißen Asymptoten. Die Parabel berührt die unendlich ferne Gerade ihrer Ebene. Ihr Berührungspunkt ist das Bild des Berührungspunktes von Verschwindungslinie und Originalkreis.

261. Da man aus einem Kreise die gleichen Bilder sowohl durch eine ebene wie durch eine räumliche Perspektive erhalten kann, werden wir zur konstruktiven Erzeugung des Kegelschnittes die erstere benutzen, weil sie bequemer für die Zeichnung ist. Sind Zentrum O, Achse e_1 und Verschwindungslinie e_v, oder an Stelle der letzteren ein Paar entsprechender Punkte gegeben, so können wir nach 166 bis 171 auseinander gesetzten Prinzipien zu beliebig vielen

Punkten und Tangenten eines vorgelegten Kreises die perspektiven Bilder, also beliebig viele Punkte und Tangenten eines Kegelschnittes konstruieren. In Fig. 175 sind drei konzentrische Kreise so gewählt, daß einer die Verschwindungslinie e_v nicht schneidet, während der zweite sie berührt und der dritte sie schneidet. Dementsprechend

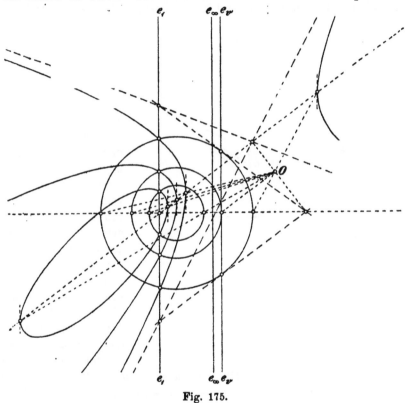

Fig. 175.

stellen die zugehörigen Bilder eine Ellipse, eine Parabel und eine Hyperbel dar. Von der Hyperbel sind zugleich die Asymptoten angegeben, die parallel zu den Strahlen aus O nach den Schnittpunkten des Kreises mit e_v laufen.

262. Wir wollen jetzt die perspektive Abbildung des Kreises etwas eingehender studieren, um einige wesentliche Eigenschaften der Kegelschnitte abzuleiten, die besonders für ihre Konstruktion bedeutungsvoll sind. An erster Stelle soll uns die *Parabel* beschäftigen. Hier berührt die Verschwindungslinie e_v den Kreis k in einem Punkt M (Fig. 176); außerdem mag die Achse e_1 und das Zentrum O der

Perspektive gegeben sein. Hiermit ist dann die Parabel k_1 als Bild
des Kreises k völlig bestimmt. Es sei A ein beliebiger Punkt von k,
seine Tangente schneide e_v im Punkte J; dann ist $i = MA$ die Polare
von J, und jede Kreissehne durch J, z. B. BC, wird durch J und
ihren Schnittpunkt G mit i harmonisch geteilt. Das Bild i_1 der
Geraden i geht durch $i \times e_1$ und ist parallel zu OM — der Verbindungslinie des Zentrums mit
dem Verschwindungs-
punkt von i (168). Den
Kreissehnen durch J
entsprechen zu OJ pa-
rallele Parabelsehnen,
die sämtlich von i_1
halbiert werden. Denn
diese Parabelsehnen
müssen durch i_1 und
ihren unendlich fernen
Punkt — das Bild
von J — harmonisch
geteilt werden (204).
Die Gerade i_1 hat also
die Eigenschaft ein
System paralleler Pa-
rabelsehnen zu hal-
bieren und heißt des-
halb **Durchmesser
der Parabel.** Ins-
besondere ist die Tan-

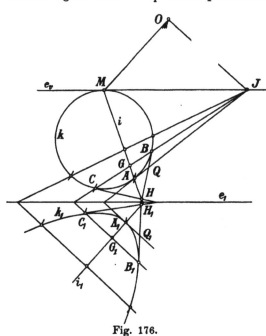

Fig. 176.

gente im Endpunkte des Durchmessers zu den halbierten Sehnen
parallel. Ändert man die Lage von J auf e_v, so ändert OJ seine Richtung und damit auch das System der zu OJ parallelen Parabelsehnen, die den Kreissehnen durch J entsprechen, und ebenso ändert
sich der sie halbierende Durchmesser. Wo aber auch J auf e_v liegen
mag, immer wird seine Polare durch M gehen, d. h. ihr perspektives
Bild wird immer zu OM parallel sein. Das liefert uns den Satz:

**Jedes System paralleler Parabelsehnen wird von einem
Durchmesser halbiert; alle Durchmesser der Parabel sind
untereinander parallel. Unter diesen Durchmessern gibt
es einen, der die zu ihm senkrechten Parabelsehnen halbiert;
er ist also eine Symmetrielinie der Parabel und heißt ihre
Achse, sein Endpunkt heißt ihr Scheitel.** Die Achse der

Parabel erhält man, wenn man $OJ \perp OM$ zieht, wie das in der Figur tatsächlich geschehen ist; das Bild i_1 von i ist dann die Achse, ihr Endpunkt A_1 der Scheitel der Parabel; die Scheiteltangente ist normal zur Achse.

Da · die Sehne BC durch J geht, schneiden sich die Tangenten in B und C auf i (252); ihr Schnittpunkt H teilt zusammen mit G die Sehne AM harmonisch, denn H ist der Pol von BC. Nun liegt aber das Bild von M im Unendlichen, folglich halbiert A_1 die Strecke $G_1 H_1$; ebenso werden die Strecken $H_1 B_1$ und $H_1 C_1$ durch die Tangente in A_1 halbiert. Zieht man aus einem beliebigen Punkt H_1 die beiden Parabeltangenten $H_1 B_1$ und $H_1 C_1$, so ist die Verbindungslinie von H_1 mit dem Mittelpunkt G_1 der Sehne $B_1 C_1$ ein Durchmesser, sein Endpunkt A_1 halbiert die Strecke $G_1 H_1$. Das Stück einer jeden Parabeltangente zwischen ihrem Berührungspunkt und einem beliebigen Durchmesser wird durch die Tangente im Endpunkt des Durchmessers halbiert.

268. Schreibt man dem Kreis k ein Vierseit um doch so, daß eine Seite in die Verschwindungslinie fällt, dann ist sein Bild eine Parabel mit drei beliebigen Tangenten, die zusammen mit der unendlich fernen Geraden ein umgeschriebenes Vierseit bilden (Fig. 177).

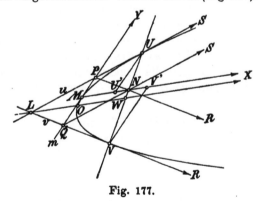

Es seien u, v, m die Tangenten, U, V, M ihre Berührungspunkte und $P = u \times m$, $Q = v \times m$, $L = u \times v$ ihre Schnittpunkte; ferner bezeichnen wir die unendlich fernen Punkte von u und v resp. mit S und R. Dann schneiden sich nach 253 die Geraden PR ($\| v$), QS ($\| u$), UV und der Durchmesser durch M in einem

Fig. 177.

Punkte N. Zu dem Durchmesser MN ist der Durchmesser LW, der UV halbiert, parallel. Die ähnlichen Dreiecke UPN und NQV ergeben die Relation: $PU : QN = PN : QV$, woraus $PU : LP = LQ : QV$ folgt.

Auf zwei beliebigen Parabeltangenten werden die Strecken zwischen ihrem Schnittpunkt und ihren Berührungspunkten von jeder weiteren Tangente nach demselben Verhältnis geteilt.

Wählen wir noch U' und V' auf MN so, daß $UU' \parallel VV' \parallel m$ wird, dann können wir die Tangente in M und den Parabeldurchmesser durch M als Koordinatenachsen MY und MX und

$$x = MU', \quad y = U'U \text{ als Koordinaten von } U$$

und:

$$x_1 = MV', \quad y_1 = V'V \text{ als Koordinaten von } V$$

ansehen. Hierbei werden die parallel zu MX und MY gemessenen Abstände irgend eines Punktes der Ebene von MY und MX als seine **Koordinaten** x, y bezeichnet, wie das in der analytischen Geometrie der Brauch ist. Nun verhalten sich zwei parallele Strecken PU und QN wie ihre Parallelprojektionen MU' und MN auf die Gerade MX, also:

$$MU' : MN = PU : QN = NU : VN = UU' : VV',$$

ferner:

$$MN : MV' = PN : QV = NU : VN = U'U : VV'.$$

Durch Multiplikation folgt hieraus als Gleichung der Parabel:

$$x : x_1 = y^2 : y_1{}^2, \text{ oder: } y^2 : x = y_1{}^2 : x_1 = \text{konst.}$$

Denn hält man den Punkt V oder x_1, y_1 fest und läßt den Punkt U oder x, y die Parabel durchlaufen, so behält: $y^2 : x$ immer denselben Wert.

Wählt man irgend einen Durchmesser der Parabel zur Abszissenachse und die Tangente in seinem Endpunkt zur Ordinatenachse, so verhalten sich die Abszissen der Parabelpunkte wie die Quadrate ihrer Ordinaten. Insbesondere verhalten sich die senkrechten Abstände der Parabelpunkte von der Scheiteltangente wie die Quadrate ihrer Abstände von der Achse der Parabel.

264. Die Fig. 177 liefert auch eine einfache Konstruktion für die Tangenten und Punkte einer Parabel, sobald man einen Durchmesser MX, die Tangente $m = MY$ in seinem Endpunkt und einen Punkt U von ihr kennt. Das Stück der Tangente in U zwischen U und dem Durchmesser MX wird von m halbiert; man ziehe also $UU' \parallel m$ und trage die Strecke MU' von M aus auf den Durchmesser in entgegengesetzter Richtung auf, durch ihren Endpunkt geht dann die fragliche Tangente u. Nun nehme man N auf MX beliebig an, ziehe QN und durch Q die Gerade $v \parallel PN$, so ist v eine Parabeltangente und V auf UN ihr Berührungspunkt.

Sind insbesondere der Scheitel S, die Achse SX, die Scheiteltangente SY und ein Punkt U der Parabel gegeben (Fig. 178), so geht die zugehörige Tangente u durch den Punkt T der Achse (ST

$= U'S$ und die Normale n durch den Achsenpunkt N. Nun ist $y^2 = cx$, wo c eine Konstante bedeutet, also $(UU')^2 = \frac{c}{2} \cdot TU'$; anderseits folgt aus der Figur $(UU')^2 = TU' \cdot U'N$; mithin kommt: $U'N = \frac{c}{2}$. Die Strecke $U'N$ ist die Projektion der Normalen UN auf die Achse und heißt die Subnormale. **Die Subnormale hat für alle Punkte einer Parabel die gleiche Länge.**

N ist der Mittelpunkt eines Kreises, der die Parabel in den Punkten U und V $(UV \perp SX)$ berührt. Läßt man U und damit auch V an den Scheitel S näher und näher heranrücken, so rückt auch N dem Scheitel näher, aber die Strecke $U'N$ behält ihre Länge bei. Fallen U und V schließlich mit dem Scheitel S zusammen, so berührt der vorher erwähnte Kreis die Parabel in zwei dem Scheitel unendlich nahe liegenden Punkten.

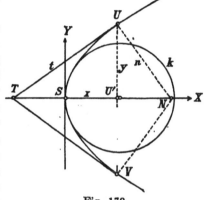

Fig. 178.

Dieser Kreis k heißt der Krümmungskreis im Scheitel der Parabel; sein Radius ist gleich der Subnormale.

265. An zweiter Stelle betrachten wir die *Hyperbel* als perspektives Bild eines Kreises k, der von der Verschwindungslinie e_v in zwei Punkten X und Y geschnitten wird. Der Pol von e_v ist der Schnittpunkt M der Kreistangenten in X und Y. Während alle Kreissehnen durch M von M und e_v harmonisch geteilt werden, halbiert M_1 — das Bild von M — alle Hyperbelsehnen durch M_1, da das Bild von e_v ins Unendliche fällt. M_1 heißt der Mittelpunkt der Hyperbel; er ist das Bild des Poles der Verschwindungslinie. Sind AB und CD irgend zwei Sehnen durch M, so liegen $L = AD \times BC$ und $N = AC \times BD$ auf e_v (252) und LMN bilden ein Polardreieck (Fig. 179); L ist der Pol von $l = MN$ und N der Pol von $n = LM$. Alle Sehnen durch L bez. N werden von L und l bez. N und n harmonisch geteilt. Da die Bilder von L und N im Unendlichen liegen, werden die Bilder aller durch L bez. N verlaufenden Sehnen untereinander parallel. Den Geraden l und n entsprechen zwei Durchmesser l_1 und n_1 durch den Mittelpunkt M_1 der Hyperbel; l_1 halbiert alle zu n_1 parallelen Sehnen und n_1 alle zu l_1 parallelen

Sehnen. Zwei Durchmesser, von denen jeder die zum anderen
parallelen Sehnen halbiert, heißen *konjugiert.* Offenbar ist

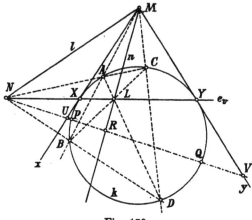

jeder von ihnen als die
Polare des unendlich
fernen Punktes auf dem
andern anzusehen.

Den Kreistangen-
ten x und y, deren Berührungspunkte X und
Y auf e_v liegen, entsprechen zwei Durch-
messer x_1 und y_1 der
Hyperbel, die sie im
Unendlichen berühren
und ihre Asymptoten
genannt werden. Je
zwei konjugierte

Fig. 179.

Durchmesser der Hyperbel liegen zu ihren Asymptoten
harmonisch. So liegen z. B. x_1, y_1, l_1 und n_1 harmonisch, da x,
y, l und n harmonisch liegen, denn ihre Schnittpunkte X, Y, N und
L mit e_v sind harmonisch. Von zwei konjugierten Durchmessern
schneidet immer nur einer die Hyperbel in zwei Punkten. Da zwei
zu den Asymptoten harmonisch liegende Strahlen konjugierte Durchmesser der Hyperbel sind, müssen auch die beiden die Asymptoten-
winkel halbierenden Strahlen konjugierte Durchmesser sein. Jeder
von ihnen halbiert demnach die zu ihm senkrechten Hyperbelachsen,
ist also eine Symmetrielinie der Hyperbel und wird als Achse bezeichnet. Die Hyperbel besitzt zwei Achsen, eine Haupt-
und eine Nebenachse, sie halbieren die Winkel ihrer Asymptoten; die Hauptachse trägt zwei Hyperbelpunkte, welche
Scheitel heißen. Die Hyperbel besteht aus zwei Ästen, die
symmetrisch zur Nebenachse liegen (Fig. 180).

266. In Fig. 180 ist die Hyperbel k_1 als perspektives Bild
eines Kreises k gezeichnet. Sind X und Y die Schnittpunkte der·
Verschwindungslinie e_v mit dem Kreis k und sind x und y die zugehörigen Tangenten, dann sind ihre Bilder — die Asymptoten x_1
und y_1 von k_1 — parallel zu OX bez. OY und gehen durch die
Punkte $x \times e_1$ bez. $y \times e_1$. Die eine Winkelhalbierende der Asymptoten
ist die Hauptachse und trägt die Scheitel A_1 und B_1; man erhält
sie als Bilder der Kreispunkte A und B auf demjenigen Strahle
durch M, der sich mit der Hyperbelachse auf e_1 schneidet. Zu

einem beliebigen Kreispunkt A bez. P findet man den Hyperbelpunkt A_1 bez. P_1, indem man zwei Gerade durch ihn zieht und
ihre Bilder sucht. In
der Figur sind die
Geraden AX und
AY bez. PX und PY
verwendet, deren Bil-
der zu den Asym-
ptoten parallel lau-
fen. Natürlich muß
die Hyperbel k_1
durch die gemein-
samen Punkte von k
und e_1 gehen, falls
sie sich wirklich
schneiden wie in der
Figur.

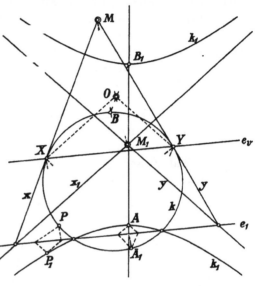

267. Zieht man
durch N (Fig. 179)
eine beliebige Sehne,
die k in P und Q,
sowie n, x und y in

Fig. 180.

R, U und V schneiden mag, so teilen N und R die Sehne PQ, zugleich aber auch die Strecke UV harmonisch, denn N, R, U, V
liegen auf den vier harmo-
nischen Strahlen l, n, x, y.
Bei der perspektiven Ab-
bildung rückt das Bild von
N ins Unendliche, somit muß
R_1 sowohl die Hyperbel-
sehne P_1Q_1, als auch das
auf ihr von den Asymptoten
begrenzte Stück U_1V_1 halbieren. Nun ist N ein beliebiger Punkt von e_v, denn
die Wahl der Sehnen AB
und CD war willkürlich,

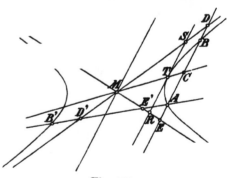

Fig. 181.

und die Sehne PQ ist beliebig durch N gelegt worden; es ist also
PQ irgend eine Sehne des Kreises. Daher der Satz:

**Auf einer beliebigen Geraden werden von einer Hyperbel
und ihrem Asymptotenpaar Strecken abgeschnitten, deren**

Mittelpunkte zusammenfallen. Oder: **Die Strecken, die auf
einer beliebigen Geraden zwischen der Hyperbel und ihren
Asymptoten liegen, sind einander gleich.** Die Fig. 181 zeigt
diese Verhältnisse; C ist der gemeinsame Mittelpunkt von AB und
DE, $AE = BD$, ebenso $E'A = D'B'$. Man sieht wié dieser Satz
dazu dienen kann, beliebig viele Punkte einer Hyperbel zu zeichnen,
sobald man ihre Asymptoten und einen Punkt von ihr, etwa A, kennt.
Auf jedem Strahl durch A liefert unser Satz einen weiteren
Hyperbelpunkt.

Als speziellen Fall erhalten wir ferner den Satz: **Das von den
Asymptoten begrenzte Stück einer jeden Hyperbeltangente
wird von ihrem Berührungspunkt halbiert** ($TS = TR$).

268. Sind P und Q zwei beliebige Hyperbelpunkte (Fig. 182
nur der eine Ast der Hyperbel ist gezeichnet), schneidet ferner PQ

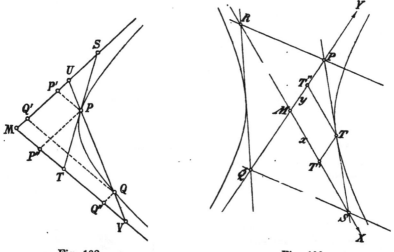

Fig. 182.   Fig. 183.

die Asymptoten in U und V, sind endlich P', Q' bez. P'', Q'' die
Projektionen von P und Q in der Richtung der einen Asymptote
auf die andere, so ist: $MP'' : MQ'' = P'P : Q'Q = UP : UQ = VQ : VP =
Q''Q : P''P = MQ' : MP'$. Daraus folgt: $MP' . MP'' = MQ' . MQ'' =$ konst.,
da ja P und Q beliebige Punkte sind. **Das Produkt der Abstände eines Hyperbelpunktes von den Asymptoten ist
konstant, wenn diese Abstände jedesmal in der Parallelen
zur anderen Asymptote gemessen werden.**

Bedenkt man noch, daß die Tangente in P auf den Asymptoten
die Stücke $MS = 2MP'$ und $MT = 2MP''$ abschneidet, da ja

$PS = PT$ ist, und daß .etwas Analoges für die Tangente in Q gilt, so haben wir den neuen Satz: **Das Produkt der Strecken, die eine Hyperbeltangente auf den Asymptoten abschneidet, ist konstant.** Daraus folgt sofort noch: **Das von den Asymptoten und einer Hyperbeltangente gebildete Dreieck hat konstanten Inhalt.**

Die letzten Sätze kann man auch leicht direkt ableiten und aus ihnen dann die vorausgehenden Sätze gewinnen. Schreibt man nämlich einem Kreis ein Viereck um, doch so, daß die Berührungspunkte zweier Gegenseiten auf der Verschwindungslinie e_v liegen, dann wird sein perspektives Bild ein Viereck sein, das sich aus den Asymptoten und zwei beliebigen Tangenten einer Hyperbel zusammensetzt, z. B. $PQRS$ in Fig. 183. Es schneiden sich dann PR und QS auf der unendlich fernen Geraden als der Linie durch die Berührungspunkte der Asymptoten, d. h. es ist $PR \| QS$, woraus sofort: $MP.MS = MQ.MR = $ konst. folgt. Die Gleichung der Hyperbel, bezogen ,auf ihre Asymptoten als Koordinatenachsen, ist

$$xy = \text{konst.}$$

Denn für die Koordinaten des Punktes T hat man $MT'' = y = \frac{1}{2}MP$ und $MT' = x = \frac{1}{2}MS$, woraus nach Obigem die Konstanz des Produktes xy folgt.

269. Sind P und Q zwei zur Hauptachse symmetrisch liegende Hyperbelpunkte, und schneiden ihre Tangenten die Asymptoten in S, T bez. U, V, während ihre Normalen die Achse in N treffen (Fig. 184), so kann man um N als Mittelpunkt einen Kreis l beschreiben, der die Hyperbel in P und Q berührt, und einen zweiten Kreis m, der durch die Punkte S, T, U und V geht. Rücken die Punkte P und Q beliebig nahe an den Scheitel A, so rücken die Punkte U und T bez. S und V beliebig nahe an

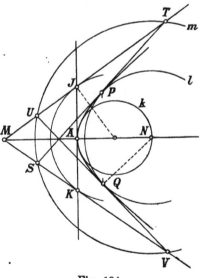

Fig. 184.

die Punkte J bez. K, die auf der Scheiteltangente liegen. Dabei geht der Kreis l in den Krümmungskreis k der Hyperbel im Scheitel A über (vergl. 264), der Kreis m aber geht in einen Kreis über, der die Asymptoten in J und K berührt. Da die Mittelpunkte beider Kreise zusammenfallen, **liegt der Mittelpunkt des Krümmungskreises für einen Scheitelpunkt der Hyperbel auf einer Geraden, die auf einer Asymptote in ihrem Schnittpunkt mit der Scheiteltangente senkrecht steht.**

270. An letzter Stelle untersuchen wir die *Ellipse* als perspektives Bild eines Kreises k, der von der Verschwindungslinie e_v nicht getroffen wird, und zeigen, daß sie zugleich als affine Kurve zu einem Kreis erscheint. In Fig. 185 ist k_1 als perspektives Bild des Kreises k gezeichnet, wobei O das Zentrum, e_1 die Achse und e_v die Verschwindungslinie dieser Perspektivität bedeutet. M ist der Pol von e_v in bezug auf k, AB der zu e_v senkrechte Durchmesser, CD die zu e_v parallele Sehne durch M. Die Punkte M und $V = e_v \times AB$ teilen den Durchmesser AB harmonisch, da M der Pol von e_v ist; deshalb ist auch V der Pol von CD und die Tangenten in C und D schneiden sich in V. Das dem Kreis k in den Punkten A, D, B, C umgeschriebene

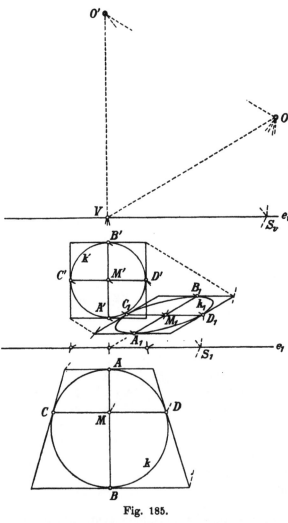

Fig. 185.

Viereck wird bei der perspektiven Abbildung zum Parallelogramm, das der Bildkurve k_1 in den Punkten A_1, D_1, B_1, C_1 umgeschrieben ist. Die Tangenten in A_1 und B_1 sind parallel zu e_v, die in C_1 und D_1 sind nach 168 parallel zu OV; die Punkte A_1, B_1, C_1, D_1 halbieren die Seiten des Parallelogramms; ferner liegen je zwei entsprechende Punkte, z. B. M und M_1, A und A_1 usw. auf einem Strahle durch O. Der Punkt M_1 ist als der entsprechende Punkt zu M der Mittelpunkt von k_1. In unserer Figur ist noch eine andere perspektive Abbildung des Kreises k entworfen, nämlich k'. Wieder sind e_1 als Achse und e_v als Verschwindungslinie der Perspektivität angenommen, dagegen ist das neue Zentrum O' so gewählt, daß das Bild k' ein Kreis wird. Dazu ist nach 243 notwendig und auch hinreichend, daß V der Mittelpunkt einer Involution mit dem Doppelpunkt O' und dem Punktepaar AB ist, daß also $(O'V)^2 = VA.VB$ ist, wodurch sich O' auf der Geraden ABV bestimmt. Den Punkten A, B, C, D von k entsprechen die Punkte A', B', C', D' von k'; die Tangenten in A' und B' sind parallel e_v, die in C' und D' sind parallel $O'V$, stehen also auf e_v senkrecht. Der Mittelpunkt M' von k' entspricht wieder dem Punkt M. Zur Konstruktion sei folgendes noch bemerkt. Um die perspektiven Bilder D_1 und D' von D zu finden, ziehe man durch D eine beliebige Gerade, die e_1 in S_1 und e_v in S_v schneidet; dann gehen ihre perspektiven Bilder durch S_1 und sind zu OS_v bez. $O'S_v$ parallel; auf diesen Geraden werden D_1 bez. D' durch die Strahlen OD bez. $O'D$ ausgeschnitten.

271. Nun sind k und k_1 perspektiv und ebenso k und k', und beide Male ist e_1 die Perspektivitätsachse; nach 162 sind demnach auch k_1 und k' perspektiv mit e_1 als Perspektivitätsachse und das zugehörige Zentrum liegt auf OO'. Da aber der Geraden e_v sowohl in der Perspektive zwischen k und k_1, als auch in der zwischen k und k' die unendlich ferne Gerade entspricht, so entspricht in der perspektiven Beziehung zwischen k_1 und k' die unendlich ferne Gerade sich selbst. Dadurch geht die Zentralprojektion in eine Parallelprojektion, die Perspektivität der Figuren in Affinität über; das Zentrum der Perspektive zwischen k_1 und k' liegt auf OO' unendlich fern. k_1 ist demnach eine zu dem Kreis k' affine Kurve, dabei ist e_1 die Affinitätsachse und OO' die Affinitätsrichtung.

Schneidet die Verschwindungslinie den Kreis k nicht, so ist sein perspektives Bild eine Ellipse, die man stets auch als affines Bild eines Kreises erhalten kann.

272. Hiermit behalten die früher abgeleiteten Eigenschaften der Ellipse ihre Gültigkeit auch für den Fall, daß dieselbe als per-

spektives Bild eines Kreises entstanden ist. Wir fügen hier noch
einen weiteren Satz hinzu, der besonders für die Konstruktion der
Ellipse wertvoll ist.

**Die Abschnitte, die auf zwei parallelen Tangenten t
und u einer Ellipse (oder Hyperbel) zwischen ihren Berührungspunkten T und U und ihren Schnittpunkten P und
Q mit einer beliebigen andern Tangente v liegen, haben
ein konstantes Produkt: $PT.QU =$ konst.**

Werden nämlich S auf t und R auf u durch irgend eine vierte
Tangente w ausgeschnitten, so treffen sich PR und QS in einem

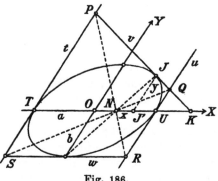

Fig. 186.

Punkte N von TU nach 253,
und man hat (Fig. 186):
$$PT:UR = TN:NU = TS:QU,$$
oder: $PT.QU = ST.RU$, was
unsern Satz beweist.

Läßt man bei der Ellipse
die Tangente w zu TU parallel
werden, so findet man den konstanten Wert des Produktes:
$$PT.QU = b^2,$$
wo $2b$ den zu $TU = 2a$ konjugierten Durchmesser be-
zeichnet.

Bei der Ellipse liegen die Schnittpunkte jeder weiteren Tangente
mit den parallelen Tangenten t und u auf der nämlichen Seite des Durchmessers TU, bei der Hyperbel jedoch nicht. Läßt man bei der Hyperbel
die Tangente w in eine der beiden Asymptoten übergehen, so ergibt
sich, da jetzt ST und RU entgegengesetzte Richtung haben:
$$PT.PQ = -b^2,$$
wo $2b$ das zwischen den Asymptoten liegende Stück der parallelen
Tangente in einem Endpunkt des Durchmessers $TU = 2a$ bezeichnet.

273. Die Figur mag uns noch dazu dienen, die Gleichung der
Ellipse abzuleiten, wenn die Durchmesser $OX = TU$ und OY als
Koordinatenachsen benutzt werden, so daß $JJ' = y$ und $OJ' = x$ die
Koordinaten des Punktes J darstellen ($JJ' \parallel OY$). Die Polare des
Punktes $K = v \times ON$ geht durch J, den Pol von v, und durch den
unendlich fernen Punkt von OY, den Pol von OX; d. h. JJ' ist
die Polare von K, und K, J' teilen den Durchmesser TU harmo-
nisch. Hieraus folgt nach 226 die Relation: $(OT)^2 = OJ'.OK$ oder:
$a^2 = x.OK$. Aus der Ähnlichkeit der auftretenden Dreiecke erkennt man ferner die Relationen: $J'K:TK = y:PT$ und $J'K:UK$

$= y : QU$, woraus durch Multiplikation: $(J'K)^2 = \frac{y^2}{b^2} TK . UK$ oder:

$(OK - x)^2 = \frac{y^2}{b^2} (OK + a)(OK - a)$ folgt. Setzt man noch den Wert von OK ein, so kommt:

$$\frac{(a^2 - x^2)^2}{x^2} = \frac{y^2}{b^2} \frac{a^2}{x^2} (a^2 - x^2),$$

oder

$$\frac{x^2}{a^2} + \frac{y^2}{b^2} - 1 = 0.$$

Dies ist die Gleichung der Ellipse bezogen auf zwei konjugierte Durchmesser als Koordinatenachsen.

Die Gleichung der Hyperbel bezogen auf zwei konjugierte Durchmesser ist:

$$\frac{x^2}{a^2} - \frac{y^2}{b^2} - 1 = 0$$

und läßt sich in ähnlicher Weise ableiten.

274. Zum Schluß mag noch die Bestimmung des Krümmungskreises in einem Scheitelpunkt der Ellipse gegeben werden. Dabei benutzen wir am besten die in 20 dargelegte Konstruktion der Ellipse aus ihren Halbachsen $OA = a$ und $OB = b$. In Fig. 187

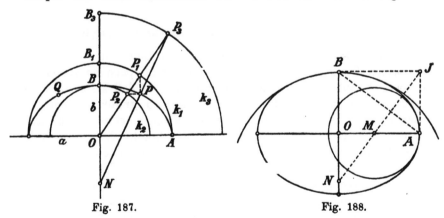

Fig. 187.   Fig. 188.

sind um O drei Kreise k_2, k_1, k_3 mit den Radien b, a, $a + b$ resp. geschlagen; ein Strahl durch O schneidet sie bez. in P_2, P_1, P_3, und es ist P ein Ellipsenpunkt ($PP_2 \parallel OA$, $PP_1 \parallel OB$), PP_3 die zugehörige Normale und N ihr Schnittpunkt mit der Achse OB. Beschreibt man um N mit dem Radius NP einen Kreis l, so berührt er die Ellipse in den beiden Punkten P und Q. Läßt man P sich dem Scheitel B unbegrenzt nähern, so tritt das nämliche für Q ein, und

l geht in den Krümmungskreis im Scheitel B und zugleich N in seinen Mittelpnnkt über. Nun hat man aber die Relation: $PN : P_3 P$ $= P_1 O : P_3 P_1 = a : b$; wenn sich also P dem Scheitel B unbegrenzt nähert, geht $P_3 P$ in $B_3 B = a$ über, und PN nimmt dabei den Wert· $a^2 : b$ an, der somit den Radius des Krümmungskreises im Scheitel B darstellt. Analog liefert $b^2 : a$ den Krümmungsradius für den Scheitel A. Diese Werte lassen sich einfach konstruieren. Man ergänze die Halbachsen OA und OB zu einem Rechteck, ziehe seine Diagonale AB und fälle aus der neuen Ecke J das Lot darauf; dieses schneidet aus den Achsen die Mittelpunkte M und N der zu den Scheiteln A und B gehörigen Krümmungskreise aus (Fig. 188). Denn aus der Ähnlichkeit der Dreiecke NBJ und BJA folgt $NB : a = a : b$; ebenso kommt: $MA : a = a : b$.

SECHSTES KAPITEL.

Ebene Kurven und Raumkurven.

Begriff des Unendlichkleinen in der Geometrie.

275. Die bisherigen Untersuchungen boten uns bereits an einzelnen Stellen Anlaß, von geometrischen Größen zu reden, die man sich unbeschränkt wachsend vorstellt, so daß sie größer als jede angebbare Größe, d. h. „unendlich groß" werden. Bei dem Studium der Kurven und krummen Flächen ist es unumgänglich auch solche Größen einzuführen, die unbeschränkt abnehmen, so daß sie kleiner als jede angebbare Größe oder „unendlich klein" werden. Die nähere Untersuchung der Begriffe des Unendlichkleinen und Unendlichgroßen gehört freilich in die Analysis (Infinitesimalrechnung); indessen mögen hier namentlich über den ersteren Begriff einige Bemerkungen seiner geometrischen Anwendung vorausgeschickt werden.

Die genannten Begriffe knüpfen sich an die Voraussetzung einer stetigen Veränderlichkeit der zu betrachtenden Größen. — Läßt sich von einer unveränderlichen (konstanten) Größe zeigen, daß sie kleiner als jede angebbare Größe ist, so ist sie gleich Null. Ist sie aber der Veränderung fähig und wird sie stetig kleiner als jede angebbare Größe, so darf man sie unendlich klein nennen.

Zwischen „Null" und „unendlich klein" besteht demnach ein begrifflicher Unterschied.

Wenn wir gegebene Größen vergleichen, so sagen wir, daß sie in einem Verhältnis stehen. Kann dieses Verhältnis durch eine rationale Zahl angegeben werden, so heißen die verglichenen Größen kommensurabel, andernfalls inkommensurabel. In letzterem Falle begnügt man sich mit der Angabe zweier rationaler Zahlen als Grenzen, zwischen denen der Wert des Verhältnisses liegt; man hat aber, um diesen als eine bestimmte irrationale Zahl ansehen zu dürfen, nachzuweisen, daß sich die Differenz der Grenzen so klein machen läßt, als man will. — Setzt man an die Stelle des wirklichen Verhältnisses eine der beiden Grenzen, so begeht man einen Fehler, der indes keinesfalls größer ist als jene Differenz und der folglich mit ihr beliebig klein wird.

Wird das Verhältnis einer variablen Größe zu einer gegebenen endlichen Größe kleiner (oder größer) als jede angebbare Zahl, so wird sie selbst unendlich klein (oder unendlich groß).

276. Veränderliche und insbesondere verschwindende Größen können nun untereinander ebenso verglichen werden wie gegebene Größen, wenn zwischen ihnen ein irgendwie, etwa geometrisch, definierter fester Zusammenhang besteht. So wird z. B. die Diagonale eines Quadrates zu seiner Seite immer das Verhältnis $\sqrt{2}$ behalten, auch wenn beide Strecken mit dem Quadrate selbst unendlich klein werden.

Stehen jetzt die Veränderungen mehrerer Größen in einem gegebenen Zusammenhang, so unterscheidet man unabhängige Größen und abhängige („Funktionen"). Oft hat man nur eine unabhängige Variable, deren Wert nach Willkür geändert werden darf, woraus sich dann die Veränderungen der abhängigen Größen ergeben; doch können auch mehrere unabhängig sein. Bei der Vergleichung variabler Größen untereinander wählt man aber stets eine Größe, und zwar eine unabhängige, als Maßstab für die übrigen, und dies gilt auch dann noch, wenn die Größen zusammen verschwinden. Man nennt dann diese eine Größe unendlich klein von der 1. Ordnung; die anderen können von verschiedener Ordnung unendlich klein sein. Hierüber aber wird nach folgendem Grundsatze entschieden: Stehen zwei verschwindende Größen in einem endlichen Verhältnis, so heißen sie von derselben Ordnung unendlich klein. Größen heißen unendlich klein von der 1., 2., ... m. Ordnung, wenn sie zu der 1., 2., ... m. Potenz einer unendlich kleinen Größe 1. Ordnung in einem endlichen Verhältnis stehen.

Die Ordnungszahl m kann auch gebrochen, ja sogar irrational sein. Letzteres kommt für unsere Untersuchungen nicht in Betracht, und auch die gebrochenen Ordnungszahlen lassen sich meist durch geeignete Wahl der unabhängig veränderlichen Größe vermeiden.

Was von den unendlich kleinen Größen gesagt wurde, läßt sich unmittelbar auf die ins Unendliche wachsenden Größen übertragen.

277. Setzen sich Größen verschiedener Ordnungen in endlicher Anzahl zu einer Summe zusammen, so kommen unendlich kleine Größen gegenüber etwa vorhandenen endlichen Größen nicht in Betracht; ebenso sind unendlich kleine Größen höherer Ordnung gegenüber von solchen niederer Ordnung wegzulassen. Denn der Fehler, den man bei ihrer Unterdrückung scheinbar begeht, ist im Verhältnis zum Resultate selbst unendlich klein. In einer Gleichung zwischen unendlich kleinen Größen sind also auf beiden Seiten nur die Glieder beizubehalten, die von ein und derselben niedersten Ordnung sind. Haben sich bei der Ableitung der Gleichung Glieder verschiedener Ordnung eingestellt, so sind die der höheren Ordnungen als einflußlos zu beseitigen.

Bei dem Gebrauche unendlich kleiner Größen nimmt man stets die Ermittelung bestimmter Werte zum Ziele und zwar geschieht dies in doppelter Weise. Einmal kann eine bestimmte Größe als Grenzwert des Verhältnisses zweier unendlich kleiner Größen auftreten, das will sagen als derjenige Wert, den der Quotient zweier veränderlicher Größen annimmt, wenn die eine und damit zugleich die andere, von ihr abhängige, verschwindet. Dem entspricht in der Analysis der Begriff des „Differentialquotienten einer Funktion". — Zum andern erhält man den Wert einer endlichen, aber nicht direkt meßbaren Größe, wenn man sie in sehr viele, sehr kleine Teile — sogenannte Elemente — zerlegt, diese mißt und sie hierauf wieder zusammenfügt. Streng genommen müßte man sich dann die Teilung unbeschränkt fortgesetzt denken, so daß jedes Element unendlich klein, gleichzeitig aber die Anzahl der Elemente unendlich groß wird, und tatsächlich zeigt die Analysis, wie unter dieser Annahme die gesuchte Größe als Grenzwert einer Summe von unendlich vielen, unendlich kleinen Größen, nämlich durch ein „bestimmtes Integral" berechnet werden kann. Die konstruierende Geometrie begnügt sich in einem solchen Falle mit einer angenäherten Bestimmung, indem sie die Anzahl der Teile zwar endlich, aber doch so groß annimmt, daß alle die einzelnen kleinen Elemente nach demselben Verfahren gemessen, womöglich sogar als einander gleich angesehen werden dürfen, und zugleich der Unterschied zwischen der gesuchten Größe und der Summe aller jener Elemente nachweislich genügend klein ausfällt. — So liegt z. B. der Umfang eines Kreises zwischen den Perimetern eines ihm ein- und eines ihm umgeschriebenen n-Ecks und wird daher durch einen dieser Werte mit jedem gewünschten Grade der Genauigkeit dargestellt, wenn man nur die Seitenzahl n groß genug nimmt (vergl. 307).

278. Zum besseren Verständnis des Gesagten mögen sogleich einige, weiterhin verwendbare Beispiele für den Zusammenhang unendlich kleiner Größen verschiedener Ordnung untereinander hier mitgeteilt werden.

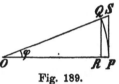

Fig. 189.

Nimmt man das Verhältnis eines Kreisbogens zu einem Radius als Maß des zugehörigen Zentriwinkels und macht in Fig. 189 den Radius OP zur Längeneinheit, so ist der Bogen $PQ = \varphi$ das Maß des Winkels bei O, der spitz angenommen sein mag. Zieht man QR und PS senkrecht zu OP, so wird:

$$OR = \cos\varphi, \quad RQ = \sin\varphi, \quad PS = \tan\varphi.$$

Die Flächen des Dreicks ORQ, des Kreissektors OPQ und des Dreiecks OPS sind resp. durch die Ausdrücke $\frac{1}{2}\cos\varphi\sin\varphi$, $\frac{1}{2}\varphi$, $\frac{1}{2}\tan\varphi$ gegeben, und da ersichtlich die erste kleiner als die zweite, diese aber kleiner als die dritte ist, so folgt:

$$\cos\varphi . \sin\varphi < \varphi < \tan\varphi.$$

Dividiert man diese Relation mit der positiven Größe $\sin\varphi$, so gilt:

$$\cos\varphi < \frac{\varphi}{\sin\varphi} < \frac{1}{\cos\varphi},$$

oder auch für die reziproken Werte:

$$\frac{1}{\cos\varphi} > \frac{\sin\varphi}{\varphi} > \cos\varphi.$$

Wird jetzt φ unendlich klein, so geht OR in OP, also $\cos\varphi$ $\left(\text{sowie } \frac{1}{\cos\varphi}\right)$ in 1 über, und es folgt, daß das Verhältnis $\frac{\sin\varphi}{\varphi}$ und ebenso $\frac{\tan\varphi}{\varphi}$ dem Grenzwerte 1 zustrebt; das will sagen:

Der Sinus und die Tangente eines Winkels werden mit diesem selbst von der gleichen Ordnung unendlich klein, während sein Cosinus gleich Eins wird.

279. Wird also in einem rechtwinkligen Dreieck PQR (Fig. 190) der Winkel ε bei Q unendlich klein 1. Ordnung, während die

Hypotenuse QR endlich bleibt, so bleibt die dem Winkel ε anliegende Kathete QP endlich, während die gegenüberliegende PR unendlich klein 1. Ordnung ausfällt. — Macht man auf der Hypotenuse $QS = QP$, so ist $\angle RPS = \frac{1}{2}\varepsilon$ wiederum unendlich klein 1. Ordnung, also $SR = QR - QP$ unendlich klein 2. Ordnung, da sich im Dreieck die Seiten wie die Sinus der gegenüberliegenden

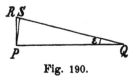

Fig. 190.

Winkel verhalten. Wird auch noch die Seite QR unendlich klein 1. Ordnung, so folgt, daß nun PR von der 2. und $SR = QR - QP$ von der 3. Ordnung unendlich klein wird. — Allgemeiner darf man sagen: Wird ε von der m. Ordnung, QR von der n. Ordnung unendlich klein, so werden QP von der n. Ordnung, PR und PS von der $(m + n)$. Ordnung, $\angle RPS$ von der m. Ordnung und $SR = QR - QP$ von der $(2m + n)$. Ordnung unendlich klein.

280. Zwei Ebenen E und Δ mögen sich in der Geraden t schneiden (Fig. 191). Durch einen Punkt Q von t ziehen wir eine

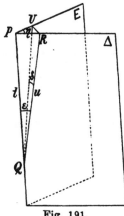

Fig. 191.

Gerade u in der Ebene Δ und wählen auf u einen Punkt R; seine senkrechten Projektionen auf t resp. E seien P und U. Der Winkel der beiden Ebenen ist dann $\eta = \angle RPU$, der der beiden Geraden ist $\varepsilon = \angle PQR$, und $\delta = \angle RQU$ ist der Neigungswinkel von u gegen E. — Werden nun die Strecke QR und die Winkel η und ε unendlich klein 1. Ordnung, so wird $QP = QR.\cos\varepsilon$ von der 1. Ordnung, $RP = QR.\sin\varepsilon$ von der 2. Ordnung und folglich $RU = RP.\sin\eta$ von der 3. Ordnung unendlich klein; da aber andererseits $RU = QR.\sin\delta$ ist, so müssen $\sin\delta$ und δ von der 2. Ordnung unendlich klein sein. Die Differenz $QR - QP$ ist von der 3. Ordnung und die Differenz $QR - QU$ von der 5. Ordnung unendlich klein, wie man mit Hilfe des vorigen Beispieles sofort erkennt.

Erzeugung ebener Kurven.

281. Eine ebene Kurve kann man sich in doppelter Weise entstanden denken, einmal durch Bewegung eines Punktes, zum andern durch Bewegung einer Geraden. Wir wollen zunächst die ebene Kurve als die Bahn eines bewegten Punktes auffassen. Zwei

unmittelbar aufeinanderfolgende Lagen des bewegten Punktes
sollen als benachbarte, konsekutive oder Nachbarpunkte der
Kurve bezeichnet werden, wobei der Abstand benachbarter Punkte
als unendlich klein zu denken ist. Zwei Nachbarpunkte begrenzen einen unendlich kleinen Teil der Kurve, ein Kurvenelement. Eine Kurve heißt in einem Punkte stetig, wenn es zu
diesem nach beiden Seiten Nachbarpunkte gibt, unstetig dagegen,
wenn er ein freies Ende bildet. Wir betrachten nur stetige Kurven.

Eine Gerade, die zwei Kurvenpunkte A und B miteinander verbindet, heißt Sekante, die Strecke AB selbst heißt Sehne. Hält
man den Punkt A fest, während man den
Punkt B auf der Kurve sich bewegen und
dem Punkte A unbegrenzt nähern läßt, so
wird sich auch die Sekante AB stetig um
ihren Endpunkt A drehen und schließlich

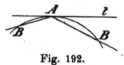

Fig. 192.

einer bestimmten Geraden t durch A unbegrenzt nähern (Fig. 192).
Diese Gerade t heißt die Tangente der Kurve im Punkte A;
der Winkel, den Tangente und Sekante miteinander einschließen,
wird beim Grenzübergang zugleich mit der Strecke AB unendlich
klein. Wenn man stets die nämliche Grenzlage t erhält, einerlei
ob sich B dem Punkte A von der einen oder anderen Seite unbegrenzt nähert, so sagt man: die Kurve sei im Punkte A stetig
in bezug auf ihre Tangente. In Punkten, wo man zu zwei
Grenzlagen gelangt entsprechend der verschiedenen Annäherung von B
an A, bildet die Kurve eine Ecke und heißt dort unstetig in
bezug auf ihre Tangente. Solche Fälle schließen wir hier
zunächst aus. Eine Tangente hat mit der Kurve zwei benachbarte
Punkte, also ein Kurvenelement gemein.

282. Durch Bewegung einer Geraden in einer Ebene entsteht
ebenfalls eine Kurve, nämlich als Hüllkurve aufeinanderfolgender
Lagen der Geraden, ihrer Tangenten. Zwei
unmittelbar aufeinanderfolgende Lagen der
bewegten Geraden liefern benachbarte oder
konsekutive Tangenten, deren Winkel unendlich klein ist und als Kontingenzwinkel bezeichnet wird. Diese Erzeugungs-

Fig. 193.

weise einer Kurve ist zu der erstgenannten dual, d. h. nach dem
Prinzip der Dualität aus ihr abgeleitet. Dieses besteht darin, daß
überall die Begriffe Punkt und Gerade, also auch Schnittpunkt
zweier Geraden und Verbindungslinie zweier Punkte miteinander
vertauscht werden. Aus den obigen Resultaten gehen danach die

folgenden hervor. Betrachten wir eine feste Tangente t unserer Hüllkurve und eine bewegliche, die sich jener unbegrenzt nähert, so
bestimmt diese auf t eine Punktreihe, deren Punkte sich bei der
Bewegung einer bestimmten Grenzlage A unbegrenzt nähern; A
repräsentiert eben den Berührungspunkt von t. Die Kurvenpunkte
sind als Schnittpunkte benachbarter Tangenten aufzufassen.

Im Vergleich mit den Endpunkten endlicher Strecken und den
Schenkeln meßbarer Winkel sind zwei unendlich nahe Punkte oder
zwei Gerade mit unendlich kleinem Winkel als zusammenfallend
und nicht verschieden anzusehen. Nur bei dem Grenzprozeß, wenn
die gegen Null abnehmende Strecke oder der gegen Null abnehmende
Winkel mit andern davon abhängigen Größen verglichen wird, muß
auf diese unendlich kleinen Größen Rücksicht genommen werden.

283. Bildet man die Punkte und Tangenten einer ebenen Kurve
durch Parallel- oder Zentralprojektion ab, so erhält man Punkte und
Tangenten einer neuen Kurve, der Projektion der ersteren. Es ist
nach den vorausgegangenen Definitionen unmittelbar klar, daß die
Stetigkeit einer Kurve eine projektive Eigenschaft ist, d. h.
daß sie sich bei beliebiger Projektion nicht ändert. Nur für unendlich
ferne Punkte einer Kurve bedarf dies noch der Erläuterung.
Projiziert man einen Kurvenpunkt Q unendlich fern, so verlaufen
die Projektionen der beiden Kurvenstücke, die in ihm zusammenstoßen, ins Unendliche. Läßt man einen Punkt auf dem einen oder
andern unbegrenzten Kurvenast sich nach dem Unendlichen hin-
bewegen, so nähert sich die zugehörige Tangente in beiden Fällen
der nämlichen Grenzlage, die als Asymptote bezeichnet wird
und die Tangente in dem gemeinsamen unendlich fernen Punkte
der beiden Kurvenäste darstellt. Sie ist eben die Projektion der
Tangente in dem Punkte Q der ursprünglichen Kurve, dessen Projektion ins Unendliche fällt. Da die Teile der ursprünglichen Kurve
in Q zusammenhängen, so sagt man auch von zwei unendlichen
Ästen mit der gleichen Asymptote, daß sie im Unendlichen zusammenhängen. Liegt die Kurve in der Nähe des Punktes Q ganz
auf einer Seite der Tangente, wie z. B. beim Kreise, so liegen die
unendlichen Äste der Projektion auf verschiedenen Seiten ihrer
Asymptote, wie z. B. bei der Hyperbel.

284 Wir betrachten jetzt gleichzeitig die beiderlei Erzeugungs-
weisen einer ebenen Kurve, indem wir einen Punkt mit seiner zugehörigen Tangente ins Auge fassen. Geht der Punkt in eine
Nachbarlage über, so schreitet er auf seiner Tangente fort und die
benachbarte Tangente entsteht aus der anfänglichen durch Drehung

um ihren Berührungspunkt. Auf diese Weise rollt die Tangente auf der Kurve ohne zu gleiten, indem sie sich nur um ihren jeweiligen Berührungspunkt dreht. Das Fortschreiten des Berührungspunktes auf der Tangente kann aber in zweierlei Richtung erfolgen, ebenso kann die Drehung der Tangente um ihren Berührungspunkt in zweierlei Drehsinn stattfinden. Passiert nun der bewegliche Punkt einen festen Punkt *P* der Kurve und zugleich seine bewegliche Tangente die zu *P* gehörige feste Tangente *t*, so kann jede der beiden Bewegungen von der andern unabhängig ihren Sinn beibehalten oder umkehren. Entweder bleiben Fortschreitungssinn und Drehsinn beim Passieren von *P* ungeändert, dann ist *P* ein **gewöhnlicher Kurvenpunkt**, oder der Drehsinn ändert sich allein, dann ist *P* ein **Wendepunkt**, oder der Fortschreitungssinn allein ändert sich, dann ist *P* ein **Rückkehrpunkt, eine Spitze,** oder endlich beide ändern sich gleichzeitig, dann bildet *P* eine **Schnabelspitze** (vergl. Fig. 217).

Zu diesen besonderen oder singulären Punkten der Kurve gesellt sich noch der **Doppelpunkt**; es ist ein Punkt, in dem die Kurve sich selbst durchschneidet. Im Doppelpunkt gibt es zwei Tangenten, nämlich an jeden Kurvenast durch ihn eine. Durch das Gesetz der Dualität gelangt man von den Doppelpunkten zu den **Doppeltangenten**, diese besitzen zwei Berührungspunkte (Fig. 194). Rückkehrpunkte und Wendepunkte entsprechen sich nach dem Gesetz der Dualität gegenseitig,

Fig. 194.

während die Schnabelspitze sich selbst entspricht. Durch Vereinigung mehrerer solcher singulärer Punkte können höhere Singularitäten entstehen, so die Selbstberührungspunkte, die vielfachen Punkte u. s. w.; die aufgezählten Vorkommnisse werden indes für unsere weiteren Untersuchungen genügen.[9]

Es ist hier noch darauf hinzuweisen, daß auch gelegentlich einzelne Punkte — die keinem Kurvenast angehören — einer Kurve zuzurechnen sind, indem sie dem nämlichen Gesetze entsprechen wie die übrigen Kurvenpunkte. Solche Punkte heißen **isolierte** Punkte und sind als Doppelpunkte aufzufassen, durch die indes keine reellen Tangenten gehen.

Konstruktion von Tangenten und Normalen.

285. In vielen Fällen lassen sich direkt aus der geometrischen Definition einer Kurve beliebig viele Punkte derselben und in ihnen die Tangenten konstruieren. Mittels dieser Punkte und Tangenten oder auch der Punkte allein kann dann die Kurve mit ziemlicher Genauigkeit gezeichnet werden, wenn sie in den Punkten und Tangenten stetig ist, und nur mit solchen Kurven werden wir es zu tun haben. Durch Übung erlangt man ein so empfindliches Gefühl für den stetigen Verlauf einer Kurve, daß man sich schon mit verhältnismäßig wenigen Punkten begnügen kann und gleichwohl eine genaue Zeichnung der Kurve gewinnt. Dabei ist zu bemerken, daß man gut tut, dort wo die Kurve schärfer gekrümmt ist, mehr Punkte zu bestimmen, als wo sie nur wenig gekrümmt ist. Da die Bestimmung einzelner Kurvenpunkte immer mit geringen Fehlern behaftet ist, so kann es, wenn zu viele Punkte bestimmt sind, vorkommen, daß eine durch diese Punkte gezogene Kurve eine fehlerhafte wellige Form annimmt; die Kurve muß dann so gezeichnet werden, daß sie einen richtigen Eindruck macht, wobei die bestimmten Punkte teils auf der Kurve, teils rechts und links in kleinen Abständen — den Fehlern entsprechend — liegen müssen. Im allgemeinen ist es zweckmäßig, außer Punkten auch einige Tangenten, und wo es leicht ausführbar ist, Krümmungskreise aufzusuchen.

286. Liegt nun eine Kurve gezeichnet vor, so läßt sich die Aufgabe lösen, von einem Punkte A an dieselbe die Tangente

Fig. 195.

t zu legen und deren Berührungspunkt B zu bestimmen (Fig. 195).

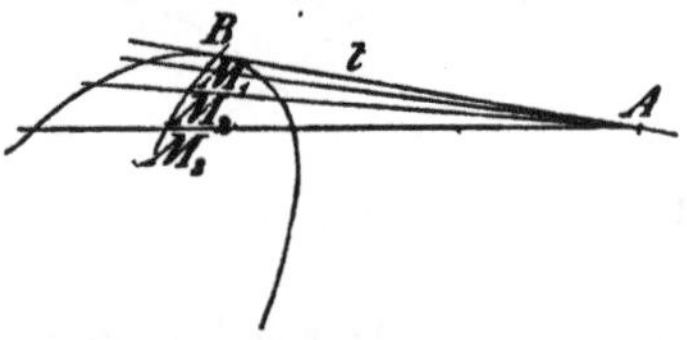

Die Tangente zieht man direkt durch Anlegen des Lineals, was sich leicht mit großer Schärfe ausführen läßt. Dagegen wird ihr Berührungspunkt B ungenau; durch Bestimmung einer durch ihn verlaufenden sogenannten Fehlerkurve kann er indessen mit ziemlicher Genauigkeit gefunden werden. Zieht man nämlich durch A mehrere Sehnen — gewöhnlich zwei oder drei — die der Tangente ziemlich nahe liegen, so liegen ihre Mittelpunkte auf einer Kurve, die verlängert offenbar durch den gesuchten Berührungspunkt B verlaufen muß. Denn die Sehnen durch A kann man, wenn sie der Tangente sehr nahe kommen, als fehlerhafte Tangenten auffassen; ihre Mittelpunkte M_1, M_2, ... aber nähern sich dem Berührungspunkte B, da die wirkliche Tangente eine unendlich kleine Sehne und ihr Mittelpunkt den Berührungspunkt bildet. Die der Tangente am nächsten liegende Sehne muß so gewählt werden, daß sie noch brauchbare Schnittpunkte mit der Kurve bildet, aber sich doch nicht zu weit von der Tangente entfernt.

Liegt der Punkt A unendlich fern, d. h. soll t eine vorgeschriebene

Richtung aufweisen, so verfährt man ganz wie vorher, nur werden dann die benutzten Sehnen parallel. Man kann auch andere Fehlerkurven benutzen, doch darf man sich auf die angegebene als die einfachste beschränken, da sie nicht weniger genau als andere ist.

Fällt der gesuchte Punkt B in die Nähe eines Wendepunktes der Kurve, so ist die Konstruktion nicht mehr direkt anwendbar, weil die Strahlen aus A die Kurve in der Umgebung des Wendepunktes nur in je einem Punkte schneiden. Man zieht dann durch A zwei Paar Strahlen symmetrisch in bezug auf eine der Wendetangente nahekommende Linie und bestimmt die zu ihren Schnittpunkten mit der Kurve symmetrischen Punkte. Jetzt liegen wieder auf jedem Strahl zwei Punkte und die Mittelpunkte ihrer Strecken ergeben die Fehlerkurve.

Es mag bemerkt werden, daß die Fehlerkurve bei einem Kreise wieder ein Kreis, bei einem Kegelschnitt wieder ein Kegelschnitt ist.

287. In einem Punkt B einer Kurve, die gezeichnet vorliegt, die Tangente zu ziehen (Fig. 196).

Um B als Mittelpunkt beschreibe man einen Kreis und lege verschiedene Gerade durch B. Auf diesen schneidet die gegebene Kurve die Sehnen BC_1, BC_2, ... aus, während der Kreis auf ihnen die Radien BD_1, BD_2, ... bestimmt, die von B aus nach derselben Seite liegen. Verschiebt man nun auf diesen Geraden die Sehnen BC_1, BC_2 ... bis ihr Endpunkt B nach D_1, D_2 ... fällt, so definieren ihre andern Endpunkte, die in E_1, E_2 ... liegen, eine Fehlerkurve. Auf jedem Strahl durch B ist nun die Strecke zwischen Kreis und Fehlerkurve

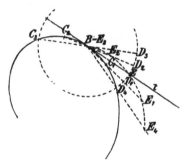

Fig. 196.

gleich der Länge der bezüglichen Sehne, also geht die gesuchte Tangente t durch den Schnittpunkt E von Kreis und Fehlerkurve. Schneidet der Kreis die gegebene Kurve in C_3 und C_4, so fällt E_3 mit B zusammen, und es ist $BD_4 = D_4E_4$; die Fehlerkurve berührt also die Gerade BC_3 im Punkte B. Außer den Strahlen BC_3 und BD_4 wird man noch zwei weitere BC_1 und BC_2 benutzen, für die $BC_1 = BC_2$ nahezu dem halben Kreisradius gleich ist.

Statt des Hilfskreises kann man auch jede andere Hilfskurve wählen, z. B. mit Vorteil eine Gerade, die mit der gesuchten Tangente nahezu einen rechten Winkel einschließt.

288. Ein anderes zweckmäßiges Verfahren besteht darin, daß man um B Kreise schlägt, die auf der gegebenen Kurve Punktepaare $C_1 D_1$, $C_2 D_2$ ... ausschneiden (Fig. 197). Die Geraden $C_1 D_1$, $C_2 D_2$ ... umhüllen dann eine Kurve, die auch von der gesuchten Tangente berührt werden muß. Denn die letztere ergibt sich durch

Fig. 197.

Benutzung eines Kreises mit unendlich kleinem Radius. Es sind mindestens drei Hilfskreise zu benutzen; durch die bezüglichen drei Geraden als Tangenten wird dann angenähert ein Kurvenstück bestimmt, mit dessen Hilfe die gesuchte Tangente sich zeichnen läßt. Die durch die Hilfskreise bestimmten Geraden schneiden sich zwar unter sehr spitzen Winkeln, so daß ihre Schnittpunkte nicht sehr genau werden; das hat indessen wenig Einfluß auf die Genauigkeit des Resultates.

Da die Normale in einem Punkte einer Kurve diejenige Gerade ist, die auf der bezüglichen Tangente senkrecht steht, so kann nach dem Vorausgehenden mit Hilfe der Tangente die Normale in einem gegebenen Kurvenpunkte gezeichnet werden. Dagegen bedarf die folgende Aufgabe noch der Erwägung.

289. Von einem Punkte A außerhalb einer in Zeichnung vorliegenden Kurve an dieselbe eine Normale zu ziehen.

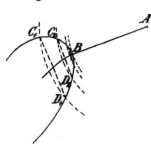

Fig. 198.

Man ziehe (Fig. 198) um A als Mittelpunkt mehrere Kreise mit zunehmenden Radien, von denen der größte die gegebene Kurve in zwei nahe beieinander liegenden Punkten $C_1 D_1$ schneidet. Auch die übrigen Kreise schneiden Punktepaare $C_2 D_2$, ... aus und die Mittelpunkte der Sehnen $C_1 D_1$, $C_2 D_2$, ... bilden eine Fehlerkurve, die die gegebene Kurve in dem Fußpunkt B der gesuchten Normalen schneiden muß. Da nämlich die Fehlerkurve der Ort der Mittelpunkte aller Sehnen ist, die durch die Kreise um den Mittelpunkt A bestimmt werden, so muß der

Kreis durch B die Kurve in B berühren, sein Radius AB steht also auf der Kreistangente in B, die zugleich Kurventangente ist, senkrecht. Man muß mindestens drei Hilfskreise anwenden.

290. Die Konstruktion der Punkte einer ebenen Kurve kommt stets darauf hinaus, daß jeder Kurvenpunkt als Schnittpunkt zweier Hilfskurven erscheint, und zwar sind diese Hilfskurven in sehr vielen Fällen Gerade oder Kreise. Es läßt sich nun eine genaue Tangentenkonstruktion bei einer ebenen Kurve auf die zur Bestimmung ihrer Punkte verwendeten Hilfskurven gründen.[10)]

Seien P_1 und P_2 zwei Punkte unserer Kurve c (Fig. 199), seien ferner k_1, l_1 die Hilfskurven durch P_1 und k_2, l_2 diejenigen durch P_2, und zwar derart, daß bei einem stetigen Übergange von P_2 in P_1 die Kurven k_2, l_2 resp. k_1, l_1 stetig über-

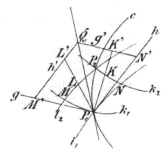

Fig. 199.

gehen. Dann betrachten wir das Viereck $P_1 M P_2 N$ (wo $M = k_1 \times l_2$ und $N = k_2 \times l_1$), dessen Seiten von Stücken der Kurven k_1, k_2, l_1, l_2 gebildet werden. Wählen wir nun den Punkt P_2 unendlich nahe bei P_1, so wird das genannte Viereck unendlich klein; wir können dann seine Seiten als geradlinig ansehen und seine Diagonale $P_1 P_2$ fällt offenbar mit der Tangente t von c im Punkte P_1 zusammen. Ferner werden die Kurven k_1, k_2 — und ganz ebenso die Kurven l_1, l_2 — in ihrer ganzen Erstreckung nur unendlich wenig voneinander abweichen, deshalb dürfen wir (nach 282) $P_1 M$ und $P_2 N$ und analog $P_1 N$ und $P_2 M$ als parallel ansehen; denn die Neigungswinkel der Gegenseiten sind unendlich klein. Das Viereck $P_1 M P_2 N$ wird also beim Übergang zur Grenze ein Parallelogramm, von dessen Seiten zwei in die Tangenten g und h der Kurven k_1 und l_1 im Punkte P_1 fallen. Denken wir uns nun auf der gesuchten Tangente t einen beliebigen Punkt Q und durch ihn Parallelen zu g und h, so entsteht ein Parallelogramm $P_1 M' Q N'$, das zu dem unendlich kleinen Parallelogramm $P_1 M P_2 N$ ähnlich sein und ähnlich liegen muß. Kann man umgekehrt ein Parallelogramm $P_1 M' Q N'$ zeichnen, das zu dem unendlich kleinen Parallelogramm $P_1 M P_2 N$ ähnlich ist und ähnlich liegt, so ist Q ein Punkt der gesuchten Tangente t.

Man zeichne deshalb zunächst die Tangenten g und h; die Parallelen g', h' zu g und h, die einen Punkt Q von t liefern, findet man dann folgendermaßen. Kennt man den Wert, den das Verhältnis $MP_1 : NP_1$ beim Übergang zur Grenze annimmt, so bestimmt man einfach M' und N' auf g resp. h so, daß $M'P_1 : N'P_1$ diesem Grenzwerte gleich wird, dann geht g' durch N' und h' durch M'. Meistens ist es einfacher statt der Punkte M' und N' zwei andere Punkte L' und K' von g' resp. h' zu konstruieren (vergl. Figg. 200, 201). Durch die Kurven l_1 und l_2 wird auf jeder Geraden durch P_1 eine Strecke ausgeschnitten, z. B. auf P_1L' die Strecke P_1L; ganz analoges geschieht durch die Kurven k_1, k_2 auf den Geraden durch P_1, z. B. hat man auf P_1K' die Strecke P_1K. Ist nun der Grenzwert $P_1L : P_1K$ bekannt (für den Fall, daß die Kurven k_1, k_2 und l_1, l_2 einander unendlich nahe rücken), so bestimme man L' und K' so, daß $P_1L' : P_1K'$ gleich dem genannten Grenzwerte wird; damit ergeben sich dann g' und h' und ihr Schnittpunkt Q.

291. Einige Beispiele werden diese Konstruktion in ihrer Bedeutung richtig erkennen lassen. Sind F_1 und F_2 die beiden Brennpunkte einer Ellipse, so erscheinen ihre Punkte als Durchschnitte je zweier Hilfskreise mit den Mittelpunkten F_1 resp. F_2 und den Radien ϱ_1 resp. ϱ_2, wobei $\varrho_1 + \varrho_2 = 2a$, der großen Achse der Ellipse, ist. Entsteht also P_1 durch Schnitt zweier Kreise mit den Radien ϱ_1 und ϱ_2, so entsteht sein Nachbarpunkt als Schnitt zweier

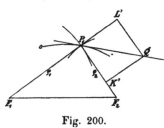

Fig. 200.

Kreise mit den Radien $(\varrho_1 + \delta)$ und $(\varrho_2 - \delta)$, wo δ eine unendlich kleine Größe ist. Die beiden Hilfskreise um F_1 schneiden also auf F_1P_1 eine Strecke δ ab; gleiches tun die Hilfskreise um F_2 auf F_2P_1. Hiernach ist $L'P_1 = K'P_1$ beliebig anzunehmen, und $L'Q \perp F_1P_1$ sowie $K'Q \perp F_2P_1$ zu ziehen. Die Tangente P_1Q halbiert also den Nebenwinkel von $F_1P_1F_2$, ein Resultat, das bereits früher abgeleitet wurde.

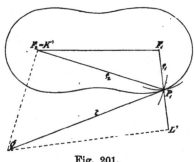

Fig. 201.

292. Die *Cassini'sche Kurve* ist definiert als Ort der Punkte, für die das Produkt ihrer Abstände von zwei festen Punkten F_1F_2 konstant ist (Fig. 201). Ist also $P_1F_1 = \varrho_1$ und $P_1F_2 = \varrho_2$, so besteht die Gleichung $\varrho_1 : \varrho_2 = c$. Ist P_2 ein zu

P_1 benachbarter Kurvenpunkt, so erscheint er als Schnitt zweier Kreise mit den Radien: $(\varrho_1 + \delta)$ und $(\varrho_2 - \varepsilon)$, wo δ und ε von der 1. Ordnung unendlich klein sein mögen. Die Hilfskreise um F_1 bestimmen auf $P_1 F_1$ eine Strecke δ, die Hilfskreise um F_2 auf $P_1 F_2$ eine Strecke ε, wobei $\delta : \varepsilon = \varrho_1 : \varrho_2$ ist. Denn aus: $(\varrho_1 + \delta)(\varrho_2 - \varepsilon)$ $= c$ und $\varrho_1 \varrho_2 = c$ folgt: $\varrho_2 \delta - \varrho_1 \varepsilon - \delta \varepsilon = 0$ und durch Division mit $\varrho_2 \varepsilon$ die voranstehende Relation, da das letzte Glied von der 2. Ordnung unendlich klein und den beiden anderen gegenüber wegzulassen ist (277). Wir tragen demnach $L' P_1 = \varrho_1$ an $P_1 F_1$ an und $K' P_1 = \varrho_2$ auf $P_1 F_2$ auf, so daß K' mit F_2 zusammenfällt, dann ist $Q L' \perp F_1 P_1$ und $Q K' \perp F_2 P_1$ und $Q P_1$ die gesuchte Tangente in P_1.

293. Dreht sich ein Strahl um einen festen Punkt O und trägt man auf ihm jedesmal von seinem Schnittpunkte mit einer festen Geraden a die nämliche konstante Strecke ϱ

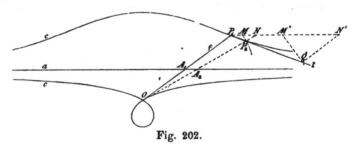

Fig. 202.

nach beiden Seiten auf, so erhält man eine *Konchoide* (Fig. 202). Jeder Punkt dieser Kurve erscheint als Schnitt einer Geraden mit einem Kreis vom Radius ϱ; so liegt P_1 auf der Geraden $O A_1 P_1$ und auf einem Kreise mit dem Mittelpunkt A_1 und dem Radius ϱ. Ist nun A_2 ein Punkt von a in der Nähe von A_1, so schneidet $O A_2$ den Kreis mit dem Mittelpunkt A_2 und dem Radius ϱ in dem Kurvenpunkte P_2. Eine Parallele zu a durch P_1 schneidet jene Gerade $O A_2$ im Punkte N und diesen Kreis im Punkte M, wo $M P_1 = A_2 A_1$ ist, $(A_1 P_1 = A_2 M = \varrho)$. Es ist aber $M P_1 : N P_1 = A_2 A_1 : N P_1 = A_1 O : P_1 O$ von der Lage des Strahles $O P_2$ unabhängig, repräsentiert also zugleich den Grenzwert. Wir bestimmen deshalb auf der Parallelen zu a durch P_1 die Punkte M' und N' so, daß $M' P_1 = A_1 O$ und $N' P_1 = P_1 O$ ist, dann liefern $Q M' \perp P_1 O$ und $Q N' \| P_1 O$ den Punkt Q der gesuchten Tangente.

294. Dreht sich ein Strahl um einen festen Punkt O, und trägt man auf ihm jedesmal von seinem Schnittpunkte mit

15*

einem festen Kreise *a* durch *O* die nämliche konstante Strecke ϱ nach beiden Seiten auf, so erhält man eine *Pascalsche Schneckenlinie* (Fig. 203). Enthält ein Strahl den Kurvenpunkt P_1 und schneidet den Kreis *a* in A_1, so ändert sich die vorausgegangene Konstruktion offenbar nur insofern ab, als wir im Punkte P_1 eine Parallele zur Tangente des Kreises *a* im Punkte A_1 ziehen. Auf dieser

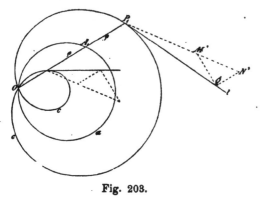

Fig. 203.

Parallelen bestimmen sich *M′* und *N′* wieder wie vorher und ebenso auch *Q*.

295. Zum Schluß mag hier noch eine Anwendung auf eine große Klasse von Kurven gemacht werden, die eine gemeinsame Entstehungsweise haben. Sind zwei beliebige Kurven *u* und *v* gegeben, und bewegt man einen Winkel so, daß seine Schenkel fortwährend die Kurven *u* resp. *v* berühren, so beschreibt sein Scheitel eine Kurve. Als Hilfskurven, die sich in den Punkten unserer Kurve *c* schneiden, treten hier einerseits die Tangenten von *u*, anderseits diejenigen von *v* auf.

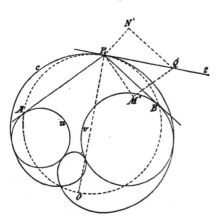

Fig. 204.

Die folgende Konstruktion ist demnach nur dann anwendbar, wenn man an die Kurven *u* und *v* bequem Tangenten legen kann.

Zwei benachbarte Tangenten von *u* und die entsprechenden benachbarten Tangenten von *v* schließen nun den gleichen unendlich kleinen Winkel ε ein; das von ihnen gebildete unendlich kleine Viereck kann als Parallelogramm angesehen werden, da sich seine Gegenseiten nur um unendlich kleine Größen 2. Ordnung unterscheiden. Berühren die Tangenten, die sich in dem Kurvenpunkt P_1 schneiden.

die Kurven u und v resp. in A und B, so ist der Abstand der Parallelogrammseiten, die u berühren, gleich $P_1A \cdot \varepsilon$, ebenso der Abstand der Seiten, die v berühren, gleich $P_1B \cdot \varepsilon$. Tragen wir hiernach $P_1M' \perp P_1A$ und $P_1N' \perp P_1B$ auf, indem wir $P_1M' = P_1A$ und $P_1N' = P_1B$ machen (in der Fig. 204 ist wegen Mangel an Platz $P_1M' = \frac{1}{2}P_1A$ und $P_1N' = \frac{1}{2}P_1B$) und ziehen durch M' und N' resp. Parallele zu P_1A und P_1B, so schneiden sich diese in dem Punkte Q der gesuchten Tangente. Dies ist zugleich die Tangente des Kreises, der durch die Punkte ABP_1 geht.[1] Sind die zu grunde gelegten Kurven u und v Kreise, so gelangt man wieder zu der Pascalschen Schnecke, wie eine einfache Überlegung zeigt. Dabei können irgend zwei Kreise, die die Pascalsche Schnecke zweimal berühren, als Ausgangskurven gewählt werden.

Krümmung der Kurven, Evoluten.

296. Eine Kurve ist in einem Punkte um so mehr gekrümmt, je rascher sie sich von der Tangente in jenem Punkte entfernt. Ein Kreis zeigt in allen seinen Punkten die gleiche Krümmung; denn er verhält sich gegen alle seine Tangenten in gleicher Weise. Es wird mithin geeignet sein, die Krümmung der Kurven in ihren einzelnen Punkten durch diejenige entsprechender Kreise zu messen. Die Definition der Krümmung bei einem Kreise werden wir nun so einzurichten haben, daß sie sowohl für endliche, als auch für unendlich kleine Bogenstücke des Kreises ihre Gültigkeit behält.

Unter der Krümmung k verstehen wir beim Kreise den reziproken Wert seines Radius r, also $k = \frac{1}{r}$. Ist aber l die Länge eines Kreisbogens und γ der zugehörige Zentriwinkel, so hat man: $k = \frac{1}{r} = \frac{\gamma}{l}$; und diese letztere Definition gilt auch dann noch, wenn der Kreisbogen und damit der zugehörige Zentriwinkel unendlich klein werden.

Die Schenkel des genannten Zentriwinkels sind aber nichts anderes als die Normalen in den Endpunkten des Kreisbogens l, und der Winkel dieser Normalen ist gleich dem Winkel der Tangenten in den Endpunkten des Bogens l. Daher läßt sich unsere Erklärung sofort auf beliebige Kurven übertragen, bei denen sich

---

[1] Die Bewegung eines Winkels von einer Lage in seine Nachbarlage kann auch durch Drehung um den unendlich kleinen Winkel ε geschehen, wobei der auf dem Kreise durch ABP_1 dem P_1 diametral gegenüberliegende Punkt O fest bleibt (Momentanzentrum).

freilich die Krümmung von Stelle zu Stelle ändert. Man nennt nämlich den Ausdruck: $k = \frac{\gamma}{l}$ die mittlere Krümmung eines

Fig. 205.

Kurvenbogens von der Länge l, wenn seine Endtangenten den Winkel γ einschließen. Geht man zur Grenze über, indem man den Kurvenbogen unendlich klein, d. h. zum Kurvenelement e werden läßt, wobei dann der Winkel der Endtangenten zum Winkel zweier Nachbartangenten oder Kontingenzwinkel ε wird, so heißt: $k = \frac{\varepsilon}{e}$ die *Krümmung* der Kurve in dem betreffenden Punkte.[11])

Ändert sich die Krümmung einer Kurve stetig, wenn der zugehörige Punkt sich stetig auf der Kurve fortbewegt, so heißt die Kurve stetig in bezug auf ihre Krümmung, und nur mit solchen Kurven haben wir es in unseren Problemen zu tun. Auch diese Eigenschaft der Kurven bleibt bei einer Projektion ungeändert.

297. Für das Weitere wird es gut sein, folgende Bemerkungen vorauszuschicken. Ist ein Kurvenbogen AB gegeben, und soll man den Winkel der Tangenten in den Endpunkten bestimmen, so verschlägt es nichts, wenn man an Stelle der Tangenten in A und B die Sekanten AA_1 und BB_1 zu grunde legt, wobei AA_1 und BB_1 unendlich klein sind. Denn diese Sekanten bilden nur einen unendlich kleinen Winkel mit den entsprechenden Tangenten, so daß der begangene Fehler als unendlich kleine Größe gegenüber dem endlichen Winkel nicht in Betracht kommt. Ist dagegen der Bogen AB bereits unendlich klein, also auch der Winkel der Endtangenten ein unendlich kleiner Kontingenzwinkel, so darf man nur Fehler außer acht lassen, die von höherer Ordnung unendlich klein sind als der gesuchte Kontingenzwinkel. Teilt man aber den Bogen AB in n Teile und läßt die Zahl n über jede Grenze wachsen, wobei AA_1 den ersten Teil, BB_1 einen gleichen Teil darstellt, so werden AA_1 und BB_1 unendlich klein von der 2. Ordnung und ebenso die Winkel der Sekanten AA_1 und BB_1 mit den bezüglichen wirklichen Tangenten. Der Winkel der Sekanten AA_1 und BB_1 unterscheidet sich also nur um eine unendlich kleine Größe 2. Ordnung von dem gesuchten Kontingenzwinkel, und man kann den ersteren an Stelle des letzteren setzen.

298. Berührt ein Kreis eine Kurve in einem Punkt und stimmt daselbst bei beiden die Krümmung der Größe und dem Sinne nach überein, so heißt der Kreis der Krümmungskreis und sein Mittel-

punkt der Krümmungsmittelpunkt für den betreffenden Kurvenpunkt. Die gegebene Kurve und der Kreis müssen an der bezüglichen Stelle auf der nämlichen Seite der zugehörigen Tangente
liegen und dies soll dadurch ausgedrückt werden, daß wir sagen:
die Krümmung beider Kurven stimmt dem Sinne nach überein.
In jedem Kurvenpunkte unterscheidet man eine konvexe Seite,
nämlich diejenige, auf der die zugehörige Tangente liegt, und eine
konkave Seite. Bei einer Kurve wird es im allgemeinen einzelne
Punkte geben, in denen ein Wechsel der Krümmung eintritt, es
sind das diejenigen Punkte, die nach 284 als Wendepunkte bezeichnet werden.

299. Wir können zu dem Krümmungskreis durch einen gewissen Grenzprozeß gelangen, und dieser soll uns jetzt etwas näher
beschäftigen. Ist der Krümmungskreis im Punkte P der Kurve c
zu bestimmen, so fassen wir alle die Kreise ins Auge, die die Kurve
in P berühren, deren Mittelpunkte also auf der zugehörigen Normalen n liegen. Wählen wir nun in der
Nähe von P auf der Kurve einen Punkt Q_1,
so gibt es einen Kreis k_1, der c in P berührt
und in Q_1 schneidet. Liegt Q_1 nahe genug
bei P, so wird der Kreis den Kurvenbogen
PQ_1 nicht mehr schneiden, und es liegt dieser

Fig. 206.

Bogen $Q_1 P$ und seine nächste Fortsetzung über P hinaus ganz
innerhalb des Kreises k_1, wie Fig. 206 zeigt. Ganz ebenso läßt
sich ein Kreis k_2 angeben, der c in einem Punkte Q_2 schneidet, wo
Q_2 in der Nähe von P, aber von Q_1 durch P getrennt liegt. Der
Bogen $Q_2 P$, sowie seine nächste Fortsetzung über P hinaus liegt
hier ganz außerhalb des Kreises k_2 und somit liegt auch k_2 innerhalb k_1. Läßt man jetzt den Punkt Q_1 sich stetig nach P hin-
bewegen, bis er zu P unendlich nahe wird, so nähert sich der
Kreis k_1 unbegrenzt einer bestimmten Grenzlage k, die
nichts anderes als der Krümmungskreis der Kurve c in P
sein kann. Ebenso konvergiert der Kreis k_2 beim Übergang zur
Grenze unbegrenzt gegen k. Dieser Übergang läßt uns zugleich erkennen, daß der Krümmungskreis in seinem Berührungspunkte P
von einer Seite der Kurve c auf die andere übertritt, oder, wie wir
auch sagen können, daß k drei konsekutive Punkte mit der Kurve
gemein hat (Berührung 2. Ordnung, Oskulation).

Den Beweis für die Richtigkeit unserer Behauptung, daß k der
bezügliche Krümmungkreis ist, erbringen wir, indem wir zeigen,
daß beim Grenzübergang der Kurvenbogen $Q_1 P$ gleich dem Kreis-

bogen $Q_1 P$ und die zugehörigen Kontingenzwinkel ebenfalls einander gleich werden — abgesehen von unendlich kleinen Größen höherer Ordnung. Da die Krümmung in einem Kurvenpunkte gleich dem Quotienten von Kontingenzwinkel und Bogenelement ist, so ist dann die Übereinstimmung der Krümmung von k und c in P bewiesen.

300. Die Kurven c und k berühren sich in P, ihre gemeinsame Normale ist n, sie schneiden sich in Q_1. Die Kreistangente in Q_1 sei $Q_1 S$, die Kurventangente $Q_1 T$, wo S und T auf n liegen, und das Lot von Q_1 auf n sei $Q_1 N$ (Fig. 207). Nun ist in dem rechtwinkligen Dreieck $N Q_1 T$ offenbar: $Q_1 N <$ Kurvenbogen $Q_1 P < Q_1 T$. Denn zerlegt man den Bogen $Q_1 P$ in unendlich viele Teile und zieht durch die Teilpunkte Parallelen zu n, so teilen die Parallelen auch $Q_1 N$

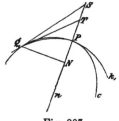

Fig. 207.

und $Q_1 T$ in unendlich viele Stücke. Jedes Element des Kurvenbogens ist aber kleiner als das entsprechende Element von $Q_1 T$, da dieses gegen die Parallelen stärker geneigt ist, — die Stetigkeit des Bogens $Q_1 P$ in bezug auf die Tangente vorausgesetzt; hieraus ergibt sich die Richtigkeit unserer Behauptung. Beim Übergang zur Grenze erkennen wir nach 279, daß $Q_1 T - Q_1 N$ von der 3. Ordnung unendlich klein wird, da $Q_1 N$ und $\angle N Q_1 T$ von der 1. Ordnung unendlich klein werden. Daraus schließen wir unmittelbar, **daß der Kurvenbogen $Q_1 P$ und der Kreisbogen $Q_1 P$ sich in der Grenze nur um eine unendlich kleine Größe von mindestens 3. Ordnung unterscheiden, denn sie sind beide gleich $Q_1 N$ bis auf solche Größen.**

301. Die Kontingenzwinkel, die dem Kreis- und Kurvenbogen $Q_1 P$ zugehören, stimmen bis auf unendlich kleine Größen 2. Ordnung überein; denn die Sehne $Q_1 P$ schließt mit den Kreistangenten in ihren Endpunkten gleiche Winkel ein, während sie mit den Kurventangenten beim Grenzübergang unendlich kleine Winkel einschließt, die sich nur um ein unendlich Kleines 2. Ordnung unterscheiden. Um sich davon zu überzeugen, teile man eine Kurve in lauter gleiche Elemente und verbinde alle Teilpunkte mit einem bestimmten unter ihnen, etwa P. Die um P entstehenden Winkel sind alle unendlich klein 1. Ordnung, und wegen der vorausgesetzten Stetigkeit ist die Differenz zweier aufeinanderfolgender Winkel unendlich klein 2. Ordnung; zu den Strahlen durch P gehört auch die Tangente, es ist deshalb in Fig. 208 die Differenz: $\angle Q_1 P R_1 - \angle Q_2 P R_2$ unendlich klein 2. Ordnung. Aber auch die Differenz: $\angle R_1 Q_1 P - \angle R_2 P Q_2$

ist unendlich klein 2. Ordnung, weil PQ_1 und Q_2P gleiche Elemente und beide Winkel gleichartig definiert sind, und folglich ist: $\angle R_1PQ_1 - \angle R_1Q_1P$ unendlich klein 2. Ordnung.

Fig. 208.

Das Gesagte läßt weiter erkennen, daß der Krümmungsmittelpunkt der Schnittpunkt zweier benachbarter Kurvennormalen ist. Denn schneiden sich (Fig. 208) die Kreisnormalen in P und Q_1 im Punkte M_1, die bezüglichen Kurvennormalen in M', so ist M_1M' unendlich klein von der 1. Ordnung, da $\angle M_1Q_1M' = \angle SQ_1T$ von der 2. Ordnung unendlich klein ist.

302. Denkt man sich in allen Punkten einer Kurve c die Normalen gezeichnet, so umhüllen diese eine neue Kurve v, die als Evolute von c bezeichnet wird, während c selbst die Evolvente heißt (Fig. 209). Da sich benachbarte Normalen in einem Krümmungsmittelpunkte schneiden, so bildet die Evolute der Kurve c den Ort aller ihrer Krümmungsmittelpunkte. Aus dem Früheren geht unmittelbar hervor, daß die Längen zweier Normalen in zwei benachbarten Kurvenpunkten, gemessen von der Kurve bis zu ihrem Schnittpunkte (dem

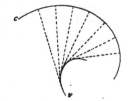

Fig. 209.

Krümmungsmittelpunkt) sich nur um eine unendlich kleine Größe 3. Ordnung unterscheiden. Daraus können wir folgendes schließen. Läßt man eine Tangente der Kurve v auf ihr abrollen, ohne daß dabei ein Gleiten stattfindet, so beschreibt jeder ihrer Punkte eine Evolvente zu v. Denken wir uns also an die Evolute v einen Faden angelegt und wickeln ihn von ihr ab, wobei er immer gespannt bleiben muß, so beschreibt sein Endpunkt eine Evolvente.

303. Wie wir oben gesehen haben, tritt der Krümmungskreis in dem zugehörigen Kurvenpunkte im allgemeinen von der einen Seite der Kurve auf die andere über. Es ist indessen hier ein Ausnahmefall zu erwähnen. Berührt ein Kreis k_1 die Kurve c im Punkte P und schneidet sie in einem nahe bei P liegenden Punkte Q_1, so kann es eintreten, daß er c noch in einem Punkte Q_2 schneidet, der ebenfalls nahe bei P aber von Q_1 durch P getrennt liegt (Fig. 210).

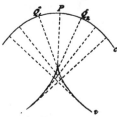

Fig. 210.

Läßt man dann Q_1 stetig nach dem Berührungspunkte P hinrücken und tritt dann von selbst das gleiche für Q_2 ein, so daß sich in der Grenzlage k gleichzeitig Q_1 und Q_2 mit P vereinigen, dann hat

der Krümmungskreis k in P vier (nicht nur wie im allgemeinen
drei) benachbarte Punkte mit der Kurve c gemein, und diese
liegt in der Nähe von P ganz auf einer Seite von k. Ein
solches Verhalten (Berührung 3. Ordnung) zeigen z. B. die Krümmungskreise in den Scheiteln der Kegelschnitte, und deshalb sollen derartige Punkte auch bei andern Kurven als Scheitelpunkte bezeichnet
werden (vergl. 264, 269 und 274).

Das Verhalten der Evolute im vorliegenden Falle ist leicht zu
übersehen. Während ein Punkt sich auf c fortbewegt, umhüllt die
zugehörige Normale die Evolute und der zugehörige Krümmungsmittelpunkt durchläuft dieselbe. In dem Augenblick, wo die Normale
einen Scheitelpunkt passiert, bleibt ihr Berührungspunkt mit der
Evolute still stehen, um dann seinen Fortschreitungssinn auf der
Tangente umzukehren; demgemäß weist die Evolute an der betreffenden Stelle nach 284 eine Spitze auf.

304. Verhalten der Krümmung im Wendepunkte, bei der
gewöhnlichen Spitze und der Schnabelspitze. Beim Wendepunkte sehen wir, daß der Winkel benachbarter Tangenten, d. h.
der Kontingenzwinkel sein Vorzeichen ändert. Stellen wir uns vor,
daß die Kurve in lauter gleiche Elemente geteilt sei, so ist ja der
Drehsinn der Tangente beim Übergange von einer Lage in die Nachbarlage (wenn man die Kurve in demselben Sinne durchläuft) ein verschiedener, je nachdem ihr Berührungspunkt vor oder hinter dem
Wendepunkte liegt. Der Kontingenzwinkel wird deshalb im Wendepunkte selbst gleich Null sein, d. h. es werden zwei benachbarte
Kurvenelemente in dieselbe Gerade fallen, die Tangente im Wendepunkte enthält drei konsekutive Kurvenpunkte und der zugehörige Krümmungsradius ist unendlich groß. Die Evolute hat
also die bezügliche Normale zur Asymptote.

Aus analogen Gründen oder aus dem Prinzip der Dualität
schließen wir, daß bei gleichen Kontingenzwinkeln — wobei dann die
Kurvenelemente ungleich sind — in einem Rückkehrpunkte das
Kurvenelement gleich Null wird. Hieraus ersieht man, daß der
Rückkehrpunkt ein spezieller Fall des Doppelpunktes ist, in dem
zwei konsekutive Kurvenpunkte zusammenfallen. Durch den Rückkehrpunkt gehen drei konsekutive Tangenten, und der zugehörige Krümmungsradius ist Null, die Evolute berührt also die
Kurvennormale in der Spitze. Bei der Schnabelspitze — die
eigentlich eine Vereinigung von Wendepunkt und Rückkehrpunkt
ist — wählt man eine Hilfsvariable, von der die Lage des beschreibenden Kurvenpunktes gesetzmäßig abhängt, und läßt sie sich

um gleiche unendlich kleine Größen ändern. Unendlich kleinen
Änderungen der Hilfsvariabeln entsprechen im allgemeinen Kurvenelemente und Kontingenzwinkel, die zu jener Änderung in einem
endlichen Verhältnisse stehen. Für den Wendepunkt wird das
letztere, für den Rückkehrpunkt das erstere Verhältnis gleich Null;

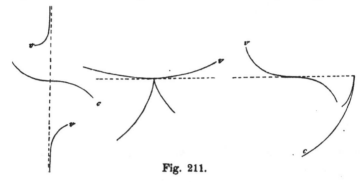

Fig. 211.

für die Schnabelspitze werden beide Verhältnisse unendlich klein,
doch wird der Quotient von Kontingenzwinkel und Kurvenelement
endlich bleiben, und somit ist auch der Krümmungsradius für die
Schnabelspitze endlich. Die Evolute hat die zugehörige Normale
zur Wendetangente, da ja die Tangente der Evolute, d. h. die Normale
der Kurve c in der Schnabelspitze rückläufig wird (Fig. 211).

305. Die Aufgabe: den Krümmungskreis für einen Punkt
einer gegebenen Kurve zu kon-
struieren, kann nur bei wenigen
Kurven im Anschlusse an ihre geometrische Definition genau gelöst
werden, wie wir das bereits bei den
Kegelschnitten gesehen haben und
noch bei einigen weiteren Kurven
später sehen werden. Indessen kann
man bei einer Kurve, die gezeichnet
vorliegt, den Krümmungskreis mit
ziemlicher Genauigkeit durch bloßes
Probieren finden, indem man für
den betreffenden Punkt zunächst die
Normale zeichnet und dann denjenigen unter den berührenden

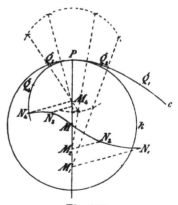

Fig. 212.

Kreisen auswählt, der die Kurve im Berührungspunkte durchsetzt.
Man muß dann bei geringer Variation des Radius Kreise erhalten,

die die Kurve an der gegebenen Stelle berühren und außerdem ganz nahe dabei noch schneiden. Dieser weitere Schnittpunkt liegt auf der einen oder andern Seite des Berührungspunktes, je nachdem der Radius größer oder kleiner als der gesuchte Krümmungsradius ist, und gerade auf diesem Umstande beruht die verhältnismäßig gute Genauigkeit.

Man kann die oben beschriebene Methode des Probierens noch etwas vervollkommnen, indem man vier die Kurve c im Punkte P berührende Hilfskreise k_1, k_2, k_3, k_4 benutzt und eine Fehlerkurve zeichnet. Wählt man (Fig. 212) auf c in der Nähe von P vier Punkte und zwar Q_1, Q_2 auf der einen, Q_3, Q_4 auf der andern Seite von P, und zeichnet vier Kreise k_1, k_2, k_3, k_4 durch P und durch Q_1, Q_2, Q_3, Q_4 respektive, so sind ihre Mittelpunkte M_1, M_2, M_3, M_4 die Schnittpunkte der Normalen n mit den Mittelsenkrechten der Sehnen PQ_1, ... PQ_4. Zieht man nun durch M_1, ... M_4 Parallele und trägt auf ihnen

$$M_1 N_1 = PQ_1, \ M_2 N_2 = PQ_2, \ M_3 N_3 = PQ_3, \ M_4 N_4 = PQ_4$$

respektive auf (wobei $M_1 N_1$, $M_2 N_2$ gleiche, $M_3 N_3$, $M_4 N_4$ die entgegengesetzte Richtung erhalten), so definieren die Punkte N_1, N_2, N_3, N_4 eine Fehlerkurve, die offenbar die Normale n im Krümmungsmittelpunkte M schneidet.

306. Wir wollen uns noch fragen, in welcher Beziehung die Krümmung einer ebenen Kurve zu der ihres perspek-

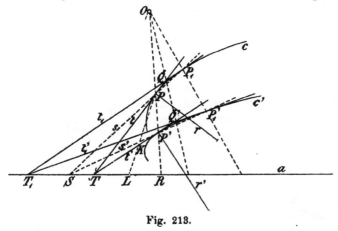

Fig. 213.

tiven Bildes steht. Nehmen wir an, die zugrunde gelegte Kurve sei c, ihr perspektives Bild c', O sei das Zentrum und a die Achse der Perspektive (Fig. 213). Dabei können wir voraussetzen, daß die

Kurve c und ihr Bild c' in der gleichen Ebene liegen. $PP_1 = e$ sei ein Element von c, t und t_1 seien die Tangenten in P resp. P_1 und s die Sekante PP_1; diese Geraden mögen die Achse a in den Punkten T, T_1, S respektive schneiden. Haben $P'P_1' = e'$, t', t_1' und s' die analoge Bedeutung für c', und setzen wir $PT = t$, $P'T = t'$, so kommt:

$$\frac{e}{e'} = \frac{OP}{OP'} \cdot \frac{SP_1}{SP_1'} = \frac{OP}{OP'} \cdot \frac{t}{t'},$$

abgesehen von unendlich kleinen Größen. Ferner ist:

$$\frac{s}{TT_1} = \frac{\sin t a}{QT_1} \quad \text{und} \quad \frac{s'}{TT_1} = \frac{\sin t' a}{Q'T_1},$$

also:

$$\frac{s}{s'} = \frac{\sin t a}{\sin t' a} \cdot \frac{Q'T_1}{QT_1} = \frac{\sin t a}{\sin t' a} \cdot \frac{t'}{t} = \frac{RP}{RP'} \cdot \frac{t'^2}{t^2},$$

(wo $Q = t \times t_1$, $Q' = t' \times t_1'$, $R = OP \times a$, $s = \angle tt_1$ und $s' = \angle t't_1'$).

Nun ist aber der Krümmungsradius im Punkte P von c bestimmt durch: $r = e : s$ und analog gilt $r' = e' : s'$, also folgt:

$$r : r' = \left[\frac{OP}{OP'} : \frac{RP}{RP'} \right] \cdot \frac{t^3}{t'^3}.$$

Zur Konstruktion diene folgendes. Zieht man durch P eine Parallele zu OT, die t' und a in K und L schneidet, so ist nach 216:

$$\frac{OP}{OP'} : \frac{RP}{RP'} = \frac{LK}{LP}.$$

Zeichnet man ferner ein rechtwinkliges Dreieck mit den Katheten t und t' und errichtet auf der Hypotenuse Senkrechte in den Endpunkten, so schneiden diese auf den Verlängerungen der Katheten die Strecken $AE = \frac{t^2}{t'}$ resp. $AD = \frac{t'^2}{t}$ ab, deren Verhältnis $\frac{t^3}{t'^3}$ ist (vergl. Fig. 214). Macht man noch $DF = LK$ und $FG \parallel AE$, so wird: $r : r' = FG : LP$; wonach sich r' leicht konstruiert ($FH = LP$, $JF = r$, $FN = r'$). Die obige Beziehung $r : r'$ wurde

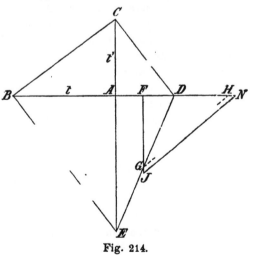

Fig. 214.

zuerst von Geisenheimer[12]) aufgefunden; sie erleidet einige Ver-
einfachungen, wenn man statt der Zentralprojektion die Parallelprojektion, insbesondere die orthogonale Projektion zugrunde legt.
Die vorliegende Beziehung kann auch dazu verwendet werden, bei
Kegelschnitten die Konstruktionen des Krümmungsradius abzuleiten.

Rektifikation von Kurven.

307. Unter der Rektifikation eines Kurvenbogens versteht
man die Bestimmung seiner wahren Länge gemessen durch eine geradlinige Strecke, wie sie sich z. B. ergibt, wenn der Kurvenbogen auf
einer geraden Linie ohne zu gleiten abrollt. Bei unseren Aufgaben
handelt es sich darum, einen Kurvenbogen näherungsweise zu
rektifizieren, indem man auf der Kurve eine Reihe von Punkten in
geringer gegenseitiger Entfernung annimmt, je zwei aufeinanderfolgende
durch eine Sehne verbindet und nun die Länge des gebrochenen
Linienzuges der Sehnen bestimmt. Dieser gibt dann annäherungsweise die gesuchte Bogenlänge, und zwar müßte das Resultat um so
genauer werden, je dichter man die Punkte auf der Kurve wählt.
Nimmt man die gegenseitige Entfernung unendlich klein, so stimmt
die Bogenlänge mit der Länge des gebrochenen Linienzuges überein,
da ein unendlich kleiner Bogen und seine Sehne sich nur um eine
unendlich kleine Größe 3. Ordnung unterscheiden. Bei der prakti-
tischen Durchführung einer Rektifikation trägt man in den Kurvenbogen, von einem Endpunkte ausgehend, lauter gleiche kleine Sehnen
ein und dann diese (in der gleichen Anzahl) auf einer Geraden auf.
Die Länge der gleichen Sehnen ist natürlich verschieden zu wählen,
je nach der Stärke der Krümmung des Kurvenbogens; bei stärkerer
Krümmung wählt man die Sehnen kleiner, bei schwächerer Krümmung
größer. Nach Untersuchungen von Chr. Wiener[13]) ist es bei der
Rektifikation eines Kreises von 2, 6, 10, 20 cm Durchmesser zweck-
mäßig, eine Sehnenlänge von $\frac{1}{10}$, $\frac{1}{16}$, $\frac{1}{20}$, $\frac{1}{27}$ des Durchmessers zu
verwenden; dieses liefert einen Anhaltepunkt auch für andere Rek-
tifikationen.

Eine besondere Bedeutung hat die Rektifikation eines
Kreises; der Kreisumfang ist gleich $2\pi r$, wo r den Radius und
π die Zahl 3,14159 . . . bedeutet. Man darf also annehmen, daß
der Kreisumfang angenähert gleich $3\frac{1}{7}$ Durchmesser ist; der Fehler
beträgt bei 10 cm Durchmesser nur etwa $\frac{1}{8}$ mm. Bei Kreisen mit
wesentlich größeren Durchmessern kann man einen genaueren Wert
für die Zahl π einsetzen.

Raumkurven und ihre Projektionen; abwickelbare Flächen.

308. Bewegt sich ein Punkt im Raume (ohne in einer und derselben Ebene zu bleiben), so beschreibt er eine **Raumkurve**, die hier als eine Aufeinanderfolge von Punkten erscheint. **Zwei benachbarte, unendlich nahe Lagen** des bewegten Punktes bestimmen **ein Kurvenelement** und eine **Tangente**, nämlich die Gerade, die das Kurvenelement enthält; die zwei unendlich nahen Punkte der Kurve fallen mit dem Berührungspunkte der Tangente zusammen. Die Tangente kann demgemäß als Grenzlage einer Sehne der Raumkurve angesehen werden. Hält man den einen Endpunkt *P* einer Sehne fest, während man den andern *Q* sich auf der Raumkurve fortbewegen und schließlich mit dem festen Endpunkt zusammenfallen läßt, so geht die Sehne in der Grenzlage in die Tangente im Punkte *P* über. Jede Ebene durch die Tangente *t* in *P* ist eine Tangentialebene der Raumkurve. Legt man eine solche Tangentialebene durch einen in der Nähe von *P* befindlichen Punkt *R* der Raumkurve und läßt *R* sich nach *P* bewegen, so nimmt die Ebene durch *t* eine gewisse Grenzlage an, sie wird zur **Schmiegungsebene**. Während die Raumkurve bei einer gewöhnlichen Tangentialebene in der Nähe des Berührungspunktes ganz auf einer Seite dieser Ebene liegt, durchsetzt sie die Schmiegungsebene im Berührungspunkte; denn dieser entsteht ja durch Vereinigung des Berührungspunktes mit einem Schnittpunkt einer Tangentialebene. Die Schmiegungsebene enthält zwei benachbarte Kurvenelemente oder drei benachbarte Kurvenpunkte; sie kann auch als Grenzlage einer Ebene gewonnen werden, die durch drei nahe beieinander liegende Kurvenpunkte *P*, *Q*, *R* geht, wenn diese sich vereinigen.

Steht eine Gerade auf einer Tangente im Berührungspunkte senkrecht, so heißt sie **Normale**; alle Normalen in einem Punkte der Raumkurve liegen in einer Ebene, der **Normalebene**. Die Normale in der Schmiegungsebene heißt **Hauptnormale**, die auf ihre senkrechte Normale die **Binormale**; die Ebene durch Tangente und Binormale nennt man **rektifizierende Ebene**.

309. Bewegt sich ein Punkt auf der Raumkurve, so führen gleichzeitig die zugehörige Tangente und die zugehörige Schmiegungsebene Bewegungen aus, und zwar dreht sich die Tangente stets um den bezüglichen Berührungspunkt in der Schmiegungsebene und die Schmiegungsebene um die bezügliche Tangente. Denken wir uns zunächst ein kleines aber endliches Stück *PQ* der Raumkurve, so erhalten wir eine bestimmte Bogenlänge, einen bestimmten Winkel

der Endtangenten und einen bestimmten Winkel der Schmiegungsebenen in den Endpunkten. Lassen wir den Bogen AB **unendlich
klein** werden, so tritt gleiches für den Winkel der Tangenten und
den Winkel der Schmiegungsebenen ein, falls die Kurve **stetig** ist,
wie wir voraussetzen wollen. Im allgemeinen — d. h. abgesehen
von einzelnen Punkten — sind nun die Verhältnisse der genannten
drei unendlich kleinen Größen **endlich**. Zu dem Bogenelement e
gehört hiernach ein bestimmter **Kontingenzwinkel** ε, Winkel benachbarter Tangenten, und ein bestimmter **Torsionswinkel** η,
Winkel benachbarter Schmiegungsebenen. Das Verhältnis $k = \dfrac{\varepsilon}{e}$
wird wie bei den ebenen Kurven als **Krümmung**, das Verhältnis
$\tau = \dfrac{\eta}{e}$ als **Torsion** der Raumkurve an der betreffenden Stelle bezeichnet. Wie bei den ebenen Kurven gibt es ferner durch drei
benachbarte Punkte der Raumkurve einen Krümmungskreis; er liegt
in der zugehörigen Schmiegungsebene und sein Mittelpunkt auf der
Hauptnormale.

310. Bei der angeführten Bewegung beschreibt die Tangente
eine geradlinige Fläche, welche die **zur Raumkurve gehörige
abwickelbare Fläche** oder kurz die abwickelbare Fläche der
Raumkurve genannt wird; die Tangenten der Raumkurve heißen
die **Erzeugenden** der Fläche. Gleichzeitig führt die zugehörige
Schmiegungsebene eine solche Bewegung aus, daß sie die **abwickelbare Fläche in allen ihren Lagen umhüllt;** das will sagen, daß
jede Schmiegungsebene die abwickelbare Fläche längs der
in ihr liegenden Tangente der Raumkurve berührt. Um die

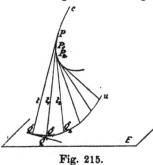

Fig. 215.

Richtigkeit des Gesagten zu erkennen,
ist es nötig, näher auf die gegenseitige Lage benachbarter Tangenten
und Schmiegungsebenen einzugehen
(Fig. 215). Seien P und P_1 zwei benachbarte Punkte unserer Raumkurve,
t und t_1 die zugehörigen Tangenten, Σ
und Σ_1 die Schmiegungsebenen, und
$PP_1 = s$ die Sekante. Dann ist nach
280 der Abstand des Punktes P_1
von der Schmiegungsebene Σ un-
endlich klein von der 3. Ordnung; ganz ebenso ist der Abstand der
Tangenten t und t_1 unendlich klein 3. Ordnung; denn die Ebenen
durch t und s resp. t_1 und s schließen einen unendlich kleinen Winkel

ein und zugleich sind $\angle ts$, $\angle t_1 s$ und PP_1 von der 1. Ordnung unendlich klein. Ziehen wir auf der abwickelbaren Fläche eine Kurve, die t und t_1 in den benachbarten Punkten Q und Q_1 schneidet, so ist das Lot $Q_1 Q'$, gefällt von Q_1 auf Σ, unendlich klein 2. Ordnung (nach 280), folglich schließt QQ_1 mit Σ einen unendlich kleinen Winkel ein, und wir können deshalb sagen, daß die Tangente der auf der abwickelbaren Fläche gezogenen Kurve im Punkte Q in die Schmiegungsebene Σ fällt (in der Figur ist eine Hilfsebene E durch QQ_1 senkrecht zu Σ benutzt). Die Schmiegungsebene Σ tangiert also wirklich die abwickelbare Fläche längs ihrer Erzeugenden t.

311. Die Raumkurve bildet auf der zugehörigen abwickelbaren Fläche eine Rückkehrkurve oder Rückkehrkante, d. h. jeder ebene Schnitt der abwickelbaren Fläche weist in den Durchstoßpunkten mit der Raumkurve Rückkehrpunkte oder Spitzen auf. In der Tat, schneidet eine Ebene E die Raumkurve c in S (Fig. 216), und läßt man einen Punkt auf dieser fortwandern, wobei er auch die Lage S passiert, dann liefert die zu dem wandernden Punkte zugehörige Tangente und Schmie-

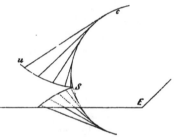

Fig. 216.

gungsebene die Punkte und Tangenten der Schnittkurve u von E mit der abwickelbaren Fläche. Passiert der bewegte Punkt die Lage S, so behalten Tangente und Schmiegungsebene ihren Drehsinn bei — falls S ein gewöhnlicher Punkt der Raumkurve ist. Demnach behält auch die Tangente der ebenen Schnittkurve ihren Drehsinn bei, dagegen ändert der sie beschreibende Punkt in S seinen Fortschreitungssinn. Denn bezeichnen wir die beiden Teile der Tangente einer Raumkurve, vom Berührungspunkte aus gerechnet, als positiv und negativ, so wird der eine Teil der Schnittkurve bis zum Punkte S hin von dem positiven Teile der bewegten Tangente beschrieben, der andere vom negativen Teile, wodurch jene Änderung hervorgebracht wird.

312. Lassen wir nun eine Ebene, welche die abwickelbare Fläche längs einer Erzeugenden berührt, sich auf dieser fortwälzen, wobei wir indes nur einen der beiden Teile der Fläche, die längs der Rückkehrkurve aneinandergrenzen, in Betracht ziehen. Beim Abwälzen oder Abrollen der Ebene auf einem Teile der abwickelbaren Fläche werden die Erzeugenden alle nacheinander zu Berührungslinien der wälzenden Ebene, die sich in jedem Augenblicke um die Berührungslinie ohne zu gleiten dreht. Indem bei dieser Bewegung jeder Punkt der Fläche einmal in die wälzende Ebene fällt, liefert jede Erzeugende und jede Kurve unserer Fläche eine Gerade respektive eine Kurve in der wälzenden Ebene; sie werden als die Abwickelungen jener Gebilde bezeichnet. Natürlich kann auch die Ebene festgehalten und die abwickelbare Fläche ohne Gleiten auf ihr abgewälzt werden, was offenbar darauf hinauskommt, daß der eine Teil einer abwickelbaren Fläche ohne Dehnung oder Zerreißung und ohne Stauchung oder Faltung in einer Ebene ausgebreitet werden kann. Um sich die geschilderten Vorgänge völlig klar zu machen, denke man sich auf der abwickelbaren Fläche eine Reihe von Erzeugenden $t_1 t_2 t_3 \ldots t_n \ldots$ gezogen, die einander benachbart sind, deren Winkel $\varepsilon_{12} = \angle\, t_1 t_2$, $\varepsilon_{23} = \angle\, t_2 t_3 \ldots$ also unendlich klein sind. Würde nun jede Erzeugende die vorhergehende schneiden, so würden sie die Verlängerungen der Seiten eines räumlichen Polygons bilden und damit die Abwickelbarkeit in eine Ebene unmittelbar klar sein. Denn dazu gehört nur, daß man die Winkel, die je zwei aufeinanderfolgende Flächenelemente $t_1 t_2$, $t_2 t_3$, $t_3 t_4 \ldots$ einschließen, zu $2R$ ausstreckt, so daß alle Elemente in die nämliche Ebene zu liegen kommen. Der Flächenstreifen zwischen zwei Erzeugenden, etwa t_1 und t_2, der abwickelbaren Fläche ist nun an und für sich nicht eben, da jedoch die gemeinsame Normale von t_1 und t_2 unendlich klein von der 3. Ordnung ist, so darf man sie als absolut gleich 0 annehmen, ohne daß der dadurch begangene Fehler einen Einfluß auf das Resultat ausübt. In der Fig. 217 ist die abwickelbare Fläche durch eine Kurve u begrenzt, deren Abwickelung u_0 ist.

313. Aus dem Vorgange der Abwickelung einer abwickelbaren Fläche ergeben sich noch unmittelbar folgende Beziehungen. Der Winkel konsekutiver Erzeugenden ändert sich bei der Abwickelung nicht, ebensowenig die Länge einer Erzeugenden zwischen irgend zwei auf ihr gewählten Punkten. Hieraus folgt dann weiter, daß jeder Kurvenbogen auf der abwickelbaren Fläche gleich lang mit seiner Abwickelung ist und daß eine Erzeugende den Kurvenbogen unter dem gleichen Winkel schneidet, wie ihre Abwickelung die abgewickelte Kurve. Beim Abwickelungsprozeß geht hiernach die Rückkehr-

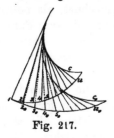

Fig. 217.

kurve c der abwickelbaren Fläche in eine ebene Kurve c_0
über, die mit jener an entsprechenden Stellen stets die
gleiche Krümmung zeigt, da ja Kurvenelement und Kontingenzwinkel dabei ungeändert bleiben (vergl. Fig. 217).

314. Während die Krümmung der Rückkehrkurve beim Abwickeln ungeändert bleibt, erfährt die Krümmung aller andern Kurven
der Fläche eine Änderung, und wir wollen uns
fragen, in welcher Beziehung der Krümmungsradius r im Punkte P einer Kurve
k der abwickelbaren Fläche zum Krümmungsradius r_0 des Punktes P_0 der abgewickelten Kurve k_0 steht (Fig. 218). Sind P
und Q benachbarte Punkte von k, t und u die
zugehörigen Tangenten, e und f die durch P
resp. Q verlaufenden Erzeugenden, und haben

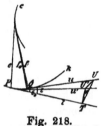

Fig. 218.

P_0, Q_0, t_0, u_0, e_0, f_0 die analoge Bedeutung für die Abwickelung in der
Ebene, so hat man: $r : r_0 = \varepsilon_0 : \varepsilon$, wo $\angle\, tu = \varepsilon$ und $\angle\, t_0 u_0 = \varepsilon_0$ ist;
denn es ist ja $PQ = P_0 Q_0$. Bei der Abwickelung ändert sich nun
die Lage von u gegen t dadurch, daß die Gerade u eine unendlich
kleine Drehung um e macht, bis sie in die Ebene te zu liegen
kommt; diese Drehung können wir durch eine Projektion ersetzen,
indem wir u senkrecht auf die Ebene te nach u' projizieren, der
hierbei entstehende Fehler ist ja von höherer Ordnung unendlich
klein; es ist demnach $\angle\, tu' = \angle\, t_0 u_0 = \varepsilon_0$. Nun ist aber $\angle\, tu'$
$= \angle\, tu \cdot \cos v$, wenn v den Neigungswinkel der Ebene tu gegen die
Ebene te bedeutet; denn ist die Ebene $UU'T \perp t$, so ist $\angle\, UTU' = v$
und also $\operatorname{tg} \varepsilon_0 = \operatorname{tg} \varepsilon \cdot \cos v$. Wir können mithin sagen: Der Krümmungsradius r einer Kurve der abwickelbaren Fläche in
einem ihrer Punkte ist gleich dem Krümmungsradius r_0 der
abgewickelten Kurve im entsprechenden Punkte multipli-
ziert mit $\cos v$, wenn v den Neigungswinkel der Schmiegungsebene jener Kurve mit der Tangentialebene der Fläche in
dem genannten Punkte bedeutet.

Ist der Neigungswinkel $v = R$, d. h. steht die Schmiegungsebene
der Kurve k an der betreffenden Stelle P auf der Tangentialebene
der abwickelbaren Fläche senkrecht, so wird die Projektion von
$\angle\, tu$ zu Null, und es besitzt k_0 in P_0 einen Wendepunkt; in der
Tat gibt auch die Formel: $r_0 = r : \cos v$ den Wert $r_0 = \infty$.

315. Eine Kurve der abwickelbaren Fläche, die bei der
Abwickelung in eine Gerade übergeht, heißt geodätische
Linie. Wie die Gerade in der Ebene, so ist die geodätische Linie

16*

auf der Fläche die kürzeste Verbindungslinie zweier Punkte. Aus
dem Vorausgehenden ergibt sich, daß in jedem Punkte einer
geodätischen Linie die Schmiegungsebene auf der Tangentialebene der Fläche senkrecht steht. Diese Eigenschaft
besitzt die geodätische Linie auf jeder beliebigen krummen Oberfläche.

316. Zu jeder Raumkurve gehört eine ebene Kurve, die mit
ihr in allen entsprechenden Punkten gleiche Krümmung hat; letztere
entsteht aus der ersteren durch Abwickelung ihrer abwickelbaren
Fläche, wobei ja Bogenelement e und Kontingenzwinkel ε der Rückkehrkurve ungeändert bleiben. Zu jeder Raumkurve gehört aber
auch ein bestimmter Kegel — Richtkegel — den man erhält, indem man durch einen beliebigen Punkt O zu den Erzeugenden der
abwickelbaren Fläche die Parallelstrahlen zieht. Hierdurch werden
zugleich die Tangentialebenen des Kegels zu den entsprechenden
Schmiegungsebenen der Raumkurve parallel, so daß Kontingenzwinkel ε und Torsionswinkel η der Raumkurve bezw. mit dem
Winkel benachbarter Erzeugenden und Tangentialebenen des Richt-
kegels übereinstimmen.

317. Wir haben bereits gesehen, daß die Schmiegungsebenen
einer Raumkurve ihre abwickelbare Fläche umhüllen. Es kann demgemäß die abwickelbare Fläche als Hüllfläche aller Lagen einer
bewegten Ebene erzeugt werden. Je zwei benachbarte Ebenen
schneiden sich in einer Erzeugenden der Fläche, je drei benachbarte Ebenen in einem Punkte ihrer Rückkehrkurve. So bestimmen
alle Normalebenen einer Raumkurve eine abwickelbare Fläche, die
man als Evolutenfläche der Raumkurve bezeichnet. Läßt man
auf der Evolutenfläche eine Ebene wälzen, ohne daß sie dabei
gleitet, so beschreibt jeder ihrer Punkte eine Raumkurve — Evolvente — unter denen sich auch die ursprüngliche Raumkurve befindet. Die Evolventen durchsetzen die Tangentialebenen der Evolutenfläche rechtwinklig.

318. Die Parallel- oder Zentralprojektion einer Raumkurve ist eine ebene Kurve, deren Tangenten die Projektionen der Tangenten der Raumkurve sind. Es ergibt sich dies
einfach daraus, daß die Tangenten als spezielle Sekanten aufzufassen
sind, bei denen durch einen Grenzübergang zwei Schnittpunkte mit
der Kurve zusammengerückt sind. Liegt das Projektionszentrum
auf einer Tangente t der Raumkurve, so projiziert sich ihr Berührungspunkt B als Spitze. Man kann sich hiervon Rechenschaft
geben, indem man einen Punkt die Raumkurve durchlaufen läßt und
zugleich auf die Bewegung der zugehörigen Tangente achtet; denn

während der Punkt die Lage B passiert (Fig. 219), bleibt seine Projektion einen Augenblick still stehen, um dann rückläufig zu werden. Man kann aber auch wieder den Grenzübergang benutzen. Geht die Verbindungslinie zweier Kurvenpunkte P und Q durch das Projektionszentrum, so bildet die Projektion $P' = Q'$ einen Doppelpunkt der Projektionskurve; beim Übergang zur Grenze wird die Sekante zur Tangente und der Doppelpunkt zur Spitze. Ein Kurvenpunkt, dessen Schmiegungsebene durch das Projektionszentrum geht, liefert in der Projektion einen Wendepunkt; da zwei benachbarte Tangenten die gleiche Projektion besitzen. Hieraus folgt, daß bei orthogonaler Projektion einer

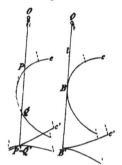

Fig. 219.

Raumkurve aus einem gewöhnlichen Punkte P ein gewöhnlicher, ein Wende- oder ein Rückkehrpunkt wird, je nachdem man auf die Schmiegungs-, die rektifizierende oder die Normalebene projiziert.

319. Die Raumkurve kann verschiedene Singularitäten aufweisen, von denen man die gewöhnlicheren auf folgende Weise erhält. Durchläuft ein Punkt P die Raumkurve, so dreht sich die zugehörige Tangente t um diesen Punkt und die zugehörige Schmiegungsebene Σ um die Tangente t. Während in einem gewöhnlichen Kurvenpunkt der Fortschreitungssinn von P auf t, der Drehsinn von t um P und der Drehsinn von Σ um t ungeändert bleiben, wird sich in speziellen Punkten der Sinn einer oder mehrerer dieser Bewegungen umkehren; es gibt das — den gewöhnlichen Punkt eingerechnet — acht Kombinationen. Kehrt die Schmiegungsebene ihren Drehsinn um, so muß ihre Drehung an einer bestimmten Stelle gleich Null sein, so daß dort drei Kurvenelemente oder vier benachbarte Kurvenpunkte in einer Ebene liegen, die stationäre Ebene genannt wird. Kehrt die Tangente ihren Drehsinn um, so fallen zwei Kurvenelemente oder drei konsekutive Punkte in eine Gerade, und es entsteht der Wende- oder Streckungspunkt. Kehrt der Punkt seinen Fortschreitungssinn um, so entsteht die Spitze oder der Rückkehrpunkt. Hiernach kann man sich auch über die anderen Kombinationen Klarheit verschaffen; die Besprechung der verschiedenen Möglichkeiten kann aber hier unterlassen werden.[14]

320. Die Tangente und Schmiegungsebene sollen in einem Punkte einer Raumkurve konstruiert werden. Natürlich wird es bei manchen Raumkurven infolge der Art ihrer Definition möglich sein, die Tangente und Schmiegungsebene in jedem Punkte

genau zu konstruieren. Insbesondere wird man bei der Bestimmung
der Tangente ganz ähnlich wie in 290 verfahren können, indem der
Kurvenpunkt als Schnitt
dreier Hilfsflächen er-
scheint, wodurch dann
die Tangente als Diago-
nale eines unendlich
kleinen Parallelepipedes
definiert ist, das durch
ein ähnliches endliches
Parallelepiped ersetzt
werden kann. Es ist
leicht, Beispiele in großer
Zahl hierfür anzugeben,
doch soll hier nicht
weiter darauf einge-
gangen werden.

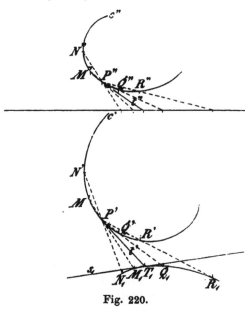

Fig. 220.

Wenn die Raum-
kurve in ihren beiden
Projektionen gezeichnet
vorliegt, so läßt sich
unsere Aufgabe in fol-
gender Weise konstruktiv durchführen (Fig. 220). Sind c', c'' die
Projektionen der Raumkurve und P', P'' die eines Punktes auf ihr,
so bestimmt man nach 287 die Tangenten t' in P' an c' und t'' in
P'' an c''; t', t'' sind dann die Projektionen der gesuchten Tangente
t in P an c. Die gesuchte Schmiegungsebene Σ geht durch t und
kann durch einen Grenzübergang definiert werden. Zieht man von P
aus Strahlen nach allen Punkten der Raumkurve, so erhält man einen
Kegel, dessen Mantelfläche auch t enthält; die Tangentialebene des
Kegels längs der Mantellinie t (vergl. 316) ist die gesuchte Schmiegungsebene. Läßt man nämlich einen Punkt Q auf c sich nach P
hin bewegen, so schneidet die Ebene tQ den Kegelmantel in den
Erzeugenden t und PQ; sie wird beim Grenzübergang zur Tangentialebene des Kegels und zugleich zur Schmiegungsebene von c. Man
wähle deshalb in der Nähe von P auf c beiderseitig je zwei Punkte,
etwa Q, R resp. M, N und suche die Spurpunkte der Strahlen PQ,
PR, PM, PN und t in einer der beiden Projektionsebenen, etwa Π_1.
Dann geht die Spurkurve der Kegelfläche durch die Punkte Q_1, R_1,
T_1, M_1, N_1 und kann hiernach gezeichnet werden; die Spurlinie s_1
von Σ ist jetzt als Tangente der Spurkurve im Punkte T_1 bestimmt.

Krumme Oberflächen.

321. Wir haben bereits in den abwickelbaren Flächen einen speziellen Fall der krummen Flächen kennen gelernt und wollen nun zu den allgemeinen krummen Flächen übergehen. Wir können dieselben .zunächst als Gebilde definieren, die von jeder Ebene in einer Kurve geschnitten werden. Diese Kurven können freilich auch aus mehreren Teilen, insbesondere auch aus geraden Linien bestehen. Für unsere Zwecke ist es nun unerläßlich, daß wir auf der krummen Fläche mindestens ein System von Raum- oder ebenen Kurven angeben können. Unter einem System von Kurven verstehen wir hierbei unendlich viele Kurven, die die ganze Fläche überdecken, so daß durch jeden Punkt der Fläche wenigstens eine solche Kurve hindurchgeht. Zu jeder Kurve gibt es demgemäß in dem System zwei benachbarte Kurven, die sich in ihrer Lage und zwar ihrer ganzen Erstreckung nach von jener nur unendlich wenig unterscheiden. Die Kurven des Systems können in speziellen Fällen entweder alle kongruent, oder ähnlich und nur der Größe nach verschieden sein; im allgemeinen Falle sind sie in ihrer Gestalt veränderlich, nur müssen auch dann noch zwei benachbarte Kurven bis auf unendlich kleine Unterschiede übereinstimmen. Im ersten Falle wird die Fläche erzeugt durch stetige Bewegung einer konstanten Kurve. So entstehen z. B. durch Bewegung einer Geraden die abwickelbaren Flächen und die windschiefen Regelflächen; bei den letzteren steht der Abstand je zweier benachbarter Geraden (Erzeugenden) zu ihrem Winkel in einem endlichen Verhältnis, bei ersteren ist dieses Verhältnis unendlich klein. So entstehen z. B. durch Bewegung einer Kurve Translations-, Rotations- und Schraubenflächen, wenn die Punkte der bewegten konstanten Kurve kongruente Bahnen, Kreisbahnen um eine feste Achse oder Schraubenlinien um eine solche Achse beschreiben. (Vergl. darüber die späteren Kapitel.) Im allgemeinen Falle wird die Fläche erzeugt durch stetige Bewegung einer Kurve, die zugleich ihre Form stetig ändert. Dabei müssen natürlich die Gesetze für Bewegung und Formänderung und ihre gegenseitige Abhängigkeit gegeben sein

322. Die Tangente einer Fläche wird, wie bei den Kurven, durch einen Grenzübergang definiert, indem man zunächst eine Gerade durch zwei getrennte Punkte der Fläche legt und diese dann sich gegenseitig nähern und schließlich zusammenfallen läßt. Zieht man auf einer Fläche irgend eine Kurve, so ist jede ihrer

Tangenten auch Tangente der Fläche und enthält zwei unendlich nahe Punkte derselben. **In jedem Punkte P einer Fläche gibt es unendlich viele Tangenten, die im allgemeinen in einer Ebene — der Tangentialebene der Fläche in P — liegen.** Zieht man nämlich irgend zwei Tangenten t_1, t_2 im Punkte P der Fläche, so schneidet die Ebene $t_1 t_2$ die Fläche in einer Kurve, die in P einen **Doppelpunkt** besitzt, da sowohl t_1 als t_2 mit der Schnittkurve im Punkte P zwei unendlich nahe Punkte gemein haben Jede Gerade der Ebene $t_1 t_2$ durch den Punkt P hat mit der Kurve und sonach mit der Fläche zwei zusammenfallende Punkte gemein, d. h. sie ist Tangente der Fläche; hiermit ist aber unsere Behauptung erwiesen. Es kann allerdings in einzelnen Punkten der Fläche vorkommen, daß jede Gerade durch ihn die Fläche in zwei zusammenfallenden Punkten schneidet; ein solcher Punkt heißt dann **Knotenpunkt** unserer Fläche, jede Ebene durch ihn schneidet eine Kurve aus, die in ihm einen Doppelpunkt besitzt. Denn, gibt es eine Gerade t_3 durch P, die dort die Fläche in zwei zusammenfallenden Punkten schneidet und nicht in der Ebene $t_1 t_2$ liegt, so enthält jede Ebene durch t_3 außer t_3 noch eine weitere Tangente der Fläche im Punkte P, nämlich in der Ebene $t_1 t_2$, und damit unendlich viele Tangenten.

323. Daß die Tangenten in einem Punkte P einer Fläche im allgemeinen in einer Ebene liegen, kann noch klarer durch folgende Überlegung eingesehen werden, die an die obige Definition der Fläche anknüpft. Wir gehen zu diesem Zwecke von dem Kurvensysteme aus, durch das die Fläche erzeugt worden ist, und betrachten die durch P verlaufende Kurve k des Systems und ihre Nachbarkurve l. Wir wählen dann auf l zwei unendlich nahe Punkte A und B, deren Entfernung von P ebenfalls unendlich klein ist, so daß das Dreieck APB unendlich klein ist, aber endliche Winkel zeigt. Teilen wir jetzt den Kurvenbogen AB durch Punkte $C_1, C_2, C_3 \ldots C_n$ — wo die Zahl n über jede Grenze wachsen mag — so sind die Geraden $PC_1, PC_2 \ldots PC_n$ Tangenten unserer Fläche; diese schließen aber mit der Ebene APB unendlich kleine Winkel ein, können also als in dieser Ebene liegend angesehen werden. Daß eine Gerade PC_i mit der genannten Ebene einen unendlich kleinen Winkel einschließt, folgt daraus, daß die Entfernung des Punktes C_i von der Sehne AB, und damit auch von der Ebene APB, unendlich klein von der 2. Ordnung ist, wenn AB und damit PA, PB und PC_i unendlich klein von der 1. Ordnung ist.

324. Die Senkrechte im Berührungspunkte P der Tangentialebene heißt die Flächennormale im Punkte P; die Ebenen durch diese Normale liefern die Normalschnitte der Fläche. Die Krümmung kann nun für alle Normalschnitte den gleichen Sinn haben, d. h. ihre Krümmungsradien, die ja in die Normale fallen, können alle von P aus gleich gerichtet sein; dann liegt die Fläche in der Umgebung von P ganz auf der einen Seite der Tangentialebene und heißt dort elliptisch gekrümmt. Die Tangentialebene schneidet demnach die Fläche in einer Kurve, die P zum isolierten Doppelpunkt hat; das einfachste Beispiel bildet die Kugel.

Die Krümmung kann aber auch für einen Teil der Normalschnitte im Punkte P den entgegengesetzten Sinn haben, wie für den andern Teil; die Normalschnitte berühren dann die Tangentialebene im Punkte P von verschiedenen Seiten. Die Fläche liegt in der Umgebung von P auf beiden Seiten der Tangentialebene und heißt dort hyperbolisch gekrümmt. Die Tangentialebene schneidet die Fläche in einer Kurve, die in P einen Doppelpunkt mit reellen Ästen hat. Den Übergang von einem Teil der Normalschnitte zum andern bilden die beiden Normalschnitte mit der Krümmung Null, die also P zum Wendepunkt haben. Die beiden eigentlichen Tangenten der in der Tangentialebene liegenden Schnittkurve, die die beiden reellen Kurvenäste im Doppelpunkte P berühren, haben nämlich mit ihr — wie der Übergang zeigt — drei zusammenfallende Punkte gemein; somit haben sie auch mit der Fläche und mit dem zugehörigen Normalschnitt drei zusammenfallende Punkte gemein; diese Geraden sind demnach Wendetangenten der sie enthaltenden Normalschnitte und werden als Haupttangenten der Fläche im Punkte P bezeichnet.

325. Schneidet die Tangentialebene in einem Punkte P die Fläche in einer Kurve mit einer Spitze in P, so heißt die Fläche in P parabolisch gekrümmt. Alle Normalschnitte in P berühren die Tangentialebene von der nämlichen Seite, nur ein Normalschnitt hat den Punkt P zum Wendepunkt, da es nur eine eigentliche Tangente in der Spitze gibt. In einem Punkte parabolischer Krümmung fallen hiernach die beiden Haupttangenten zusammen. Die Fläche liegt in der Umgebung von P auf einer Seite der Tangentialebene bis auf eine zugespitzte Partie, die von den beiden in der Spitze zusammenlaufenden Kurvenästen begrenzt wird.

Im allgemeinen bilden auf einer Fläche die Punkte parabolischer Krümmung eine Raumkurve, die allerdings in mehrere Teile

zerfallen kann. Die Kurve parabolischer Krümmung trennt die
elliptisch gekrümmten und die hyperbolisch gekrümmten Flächenteile.

Die zugleich der Fläche angehörigen Elemente der Haupttangenten
in benachbarten Flächenpunkten lassen sich stetig aneinanderreihen
und erzeugen so Kurven auf der Fläche, die man als Haupttan-
gentenkurven bezeichnet. Reelle Kurven dieser Art existieren
nur auf den hyperbolisch gekrümmten Teilen einer Fläche und, wo
sie an die Kurve parabolischer Krümmung herantreten, kehren sie
unter Bildung einer Spitze wieder um. Bei den abwickelbaren
Flächen und bei den Kegel- und Cylinderflächen ist die
Krümmung in jedem Punkte parabolisch. Denn jede Tangentialebene berührt längs einer Geraden, der Erzeugenden; für jeden
Punkt P derselben fallen die beiden Haupttangenten zusammen,
nämlich in die Erzeugende selbst. In der nächsten Umgebung
jedes solchen Punktes liegt die Fläche ganz auf einer Seite ihrer
Tangentialebene und reicht nur längs der Erzeugenden an sie heran.

326. Die Tangenten, die man von einem Raumpunkte Q aus an
eine Fläche legen kann, bilden eine Kegelfläche (vergl. 336), d. h. ihre
Berührungspunkte liegen auf einer Kurve der Fläche. Die Tangentialebenen in den Punkten dieser Kurve gehen durch Q und umhüllen
jene Kegelfläche. In der
Tat, berührt eine Tangentialebene durch Q die Fläche
in einem Punkte P, so ist
dieser für ihre Schnittkurve
ein Doppelpunkt und die
Verbindungslinie . QP ver-
tritt zwei zusammenfallende
Tangenten, wie der Grenz-
prozeß unmittelbar erken-
nen läßt. Denn dreht man

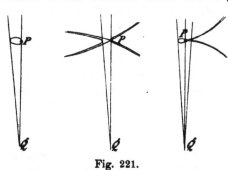

Fig. 221.

die Tangentialebene um QP um einen unendlich kleinen Winkel, so
liefert sie in ihrer neuen Lage eine Schnittkurve ohne Doppelpunkt,
die sich von der Schnittkurve mit Doppelpunkt in der Tangentialebene nur unendlich wenig unterscheiden kann, nur hat sich der
Doppelpunkt aufgelöst. Die entstehende neue Kurve muß dann
die Tangente QP und eine zweite Tangente aus Q aufweisen, die
ihr unendlich nahe ist. Die Figuren zeigen diese Übergänge beim
isolierten Doppelpunkt zu einem kleinen Oval, beim Doppelpunkt mit
sich schneidenden Ästen zu zwei getrennten Ästen, bei der Spitze
zu einem Kurvenast und einem kleinen Oval.

SIEBENTES KAPITEL.

Kugel, Cylinder, Kegel.

Kugel, Cylinder und Kegel, ihre Projektionen, Eigen- und Schlagschatten.

327. Von der Darstellung einer krummen Oberfläche gilt ganz das gleiche, was schon früher von der Darstellung einer Ebene oder eines Stückes einer Ebene gesagt wurde. Es kann nicht unmittelbar entschieden und auch nicht direkt aus der Zeichnung entnommen werden, welches die beiden Projektionen eines durch gewisse Angaben bestimmten Punktes der Oberfläche sind. Vielmehr muß das Entstehungsgesetz der Oberfläche in einer Form bekannt sein, die uns gestattet, ein oder mehrere Kurvensysteme derselben in ihren beiden Projektionen zu zeichnen. Ist dann die eine Projektion eines Punktes der Fläche gegeben, so zeichnet man eine durch ihn verlaufende erzeugende Kurve in der gleichnamigen Projektion, sodann ihre andere Projektion, worauf sich auf dieser auch die andere Projektion des gemeinten Punktes ergibt.

Ist die Oberfläche durch eine Randkurve begrenzt, so begrenzen deren Projektionen auch die Projektionen der Oberfläche.

328. Wir betrachten zuerst das Verhalten einer krummen Oberfläche gegen die projizierenden Strahlen, indem wir uns auf eine einzige Projektionsebene und das zugehörige System paralleler projizierender Strahlen beschränken. Wir nehmen an, daß die Oberfläche aus einem einzigen Stück bestehe, da wir für jeden ihrer Bestandteile die gleiche Betrachtung anstellen können. Trifft jeder projizierende Strahl die Fläche entweder nur in einem Punkte oder gar nicht, so ist sie in ihrer ganzen Ausdehnung sichtbar; der Flächenrand scheidet die Strahlen, welche die Fläche treffen, von denen, die sie nicht treffen. Gibt es projizierende Strahlen, die die Fläche in mehreren Punkten schneiden, so ist sie teilweise sichtbar und teilweise unsichtbar. Auf dem sichtbaren Teile der Fläche liegt der erste Durchstoßpunkt S_1 des Strahles, wenn wir ihn in der Projektionsrichtung durchlaufen, der zweite S_2 auf dem unsichtbaren Teile. Die nächste Umgebung von S_1 wird sichtbar, die von S_2 unsichtbar sein, beide Bereiche können nun weiter und

weiter ausgedehnt werden, wobei ihre Randkurven immer von dem
nämlichen projizierenden Cylinder ausgeschnitten werden mögen. Die
beiden Bereiche, in denen S_1 resp. S_2 liegen, werden im allgemeinen,
wenn so weit wie möglich ausgedehnt, längs einer Kurve aneinander
grenzen; diese muß man überschreiten, um aus dem sichtbaren
Bereich in den unsichtbaren zu gelangen und umgekehrt. Der projizierende Strahl durch jeden Punkt dieser Kurve muß dort die
Fläche in zwei zusammenfallenden Punkten schneiden oder tangieren.
Es kann dieses entweder so geschehen, daß der Bereich, in dem S_1
liegt, den andern längs einer Kurve durchdringt, dann vertauschen
sich Sichtbarkeit und Unsichtbarkeit der beiden Bereiche zu beiden
Seiten der Durchdringungskurve — die man als Doppelkurve
bezeichnet. Oder die Kurve, die den sichtbaren Teil der Fläche
von dem unsichtbaren scheidet, hat die Eigenschaft, daß die projizierenden Strahlen durch ihre Punkte die Fläche berühren; diese
Strahlen bilden dann eine Cylinderfläche, die unsere Oberfläche
längs jener Kurve berührt, aber außerdem noch durchdringen kann.
Ganz ähnliche Resultate gewinnt man, wenn man den zweiten und
dritten Durchstoßpunkt S_2 und S_3 eines projizierenden Strahles mit
der Oberfläche und die sie einschließenden Bereiche betrachtet; nur
kann man diese Bereiche nicht mehr als sichtbare und unsichtbare
unterscheiden. Man kann demgemäß den Satz aussprechen: Alle
projizierenden Strahlen, die eine Oberfläche berühren,
bilden eine Cylinderfläche, welche jene längs einer Kurve
berührt (die mehrteilig sein kann); diese Kurve auf der Oberfläche heißt der wahre Umriß und ihre Projektion der
scheinbare Umriß. In dem wahren Umriß grenzen zwei
Flächengebiete aneinander, deren Projektionen aufeinander
fallen; jede Kurve der Oberfläche, die den wahren Umriß
schneidet, projiziert sich als Kurve, die den scheinbaren
Umriß berührt. Im allgemeinen wird es schwierig sein, auf einer
Fläche hiernach den wahren Umriß zu bestimmen, d. h. Punkte
zu finden, in denen eine Tangente parallel zur Projektionsrichtung
existiert. Nun liegen aber alle Tangenten in einem gewöhnlichen
Punkte einer Oberfläche nach 323 in einer Ebene — seiner Tangentialebene, es läßt sich also auch die Definition geben: Auf dem
wahren Umriß liegen alle Punkte, deren Tangentialebenen
der Projektionsrichtung parallel sind. Hierauf werden wir
in den meisten Fällen die Konstruktion beliebig vieler Punkte des
Umrisses gründen können.

329. Setzen wir an die Stelle der projizierenden Strahlen parallele Lichtstrahlen, so wird das bisher Gesagte zu Recht bestehen bleiben, wenn wir einige einfache Abänderungen im Ausdruck treffen. Alle die Fläche berührenden Lichtstrahlen bilden einen Cylinder; die Kurve, längs der er die Fläche berührt, heißt **Eigenschattengrenze, Lichtgrenze** oder **Grenzkurve. Die Tangentialebenen in den Punkten der Grenzkurve sind den Lichtstrahlen parallel. Die Grenzkurve trennt immer zwei Flächenteile, von denen der eine im Eigenschatten, der andere entweder im Lichte oder im Schlagschatten liegt.** Denn von den Durchstoßpunkten eines Lichtstrahles mit einer Oberfläche liegt der erste im Licht, der zweite, vierte u. s. w. im Eigenschatten, der dritte, fünfte u. s. w. im Schlagschatten.

330. **Eine Kugel, die Lichtgrenze auf ihr, sowie ihren Schlagschatten zu zeichnen.** Da jede Tangentialebene einer Kugel auf dem Radius ihres Berührungspunktes senkrecht steht und also auch gleiches für jede Tangente gilt, so erkennt man, daß der wahre Umriß ein größter Kreis ist, dessen Ebene den Kugelmittelpunkt enthält und auf der Projektionsrichtung normal, d. h. der bezüglichen Projektionsebene parallel ist. Ganz ebenso bildet die Lichtgrenze einen größten Kreis, dessen Ebene zur Lichtstrahlrichtung senkrecht ist.

Sind also M', M'' die Projektionen des Kugelmittelpunktes, so sind die scheinbaren Umrisse k' und i'' Kreise, deren Radien dem Kugelradius r gleich sind und die M' resp. M'' zu Mittelpunkten haben. Die anderen Projektionen dieser Kreise sind parallele Linien zur x-Achse durch M'' resp. M' (Fig. 222).

Die Lichtgrenze u ist ein größter Kreis, dessen Ebene Γ senkrecht zum Lichtstrahl l ist; ihre Projektionen u' und u'' sind Ellipsen. Sind AB und CD zwei Durchmesser des Kreises u und ist $AB \parallel \Pi_1$ eine Hauptlinie, $CD \perp AB$ eine Falllinie von Γ, so ist $A'B'$ ($\sharp\sharp AB$) die große und $C'D'$ ($\perp A'B'$) die kleine Achse der Ellipse u'. Legt man durch M den Lichtstrahl l und durch ihn die erste projizierende Ebene, so schneidet diese auf Γ die Gerade CD aus. Diese Ebene dreht man um die Gerade a parallel zu Π_1, so nimmt M_* die Lage M_{*0} ($M_* M_{*0} = (M'' \dashv x)$), also l die Lage $l_0 = M' M_{*0}$ und CD die Lage $C_0 D_0 \perp l_0$ an. Durch Zurückdrehen findet man dann $C'D'$ (wo $C_0 C' \perp a$). Ganz in der gleichen Weise kann man die Achsen der Ellipse u'' finden. Die Aufrißprojektionen von A, B, C, D sind offenbar A'', B'', C'', D'', wo $(C'' \dashv a'') = C_0 C'$ ist.

Der Schlagschatten u_* von u auf die Horizontalebene ist natürlich wieder eine Ellipse; die Schlagschatten der rechtwinkligen

Durchmesser AB und CD von u, nämlich A_*B_* und C_*D_*, stehen
aufeinander senkrecht, bilden also die Achsen der Ellipse u_*. Da
$AB \| \Pi_1$, so ist $A_*B_* \# A'B'$; um C_*D_* zu finden, suchen wir zuerst
den Schatten von CD auf eine Horizontalebene durch den Kugelmittelpunkt. Die Lichtstrahlen durch C und D liegen aber mit l
in einer Vertikalebene, die wir bereits oben um eine Achse a parallel
zu Π_1 gedreht haben. Bei dieser Drehung werden die genannten

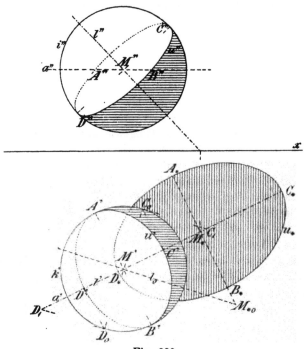

Fig. 222.

Lichtstrahlen parallel zu l_0 und ihre Schnittpunkte C_1, D_1 mit a sind
zugleich die Schnittpunkte jener Lichtstrahlen durch C und D mit
der horizontalen Hilfsebene, da sie sich bei der Drehung ja nicht
ändern. Nun hat man nur noch $M_*C_* = M_*D_* = M'C_1 = M'D_1$
zu machen. Man kann die Punkte C', D', C_*, D_* auch dadurch bestimmen, daß man die erste projizierende Ebene von l um die
vertikale Achse durch M zum Aufriß parallel dreht. Dann erscheint
im Aufriß der Durchmesser CD normal zum mitgedrehten Lichtstrahl
und kann samt seinem Schatten leicht gezeichnet werden. Schließlich hat man wieder zurückzudrehen.

Fällt ein Teil des Schlagschattens in den Aufriß, so kann man entweder wie vorher die Achsen der Schlagschattenellipse im Aufriß bestimmen, oder man konstruiert zu einzelnen Punkten den Aufriß-schatten aus dem Grundrißschatten. Sind P_* und P^* die Schatten von P im Grund- und Aufriß, und projiziert man sie auf die x-Achse, so liegt der erste mit der Projektion des zweiten auf einer Parallelen zu l' und der zweite mit der Projektion des ersten auf einer Parallelen zu l''.

331. Eine Cylinderfläche entsteht, wenn eine Gerade parallel mit sich selbst so fortbewegt wird, daß sie dabei ständig eine feste Kurve, die Leitkurve oder Grundkurve, schneidet. Die einzelnen Lagen der bewegten Geraden heißen Mantellinien oder Er-zeugende. Die erzeugte Fläche wird von jeder Ebene, die den Mantellinien parallel ist, in einer Anzahl Mantellinien geschnitten. Man kann diese konstruieren, indem man die Cylinderfläche und die Ebene mit einer Hilfsebene schneidet; Spurkurve und Spurgerade in dieser schneiden sich dann in Punkten der gesuchten Mantel-linien. Hält man eine Mantellinie fest und dreht die Ebene um sie, so bewegen sich deren weitere Schnittgeraden. Setzt man die Drehung fort, bis die erwähnte Spurgerade der Ebene die Spurkurve der Cylinderfläche berührt, so fallen zwei Schnittlinien zusammen; die Ebene berührt in dieser Lage die Fläche längs einer Mantel-linie. In der Tat tangiert jede Gerade dieser Ebene die Cylinder-fläche, da zwei ihrer Schnittpunkte auf jener Mantellinie zusammen-fallen. Kennt man von einer Cylinderfläche irgend eine, alle Mantellinien schneidende, ebene oder Raumkurve und die Richtung ihrer Mantellinien, so ist sie bestimmt. Jene Kurve kann nämlich als Leitkurve dienen.

332. Der wahre Umriß einer Cylinderfläche besteht aus einer Anzahl Mantellinien, da in allen Punkten einer solchen die nämliche Tangentialebene berührt. Sind m', m'' die Projektionen einer Mantellinie und u', u'' die einer beliebigen Kurve der Cylinder-fläche, so bestehen die scheinbaren Umrisse aus denjenigen Tan-genten von u' resp. u'', die zu m' resp. m'' parallel laufen. Auch die Lichtgrenze besteht aus einer Anzahl Mantellinien, längs deren die Tangentialebenen parallel zum Lichtstrahl sind. Ist u_* und m_* der Horizontalschatten von u und m (Fig. 223), und zieht man an u_* Tangenten parallel zum m_*, so bilden diese die Horizontalspuren von Ebenen, die zu den Lichtstrahlen parallel sind und die Cylinder-fläche tangieren. Ist a_* eine solche Tangente und A_* ihr Berührungs-punkt mit u_*, so lege man durch A_* einen Lichtstrahl, der u in einem Punkte A schneidet; die Mantellinie a durch A bildet dann einen Teil der Lichtgrenze, trennt also ein im Eigenschatten liegendes Flächengebiet von einem andern, das sich im Licht oder im Schlagschatten befindet. Ebenso findet man die Lichtgrenze c, ihr Schlagschatten c_* kommt indessen auf der Horizontalebene nicht wirklich zustande, da er in das Innere des Schlagschattens des Cylinders fällt. Es gibt deshalb eine zweite Mantellinie, deren Schatten ebenfalls nach c_* fällt, sie geht durch den Punkt P von

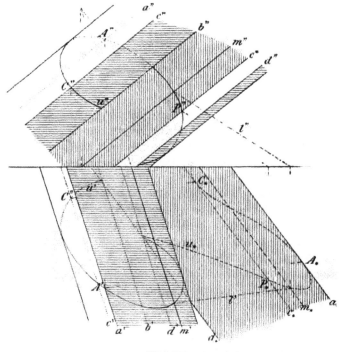

Fig. 223.

u, dessen Schatten $P_* = c_* \times u_*$ ist, und empfängt von c Schlagschatten.

Das Verfahren läßt sich vereinfachen, wenn die Kurve u auf der Cylinderfläche in einer Ebene E liegt. Dann bestimme man den Schatten von m auf E, etwa m^*, und lege an u Tangenten parallel zu m^*; die Mantellinien durch ihre Berührungspunkte bilden die Lichtgrenze. Wirft eine Mantellinie Schlagschatten auf einen Teil der Cylinderfläche, so ist dieser wieder eine Mantellinie; beide besitzen in der Ebene E Spurpunkte auf u, deren Verbindungslinie zu m^* parallel ist.

333. Nachdem wir hiermit die allgemeinen Methoden kennen gelernt haben, wollen wir dieselben auf einzelne Fälle anwenden. Wir werden dabei annehmen, daß die Cylinderfläche von zwei ebenen parallelen Schnitten begrenzt sei und sie kurz als Cylinder bezeichnen. Wie man solche ebene Schnitte findet, davon wird weiterhin noch die Rede sein.

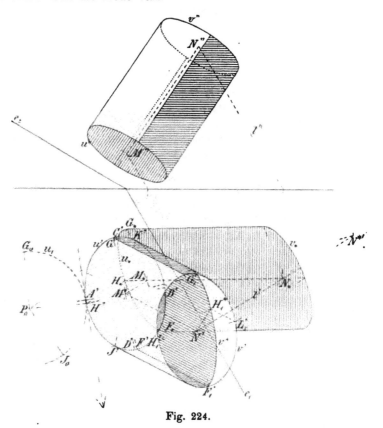

Fig. 224.

Sei die Grundebene E und in ihr als Grundkurve eines Cylinders eine Ellipse *u* durch ihre erste Projektion *u'*, sowie die Richtung *m* seiner Mantellinien gegeben; es sollen die Projektionen des Cylinders, sein Eigen- und Schlagschatten gefunden werden.

Seien e_1, e_2 die Spuren von E, seien ferner *M'* der Mittelpunkt und *A'B'*, *C'D'* zwei konjugierte Durchmesser von *u'* und bilde *MN* (als Parallele zu den Mantellinien) die Cylinderachse (Fig. 224). Man findet dann sofort die konjugierten Durchmesser $A''B''$, $C''D''$ der Ellipse u'' (denn AB, CD liegen in E) und kann daraus die Ellipsen u' und u'' selbst zeichnen. Der scheinbare Umriß in Π_1 wird von den beiden Tangenten von u' gebildet, die $M'N'$ parallel laufen; ihre Berührungspunkte liegen aber auf dem Durchmesser $J'K'$, der zu $M'N'$ konjugiert ist. Zeichnet man demnach in A' die Tangente und Normale von u' und bestimmt auf der letzteren den Punkt P_0, so daß $P_0A' = M'C' = M'D'$ wird, so ist der Kreis um P_0 mit dem Radius P_0A' zu u' affin und die gemeinsame Tangente die Affinitätsachse, wodurch sich unmittelbar zu $M'N'$ der konjugierte Durchmesser $J'K'$ der Lage und Länge nach ergibt. Ganz ebenso bestimmt sich der scheinbare Umriß in Π_2. Um die Mantellinien der Lichtgrenze und ihre Spurpunkte F, G auf u in E zu finden, suchen wir zunächst den Schatten N^* von N auf E; F' und G' sind dann die Berührungspunkte der beiden Tangenten von u', die zu $M'N^{*'}$ parallel sind, sie liegen also auf dem hierzu konjugierten Durchmesser.

Der Schlagschatten des Cylinders auf die Horizontalebene besteht aus zwei Halbellipsen und ihren parallelen gemeinsamen Tangenten. Konstruiert man den Schatten $F_*M_*G_*H_*N_*$ von $FMGHN$, so sind F_*M_* und H_*M_* konjugierte Halbmesser der Schattenellipse u_* und die Tangenten in F_* und G_* an u_*, die parallel zu $H_*M_*N_*$ sind, bilden die Schlagschattengrenze. Da die Ellipsen mit den Mittelpunkten M und N kongruent und parallel sind, so sind auch ihre Schatten kongruent; u' und u_* sind affin, e_1 ist die Affinitätsachse.

Wäre die Grundkurve u des Cylinders keine Ellipse, sondern eine beliebige Kurve, so wäre die Konstruktion genau dieselbe geblieben, nur hätten wir die Tangenten und ihre Berührungspunkte nach den im vorigen Kapitel angeführten Methoden bestimmen müssen.

334. Denken wir uns den Cylinder hohl, so wird ein Teil seines oberen Randes v Schatten auf die innere Cylinderfläche werfen. Empfängt eine Mantellinie den Schatten einer anderen, so muß sie mit ihr in einer Parallelebene zum Lichtstrahle liegen, d. h. in einer Ebene, die zu MNN^* parallel ist. MN^* ist aber die Spur dieser Ebene in E, jene Parallelebene besitzt also in E und in der Ebene der Ellipse v Spuren, die zu MN^* parallel laufen. Ist demnach die Sehne $Q'R'$ von v' parallel zu $M'N^{*'}$, so wirft die Mantellinie durch Q und damit Q selbst seinen Schatten auf die Mantellinie durch R, wodurch sich Q^* sofort ergibt, da $Q'Q^* \| l'$ ist. Der Schlagschatten v^* von v auf dem Cylinder verläuft offenbar von F_1 nach G_1,

und man kann in der geschilderten Weise beliebig viele Punkte
von ihm zeichnen. Es bildet indes v^* eine Halbellipse, von der
$F_1'N' = N'G_1'$ und H_1^*N' ein Paar konjugierte Halbmesser sind
($H_1'L_1' \parallel M'N^{*'}$ und $H_1'H_1^* \parallel l'$). In 361 wird nämlich gezeigt, daß
zwei Cylinder, die sich in einer Ellipse durchschneiden, noch eine
zweite Ellipse gemein haben; die beiden Ellipsen besitzen einen
gemeinsamen Durchmesser und sind affin. Durch v geht nun außer
dem gegebenen Cylinder noch ein Cylinder, dessen Mantellinien den
Lichtstrahlen parallel laufen, sie durchdringen sich — abgesehen
von v — noch in der Schlagschattenellipse v^*.

335. Wir wollen uns noch die Frage nach den Tangentialebenen eines Cylinders aus einem gegebenen Punkte vor-
legen. Die Tangentialebene in einem Punkte des Cylinders berührt
ihn längs der Mantellinie, die jenen Punkt enthält; alle Tangentialebenen sind also den Mantellinien parallel. Legt man demnach
durch den gegebenen Punkt eine Parallele zu den Mantellinien, so
müssen die gesuchten Tangentialebenen diese Parallele enthalten.
Die Spuren der Tangentialebenen in E sind also die von dem
Schnittpunkt der Parallelen mit E an u gelegten Tangenten; dadurch
ergeben sich denn auch die Berührungslinien jener Ebenen. Würde
man sich den gegebenen Punkt als Lichtquelle vorstellen, so würden
die Berührungslinien die Lichtgrenzen auf dem Cylinder bedeuten.
In der Fig. 224 ist die letzte Konstruktion nicht durchgeführt.

336. Eine Kegelfläche entsteht durch Bewegung einer Geraden, von der ein Punkt festgehalten wird und die an einer festen
Leitkurve oder Grundkurve hingleitet. Die einzelnen Lagen der
bewegten Geraden heißen Mantellinien oder Erzeugende, der
gemeinsame feste Punkt die Spitze oder der Scheitel der Kegelfläche. Die erzeugte Fläche wird von jeder Ebene durch ihre Spitze
in einer Anzahl Mantellinien geschnitten, die man dadurch konstruiert, daß man Kegelfläche und Ebene mit einer Hilfsebene
schneidet; Spurkurve und Spurgerade schneiden sich dann in den
Spurpunkten der gesuchten Mantellinien. Hält man eine solche fest
und dreht die Ebene um sie, so bewegen sich die andern Schnittgeraden. Setzt man die Drehung fort bis die Spurgerade der Ebene
die Spurkurve der Kegelfläche berührt, so fallen zwei Mantellinien
zusammen; die Ebene berührt in dieser Lage die Fläche längs
dieser Mantellinie. In der Tat tangiert jede Gerade dieser Ebene
die Kegelfläche, da zwei ihrer Schnittpunkte auf jener Mantellinie.
zusammenfallen.

Kennt man von einer Kegelfläche die Spitze und irgend eine

ebene oder Raumkurve, die alle Erzeugenden schneidet, so ist sie bestimmt.

337. Der wahre Umriß einer Kegelfläche besteht aus einer Anzahl Mantellinien, da in den Punkten einer solchen die gleiche Tangentialebene berührt. Sind S', S'' die Projektionen

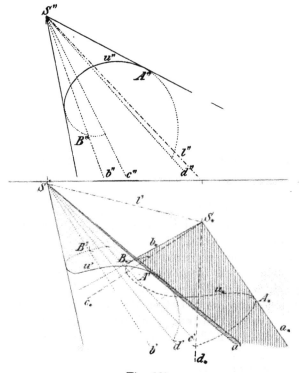

Fig. 225.

der Spitze und u', u'' die einer beliebigen Kurve der Kegelfläche (die alle Mantellinien schneidet), so bestehen die scheinbaren Umrisse aus den von S' resp. S'' an die Kurve u' resp. u'' gelegten Tangenten. Auch die Lichtgrenze besteht aus einer Anzahl Mantellinien; längs derselben sind die Tangentialebenen parallel zum Lichtstrahl. Sind S_* und u_* die Horizontalschatten von S und u, so sind die Tangenten von S_* an u_* die Horizontalspuren von Ebenen, die den Lichtstrahl SS_* durch die Kegelspitze enthalten und die Fläche tangieren. Ist a_* eine solche Tangente und A_* ihr Berührungspunkt auf u_*, so lege man durch A_* einen Lichtstrahl, der u in einem Punkte A schneidet; die Mantellinie SA bildet dann einen Teil der Lichtgrenze (Fig. 225).

Liegt die Kurve u der Kegelfläche in einer Ebene E, so verfährt man am bequemsten in folgender Weise. Man suche den
Schatten von S auf E, etwa S^*, und lege von S^* Tangenten an u,
dann bilden die Mantellinien durch ihre Berührungspunkte die Lichtgrenze. Wirft eine Mantellinie Schlagschatten auf einen Teil der
Kegelfläche, so ist ihr Schatten wieder eine Mantellinie; beide
besitzen in der Ebene E Spurpunkte auf u, deren Verbindungslinie
durch S^* hindurchgeht (ihre Schatten in E decken sich).

Eine Kegelfläche, die durch die Spitze und einen ebenen
Schnitt als Grundkurve begrenzt wird, heißt kurz Kegel. In
92—94 und 237—243 sind ausführlich die Eigenschaften der geraden
und schiefen Kreiskegel behandelt worden, auf die hier nochmals
verwiesen sein mag.

338. Einen geraden Kreiskegel zu zeichnen, wenn die
Basisebene E, seine Höhe h, sowie Mittelpunkt O und Radius r
seines Grundkreises u gegeben sind; Eigen- und Schlagschatten zu bestimmen (Fig. 226).
Man legt durch O eine Hilfsebene Π_3 senkrecht zu e_1 und
zeichnet in ihr einen Seitenriß. Zunächst ergibt sich e_3 und O''',
dann $O'''S''' \perp e_3$ und $= h$ und als Seitenriß des Kegels das Dreieck
$A'''B'''S'''(A'''B''' = 2\,r)$. Hieraus findet man unmittelbar S', S'' (in
der Figur liegt S in Π_1) und die Achsen $A'B$ und $C'D = 2\,r$ von u';
die beiden Tangenten von S' an u' bilden dann den scheinbaren
Umriß für die erste Projektion. Um die Berührungspunkte $J'K'$
dieser Tangenten zu konstruieren, lege man u um e_1 nach u_0 nieder
und benutze die Affinität von u_0 und u'. Sucht man zu S' den
affinen Punkt $S_0\,(S'S_1 \parallel e_1,\ S_1N = S_0N)$, zieht die Kreistangenten S_0J_0
und S_0K_0, so sind die affinen Linien $S'J'$, $S'K'$ die gesuchten Umrißlinien $(L_0N = NL_1,\ J'K' = J_0K_0$ durch $L_1)$. Im Aufriß kann man
ganz analog verfahren. Man kann die Tangenten $S'J'$ und $S'K'$
auch noch einfacher durch folgende Überlegung gewinnen. Man
denke sich eine Kugel, die den Kegelmantel längs u berührt; der
Seitenriß ihres Mittelpunktes M ist $M'''(M'''B''' \perp B'''S''')$ und ihr
Radius $= M'''B'''$. Grundriß und Aufriß der Kugel sind Kreise
mit dem gleichen Radius und den Mittelpunkten M' resp. M''. Die
Tangenten an diese Kreise aus den Punkten S' bezw. S'' und ihre
Berührungspunkte fallen zusammen mit den gesuchten Tangenten
an u' bezw. u'' und ihren Berührungspunkten. In der Tat berührt
jede Ebene, die den Kegel längs einer Mantellinie berührt, die
Hilfskugel in dem auf u gelegenen Endpunkte der Mantellinie. Ist
diese Tangentialebene zu einer Projektionsebene senkrecht, so liefert

sie eine Umrißlinie des Kegels und einen Punkt auf dem Kugel-
umriß, der zugleich dem Kreise u angehört, was unsere Behauptung
beweist. In der Geraden JK schneiden sich die Basisebene und die
Ebene des horizontalen Kugelumrisses; der Spurpunkt L_1 von JK
in Π_3 liegt also auf einer Horizontalen durch M ($M''' L_1 \| S' N$).

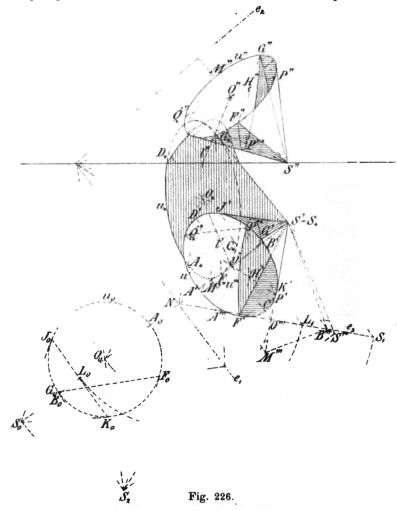

Fig. 226.

Um den Horizontalschatten des Kegels zu konstruieren, zeichnen
wir zunächst den Schatten $A_* B_* C_* D_* S_* (C_* D_* = C'D')$; dann sind
$A_* B_*$ und $C_* D_*$ zwei konjugierte Durchmesser der Ellipse u_*, und
die Tangenten von S_* an u_* bilden die Grenzlinien des Schlag-

schattens. Um sie zu zeichnen, benutze man die Affinität von u_0 und u_* (e_1 Affinitätsachse), suche zu S_* den affinen Punkt S_2 und lege an u_0 die Tangenten $S_2 F_0$ und $S_2 G_0$. Bestimmt man zur Berührungssehne $F_0 G_0$ rückwärts die affine Strecke $F_* G_*$, so ist sie die Berührungssehne der von S_* an u_* gelegten Tangenten. Aber auch u_0 und u'. sind affine Kurven (e_1 Affinitätsachse) und die zu $F_0 G_0$ affinen Punkte $F' G'$ von u' ergeben auf dem Kegel die Lichtgrenzen $S' F''$ und $S' G'$, woraus sich dann leicht $S'' F''$ und $S'' G''$ finden lassen.

339. Nehmen wir an, daß der Kegel hohl sei, so wirft ein Teil des Randes u Schlagschatten auf das Innere des Kegelmantels. Zwei Mantellinien, von denen eine auf die andere Schatten wirft, werfen den gleichen Schatten auf Π_1, man kann also mit Hilfe des Horizontalschattens zu jeder Mantellinie die von ihr Schatten empfangende Mantellinie des Kegels finden und somit beliebig viele Punkte des Schattens u^* von u auf die Kegelfläche. Noch besser benutzt man, um Punkte dieses Schattens u^* zu konstruieren, den Schatten S^* von S auf E. Empfängt nun eine Mantellinie den Schatten einer andern, so liegen ihre Spurpunkte auf u in E mit S^* in gerader Linie.

Nach 361 durchdringen sich Cylinder- und Kegelfläche, die einen Kegelschnitt gemeinsam haben, noch in einem zweiten; die gemeinsame Sehne beider Kegelschnitte schneidet die Flächen in zwei Punkten, in denen sie die gleiche Tangentialebene aufweisen. Der Schatten u^* erscheint aber als Schnitt der Kegelfläche mit einem Cylinder, dessen Grundkurve der Kreis u ist und dessen Mantellinien zu den Lichtstrahlen parallel sind. Es ist deshalb u^* ein Kegelschnitt und FG ist die gemeinsame Sehne von u und u^*. Die Kurven u und u^* sind affin, da sie auf dem nämlichen Cylinder liegen, FG ist die Affinitätsachse, P und P^* sind ein Paar affiner Punkte ($P = u \times O S^*$, $PP^* \| l$, $S^* P \times S P^* = Q$ liegt auf u). Was nun für u und u^* gesagt wurde, gilt in gleicher Weise für u' und $u^{*\prime}$ (resp. für u'' und $u^{*\prime\prime}$). Die Affinitätsachse ist $F' G'$, ein Paar affiner Punkte sind P' und $P^{*\prime}$; hiernach ist aber die Ellipse $u^{*\prime}$ leicht als affine Kurve zu u' zu zeichnen.

Liegt noch die Frage nach den Tangentialebenen eines Kegels aus einem gegebenen Punkte vor, so bemerkt man zunächst, daß jede solche Ebene längs einer Mantellinie berührt, also durch die Spitze S hindurchgeht. Die gesuchten Tangentialebenen enthalten demnach die Gerade ST, wenn T der gegebene Punkt ist. Ist $U = ST \times E$, so müssen die Spurlinien unserer Tangentialebenen in E durch U gehen und die Kurve u berühren, sie können mithin gezeichnet werden. In der Figur ist diese Konstruktion nicht durchgeführt.

Kugel, Cylinder, Kegel; ihre ebenen Schnitte und Abwickelungen.

340. Eine Kugel mit einer Ebene E von vorgegebenen Spuren e_1, e_2 zu schneiden (Fig. 227).

Da die Schnittkurve ein Kreis ist, ihre Projektionen aber Ellipsen, so genügt es, zwei rechtwinklige Durchmesser dieses Kreises zu bestimmen, deren Projektionen konjugierte Durchmesser der Ellipsen sind. Wir legen nun durch den Kugelmittelpunkt O eine Ebene $\varDelta$ senkrecht zu e_1; sie ist Symmetrieebene für die Kugel und die Ebene E, also auch für den Schnittkreis u, d. h. $f = $ E $\times \varDelta$ ist ein Durchmesser von u. Seine Endpunkte A, B bestimmt man am besten, indem man $\varDelta$ um eine horizontale Achse a durch O in die Lage $\varDelta_0$ parallel zu Π_1 dreht. Dabei geht der Schnitt von $\varDelta$ mit

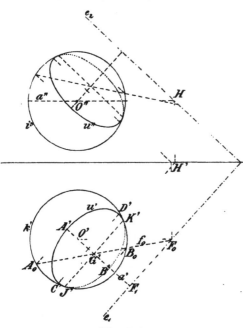

Fig. 227.

der Kugel in k' und f in $f_0 = F_0 G'$ über ($F_0 F_1 = (O'' \dashv x)$, $G = f \times a$). Aus $A_0 = f_0 \times k'$ und $B_0 = f_0 \times k'$ ergibt sich sofort die kleine Achse $A'B'$ von u'; ihre große Achse ist $C'D' = A_0 B_0$, und ihre Berührungspunkte J', K' mit k' liegen auf $G'H'$ ($H = a'' \times e_2$), da GH die Schnittlinie von E mit der Ebene des Umrisses k ist. Im Aufriß bestimmt man entweder die konjugierten Durchmesser $A''B''$ und $C''D''$ oder man verfährt wie beim Grundriß.

341. Will man die Schnittkurve einer Ebene E mit einer beliebigen Cylinderfläche bestimmen, so sucht man die Schnittpunkte von E mit den Mantellinien des Cylinders, indem man projizierende Ebenen durch sie legt. Ist auf der Cylinderfläche eine Raumkurve u gelegen, deren Projektionen u' und u'' man kennt, so geht durch jeden Punkt P von u eine Mantellinie m. Die projizierende Ebene mm' schneidet E in einer Geraden s und der

Aufriß des Schnittpunktes $Q = m \times E$ ist $Q'' = m'' \times s''$. Da die projizierenden Ebenen durch die Mantellinien parallel sind, so sind es auch ihre Schnittlinien mit E, wovon man Gebrauch machen kann; dann hat man nur noch ihre ersten Spurpunkte, die auf e_1 liegen, nötig.

Soll eine solche Cylinderfläche abgewickelt werden, so muß man zunächst einen ebenen Schnitt senkrecht zu den Mantellinien

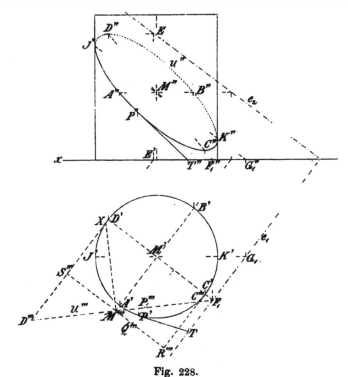

Fig. 228.

ausführen und erhält so eine Kurve v, die die Mantellinien senkrecht durchschneidet. Beim Abwickeln des Cylinders, den man als Prisma mit sehr vielen, sehr schmalen Seiten auffassen kann, werden die Mantellinien parallel, und der Normalschnitt v geht in eine zu diesen senkrechte Gerade über (da er sie alle rechtwinklig schneidet). Man wird deshalb durch Niederlegen der Ebene E um e_1 in Π_1 die wahre Gestalt v_0 von v zeichnen (v_0 und v' sind affin), dann v_0 nach 307 durch Teilen in kleine Strecken und geradliniges Aneinanderreihen derselben rektifizieren. Um zugleich mit dem Cylinder die Kurve u abzuwickeln, zieht man durch die Teilpunkte von v' die Projektionen

der Mantellinien und die entsprechenden Mantellinien auf der abgewickelten Fläche; auf den letzteren sind die Strecken zwischen
den abgewickelten Kurven proportional den Strecken zwischen u'
und v' auf den ersteren. In der Abwickelung des Cylinders bildet
die Kurve u mit den Mantellinien die gleichen Winkel wie auf der
ursprünglichen Fläche.

342. Schnitt eines geraden Kreiscylinders, dessen
Grundkreis in Π_1 liegt, mit einer Ebene E, Abwickelung
dieser Kurve mit dem Cylindermantel (Fig. 228 u. 229).

Die Schnittkurve ist eine Ellipse, die zu dem Grundkreise affin
ist; man erhält zwei konjugierte Durchmesser derselben, wenn man

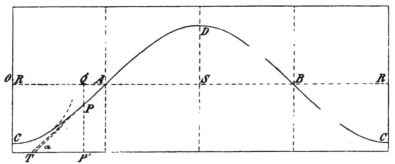

Fig. 229.

durch die Cylinderachse irgend zwei zueinander rechtwinklige Hilfsebenen legt und diese mit E schneidet. Legt man speziell durch
die Cylinderachse eine Ebene senkrecht und eine Ebene parallel
zur Spur e_1, so erhält man rechtwinklige konjugierte Durchmesser,
d. h. die Achsen der Schnittellipse u. Die kleine Achse AB ist
als Hauptlinie gleich dem Durchmesser $2r$ des Grundkreises, die große
Achse CD ist als Falllinie gleich $2r : \cos\alpha$, wenn α der Neigungswinkel der Schnittebene E gegen Π_1 ist. Um die zweite Projektion
der Falllinie zu finden, ist in der Figur der erste Spurpunkt F_1
und der Punkt D benutzt, durch den die Hauptlinie DE gelegt
wurde. $A''B''$ und $C''D''$ sind konjugierte Durchmesser der Ellipse u'',
ihre Berührungspunkte J'', K'' mit dem Umriß erhält man durch
Anwendung einer Hilfsebene durch die Cylinderachse parallel zu
Π_2 ($J''K'' \parallel e_2$); denn eine solche schneidet den Cylinder in Mantellinien, die im Aufriß als Umrißlinien erscheinen.

343. Zur Abwickelung des Cylindermantels mit der Ellipse u
ist noch in der Ebene $CDC'D'$ ein Seitenriß gezeichnet worden
$(D'D''' = (D'' \dashv x))$, in dem die Ellipse als Gerade u''' erscheint. Der

abgewickelte Cylindermantel bildet ein Rechteck von der Höhe des Cylinders und von der Breite $2\,r\,\pi$ (näherungsweise $6\tfrac{2}{7}\,r$). Die Horizontalebene durch M schneidet den Cylinder in einem Kreise, dessen Abstand vom Grundkreise gleich $M'''M'$ ist; die Punkte A, R, B, S (wobei RC, SD Mantellinien sind) teilen diesen Kreis in vier gleiche Teile, die man in der Abwickelung zunächst einträgt. In dieser bestimmt man weiter C und D $(CR = DS = D'''S''')$, dann geht die abgewickelte Ellipse durch $CADBC$, ihre Tangenten in C und D sind parallel der Grundlinie des Rechtecks, ihre Tangenten in A und B schließen mit dieser den Winkel $\alpha = \angle\, M'''F_1M'$ ein. A und B sind Wendepunkte der abgewickelten Kurve nach 314, weil die Tangentialebenen des Cylinders in A resp. B auf der Ebene der Ellipse u senkrecht stehen. Je vier symmetrische Punkte von u haben von dem Kreise $ARBS$ gleichen Abstand, wie man aus dem Seitenriß ersieht; die abgewickelte Ellipse besteht deshalb aus vier symmetrischen Teilen. Um weitere Punkte von ihr zu erhalten, teile man den Viertelkreis AR in mehrere gleiche Teile, ziehe die zugehörigen Mantellinien, entnehme aus dem Seitenriß die Abstände der auf ihnen liegenden Ellipsenpunkte von dem Kreise, und trage diese Abstände in der abgewickelten Figur an den entsprechenden Teilpunkten von AR senkrecht zu AR auf ($AQ = \mathrm{Bog}\,AQ = \mathrm{Bog}\,A'P'$, $QP = Q'''P'''$). Die Tangente in einem Punkte P der Ellipse u projiziert sich im Grundriß als Tangente des Kreises im Punkte P', ihr Spurpunkt T liegt auf e_1, woraus sich dann ihr Aufriß ergibt. Der Neigungswinkel der Tangente PT gegen die Mantellinie bestimmt sich aus dem rechtwinkligen Dreieck $PP'T$ und ist gleich $\angle\,TPP'$, und da derselbe bei der Abwickelung erhalten bleibt, hat man in der abgewickelten Figur nur das genannte Dreieck einzutragen, um die bezügliche Tangente der abgewickelten Ellipse zu erhalten.

Der Krümmungsradius OC im Punkte C der abgewickelten Ellipse ist nach 314 gleich dem Krümmungsradius ϱ der Ellipse im Punkte C dividiert durch den Cosinus des Neigungswinkels der Ebene E gegen die Tangentialebene des Cylinders in C, oder es ist: $OC = \varrho : \sin \alpha$. Da aber die Halbachsen der Ellipse: $r : \cos \alpha$ und r sind, so wird: $\varrho = r^2 : \dfrac{r}{\cos \alpha} = r \cos \alpha$, und: $OC = r \cotg \alpha$. Errichtet man demnach in M''' auf $C'''D'''$ eine Senkrechte, die $D'''D'$ in X schneidet, so ist $S'''X = r \cotg \alpha = OC$.

344. Schnitt eines schiefen Kreiscylinders, dessen Grundkreis in Π_1 liegt, mit einer Ebene E; Abwickelung dieser Kurve mit dem Cylindermantel (Fig. 230 u. 231).

Die Schnittkurve ist wiederum eine Ellipse u, die zum Grundkreis k affin ist; ebenso ist ihre Projektion u' affin zu k, e_1 ist die
Affinitätsachse. Legt man durch die Cylinderachse a zwei Ebenen,
deren Spuren in Π_1 zueinander rechtwinklig sind, so sind ihre
Schnittlinien mit E zwei konjugierte Durchmesser von u. Die Endpunkte dieser Durchmesser liegen auf den bezüglichen Mantellinien,

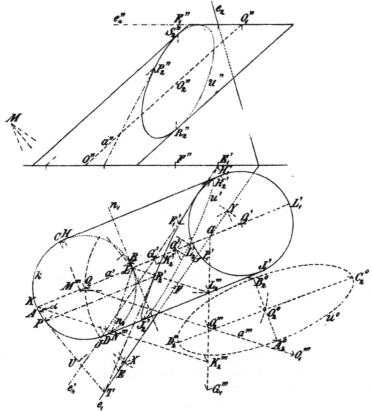

Fig. 230.

die jene Ebenen aus dem Cylinder ausschneiden. Zur Durchführung
dieser Konstruktion benutze man eine Hilfsebene $\Pi_4 \parallel \Pi_1$ durch den
oberen Endkreis des Cylinders und zeichne die Spur e_4 von E
in Π_4. So z. B. schneidet die Ebene durch a mit der Spur HJ
in Π_1 und der Spur H_1J_1 in Π_4 die Ebene E in EE_1, wo $E = HJ \times e_1$
und $E_1' = H_1'J_1' \times e_4'$ ist ($e_4' \parallel e_1$, $H_1'J_1' \parallel H_1J_1$). Da aber H, J die

Spurpunkte der Umrißlinien des Cylinders sind, so schneidet EE_1' ihre Projektionen in den Punkten H_2', J_2', wo sie von u' berührt werden, zugleich ist $O_2' = EE_1' \times a'$ der Mittelpunkt von u'. Legt man durch a eine Ebene, deren erste Spur zum Aufriß parallel ist, so schneidet sie den Cylinder in den Mantellinien, die in Π_2 als Umriß erscheinen; ihre Schnittlinie mit E hat in Π_1 und Π_4 die Spurpunkte F und F_1 $(O_1'F_1' \| OF \| x)$, und es schneidet $F''F_1''$ die genannten Umrißlinien in ihren Berührungspunkten R_2'' und S_2'' mit u''. Die angegebene Konstruktion wird hinfällig für die zu Π_1 senkrechte Ebene Π_3 durch a, die wir deshalb um ihre Spur a' umlegen. Wir bestimmen zunächst a''' durch Umlegen von O_1 nach O_1'' und GG_1''' durch Umlegen von G_1 nach G_1''' $(G_1 = \Pi_3 \times e_4)$, dann trifft $GG_1 = \Pi_3 \times E$ den Cylinder in den Ellipsenpunkten K_2, L_2, deren Umlegungen K_2''', L_2''' sich als Schnittpunkte von GG_1''' mit den zu a''' parallelen Mantellinien KK_2''' und LL_2''' ergeben. Hieraus findet man dann K_2' und L_2' und den Mittelpunkt O_2' von u' aus seiner Umlegung $O_2''' = a''' \times GG_1'''$. $J_2'H_2'$ und $K_2'L_2'$ sind konjugierte Durchmesser der Ellipse u', die sich hiernach konstruieren läßt. Sucht man ihre Aufrisse, so erhält man konjugierte Durchmesser von u'', oder man sucht den konjugierten Durchmesser zu $R_2''S_2''$, der in a'' liegt.

Die Methode des Umlegens kann man natürlich auch benutzen, um den Schnittpunkt P_2 einer beliebigen Mantellinie PP_1 mit E zu konstruieren. Wie die Ebene Π_3 das Dreieck KK_2G enthält, dessen Umlegung $KK_2'''G$ gezeichnet wurde, so enthält die projizierende Ebene durch PP_1 ein zu jenem ähnliches Dreieck, dessen Seiten beim Umlegen zu den Seiten des Dreiecks $KK_2'''G$ parallel werden. Da eine Ecke P unseres Dreiecks auf k, eine zweite auf e_1 liegt, so ergibt sich P_2''' als dritte Ecke desselben und daraus dann P_2' (in der Figur ist diese Konstruktion nicht durchgeführt).

Die wahre Gestalt u^0 der Ellipse u gewinnt man durch Umlegen der Ebene E um e_1, dadurch gelang O_2 nach O_2^0 $(O_2'''O_2' = O_2O_2')$. Die gesuchte Ellipse u^0 ist aber — ganz ebenso wie u — zu dem Kreise k affin und e_1 ist die Affinitätsachse; da man nun ein Paar affiner Punkte O und O_2^0 kennt, kann man hiernach u^0 zeichnen. Den Achsen von u^0 entsprechen beim Kreise zwei rechtwinklige Durchmesser; schneiden die Achsen e_1 in den Punkten X und Y, so sind XO und YO die entsprechenden Kreisdurchmesser. Es werden demnach X und Y aus e_1 durch einen Kreis ausgeschnitten, dessen Mittelpunkt auf e_1 liegt und der durch O und O_2^0 geht. Die Endpunkte der Kreisdurchmesser sind

A, B, C, D, die affinen Punkte A_2^0, B_2^0, C_2^0, D_2^0 sind die Endpunkte der Achsen von u^0.

345. Zur Abwickelung der Mantelfläche des Cylinders führen wir
einen Normalschnitt mit den Spuren n_1 und n_3 in Π_1 resp. Π_3 aus;
seine Schnittellipse v, die k in L berührt, schneidet alle Mantellinien rechtwinklig und geht bei der Abwickelung in eine Gerade
über. Wir teilen nun den Grundkreis von L ausgehend in eine
Anzahl gleicher Teile, etwa 24, und bezeichnen sie mit: 1 ($= L$), 2, 3 ...,
7 ($= J$), 8, ..., 13 ($= K$), 14, ..., 19 ($= H$), 20, ... 24; die zugehörigen

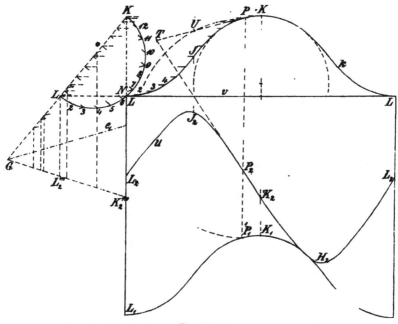

Fig. 231.

Mantellinien schneiden v in den Punkten: 1_v, 2_v, 3_v, ... und u in
den Punkten 1_u, 2_u, 3_u, ... Die wahre Länge von KN ergibt sich
aus dem rechtwinkligen Dreieck $KN'''L$, das in Fig. 231 noch einmal
eingetragen ist; die Strecken 22_v, 33_v, 44_v, ... verhalten sich zu
KN, wie die Abstände der Punkte 2, 3, 4, ... von n_1 zu KL. Lotet
man also die Punkte 2, 3, 4, ... auf LK, so sind die Abstände der
Lotpunkte von LN den Strecken 22_v, 33_v, 44_v ... resp. gleich, d. h.
die abgewickelten Punkte 2, 3, 4, ... liegen auf den durch die Lotpunkte gezogenen Parallelen zu LN, während die Abwickelung von v
in die Verlängerung von LN fällt. Bedenkt man noch, daß die

gleichen Kreisbogen 12, 23, 34, ... ihre Länge bei der Abwickelung nicht ändern (313) und daß die Bogen sowohl bei k als bei seiner Abwickelung näherungsweise durch die Sehnen ersetzt werden können, so ergibt sich die Gleichheit der Sehnen 12, 23, 34, ... des abgewickelten Kreises k. Die Abwickelung von k besteht aus vier symmetrischen Teilen LJ, JK, KH, HL, dabei sind L und K Scheitel-, H und J Wendepunkte. Die Wendetangente in J schließt mit den Mantellinien den $\angle NKL = \alpha$ ein; der Krümmungsradius in K ist gleich dem Radius von k dividiert durch cos α.

Durch die abgewickelten Punkte 1, 2, 3, 4, ... ziehen wir die Mantellinien und tragen auf ihnen die Strecken 11_u, 22_u, 33_u, ... auf, so· erhalten wir Punkte der abgewickelten Ellipse u. Die Strecke 11_u ist $= LL_2'''$, die andern Strecken werden aus Dreiecken gewonnen, die zu $\triangle LL_2'''G$ ähnlich sind. Die zu LG homologen Seiten der ähnlichen Dreiecke gehen von den Punkten 2, 3, 4, ... aus, sind zu LG parallel und haben ihre andern Endpunkte auf e_1. Zieht man also durch 2, 3, 4, ... Parallele zu e_1 und durch ihre Schnittpunkte mit LG Parallele zu LL_2''', so. werden auf diesen Parallelen durch die Geraden GL und GL_2''' Strecken begrenzt, die den gewünschten Strecken 22_u, 33_u, 44_u, ... gleich sind. Die Abwickelung von u besteht aus zwei symmetrischen Teilen $L_2J_2K_2$ und $K_2H_2L_2$; denn zwei benachbarte Durchmesser von u schneiden auf u zwei Elemente aus, die gleich lang sind und gegen die Mantellinien die gleiche Neigung besitzen.

Ein Punkt P_2 von u, in dem die Tangentialebene des Cylinders auf E· senkrecht steht, liefert bei der Abwickelung einen Wendepunkt. Eine zu jener Tangentialebene parallele Ebene erhält man also, wenn man durch einen beliebigen Punkt, etwa L_2, eine Mantellinie und eine Normale zu E zieht. L ist der erste Spurpunkt der Mantellinie, M der erste Spurpunkt der Normalen ($L_2'M \perp e_1$, $L_2'''M'' \perp GG_1'''$, $M''M \perp a'$); LM ist demnach zur Spurlinie jener Tangentialebene parallel, deren Spur PT den Kreis k in P berührt ($PT \parallel LM$, $PO \perp LM$). Die Tangente von k in P und die Tangente von u in P_2 schneiden e_1 in dem nämlichen Punkte T und bilden das Dreieck PP_2T; in der Abwickelung bilden die Tangenten in P und P_2 das kongruente Dreieck PP_2T. Um dieses zu zeichnen verlängert man die Mantellinie bis P_1 und fällt von P_1 auf PT das Lot P_1U in der ursprünglichen Figur, bestimmt die Abwickelung von P und überträgt das rechtwinklige Dreieck P_1UP, von dem man PP_1 und PU kennt, trägt PT von P aus auf PU auf und verbindet T mit P_2, so ist P_2T die gesuchte Wendetangente von u, PT die Tangente des abgewickelten Kreises *k*. Die gleiche Konstruktion läßt sich für die Tangente in jedem Punkte der abgewickelten Ellipse *u* anwenden; der Krümmungsradius in einem solchen Punkt ergibt sich aus 306 und 314.

346. Schnitt und Abwickelung eines geraden Kreiskegels, dessen Grundkreis in der ersten Projektionsebene liegt (Fig. 232 und 233).

Man lege durch die Spitze *S* des Kegels eine Ebene senkrecht zu der ersten Spur e_1 der Schnittebene **E**; sie enthält die Kegelachse

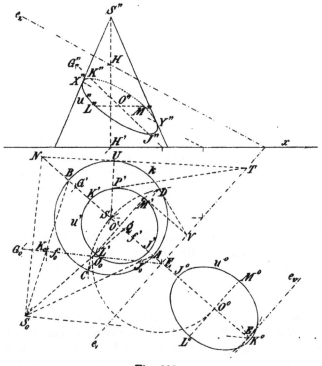

Fig. 232.

und steht auf **E** senkrecht, auf der sie eine Falllinie *f* ausschneidet; *f* ist dann offenbar Symmetrielinie oder Achse des gesuchten Kegelschnittes *u*. Durch Umlegen jener Ebene in Π_1 gelangt *S* nach S_0 und der Punkt *G* der Falllinie nach G_0 ($G'H' \parallel e_1$, $G''H \parallel x$, $G_0G' = HH'$); $F_1G_0 = f_0$ schneidet dann die umgelegten Mantellinien S_0A, S_0B in den Punkten J_0 resp. K_0. Hieraus ergeben sich sofort die beiden Projektionen der Achse *JK* von *u* und damit der Mittelpunkt *O* von u als Mittelpunkt von JK; die zweite Achse von u ist die durch O gehende erste Hauptlinie von E. Um ihre Endpunkte L, M zu finden, benutzen wir eine Ebene, die durch diese Achse und den Scheitel S geht, also die Gerade SO enthält; ihre Spurlinie geht durch Q ($Q = S_0 O_0 \times f'$), ist zu e_1 parallel und schneidet den Grundkreis k in C und D. Diese Ebene enthält die Mantellinien SC und SD, auf ihnen liegen die Endpunkte L und M der zweiten Achse, deren Projektionen man also zeichnen kann. Die Ebene durch die Kegelachse parallel zum Aufriß enthält die Mantellinien, welche in Π_2 als Umriß erscheinen; die Projektion ihrer Schnittlinie mit E schneidet dieselben in den Berührungspunkten X'' und Y'' von u''. Durch Umlegen von u um e_1 gewinnt man die wahre Gestalt u^0 der Schnittkurve ($F_1 O_0 = F_1 O^0$ etc.). Beliebig viele Punkte von u kann man einfach dadurch konstruieren, daß man durch S irgendwelche Ebenen $\varDelta$ legt, diese mit der Kegelfläche und E schneidet und so jedesmal zwei Punkte von u bekommt. Man gebraucht dabei eine horizontale Hilfsebene durch S, nimmt die erste Spur d_1 von $\varDelta$ beliebig an, zieht durch S ihre zu d_1 parallele Hilfsspur d_3 und sucht die Hilfsspur e_3 von E; die Schnittlinie $\varDelta \times$ E, d. h. die Verbindungslinie von $d_1 \times e_1$ und $d_3 \times e_3$, schneidet die bezüglichen Mantellinien in Punkten der Kurve u. Die Konstruktion ist in der Figur nicht durchgeführt, da sie schon beim Cylinder behandelt ist. Der Kreis k und die Schnittkurve u' sind nach 162 perspektive Figuren, S' ist das Zentrum, e_1 die Achse der Perspektivität, e_v ihre Verschwindungslinie ($S_0 E \| f_0$, $e_v \| e_1$ geht durch E). Dem Pol Q von e_v in bezug auf k entspricht der Mittelpunkt O' von u'; die Tangenten von E an k berühren in C und D, und diesen Punkten entsprechen die Endpunkte L' und M' der zweiten Achse von u'. Ist $V = e_1 \times ED$, so ist $VM' \| ES'$, denn E ist der Verschwindungspunk der Kreistangente DE. Auch die Kurven u^0 und k sind perspektiv, e_1 ist die Achse, das Zentrum liegt auf f' um die Strecke $S_0 E$ über E hinaus (vergl. 164).

347. Beim Abwickeln des Kegelmantels gehen die Mantellinien in Strahlen durch den festen Punkt S und der Grundkreis k in einen Kreisbogen mit dem Radius $S_0 A$ über; die Länge dieses Kreisbogens wird gleich der Peripherie von k, was man durch Übertragen kleiner Teilstücke — etwa 24 Teile — erzielt. Der Kreissektor, der den abgewickelten Kegelmantel darstellt, hat einen Zentriwinkel von $4R . \dfrac{S'A}{S_0 A}$. In Fig. 233 ist noch der in ABC liegende Seitenriß des Kegels eingezeichnet, in dem sich u als gerade Linie projiziert, so daß man unmittelbar die Projektionen der einzelnen Mantellinien und ihrer zwischen k und u liegenden Teile, sowie deren wahre Längen entnehmen kann, die man dann auf die abgewickelten Mantellinien aufträgt. Um die Wendepunkte des abgewickelten Kegelschnittes zu bestimmen, suchen wir die Tangentialebenen des Kegels auf, die zu E senkrecht sind, indem wir von S ein Lot auf E fällen, und von seinem ersten Spurpunkte N ($S_0 N \perp f_0$) die beiden Tangenten an k ziehen. Diese Tangenten sind die ersten Spurlinien der gesuchten Tangentialebenen; berührt eine derselben den Kegel längs der Mantellinie SU, und trägt diese den Punkt P von u, so wird P bei der Abwickelung zum Wendepunkt. Schneidet die Kreistangente NU die Spur e_1 in T, so ist PT die Tangente von u im Punkte P;

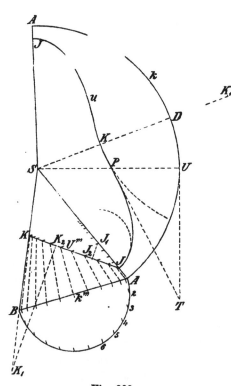

Fig. 233.

die bezüglichen Tangenten der abgewickelten Kurven k und u bilden ein rechtwinkliges Dreieck PUT, das zu dem $\triangle PUT$ der ursprünglichen Figur kongruent ist. Ganz ebenso wie die Wendetangente in P überträgt man auch andere Tangenten in die Abwickelung. Die Punkte J und K sind Scheitelpunkte der abgewickelten Kurve u; die zugehörigen Krümmungsradien JJ_1 und KK_1 findet man nach 314 als $\varrho : \cos \angle SJK$ und $\varrho : \cos \angle BKJ$, wenn ϱ den Krümmungsradius der Ellipse u^0 in den Punkten J^0 und K^0 bedeutet ($JJ_2 = KK_2 = \varrho$, $J_1 J_2 \perp JK$, $K_1 K_2 \perp JK$).

348. Schnitt und Abwickelung eines schiefen Kreiskegels, dessen Grundkreis in der ersten Projektionsebene liegt (Fig. 234 u. 235).

Wir benutzen außer der Ebene Π_1 des Grundkreises k noch eine

zweite Horizontalebene Π_3 durch den Scheitel S des Kegels; die
Ebene E hat dann die parallelen Spuren e_1 und e_3 $(e_3' \| e_1)$. Eine
beliebige Spurlinie d_1 in Π_1 und eine zu ihr parallele Spurlinie d_3
durch S bestimmen eine Ebene, deren Schnittlinie mit E die Spurpunkte $d_1 \times e_1$ und $d_3 \times e_3$ besitzt und aus dem Kegel die nach
den Schnittpunkten von d_1 und k verlaufenden Mantellinien ausschneidet; dadurch ergeben sich jedesmal zwei Punkte von u'. Nimmt
man speziell als Spurlinie d_1 den Durchmesser $A_1 B_1 \perp e_1$ an, so

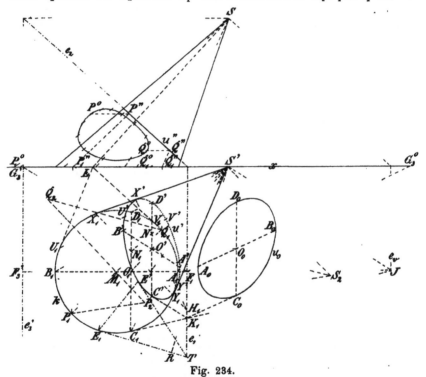

Fig. 234.

sind $A' = S'A_1 \times F_1 G_3'$ und $B' = S'B_1 \times F_1 G_3'$ Endpunkte eines
Durchmessers von u' $(F_1 = A_1 B_1 \times e_1,\ G_3'S' \| A_1 B_1,\ G_3' = G_3'S' \times e_3')$
denn $A'B'$ halbiert alle Sehnen von u', die zu e_1 parallel sind, und
somit ist O' der Mittelpunkt von u' $(O'A' = O'B')$. Jede Ebene durch SO
liefert nun einen Durchmesser von u, ihre Spurlinie muß durch O_1
gehen $(O_1 = A_1 B_1 \times S'O')$; die Spurlinie $C_1 D_1 \| e_1$ durch O_1 liefert
insbesondere den zu $A'B'$ konjugierten Durchmesser $C'D'(C'D' \| e_1)$.
Durch Umlegen dieser Durchmesser um e_1 in Π_1 erhält man die
konjugierten Durchmesser $A_0 B_0$, $C_0 D_0$ von u_0. Sind X_1 und Y_1 die

18*

Berührungspunkte der Umrißlinien mit k, so enthält die Ebene SX_1Y_1 den wahren Umriß; schneidet man also X_1Y_1 mit e_1 in H_1 und die Parallele zu X_1Y_1 durch S' mit e_3' in H_3', so trifft H_1H_3' den Umriß in den Berührungspunkten X' und Y' von u' ($N_1 = C_1D_1 \times X_1Y_1$, $N_1S' \times C'D' = N'$, $H_1N' = X'Y'$).

Faßt man (nach 162) k und u' als perspektive Figuren mit dem Zentrum S' und der Achse e_1 auf, so ist e_3' die Fluchtlinie und e_v die Verschwindungslinie, wobei $e_v \| e_1$ ebensoweit von e_1 absteht wie S' von e_3'. Die Polare des Punktes $J = A_1B_1 \times e_v$ muß wieder C_1D_1 und O_1 der Pol von e_v sein (JC_1 berührt k in C_1). J, O_1 und der

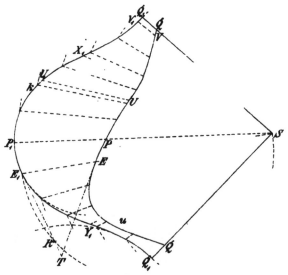

Fig. 235.

unendlich ferne Punkt von e_v bilden ein Poldreieck von k; das Bild von e_v fällt ins Unendliche, also ergeben die Bilder von A_1B_1 und C_1D_1 konjugierte Durchmesser von u' ($A'B' \| S'J$ geht durch F_1. $C'D' \| e_1$ geht durch O', wo O' das Bild von O_1 ist). Ist K_1 der Schnittpunkt von e_1 mit der Kreistangente JC_1, so ist $C'K_1 \| S'J$ die Tangente von u' in C' und C_0K_1 die Tangente von u_0 in C_0.

349. Zur Abwickelung des Kegelmantels nehmen wir die Ebene SP_1Q_1, die ihn in zwei symmetrische Teile zerlegt, und teilen den Kreisumfang von k von P_1 ausgehend in lauter gleiche Stücke, etwa 24; die zugehörigen Mantellinien zerlegen den Kegelmantel in 24 Teile. Annäherungsweise kann nun der Kegel durch eine 24-seitige Pyramide ersetzt werden, deren Seitenflächen Dreiecke sind, die je zwei

Mantellinien zu Seiten und gleiche Sehnen des Grundkreises zu Grundlinien haben. Die Abwickelung geschieht durch Nebeneinanderlegen der genannten Seitenflächen, wozu man die Längen der nach den 24 Teilpunkten laufenden Mantellinien braucht. Diese Längen findet man unter Benutzung einer Aufrißebene, die durch S senkrecht zu e_1 gelegt ist, indem man die einzelnen Mantellinien um SS' in diese Aufrißebene dreht ($S'P_1 = S'P_1{}^0$, $SP_1 = SP_1{}^0$, $SQ_1 = SQ_1{}^0$ etc.); hierbei ergeben sich auch ihre Schnittpunkte mit u ($P = SP_1 \times \mathsf{E}$, $P'' = SP_1{}'' \times e_2$, $P^0P'' \,\|\, x$, $P^0 = P^0P'' \times SP_1{}^0$ etc.). Beim Abwickeln von k gelangen die 24 Teilpunkte auf 13 Kreise um den gemeinsamen Mittelpunkt S, deren Radien den bezüglichen Mantellinien gleich sind; die Radien für den größten und kleinsten sind SP_1 und SQ_1; die Abstände je zweier aufeinanderfolgender Teilpunkte auf der Abwickelung von k sind der Seite des k eingeschriebenen regulären 24-Ecks gleich. Auf den 24 abgewickelten Mantellinien (in der Figur sind nur 12 eingezeichnet) trägt man noch die von der Schnittkurve u begrenzten Teilstücke auf ($SQ = SQ^0$, $SP = SP^0$, etc.) und gewinnt so Punkte der abgewickelten u.

Die Tangente im Punkte E von u liegt in E und in der Tangentialebene, die den Kegel längs SEE_1 berührt und deren Spurlinie E_1T den Kreis k in E_1 berührt; deshalb ist $T = E_1T \times e_1$ der Spurpunkt der gesuchten Tangente (TE' berührt u' in E'). Macht man $S'R \perp E_1T$ und überträgt man das rechtwinklige $\triangle SE_1R$ sowie E_1T in die abgewickelte Figur, so ist E_1R die Tangente des abgewickelten Kreises k im Punkte E_1, und es wird ET die Tangente der abgewickelten Kurve u, da ihr Neigungswinkel gegen SE derselbe ist wie $\angle E_1ET$ auf dem Kegelmantel selbst.

Die Wendepunkte der abgewickelten k sind X_1 und Y_1 nach 314, denn die Tangentialebenen längs der Umrißlinien SX_1 und SY_1 sind zu Π_1 senkrecht. Die Wendepunkte der abgewickelten u sind U und V, wenn die Tangentialebenen längs der Kanten SU und SV auf E senkrecht stehen, d. h. wenn sie das von S auf E gefällte Lot SL enthalten ($SL \perp e_2$). L ist der erste Spurpunkt dieses Lotes und die Tangenten von L an k sind die ersten Spurlinien der genannten Tangentialebenen; ihre Berührungspunkte U_1 und V_1 sind die ersten Spurpunkte der beiden Mantellinien, deren Abwickelungen die gesuchten Wendepunkte tragen. Die Punkte P_1 und Q_1 sind für die abgewickelte k Scheitelpunkte, deren Krümmungsradien P_1P_2 und Q_1Q_2 sind; denn $\angle S_2Q_1S' = \angle Q_2Q_1M_1$ und $\angle S_2P_1S' = \angle P_2P_1M_1$ ($S_2S' \,\|\, Q_2M_1P_2 \perp S'M_1$, $S_2S' = SS'$) sind die Neigungswinkel von SQ_1 und SP_1 gegen Π_1, und es ist (nach 314) $P_1P_2 = r : \cos P_2P_1M_1$ und $Q_1Q_2 = r : \cos Q_2Q_1M_1$.

350. Die geodätischen Kurven auf dem geraden Kreiskegel (Fig. 236).

Nach 315 verstehen wir unter einer geodätischen Kurve auf einer abwickelbaren Fläche eine solche, die bei der Abwickelung in eine Gerade übergeht. Wickeln wir also die Mantelfläche des

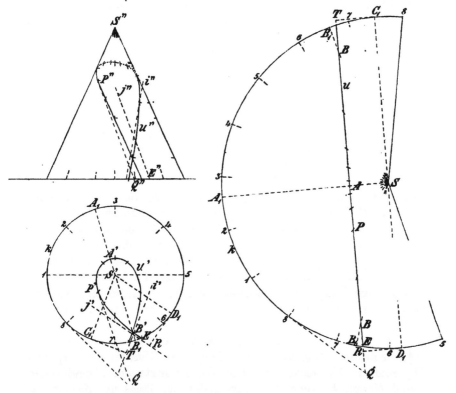

Fig. 236.

geraden Kreiskegels ab, wobei wir einen Kreisausschnitt erhalten (vergl. 347), so entspricht jede Gerade auf dem abgewickelten Mantel einer geodätischen Linie auf dem Kegel. Zu allen Geraden auf ersterem, deren Abstände von S unter sich gleich sind, gehören kongruente geodätische Linien auf letzterem; überhaupt sind je zwei geodätische Linien des Kegels ähnliche Kurven. Soll eine geodätische Linie zwei Punkte P und Q der Kegelfläche verbinden, so suche man die entsprechenden Punkte in der Abwickelung auf,

verbinde sie durch eine Gerade u und konstruiere nun zu dieser
die entsprechende Kurve u auf der Kegelfläche. Zu diesem Zweck
teilt man den Grundkreis k in eine Anzahl gleicher Teile, zieht die
nach den Teilpunkten verlaufenden Mantellinien, bestimmt ihre Abwickelungen, deren Schnittpunkte mit der Geraden u man wieder
auf den Kegel überträgt. Die Linie $SA_1 \perp u$ liefert den Punkt
$A = SA_1 \times u$, der dem Scheitel der geodätischen Linie entspricht;
die Linien SB_1 sind beide Abwickelungen der nämlichen Mantellinie
SB_1 (Bog A_1B_1 ist gleich dem halben Umfang von k), deshalb entsprechen ihre auf der Geraden u liegenden Punkte B einem Doppelpunkt B der geodätischen Linie. In der Figur ist ein Teil des
Kegelmantels doppelt abgewickelt, weil die geodätische Linie einen
Teil der Mantellinien zweimal trifft.

351. In der Abwickelung sind SC_1 und SD_1 zu u parallel, auf
dem Kegel tragen deshalb die Mantellinien SC_1 und SD_1 die unendlich fernen Punkte der geodätischen Linie. Die Tangente in
einem Punkte P der geodätischen Linie schließt mit der Erzeugenden
$SP\,8$ den gleichen Winkel ein, wie die Gerade u mit der abgewickelten
$SP\,8$. Der Spurpunkt Q jener Tangente liegt deshalb auf der Kreistangente des Punktes 8 in der Entfernung $Q\,8$, die wir aus der
Abwickelung entnehmen können; ihre Projektionen sind QP' und
$Q''P''$. Ganz ebenso erhält man als Spurpunkte der Asymptoten
von u — d. h. der Tangenten in den unendlich fernen Punkten —
die Punkte R und T; sie liegen auf den Tangenten der Punkte D_1
und C_1 respektive, und die Strecken D_1R und C_1T sind den bezüglichen Strecken in der Abwickelung gleich. Die Asymptoten i, j
selbst sind zu den Geraden SC_1 und SD_1 parallel, ihre Projektionen
also zu $S'C_1'$, $S'D_1'$, $S''C_1''$, $S''D_1''$.

Die Projektion u' ändert den Sinn ihrer Krümmung nicht, dagegen u''; als Wendepunkte von u'' projizieren sich die Punkte von u,
deren Schmiegungsebenen· auf Π_2 senkrecht stehen; die ersten Spurlinien dieser Schmiegungsebenen stehen also auf der x-Achse senkrecht. Bestimmt man demnach die Spurkurve der abwickelbaren
Fläche unserer geodätischen Linie und legt an sie Tangenten senkrecht
zur x-Achse, zieht durch ihre Berührungspunkte die bezüglichen
Tangenten an k und durch deren Berührungspunkte die Mantellinien,
so schneiden diese aus u die Punkte aus, die sich im Aufriß als
Wendepunkte projizieren. Läßt man in der Figur einen Punkt auf
u von E nach P wandern, so beschreibt die zugehörige Tangente
in Π_1 eine Spurkurve, die E mit Q verbindet; dieses Kurvenstück
EQ besitzt eine zur x-Achse senkrechte Tangente, woraus sich der

zugehörige Wendepunkt auf $P''E''$ mit seiner Tangente ergibt (in der Figur ist die Konstruktion weggelassen).

Durchdringung von Kugel-, Cylinder- und Kegelflächen.

352. Um die Durchdringungslinie oder Schnittkurve zweier beliebiger Oberflächen zu zeichnen, muß man eine Reihe einzelner Punkte von ihr bestimmen. Dieses geschieht dadurch, daß man auf beiden Oberflächen Kurven aufsucht, die sich wirklich schneiden und so in den Schnittpunkten Punkte der Durchdringungslinie liefern. Schneidet man die gegebenen Oberflächen mit einer dritten, so erhält man auf denselben Kurven, deren Schnittpunkte auf der Durchdringungslinie liegen. Hiermit wird scheinbar unsere ursprüngliche Aufgabe: die Schnittkurve zweier Oberflächen zu finden, auf eine kompliziertere Aufgabe: die beiden Oberflächen mit einer dritten zu schneiden, zurückgeführt; da man indessen die dritte oder Hilfsoberfläche beliebig wählen darf, so läßt sich diese Wahl so treffen, daß die Schnittkurven mit den gegebenen Oberflächen leicht angegeben werden können. Es kommt also bei der Konstruktion der Durchdringungslinie zweier Flächen im wesentlichen darauf an, geeignete Hilfsflächen ausfindig zu machen. In den allermeisten Fällen benutzt man Ebenen als Hilfsflächen, und es ist in jedem einzelnen Falle zu überlegen, welche Hilfsebenen am besten geeignet sind, um die Konstruktion so viel wie möglich zu vereinfachen. Häufig können Hilfsebenen parallel oder senkrecht zu einer Projektionsebene Verwendung finden, wobei dann die eine Projektion der in den Hilfsebenen liegenden Schnittkurven als gerade Linie erscheint.

353. Auf den Cylinder- und Kegelflächen liegen gerade Linien, die Erzeugenden oder Mantellinien; die Hilfsebenen zur Konstruktion der Durchdringungslinie zweier solcher Flächen wählt man deshalb so, daß sie beide Flächen in Erzeugenden schneiden. Handelt es sich dabei um zwei Kegel, so müssen die Hilfsebenen durch die Verbindungslinie ihrer Scheitel gelegt werden; handelt es sich um einen Kegel und einen Cylinder, so legt man die Hilfsebenen durch die Gerade, die durch den Scheitel des Kegels parallel zu den Mantellinien des Cylinders verläuft; sollen endlich zwei Cylinderflächen zum Durchschnitt gebracht werden, so nimmt man lauter Hilfsebenen, die den Erzeugenden beider parallel sind. Um die Mantellinien zu bestimmen, die eine Hilfsebene aus einer Cylinder- oder Kegelfläche ausschneidet, deren ebene Basiskurve man kennt,

hat man nur die Schnittgerade der Hilfsebene und Basisebene mit
der Basiskurve zu schneiden; durch diese Schnittpunkte verlaufen
die gesuchten Mantellinien. Welcher Art die Basiskurve ist, ist
hierbei gleichgültig.

354. Die Durchdringung zweier Cylinderflächen zu
finden, deren Grundkurven Kegelschnitte sind (Fig. 237).

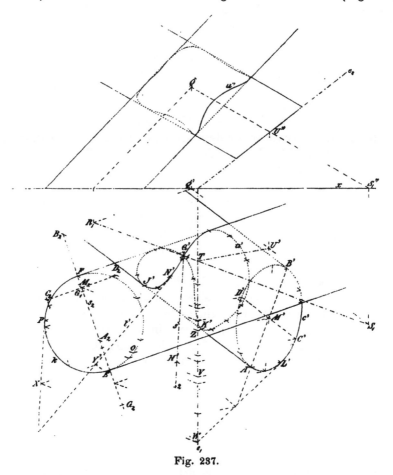

Fig. 237.

Der eine Cylinder möge eine kreisförmige Basis k in Π_1, der andere
eine elliptische c in einer Ebene E mit den Spuren e_1, e_2 besitzen,
die Aufrißebene Π_2 möge auf E senkrecht stehen ($e_1 \perp x$). Wir ziehen
zunächst durch einen beliebigen Punkt Q Parallele zu den Mantellinien des einen und des andern Cylinders, deren erste Spurpunkte R_1

und S_1 wir aufsuchen. Die ersten Spurlinien der zu den Erzeugenden beider Cylinder parallelen Hilfsebenen sind dann zu $R_1 S_1$ parallel; ihre Spurgeraden in der Basisebene E des zweiten Cylinders sind parallel zu TU und deren Projektionen zu TU' ($T = e_1 \times R_1 S_1$, $U'' = e_2 \times QS_1''$, U' auf $Q'S_1$). Zieht man demnach durch einen beliebigen Punkt auf e_1 Parallele zu $R_1 T$ und TU', schneidet erstere mit k, letztere mit c' und legt durch diese Schnittpunkte die Projektionen der Erzeugenden der bez. Cylinder, so durchkreuzen sie sich in vier Punkten der Projektion u' der Durchdringungslinie. Die Kurve u' berührt die scheinbaren Umrißlinien beider Cylinder je zweimal; die Berührungspunkte können auch konjugiert imaginär sein. Die Berührungspunkte der Umrißlinie, die c' in A' berührt, erhält man, wenn man durch A' eine Parallele zu $U'T$ und durch ihren Schnittpunkt V mit e_1 eine Parallele zu TR_1 zieht; letztere schneidet k in O und P; die zugehörigen Mantellinien enthalten dann die Berührungspunkte J' resp. K'. Ganz analog erhält man die Berührungspunkte von u'' mit den Umrißlinien des Aufrisses, indem man die Hilfsebenen durch die bezüglichen Mantellinien legt. Die Hilfsebenen, welche den ersten Cylinder berühren, deren erste Spuren also k tangieren, schneiden den zweiten Cylinder in zwei Mantellinien, die von u und deren Projektionen von u' resp. u'' berührt werden. Ebenso schneiden die Hilfsebenen, die den zweiten Cylinder berühren, deren Spuren in E also c tangieren, den ersten Cylinder in je zwei Mantellinien, deren Projektionen u' resp. u'' berühren.

Die Tangente t von u in einem Punkte N erscheint als Schnitt der beiden Ebenen, die die Cylinder längs der bez. Erzeugenden NP resp. NL tangieren. Die Spur der einen in Π_1 berührt k in P, die Spur der andern in E berührt c in L und ihre Projektion berührt c' in L'. Die Hilfsebenen schneiden diese beiden Tangentialebenen in Geraden, die zu den bez. Mantellinien parallel laufen; daraus ergibt sich die Konstruktion eines Punktes von t. Die Spur WX ($\| R_1 T$) der Hilfsebene schneidet die genannten Tangenten von k und c' in X und W (wobei $W = e_1 \times WL$ gewählt ist); sind dann XY' und WY' respektive parallel zu den Umrißlinien des ersten und zweiten Cylinders, so ist Y' ein Punkt von t'; mit Hilfe des ersten Spurpunktes $t' \times PX$ läßt sich unmittelbar t'' zeichnen.

Was die Sichtbarkeit von u' und u'' anlangt, so ist zu bemerken, daß nur solche Teile dieser Kurven sichtbar sein können, die sich auf den sichtbaren Teilen beider Cylinder befinden. Man sucht also bei beiden Cylindern die sichtbaren Teile auf und zwar so, als ob jeder nur allein vorhanden wäre; sie werden von den Umrißlinien begrenzt; ein Punkt von u' (oder u'') ist dann sichtbar, wenn die Erzeugenden durch ihn bei beiden Cylindern auf den sichtbaren Teilen ihrer ersten (oder zweiten) Projektion liegen. Die sichtbaren Teile von u' resp. u'' endigen auf den Umrißlinien.

355. Jede beliebige Projektion von u zeigt zwei Doppelpunkte — gewöhnliche oder isolierte oder imaginäre — wie wir jetzt nachweisen wollen. Wir werden im folgenden speziell die Doppelpunkte von u' bestimmen, die Betrachtungen bleiben indessen mit geringen Modifikationen für jede beliebige Projektionsrichtung gültig. Alle zu Π_1 normale Sehnen des ersten Cylinders werden durch eine Ebene halbiert, die auch die Berührungspunkte der zu Π_1 normalen Cylindertangenten und somit die Umrißlinien des Cylinders enthält (vergl. 360); die erste Spur dieser Ebene ist EF, wenn E und F die Spurpunkte der Umrißlinien sind. Ebenso halbiert eine Ebene die zu Π_1 normalen Sehnen des zweiten Cylinders, sie enthält seine Umrißlinien und schneidet seine Basisebene E in AB. Die Schnittlinie beider Ebenen sei s, die erste projizierende Ebene durch s schneide den ersten Cylinder in dem Kegelschnitt i, den zweiten in dem Kegelschnitt j. Die Linie s halbiert zugleich die zu Π_1 senkrechten Sehnen von i und von j, s ist deshalb ein gemeinsamer Durchmesser von i und j; die zu s konjugierten Durchmesser von i und j stehen auf Π_1 senkrecht. Die vier Schnittpunkte von i und j liegen somit paarweise auf zwei Normalen zu Π_1, ihre ersten Projektionen liefern die beiden Doppelpunkte von u'; es kommt also nur noch darauf an, die Schnittpunkte von i und j zu finden.

Um zunächst die Projektion s' von s zu zeichnen, auf der die gesuchten Doppelpunkte von u' liegen, haben wir die beiden Ebenen, die die Umrißlinien unserer Cylinder enthalten, zum Schnitt zu bringen; eine von ihnen besitzt die Spur EF in Π_1, die andere die Spur AB in E. Ihre Schnittlinien mit einer Hilfsebene sind den bezüglichen Umrißlinien parallel; die Hilfsebene durch einen Punkt Z von e_1 schneidet Π_1 in ZM_2 ($\parallel TR_1$) und E in ZM ($\parallel TU$, $ZM' \parallel TU'$); durch M_2 auf EF und durch M' auf $A'B'$ zieht man die Parallelen zu den bez. Umrißlinien; sie treffen sich in einem Punkte G' von s'. Ganz analog ergibt sich der Punkt H' von s'. Die Schnittpunkte von i und j bestimmt man nun nicht direkt, sondern projiziert beide Kurven durch Strahlen parallel zu den Mantellinien des ersten Cylinders auf Π_1. Bezeichnet man mit i_2 und j_2 diese Projektionen von i und j, so ist $i_2 = k$ und zugleich $EF = s_2$ die gleichnamige Projektion von s; die eine Achse A_2B_2 von j_2 liegt auf s_2, die andere C_2D_2 steht in M_2 darauf senkrecht, da ja die Sehnen von $i_2 = k$ und j_2,

die ihr gemeinsamer Durchmesser $2F = A_2 B_2$ halbiert, parallel sind.
Die Punkte A_2, B_2, M_2, C_2, D_2 liegen hierbei auf Parallelen zu $R_1 T$,
die c_1 in den nämlichen Punkten treffen, wie die Geraden durch
A', B', M', C', D', die zu $U'T$ parallel sind ($A'V \| U'T$, $VA_2 \| TR_1$ u. s. w.);
denn je zwei entsprechende Punkte A', A_2 u. s. w. liegen in einer
der parallelen Hilfsebenen.

Wir haben nun die Schnittpunkte von k und j_2 zu bestimmen,
was durch wirkliches Einzeichnen von j_2 geschehen kann. Sie liegen
auf zwei Senkrechten zu s_2, und die Doppelpunkte von u' auf s'
gehen aus ihnen hervor durch Zurückschneiden in der Richtung der
Mantellinien des ersten Cylinders (in der Figur ist 1 ein gewöhnlicher,
2 ein isolierter Doppelpunkt). Da die vier Schnittpunkte von k und j_2
paarweise auf zwei zu s_2 normalen Geraden g_1 und g_2 liegen, bilden
k, j_2 und das Geradenpaar $g_1 g_2$ drei Kegelschnitte eines Büschels
mit den nämlichen vier Grundpunkten und werden von jeder Geraden in drei Punktepaaren einer Involution geschnitten (vergl.
III. Bd. 1. Kapitel). Loten wir alle diese Involutionen auf s_2, so
haben dieselben alle ein Punktepaar gemein, nämlich das Punkte-
paar $G_1 = g_1 \times s_2$, $G_2 = g_2 \times s_2$; wir können dieses also als gemein-
sames Punktepaar zweier Involutionen finden. Die eine Involution
ist bestimmt durch die beiden Punktepaare E, F und A_2, B_2; zwei
Punktepaare einer andern Involution erhalten wir, indem wir k und j_2
mit einer Geraden schneiden und die Schnittpunkte auf s_2 loten; am
besten wählt man dazu die Gerade durch C_2 parallel zu s_2, die also
j_2 berührt. Das Aufsuchen des gemeinsamen Punktepaares G_1, G_2
zweier Involutionen geschieht dann nach Kapitel 1 im III. Band.
Die Bestimmung der Doppelpunkte von u'' kann analog vorgenommen
werden. Die Doppelpunkte von u' können entweder reell oder konjugiert imaginär sein, je nachdem das gemeinsame Punktepaar der
beiden Involutionen reell oder imaginär ist. Die reellen Doppelpunkte sind entweder beide gewöhnliche oder beide isolierte, oder es
gibt unter ihnen einen gewöhnlichen und einen isolierten, je nachdem
k und j_2 vier, oder keinen, oder zwei reelle Punkte gemeinsam haben.

356. Durchdringung eines geraden Kreiskegels mit
einem geraden Kreiscylinder (Fig. 238). Der Basiskreis k des
Kegels liege in Π_1, der Basiskreis c des Cylinders in einer beliebigen
Ebene E mit den Spuren e_1 und e_2, und es sei c^0 der um e_1 in Π_1
umgelegte Kreis c. Zur Konstruktion benutzen wir eine Seitenrißebene Π_3, die zu Π_1 senkrecht und zu den Mantellinien des Cylinders
parallel ist, also auf e_1 senkrecht steht; gleichzeitig soll Π_3 durch
den Scheitel S des Kegels gehen ($y = \Pi_3 \times \Pi_1$, $y \perp e_1$). Wir suchen

dann die dritte Spur e_3 von E und mit ihrer Hilfe die kleine Achse $B'C$ von c' ($Y = y \times e_1$, $YB''' = CB^0$), wonach sich dann der Grund-

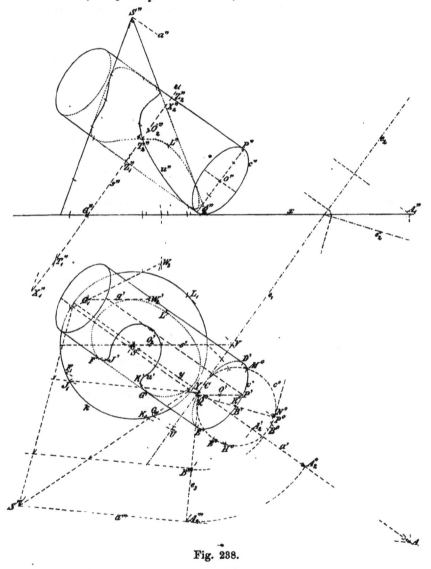

Fig. 238.

riß des Cylinders ergibt. Nun ziehen wir durch S eine Parallele a zu den Erzeugenden des Cylinders, sie liegt in Π_3 und schneidet Π_1 in A_1 und E in A_2 ($a''' \perp e_3$, $a''' \times y = A_1$, $a''' \times e_3 = A_2'''$,

$A_2'A_2''' \perp y$). Alle Hilfsebenen durch die Achse a schneiden sowohl aus dem Cylinder wie aus dem Kegel Mantellinien, ihre Schnittpunkte gehören der Durchdringungskurve u an. Jede Hilfsebene besitzt in Π_1 eine durch A_1 verlaufende Spur und in E eine durch A_2 verlaufende Spur, beide Spuren schneiden sich auf e_1. Verbindet man also irgend einen Punkt von e_1 einerseits mit A_1, andererseits mit A_2', so schneidet erstere Linie k in zwei Punkten und bestimmt so zwei Erzeugende des Kegels, während letztere Linie c' in zwei Punkten trifft und so zwei Erzeugende des Cylinders bestimmt; die vier Schnittpunkte dieser Erzeugenden liegen auf u. Anstatt nun c' mit den Strahlen durch A_2' zu schneiden, ist es zweckmäßig, die Ebene E um e_1 in Π_1 umzulegen. und c^0 mit den Strahlen durch A_2^0 zu schneiden. So erhält man z. B. auf der Umrißlinie des Cylinders, die c' in E' berührt, die Berührungspunkte F' und G' von u', indem man den Punkt $A_2^0E^0 \times e_1$ mit A_1 verbindet, diese Linie mit k in F_1 und G_1 schneidet; dann liegt F' auf $S'F_1$ und G' auf $S'G_1$. Berührt A_2^0U den Kreis c^0 in H^0 und schneidet A_1U den Kreis k in J_1 und K_1, so berühren $S'J_1$ und $S'K_1$ die Kurve u' in J' und K', wo H^0, J', K' auf einer Parallelen zu y liegen. Berührt A_1V den Kreis k in L_1 und schneidet A_2^0V den Kreis c^0 in M^0 und N^0, so werden die zugehörigen Erzeugenden des Cylinders von u berührt, so die Erzeugende durch M im Punkte L ($M^0L' \parallel y$, $S'L_1 \times M^0L' = L'$). Im besonderen schneidet Π_3 Cylinder und Kegel in Erzeugenden, deren Schnittpunkte aus dem Seitenriß entnommen werden können, man erhält so die vier Schnittpunkte von u' mit y.

Um den Aufriß u'' der Durchdringungslinie genau zu zeichnen, verfährt man am besten so, daß man für jeden Punkt von u'' die zweiten Projektionen der beiden Mantellinien, die ihn enthalten, aufsucht. Die Mantellinien des Kegels ergeben sich unmittelbar im Aufriß; um diejenigen des Cylinders zu gewinnen, machen wir folgende Überlegung. Die projizierenden Ebenen durch die Erzeugenden des Cylinders stehen auf Π_2 und auf E, also auch auf e_2 senkrecht; sie schneiden deshalb E in zu e_2 senkrechten Geraden. Legt man diese Geraden mit der Ebene E um e_1 in Π_1 nieder, so sind sie zu e_2^0 senkrecht, wenn e_2^0 die mit E niedergelegte zweite Spur bedeutet. Der zu e_2 parallele Durchmesser PQ des Kreises c erscheint im Aufriß als die zu e_2 parallele Achse $P''Q''$ von c'', deren Endpunkte den Umrißlinien des Cylinders angehören; um sie zu zeichnen, benutzt man den zu e_2^0 parallelen Durchmesser P^0Q^0 von c^0, lotet P^0, Q^0 auf e_2^0 und überträgt sie von da auf e_2; durch diese Punkte gehen dann die verlängerten Umrißlinien. Die ersten

Projektionen dieser Umrißlinien gehen verlängert durch die Punkte P^0 resp. Q^0, sie enthalten je zwei Punkte von u', die von je zwei Erzeugenden des Kegels ausgeschnitten werden, deren erste Spurpunkte auf den Verbindungslinien von A_1 mit $e_1 \times P^0 A_2{}^0$ resp. $e_1 \times Q^0 A_2{}^0$ liegen. Hiernach ergeben sich die Berührungspunkte von u'' mit den Umrißlinien des Cylinders und ganz analog mit den Umrißlinien des Kegels, wenn man Hilfsebenen durch a benutzt, die sie enthalten. Ist L'' irgend ein Punkt von u'', so sind seine Abstände von den Umrißlinien des Cylinders gleich den gegenseitigen Abständen der drei projizierenden Ebenen durch die bezüglichen Erzeugenden des Cylinders. Da aber PQ ($\| e_2$) zu den projizierenden Ebenen normal ist, so haben ihre Schnittpunkte mit PQ die gleichen Abstände wie sie selbst; diese Schnittpunkte sind P, Q und R, wenn $MR \perp PQ$ und M der auf c liegende Endpunkt der durch L gehenden Mantellinie des Cylinders ist. Die Abstände des Punktes L'' von den Umrißlinien des Cylinders sind demnach gleich $R^0 P^0$ resp. $R^0 Q^0$ ($M^0 R^0 \perp P^0 Q^0$, $L' M^0 \| y$); u'' berührt im Punkte L'' die Projektion der bez. Mantellinie des Cylinders, da u die Mantellinie selbst in L berührt. Ganz analog können wir für jeden Punkt von u'' die durch ihn verlaufende Erzeugende des Cylinders finden.

Die Sichtbarkeit der Kurven u' und u'' ergibt sich wie in der vorausgehenden Aufgabe, indem man beim Cylinder und Kegel, und zwar bei jedem für sich allein, die sichtbaren Teile aufsucht; die Punkte der Kurven u' resp. u'', die den sichtbaren Teilen beider Flächen angehören, sind selbst sichtbar. Die sichtbaren Teile der Kurven u' und u'' enden auf den Umrißlinien der Flächen.

357. Die Projektionen der Durchdringungskurve u unserer Flächen zeigen wie im vorhergehenden Beispiele je zwei Doppelpunkte. Wir wollen hier die Konstruktion der Doppelpunkte von u'' besprechen, die sich zur früheren im wesentlichen analog gestaltet. Alle zu Π_2 normalen Sehnen des Kegels werden von einer zu Π_2 parallelen Ebene durch S halbiert, alle zu Π_2 normalen Sehnen des Cylinders werden von einer Ebene halbiert, welche die Mantellinien durch P und Q enthält, die im Aufriß als Cylinderumriß erscheinen. Die Schnittlinie s beider Ebenen ergibt sich hieraus; $s' \| x$ geht durch S', $s'' \| e_2$ geht durch O_2'', wenn O_2 der Schnittpunkt der Cylinderachse mit s ist ($O' O_2' \| y$, $O'' O_2'' \perp e_2$). Die Ebene durch s senkrecht zu Π_2 schneidet den Kegel in einer Ellipse i_2, deren eine Achse $X_1 X_2$ ist (X_1'' und X_2'' liegen auf den Umrißlinien des Kegels), sie schneidet den Cylinder in einer Ellipse j_2, deren eine Achse $Z_1 Z_2$ ist (Z_1'' und Z_2'' liegen auf dem Umriß des Cylinders). Die vier Schnittpunkte von i_2 und j_2 haben dann folgende Eigenschaften. Ihre Projektionen auf Π_2 fallen paarweise in die Doppelpunkte 1 und 2 von u'' zusammen. Jede Gerade in der Ebene der beiden Kegelschnitte i_2 und j_2 schneidet diese in zwei Punktepaaren, deren Projektionen auf Π_2 zwei Punktepaare einer Involution liefern, der auch das Punktepaar 1, 2 angehört (vergl. 355 letzter Abschnitt). So bilden X_1'', X_2''; Z_1'', Z_2'' und 1, 2 drei Punktepaare einer Involution. Eine zweite Involution erhalten wir, wenn wir im Endpunkte W_2 der zweiten Achse von j_2 (W_2 liegt auf der Cylindermantellinie, deren Endpunkt dem zu PQ senkrechten Durchmesser von c angehört) die Tangente g von j_2 ziehen ($g' \| s'$, $g'' = s''$). Um die Schnittpunkte T_1, T_2 von g mit dem Kegel zu gewinnen, schneiden wir den Kegel mit der Ebene Sg, deren erste Spur $G_1 W_3$ ist (G_1 ist die erste Spur von g und W_3 die erste Spur von $S W_2$, $W_3'' = O_2''$); $G_1 W_3$ schneidet dann auf k die Spurpunkte der Mantellinien des Kegels aus, die T_1, T_2 enthalten. Die drei Punktepaare O_2'' (doppelt), $T_1'' T_2''$ und 1, 2 bilden dann ebenfalls eine Involution und aus beiden Involutionen ergeben sich 1 und 2 nach Kapitel 1, III. Bd.

358. Durchdringung von Kugel und Kegel (Fig. 239). Hierbei wird man stets Hilfsebenen in Anwendung bringen, die das von dem Kegelscheitel auf eine Projektionsebene gefällte Lot enthalten; außerdem wird man eine zweite Projektionsebene wählen, die zur Ebene der Basiskurve des Kegels senkrecht steht. In der Figur ist der Einfachheit halber die Basiskurve c des Kegels in Π_1 angenommen; S', S'' sind die Projektionen des Scheitels, k' und l'' die scheinbaren Umrißkreise der Kugel. Sind von c ein Paar konjugierte Halbmesser MA und MB gegeben, so zeichne man einen zu c affinen Kreis c_1 mit dem Radius MA; dann ist B_1 der affine Punkt zu B, S_1 der affine Punkt zu S' ($B_1 M \perp AM$, $S'S_1 \| BB_1$, $S'S_2 \| BM$, $S_1 S_2 \| B_1 M$). Sind J_1, K_1 die Berührungspunkte der Tangenten von S_1 an c_1 und J, K die affinen Punkte auf c, so sind $S'J$ und $S'K$ die Umrißlinien des Kegels. Um nun einzelne Punkte der Durchdringungslinie u bezw. ihrer Projektion u' zu finden, ziehe man durch S_1 Sehnen des Kreises c_1, z. B. $C_1 D_1$, suche die affine Sehne CD der Ellipse c und bestimme die Durchstoßpunkte der Mantellinien SC und SD mit der Kugel. Die Ebene $SCD (\perp \Pi_1)$ schneidet auf der Kugel einen Kreis m mit dem Durchmesser EF aus; diese Ebene drehen wir samt dem Kreise m, den Geraden SC und SD um die Achse SS', bis sie zu Π_2 parallel wird. Im Aufriß erhält man dann den Kreis m_0 und die Linien $S''C_0$ und $S''D_0$ und ihre Schnittpunkte P_0 und Q_0 ($S''D_0$ und m_0 schneiden sich in der

Figur nicht), die durch die Drehung aus den in der Ebene SCD liegenden Punkten P und Q von u hervorgegangen sein müssen; es finden sich also $P'S'$ und $Q'S'$ gleich den Abständen der Punkte P_0 resp. Q_0 von $S''S'$. Verfährt man in der geschilderten Weise mit der Umrißlinie $S'J$ des Kegels, so erhält man auf ihr die Berührungspunkte mit u'. Die Berührungspunkte von u' und k' liegen offenbar auf den Projektionen der Mantellinien, die k treffen; diese Mantellinien liegen also noch auf einem zweiten Kegel, dessen Scheitel S

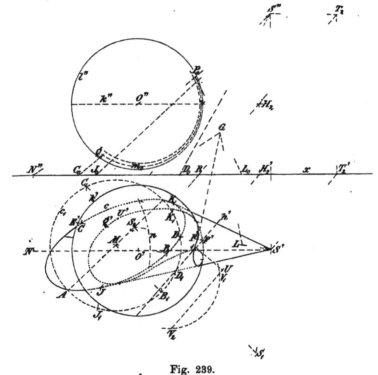

Fig. 239.

und dessen Basiskurve k ist. Der letztgenannte Kegel besitzt als erste Spurkurve einen Kreis n mit dem Mittelpunkt N — dem Spurpunkt von SO — und einem Radius, der sich zum Kugelradius verhält, wie $S''N'' : S''O''$. Die Spurkurven c und n beider Kegel schneiden sich in Punkten, die mit S' verbunden auf dem Kreise k' seine Berührungspunkte mit u' ergeben. Über die Sichtbarkeit von u' entscheidet man wie in den früheren Beispielen. Der Aufriß ist in der Figur weggelassen, würde indessen leicht hinzuzufügen sein.

Die Tangente im Punkte P von u ist die Schnittlinie der

Tangentialebene im Punkte P der Kugel mit der Tangentialebene
an den Kegel längs der Erzeugenden SC. Die Tangente CG im
Punkte C von c ist die Spur der letzteren Ebene, die Spur LG
der ersteren Ebene ist senkrecht zu $O'P'$ und enthält den Spurpunkt L
der Tangente des Kreises m im Punkte P (P_0L_0 Tangente von m_0,
$LS' = (L_0 \dashv S''S')$); dann ist $P'G$ die Tangente von u' im Punkte P'.

359. Die Bestimmung der Doppelpunkte 1 und 2 von u' geschieht analog zu den früheren Beispielen. Alle zu Π_1 normalen
Kugelsehnen werden durch die Ebene des Umrisses k halbiert, ebenso
alle zu Π_1 normalen Kegelsehnen durch die Ebene der Umrißlinien
SJ und SK. Denn Endpunkte, Mittelpunkt und unendlich ferner
Punkt einer solchen Sehne liegen harmonisch, also auch die Spurpunkte der von S durch sie gelegten Strahlen, die auf einer Geraden
durch S' liegen; zwei derselben fallen auf c, einer nach S', der
vierte also auf die Polare JK des Punktes S' in bezug auf c. Beide
Ebenen schneiden sich in einer Geraden h ($h \| JK \| ST_2$, $H_2 = k'' \times RT_2$,
$R = JK \times x$), deren Projektion h' die Doppelpunkte von u' trägt.
Die projizierende Ebene durch h schneidet die Kugel in einem
Kreise i_2 und den Kegel in einer Ellipse j_2; h ist zugleich Durchmesser von i_2 und Achse von j_2, so daß ihre vier Schnittpunkte
paarweise auf zwei Senkrechten von Π_1 liegen und bei der Projektion
in die Doppelpunkte 1 und 2 von u' zusammenfallen. Für die
Konstruktion der Schnittpunkte von i_2 und j_2 gilt das in den vorangehenden Beispielen Gesagte und soll hier nicht wiederholt werden;
nur sei hinzugefügt, daß die eine Achse von j_2 durch den Umriß SJ
und SK begrenzt wird, die andere also im Mittelpunkt darauf senkrecht steht; ihre Länge ergibt sich durch Umlegen der bezüglichen
projizierenden Ebene. Von den Involutionen, denen das Punktepaar 1, 2 angehört, wird hier eine bestimmt durch die Punktepaare
$h' \times k'$ und $h' \times S'J$, $h' \times S'K$, eine zweite wird definiert durch
Lotung der Punktepaare U (doppelt) und V_1, V_2 auf h'.

360. Es sollen hier noch zwei Eigenschaften der Kegelflächen
nachgewiesen werden, die bereits in den vorausgegangenen Fragen
mehrfach Verwendung gefunden haben. Ist die Basiskurve a einer
Kegelfläche mit der Spitze S ein Kreis, eine Ellipse, Parabel oder
Hyperbel, so nennt man einen Strahl l durch S zu einer
Ebene Λ durch S konjugiert in bezug auf die Kegelfläche,
wenn sie jede beliebige Ebene E in einem Pol und seiner
Polaren in bezug auf die Schnittkurve a_1 schneiden. Sind
nämlich P und p Pol und Polare von a und schneiden $l = SP$ und
$\Lambda = Sp$ die Ebene E in P_1 resp. p_1, so ist p_1 die Polare von P_1

bezüglich a_1. Denn eine beliebige Ebene durch l hat mit dem Kegel zwei Mantellinien g und h und mit der Ebene Λ eine Gerade i gemein, und es liegen die vier Strahlen g, h, l und i harmonisch, da ihre Schnittpunkte G, H, P und J mit der Basisebene sich in harmonischer Lage befinden; die Sehne GH von a wird ja durch P und p harmonisch geteilt. Demnach liegen auch die Schnittpunkte G_1, H_1, P_1 und J_1 jener vier Strahlen mit der Ebene E harmonisch, d. h. die Sehne $G_1 H_1$ von a_1 wird durch P_1 und p_1 harmonisch geteilt, oder p_1 ist die Polare von P_1 bezüglich a_1.

Alle Kegelsehnen, die den Strahl l treffen, werden somit von ihm und der konjugierten Ebene Λ harmonisch geteilt. Insbesondere werden alle zu l parallelen Kegelsehnen von der Ebene Λ halbiert, und alle zu Λ parallelen Ebenen schneiden die Kegelfläche in Kurven, deren Mittelpunkte auf l liegen.

Jeder Strahl durch den Kegelscheitel S heißt Durchmesser und jede Ebene durch ihn Diametralebene. **Durchmesser und Diametralebene eines Kegels sind sonach konjugiert, wenn ersterer die Mittelpunkte aller zur letzteren parallelen Schnitte trägt, und letztere alle zum ersteren parallelen Sehnen halbiert.** Demnach liegt der Umriß (Lichtgrenze) eines Kegels für eine beliebige Projektionsrichtung (Lichtrichtung) in derjenigen Diametralebene, die dem Projektionsstrahl (Lichtstrahl) durch die Kegelspitze konjugiert ist.

361. Auch der folgende Satz hat schon in 334 und 339 beim Schlagschatten des Randes eines Hohlcylinders und Hohlkegels auf die innere Fläche Verwendung gefunden. **Zwei Kegelflächen, die denselben Kegelschnitt a enthalten, haben noch einen weiteren Kegelschnitt b gemein.** Seien S_1 und S_2 die Scheitel der Kegel, ferner Λ die Ebene des Kegelschnittes a, endlich q die Polare des Punktes $Q = \Lambda \times S_1 S_2$ in bezug auf die Kurve a. Legen wir nun durch $S_1 S_2$ eine beliebige Ebene, die a in A_1 und A_2 schneidet, so gehören die Punkte $S_1 A_1 \times S_2 A_2 = B_1$ und $S_1 A_2 \times S_2 A_1 = B_2$ der Durchdringungskurve b an, die eine ebene Kurve sein muß. Die vier Erzeugenden bilden nämlich ein Vierseit, es liegen also die Punkte A_1, A_2, Q und $A_1 A_2 \times B_1 B_2$ harmonisch und ebenso die Punkte S_1, S_2, Q und $S_1 S_2 \times B_1 B_2 = R$; demnach gehört der Punkt $A_1 A_2 \times B_1 B_2$ der Polaren q von Q an und die Gerade $B_1 B_2$ liegt in der Ebene qR. Aber sowohl q wie R sind unabhängig von der Wahl der Ebene durch $S_1 S_2$, so daß die ganze Kurve b in der Ebene qR liegt und natürlich einen Kegelschnitt bildet.

Die Kegelflächen berühren sich in den beiden Schnittpunkten

19*

von *a* und *b*; denn die Tangenten dieser Kurven in einem ihrer
Schnittpunkte sind zugleich Tangenten der beiden Kegelflächen;
ihre Ebene ist also für beide Flächen Tangentialebene und geht
sonach auch durch ihre Scheitel. Umgekehrt zerfällt die Schnittkurve *u* zweier Kegel, die sich an zwei Stellen *J* und *K* berühren,
in zwei Kegelschnitte. Denn eine Ebene durch *J*, *K* und einen
Punkt *P* von *u* schneidet beide Kegel in Kegelschnitten, die sich
in *J* und *K* berühren und durch *P* gehen, also zusammenfallen.

Zwei Kegel mit gemeinsamem Scheitel durchschneiden sich in
vier Erzeugenden.

Die stereographische Projektion.

362. Projiziert man die Punkte und Linien auf einer Kugel
aus einem der Kugelfläche selbst angehörigen Punkte *O* auf eine
Ebene Π_1, die sie in dem *O* diametral gegenüberliegenden Punkte O_1
berührt, so bezeichnet man dies als stereographische Projektion.
Von ihr sollen jetzt die wichtigsten Eigenschaften abgeleitet werden.[15]
Jeder Kegel, dessen Spitze in *O* liegt und der Π_1 in einem Kreise
schneidet, schneidet auch die Kugel in einem Kreise (beide Kreise
sind nach 239 Wechselschnitte); die stereographischen Bilder
der Kugelkreise sind also wieder Kreise. Wir legen die
Zeichenebene Π_2 durch den Kugeldurchmesser OMO_1 und die Kegelachse; sie schneidet die Kugel in dem größten Kreis *k* und den
Kegel in den Mantellinien OAA_1, OBB_1, wo *A*, *B* auf der Kugel,
A_1, B_1 in der Ebene Π_1 liegen. Die Gerade *AB* schneidet die
den Kreis *k* in *O* berührende Tangente *t* im Punkte *S*, dessen Polare *s* in bezug auf *k* durch *O* und den Mittelpunkt N_1 von $A_1 B_1$
geht; denn *S* und *s* teilen die Sehne *AB* harmonisch, folglich teilen
auch die Strahlen *SO* und *s* die Strecke $A_1 B_1$ harmonisch. Ferner
geht *s* als Polare von *S* durch den Schnittpunkt *T* der Tangenten von *k*
in *A* und *B*. Hieraus fließt der Satz: **Alle Kugelkreise, deren
Ebenen die Tangentialebene im Zentrum der stereographischen Projektion in der nämlichen Geraden schneiden, ergeben konzentrische Bildkreise; ihr Mittelpunkt N_1
ist das Bild des Berührungspunktes *N* der durch die Gerade an die Kugel gelegten Tangentialebene; er erscheint
zugleich als Zentralprojektion der Scheitel aller Kegel, die der Kugel
längs jener Kreise umgeschrieben sind, aus dem Zentrum *O*. Die
Kugelkreise durch die Punkte *O*, *N* haben die Durchmesser der
konzentrischen Bildkreise als Bilder.**

Zwei Kurven auf der Kugel schneiden sich unter
gleichem Winkel wie ihre Bilder. Die Abbildung der sphärischen
Figuren durch stereographische Projektion wird deshalb winkel-
treu oder konform genannt. Unter dem Winkel zweier Kurven in
einem Schnittpunkte versteht man den Winkel der bezüglichen
Tangenten und man erhält offenbar die Tangenten der Bildkurven,
wenn man die Tangenten der Kurven auf der Kugel von O aus
projiziert. Man braucht deshalb nur zu zeigen, daß in einem beliebigen Punkte N der Kugel drei Kugeltangenten die gleichen Winkel
einschließen, wie ihre Zentralprojektionen aus dem Zentrum O auf Π_1.
Dieses folgt aber daraus, daß beim Umlegen der Tangentialebene
im Punkte N um ihre erste Spurlinie in Π_1 der Punkt N mit seinem

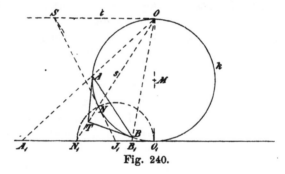

Fig. 240.

Bilde N_1 zur Deckung kommt. Ist nämlich k der Kugelkreis durch
O, N, O_1 und hat die Tangente im Punkte N von k den ersten
Spurpunkt J_1, so stehen $N J_1$ und $N_1 J_1$ auf jener Spurlinie senkrecht,
und es ist (wie aus der Figur ersichtlich) $N J_1 = O_1 J_1 = N_1 J_1$.

Hieraus kann man weiter schließen, daß die Mantellinien und
der Berührungskreis eines der Kugel umschriebenen Kegels sich von
O aus auf Π_1 als Strahlbüschel und eine alle diese Strahlen rechtwinklig schneidende Kurve projizieren, d. h. Berührungskreis und
Scheitel des Kegels projizieren sich als Kreis und dessen Mittelpunkt.

363. Die stereographische Projektion findet bei der Herstellung
von Landkarten eine wichtige Anwendung. — Aufgabe der Kartenprojektion ist es, Teile der Erdkugeloberfläche in einer Ebene
abzubilden und das hierzu dienende Verfahren so einzurichten, daß
den beiden Forderungen der Konformität und Flächenäquivalenz
tunlichst entsprochen werde. Das will sagen: es sollen einerseits
entsprechende Winkel im Original und Bild übereinstimmen, andererseits entsprechende Flächen gleichen Inhalt haben. Eine auf Projektion oder andern geometrischen Gesetzen beruhende Abbildungs-

methode, die diese beiden Bedingungen gleichzeitig erfüllt, gibt es nun allerdings nicht; wohl aber genügt, wie wir sahen, die stereographische Projektion der ersten Bedingung.

Man geht beim Kartenzeichnen von der Darstellung des Gradnetzes aus, das auf der Erdkugel von den Meridian- und Breitenkreisen gebildet wird. Bei Benutzung des Prinzips der stereographischen Projektion nimmt nun das Gradnetzbild (das gewöhnlich nur für eine Halbkugel oder einen noch kleineren Teil der Fläche entworfen wird) dreierlei Formen an. Projiziert man aus einem Pole auf eine Parallelebene zum Äquator („Polarprojektion"), so ergeben die Meridiane einen Strahlbüschel und die Breitenkreise ein System konzentrischer Kreise um seinen Scheitel (Pol). Projiziert man aus einem Punkte des Äquators („Äquatorialprojektion"), so stellen sich jene beiden Kreissysteme durch zwei Kreisbüschel dar; das Bild des Meridians durch den gewählten Äquatorpunkt (zugleich Bild der Polachse) ist die gemeinsame Chordale für die Meridiankreisbilder und das Äquatorbild ebenso für die Parallelkreisbilder. Projiziert man endlich aus einem beliebigen Punkte der Kugelfläche auf die Horizontalebene des Gegenpunktes („Horizontalprojektion"), so bilden sich die Meridian- und Breitenkreise wieder als zwei Kreisbüschel ab, aber nur der Meridian des gewählten Punktes wird durch eine Gerade (gemeinsame Chordale des ersten Büschels) repräsentiert. Das Gradnetzbild weist in allen Fällen lauter rechte Winkel auf.

Es ist bekannt, daß außer diesem Verfahren in der mathemathischen Geographie auch noch die Zentralprojektion aus dem Mittelpunkt der Erdkugel oder aus einem andern Punkte auf eine geeignete Ebene, sowie verschiedene Modifikationen solcher Abbildungsmethoden benutzt werden. Dahin gehört namentlich die sogenannte „Cylinderprojektion". Sie entsteht, wenn man die Kugel aus ihrem Zentrum auf einen umgeschriebenen (längs des Äquators berührenden) Cylinder projiziert und diesen auf die Ebene abwickelt. Das Gradnetzbild wird dann von zwei sich rechtwinklig schneidenden Systemen paralleler Geraden gebildet; während aber die Meridianlinien gleiche Abstände voneinander zeigen, wachsen die Abstände der Breitenlinien vom Äquator aus nach beiden Seiten im Verhältnis $1 : \cos^2 \varphi$, wo φ die geographische Breite bedeutet. Mercator verbesserte dieses Abbildungsverfahren, indem er die Abstände der Breitenlinien nur nach dem Verhältnis $1 : \cos \varphi$ wachsen ließ, wie es den Verhältnissen auf der Kugelfläche selbst entspricht, und erreichte u. a. hierdurch, daß eine alle Meridiane unter gleichem

Winkel schneidende Linie auf der Kugel (Loxodrome) sich als gerade
Linie abbildet. Das Mercatorsche Verfahren bildet keine Projektion
im gewöhnlichen Sinne mehr.

Schlagschatten auf Kegel- und Cylinderflächen.

364. Wirft eine Fläche Schlagschatten auf eine zweite Fläche,
so hat man zunächst die Eigenschattengrenze, d. h. die Grenzkurve
zwischen Licht und Schatten, auf der ersten Fläche zu ermitteln
und dann diese Grenzkurve auf die zweite Fläche Schatten werfen
zu lassen. Die parallelen Lichtstrahlen durch die Grenzkurve bilden
einen Cylinder, dessen Schnittkurve mit der zweiten Kurve aufzusuchen ist. Ist die Schatten empfangende Fläche ein Cylinder oder
Kegel, so kommt die vorliegende Aufgabe auf die bereits behandelte
hinaus, den Cylinder oder Kegel mit dem Cylinder der Lichtstrahlen zu durchdringen, die die erste Fläche tangieren. Man
kann hierbei ganz so verfahren, wie bereits auseinandergesetzt
wurde, indem man einerseits die Spitze des Schatten empfangenden
Kegels (oder eine Mantellinie des Cylinders) und andererseits die
Grenzkurve auf die Ebene der Basiskurve des Kegels (oder
Cylinders) Schatten werfen läßt. Eine Mantellinie m der zweiten
Fläche empfängt nun Schatten von demjenigen Punkte P der Grenzkurve der ersten, dessen Schatten P_* auf der Geraden m_*, dem Schatten
von m, liegt. Die Gerade m_* durch P_* kann man also ziehen und
dann auch die Mantellinie m, die sich mit m_* auf der Basiskurve
des Kegels (oder Cylinders) trifft; der Lichtstrahl durch P schneidet
dann m in einem Punkte P^*, dem Schlagschatten von P auf den
Kegel (oder Cylinder).

Gewöhnlich ist indessen das Verfahren etwas anders, indem
man einerseits die Grenzkurve, andererseits den Kegel (oder Cylinder) auf die Horizontalebene Schatten werfen läßt. Es
empfängt dann eine Mantellinie m Schatten von einem Punkte P
der Grenzkurve, wenn ihr Schatten m_* auf Π_1 durch den Schatten
P_* von P auf Π_1 geht. Indem man dann rückwärts m und P aufsucht und den Lichtstrahl durch P mit m zum Schnitt bringt, erhält man den Schatten P^* von P auf den Kegel (oder Cylinder).
Diese Methode ist deshalb vorzuziehen, weil ja immer neben dem
Schlagschatten der einen Fläche auf die zweite auch der Schatten
der Flächen auf die Horizontalebene verlangt wird; bei der zuerst
geschilderten Methode müßte aber der Schatten auf Π_1 noch nachträglich konstruiert werden.

365. Den Schlagschatten einer Kugelschale auf einen Kegel zu bestimmen. Die Kugelschale ruhe auf Π_1, ebenso der Kegel, der Π_1 längs einer Erzeugenden berühren soll. Der Kegel sei ein gerader Kreiskegel; sein Basiskreis c hat die Projektionen c' und c''; c_0 ist der um die Spurlinie e_1 der Basisebene in Π_1 umgelegte Kreis c. Es gibt dann eine Kugel, die den Kegel längs c berührt (vergl. 338); ihr Mittelpunkt liegt auf der Kegelachse und offenbar senkrecht über A, daraus ergibt sich auch sein Aufriß.

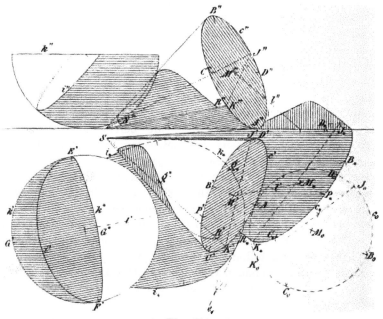

Fig. 241.

Die scheinbaren Umrißlinien des Kegels berühren die Umrißkreise dieser Kugel in den nämlichen Punkten, in denen sie die Ellipsen c' und c'' tangieren, wodurch sich die Umrißlinien und ihre Berührungspunkte genau bestimmen. Den Schatten c_* von c auf Π_1 zeichnen wir mit Hilfe der konjugierten Durchmesser $A B_*$ und $C_* D_*$; c_0, c' und c_* sind affine Kurven, e_1 ist die Affinitätsachse. Die beiden Tangenten von S an c_* bilden die Grenze des Kegelschattens; ihre Berührungspunkte J_* und K_* bestimmt man aus der Affinität von c_* und c_0, indem man zu S den affinen Punkt und die Berührungspunkte J_0, K_0 der von ihm an c_0 gelegten Tangenten sucht. Die Affinität zwischen c' und c_0 ergibt dann auch die Punkte J' und

K' auf c' und so die Mantellinen SJ und SK, die die Grenze zwischen Licht und Schatten auf dem Kegel bilden ($J'K'$, J_0K_0 und J_*K_* gehen durch den nämlichen Punkt von e_1).

Auf der Kugelschale ist die Grenze zwischen Licht und Schatten ein Halbkreis i, dessen Projektionen i' und i'' und dessen Schatten i_* sich wie in 330 finden. Der Schatten des halben Schalenrandes in das Innere der Schale ist nach 241 ein Halbkreis, EF ist ein Durchmesser desselben und der Schatten des Randpunktes G auf die Schale ist der Endpunkt des dazu senkrechten Durchmessers ($E'F' \perp l'$). Der Rand k wirft demnach in die Schale den Schatten k^* und auf Π_1 den Schatten k_*.

Es fehlt nun noch der Schatten der Kurven i und k auf den Kegel. Die Mantellinie SP wirft den Schatten SP_*, dieser schneidet k_* in Q_*, es empfängt daher SP Schatten von dem Rande k im Punkte Q^* ($P'P_* \parallel Q^*Q_* \parallel l'$). — Wendet man das Verfahren speziell auf die Umrißlinien des Kegels an, so erhält. man die Berührungspunkte der Projektion der Schlagschattenkurve mit dem scheinbaren Umriß. Die Endpunkte R und N der Schlagschattenkurve auf dem Kegel liegen auf SK, der Grenze zwischen Licht und Schatten; die Tangenten in diesen Endpunkten sind parallel zum Lichtstrahl l (also ihre Projektionen zu l' und l''). Denn die Tangentialebene längs der Mantellinie SK ist parallel zu l, sie wird also von den Ebenen durch die Tangenten in den Punkten R von k und N von i respektive, die zum Lichtstrahle parallel laufen, in Parallelen zu l geschnitten.

Beispiele für Anwendungen.

366. Die in diesem Kapitel entwickelten Methoden zur Darstellung der Kugel-, Cylinder- und Kegelflächen, ihrer ebenen Schnitte, Durchdringungen und Abwickelungen lassen zahlreiche Anwendungen zu, die hier nur kurz unter Hinweis auf wenige einfache Beispiele angedeutet werden können. Sie betreffen vorzugsweise zwei Klassen von Aufgaben, die der zeichnende Architekt zu lösen hat: Schatten- und Steinschnittkonstruktion.

Dem, was in 151, 329 und 363 von der Schattenkonstruktion im allgemeinen gesagt und dann auf einfache geometrische Gebiete angewandt wurde, sollen hier nur einige, die weitere Anwendung vorbereitende Bemerkungen angefügt werden. Eine eingehendere Behandlung der Schattenkonstruktion bei höheren Flächen, sowie in der schiefen Projektion und der Perspektive findet man im zweiten Bande unseres Werkes.

Wenn an den Objekten kompliziertere krumme Flächen auftreten, so wird man stets Kurven benutzen, die auf ihnen liegen
und gegeben sein müssen, um im Sinne von 321 als Erzeugende
zu dienen. Zur Bestimmung des Schlagschattens auf eine Ebene
geht man von den bezüglichen Schatten der Erzeugenden aus
und findet als deren Hüllkurve die Schlagschattengrenze.
Sucht man ferner die Berührungspunkte der Schlagschattengrenze
mit den Schatten der Erzeugenden auf und zieht von ihnen aus
rückwärts Lichtstrahlen bis wieder zu jenen Erzeugenden, so erhält
man auf ihnen Punkte der Lichtgrenze. Ebenso liefert jeder
Lichtstrahl, der von einem Kreuzungspunkte der gleichnamigen
Schatten zweier Erzeugenden rückwärts gezogen wird, auf einer derselben einen Punkt der Schlagschattengrenze am Objekte
selbst. — Wichtig ist ferner ein Satz über das Verhalten der
Licht- und Schlagschattengrenzen in den Punkten, wo
beide einander begegnen. Wirft nämlich ein Teil des Objektes
Schatten auf einen andern, so kann es geschehen, daß die Grenze
dieses Schlagschattens die Lichtgrenze auf dem zweiten Teile überschneidet. Im Treffpunkte wird dann die Schlagschattenkurve von
einem Lichtstrahl berührt; denn ihre Tangente ist die Schnittlinie
der Tangentialebenen zweier Lichtstrahlencylinder, welche beiden
Körperteilen längs ihrer Lichtgrenze (die beim ersteren auch eine
Randkurve sein kann) umschrieben sind.

367. Die Lehre vom Steinschnitt (Stereotomie) bedient
sich ebenfalls der bisher entwickelten Darstellungsmethoden. Unter
ihren Aufgaben ˙verdient besonders die Bestimmung des Schnittes
der Gewölbsteine Beachtung, da für diese nicht, wie sonst meist
geschieht, lauter ebene Begrenzungsflächen gewählt werden können.

Ist die Form eines Gewölbes vorgeschrieben, so ist die an
der Wölbung sichtbar werdende eine Seitenfläche jedes Wölbsteines
ihrer Natur nach bestimmt und muß genau nach Vorschrift bearbeitet
werden. Die übrigen Seitenflächen der Steine heißen Fugen und
sind am fertigen Bauwerk nicht sichtbar, weil entlang derselben
die Wölbsteine, die sich gegenseitig stützen und spannen, aneinander
oder auf dem Widerlager anliegen. Diese Fugen müssen (aus
hier nicht weiter zu erörternden mechanischen Gründen) eine regelmäßige Anordnung erhalten und nach vorher bestimmten Formen
ebenfalls genau bearbeitet werden. Soweit die Fugen auf der Wölbfläche endigen, erzeugen sie auf ihr ein System von (sichtbaren)
Fugenlinien.

Die Statik zeigt nun, daß es zur Erreichung möglichst hoher

Stabilität des Bauwerkes zweckmäßig ist, von folgenden Gesichtspunkten auszugehen. — Die Wölbsteine werden, vom Widerlager anfangend, bis zum Schlußstein am Gewölbescheitel in Schichten angeordnet und jede Schicht tunlichst symmetrisch aus mehreren Steinen gebildet, deren Anzahl sich nach dem Umfange richtet. Demgemäß ist zuerst die gegebene Wölbfläche durch eine erste Reihe Fugenlinien in Streifen und diese durch eine zweite Reihe Fugenlinien in Felder zu zerlegen. Die Fugenlinien der zweiten Art sollen nun überall zu denen der ersten Art rechtwinklig verlaufen und werden überdies in den benachbarten Streifen gegeneinander versetzt, so daß sich keine von ihnen unmittelbar in die nächste fortsetzt. Später (im III. Bd.) wird gezeigt, daß es auf jeder beliebigen krummen Fläche Kurven, nämlich die beiden Systeme von Krümmungslinien gibt, die sich überall rechtwinklig schneiden. In vielen Fällen können aber diese Kurvensysteme ohne weiteres angegeben werden. Es sollen ferner die Fugen selbst zur Wölbfläche normal stehen. Man denkt sie sich deshalb am einfachsten von den Normalen der Wölbfläche entlang einer Krümmungslinie erzeugt, so daß sie (siehe III. Bd.) abwickelbare Flächen werden; bei den einfachsten Gewölbeformen fallen sie eben oder konisch aus.

368. In Fig. 242 ist ein runder Eckturm mit spitzem Dach dargestellt, der seinen Schatten auf die gebrochene Dachfläche, das Gesims und die Wand eines Hauses wirft. Die Wandung des Turmes wird von einem Cylinder gebildet (Achse $a = S'S$); sein Dach ist aus konischen Teilen (Spitzen S und T auf a) zusammengesetzt, wird unten teils von den in der Kante BC zusammenstoßenden ebenen Flächen in Ellipsenbogen PQ, QR, ..., teils von dem Randkreise r begrenzt und endigt oben an einer kleinen Kugel mit aufgesetzter spitzer Stange. Die erwähnten Ellipsenbogen bestimmt man leicht aus ihren Hauptachsen, die man mittels des Seitenrisses $f''' = D'''E'''$ einer Falllinie $f = DE$ des Daches gewinnt (vergl. 346).

Die Schattenkonstruktion soll nun im Aufriß durchgeführt werden. Man bestimmt zuerst die Lichtgrenzen u und v auf den kegelförmigen Dachflächen als die Mantellinien, deren zugehörige Tangentialebenen die Lichtstrahlen durch S und T enthalten. Sind r_*, s_*, T_*, S_* die Horizontalschatten von r, s, T, S, so müssen die Schatten u_* und v_* von u und v die Kreise s_* resp. r_* berühren und durch S_* und T_* gehen. Sucht man zu ihren Berührungspunkten die homologen Punkte auf s und r, so gehören sie den Lichtgrenzen u resp. v an. Demnach gehen u' und v' durch S' und sind zu u_* und v_* senkrecht. Die Schatten a^*, u^*, v^* auf der

durch die Linien b und c bestimmten Ebene zeichne man mittels
ihrer Schnittpunkte mit b und c, die sich aus den Schnittpunkten der
Horizontalschatten a_*, u_*, v_*, b_*, c_* unmittelbar ergeben. Die Lichtgrenze w (Mantellinie) auf der cylindrischen Wand und ihren Schatten
w^* auf der ebenen Wand findet man leicht mittels ihrer ersten Spur-

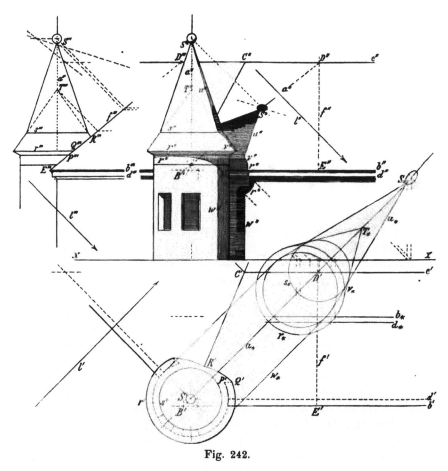

Fig. 242.

punkte. Der Schatten r^* des Randkreises r zerfällt in vier Kurvenstücke, die sich der Reihe nach auf dem Wandcylinder, der Wand-
ebene, dem Dachsims und der Dachebene befinden und von denen
das letzte tangential in v^* übergeht. Es genügt, von ihnen einzelne
Punkte (namentlich die Endpunkte) zu bestimmen. Im Punkte
$r^* \times w''$ ist die Tangente von r^* zu l'' parallel und geht verlängert

durch $r^* \times w^*$. Die Endpunkte auf den Dachkanten b und d, resp.
auf ihren Schatten b^*, d^* findet man durch rückwärts gezogene
Lichtstrahlen aus den bezüglichen Kreuzungspunkten im Grundrißschatten. Analog ergibt sich die kurze Schlagschattenlinie, die,
von der Linie u der oberen Kegelfläche herrührend, auf der unteren
entsteht. Die Lichtgrenze auf der Kugel ist ein Hauptkreis, dessen
Ebene zu l normal steht (vergl. 330); sein horizontaler und der
hierzu rechtwinklige Durchmesser ergeben (in der Lichtrichtung auf
die Dachebene projiziert) konjugierte Durchmesser der Schlagschattenellipse. Der eine geht durch den Schnittpunkt des horizontalen
Kreisdurchmessers mit der durch b und c bestimmten Ebene und
durch den bezüglichen Mittelpunktschatten; der andere liegt auf a^*
(die Konstruktion ist in der Figur angedeutet). Endlich sind noch
einige sehr kleine Schlagschattenteile an der Turmspitze und den
Turmfenstern einzutragen.

369. Das nächste Beispiel bilde eine Mauernische mit halb-
kreisförmiger Basis, die oben durch die Hälfte eines Kuppel-
gewölbes geschlossen ist (Fig. 243); außer dem Schatten soll der
Steinschnitt in die Darstellung einbezogen werden.

Die Nischenfläche besteht aus einem Halbcylinder und einer
Viertelkugel. Auf ersterem endigen die Fugen in sechs Mantellinien,
die den Basishalbkreis in sieben gleiche Teile teilen und in horizontalen (gegeneinander versetzten) Kreisbogen, deren Abstand je $^1/_4$ der
Cylinderhöhe beträgt. In der Wölbfläche liegen die Fugenlinien
auf 4 horizontalen Kreisen, deren Randpunkte A, B, C, D, ... den
Fronthalbkreis AE (Schildbogen) in sieben gleiche Teile zerlegen. Die
gegeneinander verschobenen Fugenlinien der zweiten Art liegen auf
13 vertikal gestellten (Meridian-)Kreisen; diese treffen sich (verlängert) im Gewölbescheitel und teilen den Halbkreis i am Widerlager in 14 gleiche Teile. Die Projektionen sind nach diesen Angaben unmittelbar zu zeichnen. Die Fugen der Wölbsteine werden
teils von Ebenen, teils von Rotationskegelflächen gebildet; letztere
haben ihre Spitze im Zentrum O der Wölbfläche und ihre gemeinsame Achse ist vertikal.

Die Richtung der parallelen Lichtstrahlen l ist wie gewöhnlich
angenommen ($\angle\, l'x = \angle\, l''x = 45^0$).

Die Lichtgrenze auf der Nischenfläche, eine Mantellinie u des
Cylinders und ein anschließender Hauptkreisbogen der Kugel, dessen
Ebene zu l normal steht und der in dem Punkte W der Front endigt
($\angle\, WOE = 45^0$), werden vom Schlagschatten bedeckt. Die elliptische
Projektion jenes Hauptkreisbogens ist nach 330 zu ermitteln, indem

man einen Lichtstrahl OL um die Parallele zu l' durch O zu Π_1 parallel dreht und den zu $O'L_\triangle'$ normalen Halbmesser $O'N_\triangle'$ auf $O'L'$ projiziert; die Projektion $O'N'$ gibt die kleine Halbachse jener Ellipse

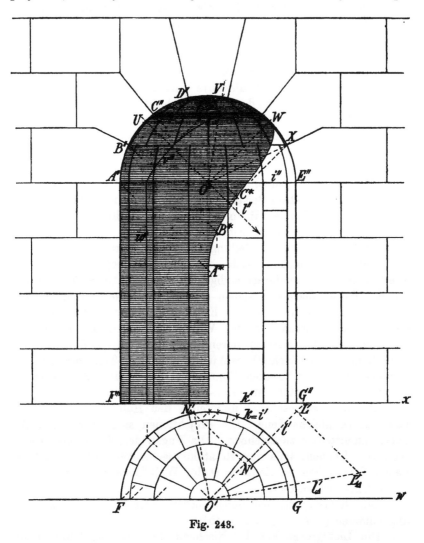

Fig. 243.

an. Der Schlagschatten des Nischenrandes auf die Innenfläche setzt sich aus drei ganz verschiedenen Teilen zusammen. Das erste Stück verläuft geradlinig; es ist der Schatten des linken Cylinderrandes FA auf den Hohlcylinder ($FA^{*'}\parallel l'$, $A^{*'}$ auf k, $A''A^*\parallel l''$). Das zweite

Stück gehört einer Raumkurve 4. Ordnung an, in welcher der Lichtstrahlencylinder durch den Fronthalbkreis den Cylinder schneidet,
und endigt auf *i*. Man findet einzelne seiner Punkte (z. B. $B'B^{*'} \parallel l'$,
$B^{*'}$ auf *k*, $B''B^* \parallel l''$). Das letzte Stück liegt wieder auf einem
Hauptkreis der Kugel und wird von dem nämlichen Lichtstrahlencylinder ausgeschnitten (vergl. 364). Dieser Schlagschattenkreis liegt
zum Frontkreis in bezug auf die Ebene des Lichtgrenzkreises
symmetrisch. Alle drei Kreise haben den Halbmesser *O W* gemein;
ihre zu *O W* rechtwinkligen Halbmesser aber liegen in der zweiten
projizierenden Ebene des Lichtstrahles *l* durch *O*. Wird diese
Ebene zu Π_2 parallel gedreht, so erscheinen jene Halbmesser im
Aufriß als *O''U*, *O''V* und *O''X*, und es muß $\angle VO''X = \angle UO''V$
sein, woraus sich der Aufriß des Schlagschattenkreises leicht bestimmen läßt.

370. Eine dorische Säule besteht aus dem Schaft und
dem Kapitäl; ein Basisglied besitzt sie nicht, vielmehr ist der
Schaft unmittelbar auf den Stylobat (Untersatzstufe) gestellt. Der
Schaft verjüngt sich nach oben, hat 20 Kannelierungen, die in
scharfen Kanten (ohne Stege) zusammenstoßen, und zeigt am Säulenhals einen Einschnitt. Den Übergang zum Kapitäl vermitteln
drei schmale Riemen; dann folgt ein nach oben schwellender Wulst,
der Echinus, und eine quadratisch geschnittene Platte, der Abakus,
auf dem der Architrav ruht.

In der Figur ist der obere Teil einer solchen Säule gezeichnet,
und es soll daran die Schattenkonstruktion vorgenommen werden.
Die Kanten des konischen Schaftes endigen in jeder horizontalen
Querschnittsebene (z. B. in Π_1) auf einem Kreise; die bezügliche
Spurkurve der kannelierten Fläche wird aus 20 nach innen gewandten
kleinen Kreisbogen zusammengesetzt. Der Profilschnitt (Meridian)
des Echinus mag von unten zuerst geradlinig ansteigen, dann aber
in einen Kreisbogen stetig übergehen, so daß sich die Oberfläche
unten kegelförmig (Spitze *S* auf der Säulenachse *a*), oben kreisring-
förmig gestaltet.

Man zeichnet zunächst die Grundrißschatten aller Kanten des
Objektes, die teils geradlinig, teils kreisförmig ausfallen, und findet
hieraus ohne Mühe die Eigen- und Schlagschattengrenzen am
Schafte. Besondere Aufmerksamkeit verdient die Grenzlinie des
vom Echinus herrührenden Grundrißschattens. Man benutzt einige
auf seiner Fläche liegende horizontale Kreise, deren Schatten (kongruente Kreise) schnell gefunden werden; ihre Hüllkurve ist die
gesuchte Linie. Durch Normalen zu ihr aus den Kreismittelpunkten

bestimmt man noch deren Berührungspunkte; die von ihnen aus
rückwärts gezogenen Lichtstrahlen schneiden dann auf den Parallelkreisen am Echinus selbst Punkte der Lichtgrenze aus. Analog
verfährt man mit den Schnittpunkten der Grundrißschatten jener

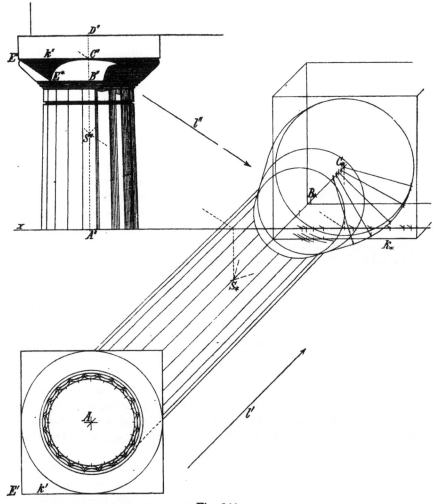

Fig. 244.

Kreise und der Kanten des Abakus und erhält so dessen Schlagschatten auf dem Echinus. Die Grenzlinie verläuft im Aufriß bis
zu der Ecke E^* gerade, dann krummlinig und endigt auf der Lichtgrenze mit zu l'' paralleler Tangente. Zuletzt sind noch einige

Details in die Zeichnung einzutragen, welche die am Säulenhals auftretenden Schatten betreffen. Auch hierbei geht man vom Grundrißschatten aus und benutzt das Verfahren der rückwärts durchlaufenen Lichtstrahlen.

371. Das letzte Beispiel betrifft ein **Kuppelgewölbe** mit **Stichkappenfenstern.** Die Wölbfläche wird von einer Halbkugel

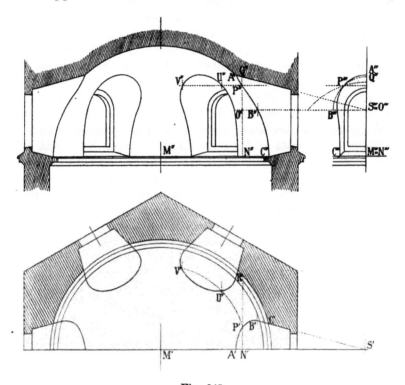

Fig. 245.

gebildet; sie ist mit einer zum Aufriß parallelen Ebene durchschnitten, so daß sich das Innere zeigt. Der Schnitt geht durch den Gewölbescheitel und die Mittelachsen zweier gegenüberliegender Fenster, deren im ganzen sechs rundum regelmäßig angeordnet sind. Das Gewölbe ist unten durch einen Sims begrenzt. Die seitlichen Fensterwände sind eben und gehen oben in eine konische Wölbfläche, die **Stichkappe,** über, die von einem geraden Kreiskegel mit horizontaler Achse gebildet wird. Die genannten ebenen Flächen schneiden die Kugel in Kreisbogen, die sich als Teile von Ellipsen

projizieren. Die Kegelflächen schneiden die Kugelfläche in den
Gratbogen; diese gehören Raumkurven vierter Ordnung an und ihre
Zeichnung bildet den wesentlichen Teil der Aufgabe.

Zur Konstruktion benützt man vertikale Hilfsebenen, die man
zur Symmetrieebene eines Fensters, also etwa zu dem erwähnten
Hauptschnitt, normal stellt. Jede solche Ebene schneidet sowohl
die Kugel wie den Kegel in einem Kreise. Die oberen Schnittpunkte
beider Kreise gehören dem Gratbogen der Stichkappe an.

In der Fig. 245 bezeichnet M den Mittelpunkt der Kugel und
S eine im Hauptschnitt liegende Kegelspitze, ferner SO die horizontale
Kegelachse. Die oberste Mantellinie bestimmt den Scheitel A des
Gratbogens ABC. Der Teil AB dieses Bogens gehört der Raumkurve
vierter Ordnung an (B'' auf $S''O''$); der untere Teil BC ist ein Kreisbogen. Um irgend einen Punkt P des Gratbogens AB in allen drei
Projektionen zu gewinnen, zieht man eine vertikale Gerade, die
gleichzeitig die erste und zweite Spurlinie einer Hilfsebene bildet.
Auf ihr findet man leicht die Zentra N und O der Schnittkreise mit
der Kugel und dem Kegel und die zugehörigen Radien NR und OQ.
Man zeichnet diese Kreise am besten im Seitenriß (rechts) und
erhält in ihrem Schnitt den Punkt P''', hieraus aber P'' und P', indem
man $P'''P''$ horizontal zieht und $N'P' = (P''' - \!\!\!\mid N'''A''')$ vertikal an-
trägt. Aus einem Punkte P ergeben sich sofort entsprechende Punkte,
wie U und V, auf den übrigen Gratbogen.

ACHTES KAPITEL.

Rotationsflächen.

Allgemeines. Eigen- und Schlagschatten, ihr gegenseitiges Verhalten.

372. Ist eine Kurve mit einer festen Geraden starr verbunden,
und läßt man sie um diese rotieren, so beschreibt sie eine Rotationsfläche; die feste Gerade heißt die Rotationsachse.[16]) Jeder Kurvenpunkt beschreibt bei dieser Bewegung einen Kreis, dessen Mittelpunkt auf der Achse liegt und dessen Ebene senkrecht zur Achse
steht. Alle Ebenen senkrecht zur Achse schneiden die Rotationsfläche in einem oder mehreren Kreisen, die man kurz als Parallel-

kreise bezeichnet. Alle Ebenen durch die Achse schneiden die Fläche in kongruenten Kurven; man nennt sie **Meridiankurven** und die sie enthaltenden Ebenen **Meridianschnitte**. Zieht man auf einer Rotationsfläche irgend eine ebene oder Raumkurve, die jeden Parallelkreis einmal schneidet, so kann die Fläche durch Rotation dieser Kurve um die feste Achse erzeugt werden; speziell kann man die Meridiankurve zur Erzeugung der Fläche verwenden.

Durch jeden Punkt der Rotationsfläche geht ein Parallelkreis und eine Meridiankurve; man kennt deshalb in jedem Flächenpunkte zwei Tangenten, die eine berührt die Meridiankurve und trifft die Achse, die andere berührt den Parallelkreis und ist senkrecht zur Richtung der Achse. Dieses lehrt uns, daß jede **Tangentialebene** der Rotationsfläche senkrecht steht zu der Meridianebene durch ihren Berührungspunkt. Wir erkennen also, daß die Tangentialebenen in allen Punkten einer Meridiankurve eine **Cylinderfläche** umhüllen, deren Leitkurve die Meridiankurve ist und deren Mantellinien senkrecht zur Ebene dieser Kurve sind. Alle Tangentialebenen in den Punkten eines Parallelkreises umhüllen einen geraden **Kreiskegel**, der diesen zum Grundkreis hat und dessen Spitze auf der Achse liegt. Die Mantellinien des Kreiskegels sind die Tangenten der Meridiankurven, deren Berührungspunkte auf jenem Parallelkreise liegen. Alle Normalen einer Rotationsfläche treffen ihre Achse.

373. Läßt man eine **Fläche** um eine mit ihr starr verbundene **Gerade** als Achse rotieren, so gibt es eine **Hüllfläche**, die alle Lagen der rotierenden Fläche einhüllt und die offenbar eine Rotationsfläche ist. Die Kreise, deren Mittelpunkte auf der Achse liegen und deren Ebenen zur Achse senkrecht stehen, verhalten sich nämlich gegen die rotierende Fläche verschieden, indem sie dieselbe entweder schneiden oder nicht schneiden. Die Hüllfläche bildet die Grenze zwischen den beiden Arten von Kreisen; auf ihr liegen die Parallelkreise, die die rotierende Fläche in einer Lage — und somit in allen Lagen — berühren. Die hier als Hüllfläche definierte Rotationsfläche berührt jede der eingehüllten Flächen, d. h. jede Lage der rotierenden Fläche, längs einer Kurve; in den Punkten dieser Berührungskurve stimmen die Tangentialebenen der Hüllfläche und der eingehüllten Fläche überein. Hieraus folgt aber, daß alle Punkte der rotierenden Fläche, deren Normalen die Rotationsachse treffen, auf ihrer Berührungskurve mit der Hüllfläche und somit auf dieser selbst liegen. Hiermit ist auf der rotierenden

Fläche die Berührungskurve definiert, durch deren Rotation die
Hüllfläche entsteht. Jede zur Achse senkrechte Ebene schneidet
die rotierende Fläche in einer Kurve; diese berührt die Hüllfläche
in den Punkten, deren Normalen durch den Achsenschnittpunkt der
Ebene gehen.

374. Bei allen Fragestellungen, die sich auf Rotationsflächen beziehen, spielen die Parallelkreise und Meridiankurven eine besondere
Rolle; nur bisweilen finden andere einfache Kurven der Fläche Verwendung. So verwendet man Parallelkreise, um die Schnittkurve der
Rotationsfläche mit einer Ebene oder mit einer anderen Fläche zu
zeichnen. So kann man Parallelkreise bei der Bestimmung des
wahren Umrisses der Rotationsfläche oder der **Grenzkurve von
Licht und Eigenschatten** auf ihr mit größtem Vorteil benutzen.
Auf einem Parallelkreise gehören die beiden Punkte dem wahren
Umrisse an, deren Tangentialebenen die Projektionsrichtung enthalten;
ebenso gehören zwei Punkte der Grenzkurve an; ihre Tangentialebenen sind dem Lichtstrahl parallel. Die Tangentialebenen in den
Punkten eines Parallelkreises umhüllen aber einen geraden Kreiskegel, der diesen zum Basiskreis hat; auf ihm suchen wir die
Mantellinien, die den wahren Umriß resp. die Grenze von Licht
und Schatten bilden, sie treffen den Parallelkreis in den Punktepaaren, die dem Umriß resp. der Grenzkurve auf der Rotationsfläche
angehören. In der Tat sind die Tangentialebenen in diesen Punkten
der Rotationsfläche zugleich Tangentialebenen des genannten Kegels
und enthalten projizierende, resp. Lichtstrahlen. Diese Methode
heißt das **Kegelverfahren.** In ähnlicher Weise kann man der
Bestimmung des Umrisses sowie der Lichtgrenze die Meridiankurven
zu grunde legen. Da alle Tangentialebenen in den Punkten der
Meridiankurve einen Cylinder umhüllen, heißt diese Methode das
Cylinderverfahren. Die Mantellinien des Umrisses und der Lichtgrenze auf dem geraden Cylinder, der die Meridiankurve zur Basis-
kurve hat, treffen diese in Punkten, die dem Umrisse resp. der
Lichtgrenze auf der Rotationsfläche angehören. Diesen beiden
Methoden reiht sich noch ein drittes, ebenfalls stets verwendbares
Verfahren, das **Kugelverfahren** an, das wir später kennen lernen
werden. Bei einzelnen Flächen werden sich noch besondere
Methoden darbieten.

Auch die Bestimmung des **Schlagschattens** auf eine Rotationsfläche, mag dieser von der Fläche selbst oder einem anderen Gegenstande herrühren, stützt sich auf die Parallelkreise. Die Schatten
dieser Parallelkreise auf eine dazu parallele Ebene sind kongruente

Kreise. Entwirft man nun den Schatten des Flächenteiles oder Körpers, dessen Schlagschatten auf der Rotationsfläche gesucht wird, auf die nämliche Ebene, so wird derselbe die Schatten der Parallelkreise teilweise überdecken; die entsprechenden Teile der Parallelkreise selbst werden dann in dem gesuchten Schlagschatten liegen.

375. Es soll hier noch das Verhalten des Eigen- und Schlagschattens in den Punkten untersucht werden, in denen beide aufeinander stoßen. Diese Untersuchung werden wir indessen nicht auf die Rotationsflächen beschränken, sondern ganz allgemein durchführen; die gefundenen Resultate haben dann für jede beliebige Fläche Gültigkeit. Zunächst gilt der Satz: Trifft die Kurve, die den auf eine Fläche fallenden Schlagschatten umschließt, die Kurve der Lichtgrenze, so sind in den Treffpunkten die Tangenten der Schlagschattenkurve dem Lichtstrahl parallel. Die Kurve des Schlagschattens erscheint nämlich als Schnitt der betreffenden Fläche mit einem Cylinder, dessen Mantellinien den Lichtstrahlen parallel sind. Die Tangente dieser Kurve in einem beliebigen Punkte liegt in den beiden Tangentialebenen, die daselbst die gegebene Fläche resp. den genannten Cylinder berühren. Die Tangentialebenen des Cylinders sind alle der Lichtrichtung parallel, und in den Punkten der Lichtgrenze sind dies auch die Tangentialebenen der gegebenen Fläche; es ist deshalb auch die gemeinte Tangente zur Lichtrichtung parallel.

Hat die gegebene Fläche eine Randkurve, die von der Lichtgrenze in zwei oder mehr Punkten getroffen wird, so geht der Schlagschatten der Randkurve auf die Fläche ebenfalls von diesen Punkten aus; dabei liegen in jedem solchen Punkte die Tangenten der Randkurve und ihres Schattens harmonisch zur Tangente der Lichtgrenze und dem Lichtstrahle. Das gleiche gilt dann natürlich auch für die gleichartigen Projektionen dieser Geraden. Sei c der Rand und c^* sein Schatten auf die Fläche, sei ferner u die Lichtgrenze und P ein gemeinsamer Punkt von c und u, endlich bedeute l den durch P verlaufenden Lichtstrahl (Fig. 246 a). Die Kurven c und c^* liegen auf einem Cylinder mit zu l parallelen Mantellinien; die Ebene, die den Cylinder längs l berührt, berührt auch die Fläche in P, da sie l und die Tangente von c im Punkte P enthält und beide die Fläche tangieren. Hiernach geht also die Kurve c^* in der Tat durch P. Nun betrachten wir eine zu l benachbarte Mantellinie des Cylinders, die

c und c^* in den Punkten Q und Q^* schneidet; die Strecken PQ, PQ^*, QQ^* seien unendlich klein von der ersten Ordnung. Ist R der Mittelpunkt der Strecke QQ^*, so liegen die Strahlen PQ, PQ^*, l und PR harmonisch. Beim Grenzübergange werden aber PQ

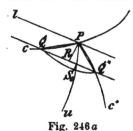

Fig. 246 a

und PQ^* die Tangenten von c und c^*, so daß unser Satz bewiesen ist, sobald hierbei der Strahl PR in die Tangente von u übergeht. Um dies zu zeigen, legen wir durch QQ^* eine Ebene senkrecht zur Ebene PQQ^*; in ihr befindet sich der unendlich kleine, unserer Fläche angehörige Kurvenbogen QQ^*, und auf diesem liegt ein Punkt S, dessen Tangente zu QQ^* oder l parallel ist. In der Figur ist der Bogen QQ^* mit dem Punkt S umgelegt. Der Punkt S gehört der Kurve u an, und der Strahl PS wird beim Grenzübergange zur Tangente von u; schließen also PS und PR einen unendlich kleinen Winkel ein, so wird für unendlich kleines PR die Strecke RS unendlich klein von der zweiten Ordnung, und beim Grenzprozeß fällt PR mit der Tangente von u zusammen. Bei jedem unendlich kleinen Bogen hat aber der Punkt T (Fig. 246 b), der senkrecht über der Mitte der zugehörigen Sehne QQ^* liegt, eine Tangente t, die mit QQ^* einen unendlich kleinen Winkel zweiter Ordnung einschließt. Denn es ist $TQ = TQ^*$, nach 301 bildet also t mit TQ und TQ^*

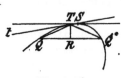

Fig. 246 b.

Winkel, die sich nur um eine unendlich kleine Größe zweiter Ordnung unterscheiden, während QQ^* mit diesen Geraden gleiche Winkel bildet. Da nun hiernach die Tangenten in T und S einen unendlich kleinen Winkel zweiter Ordnung einschließen, so ist auch TS unendlich klein von der zweiten Ordnung, und da ferner TR von der zweiten Ordnung unendlich klein ist, gilt Gleiches für RS (vergl. die entsprechenden Schatten 333, 338 und 365).

376. Die Kurve der Lichtgrenze einer Fläche besitzt im allgemeinen einzelne Punkte, deren Tangenten Lichtstrahlen sind; von diesen Punkten geht tangential, d. h. in der Lichtstrahlrichtung, eine Schlagschattenkurve aus. Um die Richtigkeit des ersten Teiles dieses Satzes zu erweisen, lassen wir einen die Fläche berührenden Lichtstrahl l sich so parallel zu sich selbst bewegen, daß sein Berührungspunkt B die Kurve u der Lichtgrenze durchläuft, wobei er also die Fläche stets tangiert. Sei nun E irgend eine Ebene durch den Lichtstrahl l, die sich zugleich

mit l parallel zu sich selbst fortbewegt; sie wird die Fläche in einer Kurve c schneiden. c berührt l in einem Punkte B, und es kann der in B berührende Kur-
venzweig den Strahl l noch in einem Punkte S schneiden, siehe Fig. 247. Es gibt dann zwischen S und B einen Punkt A auf c, dessen Tangente AT zu l parallel ist, der also ebenfalls der Lichtgrenze u angehört. Bei der Parallel-
verschiebung von E — nach der

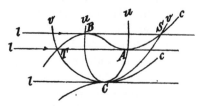

Fig. 247.

passend gewählten Seite — wird sich S dem Punkte B nähern und es wird schließlich eine Lage von E geben, für die S mit B in einem Punkte C zusammenfällt. In dieser Lage wird C zum Wendepunkte und l zur Wendetangente der Kurve c; hier hat l mit c und folglich auch mit der Fläche drei unendlich nahe Punkte gemein, d. h. l ist eine Haupttangente der Fläche im Punkte C. Auch A fällt in dem letzteren Falle mit C zusammen, so daß l hier die Kurve u der Lichtgrenze berührt. Der Punkt C gehört dem hyperbolisch gekrümmten Teile der Fläche an (vergl. 324). Während nun ein Punkt die Kurve u von B über C bis A durchläuft, beschreibt der zugehörige Lichtstrahl einen Cylinder, für den die Mantellinie durch C eine Rückkehrkante ist (vergl. 318). Der Schatten u_* von u auf eine beliebige Ebene besitzt in C_* eine Spitze, er bildet den Schnitt der Ebene mit jenem Cylinder. Der Cylinder berührt die gegebene Fläche längs u und schneidet sie überdies in einer Kurve v, die von S über C nach T verläuft. Die Kurve v berührt, ebenso wie u, die Rückkehrkante im Punkte C und sie geht hier, ebenso wie u, von dem einen Cylindermantel zu dem andern über, der mit jenem in der Rückkehrkante zusammen-
hängt. Bei der in der Figur durch Pfeile markierten Lichtstrahl-
richtung ist offenbar S der Schlagschatten von B, und entsprechend bildet das Kurvenstück CS von v den Schlagschatten des Stückes CB der Lichtgrenze u. Spätere Beispiele lassen das noch besser erkennen.

377. Aus dem Gesagten lassen sich auch Schlüsse auf den wahren und den scheinbaren Umriß einer Fläche ziehen. Im all-
gemeinen gibt es auf dem wahren Umriß Punkte, deren Tangenten mit der Projektionsrichtung zusammenfallen, ihnen entsprechen Spitzen auf dem scheinbaren Umriß. Von den beiden Stücken des wahren Umrisses, die in einem solchen Punkte zusammenstoßen, ist in seiner nächsten Umgebung das eine unsichtbar und das andere sichtbar, falls

nicht andere Hinderungsgründe auftreten. Es geht das unmittelbar
aus der Fig. 247 hervor; denn wenn dort l die Projektionsrichtung
bedeutet, so ist B sichtbar, aber A unsichtbar. Deshalb ist auch
beim scheinbaren Umriß von den beiden in einer Spitze zusammenstoßenden Kurvenzweigen einer unsichtbar, der andere sichtbar, wenn
nicht andere Teile der Fläche das verhindern. Wir sehen also, daß
sowohl beim wahren als beim scheinbaren Umriß der sichtbare Teil
in gewissen Punkten endigt; für den wahren Umriß sind es die
Punkte, deren Tangenten der Projektionsrichtung parallel sind.

Die Punkte der Fläche, deren Tangentialebenen sowohl der
Licht- wie der Projektionsrichtung parallel sind, gehören zugleich
dem wahren Umriß wie der Kurve der Lichtgrenze an. Für die
Projektion will das besagen, daß die Projektion der Lichtgrenze
den bezüglichen scheinbaren Umriß in den Stellen berührt, deren
Tangenten der Projektion des Lichtstrahles parallel sind.

Allgemeine Rotationsflächen, Schnitte, Durchdringung, Eigen- und Schlagschatten.

378. Die Achse einer Rotationsfläche sei senkrecht
zum Grundriß und ihre Meridiankurve bekannt; in einem
Punkte P der Fläche soll die Tangentialebene und in ihr
die Schnittkurve bestimmt werden (Fig. 248).

Seien A und a'' die Projektionen der Achse und sei m die
Meridiankurve in der zum Aufriß parallelen Ebene, die man kurz
als **Hauptmeridian** bezeichnet, so ist m'' der scheinbare Umriß
in Π_2, denn die Tangentialebenen in den Punkten von m sind zu Π_2
senkrecht. Der scheinbare Umriß in Π_1 wird von konzentrischen
Kreisen um den Mittelpunkt A gebildet; in der Figur sind es die
Kreise b' und c', die Kreise b und c auf der Fläche enthalten die
Punkte der Meridiankurven, deren Tangenten zu a parallel sind.
Ist P' gegeben, so ziehe man durch P den Parallelkreis d, der in Π_1
als Kreis durch P', in Π_2 als Gerade erscheint, und findet so P''. Die
Tangentialebene in P enthält die horizontale Tangente an d und die
Tangente an die Meridiankurve durch P, ihre erste Spur enthält
also den Spurpunkt der letzteren und ist zur ersteren parallel.
Durch Drehung um a kann die Meridiankurve durch P in m über-
geführt werden, dabei geht P in P_0 und die zugehörige Tangente t
in t_0 über; durch Zurückdrehen gewinnt man den Spurpunkt T_1'
$T_1' A = T_0'' A''$) und damit die Spurlinien e_1 und e_2 der gesuchten
Tangentialebene. Um Punkte der Schnittkurve s zu zeichnen, ziehe

man irgend eine Horizontalebene, die E in einer Hauptlinie und die Fläche in einem Parallelkreise schneidet; in Π_1 findet man dann direkt Punkte der Projektion der Schnittkurve, deren Aufriß dadurch ebenfalls bekannt ist. Die Projektionen von *s* berühren die bezüg-

lichen Umrisse; der Punkt *P* ist ein Doppelpunkt von *s*. Die zu E senkrechte Meridianebene ist selbstverständlich Symmetrieebene von *s*, in ihr liegt der tiefste Punkt *Q* von *s*. Um *Q* auf *t* zu bestimmen, bedenke man, daß er durch Drehung in $Q_0 = t_0$ × *m* übergeht $(Q'\varLambda = (Q_0'' \dashv a''))$.

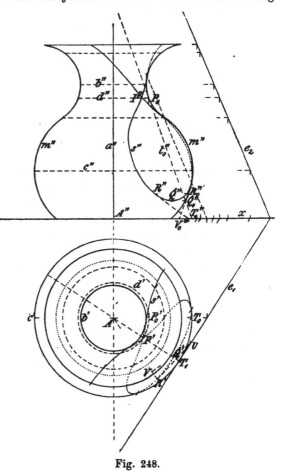

Auch die Meridianebenen kann man zum Aufsuchen der Punkte von *s* benutzen, indem man durch Drehung um *a* die Meridiankurve in die Lage *m* bringt und zugleich die Schnittlinie von Meridianebene und von E mitdreht; ihre Schnittpunkte mit *m* sind dann wieder zurückzudrehen. Diese

Fig. 248.

Konstruktion läßt sich auch noch verwenden, wenn die Achse der Rotationsfläche nur zu Π_2 parallel ist, ohne zu Π_1 senkrecht zu sein.

Um die Tangente von *s* im Punkte *R* zu zeichnen, bringen wir E mit der Tangentialebene im Punkte *R* unserer Fläche zum Schnitt, die ersten Spuren beider Ebenen schneiden sich im Spurpunkte *U* der gesuchten Tangente. Die erste Spur der Tangentialebene geht durch den Punkt *V* auf *R'A* und ist zu *R'A* senkrecht, dabei ist

$V''A'' = V_0''A''$ und $R_0''V_0''$ eine Tangente von m'' ($R_0''R'' \parallel x$). Über die Tangenten im Doppelpunkte P von s vergl. 397.

379. Zur Konstruktion der Durchdringungskurve einer Rotationsfläche mit einer anderen Fläche läßt sich im allgemeinen nur das in 352 Gesagte wiederholen. Als Hilfsebenen wird man die Ebenen durch die Parallelkreise der Rotationsfläche wählen können. Diese Ebenen sind dann mit der zweiten Fläche zum Schnitte zu bringen und diese Schnittkurven mit den bezüglichen Parallelkreisen zu schneiden. Die ebenen Schnittkurven brauchen dabei nicht in ihrer ganzen Ausdehnung gezeichnet zu werden, sondern nur in der Nähe des schneidenden Parallelkreises.

Die Aufgabe, die Durchdringungskurve zweier Rotationsflächen mit sich schneidenden Achsen zu zeichnen, läßt sich einfach lösen, wenn man die Ebene der beiden Achsen als Hilfsprojektionsebene benutzt. Jede Kugelfläche um den Schnittpunkt der beiden Achsen als Mittelpunkt schneidet beide Rotationsflächen in Parallelkreisen, deren Schnittpunkte der Durchdringung angehören. Die Parallelkreise projizieren sich auf die Ebene der beiden Achsen als Geraden; diese Ebene schneidet die beiden Flächen in Meridiankurven und die angenommene Kugel in einem größten Kreise; die Schnittpunkte dieser Kurven mit dem Kreise liegen aber auf jenen Parallelkreisen, die hiernach bestimmt sind. Die Durchdringungskurve ist zur Ebene der Achsen symmetrisch.

380. Eigen- und Schlagschatten einer Rotationsfläche, deren Achse senkrecht zum Grundrisse ist (Fig. 249). Die zu Π_2 parallele Meridiankurve sei m, also m'' der Umriß in Π_2, der Umriß in Π_1 wird von dem Kreise a' gebildet. Die Kreise b und c mögen die Fläche begrenzen, die wir uns hohl vorstellen wollen. Die Projektionen des Lichtstrahles seien l' und l''. Die Kurve u der Lichtgrenze auf der Fläche liegt symmetrisch zu der Meridianebene, die dem Lichtstrahle parallel ist. Um nun auf einer beliebigen Meridiankurve n, deren Grundriß die Gerade n' bildet, die Punkte von u zu bestimmen, legen wir durch l eine Ebene senkrecht zur Meridianebene, die sie in NC schneidet ($L'N' \perp n'$ und $LN \parallel \Pi_1$). Nach 374 werden die Berührungspunkte der Tangenten von n, die zu NC parallel laufen, der Kurve u angehören. Durch Drehung der Ebene von n in die Ebene des Hauptmeridians, geht n in m und NC in N_0C über ($N_0''B'' = N'C$); sind dann P_0'' und Q_0'' zwei Punkte auf m'', deren Tangenten zu $N_0''C''$ parallel sind, so erhält man durch Zurückdrehen der genannten Ebene zwei Punkte P und Q von u ($P'C = P_0''D''$, $Q'C = Q_0''E''$, $P_0''P'' \parallel x \parallel Q_0''Q''$). Eine genügende

Anzahl von Punkten von u gewinnt man leicht durch wiederholte Anwendung des geschilderten Verfahrens (Cylinderverfahren); dabei liefert die obengenannte Symmetrie von u zu jedem Punkte einen zweiten, z. B. P und R ($P'C = R'C$, $\angle P'CL' = \angle R'CL'$). Die Schnittpunkte von u und m erscheinen als Berührungspunkte von u'' und m'', daselbst sind die gemeinsamen Tangenten zu l'' parallel.

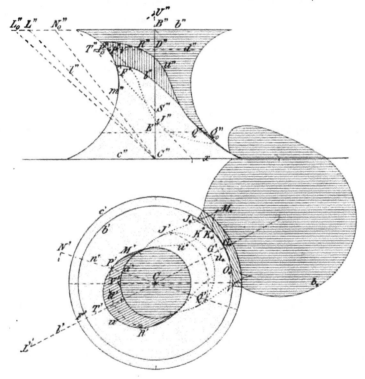

Fig. 249.

Der höchste und tiefste Punkt der Kurve u liegen in der Symmetrieebene; sie gehören den beiden Parallelkreisen an, die m in Punkten treffen, deren Tangenten zu $L_0 C$ parallel sind ($L_0''B'' = L'C$). Die Punkte von u in der zur Symmetrieebene senkrechten Meridianebene liegen auf dem Kreise a, dessen Projektion a' den scheinbaren Umriß bildet, so daß sich u' und a' in diesen Punkten berühren.

Auch auf einem beliebigen Parallelkreise, etwa d, findet man leicht die beiden Punkte von u, indem man das Kegelverfahren anwendet (vergl. 374). Trifft d die Meridiankurve m in P_0 und trifft die Tangente von m in P_0 die Achse in S, so ist S der Scheitel und d die Basiskurve eines Rotationskegels, dessen Lichtgrenze durch die nämlichen Punkte P und R von d geht wie u. Wir ziehen also durch S einen Lichtstrahl, der die Ebene von d in T schneidet, die Tangenten von T an d liefern die gesuchten Punkte P und R ($S''T'' \| l''$, T' auf l', $T'P'$ und $T'R'$ tangieren d').

Ist $P_0''U'' \perp P_0''S''$, so ist der Punkt U der Rotationsachse der Mittelpunkt einer Kugel mit dem Radius $P_0''U''$, die unsere Fläche längs des Kreises d berührt. Da die Punkte der Lichtgrenze nur von den zugehörigen Tangentialebenen abhängen, die Kugel und die Rotationsfläche aber längs des gemeinsamen Kreises d gleiche Tangentialebenen aufweisen, so schneiden die Lichtgrenzen beider Flächen den Kreis in den nämlichen beiden Punkten P und R. Die Lichtgrenze der Kugel bildet aber einen größten Kreis, dessen Ebene zu l senkrecht ist; diese Ebene trifft also d in den gesuchten Punkten; sie liegen demnach auf der Schnittlinie jener Ebene mit der Ebene von d ($U''V'' \perp l''$, $U'V' = CV' \| x$, $P'R' \perp l'$, V' auf $P'R'$). Dies ist das **Kugelverfahren**.

381. Die Schlagschattengrenze u_* unserer Fläche auf die Horizontalebene bestimmt sich punktweise aus den Projektionen der Punkte von u. Läßt man eine ·Anzahl von Parallelkreisen Schatten werfen, so erscheint u_* als gemeinsame Hüllkurve derselben. Die Berührungspunkte eines Schattenkreises d_* mit u_* und die Tangenten in diesen Punkten ergeben sich nach dem vorher Gesagten leicht. Ist nämlich S die Spitze des Kegels, der die Rotationsfläche längs d berührt, so sind die Tangenten aus S_* an d_* die gesuchten Tangenten und ihre Berührungspunkte zugleich die. von d_* und u_*. Auf der Fläche freilich schneiden sich u und die als Lichtgrenze des genannten Kegels auftretenden Mantellinien; aber eine solche Mantellinie und die bezügliche Tangente von u liegen in einer zum Lichtstrahle parallelen Ebene, ihre Schatten decken sich also. Es decken sich demnach auch der Schatten der Tangente in einem Punkte von u mit dem Schatten der Tangente an den ·Parallelkreis durch diesen Punkt. Somit ist die Tangente in einem Punkte von u_*, etwa R_*, parallel zur Tangente von d' in R' oder senkrecht zu CR'.

Die Schatten der Parallelkreise berühren u_* in zwei zu l' symmetrischen Punkten. Für den tiefsten Punkt G von u (und ebenso für den höchsten) fallen diese Berührungspunkte zusammen; d. h. G_* ist ein **Scheitelpunkt** von u_* und der Schatten des durch G gehenden Parallelkreises ist der zugehörige Krümmungskreis.

Der Schlagschatten u_* auf Π_1 besitzt vier Spitzen, sie bilden

.nach 376 die Schatten derjenigen Punkte von u. deren Tangenten Haupttangenten der Rotationsfläche und dem Lichtstrahle parallel sind. Einen solchen Punkt findet man, indem man an u' und u'' Tangenten parallel l' resp. l'' zieht; zu jedem Berührungspunkte auf u', etwa J', gehört senkrecht darüber liegend ein Punkt auf u'', etwa J'', dessen Tangente zu l'' parallel ist. Die Bestimmung der Punkte J' und J'' könnte nach 286 vorgenommen werden; doch genügt hier die doppelte Kontrolle, daß sie auf dem nämlichen Parallelkreise und auf einer Senkrechten zur x-Achse liegen müssen. Die Tangente in einer Spitze von u_*, etwa J_*, ist senkrecht zu $J'C$.

Weitere Konstruktionen der Punkte von u mit zum Lichtstrahle parallelen Tangenten finden sich in 401.

In dem in der Figur dargestellten Falle besitzt u_* zwei Doppelpunkte K_* und O_* und die beiden sie verbindenden Kurvenbogen schließen ein beleuchtetes Stück von Π_1 ein, das allerdings nicht sichtbar ist. Von den Punkten M und J auf u — und ebenso von den dazu symmetrischen Punkten — gehen Schlagschatten aus, die daselbst u berühren. Einzelne Randpunkte dieser Schatten gewinnt man, indem man die Schatten einzelner Parallelkreise auf Π_1 mit u_* zum Schnitte bringt und von diesen Punkten in der Lichtstrahlrichtung bis zu den betreffenden Parallelkreisen auf der Fläche zurückgeht. Der von M ausgehende Schlagschatten u^* liegt auf der Innenseite der Fläche, d. h. auf der der Achse zugewendeten Seite; die Projektion seiner Begrenzung berührt den Umriß a' und trifft u' in K^*, wo seine Tangente parallel l' ist ($K_*K^* \| l'$). Der von J ausgehende Schatten liegt auf der Außenseite der Fläche und trifft c in dem gleichen Punkte wie J_*M_*.

Den Schlagschatten b^* des Randes b auf die Fläche findet man durch Aufsuchen des Schattens von b auf einzelne Parallelkreise; dabei benutzt man wieder die Schatten dieser Kreise und des Randes auf Π_1. Die Tangenten von b^* in ihren Schnittpunkten mit u sind zu l parallel. Der höchste Punkt des Schattens b^* liegt in der zum Lichtstrahl parallelen Meridianebene, ist also der Schatten des Punktes F auf die bez. Meridiankurve. Durch Drehung dieser Ebene parallel zu Π_2 rücken F und der gesuchte Schatten auf m und der sie verbindende Lichtstrahl wird parallel L_0C.

Die Konstruktion der Tangenten in einem beliebigen Punkte der Lichtgrenze wird in 398 gegeben.

382. Ist die Lichtgrenze auf einer Rotationsfläche bei zentraler Beleuchtung zu suchen, so erleiden die behandelten Methoden, Kegel-, Kugel- und Cylinderverfahren, kleine, leicht einzusehende Abänderungen. Diese mögen kurz skizziert werden im Hinblicke auf Fig. 249, ohne die Konstruktionen in einer neuen Figur wirklich durchzuführen. Auf einer Meridiankurve erhält man die Punkte der Lichtgrenze u, indem man von dem leuchtenden Punkte L ein Lot auf die Meridianebene fällt und von seinem Fußpunkte die Tangenten an die Meridiankurve zieht, was wiederum durch Drehen ihrer Ebene parallel zu Π_2 geschieht.

Die Punkte der Lichtgrenze u auf einem Parallelkreise ergeben sich nach dem Kegelverfahren, indem man die Spitze des Kegels auf seine Basisebene Schatten werfen läßt; die Berührungspunkte der von ihm an den Basiskreis gelegten Tangenten sind die gesuchten Punkte.

Die Ringfläche.

383. Rotiert ein Kreis um eine in seiner Ebene liegende Gerade, so entsteht die Ringfläche. Schneidet die Achse der Fläche den Meridiankreis nicht, so haben wir es mit der eigentlichen Ringfläche zu tun, im entgegengesetzten Falle aber mit der Wulstfläche. Halbiert man im ersten Falle den rotierenden Kreis durch einen zur Achse parallelen Durchmesser, so kehrt die eine Hälfte der Achse die konkave Seite zu, sie erzeugt bei der Rotation den elliptisch gekrümmten Teil der Fläche; die andere Hälfte kehrt der Achse die konvexe Seite zu und erzeugt den hyperbolisch gekrümmten Flächenteil. Beide Flächengebiete grenzen in zwei Kreisen, der parabolischen Kurve, aneinander (324, 325).

Wir wollen nun zunächst zeigen, daß es auf einer Ringfläche außer den beiden Systemen der Parallel- und Meridiankreise noch zwei weitere Kreissysteme gibt, so daß durch jeden Punkt der Fläche vier Kreise auf ihr gezogen werden können. Betrachten wir eine Ebene, die die Ringfläche in zwei Punkten berührt, so muß sie auf den Meridianebenen der beiden Punkte senkrecht stehen, was zu zwei Möglichkeiten führt. Entweder steht die Ebene auf der Rotationsachse senkrecht, dann berührt sie die Fläche längs eines Parallelkreises, dessen Radius offenbar gleich dem Abstande des rotierenden Kreismittelpunktes von der Achse ist; es gibt zwei solche Ebenen. Oder beide Berührungspunkte liegen in der nämlichen Meridianebene, ihre Verbindungslinie berührt also jeden der beiden in der Meridianebene liegenden Kreise; die gemeinte Tangentialebene steht dann in dieser Linie senkrecht zur Meridianebene.

384. Eine die Ringfläche doppelt berührende Ebene schneidet aus ihr zwei Kreise aus. Fig. 250 stellt eine Ringfläche mit vertikaler Achse dar; die Berührungspunkte J und K der Doppeltangentialebene E mögen in der zu Π_2 parallelen Meridianebene liegen, so daß also die Doppeltangentialebene auf Π_2 senkrecht steht. Eine beliebige Horizontalebene schneidet aus der Ringfläche zwei Parallelkreise r_1 und r_2 und aus E eine Hauptlinie h aus; die Kreise r_1 und r_2 treffen h in vier Punkten P_1, P_4 resp.

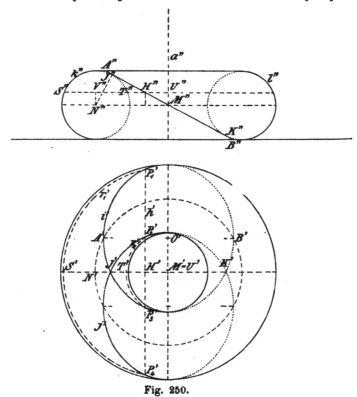

Fig. 250.

P_2, P_3, die der Schnittkurve angehören. Ist H der Schnittpunkt von h mit der Ebene des Hauptmeridians k, und setzen wir $P_1 H = y_1$, $P_2 H = y_2$, $P_3 H = y_3$, $P_4 H = y_4$, so ist:

$$y_1 - y_2 = y_4 - y_3 = 2\,r,$$

wo $2\,r$ den Durchmesser von k bedeutet. Zum Beweise benutzen wir noch den Mittelpunkt M der Ringfläche, den Mittelpunkt N von k, die senkrecht über M resp. N in der genannten Horizontalebene liegenden Punkte U und V und die Schnittpunkte S und T von k mit r_1 resp. r_2. Es folgt dann einerseits aus der Figur:

$$y_1{}^2 = (P_1U)^2 - (HU)^2 = (d + VS)^2 - (HU)^2, \text{ wo} : d = NM \text{ ist,}$$
$$y_2{}^2 = (d - VS)^2 - (HU)^2,$$
$$\tfrac{1}{2}(y_1{}^2 + y_2{}^2) = d^2 + r^2 - (MU)^2 - (HU)^2$$
$$= d^2 + r^2 - (HM)^2.$$

Andererseits ist das Produkt der Potenzen des Punktes H in bezug auf die beiden Parallelkreise r_1 und r_2 gleich dem Produkt der Potenzen von H in bezug auf die Hauptmeridiankreise k und l, also:

$$y_1 y_2 = HJ \cdot HK = (MJ)^2 - (MH)^2 = d^2 - r^2 - (MH)^2.$$

In Verbindung mit der ersten Gleichung kommt:

$$(y_1 - y_2)^2 = 4r^2, \quad \text{oder} \quad y_1 - y_2 = 2r.$$

Die Punkte P_1, P_3, J und K gehören einem Kreise i an, denn es ist: $HJ \cdot HK = y_1 y_3$; sein Mittelpunkt liegt auf den Mittelsenkrechten der Sehnen JK und $P_1 P_3$; d. h. in O, wenn $MO = M'O' = r$ ist. Dieser Kreis i ist durch J, K und seinen Mittelpunkt O bestimmt und ist demnach unabhängig von der Wahl der Geraden h und der Punkte P_1 und P_3 auf ihr. Daraus geht hervor, daß i den einen Teil der Schnittkurve der Ebene E mit der Ringfläche bildet, der zu i in bezug auf die Hauptmeridianebene symmetrische Kreis j bildet den anderen Teil. Die Projektion i' des Kreises i ist eine Ellipse, deren große Achse $= 2d$ und deren kleine Achse $= A'B'$ $= 2MJ = 2\sqrt{d^2 - r^2}$ ist, und von der M' einen Brennpunkt darstellt; denn man hat: $M'P_1' + M'P_3' = M'S' + M'T' = 2d$.

Die Ringfläche kann hiernach auch durch Rotation eines Kreises um eine gegen seine Ebene geneigte Achse erzeugt werden; die Projektion des Kreises auf eine zur Achse senkrechte Ebene liefert dann eine Ellipse, deren einer Brennpunkt auf der Achse liegen muß.

385. Der Umriß einer Ringfläche ist zu bestimmen, wenn ihre Achse gegen die Projektionsebene geneigt ist (Fig. 251). Die Achse a sei gegen Π_1 geneigt, dann wählen wir $\Pi_2 \| a$, so daß der Umriß in Π_2 von zwei Kreisen und ihren gemeinsamen parallelen Tangenten gebildet wird. Der Umriß in Π_1 kann dann, wie bei jeder Rotationsfläche, durch das Kugelverfahren gefunden werden. Ist nämlich B ein Punkt des Hauptmeridians k und trifft die zugehörige Normale die Achse a in J, so berührt die Kugel mit dem Mittelpunkte J und dem Radius JB die Fläche längs des Parallelkreises durch B. Der zu Π_1 parallele größte Kreis der Kugel erscheint als ihr Umriß; er trifft den genannten Parallelkreis in zwei Punkten D und E, die dem gesuchten Umriß der Ringfläche angehören ($J''D'' \| x$, $J'D' = J'E = J''B''$). Die Kugel mit dem Mittelpunkte K und dem Radius KC liefert analog die Punkte F

und G $(F''K'' \| x,\ K'F' = K'G' = K''C'')$. Die Kreise mit den Mittel-
punkten J' resp. K' berühren den Umriß u' in den Punkten D', E'
resp. F', G', die Geraden $J'D'$, $J'E'$, $K'F'$, $K'G'$ sind also Normalen
der Kurve u'.

Dem soeben geschilderten Verfahren, das bei allen Rotationsflächen anwendbar bleibt, läßt sich speziell bei der Ringfläche die
folgende Betrachtung
zur Gewinnung des
Umrisses gegenüber-
stellen. Die Nor-
malen der Ringfläche
in den Punkten
eines Meridiankreises
gehen durch dessen
Mittelpunkt, der hori-
zontale Durchmesser
dieses Kreises trägt
also seine beiden,
dem Umrisse ange-
hörigen Punkte, da
die zugehörigen Tan-
gentialebenen zu Π_1
senkrecht stehen.
Der bei der Rotation
um die Achse be-
schriebene Bahnkreis
c des Mittelpunktes
O von k wird von
allen Normalen der
Ringfläche getroffen,
und zwar steht c auf
den Normalen senk-
recht. Da sich aber
ein rechter Winkel
mit einem zu Π_1

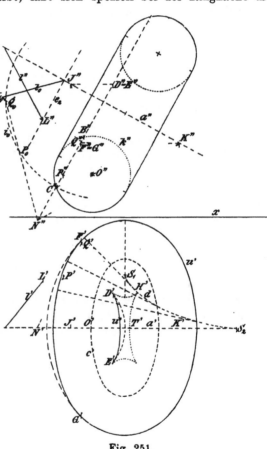

Fig. 251.

parallelen Schenkel wieder als rechter Winkel projiziert, so projiziert
sich der horizontale Durchmesser jedes Meridiankreises auf Π_1 als
Normale der Ellipse c'. Trägt man auf allen Normalen der Ellipse c'
nach beiden Seiten die Strecke r gleich dem Radius von k auf, so
erhält man den Umriß u'.

u' besteht aus zwei getrennten Teilen, die ebenso wie c' vierfach symmetrisch sind; man nennt u' eine zu c' **parallele** oder **äquidistante** Kurve. Eine Kurve und eine zugehörige äquidistante Kurve haben dasselbe Normalsystem und somit die gleiche **Evolute**; umgekehrt sind alle zu der gleichen Kurve gehörigen **Evolventen** parallele Kurven, sie werden von den Punkten einer Geraden beschrieben, die auf jener Kurve ohne zu gleiten abrollt. Die Evolute d der Ellipse c' besitzt den vier Scheitelpunkten von c' entsprechend vier Spitzen in den zugehörigen Krümmungsmittelpunkten (303). In der Figur ist nur einer der vier symmetrischen Teile von d verzeichnet, er endigt in den Spitzen S_1 und S_2. Wo die Evolvente u' auf die Evolute d auftrifft, besitzt sie eine Spitze und steht auf d senkrecht, so z. B. in H'; dieser Punkt bestimmt sich auf der Evolute, indem man den Kurvenbogen $H'S_2$ von d gleich $S_2 T' = S_2 O' - r$ macht. Aus H' ergibt sich einfach der Punkt H auf der Fläche.

386. Die Lichtgrenze auf der Ringfläche kann ebenfalls vorteilhaft durch das Kugelverfahren gefunden werden (Fig. 251). Sind l und l'' die Projektionen eines Lichtstrahles, so bestimme man zunächst seine Projektion l''' auf eine zu a senkrechte Ebene E — ihre zweite Spurlinie sei e_2 — und drehe diese um die zu e_2 parallele Gerade der Hauptmeridianebene parallel zu Π_2, so erhält man l_0 ($L = l \times$ E, $L''L_0 \perp e_2$, $L''L_0 = (L' \dashv a')$). Betrachtet man nun die Kugel mit dem Mittelpunkte K und dem Radius KC, so bildet ihr größter Kreis in einer zu l senkrechten Ebene die Lichtgrenze auf ihr, und die Schnittpunkte dieser Ebene mit dem Parallelkreise durch C sind Punkte der Lichtgrenze auf der Ringfläche. Die Ebene der Lichtgrenze auf der Kugel schneidet die Hauptmeridianebene in einer zu l'' senkrechten Geraden KN und die Ebene des Parallelkreises in einer zu l'' senkrechten Geraden durch N; letztere enthält die gesuchten Punkte. Durch Paralleldrehen dieser Ebene zu Π_2 geht der Parallelkreis in i_0 über, und die Gerade wird senkrecht zu l_0 ($N''P_0Q_0 \perp l_0$); dreht man die Schnittpunkte P_0, Q_0 von Gerade und Kreis wieder zurück, so sind P'', Q'' die Aufrisse der gesuchten Punkte, deren Grundrisse daraus folgen ($(P' \dashv a') = P_0P''$, $(Q' \dashv a') = Q_0Q''$). In der Figur ist die Lichtgrenze nicht eingezeichnet.

Der Schlagschatten der Ringfläche auf die Horizontalebene ist hiernach punktweise zu bestimmen, indem man die Punkte der Lichtgrenze Schatten werfen läßt. Über die Form dieses Schlagschattens läßt sich folgendes bemerken. Der Schatten der Ringfläche auf eine zur Lichtrichtung senkrechte Ebene ist eine äquidistante Kurve zu der Schattenellipse des Bahnkreises c von O; es gelten dafür die gleichen Gründe wie bei u'. Der Schatten der Ringfläche auf eine beliebige Ebene ist also eine affine Kurve zu jener äquidistanten Kurve.

387. Eigen- und Schlagschatten einer Ringfläche mit vertikaler Achse (Fig. 252). Jede Kugel, die einen Meridiankreis der Ringfläche zum größten Kreise hat, berührt sie längs desselben, so daß die Ringfläche als Hüllfläche eines Systems von gleichen

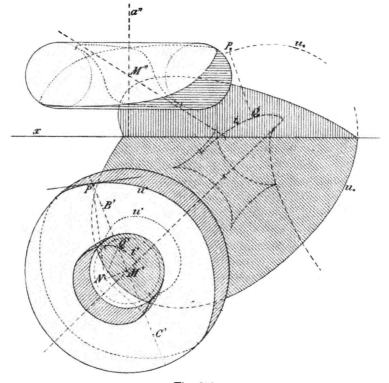

Fig. 252.

Kugeln erscheint, deren Mittelpunkte auf einem Kreise liegen. Nun wähle man eine Kugel K, deren Mittelpunkt M mit dem der Ringfläche zusammenfällt und deren Radius dem der Meridiane gleich ist. Eine beliebige Meridianebene schneidet alsdann Kugel und Ringfläche in drei gleichen Kreisen, deren Mittelpunkte M, B und C sein mögen ($MB = MC = d$, $CMB \perp a$). Durch Verschiebung des Kugelkreises in seiner Ebene in einer zur Achse a senkrechten Richtung um die Strecke d nach der einen oder anderen Seite hin geht derselbe in die bezüglichen Kreise auf der Ringfläche über. Nennen

21*

wir zwei Punkte, die hierbei zur Deckung kommen, kurz homologe
Punkte, so erkennen wir, daß es zu jedem Punkte der Kugel zwei
homologe Punkte auf der Ringfläche gibt; in homologen Punkten
auf Kugel und Ringfläche sind die Tangentialebenen parallel, ihre
Verbindungslinie ist senkrecht zu a und ihre gegenseitige Entfernung
gleich d. Die Lichtgrenze auf der Kugel ist ein zum Lichtstrahle l
normaler größter Kreis i; die Kurve u der homologen Punkte bildet
demnach die Lichtgrenze der Ringfläche. Die Horizontalprojektionen
homologer Punkte haben ebenfalls den Abstand d und ihre Verbindungslinie geht durch den Punkt M'. Wir können demnach die
Kurve u' aus i' ableiten, indem wir auf den Durchmessern der Ellipse i'
von ihren Endpunkten aus nach beiden Seiten die Strecke d auf-
tragen. Die Tangente in einem Punkte P' von u' ergibt sich aus
der Tangente in dem homologen Punkte Q' von i'; wir benutzen
dazu das gleiche Verfahren wie in 294 bei der Pascal'schen Schnecke.
Die Normale im Punkte P' von u' findet man auch durch folgende
Überlegung. Sind P_1' und Q_1' homologe Punkte, die den Punkten P'
resp. Q' unendlich nahe liegen, und fällt man von ihnen aus Lote
$P_1'P_2$ resp. $Q_1'Q_2$ auf den Strahl $M'P'Q'$, so entstehen unendlich
kleine rechtwinkelige Dreiecke, und es ist: $P_1'P_2 : Q_1'Q_2 = M'P' : M'Q'$
und $P'P_2 = Q'Q_2$, da $P'Q' = P_1'Q_1' = d$ ist. Wählt man nun endliche
Dreiecke, die zu diesen ähnlich sind, und macht eine Kathete gleich
$M'P'$ resp. $M'Q'$, so werden die anderen Katheten einander gleich.
Daraus folgt, daß die Normale von i' in Q' und die von u' in P'
auf einer in M' zu $M'P'$ errichteten Senkrechten den nämlichen
Punkt N ausschneiden.

Die Aufrisse P'' und Q'' liegen auf einer Parallelen zur x-Achse,
was man zur Konstruktion von u'' verwerten kann, indem man zunächst die Höhe des Punktes Q'' über der durch M'' gezogenen
Parallelen zur x-Achse aufsucht.

Den Schlagschatten u_* von u auf Π_1 leitet man aus dem
Schatten i_* von i ab. Offenbar ist $P_*Q_* = P'Q' = d$ und $P_*Q_* \parallel P'Q'$,
ferner ist die Tangente in Q_* an i_* senkrecht zu Q_*P_*. Denn PQ
steht senkrecht auf der Tangente in Q an den zugehörigen Parallelkreis der Kugel, beide Geraden sind horizontal; ihre Schatten sind
P_*Q_* und die Tangente von i_* in Q_*, sie sind also ebenfalls recht-
winkelig. Somit ist u_* eine äquidistante Kurve zur Ellipse i_*, und
es kann im übrigen auf die in 385 geschilderten Verhältnisse hingewiesen werden. Bezüglich der Konstruktion von Krümmungskreisen
in den Scheiteln von u' und u_*, der Spitzen von u_* und der entsprechenden Punkte auf u ist auf 399 und 401 zu verweisen.

Das Rotationshyperboloid und seine Anwendung.

388. Durch Rotation einer Geraden e um eine zu ihr windschiefe Achse a entsteht eine Fläche, die als Rotationshyperboloid bezeichnet wird; die Gerade e in ihren verschiedenen Lagen heißt Erzeugende der Fläche; alle Erzeugenden zusammen bilden eine Schar. Die gemeinsame Normale von e und a möge a in M und e in N treffen, dann beschreibt N von allen Punkten der Erzeugenden den kleinsten Parallelkreis k, der deshalb als Kehlkreis bezeichnet wird. Projizieren wir die Erzeugenden des Hyperboloids auf eine zur Achse senkrechte Ebene, so müssen sie die Tangenten eines Kreises k' mit dem Mittelpunkte M' und dem Radius MN bilden. Zwei Punkte von e, die gleich weit von N entfernt sind, liegen auf Parallelkreisen mit gleichem Radius; denn

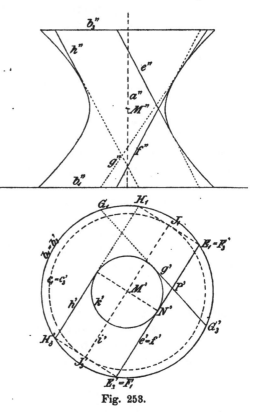

Fig. 253.

ihre Projektionen haben von N' und somit von M' gleichen Abstand. Das Hyperboloid erstreckt sich nach zwei Seiten ins Unendliche, da es die Erzeugende e tut; wir wollen dasselbe jedoch nicht in seiner ganzen Ausdehnung darstellen, sondern durch zwei gleiche Parallelkreise begrenzen. In Fig. 253 ist die Achse a zu Π_1 senkrecht gewählt; die Ebenen der die Fläche begrenzenden Parallelkreise b_1 und b_3 seien Π_1 resp. Π_3. Jede Erzeugende e ist dann durch ihre Spurpunkte in Π_1 und Π_3 bestimmt; ihre erste Projektion e' berührt k', ihr erster Spurpunkt E_1 liegt auf b_1 und die erste Projektion ihres dritten Spurpunktes E_3' auf $b_3' = b_1$. Daraus ergeben sich dann in einfachster Weise die Aufrisse der Erzeugenden und der Umriß, der sie alle berührt.

Auf dem Hyperboloid gibt es noch eine zweite Schar von Erzeugenden, die ebenfalls durch Rotation um die Achse *a* auseinander hervorgehen. Jede Erzeugende der ersten Schar wird von jeder Erzeugenden der zweiten Schar getroffen; je zwei Erzeugende der gleichen Schar sind windschief. Das zuletzt Gesagte ist selbstverständlich, da die Erzeugenden der gleichen Schar auf den Parallelkreisen Bogenstücke begrenzen, die gleiche Zentriwinkel spannen. Betrachten wir nun die Gerade *f*, deren erster Spurpunkt F_1 mit $E_3{}'$ identisch ist, während die Projektion ihres dritten Spurpunktes $F_3{}'$ mit E_1 zusammenfällt, und irgend eine Gerade *g*, die mit *e* der gleichen Schar angehört. Dann ist: Bog $E_1 G_1$ = Bog $E_3{}' G_3{}'$ und folglich $F_1 G_1 \parallel F_3{}' G_3{}'$; die Geraden $F_1 G_1$ und $F_3 G_3$ können also als erste und dritte Spur einer Ebene angesehen werden, der die Geraden *f* und *g* angehören; diese Geraden schneiden sich demnach.

Die Geraden beider Scharen haben die gleiche Neigung gegen Π_1 und somit auch gegen die Achse *a*, da ihre zwischen Π_1 und Π_3 gelegenen Stücke einander gleich sind, wie sich aus der Gleichheit ihrer ersten Projektionen ergibt. Durch jeden Punkt *P* der Fläche gibt es zwei Erzeugende, ihre ersten Projektionen sind die von *P'* an *k'* gelegten Tangenten. Speziell gibt es zu jeder Erzeugenden der einen Schar, etwa *e*, eine parallele Erzeugende aus der zweiten Schar, etwa *h*; sie projizieren sich in parallelen Tangenten von *k'*, ihr Abstand ist gleich dem Durchmesser des Kehlkreises. Die Ebene des Kehlkreises ist Symmetrieebene des Hyperboloides, seinen Mittelpunkt nennt man den Mittelpunkt des Hyperboloides.

389. Im Anschlusse an diese doppelte Erzeugung des Hyperboloides wollen wir einige Konstruktionen desselben aus gegebenen Elementen behandeln. Sind *e* und *f* zwei Erzeugende der einen Schar und ist *l* eine solche der anderen, so sind durch sie vier Rotationshyperboloide bestimmt. Ist $P = l \times e$ und $Q = l \times f$, dann konstruiere man zwei Ebenen, so daß *l* und *e* zur ersten und *l* und *f* zur zweiten symmetrisch liegen. Die Symmetrieebene für *e* und *l* muß offenbar eine der Geraden enthalten, die einen der Winkel von *e* und *l* halbieren, und auf der Ebene *el* senkrecht stehen; analog bestimmt sich die Symmetrieebene für *f* und *l*. Beide Symmetrieebenen schneiden sich in der Achse *a* eines Rotationshyperboloides, dem die drei Erzeugenden *e*, *f*, *l* angehören. Denn durch Rotation von *l* um *a* entsteht eine Rotationsfläche; für sie ist jede Ebene durch a Symmetrieebene, so die Ebenen Pa und Qa; die Fläche enthält also auch die Geraden e und f, die aus l durch Spiegelung an den Ebenen Pa resp. Qa hervorgehen. Sind ursprünglich e, f und ein Punkt L der Fläche gegeben, so ziehe man durch L die Gerade l, die sowohl e wie f trifft; dann verfahre man wie vorher.

Sind nur zwei Erzeugende e und f der nämlichen Schar bekannt, so gibt es noch unendlich viele Rotationshyperboloide mit diesen Erzeugenden. Die Achse einer jeden dieser Flächen hat die Eigenschaft, daß durch eine Drehbewegung um sie die Erzeugende e in die Lage f gebracht werden kann. Soll jedoch eine bestimmte Strecke $E_1 E_2$ auf e durch Drehbewegung um eine Achse in eine bestimmte, gleichgroße Strecke $F_1 F_2$ auf f übergeführt werden, so ist das nur auf eine Weise möglich. Die Achse a dieser Drehbewegung ergibt sich als Schnittlinie zweier Ebenen, die auf den Strecken $E_1 F_1$ resp. $E_2 F_2$ in deren Mittelpunkten G resp. H senkrecht stehen. Fällt man nämlich von E_1 und F_1 Lote auf a, so treffen sie a in dem gleichen Punkte U, da nach der Konstruktion die Richtung von a zu $E_1 F_1$ senkrecht ist; ebenso treffen die Lote aus E_2 und F_2 die Achse in dem nämlichen Punkte V ($E_1 U = F_1 U$, $E_2 V = F_2 V$). Projiziert man nun die ganze Figur in der Richtung der Achse auf eine zu ihr senkrechte Ebene Π_1 ($\Pi_1 \| E_1 F_1 U \| E_2 F_2 V$), so werden die Projektionen $E_1' E_2'$ und $F_1' F_2'$ einander gleich; denn $E_1 E_2 = F_1 F_2$ liegen zwischen den Parallelebenen $E_1 F_1 U$ und $E_2 F_2 V$, haben also die gleiche Neigung gegen diese Ebenen und somit auch gegen Π_1. Ist $A = a \times \Pi_1$, so sind die Dreiecke $E_1' E_2' A$ und $F_1' F_2' A$ kongruent, da $E_1' A = F_1' A = E_1 U = F_1 U$ und $E_2' A = F_2' A = E_2 V = F_2 V$ ist; also ist $\angle E_1' A E_2' = \angle F_1' A F_2'$ und folglich $\angle E_1' A F_1' = \angle E_2' A F_2'$ oder $\angle E_1 U F_1 = \angle E_2 V F_2$. Dreht man demnach die Strecke $E_1 E_2$ um diesen Winkel um die Achse a, so nimmt sie die Lage $F_1 F_1$ an.

Sind zwei Erzeugende e und f der nämlichen Schar bekannt und soll der Punkt E von e auf dem Kehlkreise k liegen, so gibt es noch zwei zugehörige Rotationshyperboloide, die sich in folgender Weise konstruieren lassen. Sei F der Schnittpunkt von f mit dem Kehlkreise und seien e_1 und f_1 die zweiten Erzeugenden durch E und F, dann geht die Ebene, die auf EF in der Mitte senkrecht steht, einerseits durch die Achse a, andererseits durch die Punkte $J = e \times f_1$ und $K = e_1 \times f$; dabei liegen sowohl e und f_1, als auch e_1 und f symmetrisch zu ihr. Die Dreikante mit den Kanten EF, EJ, EK resp. FE, FJ, FK sind sonach symmetrisch und folglich ist $\angle FEJ = \angle FEK = \angle EFJ = \angle EFK$; d. h. EF bildet mit den Erzeugenden e und f gleiche

Winkel. Demnach erhält man F, indem man durch E eine Gerade $g \parallel f$ zieht, die beiden Geraden p und q sucht, welche die Winkel von eg halbieren, und durch eine dieser Geraden, etwa q, eine Ebene $\perp eg$ legt; diese schneidet dann f in F. Die Ebene Fq ist die Ebene des Kehlkreises k; denn e und g bilden gleiche Winkel mit q sowie mit p und gleiche Winkel mit EF, wobei $p \perp EF$ ist, d. h. e und g bilden gleiche Winkel mit der Ebene Fq und ihre orthogonalen Projektionen e' und g' auf diese Ebene gleiche Winkel mit EF. Das gleiche gilt auch für die Erzeugenden e, f, resp. deren Projektionen e', f'. Der Kreis k in Fq, der e' in E und f' in F berührt, ist der Kehlkreis, die in seinem Mittelpunkte auf seiner Ebene errichtete Normale die Achse a der Fläche. Rotiert e um a bis sich E mit F deckt, so fällt auch e' mit f' und e mit f zusammen, da $\angle ee' = \angle ff'$ ist.

390. Zieht man durch den Mittelpunkt M eines Hyperboloides eine Parallele i zu einer Erzeugenden e und läßt sie um die Achse a rotieren, so entsteht ein Rotationskegel; man nennt ihn den Asymptotenkegel des Hyperboloides. Die Erzeugenden des Hyperboloides sind paarweise parallel zu den Mantellinien des Asymptotenkegels; die drei Parallelen liegen in der nämlichen Ebene, die den Kegel längs der bezüglichen Mantellinie berührt (Fig. 253). In der Tat muß $J_1 J_3' \ddagger E_1 E_3' \ddagger H_1 H_3'$ und $M'J_1 = M'J_3'$ sein; die letzteren Strecken sind aber die Radien des ersten und dritten Spurkreises (c_1 und c_3) des Asymptotenkegels, und es wird $c_1 = c_3'$ von $E_1 H_1$ und $E_3' H_3'$ in J_1 resp. J_3' berührt. Die Mantellinien des Asymptotenkegels schneiden das Hyperboloid nicht im Endlichen, so daß der Asymptotenkegel von dem Hyperboloid vollständig umschlossen wird. Denn ihre Parallelkreise in einer beliebigen, zur Achse normalen Ebene können nicht zusammenfallen, wie zwei parallele Erzeugende e und i zeigen, vielmehr sind ihre Radien $M'E_1$ und $M'J_1 = \sqrt{(M'E_1)^2 - (M'N')^2}$.

Man erkennt hieraus, daß die beiden in der nämlichen Ebene liegenden Parallelkreise von Hyperboloid und Asymptotenkegel einander um so näher rücken, je weiter diese Ebene sich von der des Kehlkreises entfernt.

391. Die Schnittpunkte einer Geraden mit einem Rotationshyperboloide und seinem Asymptotenkegel zu finden. Wir benutzen wieder zwei parallele Projektionsebenen Π_1 und Π_3, die das Hyperboloid in zwei kongruenten Kreisen c_1 und c_3 schneiden, so daß sich c_1 und c_3' decken. Ihr gemeinsamer Mittelpunkt M' ist zugleich Mittelpunkt von k', der Projektion des Kehlkreises k (Fig. 254). Die schneidende Gerade sei g, sie sei gegeben durch ihre Spurpunkte G_1 und G_3, ihre Projektion g' auf Π_1 verbindet

G_1 mit $G_3{}'$. Wir verzeichnen nun eine Erzeugende e des Hyperboloides, deren Projektion $e'\parallel g'$ ist. Lassen wir die Erzeugende e um die Achse des Hyperboloides rotieren, so wird sie in bestimmten Lagen die Gerade g schneiden, dabei vereinigen sich im Schnittpunkte ein Punkt Q von e mit einem Punkte P von g. Diese Punkte P_1 und Q_1 resp. P_2 und Q_2 — es gibt, wie sich zeigt, immer zwei Lösungen, die wir durch Indizes unterscheiden — lassen sich indes durch eine einfache Überlegung gewinnen. Damit Q_1 auf e durch Drehung um die Achse mit P_1 auf g zur Deckung gebracht werden kann, muß $M'Q_1{}'$ $= M'P_1{}'$ und $Q_1{}'E_1 : Q_1{}'E_3{}'$ $= P_1{}'G_1 : P_1{}'G_3{}'$ sein. Es folgt das letztere daraus, daß die Spurlinien der Ebene zweier sich schneidenden Geraden in Π_1 und Π_3 parallel sind, so daß ähnliche Dreiecke entstehen. Schneiden sich nun E_1G_1 und $E_3{}'G_3{}'$ in S, so muß $P_1{}'Q_1{}'$ durch S gehen, damit jene Proportion erfüllt sei.

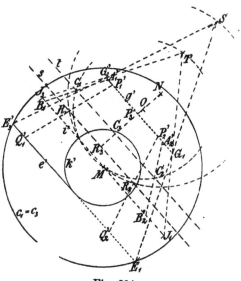

Fig. 254.

Ferner ist $Q_1{}'P_1{}'$ die Sehne eines Kreises mit dem Mittelpunkte M'; das von M' auf sie gefällte Lot trifft sie in ihrem Mittelpunkte R_1. Demnach erscheint R_1 als Schnittpunkt eines Kreises mit dem Durchmesser $M'S$ und einer Geraden s, die von e' und g' gleich weit entfernt ist. SR_1 und SR_2 treffen dann g' in den gesuchten Punkten $P_1{}'$ und $P_2{}'$.

Ganz in der gleichen Weise bestimmen sich die Schnittpunkte A_1 und A_2 von g mit dem Asymptotenkegel. Man zeichne die Mantellinie i, deren Projektion $i'\parallel g'$ ist, und ihre Spurpunkte J_1, J_3 ($J_1E_1 \perp e'$, $J_3{}'E_3{}' \perp e'$), bestimme dann $T = J_1G_1 \times J_3{}'G_3{}'$, schlage über TM' als Durchmesser einen Kreis und ziehe die Gerade t in gleichem Abstande von i' und g'; Gerade und Kreis treffen sich in den Punkten C_1 und C_2, deren Verbindungslinien mit T auf g' die Projektionen $A_1{}'$ und $A_2{}'$ der gesuchten Punkte ausschneiden.

Sehen wir nun g' als Affinitätsachse und E_1, J_1 als affine

Punkte zweier affinen Systeme an $(E_1 J_1 \perp g')$, so sind auch E_3', J_3' und folglich S, T affin $(ST \perp g')$. Endlich sind auch die Mittelpunkte R_3 und C_3 der Sehnen $R_1 R_2$ resp. $C_1 C_2$ affin; denn aus der Affinität von e' und i' ergibt sich die Affinität von s und t, und außerdem ist $R_3 C_3 \perp g'$, da die Mittelpunkte N und O der beiden Hilfskreise auf einer Normalen zu g' liegen. Die affinen Geraden $R_3 S$ und $C_3 T$ treffen aber die Affinitätsachse g' in dem nämlichen Punkte P_3, so daß $P_3 P_1' = P_3 P_2'$ und zugleich $P_3 A_1' = P_3 A_1'$ wird. Daraus folgt die Gleichheit von $A_1' P_1'$ und $A_2' P_2'$ und natürlich auch von $A_1 P_1$ und $A_2 P_2$, was sich in den Sätzen ausspricht: Die beiden Strecken auf einer beliebigen Geraden, die einerseits von dem Rotationshyperboloid, andererseits von seinem Asymptotenkegel begrenzt werden, sind einander gleich. Oder: Rotationshyperboloid und Asymptotenkegel schneiden aus einer beliebigen Geraden Sehnen aus, deren Mittelpunkte zusammenfallen.[1]

392. Die Schnittkurve des Rotationshyperboloides mit einer Ebene ist zu untersuchen und zu zeichnen. Die soeben bewiesenen Sätze lassen uns weiter schließen, daß eine beliebige Ebene E das Hyperboloid Λ und seinen Asymptotenkegel K in ähnlichen und ähnlich liegenden, konzentrischen Kegelschnitten schneiden. Denn die Mittelpunkte eines Systems paralleler Sehnen der einen Kurve sind zugleich die Mittelpunkte der mit ihnen koinzidierenden Sehnen der anderen; da aber die eine Kurve ein Kegelschnitt ist und je zwei konjugierte Durchmesser desselben auch konjugierte Durchmesser der anderen Kurve sind, so folgt die Richtigkeit unserer Behauptung durch eine einfache Überlegung.

Die Mittelpunkte paralleler Schnitte eines Kegels liegen auf einer Geraden durch seine Spitze; in gleicher Weise liegen die Mittelpunkte paralleler Schnitte eines Hyperboloides auf einer Geraden durch den Mittelpunkt M seines Kehlkreises; diesen nennen wir kurz Mittelpunkt des Hyperboloides und die Geraden durch ihn seine Durchmesser. Durchmesser und Diametralebene, die in bezug auf den Asymptotenkegel konjugiert sind, sind es auch in bezug auf das Hyperboloid. Man bezeichnet nämlich jede Gerade durch die Spitze des Asymptotenkegels als Durchmesser und

---

[1] Dieser Satz gilt auch noch, wenn die Schnittpunkte mit dem Hyperboloid oder dem Kegel oder mit beiden imaginär werden, denn die Mittelpunkte bleiben dann immer noch reell; nur kann man hier unter Sehne keine reell begrenzte Strecke mehr verstehen.

jede Ebene durch sie als Diametralebene und nennt Durchmesser und Diametralebene konjugiert in bezug auf den Kegel resp. auf das Hyperboloid, wenn diese die zu dem Durchmesser parallelen Sehnen halbiert (vergl. 360). Aus dieser Definition erschließt man den voranstehenden Satz unmittelbar.

Da zwei parallele Ebenen den Kegel in ähnlichen und ähnlich liegenden Kurven schneiden, so schneiden sie auch das Hyperboloid in ähnlichen und ähnlich liegenden Kegelschnitten, d. h. je zwei parallele Durchmesser derselben stehen in dem nämlichen Verhältnisse. Verbindet man also die Endpunkte je zweier paralleler, gleichgerichteter Halbmesser, so treffen diese Verbindungslinien die Gerade durch die Mittelpunkte in dem nämlichen Punkte; gleiches gilt, wenn man die Endpunkte paralleler, entgegengesetzt gerichteter Halbmesser verbindet. Durch je zwei parallele Schnitte des Hyperboloides kann man also zwei Kegel legen, die beide Schnitte enthalten und deren Spitzen auf dem Durchmesser durch die Mittelpunkte der Schnitte liegen. Rücken die beiden Parallelebenen einander unendlich nahe, so geht der eine Kegel in eine Ebene, der andere in einen Tangentialkegel über. Die Tangenten, aus einem beliebigen Punkte an ein Hyperboloid gelegt, berühren dasselbe in den Punkten eines Kegelschnittes; der Durchmesser durch jenen Punkt enthält seinen Mittelpunkt.

Die hier dargelegten Verhältnisse zeigen, daß die Meridiankurven des Hyperboloides Hyperbeln sind, deren Nebenachsen in die Rotationsachse fallen und deren Asymptoten Mantellinien des Asymptotenkegels sind.

393. Bei der Konstruktion der Schnittkurve s des Hyperboloides Λ mit einer Ebene E gehen wir wieder von zwei parallelen Projektionsebenen Π_1 und Π_3 aus, die E in den parallelen Spuren e_1, e_3 und Λ in den Spurkreisen c_1, c_3 schneiden ($c_3' = c_1$) (Fig. 255). Um einzelne Punkte des Kegelschnittes s zu zeichnen, können wir die Durchstoßpunkte von E mit den einzelnen Erzeugenden aufsuchen. Sind G_1, G_3 die Spurpunkte einer Erzeugenden, und ziehen wir durch sie in den Ebenen Π_1, Π_3 irgendwie zwei Parallelen, so treffen diese e_1 resp. e_3 in Punkten Q_1 resp. Q_3, und $P = G_1 G_3 \times Q_1 Q_3$ ist der gesuchte Punkt; denn $G_1 Q_1$ und $G_3 Q_3$ bilden die erste und dritte Spur einer durch die Erzeugende gelegten Hilfsebene.

Die Achse von s liegt offenbar in der Ebene, die senkrecht zu E durch die Rotationsachse gelegt werden kann, da die Punkte von s paarweise symmetrisch zu dieser Ebene sind. Zieht man also durch M' eine senkrechte y' zu e_1, so ist $Y_1 = y' \times e_1$ der erste und

$Y_3' = y' \times e_3'$ die Projektion des dritten Spurpunktes der Achse y
von s; natürlich ist auch y' eine Achse von s'. Die Endpunkte
dieser Achse und den Mittelpunkt kann man nach 391 bestimmen;
in dem in der Figur verzeichneten Falle sind die Endpunkte imaginär, während sich der Mittelpunkt unter Vereinfachung des Verfahrens von 391 folgendermaßen ergibt. Man ziehe an k' eine
Tangente $h' \| y'$, verbinde die Schnittpunkte H_1, H_3' von h' und
c_1, c_3' mit Y_1 und Y_3' resp., fälle von $S = H_1 Y_1 \times H_3' Y_3'$ ein Lot

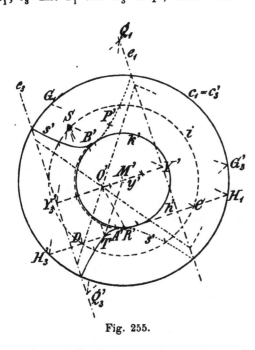

auf h', dessen Fußpunkt
T sei; die Verbindungs-
linie von S mit dem
Mittelpunkte der Strecke
TM' trifft dann y' in
dem gesuchten Mittel-
punkte O' von s'. Die
zweite Achse von s ist
parallel zu e_1, ihre
Endpunkte A, B liegen
auf dem Parallelkreise,
dessen Ebene durch O
geht. Diese Ebene teilt
aber $Y_1 Y_3$ und die
Erzeugende $H_1 H_3$ in
dem nämlichen Verhält-
nisse und der Teilpunkt
R der letzteren gehört
dem gesuchten Parallel-
kreise an $(SO' \times h' = R'$,
$A' B' \| e_1$, $M'A' = M'B'$
$= M'R')$.

Fig. 255.

In gleicher Weise kann man die Punkte von s auf einem beliebigen Parallelkreise finden. Man schlage um M' einen Kreis i —
er stellt die Projektionen zweier Parallelkreise dar — schneide i
mit h' in C und D und ziehe durch die Punkte $SC \times y'$ und $SD \times y'$
Parallele zu e_1, so tragen diese die vier Schnittpunkte von s' und i.
Hiernach liegt T auf s'. Analog sind auch die Berührungspunkte
von s' und k' bestimmt.

Die Kurve s ist im vorliegenden Falle eine Hyperbel, ihre
Asymptoten sind den beiden zu E parallelen Mantellinien des Asymptotenkegels parallel. Die zwischen Π_1 und Π_3 liegenden Stücke
seiner Mantellinien sind alle gleich lang, nämlich gleich $H_1 H_3$, und

ihre Projektionen werden gleich H_1H_3'; demnach sind auch die zwischen e_1 und e_3' liegenden Stücke der Asymptoten von s' gleich H_1H_3', diese treffen also e_1 in den beiden Punkten, die von einem Kreise um O' mit dem Radius H_1R' ausgeschnitten werden. Will man die wahre Gestalt der Hyperbel s zeichnen, so muß man den Abstand der Ebenen Π_1, Π_3 kennen.

394. Auf einem Rotationshyperboloid sei Eigenschatten und Schlagschatten bei paralleler Beleuchtung zu be-

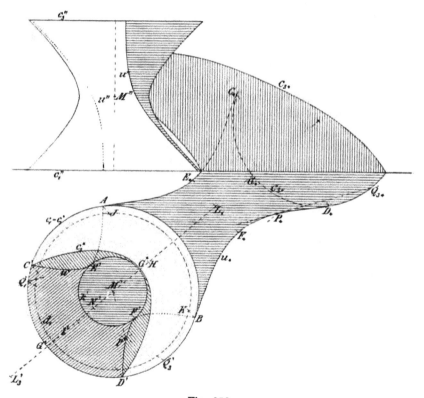

Fig. 256.

stimmen (Fig. 256). Das Hyperboloid mag wieder in der früheren Weise gegeben sein; L_1 und L_3 seien erster und dritter Spurpunkt des Lichtstrahles l durch M. Die Lichtgrenze u auf dem Hyperboloid ist eine ebene Kurve — in der Figur ist es eine Hyperbel — deren Ebene den Asymptotenkegel in zwei Mantellinien schneidet, die auf diesem ebenfalls die Lichtgrenze bilden. Legt man aber von L_1

Tangenten an den ersten Spurkreis d_1 des Asymptotenkegels und sind J und K ihre Berührungspunkte, so sind JM und KM seine Lichtgrenzen und zugleich die Asymptoten von u. M ist der Mittelpunkt und die Falllinie MH eine Achse von u, die andere Achse EF hat ihre Endpunkte auf dem Kehlkreise k; u trifft c_1 in den Schnittpunkten A und B von $JK \times c_1$ und c_3 in den entsprechenden Punkten C und D. Hiernach findet man die Projektionen u' und u'' ohne weiteres. Der Schlagschatten u_* von u auf Π_1 ist eine Hyperbel mit den Achsen l' und $E_* F_* \ddagger EF$ und den Asymptoten JL_1, KL_1, da $L_1 = M_*$ der Schatten von M ist; u_* berührt c_1 resp. c_{3*} in den Punkten A, B resp. C_*, D_*. Über den Schatten des Randes c_3 auf Grund- und Aufrißebene ist nichts weiter zu bemerken, es bleibt nur noch sein Schatten $c_3{}^*$ auf das Hyperboloid zu besprechen.

Alle zu l parallelen, vom Hyperboloide begrenzten Sehnen werden von der Ebene durch u halbiert. Liegt der eine Endpunkt dieser Sehnen auf c_3, so gehört der andere $c_3{}^*$ an, und da c_3 eine ebene Kurve ist, so muß es auch $c_3{}^*$ sein. Durch CD gehen vier harmonische Ebenen; es werden nämlich die Ebenen durch c_3 und $c_3{}^*$ harmonisch getrennt von der Ebene durch u und der zu l parallelen Ebene. Denn die Parallelen zu l schneiden die ersten drei Ebenen in äquidistanten Punkten, die letzte im Unendlichen. Die zu CD parallelen ersten Spuren jener vier Ebenen sind demnach ebenfalls harmonisch, und da die Ebene durch c_3 zu Π_1 parallel ist, so muß die erste Spur der Ebene durch $c_3{}^*$ in der Mitte liegen zwischen AB und dem Schatten von CD auf Π_1, d. h. die erste Spur der Ebene durch $c_3{}^*$ geht durch L_1. Man erhält nun $c_3{}^*$, indem man etwa nach 393 die Schnittkurve des Hyperboloides mit der Ebene zeichnet, deren erste Spur $E_* F_*$ und deren dritte Spur CD ist. Man kann indessen auch davon ausgehen, daß $\cdot c_3$ und $c_3{}^*$ affine Kurven sind, CD ist die Affinitätsachse. Um ein Paar affiner Punkte zu erhalten, suche man den Schatten G^* des Punktes G, der die Mitte des Kreisbogens CD bildet. Trifft der Lichtstrahl durch G die Ebene durch u in N, so ist $G^* N' = N' G'$.

Legt man durch eine Erzeugende $Q_1 Q_3$ die Ebene parallel zu l so schneidet sie Π_1 in dem Schatten $Q_1 Q_{3*}$; diese Ebene berührt das Hyperboloid in einem Punkte P von $Q_1 Q_3$, der der Lichtgrenze u angehört. Bei jeder Rotationsfläche steht aber die Tangentialebene in einem Punkte P senkrecht auf der Meridianebene durch P, in unserem Falle ist also $M' P' \perp Q_1 Q_{3*}$. Der Schatten P_* von P fällt in den Berührungspunkt von $Q_1 Q_{3*}$ mit u_*.

395. Auf einem Rotationshyperboloid sei die Berührungskurve u des von einem Punkte O aus an ihn gelegten Tangentenkegels zu zeichnen (Fig. 257). Das Hyperboloid mag von der Parallelebene durch O in dem Parallelkreise i geschnitten werden, dann ist die Lage von O durch seine erste Projektion O' bestimmt, wenn man i' kennt. Ist etwa O als Punkt einer Geraden mit den Spurpunkten G_1, G_3 gegeben, so teile man eine Erzeugende $E_1 E_3$ in dem Verhältnisse $O G_1 : O G_3$, dann liegt dieser Teilpunkt auf i. Fragt man sich nun nach dem Schnittpunkt S von u mit einer beliebigen Erzeugenden $E_1 E_3$, so ist dieser Punkt nichts anderes als der

Berührungspunkt der Ebene $O E_1 E_3$ mit dem Hyperboloid. Verbindet man den Schnittpunkt J von $E_1 E_3$ und i mit O ($J' E_1 : J' E_3' = O' G_1 : O' G_3'$), so gehört JO jener Ebene an; ihre erste und dritte Spur sind zu JO parallel und gehen durch E_1 resp. E_3. Ihr Berührungspunkt S liegt in der zu ihr senkrechten Meridianebene, das Lot von M' auf $O'J'$ trifft also $E_1 E_3'$ in S'. $F_1 = E_3'$ und

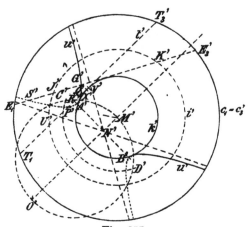

Fig. 257.

$F_3' = E_1$ sind die Spurpunkte einer neuen Erzeugenden, deren Projektion sich mit der von $E_1 E_3'$ deckt; das Lot von M' auf $O'K'$, wo K' der andere Schnittpunkt von $E_1 E_3'$ und i' ist, trifft $E_1 E_3' = F_1 F_3'$ in einem zweiten Punkte G' von u'. In gleicher Weise kann man beliebig viele Punkte von u' konstruieren. Aus dieser Konstruktion folgt, daß die Berührungspunkte der Tangenten von O' an i' auf u' liegen und daß sich in den Berührungspunkten der Tangenten von O' an k' die Kurve u' und k' berühren. Beschreibt man also über $M'O'$ als Durchmesser einen Kreis, so schneidet dieser aus i' zwei Punkte von u' und aus k' seine Berührungspunkte mit u' aus.

$O'M'$ ist die eine Achse von u', die andere Achse enthält die Mittelpunkte der zu $O'M'$ parallelen Sehnen von u'. Bestimmt man also auf einer Tangente t' von k', die zu $O'M'$ parallel ist, die beiden Punkte P', Q' von u' nach der soeben beschriebenen Methode, so liegt der Mittelpunkt R' von $P'Q'$ auf der zweiten Achse von u'.

und N' ist der Mittelpunkt von u' ($N'R' \perp O'M'$). Die Endpunkte
A, B der Achse NR von u liegen auf einem Parallelkreise h, dessen
Ebene den Mittelpunkt N von u enthält; N liegt aber nach 392 auf
MO. Die Erzeugende $t = T_1T_3$, die i in U und k in V schneidet,
schneidet h im Punkte X, für den die Relation $X'U' : X'V' = N'O' : N'M'$
gilt; denn OU, MV und NX liegen in parallelen Ebenen. Durch
diese Relation ergibt sich X', indem sich $O'U'$, $M'V'$ und $N'X'$ in
einem Punkte schneiden, und es ist $M'A' = M'B' = M'X'$.

Im vorliegenden Falle ist u eine Hyperbel und ihre Asymptoten
sind parallel zu den Mantellinien des Asymptotenkegels, deren
Tangentialebenen durch O gehen. Der Asymptotenkegel schneidet
die Ebene des Parallelkreises i in einem Kreise mit dem Radius
$U'V'$, die Tangenten von O an diesen Kreis berühren ihn in Punkten
C, D jener Mantellinien, ihre Projektionen C', D' liegen demnach auch

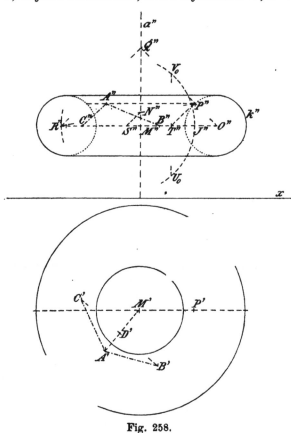

auf dem Kreise
mit dem Durchmesser $O'M'$. Die
Asymptoten von
u' gehen durch N'
und sind zu $M'C'$
resp. $M'D'$ parallel.

396. Ein
Hyperboloid zu
konstruieren,
das eine Ringfläche längs
eines Parallelkreises oskuliert (Fig. 258).
Betrachten wir
eine Meridianebene, die das
Hyperboloid in
einer Hyperbel h
und die Ringfläche in einem
Kreise k schneidet,
so müssen sich h
und k in einem
Punkte P osku

Fig. 258.

lieren, durch den jener Parallelkreis geht. Nach dem Abschnitt über
Krümmungskreise der Kegelschnitte im III. Band erhält man den
Mittelpunkt N von h, indem man P mit dem Mittelpunkte O von k
verbindet, OP mit der Achse a in Q schneidet, in Q eine Normale
auf OQ errichtet und diese mit der zu a senkrechten Geraden OM
in R schneidet; dann enthält RP den gesuchten Mittelpunkt N von h.
Die Asymptoten von h sind dadurch definiert, daß sie zur Achse a
symmetrisch liegen und den Winkel der konjugierten Durchmesser NR
und NS harmonisch teilen ($NS \perp OP$, $S = OM \times NS$). Bezeichnet
man mit K den Schnittpunkt der einen Asymptote mit OM, so ist:
$MR . MS = (MK)^2$, was eine einfache Konstruktion der Asymptoten
ergibt, die in die Zeichnung nicht eingetragen ist.

397. Die soeben behandelte Aufgabe kann nun verschieden-
artige Anwendungen finden; wir wollen uns zunächst nach den Haupttangenten in einem beliebigen Punkte A einer Rotationsfläche fragen. Bestimmen wir das Hyperboloid Λ, das die Rotationsfläche längs des Parallelkreises i durch A oskuliert, so sind seine
Erzeugenden durch A Haupttangenten der Rotationsfläche; denn sie
treffen drei unendlich nahe Parallelkreise, haben also drei benachbarte Punkte mit der Rotationsfläche gemein. Um nun in der
Hauptmeridianebene die Hyperbel zu zeichnen, die den Hauptmeridian der Rotationsfläche in dem Punkte P oskuliert, der mit A
auf dem Parallelkreise i liegt, haben wir zunächst im Punkte P den
Krümmungskreis k des Hauptmeridians zu suchen. Der Kreis k
bildet dann den Hauptmeridian einer Ringfläche, die unsere
Rotationsfläche längs des Parallelkreises i oskuliert; das gesuchte
Hyperboloid oskuliert dann sowohl Rotations- wie Ringfläche längs
dieses Kreises, kann demnach nach voriger Nummer gefunden
werden (Fig. 258). Die Haupttangenten im Punkte A sind parallel
zu den beiden Mantellinien des Asymptotenkegels von Λ, die in einer
zur Tangentialebene in A parallelen Ebene liegen; verschieben wir
also den Asymptotenkegel parallel zu sich selbst bis sein Scheitel
nach A gelangt, so enthält er jene Haupttangenten. Es gilt nun,
den Spurkreis des verschobenen Kegels und die Spurlinie der
Tangentialebene in einer zur Achse a senkrechten Ebene, etwa in
der Ebene Π_3 durch O, zu finden. Wir führen diese Konstruktion
zunächst für den Punkt P aus; durch Drehung um die Achse a
erhalten wir dann die gesuchten Haupttangenten. Auf OM wählen
wir die Punkte J und T so, daß $PJ \perp OM$ und $PT \perp OP$ ist, beschreiben in Π_3 über JR als Durchmesser einen Kreis und ziehen
durch T die Normale zu OM, dann schneiden sich Kreis und Nor-

male in den Spurpunkten U und V der Haupttangenten von P (in der Figur ist Π_3 um OM umgelegt). In der Tat ist nach der Konstruktion $(JU)^2 = (JV)^2 = JT.JR$, wie es ja sein muß, da in der Ebene des Hauptmeridians PR, PT und die beiden Mantellinien des mit seinem Scheitel nach P verschobenen Asymptotenkegels harmonisch liegen.

Trägt man nun noch $MT = M''T''$ auf $M'A'$ als $M'D'$ auf, zieht in D' die Senkrechte zu $M'A'$ und macht $D'B' = D'C' = T''U_0$, so sind $A'B'$ und $A'C'$ die ersten Projektionen der Haupttangenten von A, deren zweite Projektionen daraus unmittelbar sich ergeben. Man gebraucht also nur die Strecken $T''M''$ und $T''U_0$, so daß man nur die folgenden Linien zu ziehen hat: $O''P''Q''$, $Q''R'' \parallel P''T'' \perp O''P''$, $P''J'' \parallel T''U_0 \parallel a''$ und den Kreis über $R''J''$.

Hiermit ist auch die Konstruktion der Tangenten im Doppelpunkte P der ebenen Schnittkurve s einer Rotationsfläche in 378 gegeben.

398. Es soll in einem Punkte A der Lichtgrenze u auf einer Ringfläche die Tangente von u gezeichnet werden (Fig. 259). Ist i der Parallelkreis durch A, so suchen wir, wie vorher, das längs i oskulierende Hyperboloid; seine Lichtgrenze ist ein Kegelschnitt v, der u im Punkte A berührt. Denn u und v haben den Punkt A gemein, da sich beide Flächen längs i berühren. Da aber sogar Oskulation der Flächen längs i eintritt, kann man die Sache so auffassen, als ob sich die Flächen längs zweier unendlich naher Parallelkreise berühren, woraus dann die Behauptung folgt. Ist nun a die Achse dieser Ringfläche, M ihr Mittelpunkt, k ihr Hauptmeridian, O dessen Mittelpunkt, ist ferner l der Lichtstrahl durch M, so findet man mittels des Kugelverfahrens nach 380 auf dem Parallelkreise i den Punkt A ($i \times k = J, O''J'' \times a'' = N'', N''K'' \perp l''$, $K'A' \perp l'$) und nach dem Vorausgehenden den Mittelpunkt L des längs i oskulierenden Hyperboloides ($N''U \perp N''O'', J''U \times a'' = L''$). Die gesuchte Tangente der Kurve u in A liegt nun einerseits in der Tangentialebene der Ringfläche in diesem Punkte, andererseits in der zur Lichtrichtung konjugierten Diametralebene des Hyperboloides (392). Die erstere Ebene steht auf der Meridianebene durch A senkrecht, die letztere auf der Meridianebene durch l; beide gehen durch A, letztere auch durch L. Die Schnittlinien beider Ebenen mit der durch L gelegten Horizontalebene schneiden sich in einem Punkte H der gesuchten Tangente ($M'H' \perp l'$, $G'H' \perp M'A'$, $G'M' = J''P$, $L''P \perp O''J''$); der Aufriß der Tangente AH ist zur Vereinfachung der Figur weggelassen. In ganz analoger Weise ist auf dem Kreise i_1, der k im Punkte J_1 trifft, zunächst der Punkt A_1 der Lichtgrenze u bestimmt ($N''K_1'' \perp l''$, $K_1'A_1' \perp l'$) und dann die Tangente H_1A_1 gefunden worden. Freilich haben wir es hier mit einer Ellipse zu tun, deren eine Achse mit a zusammenfällt und die k in J_1 oskuliert, L_1 ist ihr Mittelpunkt ($J_1''U \times a'' = L_1''$); durch Rotation dieser

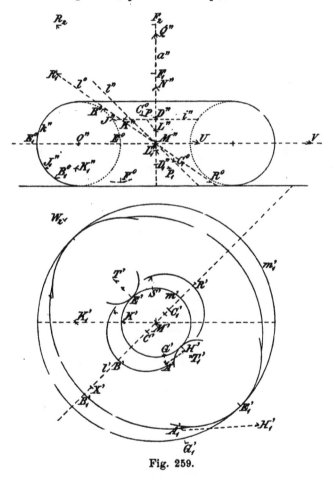

Fig. 259.

Ellipse um a entsteht ein Rotationsellipsoid, das die Ringfläche längs i_1 oskuliert. Da das Ellipsoid ähnliche Eigenschaften hat wie das Hyperboloid (vgl. 403), so ist seine Lichtgrenze ebenfalls ein Kegelschnitt, dessen Ebene durch den Mittelpunkt L_1 geht und auf der Meridianebene durch l senkrecht steht. Es findet sich deshalb der Punkt H_1 der gesuchten Tangente ganz ebenso wie vorher H

$(M'H_1{}' \perp l', \; G_1{}'H_1{}' \perp M'A_1{}', \; G_1{}'M' = J_1{}''P_1, \; L_1{}''P_1 \perp O''J_1{}'', \; J_1{}''P_1 \perp a'')$. Hat man es mit einer beliebigen Rotationsfläche zu tun, so ist zunächst in dem bezüglichen Punkte der Krümmungskreis der Meridiankurve zu zeichnen, dann kann wie vorher weiter verfahren werden.

399. Das oskulierende Hyperboloid resp. Ellipsoid kann man auch zur Konstruktion der Krümmungskreise in den Scheitelpunkten der Lichtgrenze u verwenden. Solche Scheitelpunkte von u liegen in der Meridianebene durch l und in der Ebene der Parallelkreise mit dem Mittelpunkte M. Die Scheitelpunkte B, B_1 in der Meridianebene durch l ergeben sich durch Drehung dieser Ebene um a parallel zu Π_2 ($B^0O''B_1{}^0 \perp l^0$, l^0 ist der $\|\Pi_2$ gedrehte Lichtstrahl). Ist b der Parallelkreis durch B, so hat das längs b oskulierende Hyperboloid seinen Mittelpunkt in D auf a ($O''B^0 \times a'' = Q''$, $Q''V \perp O''B^0$, $V = O''M'' \times Q''V$, $D'' = B^0V \times a''$). Die Ebene, welche in BD senkrecht auf der bezüglichen Meridianebene steht, schneidet das Hyperboloid in seiner Lichtgrenze w, da diese B enthält. Die Ellipse w hat aber mit u in B vier unendlich nahe Punkte gemein; denn das in einem beliebigen Parallelkreise i oskulierende Hyperboloid besitzt eine Lichtgrenze v, die u in seinen beiden Schnittpunkten mit i berührt; diese beiden Berührungspunkte fallen für den Parallelkreis b zusammen.

Die Ebene von w ist zugleich die Schmiegungsebene von u im Punkte B und der Krümmungskreis in diesem Punkte, der für u und w der gleiche ist, liegt auf der Kugel mit dem Mittelpunkte Q, welche die Ringfläche längs b berührt. Denn in der Tat schneidet die Schmiegungsebene den Kreis b und den ihm unendlich nahen Parallelkreis in je zwei unendlich nahen Punkten; diese vier unendlich nahen Punkte gehören aber ebenso, wie die bezüglichen Parallelkreise, zugleich der Ringfläche, dem oskulierenden Hyperboloide und der soeben genannten Kugel an, so daß der in der Schmiegungsebene liegende Kugelkreis mit u in B vier unendlich nahe Punkte gemein hat. Der Mittelpunkt des Krümmungskreises ist also der Fußpunkt C des von Q auf BD gefällten Lotes; in der zum Aufrisse parallel gedrehten Ebene ist $Q''C^0 \perp B^0V$ und C^0B^0 der Radius des Krümmungskreises von u in B. Dieser Kreis projiziert sich in Π_1 als Ellipse mit der kleinen Achse $B'C'$, ihre große Achse hat die Länge B^0C^0, und ihr Krümmungsradius in B' ist zugleich der von u'; seine Konstruktion erfolgt nach 274.

Ganz in der gleichen Weise bestimmen sich die Radien der Krümmungskreise von u in B_1 und von u' in $B_1{}'$, an Stelle des oskulierenden Hyperboloides tritt indessen hier ein oskulierendes Ellipsoid $(Q''C_1{}^0 \perp B_1{}^0 V)$.

Das Hyperboloid, das die Ringfläche längs des kleinsten Parallelkreises m oskuliert, hat vier unendlich nahe Kreise mit ihr gemein, seine Lichtgrenze — eine Hyperbel y — hat in ihrem Schnittpunkte E mit m drei benachbarte Punkte mit u gemein, y und u besitzen in E den gleichen Krümmungskreis $(E'M' \perp l')$. Die Schmiegungsebene von u in E, oder was dasselbe ist, die Ebene von y, enthält die Mantellinien des Asymptotenkegels des Hyperboloides, deren Tangentialebenen durch l gehen. $F^0 M$ ist nun eine Mantellinie dieses Kegels in der Ebene des Hauptmeridians $(E^0 = k \times m,$ $E^0 F^0 \perp O''M'',\ F^0 O'' \perp F^0 M'')$; denn es ist nach 269 $F^0 M''$ eine Asymptote der Hyperbel, die E^0 zum Scheitel und k zum Krümmungskreise besitzt. Die Parallelebene durch F^0 schneidet den Asymptotenkegel in einem Kreise, dessen erste Projektion m' ist, und den Lichtstrahl l im Punkte R $(R^0 F^0 \parallel O''M'',\ R^0 = l^0 \times F^0 R^0,$ $R'M' = (R^0 \dashv a''))$; die Projektion y' hat also $M'S'$ zur Asymptote, wenn $R'S'$ den Kreis m' in S' berührt. Der Krümmungsradius $T'E'$ für y' und zugleich für u' im Scheitel E' wird erhalten, indem man die Normale zu $E'M'$ in E' mit der Asymptote $M'S'$ schneidet und hier auf dieser eine Senkrechte errichtet, dieselbe geht dann durch T'.

Geht man von dem Ellipsoide aus, das die Ringfläche längs des größten Kreises m_1 oskuliert, so muß seine Lichtgrenze — eine Ellipse z — in ihrem Schnittpunkte E_1 mit m_1 drei benachbarte Punkte mit u gemein haben und also dort den gleichen Krümmungskreis aufweisen. Der Hauptmeridian des Ellipsoides ist eine Ellipse mit den Halbachsen $M''E_1{}^0$ und $M''F_1$, wenn $(M''F_1)^2 = E_1{}^0 M'' . E_1{}^0 O''$ ist, denn sie hat k zum Krümmungskreise (vergl. 274). Die zu l konjugierte Diametralebene in bezug auf das Ellipsoid enthält z und ist Schmiegungsebene von u in E_1; sie steht auf der Meridianebene durch l senkrecht und schneidet diese in dem Durchmesser der Meridianellipse, der zu l konjugiert ist. Diese Meridianebene dreht man parallel zu Π_2, und hat dann zu l^0 den konjugierten Durchmesser in bezug auf die Ellipse mit den Halbachsen $M''E_1{}^0$ und $M''F_1$ zu suchen. Dazu benütze man den zur Ellipse affinen Kreis mit dem Radius $M''E_1{}^0$ und dem Mittelpunkte M'', dann ist F_2 affin zu F_1 $(M''F_2 = M''E_1{}^0)$, R_2 affin zu R_1 auf l^0 $(R_1 F_1 \parallel R_2 F_2 \parallel O''M'')$. Ist nun $W_2 M'' \perp R_2 M''$ und $W_2 M'' = E_1{}^0 M''$, so ist die affine Gerade $W_1 M''$ der zu l konjugierte Durchmesser, sein Endpunkt W_1 liegt senkrecht über W_2. Die Halbachsen der Ellipse z' sind deshalb $M'E_1'$ und $M'X' = (W_2 \dashv a'')$, daraus folgt der Krümmungsradius $E_1'T_1' = (M'X')^2 : M'E_1'$ für u' in E_1'.

In der Fig. 259 ist u' nicht selbst eingezeichnet, man vergleiche hierzu Fig. 252; die eingezeichneten Krümmungskreise lassen den Verlauf von u' klar erkennen.

400. Es soll noch kurz die Tangente der Lichtgrenze u einer Rotationsfläche bei zentraler Beleuchtung besprochen

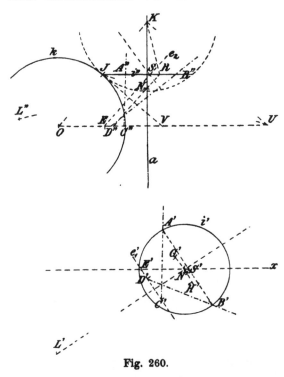

werden. In Fig. 260 sei a die Rotationsachse, i ein Parallelkreis der Fläche, J sein Schnittpunkt mit dem Hauptmeridian, k dessen Krümmungskreis in J, O der Mittelpunkt von k und L der leuchtende Punkt; als Aufrißebene benutzen wir die Hauptmeridianebene. Das längs i oskulierende Hyperboloid hat seinen Mittelpunkt in N ($OJ \times a = K$, $KU \perp OJ$, $UO \perp a$, $JU \times a = N$), seine Lichtgrenze v schneidet i in zwei Punkten A und B, in denen v die Kurve u be-

Fig. 260.

rührt. Die Kurve v liegt in einer Ebene E; schneiden wir also E mit i, so erhalten wir zwei Punkte A und B von u; schneiden wir ferner E mit den Tangentialebenen der Rotationsfläche in A resp. B, so gewinnen wir die Tangenten von u in diesen Punkten.

Es kommt also alles darauf an, E zu bestimmen. Wählen wir aber auf dem Durchmesser LN des Hyperboloides einen weiteren Punkt M und legen von ihm aus den Tangentenkegel an dasselbe, so liegt nach 392 sein Berührungskegelschnitt in einer zu E parallelen Ebene. Speziell erkennen wir, indem wir M unendlich fern rücken lassen, daß die Diametralebene Δ, die zu dem Durchmesser LN

konjugiert ist, zu E parallel läuft. Nun enthält Δ alle Punkte des Hyperboloides, deren Tangentialebenen zu LN parallel sind. Auf i finden wir die beiden Punkte von Δ mit Hilfe der Kugel, die die Rotationsfläche längs i berührt, d. h. sie liegen in der zu LN senkrechten Ebene durch K. Ist y der in der Hauptmeridianebene liegende Durchmesser von i, so gehört also der Punkt R von y der Ebene Δ an, wenn $RK \perp L''N$ ist; die Ebene Δ hat somit RN zur zweiten Spur und steht auf der Meridianebene durch L senkrecht.

Die beiden Schnittpunkte A und B von E und i liegen auch auf einem Kreise der obengenannten Kugel, der die Berührungspunkte der von L an sie gelegten Tangenten enthält; der Punkt $S = AB \times y$ liegt demnach auf der Polaren des Punktes L'' in bezug auf den Kreis um K mit dem Radius KJ. Hierdurch ist S und somit A und B bekannt $(A'B' \perp L'N'$, $A'B' \times x = S')$. AB ist die Spur von E in der Ebene von i. Die Spur e_2 von E geht durch S und ist zu RN parallel; wir verzeichnen außerdem die Spur e_1 von E in einer beliebigen Horizontalebene, etwa der Ebene durch O $(e_1' \parallel A'B')$. Die Tangentialebene in A besitzt in dieser Horizontalebene die Spur HC $(H'C' \perp A'N'H'$, $H'N' = (V \dashv a)$, JV Tangente von k in J); demnach ist $A'C'$ die Tangente von u' in A' $(C' = H'C' \times e_1')$, woraus auch die Tangente $A''C''$ von u'' folgt.

Gehört der Kreis i dem elliptisch gekrümmten Teile der Rotationsfläche an, so tritt an Stelle des oskulierenden Hyperboloides ein Ellipsoid, was jedoch die Konstruktion nirgends verändert.

401. Auf der Kurve der Lichtgrenze haben nach 376 die Punkte eine besondere Bedeutung, in denen die Tangente dem Lichtstrahle parallel ist bei parallelem Lichte, oder in denen die Tangente durch den leuchtenden Punkt geht bei zentralem Lichte. Es soll nun bei der Ringfläche noch etwas näher auf die Punkte von u mit zum Lichtstrahle l parallelen Tangenten eingegangen werden. Ist P ein solcher Punkt und $t \parallel l$ eine Gerade durch ihn, so ist t eine Haupttangente der Ringfläche. Läßt man t um die Rotationsachse a sich drehen, so entsteht ein Rotationshyperboloid, das die Ringfläche längs des Parallelkreises i oskuliert, der den Punkt P trägt. Der Hauptmeridian des Hyperboloides sei die Hyperbel h, derjenige der Ringfläche der Kreis k; k oskuliert h im Punkte J von i. Der Asymptotenkegel des Hyperboloides wird erhalten, wenn man durch seinen Mittelpunkt N eine Parallele zu l zieht und diese um a rotieren läßt; die Asymptoten der Hyperbel k schließen demnach mit a den gleichen Winkel ein wie l. Um also einen Parallelkreis i zu finden, der zwei Punkte von der gesuchten Art

trägt, haben wir folgende Aufgabe zu lösen. Es ist eine Hyperbel h
zu suchen mit der Achse a, deren Asymptoten mit a einen bestimmten Winkel $\alpha = \angle\, la$ bilden, und die den Kreis k zum Krümmungskreise hat; i geht

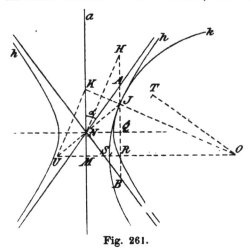

dann durch den Punkt J,
in dem sich h und k oskulieren.

In Fig. 261 sei O der
Mittelpunkt von k und M
der Mittelpunkt der Ring-
fläche mit dem Haupt-
meridian k ($OM \perp a$). Errichtet man in $K = OJ \times a$
eine Normale zu JO und
schneidet diese mit OM
in U, so geht UJ durch
den Mittelpunkt N von h;
die Geraden NA und NB,

Fig. 261.

die mit a den $\angle\,\alpha$ ein-
schließen, sind die Asymptoten von h. Der zu NJ konjugierte
Durchmesser ist NH ($NH \perp OJ$); zieht man also durch J eine
Parallele zu a, und schneidet diese NA, NB, NJ, NH resp. in A,
B, J, H, so liegen diese Punkte harmonisch. Deshalb gilt für den
Mittelpunkt Q von AB ($NQ \perp a$) die Relation: $(QA)^2 = QJ.QH$,
die nun noch weiter umzuformen ist. Zu diesem Zwecke setze man
$OJ = r$, $OM = d$ und $OR = x$, wo $R = AB \times OM$ ist; dann ist:
$\triangle QHN \sim \triangle ROJ$, also: $QH.RJ = x.QN$.

Ferner ist: $QJ : RJ = QN : RU$,

folglich: $\qquad\qquad (QA)^2 = (QN)^2 . x : RU$, oder: $\quad RU = x\,\mathrm{tg}^2\alpha$,

und: $\qquad\qquad\qquad OU = RU + x = \dfrac{x}{\cos^2 \alpha}\cdot$

Da $\triangle KOU \sim \triangle ROJ$ ist, ist aber auch:

$$OU = KO.\frac{r}{x} = \frac{dr^2}{x^2},$$

also: $\qquad\qquad x^3 = dr^2 \cos^2\alpha$, oder: $(OR)^3 = OM.(OT)^2$,

wenn $S = OM \times k$, $ST \parallel NA$ und $OT \perp NA$ ist.

OR ergibt sich hiernach als dritte Wurzel aus dem Werte
$OM.(OT)^2$, die man am besten durch Rechnung findet. Dann hat
man unmittelbar J und den Parallelkreis i, auf dem sich die gesuchten Punkte wie früher finden lassen.

Die Rotationsflächen 2. Grades.

402. Läßt man einen Kegelschnitt — Ellipse, Hyperbel, Parabel — um eine seiner Achsen rotieren, so entsteht eine Fläche, die man als Rotationsfläche 2. Grades bezeichnet. Durch Rotation einer Ellipse um ihre große Achse wird das **verlängerte Ellipsoid**, durch Rotation um ihre kleine Achse das **verkürzte Ellipsoid** oder **Sphäroid** gewonnen. Die Rotation der Hyperbel um ihre Hauptachse ergibt das **zweischalige Hyperboloid**, die Rotation um ihre Nebenachse das **einschalige Hyperboloid**; die Parabel bildet durch Ro-

tation um ihre Achse das **Para-boloid**. Das einschalige Hyperboloid kann auch, wie wir schon gesehen haben, durch Rotation einer Geraden um eine dazu windschiefe Achse erzeugt werden. Wir werden weiterhin im III. Band die allgemeinen Flächen 2. Grades kennen lernen, von denen die hier aufgezählten nur spezielle Fälle sind.

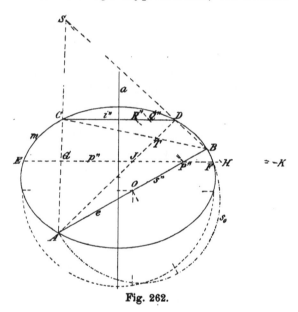

Fig. 262.

Dort werden die Eigenschaften dieser Flächen eine ausgedehntere Behandlung finden, während hier nur einige wenige hervorgehoben werden sollen.

Jeder ebene Schnitt der Rotationsfläche 2. Grades ist ein Kegelschnitt, der mit einem beliebigen Parallelkreise in doppelter Weise auf einem Kegel liegt. Zum Beweise wählen wir die zur Schnittebene senkrechte Meridianebene als Zeichenebene, a sei die Rotationsachse, m die Meridiankurve in ihr und e die Spur der Schnittebene (Fig. 262). Es ist nun zu zeigen, daß die Schnittkurve s, die m in A und B trifft, mit dem Parallelkreise i, der m in C und D schneidet, einmal auf einem Kegel mit dem

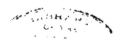

Scheitel $S = AC \times BD$ liegt und zum anderen auf einem Kegel mit dem Scheitel $T = AD \times BC$. Ein Punkt P von s und ein Punkt Q von i müssen auf einem Strahle durch S liegen, sobald die Projektion $P''Q''$ durch S geht, d. h. es muß $PP'' : QQ'' = P''S : Q''S$ sein. Ist nun p der Parallelkreis durch P und trifft er m in E und F, so ist: $(P''P)^2 = P''E.P''F$; ganz ähnlich gilt für Q die Beziehung: $(Q''Q)^2 = Q''C.Q''D$. Setzt man noch $G = p'' \times AC$, $H = p'' \times BD$ und zeigt, daß: $P''E.P''F = P''G.P''H$ ist, so folgt: $(P''P)^2 : (Q''Q)^2 = P''G.P''H : Q''C.Q''D = (P''S)^2 : Q''S)^2$; dies beweist unsere Behauptung. Nach 224 sind aber G, H und J, K Punktepaare einer Involution mit dem Mittelpunkt P'', und wir wollen nachweisen, daß auch E, F als Punktepaar ihr zugehört. Nehmen wir an, m sei ein Kreis, so gilt: $P''E.P''F = P''A.P''B$, und weil dann $\sphericalangle HBA = \pi - \sphericalangle DBA = \sphericalangle DCA = \sphericalangle FGA$, also $\triangle GP''A \sim \triangle BP''H$ wird, stimmt $P''G.P''H$ mit jenem Produkt überein, d. h. E, F ist ein Punktepaar der genannten Involution. Bedenkt man noch, daß jeder Kegelschnitt das perspektive Bild eines Kreises ist und eine Zentralprojektion jede Involution wieder in eine Involution verwandelt, so erkennt man, daß E, F ein Punktepaar jener Involution sein muß, einerlei ob er ein Kreis oder ein Kegelschnitt ist; es gilt also immer die Relation: $P''E.P''F = P''G.P''H$.

Ganz ebenso liegen P von s und R von i auf einem Strahle durch T, wenn $P''R''$ durch T geht und $PP'' : RR'' = P''T : R''T$ ist. Nun ist $(R''R)^2 = R''C.R''D$, also auch: $(P''P)^2 : (R''R)^2 = P''E.P''F : R''C.R''D = P''K.P''J : R''C.R''D = (P''T)^2 : (R''T)^2$.

Die Konstruktion des Kegelschnittes s ist selbstverständlich; AB ist die eine Achse von ihm, ihre Mitte O sein Mittelpunkt; die andere Achse wird von dem Parallelkreise begrenzt, dessen Ebene durch O geht. Ist m eine Ellipse, so kann man zur Konstruktion den affinen Kreis benutzen, der mit m eine Achse gemein hat; ist m eine Hyperbel, so ·wird man ihre Asymptoten bei der Konstruktion zu verwenden haben.

403. Der von einem Punkte an eine Rotationsfläche 2. Grades gelegte Tangentenkegel berührt sie in einem Kegelschnitte. Ist L der Punkt, u der Kegelschnitt und Λ seine Ebene, so heißt L der Pol der Ebene Λ und umgekehrt Λ die Polarebene des Punktes L. Die Meridianebene durch L nehmen wir als Zeichenebene, die in ihr liegende Meridiankurve sei m; die Tangenten von L an m mögen in den Punkten A resp. B berühren (Fig. 263). Die Ebene Λ, welche die Gerade AB zur Spur hat und auf der Zeichenebene senkrecht steht, schneidet unsere

Fläche in einer Kurve u, deren Projektion mit AB zusammenfällt. Wir haben nun zu zeigen, daß jeder Punkt der Fläche, dessen Projektion auf AB liegt, seine Tangentialebene durch L schickt. Ist P ein solcher Punkt, so daß P'' auf AB liegt, und ist p der zugehörige Parallelkreis, der m in J und K schneiden mag, so enthält die Tangentialebene in P die Tangente an den Parallelkreis p und die Tangente an die Meridiankurve durch P. Der Spurpunkt Q der ersteren Tangente ist offenbar der Pol von PP'' in bezug auf den Kreis p, teilt also seinen Durchmesser JK harmonisch. Q liegt demnach auch auf der Polaren von P'' in bezug auf m (256). Der Spurpunkt R der letzteren Tangente liegt auf der Rotationsachse a, durch ihn gehen auch die Tangenten von m in J und K; somit liegt R nach 256 β) auf der Polaren von P'' in bezug auf m. Die Spur QR der Tangentialebene im Punkte P ist also die Polare von P'' hinsichtlich m; da nun AB durch P'' geht, muß nach 256 β) auch L auf der Polaren QR von P'' liegen, und die Tangentialebene in P enthält den Punkt L, was unseren Satz beweist.

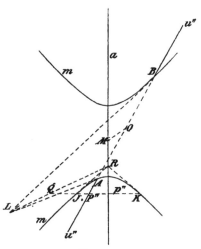

Fig. 263.

Der Mittelpunkt M von m ist zugleich der Mittelpunkt der Rotationsfläche. Die Polare des unendlich fernen Punktes von AB geht nach 256 durch L und den Mittelpunkt O von AB, sie enthält zugleich den Mittelpunkt M von m; denn sie muß alle zu AB parallelen Sehnen von m halbieren, ist also ein Durchmesser von m. AB ist eine Achse und O der Mittelpunkt von u. Ist CD irgend eine zu AB parallele Sehne von m, so schneiden sich die Tangenten in ihren Endpunkten auf dem Durchmesser LM, denn dieser ist die Polare des unendlich fernen Punktes von AB und CD. Das liefert uns folgenden Satz: **Die Tangentenkegel aus den Punkten eines Durchmessers an die Rotationsfläche 2. Grades berühren sie in Kegelschnitten, deren Ebenen parallel sind und auf der Meridianebene durch den Durchmesser senkrecht stehen; diese Kegelschnitte sind ähnlich und ihre Mittelpunkte liegen auf jenem Durchmesser.** Die Ähnlichkeit folgt daraus, daß je zwei ebene Schnitte der Fläche auf einem Kegel liegen, was in der nächsten Nummer gezeigt werden soll.

404. **Je zwei ebene Schnitte einer Rotationsfläche 2. Grades liegen gleichzeitig auf zwei Kegelflächen.** Es mögen u und v die beiden Schnitte sein und A und B ihre Ebenen; dann umhüllen die Tangentialebenen in den Punkten von u einen Kegel, sein Scheitel A ist der Pol von A; ebenso umhüllen die Tangentialebenen in den Punkten von v einen Kegel, sein Scheitel B ist der Pol von B. Die Gerade AB mag die Ebenen A und B bez.

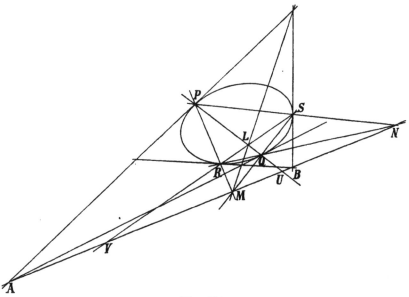

Fig. 264.

in U und V treffen, während eine beliebige Ebene durch AB aus der Fläche den Kegelschnitt k ausschneiden mag. Dieser wird mit u zwei Punkte P und Q gemein haben, die zugehörigen Tangenten von k gehen durch A; in gleicher Weise hat k mit v zwei Punkte R und S gemein, und es sind BR und BS die zugehörigen Tangenten von k (in Figur 264 sind die Verhältnisse dargestellt, wie sie sich in der Ebene von k darbieten). Zieht man noch die sechs Verbindungslinien der Punkte P, Q, R und S, so gilt der Satz vom Vierseit und Viereck, die dem Kegelschnitt k in den nämlichen vier Punkten P, Q, R und S umgeschrieben resp. eingeschrieben sind (256). Deshalb liegen die Punkte $M = PR \times QS$ und $N = PS \times QR$ auf AB und $L = PQ \times RS$ gehört der Schnittgeraden $l = \text{A} \times \text{B}$ an.

Nun werden die drei Paar Gegenseiten des eingeschriebenen Vierecks nach 224 von der Geraden AB in den Punktepaaren einer Involution geschnitten; U und V bilden also ein Punktepaar von ihr, und M und N sind ihre Doppelpunkte; sonach teilen M und N die Punkte U und V harmonisch (223). Auch die vier Tangenten in P, Q, R und S und die beiden Geraden LM und LN bilden sechs Seiten eines Vierecks und werden von der Geraden AB in drei Punktepaaren einer Involution geschnitten; von dieser stellt M, N ein Punktepaar dar, und A und B sind ihre Doppelpunkte, so daß M und N auch die Punkte A und B harmonisch teilen. Sonach können wir schließen, daß die Punktepaare A, B und U, V eine Involution bestimmen, deren Doppelpunkte in M und N liegen. Mit den Ebenen **A** und **B** sind aber auch ihre Pole A und B, sowie ihre Schnittpunkte U und V mit AB bekannt, also auch M und N als Doppelpunkte der Involution mit den Punktepaaren A, B und U, V. Läßt man demnach die Ebene durch AB sich ändern, so ändern sich auch die Punktepaare, die sie aus u und v ausschneidet; da aber hierbei M und N fest bleiben, so liegen immer ihre vier Schnittpunkte mit u und v paarweise auf zwei Strahlen durch M und ebenso paarweise auf zwei Strahlen durch N. Mithin sind M und N die Scheitel zweier Kegel, die sowohl durch u als auch durch v hindurchgehen.

405. Durch eine Gerade AB sollen die beiden Tangentialebenen an eine Rotationsfläche 2. Grades gelegt werden. Die Polarebene **A** von A schneidet die Fläche in einer Kurve, deren Punkte ihre Tangentialebenen durch A schicken; analog gehen die Tangentialebenen in den Punkten der Fläche, die in der Polarebene **B** von B liegen, durch B. Die Schnittgerade s von **A** und **B** trifft also die Fläche in zwei Punkten J und K, deren Tangentialebenen die Gerade AB enthalten. Legt man durch A die Meridianebene und bestimmt seine Polare in bezug auf die Meridiankurve, so steht **A** in dieser auf der Meridianebene senkrecht; in gleicher Weise findet man **B** und dadurch s, und es sind dann noch die Schnittpunkte von s mit der Rotationsfläche zu bestimmen.

In Fig. 265 mag EF die kleine und GH die große Achse einer Ellipse m sein, die durch Rotation um ihre große Achse ein Ellipsoid erzeugt. Die Rotatationsachse sei senkrecht zum Grundrisse, und die genannte Ellipse liege in einer zum Aufrisse parallelen Ebene. Auf der Geraden l, durch die die beiden Tangentialebenen an die Fläche zu legen sind, wählen wir den Punkt A in der Ebene Π_3 des größten Parallelkreises k, den Punkt B in der Tangentialebene des

Punktes G; in der Figur fällt sie mit Π_1 zusammen. Die Polarebene A von A enthält die Polare von A in bezug auf k und ist zu
Π_1 senkrecht; die Berührungssehne $P'Q'$ der von A' an k' gelegten
Tangenten bildet also die erste Spur a_1 von A und die erste Projektion a_3' ihrer dritten Spur. Die Polarebene B von B geht durch
G und enthält die beiden Punkte von k, deren Tangentialebenen
durch B gehen; diese sind aber senkrecht zu Π_1. Die Projektion b_3'
der dritten Spur von B ist demnach die Berührungssehne der von

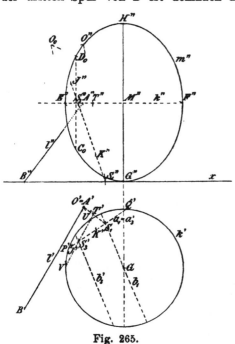

B an k' gelegten Tan-
genten, ihre erste Spur b_1
geht durch G $(b_1 \| b_3' \perp BG)$.
Hieraus ergeben sich die
Spurpunkte S_1 und S_3 von
$s = A \times B$ $(S_1 = a_1 \times b_1,$
$S_3' = a_3' \times b_3')$.

Um die Schnittpunkte
von s mit der Rotationsfläche zu gewinnen, lege
man durch s eine Vertikalebene, die die Fläche in
einer Ellipse c schneidet.
Diese Ellipse c ist zu dem
Kreise k perspektiv, das
Perspektivitätszentrum O
ergibt sich dann in fol-
gender Weise. Man drehe
c, das zu m ähnlich ist,
um die Achse GH, bis
seine Ebene zu Π_2 senk-

Fig. 265.

recht steht; das Zentrum O_0
der Perspektivität von k und der gedrehten Kurve c_0 liegt dann in
der Ebene des Hauptmeridians, erscheint also als Schnitt der Geraden
EC_0 und FD_0, wo C_0D_0 die große Achse von c_0 ist $(C_0D_0 : P'Q'$
$= G''H'' : E''F'')$. Dreht man c_0 in seine ursprüngliche Lage c zurück, so geht O_0 in O über; dabei fällt O' mit A' zusammen; denn
O muß in den Ebenen liegen, die die Fläche in P resp. Q berühren
$(O' = A', \ O_0O'' \| x)$. Die Ebene aus O durch s schneidet Π_3 in der zu s
perspektiven Geraden S_3T $(T'' = O''S_1'' \times E''F'', \ T'$ auf $O'S_1)$ und diese
schneidet k in den Punkten U und V, die zu den gesuchten Berührungspunkten J und K perspektiv sind $(U' = k' \times S_3'T', \ V' = k' \times S_3'T',$
$J' = O'V' \times S_1S_3', \ K' = O'U' \times S_1S_3', \ J''$ und K'' auf $S_1''S_3'')$.

Rotationsflächen, die sich längs einer Kurve berühren.

406. Berühren sich zwei Rotationsflächen A und B, deren Achsen a und b windschief zueinander sind, längs einer Kurve c, so sind in den Punkten dieser Kurve für beide Flächen die Tangentialebenen und damit auch die Normalen gleich. Die Normale einer Rotationsfläche trifft aber ihre Achse, so daß die gemeinsamen Normalen beider Flächen in den Punkten von c sowohl a wie b treffen. Ist somit eine Rotationsfläche A und die Achse b einer zweiten bekannt, die erstere längs einer Kurve berühren soll, so gehören dieser Berührungskurve alle Punkte von A an, deren Normalen die Achse b treffen. Durch Rotation dieser Kurve um b entsteht die Fläche B, und ganz ebenso erzeugt sie bei einer Rotation um a die Fläche A. Die Flächen A und B können auch als H ü l l - f l ä c h e n angesehen werden. Rotiert B um a, so ist A die Hüllfläche für alle Lagen von B; die Berührungskurven aller dieser Flächen gehen aus c durch

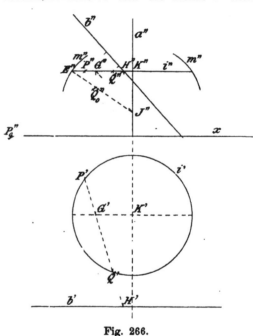

Fig. 266.

Rotation hervor; ganz ebenso ist B die Hüllfläche für alle Lagen von A, wenn A um die Achse b rotiert.

Sind a und b die Achsen zweier Rotationsflächen A und B, die sich längs einer Kurve berühren, und ist die Meridiankurve m der Fläche A gegeben, so sei die Berührungskurve c und die Meridiankurve n von B zu konstruieren. Wir wählen Π_2 parallel zu a und b und Π_1 senkrecht zu a und bestimmen auf einem beliebigen Parallelkreise i von A die beiden Punkte P und Q von c (Fig. 266). Ist E der Schnittpunkt von i mit dem Hauptmeridian m, so zeichnen wir die Normale

EJ im Punkte E von m, die a in J trifft; die Flächennormalen in
den Punkten des Parallelkreises i bilden einen Kegel mit dem
Scheitel J. Eine Ebene durch b und J schneidet aus dem Kegel
die beiden Mantellinien aus, die die gesuchten Punkte P und Q
tragen; diese Punkte liegen also auf der Schnittlinie GH der Ebene bJ
mit der Ebene des Kreises i ($H'' = b'' \times i''$, H' auf b', $J''G'' \| b''$,
$G'' = J''G'' \times i''$, K Mittelpunkt von i, $G'K' \| x$, $P' = G'H' \times i'$,
$Q' = G'H' \times i'$). Drehen wir nun noch die Ebenen Pb resp. Qb
um b parallel zu Π_2, so liefern P und Q die Punkte P_0 und Q_0 des
Hauptmeridians n von B ($P_0''P'' \perp b''$, $(P_0'' \dashv b'') = (P' \dashv b')$).

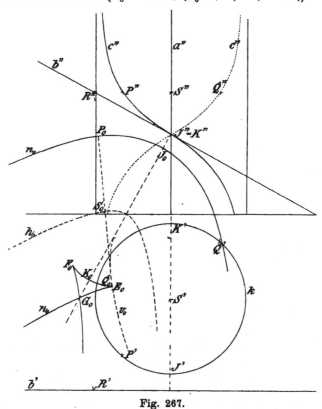

Fig. 267.

407. Ein gerader Kreiscylinder mit der Achse a rotiert
um eine Achse b; seine Hüllfläche zu bestimmen. Π_1 werde
zu a normal, Π_2 zu a und b parallel gewählt (Fig. 267); die Berührungskurve c des Cylinders in seiner Anfangslage mit der Hüllfläche ist dann leicht anzugeben. Da hier ihre erste Projektion c'

mit dem Spurkreise k des Cylinders zusammenfällt und die Normalen dieses Cylinders horizontal sind, so können wir durch einen beliebigen Punkt R von b das Lot zu a mit dem Fußpunkte S zeichnen, das den Cylinder in zwei Punkten P und Q von c schneidet ($R''S'' \parallel x$, $R'S' \times k = P'$, $R'S' \times k = Q'$). Jede Mantellinie trägt im Endlichen einen Punkt von c; die ganze Kurve c besteht aus zwei Teilen, von denen jeder aus dem anderen durch eine Drehung von 180^0 um die Achse a hervorgeht. Die beiden Mantellinien, die sich in der zu b parallelen Ebene durch a befinden, sind die Asymptoten von c. Auf der gemeinsamen Normalen von a und b liegen die Punkte J und K von c, deren Schmiegungsebenen zu Π_2 senkrecht sind; c'' hat also in $J'' = K''$ einen Doppelpunkt, der für die beiden Zweige zugleich Wendepunkt ist (b'' ist nicht Wendetangente).

Drehen wir die Gerade RS um b parallel zu Π_2 in die Lage RS_0 ($S''S_0 \perp b''$, $R''S_0 = RS = R'S'$), so gelangen P und Q nach P_0 und Q_0 auf $R''S_0$ ($P_0 S_0 = S_0 Q_0 = r$, dem Radius von k); diese Punkte P_0 und Q_0 gehören dem Hauptmeridian n_0 der Hüllfläche an. S_0 entsteht aus dem Punkte S von a durch Rotation um die Achse b; durch Rotation der Geraden a um die Achse b entsteht aber ein Rotationshyperboloid, dessen Hauptmeridian eine Hyperbel h_0 ist; sie trägt den Punkt S_0. Die Nebenachse von h_0 ist b'', ihre eine Asymptote fällt mit a'' zusammen. Die Gerade $R''S_0$ ist die Normale der Hyperbel h_0 im Punkte S_0. Denn RS steht in S senkrecht zu a und trifft die Achse b des genannten Hyperboloides, d. h. RS ist die Normale dieser Fläche im Punkte S; deshalb ist RS auch eine Normale der Meridianhyperbel durch S, und in der gedrehten Lage ist RS_0 die Normale von h_0 in S_0. Tragen wir auf dieser Normalen nach beiden Seiten hin die gleiche Strecke r auf, so erhalten wir zwei Punkte P_0 und Q_0 von n_0. Der Hauptmeridian n_0 der Hüllfläche ist also eine Parallelkurve zu der Hyperbel h_0 im Abstande r. Die Kurve n_0 besteht aus zwei Teilen, von denen der eine außerhalb h_0, der andere im Innern von h_0 liegt; letzterer hat zwei Spitzen E_0 und F_0 auf der Evolute v_0 von h_0 und einen Doppelpunkt G_0 auf $J_0 K_0$.

408. Zwei Hyperboloide können sich längs einer Erzeugenden berühren. Die Hyperboloide seien A und B, ihre Achsen a und b, die gemeinsame Erzeugende e. Wenn sich die Rotationsflächen längs e berühren sollen, so müssen die gemeinsamen Flächennormalen in den Punkten von e sowohl a wie b treffen. Alle diese Flächennormalen liegen in Ebenen, die zu e senkrecht

stehen; sie müssen deshalb die Achsen a und b in ähnlichen Punktreihen schneiden, da sie in parallelen Ebenen liegen. Projizieren
wir das Ganze auf eine Ebene Π_1, die auf e senkrecht steht, so erscheinen die Projektionen der Normalen als Gerade durch den Spurpunkt E_1 von e; soll aber der Strahlbüschel mit dem Scheitel E_1
auf a' und b' ähnliche Punktreihen ausschneiden, so muß $b' \| a'$ sein.
Die Achsen a, b und die Erzeugende e sind somit zu einer und derselben Ebene paral-
lel, die wir als Auf-
rißebene benutzen
(Fig. 268).

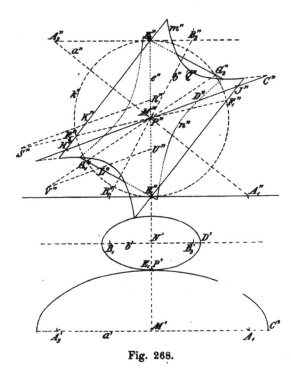

Fig. 268.

Geht man nun
von einem Hyper-
boloid A mit der
Achse a aus, so gibt
es noch unendlich
viele Hyperboloide,
die dasselbe längs
der Erzeugenden e
berühren. Sind näm-
lich A_1 und A_3 resp.
E_1 und E_3 die Spur-
punkte von a und e
in zwei zu e senk-
rechten Ebenen Π_1
und Π_3, so bildet
jede Gerade b, deren
Spurpunkte B_1 und
B_3 resp. auf $A_1 E_1$
und $A_3 E_3$ liegen und
für die $B_1 B_3' \| A_1 A_3'$

ist, die Achse eines Rotationshyperboloides B, das A längs e berührt.
Denn ist A_2 irgend ein Punkt auf $A_1 A_3$ und B_2 ein Punkt auf $B_1 B_3$
derart, daß $B_2 B_1 : B_2 B_3 = A_2 A_1 : A_2 A_3$ ist, so geht $B_2' A_2'$ durch $E_1 = E_3'$,
d. h. $B_2 A_2$ trifft e, und es liegen $A_1 B_1$, $A_3 B_3$ und $A_2 B_2$ in parallelen
Ebenen, d. h. es ist $B_2 A_2 \perp e$ und deshalb eine gemeinsame Normale
von A und B.

Sind wir nun über die gegenseitige Lage der Achsen a, b und
der Erzeugenden e orientiert, so sind uns auch unmittelbar die
Mittelpunkte M und N der Flächen A und B bekannt; denn MN ist
die gemeinsame Normale von a, b und e. Ist $P = MN \times e$, so sind

PM und PN die Radien der Kehlkreise unserer beiden Flächen.
Eine Parallele zu e durch M liefert die zu Π_2 parallele Mantellinie
des Asymptotenkegels von A, sie ist also eine Asymptote des Hauptmeridians m von A; e'' ist Asymptote der Hyperbel m'', M'' ihr
Mittelpunkt, $M''Q'' = M'P'$ ihre halbe Hauptachse, a'' ihre Nebenachse. Ganz ebenso bestimmt sich der Hauptmeridian n von B;
e'' ist Asymptote der Hyperbel n'', $N'' = M''$ ihr Mittelpunkt, die
Länge ihrer halben Hauptachse ist gleich $N'P'$.

Die Erzeugenden von A, die mit e zusammen der gleichen
Schar angehören, treffen e nicht, schneiden also B in zwei reellen
oder konjugiert imaginären Punkten außerhalb e. Die Erzeugenden
der anderen Schar von A berühren B je in einem Punkte von e.
Daraus geht hervor, daß die Hyperboloide A und B außer der
Erzeugenden e, in der sie sich berühren, noch zwei weitere reelle,
oder konjugiert imaginäre Erzeugende der anderen Schar gemein
haben. Die Lage dieser Erzeugenden ergibt sich aus der folgenden
Betrachtung.

Die Mantellinien der Asymptotenkegel von A und B sind zu den
Erzeugenden der bezüglichen Flächen parallel; haben demnach A
und B eine Erzeugende gemein, so weisen ihre Asymptotenkegel ein
Paar parallele Mantellinien auf. Verschieben wir nun beide Kegel
parallel mit sich selbst, bis sie beide den Punkt P zum Scheitel
haben, so berühren sie sich längs e und schneiden sich außerdem
in zwei reellen oder imaginären Mantellinien. Um diese zu zeichnen,
legen wir nach 99 um P als Mittelpunkt eine Kugel und benutzen
eine zu Π_2 parallele Hilfsebene durch P. Diese Hilfsebene schneide
die Kugel in k und die Kegel in den Geraden E_1E_3, F_1F_3 resp. E_1E_3,
G_1G_3. Sind dann E_1, E_3, F_1, F_3, G_1, G_3 die Schnittpunkte dieser
Geraden mit k, und ist $H = E_1G_1 \times E_3F_3$ und $J = E_1F_1 \times E_3G_3$, so
enthält die durch HJ senkrecht zu Π_2 gelegte Ebene Δ zwei gemeinsame Mantellinien der Kegel mit dem Scheitel P.

Sind diese Mantellinien reell, so schneidet jede Parallelebene zu Δ
die Kegel mit dem Scheitel P in Hyperbeln mit parallelen Asymptoten, d. h. in ähnlichen und ähnlich liegenden Hyperbeln. Jede
Parallelebene zu Δ schneidet also auch die Asymptotenkegel, und
folglich die Hyperboloide A und B in ähnlichen und ähnlich liegenden Hyperbeln; diese letzteren berühren sich in dem auf e liegenden
gemeinsamen Punkte, der deshalb das Ähnlichkeitszentrum für sie
darstellt. Unter den Parallelebenen zu Δ gibt es zwei, die A berühren, also in Geradenpaaren schneiden; sie berühren gleichzeitig
auch B und schneiden es in Geradenpaaren. Eine solche zu Δ

parallele, gemeinsame Tangentialebene von A und B schneidet diese
Flächen in einer beiden gemeinsamen Erzeugenden und in zwei
parallelen Erzeugenden. Es folgt das einfach daraus, daß die zu
einem Geradenpaar ähnliche Kurve, falls das Ähnlichkeitszentrum
auf einer der Geraden liegt, eben aus dieser Geraden und einer zur
anderen parallelen Linie besteht. Die Hyperbeln m'' und n'' haben
dann zwei zu $H''J''$ parallele gemeinsame Tangenten.

In unserer Figur schneidet die Ebene Δ die Kegel mit dem
Scheitel P in imaginären Geraden; aber je zwei Gerade dieser Ebene,
die in bezug auf den einen Kegel konjugiert sind, sind es auch in bezug
auf den anderen, da die gemeinsame Potenzlinie der Basiskreise
beider Kegel mit den Durchmessern $E_3 F_3$ und $E_1 G_1$ in Δ liegt. Jede
Parallelebene zu Δ schneidet deshalb beide Kegel in Ellipsen, deren
konjugierte Durchmesser paarweise parallel sind, die also ähnlich und
in ähnlicher Lage sind. Es läßt sich indes auch leicht direkt zeigen,
daß beide Kegel von den zu Δ parallelen Ebenen in Ellipsen geschnitten werden, deren Achsenverhältnisse einander gleich sind.
Wird nämlich $E_3 F_3$ durch H und K und $E_1 G_1$ durch H und L harmonisch geteilt, so ist:

$$HF_3 : HE_3 = KF_3 : KE_3,$$
und
$$HG_1 : HE_1 = LG_1 : LE_1.$$

Die Parallele zu HJ durch K schneide PE_3 und PF_3 in R und S,
die Parallele zu HJ durch L schneide PE_1 und PG_1 in U und V;
die Normale in K zu Π_2 treffe den Basiskreis des Kegels mit dem
Durchmesser $E_3 F_3$ in T, die Normale in L zu Π_2 den Basiskreis
des zweiten Kegels mit dem Durchmesser $E_1 G_1$ in W. Dann liegen
auf den beiden Kegeln die Ellipsen mit den Mittelpunkten K resp. L
und den Halbachsen $KR = KS$ und KT, resp. $LU = LV$ und LW.

Nun ist: $KS : KF_3 = HP : HF_3,$
und: $KR : KE_3 = HP : HE_3,$
also: $(KR)^2 : KE_3 . KF_3 = (HP)^2 : HE_3 . HF_3 .$

Ganz analog ergibt sich:

$$(LU)^2 : LE_1 . LG_1 = (HP)^2 : HE_1 . HG_1,$$

und da $HE_3 . HF_3 = HE_1 . HG_1$ ist (als Potenz von H in bezug auf k),
so folgt: $(KR)^2 : (LU)^2 = KE_3 . KF_3 : LE_1 . LG_1 = (KT)^2 : (LW)^2$, was
unsere Behauptung erweist. Die Parallelebenen zu Δ schneiden die
beiden Hyperboloide in ähnlichen Ellipsen, die sich in einem Punkte
von e berühren, der das Ähnlichkeitszentrum bildet. Die Ebene Δ

selbst schneidet die Hyperboloide in Ellipsen, deren kleine Halbachsen PM resp. PN und deren große Halbachsen CM resp. DN sind $(C = HJ \times m, \ D = HJ \times n, \ PM : PN = CM : DN)$. Auch die ersten Projektionen dieser Ellipsen, die in die Figur eingezeichnet sind, sind ähnlich.

Beispiel für Anwendungen.

409. Für die auf Rotationsflächen bezüglichen Konstruktionen ist die Außenansicht eines Kuppelbaues als Übungsbeispiel gewählt (s. Fig. 269).

Die elliptisch gewölbte Kuppel erhebt sich über einem Unterbau von achteckigem Grundriß. Über dem Hauptsims, der das Widerlager umgrenzt, zeigt sie vier mit Giebeldächern versehene Rundbogenfenster und trägt auf cylindrischer Basis eine sogenannte Laterne, aus acht [kleinen Säulen mit Rundbogen und einem halbkugelförmigen Kuppeldach bestehend. Die architektonischen Formen sind absichtlich, schon wegen des kleinen Maßstabes der Zeichnung, so einfach wie möglich gehalten. Im Aufriß ist die Schattenkonstruktion für eine willkürlich angenommene Parallelbeleuchtung eingetragen; der Grundriß zeigt nur die zu ihr nötigen Hilfslinien.

Die Oberfläche der Hauptkuppel gehört einem gestreckten Rotationsellipsoide mit vertikaler Achse an. Die ebenen Flächen der seitlichen Fensterwände und der Giebeldächer durchdringen diese Fläche in elliptischen Bogen, über deren Darstellung nichts Neues zu sagen ist.

Nur über die Schattenkonstruktion mögen einige Bemerkungen Platz finden. In der Nebenfigur (rechts) ist der von einem Punkte P ausgehende Lichtstrahl l im Grund- und Aufriß so gezeichnet, daß sich l' und l'' in einem Punkte L der Projektionsachse x begegnen. Sodann ist der Lichtstrahl $l = PL$ durch Drehung um die Vertikale PP' in eine zum Aufriß parallele Lage $l_\triangle = PL_\triangle$ übergeführt worden. Namentlich der Aufriß $l_\triangle''$ des gedrehten Lichtstrahles wird weiterhin gebraucht.

Die Grenze zwischen Licht- und Eigenschatten wird auf der Hauptkuppelfläche von einer Ellipse gebildet; sie ist der Schnitt des Rotationsellipsoides (Mittelpunkt M) mit der zur Lichtstrahlrichtung konjugierten Diametralebene. Man suche zuerst im Aufriß zu dem Halbmesser $M''C_\triangle''$, der die Richtung des gedrehten Lichtstrahls $l_\triangle''$ hat, den konjugierten Durchmesser $M''B_\triangle''$ der Hauptmeridianellipse

und durch Zurückdrehen $M''B''$; dann ziehe man im Grundriß normal
zu l' den Halbmesser $M'A'$ des Basiskreises und seinen horizontalen

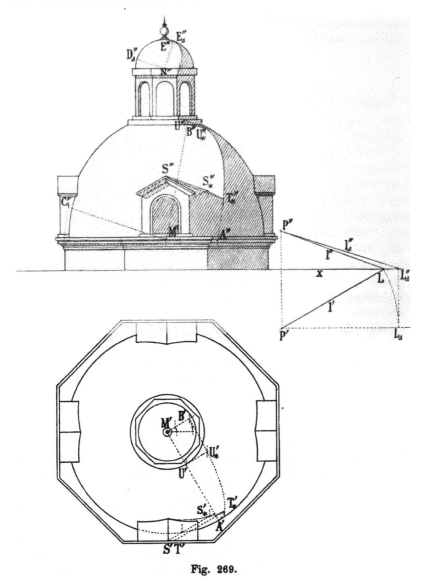

Fig. 269.

Aufriß $M''A''$. MA und MB bilden die Achsen der Lichtgrenz-
ellipse, $M''A''$ und $M''B''$ also konjugierte Durchmesser ihres Auf-

risses. Bei der Laternenkuppel und der aufgesetzten kleinen Kugel verfährt man ähnlich. Bei ihnen gehört die Lichtgrenze einem Hauptkreise an, dessen Ebene rechtwinklig zum Lichtstrahl l steht.

Die cylindrisch umgrenzte niedrige Platte, welche die Kuppel abschließt und auf der die Laterne steht, wirft einen Schlagschatten auf die Kuppelfläche; er wird durch einen Ellipsenbogen begrenzt, dessen Grundriß die Gerade $U'U_*'\|l'$ ist. Die Lichtrichtung ist der Einfachheit halber so gewählt, daß der obere Endpunkt U der Lichtgrenzlinie am Cylindermantel seinen Schatten U_* gerade auf die Lichtgrenze der Kuppel wirft.

Die Firstkante des vorderen Fenstergiebeldachs endet vorn in dem Punkte S. Man kann seinen Schatten S_* auf die Kuppelfläche etwa mittels einer durch S gelegten vertikalen Lichtstrahlebene bestimmen. Diese Hilfsebene schneidet nämlich die Kuppelfläche in einer leicht zu konstruierenden Ellipse und auf letzterer findet sich S_*, wenn man $S''S_*''\|l''$ und $S'S_*'\|l'$ macht. Der Schlagschatten der Firstkante ist eine Ellipse. Die nach rechts abfallende vordere Dachkante des Fenstergiebels nimmt ebenfalls an der Schlagschattenbildung teil. Man benutzt das vorige Verfahren für einzelne Punkte. Die Schlagschattengrenze ist wiederum elliptisch geformt und endigt an der Lichtgrenze der Kuppel in dem Punkte T_* mit einer zum Lichtstrahl parallelen Tangente.

NEUNTES KAPITEL.

Zyklische Linien und Schraubenlinien.

Rollkurven.

410. Bewegt sich eine ebene Kurve k in ihrer Ebene, indem sie sich auf eine zweite Kurve l stützt, d. h. so, daß sie diese fortwährend berührt, und legt der Berührungspunkt (Stützpunkt) auf beiden Kurven gleiche Weglängen zurück, so sagt man: die **bewegliche Kurve k rollt auf der festen Kurve l**. Die Bahn irgend eines fest mit der rollenden Kurve k verbundenen Punktes heißt eine Rolllinie.[17])

Für einen bestimmten Augenblick der Bewegung seien die Punkte K und L beider Kurven im Stützpunkte vereint und M sei

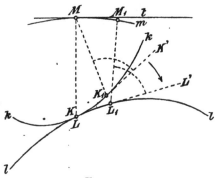

die Lage des die Rolllinie m beschreibenden Punktes. Man erhält eine neue Lage M_1 desselben, wenn man auf k und l in gleichem Sinne gleiche Bogenlängen KK_1 und LL_1 abträgt, in ihren Endpunkten die Tangenten K_1K' und L_1L' zieht und $\angle L'L_1M_1$ $= \angle K'K_1M$, sowie L_1M_1 $= K_1M$ macht (Fig. 270).

Fig. 270.

411. Ist MM_1 ein unendlich kleines Element der Rolllinie, so kann man den Übergang von M in M_1 als Drehung um den Stützpunkt L auffassen: L bildet den **augenblicklichen Drehpunkt (Momentanzentrum, Pol)** der rollenden Bewegung. Man erkennt dies am leichtesten, indem man statt der Kurven vorläufig zwei Polygone $KK_1K_2\ldots$ und $LL_1L_2\ldots$ mit sehr kleinen geradlinigen Seiten $KK_1 = LL_1$, $K_1K_2 = L_1L_2$, $\ldots$ betrachtet (Fig. 271). Fällt zuerst K mit L zusammen, so wird darauf K_1 mit L_1 durch Drehung

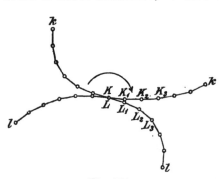

des beweglichen Polygones um L vereinigt, dann K_2 mit L_2 durch Drehung um L_1, u. s. f. Der Unterschied zwischen der geschilderten Bewegung und der zu untersuchenden verschwindet, wenn die Polygonseiten unendlich klein werden, wobei als Grenzgestalten der Polygone sich die Kurven k und l ergeben.

Fig. 271.

Die Gerade LM stellt die **Normale der Rolllinie** m im Punkte M dar; denn als Verbindungslinie des Drehpunktes mit dem beschreibenden Punkte steht sie senkrecht auf dessen augenblicklicher Bewegungsrichtung oder auf der Kurventangente. Hiernach kann die **Tangente** t der Rolllinie im Punkte M sofort gezeichnet werden.

412. Es verdient bemerkt zu werden, daß der Begriff des

Momentanzentrums in der Kinematik dazu dient, jede beliebige Bewegung einer starren Figur in der Ebene durch eine rollende Bewegung zu erklären. Aus den für einen bestimmten Moment geltenden Positionen P und Q zweier Punkte der bewegten Figur $\mathfrak{F}$ und ihren augenblicklichen Bewegungsrichtungen bestimmt sich der augenblickliche Drehpunkt als Schnitt der durch P und Q normal zu ihren Bewegungsrichtungen gezogenen Geraden. Er ändert im Laufe der Bewegung im allgemeinen seine Lage. Sein geometrischer Ort bildet demnach in der festen Ebene eine Kurve l, die Polbahn, in einer mit $\mathfrak{F}$ verbundenen beweglichen Ebene aber eine Kurve k, die Polkurve, deren Punkte bei der Bewegung sukzessive mit den entsprechenden von l zusammenfallen. Man kann daher die Bewegung als durch das Rollen von k auf l hervorgebracht ansehen.

413. Haben die Kurven k und l das unendlich kleine Element LL_1 gemein (Fig. 272) und sind N und O ihre dazu gehörigen Krümmungszentren, so bilden $\varkappa = \angle LNL_1$ und $\lambda = \angle LOL_1$ die Kontingenzwinkel, und es ist:

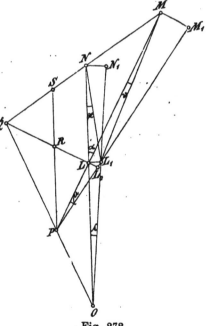

1) $\qquad LL_1 = LN \cdot \varkappa = OL \cdot \lambda.$

Schreitet aber die Berührungsstelle der Kurven um das Element LL_1 fort, so dreht sich die rollende Figur um den Winkel

$\varkappa + \lambda = \angle NL_1N_1 = \angle ML_1M_1,$

wo M_1 und N_1 die von M und N erreichten Nachbarlagen bedeuten. Dabei fällt N_1 auf die zu OL benachbarte Normale OL_1 der Leitkurve l, und die Normale LM der Rolllinie geht in die Nachbarnormale L_1M_1 über, die mit der vorigen das Krümmungszentrum P und den Kontingenzwinkel $\mu = \angle MPM_1$ bestimmt. Setzt man noch $\nu = \angle LML_1$, so

Fig. 272.

folgt für die eingeführten unendlich kleinen Winkel die Beziehung:

2) $\qquad\qquad \varkappa + \lambda = \mu + \nu.$

Ist ferner L_0 die senkrechte Projektion von L_1 auf die durch L

normal zu LM gezogene Gerade, so kann LL_0 als das gemeinsame
Element der mit den Radien LM und PL um M und P geschlagenen
Kreise betrachtet werden, und man hat:

3) $$LL_0 = PL.\mu = LM.v = LL_1.\cos\alpha, \quad .$$

wenn $$\alpha = \angle\, L_0 L L_1 = \angle\, MLN$$

gesetzt wird. — Aus der Verbindung der Relationen 1), 2) und 3)
folgt:

4) $$\frac{1}{PL} + \frac{1}{LM} = \left(\frac{1}{OL} + \frac{1}{LN}\right) \cdot \frac{1}{\cos\alpha}.$$

Wird $L_0 L$ von MN in Q geschnitten, so trifft OQ die Gerade
ML in dem durch diese Relation bestimmten Punkte P; denn zieht
man durch ihn die Parallele zu ON, die auf LQ und NQ die Punkte
R und S bestimmt, so folgt zuerst:

$$\frac{PR}{PL} = \frac{1}{\cos\alpha}$$

und aus ähnlichen Dreiecken:

$$\frac{PS}{PR} = \frac{OL + LN}{OL},$$

$$\frac{PL + LM}{LM} = \frac{PS}{LN}.$$

Die Multiplikation der letzten drei Gleichungen ergibt aber die Bedingung 4); daher die Konstruktion:

Sind N und O die Krümmungszentra der Kurven k und l
im Stützpunkte L, so erhält man das Krümmungszentrum P
der von M beschriebenen Rolllinie m, indem man MN mit
der Normalen zu LM durch L im Punkte Q und OQ mit LM
in P schneidet.

Verändert M seine Lage auf LM, so bewegt sich Q auf LQ
und P auf LM so, daß die Reihe der M mit der Reihe der Q aus
dem Zentrum N und diese mit der Reihe der P aus O perspektiv
liegt. Also sind die Reihen der M und der P projektiv.

414. Fällt der die Rolllinie beschreibende Punkt auf die
Stützpunktnormale NO, z. B. nach M_0 (Fig. 273), so bedarf die
Konstruktion einer Abänderung. Der zu M_0 gehörige Krümmungs-
mittelpunkt P_0 ist (da hier $\alpha = 0$ zu nehmen ist) durch die Relation:

$$\frac{1}{P_0 L} + \frac{1}{LM_0} = \frac{1}{OL} + \frac{1}{LN}$$

bestimmt und wird folgendermaßen indirekt gefunden. Ist M die
senkrechte Projektion von M_0 auf eine durch L unter dem beliebigen
Winkel α gegen NO gezogene Gerade und P der zu M gehörige

Krümmungsmittelpunkt, so ist P die senkrechte Projektion von P_0. In der Tat geht die Bedingung 4) durch die Annahme:

$$LM = LM_0 . \cos \alpha ,$$
$$PL = P_0 L . \cos \alpha$$

in die zuletzt erwähnte Beziehung über.

Zu irgend einem Punkte M_1 auf NO erhält man jetzt den Krümmungsmittelpunkt P_1 am einfachsten, wenn man MM_1 mit LQ in Q_1 und $Q_1 P$ mit NO in P_1 schneidet. Denn die Punktreihen $LNM_0 M_1$ und $LOP_0 P_1$ sind dann bezw. aus den Zentren M und P zu einer und derselben Punktreihe LQQ_0Q_1 perspektiv, wobei Q_0 den unendlich fernen Punkt bezeichnet.

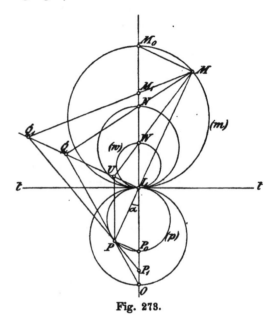

Fig. 273.

415. Die oben gemachte Bemerkung führt uns aber noch weiter; sie beweist nämlich den Satz:

Rollt die Kurve k auf der festen Kurve l und ist L der augenblickliche Stützpunkt, so beschreiben alle Punkte M eines Kreises (m), der l in L berührt, Rolllinien, deren Krümmungsmittelpunkte P auf einem zweiten solchen Kreise (p) liegen. Die Verbindungslinien zusammengehöriger Punkte M und P gehen durch den Stützpunkt L.

Im einzelnen zeigt sich folgendes:

α) Dem Kreise (m) durch N entspricht der Kreis (p) durch O.

β) Zieht sich der Kreis (m) auf den Punkt L zusammen, so geschieht das gleiche mit dem Kreise (p).

γ) Der Kreis (p) artet in die gemeinsame Tangente t an k und l aus, wenn (m) in einen bestimmten Kreis (w), den Wendekreis, übergeht. Man bestimmt seinen Durchmesser LW, indem man die Parallele zu NO durch P mit LQ in U und UM mit der Geraden NO in W schneidet.

δ) Erweitert sich der Kreis (m) bis zur Koinzidenz mit der

Tangente *t*, so geht (*p*) in den zu (*w*) in bezug auf *t* symmetrischen Kreis über.

Beachtet man, daß der Krümmungsradius der Rolllinie in dem Falle β) zu Null und in dem Falle γ) unendlich groß wird, so ergibt sich:

Die Rolllinie besitzt im allgemeinen an allen den Stellen eine Spitze, wo der beschreibende Punkt *M* auf die feste Kurve *l* im Stützpunkte *L* auftrifft, und einen Wendepunkt, so oft *M* dem zu *L* gehörigen Wendekreise (*w*) angehört.

Die vorstehenden Sätze können in besonderen Fällen Ausnahmen erleiden. So kann man sich z. B. denken, daß sich die Kurven *k* und *l* im Stützpunkte *L* oskulieren, daß sie sich also zugleich durchschneiden und ihre Krümmungszentra *N* und *O* zusammenfallen. Man erkennt leicht, daß in

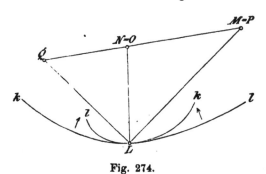

Fig. 274.

diesem Falle die rollende Bewegung in dem Augenblicke rückläufig werden müßte, wo die Berührungsstelle den Punkt *L* passiert, und daß folglich die von irgend einem Punkte *M* beschriebene Rolllinie eine Spitze hat. In der Tat zeigt die obige Konstruktion, daß sich für *N* = *O* auch *P* = *M* ergibt (Fig. 274). Nur wenn gleichzeitig ∠ *MLN* = R wird, also auch *Q* mit *N* und *O* zusammenfällt, läßt sich *P* auf die angegebene Art nicht ermitteln. Ohne auf diesen noch spezielleren Fall einzugehen, sei bemerkt, daß die Rolllinie dann eine Schnabelspitze hat. In den folgenden Untersuchungen treten derartige Besonderheiten nicht auf.

416. Ist mit einer auf der festen Kurve *l* rollenden Kurve *k* eine Kurve *i* fest verbunden, so werden alle ihre Lagen von einer Hüllkurve (Enveloppe) *h* berührt. Das Momentanzentrum der Bewegung sei *L*; schreitet dasselbe auf *l* um das unendlich kleine Element *LL₁* fort, so beschreiben alle Punkte der Kurve *i* unendlich kleine Bahnelemente, die zur Verbindungslinie des beschreibenden Punktes mit dem Pole *L* senkrecht stehen und in der Nachbarkurve *i₁* endigen. Ist nun *J* ein Berührungspunkt von *i* mit *h*, so stimmt das von ihm beschriebene Bahnelement (bis auf Abweichungen, die durch unendlich kleine Größen höherer Ordnung gemessen werden) mit den von J ausgehenden Nachbarelementen der Kurven i und k überein, und JL ist die gemeinsame Normale beider Kurven (Fig. 275). Daher der Satz:

In den Berührungspunkten J einer bewegten Kurve i mit ihrer Hüllkurve h gehen die Normalen durch den augenblicklichen Drehpunkt L.

Ist K auf LJ das zu J gehörige Krümmungszentrum der Kurve i und K_1 seine zum Stützpunkte L_1 gehörige Nachbarlage, so schneiden sich KL und K_1L_1 in dem Krüm-

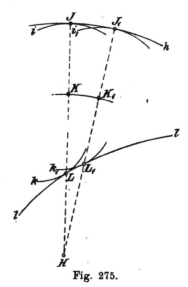

Fig. 275.

mungszentrum H der von K beschriebenen Bahn. Die durch L_1 gezogene Normale L_1J_1 der Nachbarkurve i_1, die mit LJ das Krümmungszentrum der Hüllkurve h bestimmt, ist (wenn wieder unendlich kleine Größen höherer Ordnung außer Betracht bleiben) als mit K_1L_1 identisch anzusehen, wie man am leichtesten erkennt, wenn man sich die Kurven i und i_1 in der Umgebung der zu betrachtenden Stellen durch ihre um K und K_1 beschriebenen Krümmungskreise ersetzt denkt. Hieraus folgt:

Die Hüllkurve h hat in ihrem Berührungspunkte J mit der beschreibenden Kurve i dasselbe Krümmungszentrum H wie die Bahnlinie des zugehörigen Krümmungszentrums K der letzteren.

Zyklische Linien.

417. Jede ebene Kurve kann als Rolllinie aufgefaßt werden. Hierdurch wird aber die Darstellung einer Kurve auf die zweier anderen zurückgeführt, das Problem also im allgemeinen nicht vereinfacht. Es empfiehlt sich daher nur dann, eine Kurve als Rolllinie zu erzeugen, wenn die hierbei verwendeten Kurven besonders einfache sind, z. B. bei den zyklischen Kurven.

Die zyklischen Linien[18]) werden durch das Rollen eines Kreises auf einem anderen Kreise erzeugt (die Fälle eingeschlossen,

wo einer der Kreise in eine Gerade übergegangen ist); man teilt
sie folgendermaßen ein. Eine Zykloide entsteht, wenn ein Kreis
auf einer Geraden abrollt, eine Epi- oder Hypotrochoide,
wenn ein Kreis auf der Außen- oder Innenseite eines zweiten
Kreises rollt, und eine Kreisevolvente beim Rollen einer Geraden
auf einem Kreise. Jede dieser zyklischen Kurven kann gespitzt,
gestreckt oder verschlungen sein, und zwar treten diese drei
Formen auf, je nachdem der beschreibende Punkt auf der rollenden
Linie selbst, oder durch diese vom Zentrum der Bahnlinie getrennt,
oder mit ihm auf der nämlichen Seite liegt. Die gespitzte
Zykloide wird oft schlechthin Zykloide, die gespitzten
Epi- und Hypotrochoiden werden Epi- und Hypozykloiden
genannt.

418. Die Zykloiden, Epi- und Hypotrochoiden, die man
auch unter dem Namen der Radlinien zusammenfassen kann, bestehen aus kongruenten Gängen, von denen ein jeder bei einer
vollen Umdrehung des rollenden Kreises erzeugt wird. Als Ursprungspunkte bezeichnet man diejenigen Kurvenpunkte, deren
Entfernung vom zugehörigen Stützpunkte ein Minimum ist und
rechnet die Gänge von einem Ursprunge bis zum nächsten. Solcher
Gänge erhält man, indem man die Kurve durch Vor- oder Rückwärts-
rollen beschreibt, im allgemeinen unendlich viele. Nur wenn das
Verhältnis der Radien (und mithin der Umfänge) des rollenden und
des festen Kreises dem zweier ganzer Zahlen, $\varkappa : \lambda$, gleich ist, wird
sich die Radlinie nach λ Gängen und $\varkappa$ Umläufen (um den festen
Kreis) schließen. Als geschlossene Epizykloiden ergeben sich z. B.
bei gleichen Radien die Pascal'schen Linien (vgl. 294, 295).

Die Kreisevolventen gehören zu den Spiralen; sie bestehen
aus Windungen, von denen eine jede einem vollen Umlauf der
rollenden Geraden um den festen Kreis entspricht. Die Windungen
erstrecken sich von einem Ursprunge aus mit beiderlei Umlaufssinn ins Unendliche. Besondere Beachtung verdient die verschlungene
Kreisevolvente, deren Ursprung im Zentrum des Kreises liegt; sie
ist als Spirale des Archimedes bekannt.

Außer den wichtigeren zyklischen Kurven soll hier noch die
Sinuslinie kurz besprochen werden, die nach ihrer Entstehungsweise mit ihnen verwandt ist.

419. Rollt der Kreis k auf der geraden Linie l, so beschreibt
irgend ein Punkt M seiner Peripherie eine gespitzte Zykloide.
Die Ursprungspunkte sind Spitzen und werden von den Punkten
gebildet, in denen der beschreibende Punkt auf die Bahnlinie l trifft;

sie folgen einander in Abständen gleich dem Umfange des rollenden Kreises. Jeder Gang ist symmetrisch zu der Normalen durch seinen höchsten, nach einer halben Umdrehung von *k* erreichten Punkt. — Es seien *A* und *B* auf *l* zwei aufeinander folgende Spitzen der Zykloide (Fig. 276) und *k* der rollende Kreis in der Anfangslage, wo der Stützpunkt *L* mit *A* zusammenfällt. Die rollende Bewegung von *k* denke man sich zusammengesetzt aus einer Drehung um das Zentrum *N*, wobei *A* in *M* übergehen mag, und einer Verschiebung in der Richtung der Bahnlinie *l*, deren Größe durch die Strecke $AL' = \mathrm{Bog}\,AM$ gegeben ist. Um die Endlage *M'* des beschreibenden Punktes zu erhalten, ist $L'M' \mathbin{\#} AM$ zu ziehen. — Zu *M* als beschreibendem Punkte findet man *P* als Krümmungszentrum, wenn

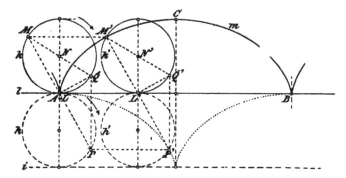

Fig. 276.

man aus dem Endpunkte *Q* des Kreisdurchmessers *MQ* die Senkrechte zu *l* zieht und sie mit *MA* schneidet (vergl. 413, 414). *P* liegt auf einem zu *k* kongruenten Kreise *h*, der *l* in *A* von der entgegengesetzten Seite berührt. Aus *P* ergibt sich der Krümmungsmittelpunkt *P'* der Zykloide im Punkte *M'* durch die Beziehung $PP' \mathbin{\#} AL'$. Hieraus folgt: $M'L' = L'P'$, d. h. der Satz: **Der Krümmungsradius der Zykloide im Punkte *M* ist gleich dem doppelten Abstande desselben vom Stützpunkte, oder gleich der doppelten Normalen.** Zieht man parallel zu *l* die Tangente *i* des Kreises *h* und bemerkt, daß $PP' = \mathrm{Bog}\,AP$ ist, so erkennt man, daß *P'* aus *A* hervorgeht, indem der Kreis *h* auf der Geraden *i* rollt. Daher gilt der Satz: **Die Evolute einer Zykloide ist eine zu ihr kongruente Zykloide.** Der höchste Punkt *C* des Zykloidenganges liegt mitten zwischen den beiden Spitzen *A* und *B*; seine Höhe über der Bahnlinie ist dem Durchmesser des rollenden Kreises gleich. Da diesem Punkte *C* eine Spitze der Evolute entspricht, so ist er

ein Scheitelpunkt (vergl. 303). Die Scheitel der Evolute fallen
mit den Spitzen der Zykloide zusammen. — Man konstruiert die
Zykloide zweckmäßig unter Benutzung einiger Krümmungskreise,
die sich nach dem Gesagten leicht finden lassen.

420. Ein Punkt M der Innenfläche des Kreises k beschreibt,
wenn k auf der Geraden l rollt, eine gestreckte Zykloide. Man
zeichne den Kreis in solcher Lage, daß der beschreibende Punkt
seine tiefste Position A auf dem Radius des Stützpunktes L einnimmt. A ist ein Ursprungspunkt; sein Abstand vom nächsten
Ursprungspunkte B ist dem Kreisumfange gleich. Durch A werde

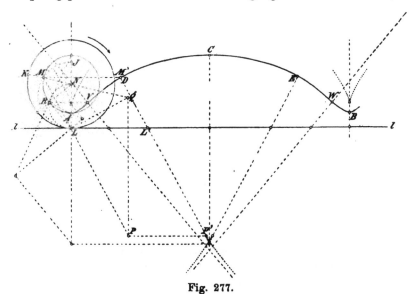

Fig. 277.

ein mit k konzentrischer Kreis m gelegt (Fig. 277). Nimmt man
auf m einen Punkt M an, schneidet den Radius NM mit k in K,
trägt auf der Bahnlinie l vom Stützpunkte L aus die Strecke
$LL' = \mathrm{Bog}\,LK$ ab und macht $L'M' \mathbin{\#} LM$, so ist M' ein Punkt der
Zykloide. Es ist zweckmäßig, alle weiteren Konstruktionen an den
anfangs gezeichneten Kreisen k und m vorzunehmen, und die
konstruierten Punkte erst nachträglich durch die entsprechende
Verschiebung parallel zur Bahnlinie in ihre richtige Lage über-
zuführen. — Zu dem beschreibenden Punkte M ergibt sich
(nach 413) der Krümmungsmittelpunkt P und aus P der Krümmungsmittelpunkt P' der Zykloide im Punkte M', wenn $PP' \mathbin{\#} LL'$
gemacht wird.

Die Ursprungspunkte A und B, sowie der, nach einer halben Umdrehung des rollenden Kreises erreichte, höchste Punkt C sind Scheitel der gestreckten Zykloide. Jeder Gang ist gegen die Normale seines höchsten Punktes C symmetrisch. Im Punkte A oder B ist die Zykloide gegen die Bahnlinie l konvex, in C konkav; zwischen A und C wechselt sie daher die Krümmung in einem Wendepunkte V und ebenso zwischen C und B in W. Da der Mittelpunkt N des rollenden Kreises eine gerade Linie $\| l$ beschreibt, so gehört er stets dem Wendekreis w für den betreffenden Stützpunkt an und dieser ist speziell für L über dem Durchmesser LN zu schlagen. Ist R ein Schnittpunkt von w und m, so ergibt sich ein Wendepunkt V, indem man auf R dieselbe Konstruktion anwendet, wie vorhin auf M. — Wie hier ohne Beweis mitgeteilt werden mag, besitzt die gestreckte Zykloide noch in jedem Gange zwei weitere Scheitelpunkte D und E. Man findet einen derselben D, wenn man den Radius LN des Kreises k um s eine halbe Länge bis J verlängert, den Kreis über dem Durchmesser JL mit m in M schneidet und M zum Ausgangspunkte der oben geschilderten Konstruktion macht. In der Figur ist, um sie nicht durch viele Linien unklar zu machen, die Konstruktion nur einmal durchgeführt, nämlich für den besonderen Punkt $M = D$. — Um einen Gang der gestreckten Zykloide zu zeichnen, beschränkt man sich am besten auf die Bestimmung der Scheitel- und Wendepunkte und der zu ersteren gehörigen Krümmungskreise; die Zentren derselben sind nach den in 413 gemachten Angaben leicht zu finden. Den vier Scheiteln A, D, C, E eines Ganges entsprechen Spitzen der (in der Figur punktierten) Evolute, die Kurvennormalen in den beiden Wendepunkten V und W bilden Asymptoten der Evolute.

421. Ein Punkt der Außenfläche des Kreises k beschreibt, wenn dieser auf der Geraden l rollt, eine verschlungene Zykloide (Fig. 278). Es sei k der rollende Kreis in einer solchen Position, daß der beschreibende Punkt seine tiefste Lage A auf dem Radius NL einnimmt, und m der mit k konzentrische Kreis durch den Ursprungspunkt A. Trägt man vom Stützpunkte L auf k und l die gleiche Länge als Bogen LK und Strecke LL' auf, schneidet den Radius NK mit m in M und zieht $L'M' \ddagger LM$, so ist M' ein Punkt der Zykloide. Der zugehörige Krümmungsmittelpunkt P' wird gefunden, wenn man den verlängerten Radius MN mit der Normalen zu ML in Q und die Senkrechte zu l durch Q mit ML in P schneidet, hierauf aber P in der Richtung der Leitlinie um die Strecke LL' bis nach P' verschiebt.

Die verschlungene Zykloide schneidet in jedem Gange zweimal
die Bahnlinie *l*. Man erhält einen dieser Schnittpunkte *F* aus dem
Schnittpunkte *H* des Kreises *m* mit *l* durch eine Verschiebung auf
der Bahnlinie; ihre Größe *HF* ist durch den Bogen *LJ* von *k* bestimmt, dessen Endpunkt *J* auf dem Radius *NH* liegt. Gleichzeitig
erhält man den zu *F* gehörigen Krümmungsmittelpunkt *R* durch
die Relation *FR = HL*. — Die Gänge der verschlungenen Zykloide
überschneiden sich in Doppelpunkten, wie *D* und *E*; dieselben
liegen auf den Normalen der Bahnlinie, welche die Ursprungspunkte
enthalten. Der auf *NA* liegende Doppelpunkt *D* geht durch die

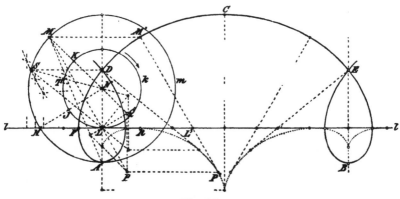

Fig. 278.

mehrfach erwähnte Konstruktion aus dem Punkte *S* von *m* hervor,
dessen senkrechter Abstand von *NA* gleich dem bis zum Radius *NS*
gemessenen Bogen *LT* des rollenden Kreises ist. Man findet *S* durch
eine Fehlerkurve, von der einige Punkte bestimmt werden, indem
man von *L* aus resp. auf *k* und *l* gleiche Längen abträgt, durch
die Endpunkte Radien bezw. Normalen zieht und sie miteinander
schneidet. — Die tiefsten und höchsten Punkte der verschlungenen
Zykloide sind wiederum Scheitel. Weitere Scheitelpunkte, sowie
Wendepunkte treten nicht auf. Den Scheiteln *A, C, B, . . .* entsprechen Spitzen der Evolute, die man nach 414 leicht konstruiert;
den Schnittpunkten *F, G, . . .* mit der Bahnlinie aber Punkte, in
denen die Evolute die Bahnlinie *l* berührt. — Bei der Konstruktion
der Kurve wird man sich zweckmäßig auf die Bestimmung ihrer
ausgezeichneten Punkte und weniger Zwischenpunkte nebst den zugehörigen Krümmungskreisen beschränken.

422. Ein Kreis *k* rolle auf der Außenseite des festen Kreises *l*.
Ein Punkt der Peripherie von *k* beschreibt hierbei eine Epizykloide,

gleichviel ob der feste Kreis außerhalb oder innerhalb des beweglichen liegt und jede Epizykloide kann auf beide Arten erzeugt
werden. Wir betrachten zuerst den Fall, wo *k* und *l* einander
ausschließen.

In Fig. 279 sei *A* der anfänglich mit dem Stützpunkte des
rollenden Kreises *k* zusammenfallende beschreibende Punkt, also
eine Spitze der Epizykloide. Die nächste Spitze *B* liegt auf *l* um
einen Bogen gleich dem Umfange von *k* entfernt. — Man denke

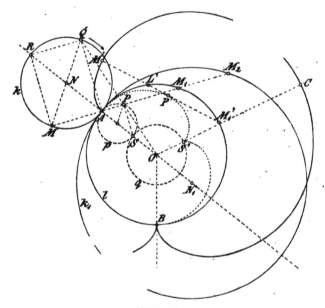

Fig. 279.

sich wieder das Rollen aus zwei Einzelbewegungen zusammengesetzt,
nämlich aus einer Drehung von *k* um sein Zentrum *N*, wobei der
beschreibende Punkt von *A* nach *M* gelangen mag, und aus einer
Drehung um das Zentrum *O* von *l*, bei welcher der Stützpunkt in *L'*
und gleichzeitig *M* in *M'* übergeht. Hierbei ist Bog *AL'* = Bog *AM*
zu nehmen. Trifft die Gerade *MA* den Kreis *l* zum zweiten Male
in M_1, so trage man, um den Punkt *M'* der Epizykloide zu finden,
Bog $L'M_1'$ = Bog AM_1 und auf der Sehne $M_1'L'$ die Strecke *L'M* = *AM*
ab. — Zu *M* selbst als beschreibendem Punkte wird der Krümmungsmittelpunkt *P* gefunden, wenn man den Endpunkt *Q* des Durchmessers *MQ* vom rollenden Kreise mit dem Zentrum *O* des festen
verbindet und *MA* mit *QO* schneidet. Hieraus findet sich der

24*

Krümmungsmittelpunkt P' der Epizykloide für den Punkt M' auf
der Kurvennormale $M'L'$ durch die Relation $M'P' = MP$.

423. Der Durchmesser AR des rollenden Kreises liegt in der
Verlängerung des Radius OA vom festen. Man ziehe $PS \| QA$ und
$QR \| PA$, schlage über dem Durchmesser AS einen Kreis p, der P
enthält, und um O einen Kreis q vom Radius OS. Dann bestehen
die Beziehungen:

$$OS : SA = OP : PQ = OA : AR,$$

aus denen zu schließen ist, daß die beiden Kreise p und q eine zu
k und l ähnliche und ähnlich liegende Figur bilden (Ähnlichkeitszentrum O). Es bildet aber p den geometrischen Ort der Punkte P
für k als Ort der Punkte M und indem k auf l rollt, rollt p auf q.
Daher folgt der Satz:

Die Evolute einer Epizykloide ist eine ähnliche Epizykloide. Den Spitzen der Evolute entsprechen Scheitel der
Epizykloide, z. B. der nach einer halben Umdrehung von k erreichte
Scheitel C; umgekehrt bilden die Spitzen der Epizykloide die Scheitel
der Evolute.

Nach vorstehenden Angaben ist es leicht, die Epizykloide zu
konstruieren. Sie schließt sich, wie schon oben erwähnt, wenn
die Radien von k und l ein rationales Verhältnis $\varkappa : \lambda$ haben,
nach λ Gängen und $\varkappa$ Umläufen. Bei gleichen Radien ergibt sich
eine nur aus einem Gange bestehende Pascal'sche Linie, die
den Namen Kardioide führt.

424. Neben k mag noch ein zweiter rollender Kreis k_1 mit
dem Radius $AN_1 = NA + AO$ betrachtet werden, der den festen
Kreis l einschließt. Sein Berührungspunkt falle anfänglich mit A
zusammen und die Gerade MA treffe ihn in M_2. A ist gemein-
sames Ähnlichkeitszentrum für die drei Kreise l, k und k_1. Hieraus folgt erstens, daß die Tangenten von l in M_1 und M_1' mit
den gleichen Sehnen M_1A und $M_1'L'$ denselben Winkel bilden, wie
die Tangente von k_1 in M_2 mit M_2A; zweitens folgt:

$$AM_2 = MA + AM_1 = M'M_1'$$

und

$$\text{Bog } AM_2 = \text{Bog } MA + \text{Bog } AM_1 = \text{Bog } AM_1'.$$

Beim Rollen von k_1 auf l fällt daher einmal der Punkt M_2 mit M_1'
und gleichzeitig der ursprünglich in A gelegene beschreibende Punkt
mit M' zusammen. Es besteht also der Satz:

Wenn von zwei Kreisen k und k_1 der kleinere den
Kreis l ausschließt, der größere aber ihn einschließt und

die Differenz ihrer Radien dem Radius von *l* gleich ist, so
werden beim Rollen auf *l* die nämlichen Epizykloiden von
ihren Punkten erzeugt.

Damit ein Gang der Epizykloide beschrieben werde, muß der
Stützpunkt des größeren Kreises einen vollen Umlauf mehr zurück-
legen als der des kleineren.

425. Rollt ein Kreis *k* in einem festen Kreise *l*, so beschreibt
ein Punkt seiner Peripherie eine Hypozykloide. Diese Kurve
wird durch genau dieselben Operationen konstruiert, wie vorhin die

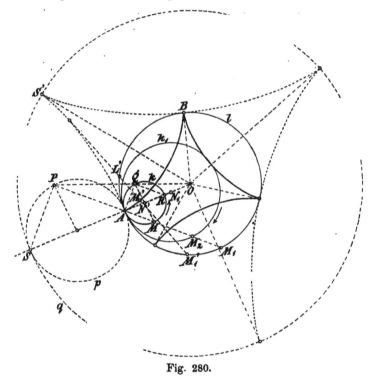

Fig. 280.

Epizykloide in 422. In der Fig. 280 sind daher die einzelnen
Elemente mit den gleichen Buchstaben bezeichnet wie in Fig. 279.
Es besteht namentlich aus analogen Gründen, wie dort, der Satz:

Die Evolute einer Hypozykloide ist eine ähnliche Hypozykloide. Die Spitzen der Hypozykloiden bilden die Scheitel der
Evolute, und den Spitzen dieser entsprechen die Scheitel jener Kurve.

Um die Hypozykloide auf eine zweite Art zu erzeugen, hat
man hier den rollenden Kreis k_1 mit dem Radius $N_1 A = O A - N A$

zu betrachten. Läßt man seinen Berührungspunkt mit l wieder zu
Anfang nach A fallen und nimmt an, daß er im entgegengesetzten
Sinne rollt, wie k, so folgt wie oben die Gleichheit der Winkel an den
Scheiteln M_1, $M_1{'}$ und M_2; weiter hat man:

$$A M_2 = A M_1 - A M = M' M_1{'}$$

und $\qquad$ Bog $A M_2 =$ Bog $A M_1 -$ Bog $A M =$ Bog $A M_1{'}$.

Daher fällt im Laufe der rollenden Bewegung von k_1 der Punkt M_2
mit $M_1{'}$ und zugleich der beschreibende Punkt mit M' zusammen,
und es gilt der Satz:

Rollen zwei Kreise k und k_1 in dem festen Kreise l, und
ist die Summe ihrer Radien dem Radius von l gleich, so
erzeugen ihre Punkte die nämlichen Hypozykloiden.

426. Indem eine Gerade k als Tangente an einem Kreise l
abrollt, beschreibt ein mit ihr verbundener Punkt M eine Kreis-

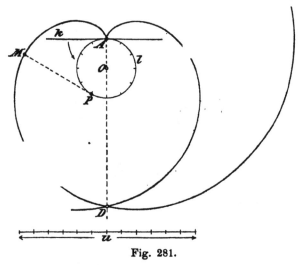

Fig. 281.

evolvente. Diese ist gespitzt, wenn sich M auf k selbst befindet,
verschlungen, wenn M mit dem Zentrum O des Kreises auf derselben Seite von k liegt, und gestreckt, wenn M und O auf entgegengesetzten Seiten liegen.

Wir betrachten zuerst die gespitzte Kreisevolvente näher.
Der Ursprung A ist dadurch bestimmt, daß der beschreibende
Punkt mit dem Berührungspunkte der rollenden Geraden zusammenfällt. Die Kurve, die man sich von A aus vor- und rückwärts beschrieben zu denken hat, bildet in A eine Spitze und verläuft
mit sich erweiternden Spiralenwindungen von beiderlei Umlaufssinn

ins Unendliche. Sie überschneidet sich selbst in unendlich vielen
Doppelpunkten, wie z. B. in *D* (Fig. 281), die sämtlich auf dem
verlängerten Durchmesser *AO* des Kreises liegen. Für jeden Punkt *M*
der gespitzten Kreisevolvente ist der zugehörige Stützpunkt *L*
der rollenden Geraden der Krümmungsmittelpunkt und der
Krümmungshalbmesser *MP* gleich dem vom Stützpunkte durchlaufenen Bogen *AP* des Kreises. Zur Konstruktion dient die Rektifikation des Kreises mittels einer Teilung in eine hinreichend große
Anzahl gleicher, als geradlinig aufzufassender Teile, die auf den
Kreistangenten in den Teilpunkten abzutragen sind. Ist *u* gleich
dem Umfange des Kreises, so gelangt man durch Weitertragen der
Strecke *u* auf jeder seiner Tangenten von Punkten der ersten Windung zu solchen der zweiten, u. s. f.

427. Zur Konstruktion der allgemeinen Kreisevolvente gelangt man durch folgende Überlegung (Fig. 282). Die auf dem
Kreise *l* (Zentrum *O*) rollende Gerade *k* berühre ihn in *L*. Ihre Anfangslage sei so gewählt, daß der mit *k* verbundene beschreibende
Punkt *A* auf *OL* fällt.

Schreitet der Stützpunkt von *k* auf *l* bis nach *L'* fort, so geht
L in die Lage *L''* über. Ist ferner *L''M' = LA* und ⊥ *L'L''*, so
gibt *M'* die gleichzeitig vom Punkte *A* erreichte Lage an. Zieht
man durch *M'* die Parallele zu *L'L''*, so berührt sie den um *O*
durch *A* beschriebenen Kreis *i* in dem Punkte *M*, der auf *OL'* liegt.
Mithin steht die Tangentenstrecke *MM'* zu dem Kreisbogen *AM* für
jeden Punkt *M'* der Evolvente in einem unveränderlichen Verhältnisse:

$$\varkappa = \frac{\text{Bog } MA}{MM'} = \frac{OA}{OL}.$$

Man erhält alle Evolventen des Kreises *l*, indem man dem beschreibenden Punkte *A* alle möglichen Lagen auf *OL* erteilt. Dabei
durchläuft *ϰ* alle Werte von $+\infty$ bis $+1$ und von $+1$ bis $-\infty$,
wenn der Punkt *A* die Gerade *LO* vom Unendlichen bis zu *L* und
von da über *O* bis wieder ins Unendliche durchläuft. Daher gilt
der Satz:

Bewegt sich eine Gerade als Tangente eines Kreises
und auf ihr ein Punkt derart, daß sein Abstand *MM'* vom
Berührungspunkte *M* dem von diesem zurückgelegten Kreisbogen *AM* (oder dem zugehörigen Zentriwinkel *φ*) proportional wächst, so beschreibt er eine allgemeine Kreisevolvente. Diese ist gestreckt, gespitzt oder verschlungen,
je nachdem das Verhältnis $\varkappa \gtreqless 1$ ist (wo $\varkappa = MA : MM'$).

In Fig. 282 sind eine gestreckte und eine verschlungene
Kreisevolvente dargestellt. Erstere besitzt außer dem Ursprunge A
noch zwei weitere Scheitelpunkte und zwei Wendepunkte.
Bei der letzteren bildet der Ursprung A_1 den einzigen Scheitel;
Wendepunkte treten nicht auf. Die Doppelpunkte beider Kurven
liegen auf der Geraden AO oder A_1O. Den Krümmungsmittel-

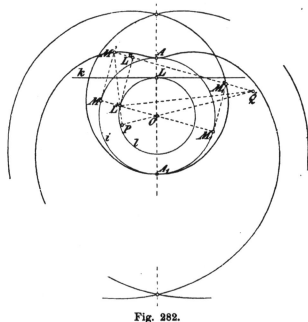

Fig. 282.

punkt P zu einem allgemeinen Punkte M' der Kreisevolvente findet
man leicht nach der in 413 gegebenen Vorschrift.

428. Die verschlungene Kreisevolvente geht für den speziellen
Fall $\varkappa = o$ in eine Archimedische Spirale über. Für diese ergibt sich folgende Entstehung. Dreht sich ein Strahl um einen
seiner Punkte O, während auf ihm der Punkt M so fort-
schreitet, daß der Radiusvektor $r = OM$ proportional dem
Drehwinkel φ wächst, so beschreibt M eine Archimedische
Spirale.

Setzt man $r = p \cdot \varphi$, so heißt p der Parameter der Spirale,
und diese kann als Evolvente eines um O mit dem Radius $OL = p$
geschlagenen Kreises, des Parameterkreises, erhalten werden, indem man den beschreibenden Punkt ursprünglich mit dem Zentrum O
zusammenfallen läßt (Fig. 283). Die rollende Tangente liegt dem Radius-

vektor anfänglich parallel, ihr Berührungspunkt L_0 also auf der Normalen OL_0 zu dem Anfangsstrahle OA, von welchem aus die Drehwinkel φ gemessen werden. Indem der Stützpunkt der Tangente den Bogen L_0L zurücklegt, wächst der Radiusvektor OM auf die gleiche

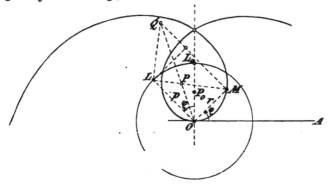

Fig. 283.

Größe. Der zu M gehörige Krümmungsmittelpunkt P wird gefunden, indem man in L die Normale zu ML errichtet und mit der Parallelen zu OL durch M schneidet; die Verbindungslinie des Schnittpunktes Q mit O schneidet auf LM den Punkt P aus. Die Spirale berührt den Anfangsstrahl in dem Ursprungs- und Scheitelpunkte O.

Den Krümmungsradius P_0O desselben findet man $= \frac{1}{2}p$, indem man sich zwei unendlich kleine Bogenelemente OM $= L_0L$ und P_0 als Schnittpunkt von OL_0 mit ML bestimmt denkt.

429. Im Zusammenhange mit den zyklischen Kurven ist die Sinuslinie zu·besprechen. Die allgemeine Sinuslinie bildet die Abgewickelte der Schnittkurve.eines Rotationscylinders mit einer Ebene (vergl. 343). Es sei (Fig. 284) $AB = 2a$ ein Durchmesser des Grundkreises mit dem Zentrum C'. Wir betrachten eine Ellipse, die aus dem Cylinder von einer durch AB gelegten Ebene ausgeschnitten wird. C sei ihr oberer Scheitel, E seine senkrechte Projektion auf die Grundkreisebene und $EC = b$. Ferner sei S ein beliebiger

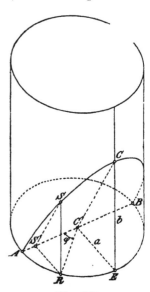

Fig. 284.

Ellipsenpunkt, R und S' seine Projektionen auf den Grundkreis, bezw. auf AB und $\angle AC'R = \varphi$. Man findet dann:

$$\text{Bog}\, AR = a.\varphi, \quad RS = \frac{b}{a}.RS' = b.\sin\varphi.$$

Nimmt man daher — wie es bei der Abwickelung des Cylindermantels geschieht — den Bogen AR als Abszisse x und die Strecke RS als Ordinate y eines rechtwinkligen Koordinatensystems in der Ebene, so ist:

$$x = a.\varphi, \; y = b.\sin\varphi.$$

Hieraus folgt die Gleichung:

$$\frac{y}{b} = \sin\frac{x}{a},$$

nach der die Kurve den Namen Sinuslinie führt. Wählt man den Cylinderradius gleich der Längeneinheit und die Neigung der Schnittebene gegen die Grundkreisebene $= 45^0$ (also $a = b = 1$), so ergibt sich die Sinuslinie im engeren Sinne mit der Gleichung: $y = \sin x$.

430. Die Sinuslinie wird aus den gegebenen Parametern a und b folgendermaßen konstruiert. Die Lage des Koordinaten-

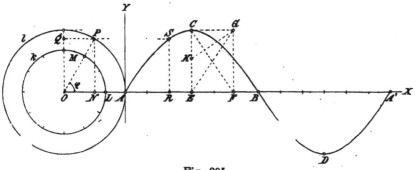

Fig. 285.

systems sei durch den rechten Winkel XAY festgelegt und etwa $a < b$ angenommen (Fig. 285). Man schlage um einen Punkt O der Abszissenachse AX ($OA = b$) zwei Kreise k und l mit den Radien a und b. Ein beliebiger Radius OP von l bilde mit der Abszissenachse den Winkel φ, seine senkrechte Projektion auf diese Achse sei ON und LM der zum Zentriwinkel φ gehörige Bogen des Kreises k. Man findet:

$$\text{Bog}\, LM = a.\varphi, \quad NP = b.\sin\varphi.$$

Trägt man daher auf der x-Achse die Strecke $AR = \text{Bog}\, LM$ und parallel zur y-Achse die Strecke $RS = NP$ auf, so ist S ein Punkt der Sinuslinie. Aus der Konstruktion folgt:

Dreht sich der Punkt P auf dem Kreise l um das Zentrum O, so ergibt sich für seine senkrechte Projektion Q auf eine Gerade g derselben Ebene eine oszillierende Bewegung. Erfährt aber gleichzeitig g eine dem Drehwinkel φ von P proportionale Parallelverschiebung in einer zu g normalen Richtung, so beschreibt Q eine Sinuslinie.

Näheres über die Konstruktion der Sinuslinie ist bereits in 343 enthalten; es genügt daher an dieser Stelle die Aufzählung ihrer hauptsächlichen Eigenschaften. Die Kurve verläuft wellenförmig und bildet unendlich viele unter sich kongruente Gänge; die Länge eines solchen Ganges (in der Abszissenrichtung gemessen) ist dem Umfange $2a\pi$ des Kreises k gleich. Die höchsten und tiefsten Kurvenpunkte, wie $C, D, \ldots$, deren Ordinaten dem Radius b des Kreises l gleich sind, sind Scheitelpunkte; die zwischen ihnen liegenden Schnittpunkte mit der x-Achse sind Wendepunkte der Sinuslinie. Durch die Scheitel- und Wendepunkte wird die Kurve in kongruente und symmetrische Viertelgänge zerlegt. Konstruiert man ein Rechteck (z. B. $CEFG$), dessen Seiten den Koordinatenachsen parallel und den Parametern a und b bezw. gleich sind, so ergeben seine Diagonalen die Richtungen der Wendetangenten. Zieht man noch aus der Ecke G des Rechteckes das Lot auf die Diagonale CF und schneidet es mit CE in K, so gibt KC den Krümmungsradius für die Scheitel an. Außer den besonderen Punkten und den zugehörigen Tangenten bezw. Krümmungskreisen braucht man nur wenige Kurvenpunkte zu bestimmen.

Die Schraubenlinie.

481. Die geodätische Linie auf dem geraden Kreiscylinder heißt Schraubenlinie[19]. Der sie tragende Cylinder wird Schraubencylinder, seine Achse die Schraubenachse genannt. Die Schraubenlinie geht also (315) bei der Abwickelung des Cylinders in eine Gerade über und umgekehrt entsteht bei der Aufwickelung einer Ebene auf einen Rotationscylinder aus jeder ihrer Geraden eine Schraubenlinie. Auf gegebenem Cylinder ist unsere Kurve durch zwei Punkte bestimmt, wenn der Sinn und die Anzahl ihrer Windungen (483) zwischen den Punkten gegeben ist, weil deren Abwickelungen eine Gerade als ihre Verwandelte bestimmen.

Es sollen zuerst die Haupteigenschaften der Schraubenlinie aus ihrer Entstehungsweise erklärt werden.

Man denke sich eine Tangentialebene E des Rotationscylinders; die Erzeugende, längs der sie berührt, sei durch AB dargestellt

(Fig. 286). Die Normalebene zur Cylinderachse durch A schneidet den Cylinder in dem Grundkreise k, die Ebene E in seiner Tangente k_0,

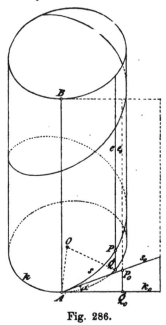

Fig. 286.

die bei der Aufwickelung von E in k übergeht. In E werde durch A eine Gerade s_0 unter dem Winkel α gegen k_0 gezogen; diese wird aufgewickelt die Schraubenlinie s ergeben. Der Strahl s_0 schneidet alle Parallelen zu k_0 unter dem Winkel α und alle Parallelen zu AB unter dem Winkel $R - \alpha$. Da letztere in die Erzeugenden des Cylinders, erstere in seine Kreisschnitte übergehen, so folgt: **Die Schraubenlinie schneidet alle Erzeugenden des Schraubencylinders unter gleichen Winkeln und ebenso alle Kreisschnitte. Der Winkel α gegen einen Kreisschnitt (oder gegen die ihn enthaltende Normalebene) heißt die Neigung der Schraubenlinie.**

432. Um den Punkt P der Schraubenlinie s zu bestimmen, der aus dem auf der Geraden s_0 angenommenen Punkte P_0 hervorgeht, ziehe man durch P_0 in E die Parallele e_0 zu AB, die in eine Mantellinie e_0 des Cylinders übergeht; e_0 treffe k_0 in Q_0. Ist nun auf dem Grundkreise k der Bogen $AQ = AQ_0$ und auf der durch Q gezogenen Erzeugenden e die Strecke $QP = Q_0 P_0$, so ist P der gesuchte Punkt, und man hat:

$$QP = AQ \cdot \operatorname{tang} \alpha .$$

Ist ferner r der Radius des Kreises k, φ der zu seinem Bogen AQ gehörige Zentriwinkel AOQ (also $AQ = r \cdot \varphi$), endlich z die Höhe QP des Punktes P über der Grundkreisebene, so ergibt sich:

$$z = r \cdot \varphi \cdot \operatorname{tang} \alpha .$$

Da diese Gleichung für alle zusammengehörigen Werte von z und φ gilt, so erkennt man den Satz:

Die Schraubenlinie wird von einem Punkte beschrieben, der sich um eine feste Achse (die Schraubenachse) dreht und gleichzeitig eine dem Drehwinkel φ proportionale Verschiebung z in der Richtung der Achse erfährt.

Eine solche Bewegung des Punktes heißt daher **Schraubenbewegung.**

433. Es gibt zwei Arten Schraubenlinien, rechts- und links-
gängige. Um sie zu unterscheiden, denke man sich den Beschauer
seiner Länge nach in die Schraubenachse gestellt (gleichviel ob auf-
recht oder verkehrt); geht für ihn die Schraubenlinie nach rechts
abwärts, so heißt sie rechtsgängig, anderenfalls linksgängig.

Offenbar schneidet eine Schraubenlinie jede Erzeugende des
Schraubencylinders unendlich oft. Ein Teil der Kurve, der zwischen
zwei aufeinanderfolgenden Schnittpunkten mit der nämlichen Erzeugenden liegt, heißt Schraubengang (Schraubenwindung). Die
zwischen seinen Endpunkten liegende Strecke der Erzeugenden heißt
die Ganghöhe *h*. Sie gibt die Größe der Verschiebung in der
Achsenrichtung an, die zu einem vollen Umlaufe des beschreibenden
Punktes um die Achse gehört; es ist also:

$$h = 2\,r\,\pi\,.\,\tan\alpha\,.$$

Als reduzierte Ganghöhe wird die Strecke

$$h_0 = r\,.\,\tan\alpha = \frac{h}{2\,\pi}$$

bezeichnet, d. i. die Verschiebung in der Achsenrichtung, die einem
Drehungsbogen gleich dem Radius *r* des Grundkreises entspricht.

Je zwei gleich lange Stücke einer Schraubenlinie sind kongruent,
d. h. die Schraubenlinie ist in sich selbst verschiebbar.
Diese Eigenschaft kommt außer ihr nur der geraden Linie und dem
Kreise zu, die übrigens als Ausartungen der Schraubenlinie gelten
können (nämlich für den Fall, daß $\tan\alpha$ oder $\frac{h_0}{r}$ unendlich groß
wird, bezw. verschwindet).

434. Die Schmiegungsebene in einem Punkte *P* der Schraubenlinie liegt normal zur zugehörigen Tangentialebene des Schraubencylinders (315); die in ihr liegende Hauptnormale (308) ist das
von *P* auf die Achse gefällte Lot und trägt den Mittelpunkt des
Krümmungskreises. Aus der Kongruenz gleicher Stücke der Kurve
folgt, daß der Krümmungsradius ϱ (309) in jedem Punkte gleich
groß ist. Die Krümmungszentra der Schraubenlinie *s* erzeugen
daher eine zweite gleichsinnig gewundene Schraubenlinie s_1 mit derselben Achse und Ganghöhe und dem Grundkreisradius $\varrho - r$; in
je zwei entsprechenden Punkten haben beide Schraubenlinien die
nämliche Hauptnormale. Da die Schmiegungsebene der Kurve *s*
den Schraubencylinder in einer Ellipse mit den Halbachsen
$a = \dfrac{r}{\cos\alpha}$, $b = r$ schneidet, und ϱ zugleich ihren Krümmungsradius

im Scheitel P bildet, so folgt nach 274:

$$\varrho = \frac{r}{\cos^2 \alpha}.$$

Hiernach ist der Krümmungsradius leicht konstruierbar. Ist α_1 die Neigung der neuen Schraubenlinie s_1 und ϱ_1 ihr Krümmungsradius, so folgt zuerst:

$$r \cdot \operatorname{tang} \alpha = h_0 = (\varrho - r) \cdot \operatorname{tang} \alpha_1$$

und mit Benutzung der vorigen Relation:

$$\operatorname{tang} \alpha = \operatorname{cotg} \alpha_1 \quad \text{oder} \quad \alpha + \alpha_1 = R.$$

Zur Bestimmung von ϱ_1 hat man aber die Gleichung

$$\varrho_1 = \frac{\varrho - r}{\cos^2 \alpha_1}$$

anzuwenden, woraus sich schließlich

$$\varrho_1 = \varrho$$

ergibt. Die beiden Schraubenlinien s und s_1 sind daher insofern als **reziprok** zu bezeichnen, als jede die Krümmungszentra der anderen trägt.

435. Die Tangenten der Schraubenlinie haben sämtlich die gleiche Neigung α gegen die Grundkreisebene. Daher ist der Rich-
tungskegel der von ihnen erzeugten abwickelbaren Fläche der Kurve (316) ein Rotationskegel. Läßt man seine Achse mit der Schraubenachse und seinen Grundkreis mit dem des Schraubencylinders zusammenfallen, so wird die Kegelhöhe der reduzierten Ganghöhe h_0 gleich.

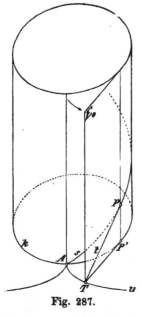

Durch einen Punkt A der Schraubenlinie werde der Kreisschnitt k und die Tangentialebene E des Schraubencylinders gelegt (Fig. 287). Letztere bildet die rektifizierende Ebene der Kurve im Punkte A, weil sie auf seiner Hauptnormale senkrecht steht (308). Läßt man sie auf dem Cylinder ohne Gleiten wälzen, so beschreibt jeder ihrer Punkte eine gespitzte Kreisevolvente, und der Cylinder bildet umgekehrt von diesen allen die Evolutenfläche. Der anfänglich mit A vereinte Punkt beschreibt in der Ebene des

Fig. 287.

Kreises k diejenige Evolvente u desselben, welche A zum Ursprungs- und Rückkehrpunkte hat (426). Ist der beschreibende Punkt auf u nach T

und zugleich der Berührungspunkt der wälzenden Ebene mit der Schraubenlinie *s* nach *P* gelangt, so bildet die gerade Verbindungslinie *TP* die Abwickelung des Bogens *AP* der Kurve und zugleich deren Tangente im Punkte *P*. Die Kurve *u* ist daher eine Evolvente jeder auf dem nämlichen Cylinder durch *A* gezogenen Schraubenlinie; sie bildet den Schnitt der abwickelbaren Flächen aller dieser Schraubenlinien mit der durch *A* gelegten Normalebene zur gemeinsamen Achse.

436. Über die Abbildung der Schraubenlinie läßt sich folgendes im voraus feststellen:

α) Die senkrechte Projektion auf eine Normalebene zur Achse ist der bezügliche Spurkreis des Schraubencylinders.

β) Die senkrechte Projektion auf eine zur Schraubenachse parallele Ebene ist eine Sinuslinie.

Letzteres schließt man direkt aus der in 431 resp. 433 angegebenen Erzeugungsweise der Sinuslinie und Schraubenlinie. — Für Parallelprojektionen, bei denen die projizierenden Strahlen weder parallel, noch normal zur Schraubenachse liegen, gilt folgendes:

γ) Die schiefe Parallelprojektion der Schraubenlinie (ihr Schlagschatten für parallele Lichtstrahlen) auf eine Normalebene zur Achse ist eine Zykloide, und zwar ist letztere verschlungen, gespitzt oder gestreckt, je nachdem die Neigung φ der projizierenden Strahlen gegen die Projektionsebene Π größer als die Neigung α der Schraubenlinie, ihr gleich oder kleiner ist.

Man denke sich nämlich die Schraubenlinie von einem Punkte *P* beschrieben, der sich auf einem Kreise *k* um die Schraubenachse *a* dreht, während *k* selbst, beständig der Projektionsebene Π parallel, in der Richtung von *a* eine Verschiebung proportional dem Drehungsbogen erfährt. Die Projektion P_1 des Punktes *P* legt dann auf der Projektion von *k*, d. i. auf einem kongruenten Kreise k_1, denselben Bogen wie *P* auf *k* zurück, während k_1 zugleich in Π längs der Projektion a_1 der Achse eine Parallelverschiebung erfährt, die wiederum dem Drehungsbogen proportional ist. Die Bahn des Punktes P_1 wird also nach früherem eine Zykloide. Je nachdem die einem Umlaufe von P_1 entsprechende Verschiebungsgröße (d. h. der Umfang des mit k_1 konzentrischen, rollenden Kreises) kleiner als die Peripherie von *k*, ihr gleich oder größer ist, wird die Zykloide verschlungen, gespitzt oder gestreckt. Jene Verschiebungsgröße ist aber gleich der Projektion der Schraubenganghöhe *h*, also $= h \cdot \operatorname{cotg} \varphi$.

Die Peripherie von k ist dagegen $2\,r\,\pi = h \cdot \operatorname{cotg}\alpha$, so daß die obigen Unterscheidungen den Annahmen:

$$\operatorname{cotg}\varphi \gtreqless \operatorname{cotg}\alpha$$

oder (da bei spitzen Winkeln dem größeren die kleinere Kotangente zugehört) den Annahmen

$$\varphi \gtreqless \alpha$$

äquivalent sind. Ist $\varphi = \alpha$, so gibt es in jedem Schraubengange einen Punkt, dessen Tangente zugleich ein projizierender Strahl ist; seine Projektion liefert eine Spitze der Zykloide.

Erteilt man schließlich der Projektionsebene Π eine beliebige Stellung, so folgt aus dem vorigen:

δ) **Die Parallelprojektion einer Schraubenlinie auf eine zur Achse beliebig geneigte Ebene ist eine affine Kurve einer Zykloide.**

437. Wir geben jetzt die **Darstellung einer Schraubenlinie in orthogonaler Projektion**, wobei wir die Schraubenachse a senkrecht zur Grundrißebene Π_1 wählen wollen.

Die Schraubenlinie s sei rechtsgängig. Der in Π_1 liegende Grundkreis des Schraubencylinders sei s'; er bildet die **erste Projektion der Kurve** (Fig. 288). Die Achse sei in zweiter Projektion durch die Vertikale a'', die scheinbaren Umrißlinien des Cylinders durch l'' und m'' dargestellt. Der Spurpunkt der Kurve s in Π_1 sei A auf s', $A''E'' = h$ die Ganghöhe. Teilt man den Grundkreis s' von A anfangend in n gleiche Teile und ebenso die Ganghöhe, zieht durch den m^{ten} Teilpunkt P' die Vertikale aufwärts und gibt ihr von der x-Achse aus die Länge $= m \cdot \dfrac{h}{n}$, so endigt sie in einem Punkte P'' der **zweiten Projektion s''** der Schraubenlinie.

Da der Aufriß s'' eine Sinuslinie ist, so kann man die in 430 gegebenen Konstruktionen anwenden. Der Radius des dort benutzten Parameterkreises ist hier die reduzierte Ganghöhe h_0. Dieselbe ist nach Rektifikation des Grundkreisumfanges gemäß der Proportion: $2\,r\,\pi : r = h : h_0$ konstruiert (Nebenfigur). Trägt man h_0 als $A''S''$ auf a'' ab und verbindet S'' mit den Endpunkten L'' und M'' von l'' und m'' auf der x-Achse, so ergibt sich der Aufriß des über dem Grundkreise stehenden Richtungskegels der abwickelbaren Fläche, und es ist $\angle\, S''M''A'' = \alpha$ die Neigung der Schraubenlinie. Den Umrißlinien $M''S''$ und $L''S''$ des Kegels sind die Tangenten der Sinuslinie s'' in ihren auf a'' gelegenen Wendepunkten

A'', C'', E'', ... bezw. parallel. — Die Krümmungszentra der Sinuslinie in den auf l'' und m'' liegenden Scheitelpunkten B'', D'', ... findet man (430), indem man die aus S'' gezogene Normale zu $M''S''$ mit der x-Achse in N'' schneidet. $A''N''$ ist der Krümmungs-

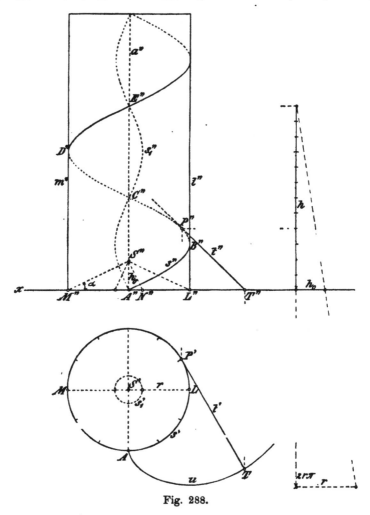

Fig. 288.

radius; zugleich ist $M''N'' = \dfrac{r}{\cos^2\alpha}$ der **Krümmungsradius** ϱ der Schraubenlinie selbst.

In die Figur ist die reziproke Schraubenlinie s_1, die den Ort der Krümmungszentra der gegebenen s bildet, eingetragen. Die

Ganghöhe ist dieselbe, die Neigung α_1 durch $\angle\, S''N''A'' = R - \alpha$, der Grundkreisradius durch $A''N''$ gegeben. Die Krümmungszentra für die Scheitel der Sinuslinie s_1'' fallen mit denen der vorigen s'' zusammen, weil der zugehörige Krümmungsradius als $A''M'' = r$ gefunden wird.

438. Die Tangente t der Schraubenlinie in einem ihrer Punkte P wird konstruiert (Fig. 288), indem man auf der Grundkreistangente t' in P' im gehörigen Sinne $P'T = \mathrm{Bog}\,P'A$ abträgt und T' auf x mit P''' durch die Gerade t'' verbindet. T ist ein Punkt der Grundkreisevolvente u mit dem Ursprung A.

Um die zu einer gegebenen Ebene parallelen Tangenten der Schraubenlinie s zu finden, schneide man den über s' stehenden Richtungskegel mit einer durch seine Spitze S gelegten Ebene E von der vorgeschriebenen Stellung; zu jeder der beiden Schnittlinien gehört in jedem Schraubengange eine Paralleltangente t. Ist z. B. Q ein Schnittpunkt der Spurlinien e_1 und s', dann ist t' die zu $S'Q$ parallele Tangente an den Kreis s' während die Tangente t'' in dem Punkte T'' von s'' zu $S''Q''$ parallel zu ziehen ist. (Fig. 289).

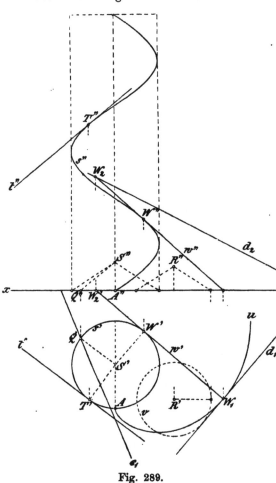

Fig. 289.

Die Schmiegungsebenen der Schraubenlinie durch einen gegebenen Punkt R des Raumes (mit den Projektionen R', R'') konstruiert man als gemeinsame Tangentialebenen der abwickelbaren Fläche der Kurve und ihres aus R als Spitze konstruierten Richtungskegels. Die Spurlinie der abwickelbaren Fläche in Π_1 ist die Kreisevolvente u (Fig. 289) mit dem Ursprung A, die Spurlinie des gedachten Kegels ist ein um R' beschriebener Kreis v, der aus dem Kegelaufriß leicht bestimmt wird. Die gemeinsamen Tangenten der Kurven u und v sind die ersten Spuren der gesuchten Schmiegungsebenen. Ist z. B. d_1 die erste Spur einer Schmiegungsebene $\triangle$ durch den Punkt R und zieht man parallel zu ihr den Radius $S'W'$ des Grundkreises s', so ist die Tangente w' in seinem Endpunkte der Grundriß der Erzeugenden w der abwickelbaren Fläche, längs der sie von der Ebene $\triangle$ berührt wird und W' der Grundriß des Berührungspunktes dieser Erzeugenden mit der Schraubenlinie. Der Schnittpunkt W_1 von w' und u ($w' \perp u$) ist der erste Spurpunkt der Schraubenlinientangente w. Sucht man noch W'' und W_1'' auf, so kann der Aufriß w'' gezogen und der zweite Spurpunkt W_2 angegeben werden; durch letzteren ist schließlich auch die zweite Spur d_2 von $\triangle$ bestimmt.

Um die zu einer gegebenen Geraden g parallelen Schmiegungsebenen der Schraubenlinie zu finden, denke man sich g durch die Spitze S des Richtungskegels über dem Grundkreise s' gezogen und durch g die Tangentialebenen dieses Kegels gelegt. Die zu ihnen parallelen Tangentialebenen der abwickelbaren Fläche bilden die Lösungen der Aufgabe. Man benutzt die aus der ersten Spur G_1 von g an s' gelegten Tangenten und die zu ihnen parallelen Tangenten der Kreisevolvente u. Die Konstruktion ist in die Figur nicht eingetragen.

439. Die Schraubenbewegung oder Verschraubung eines geometrischen Gebildes um eine gegebene Achse a ist durch ihren Sinn (rechts- oder linksgängig) und einen Parameter bestimmt, der die zu einem bestimmten Drehwinkel φ gehörige Verschiebung z in der Achsenrichtung angibt. Man wählt als Parameter entweder die Ganghöhe h, die einer vollen Umdrehung $\varphi = 2\pi$, oder die reduzierte Ganghöhe h_0, die dem Drehwinkel $\varphi = 1$ entspricht. Die bewegte Figur hat man sich mit der Schraubenachse fest verbunden zu denken; die Schraubenbewegung setzt sich dann zusammen aus einer Verschiebung der Achse in sich und aus einer mit dieser proportionalen Drehung um die Achse im vorgeschriebenen

Sinne. Die Verschraubung ist auch der Größe nach bestimmt,
wenn von den beiden Größen φ und z, die durch die Gleichung

$$z = h_0 \cdot \varphi$$

zusammenhängen, eine gegeben ist. Bei der Verschraubung einer
Figur beschreiben alle Punkte derselben koaxiale Schraubenlinien
von der nämlichen Ganghöhe.

440. Die Schraubenbewegung wird in der Kinematik benutzt,
um beliebige Bewegungen eines geometrischen Körpers im Raume
der Untersuchung zugänglich zu machen. Jede gegebene Bewegung
wird aufgelöst in eine Folge von unendlich vielen, unendlich kleinen
Verschraubungen um eine Achse, die ihre Lage selbst gesetzmäßig
ändert. Die zu einer bestimmten Position des Körpers gehörige
Lage der letzteren heißt die augenblickliche Schraubenachse
(Momentanachse).

Da jede Lage eines bewegten Körpers (in bezug auf einen anderen
festen) durch die Lage dreier seiner Punkte bestimmt ist, die nicht
in einer Geraden liegen, so kann man sich darauf beschränken, die
Bewegung eines Dreiecks ABC im Raume zu untersuchen. Zunächst
gilt der Satz:

Ein Dreieck ABC kann in jedes kongruente Dreieck
$A_1B_1C_1$ von gegebener Lage durch eine bestimmte Schraubenbewegung übergeführt werden.

Um diese Verschraubung zu bestimmen, denke man sie sich in
eine Verschiebung entlang einer Achse und in eine Drehung um
dieselbe zerlegt.

Es werden also gesucht: die Achse a, die Verschiebungsgröße z
und der Drehwinkel φ. Zuerst erkennt man, daß die senkrechten
Projektionen der Strecken AA_1, BB_1, CC_1 auf die Achse einander
gleich sein müssen. Zieht man daher aus irgend einem Punkte P
des Raumes drei Strecken, die jenen resp. gleich und parallel sind,
so liegt die Verbindungsebene N ihrer Endpunkte A_2, B_2, C_2 zur
Achse a normal und das von P auf N gefällte Lot gibt die Größe z
der Schiebung an. Aber auch je zwei entsprechende Seiten der
Dreiecke ABC und $A_1B_1C_1$ ergeben, senkrecht auf a projiziert, gleiche
Strecken; sie sind also gegen die Achse und gegen ihre Normalebene
gleich geneigt. Mithin sind die senkrechten Projektionen $A'B'C'$ und
$A_1'B_1'C_1'$ dieser Dreiecke auf N kongruent und lassen sich durch
Drehung um einen Punkt O dieser Ebene ineinander überführen
(vergl. 412). O ist durch irgend zwei von den Mittelsenkrechten der
Strecken $A'A_1'$, $B'B_1'$, $C'C_1'$ bestimmt. Durch O ist die Achse a zu

ziehen. Endlich findet man den Drehwinkel $\varphi = \angle\, A'OA_1'$ (Fig. 290).
Der Punkt O kann auch in folgender Weise gefunden werden. Verbindet man den Punkt $J = A'B' \times A_1'B_1'$ mit O, so halbiert diese
Linie den Winkel der Geraden $A'B'$ und $A_1'B_1'$, da beide von O
gleichweit abstehen. Zieht man durch C' eine·Parallele zu $A'B'$
und durch C_1' eine Parallele zu $A_1'B_1'$ und schneiden sich diese
in K, so liegt K auf OJ. Denn J und K sind die Gegenecken
eines Rhombus — seine Gegenseiten haben gleiche Abstände voneinander — folglich halbiert JK seine Winkel bei J und K und
geht durch O. In gleicher Weise geht die Linie, die $B'C' \times B_1'C_1'$
mit dem Schnittpunkt der bez. Parallelen
durch A' und A_1' verbindet, durch O.

Will man die Konstruktion für zwei
gegebene kongruente Dreiecke wirklich
ausführen, so wähle man die Ebene des
einen Dreiecks $A_1B_1C_1$ als Grundriß Π_1 und
lege Π_2 senkrecht zur Ebene E des anderen
Dreiecks ABC. Letzteres ist dann durch
seine Umlegung $A_0B_0C_0$ in Π_1 um die
Spurlinie e_1 und die Lage von e_2 gegeben
($e_1 \perp x$, $A_0B_0C_0 \cong A_1B_1C_1$). Ist die Richtung der Achse a gefunden, so projiziere

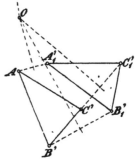

Fig. 290.

man das Dreieck ABC in dieser Richtung auf Π_1; das entstehende
Bild sei $A^1B^1C^1$. Durch dieselbe Projektion mag O^1 in Π_1 dem
Punkte O in N entsprechen. Da die Figuren $OA'B'C'$ und $OA_1'B_1'C_1'$
in N kongruent sind, so sind die Figuren $O^1A^1B^1C^1$ und $O^1A_1B_1C_1$
in Π_1 affin, jedoch nicht in affiner Lage; O^1 ist der sich selbst entsprechende Punkt, durch ihn geht die Achse a. Zieht man durch C_1
die Parallele zu A_1B_1 und durch C^1 die Parallele zu A^1B^1 und verbindet ihren Schnittpunkt mit $A_1B_1 \times A^1B^1$, so geht diese Linie
durch O^1. In gleicher Weise kann man noch eine zweite Linie
durch O^1 zeichnen, und die Aufgabe ist gelöst.

Aus dieser Überlegung folgt der Satz:

**Je zwei kongruente Raumfiguren $\mathfrak{F}$ und $\mathfrak{F}_1$ liefern, in
einer bestimmten Richtung a projiziert, in jeder Normal-
ebene zu a kongruente, in jeder anderen Ebene affine Bilder.
Die Projektionsrichtung ist die der Achse, um welche $\mathfrak{F}$ in $\mathfrak{F}_1$
verschraubt wird. Diese Achse geht durch den sich selbst
entsprechenden Punkt der affinen Projektionen.**

441. Denkt man sich das Dreieck ABC in einer gegebenen
Bewegung begriffen und sind die Geraden f, g, h resp. die Tangenten

der von A, B, C beschriebenen Bahnkurven in diesen Punkten selbst, so ist, um die Bewegung als eine Folge unendlich kleiner Verschraubungen erklären zu können, eine Verschraubung zu untersuchen, bei der ABC in ein benachbartes kongruentes Dreieck $A_1B_1C_1$ übergeht, dessen Ecken resp. auf f, g, h liegen.

Aus der Kongruenz der Dreiecke folgt, daß die Richtungen der Geraden f, g, h, auf denen die Ecken um die unendlich kleinen Größen erster Ordnung AA_1, BB_1, CC_1 verschoben werden sollen, nicht völlig willkürlich angenommen werden dürfen, sondern einer Bedingung genügen müssen. Jede Seite von $A_1B_1C_1$ schließt mit ihrer senkrechten Projektion auf die Ebene ABC einen Winkel ein, der von der ersten Ordnung unendlich klein ist. Folglich ist die Differenz zwischen einer Seite von $A_1B_1C_1$ und ihrer senkrechten Projektion auf ABC von der zweiten Ordnung unendlich klein (279). Das projizierte Dreieck $A_1'B_1'C_1'$ ist also mit ABC kongruent und geht aus diesem durch eine unendlich kleine Rotation um einen Punkt O der Ebene ABC hervor

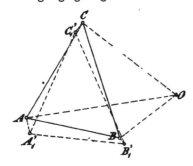

Fig. 291.

(Fig. 291). Die Strahlen OA, OB, OC stehen resp. auf AA_1', BB_1', CC_1' und folglich auf AA_1, BB_1, CC_1 senkrecht. Hiernach gilt der Satz:

Sind f, g, h die augenblicklichen Bewegungsrichtungen dreier Punkte A, B, C eines starren Körpers, so gehen ihre drei in der Ebene ABC gezogenen Normalen durch einen Punkt O.

Ferner gelangt man zu folgendem Satze:

Liegen die Punkte A, B, C resp. auf drei Geraden f, g, h des Raumes und schneiden sich die in ihnen auf den Geraden errichteten Normalebenen in einem Punkt der Ebene ABC, so sind f, g, h die Tangenten dreier koaxialen Schraubenlinien von gleicher Ganghöhe.

Man findet nämlich eine bestimmte Schraubenbewegung, bei der die Punkte A, B, C resp. auf f, g, h unendlich kleine Verschiebungen erfahren, auf die folgende Art.

Sind f', g' die senkrechten Projektionen der Geraden f, g auf die Ebene ABC und schneiden sich ihre durch A resp. B gezogenen Normalen in O, so darf h nur in der Ebene gewählt werden, die in C auf OC senkrecht steht. Ist dies geschehen, so ziehe man durch den Punkt O Parallele zu f, g, h und bestimme auf ihnen Punkte P, Q, R so, daß

$$OP' : OQ' : OR' = OA : OB : OC$$

ist; dann steht die Ebene PQR normal zur Achse a der gesuchten unendlich kleinen Verschraubung. Denn ist M der Fußpunkt des von O auf die Ebene PQR gefällten Lotes, so bildet OM die gemeinsame Projektion von OP, OQ und OR auf dieses Lot. Ferner ist:

$$AA_1' : BB_1' : CC_1' = OA : OB : OC$$

und folglich sind die senkrechten Projektionen der Strecken AA_1, BB_1, CC_1 auf OM einander gleich, weil sie zu den Strecken OP, OQ, OR parallel und ihnen proportional sind. Die Achse a muß also parallel zu OM sein. Die Ebenen durch A, B, C, die resp. zu MP, MQ, MR normal stehen, schneiden sich in der Schrauben-achse a selbst. Endlich erhält man die reduzierte Ganghöhe h_0 aus der Proportion:

$$h_0 : (A \dashv a) = OM : MP.$$

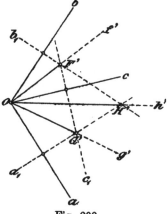

Fig. 292.

442. Man kann der oben aus-gesprochenen Bedingung zwischen den Geraden f, g, h noch einen anderen Ausdruck geben, indem man beachtet, daß die Seiten $a = BC$, $b = CA$, $c = AB$ des gegebenen Dreiecks auch mit den entsprechenden Seiten a_1, b_1, c_1 des verschobenen Dreiecks $A_1 B_1 C_1$ unendlich kleine Winkel erster Ordnung bilden. Demnach stimmen (279) die senkrechten Projektionen von a_1, b_1, c_1 auf a, b, c resp. mit diesen selbst bis auf unendlich kleine Größen zweiter Ordnung überein. Hieraus folgt:

$$BB_1 . \cos ag = CC_1 . \cos ah,$$
$$CC_1 . \cos bh = AA_1 . \cos bf,$$
$$AA_1 . \cos cf = BB_1 . \cos cg$$

und durch Multiplikation dieser Gleichungen erhält man den Satz:

Bei der Bewegung eines Dreiecks ABC (mit den Seiten a, b, c) erfüllen die augenblicklichen Bewegungsrichtungen f, g, h seiner Ecken die Bedingung:

$$\cos ag . \cos bh . \cos cf = \cos ah . \cos bf . \cos cg .$$

Hieraus ergibt sich eine zweite Lösung der obigen Aufgabe.
Man ziehe durch irgend einen Punkt O die Geraden a, b, c parallel
zu den Seiten des Dreiecks ABC; ihre Ebene wählen wir als
Grundriß Π_1. Ferner ziehe man durch O die Strahlen f, g parallel
zu den gegebenen Bewegungsrichtungen von A und B und wähle
auf f einen Punkt F. Durch F lege man die Ebenen B und Γ, die
zu b und c normal stehen; ferner lege man durch $G = \Gamma \times g$ die
Normalebene A zu a. Jede durch O gezogene Gerade h, welche
die Schnittlinie m der Ebenen A und B trifft, gibt eine zulässige
Richtung für die Verschiebung der dritten Ecke C an. Trifft h die
Schnittlinie m in H, so sind OF, OG, OH den unendlich kleinen
Verschiebungen der Dreiecksecken proportional, denn sie erfüllen
offenbar die Gleichungen

$$OG . \cos ag = OH . \cos ah,$$
$$OH . \cos bh = OF . \cos bf,$$
$$OF . \cos cf = OG . \cos cg.$$

Die Ebene FGH ist daher normal zur gesuchten Schraubenachse
und der Rest der Konstruktion kann wie in 440 durchgeführt werden.
In Fig. 292 ist nur der erste Teil der Konstruktion im Grundriß
ausgeführt; die Ebenen A, B, Γ werden durch ihre Spurlinien
a_1, b_1, c_1 vertreten.

Anwendungen aus der Verzahnungstheorie.

448. Zahnräder werden technisch dazu verwandt, die Umdrehung eines Maschinenteiles um eine feste Achse auf einen anderen
Maschinenteil so zu übertragen, daß dieser eine Umdrehung um eine
zweite feste Achse erfährt. Für die Geschwindigkeiten beider Umdrehungen nimmt man meist ein konstantes Verhältnis an. Die
Übertragung der Bewegung erfolgt durch Druck, den das **Treibrad**
auf das **Gegenrad** an der Stelle seines Umfangs ausübt, wo sich
gewisse Oberflächenteile beider Räder, die **Zahnflanken**, jeweilig
berühren. Die Formen der Zahnräder müssen verschiedenartig gewählt werden, je nachdem die beiden Drehachsen parallel sind,
oder sich schneiden (winklig sind), oder windschief (geschränkt) liegen.
Man unterscheidet dementsprechend drei Arten: **Stirnräder,
Kegelräder** und **Hyperbelräder** (besser: Hyperboloidräder). Wir
wollen hier nur von **Stirnrädern** sprechen; ihre **Zahnflanken**
werden als Cylinderflächen ausgebildet, deren Mantellinien beiden
Achsen parallel liegen. Hier kommt es nur auf die **Form** der
Querschnitte der Räder an, die in einer zur Achsenrichtung

normalen Ebene Σ liegen. Wir haben es also mit zwei ebenen
Figuren Σ_a und Σ_b zu tun, die sich in der festen Ebene Σ um
die Achsenpunkte A und B drehen. Die ineinandergreifenden, ge-
zahnten Randlinien der Figuren Σ_a und Σ_b heißen Profilkurven.
Sie müssen sich während der Bewegung stets in einem Punkte berühren. Der Berührungspunkt P ändert seine Lage und beschreibt
in der festen Ebene Σ eine Kurve, die Eingriffslinie genannt.
Um einen stetigen Gang des Getriebes zu erzielen, muß man dafür
sorgen, daß die Berührung zwischen zwei Zähnen nicht eher auf-
hört, als bis die Berührung zwischen den beiden folgenden Zähnen
begonnen hat. — Die Aufgabe der geometrischen Verzahnungstheorie
besteht nun darin, Profilkurven aufzufinden, die diesen Bedingungen
genügen. Man hat im wesentlichen drei Methoden zur Lösung der
Aufgabe aufgestellt, die zu verschiedenen Zahnradformen führen und
die wir einzeln besprechen wollen. Da wir hier nicht eine allgemeine Theorie geben, sondern nur zeigen wollen, wie sich geometrische
Methoden und Sätze auf praktische Aufgaben anwenden lassen, so
werden wir von einfachen, technisch zumeist angewandten Annahmen
ausgehen[20]).

Die Drehgeschwindigkeiten (Winkelgeschwindigkeiten) der
um die Zentra A und B rotierenden Figuren Σ_a und Σ_b mögen
sich zueinander verhalten, wie zwei ganze Zahlen m und n. Teilt
nun der Punkt L die Verbindungslinie AB im umgekehrten Verhältnisse $n:m$, so rollen die mit den Radien AL und BL beschriebenen
Kreise k_a und k_b (Fig. 293) aufeinander ohne zu gleiten; denn ihr
Berührungspunkt oder Pol L legt auf beiden Kreisen gleichzeitig
dieselbe Bogenlänge zurück. Diese Kreise k_a und k_b, die von den
Technikern meist als die Teilkreise bezeichnet werden: bilden
also im geometrischen Sinne die Polbahnen der beiden beweglichen
Figuren Σ_a und Σ_b.

Wir betrachten zuerst die Methode der Hilfspolbahnen,
die zur Zykloidenverzahnung führt (Fig. 293).

Als Hilfspolbahn wählen wir am einfachsten einen Kreis h_a, der
k_a und k_b in L berührt. Der Kreis h_a soll gleichzeitig auf den
Kreisen k_a und k_b abrollen (ohne Gleitung), während diese aufeinander
rollen. Dann wird in der Ebene Σ der gemeinsame Berührungspunkt L fest bleiben und ebenso der Mittelpunkt H_a von h_a. Wir
betrachten irgend einen mit dem Hilfspolkreis h_a fest verbundenen
Punkt P. In der Relativbewegung gegenüber dem System Σ_a, d. h.
wenn man sich den Kreis a fest denkt und den Kreis h_a, wie in der
Figur angenommen, innen auf k_a rollen läßt, beschreibt der Punkt P

eine Hypozykloide. In dem System Σ_b dagegen, wo h_a außen auf k_b rollt, beschreibt P eine Epizykloide. Natürlich ist auch die umgekehrte Annahme statthaft, daß der Hilfskreis (h_b in Fig. 293) innerhalb k_b liegt. Immer aber werden die beiden von P in den Figuren Σ_a und Σ_b beschriebenen Bahnlinien sich in P berühren; denn für die Gesamtbewegung bleibt L das Momentanzentrum (der Pol), mithin LP die gemeinsame Normale der Bahnkurven von P. Letztere können daher als Zahnradprofile verwendet werden. Da beide Kurven Zykloiden sind, spricht man von einer Zykloidenverzahnung.

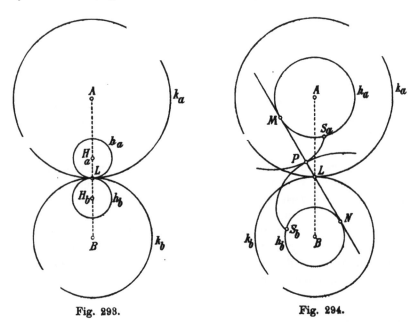

Fig. 293.   Fig. 294.

444. Es seien in Fig. 294 wieder A und B die Drehungszentra, k_a und k_b die Polkreise der Figuren Σ_a und Σ_b und L der ruhende Pol. Wir schlagen um A und B zwei Kreise h_a und h_b, deren Radien dasselbe Verhältnis haben, wie die von k_a und k_b, nennen sie die sekundären Polbahnen, und legen an sie eine gemeinsame Tangente l, die sie in den sekundären Polen M und N berühren mag und die notwendig durch den Pol L geht, der zugleich der innere Ähnlichkeitspunkt der Kreise k_a und k_b, sowie von h_a und h_b ist. Bei der gemeinsamen Bewegung der ebenen Systeme Σ_a und Σ_b ändert die Gerade l ihre Lage im ruhenden System Σ nicht. Man kann sich aber denken, daß sie sich in sich selber verschiebt, indem sie gleichzeitig auf den beiden sich drehenden sekundären Polkreisen h_a und h_b abrollt.

Bei dieser Abrollung beschreibt irgend ein Punkt P von l in dem ruhenden Systeme Σ_a eine gespitzte Evolvente des Kreises h_a und in dem Systeme Σ_b ebenso eine gespitzte Evolvente des Kreises h_b. Für die Relativbewegung gegen das erste System ist M das Momentanzentrum und zugleich der Krümmungsmittelpunkt der Bahnlinie von P; für die Relativbewegung gegen das zweite System spielt der Punkt N die gleiche Rolle. Die M und N verbindende und durch den Pol L gehende Linie l ist daher stets die gemeinsame Normale der beiden Bahnkurven von P; diese berühren sich in dem Punkte P, der sich auf l verschiebt. Die beiden Kurven können daher wieder als Zahnradprofile dienen, und da es Kreisevolventen sind, erhält man eine sogenannte Evolventenverzahnung. Zugleich stellt die Gerade l die Eingriffslinie dar. Das benutzte Verfahren bezeichnet man als die Methode der sekundären Polbahnen.

445. Um zu der Triebstockverzahnung zu gelangen, denke man sich in dem einen Systeme, etwa Σ_b, die Zähne durch cylindrisch geformte Stifte oder Zapfen, die sogenannten Triebstöcke, ersetzt, deren Querschnitte in der Ebene Σ Kreise sind (Fig. 295). Sie sollen zu dieser Ebene normal

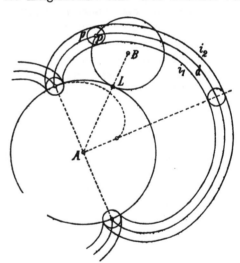

Fig. 295.

stehen und ihre Querschnittsmittelpunkte sollen längs des Polkreises k_b gleichmäßig angeordnet sein. Stellt man sich fürs erste den Radius jedes Querschnittkreises verschwindend klein vor, so werden die Kreise durch Punkte vertreten, die sich regelmäßig auf der Peripherie von k_b verteilen. Man erhält dann eine Punktverzahnung. Ein solcher Punkt P beschreibt in der relativen Bewegung gegen das System Σ_a eine gespitzte Epizykloide d des Polkreises k_a, die sich nach einigen Gängen schließen mag. Für

die Punktverzahnung kann diese Epizykloide *d* als Profilkurve im
Systeme Σ_a angewandt werden. Ihre **Evolute** ist (423) eine ähnliche Epizykloide *e*, die innerhalb des Polkreises k_a liegt und ihn
in den Spitzen der vorigen berührt, während ihre Spitzen den
Scheitelpunkten der ersteren als Krümmungsmittelpunkte entsprechen.
Wird nun der Punkt *P* durch einen kleinen Kreis *p* ersetzt, so hat
man die Hüllkurven aller Lagen aufzusuchen, die dieser Kreis *p*
annimmt, wenn sein Mittelpunkt *P* die Kurve *d* durchläuft. Die
Hüllkurve besteht aus zwei Äquidistanten der Epizykloide *d*; sie
haben dieselbe Evolute *e* und mögen mit i_1 und i_2 bezeichnet werden.
Die Äquidistanten haben ihre Spitzen auf der Evolute *e*, also innerhalb des Teilkreises k_a. Ihre Bogenlängen zwischen je zwei aufeinanderfolgenden Spitzen sind abwechselnd gleich und ungleich.
Nimmt man nun den Triebstockquerschnitt, also den Kreis *p*, als
Profilkurve des Systems Σ_b, so kann eine der Äquidistanten i_1 oder i_2
als Profilkurve des anderen Systems Σ_a benutzt werden. Das
angewandte Verfahren nennt man die **Methode der Äquidistanten.**

446. Wir gehen nun zu Anwendungen über, wobei die kurz
skizzierte Theorie noch in einzelnen Punkten ergänzt werden muß.

Zykloidenverzahnung. Die beiden Polkreise k_a und k_b werden
um die Mittelpunkte *A* und *B* mit Radien beschrieben, die sich wie
4 : 3 verhalten sollen. Wir wenden zwei **Hilfspolkreise** h_a und h_b
an, die k_a und k_b in dem gemeinsamen Pole *L* beiderseits berühren;
ihr Radius betrage $^1/_4$ des Radius von k_a, also $^1/_3$ des Radius von k_b.
Indem sie auf den beiden Kreisen innen oder außen abrollen, beschreibt jeder Punkt derselben, z. B. der Punkt *L* selbst, eine Epi-
und eine Hypozykloide, im Systeme Σ_a mit vier Gängen, im Systeme
Σ_b mit drei Gängen. In den Spitzen haben je zwei Gänge eine
gemeinsame Tangente (Radius des betreffenden Polkreises); sie schließen
sich also jedesmal zu einem Oval zusammen. Diese Zykloiden
dienen als Profilkurven. Der wesentliche Teil der Zahnbegrenzung,
die **Zahnflanke**, besteht jedesmal aus zwei Teilen, die in einem
Wendepunkt stetig ineinander übergehen: aus einem Epizykloiden-
bogen am **Zahnkopf** und einem Hypozykloidenbogen am **Zahnfuß.**
Man bildet meist die Zähne **symmetrisch** aus, damit sich die
Räder vorwärts und rückwärts drehen können. Außerdem macht
man alle Zähne eines Rades einander gleich und ebenso die Lücken
zwischen ihnen. Der über einen Zahn oder über eine Lücke sich
erstreckende Bogen des Teilkreises (Polkreises) heißt **Zahndicke** oder
Lückenweite. Als unwesentliche Teile des Zahnradprofiles wählt
man bei einem Zahn am Kopfe, bei einer Lücke am Fuße Stücke

zweier zum Polkreis konzentrischer Kreise, des Kopfkreises und Fußkreises; die Differenz ihrer Radien gibt die Zahnlänge an. An beiden Rädern werden die Lücken breiter gewählt als die Zähne und die Zahnlängen passend bestimmt, damit den Zähnen der

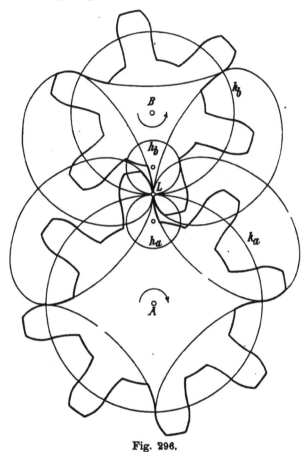

Fig. 296.

Räder bei ihrem Ineinandergreifen genügender Spielraum gewährt werde und nur die Flanken sich berühren. Die Eingriffslinie gehört in unserem Falle den beiden Hilfspolkreisen an. Nach diesen Angaben können die Profile leicht gezeichnet werden. Fig. 296 zeigt die Zykloidenverzahnung an dem Beispiele zweier Räder mit acht und sechs Zähnen.

447. Evolventenverzahnung. Zu den beiden Polkreisen k_a und k_b wählen wir zwei konzentrische sekundäre Polkreise h_a

und h_b mit dem gleichen Radienverhältnis. In Fig. 297 ist das eine Zahnrad wieder mit 8, das andere mit 6 Zähnen versehen. Die gemeinsame Tangente l der Kreise h_a und h_b ist unter 60° Neigung gegen die Zentrale AB durch den Pol L gezogen. (In der Praxis wendet man meist 75° Neigung an und benutzt relativ kleinere

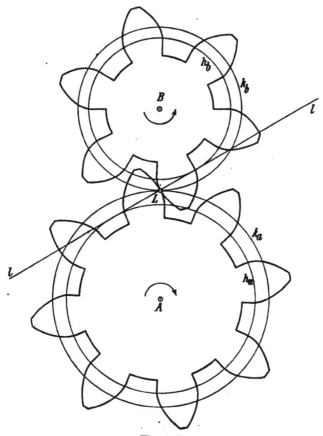

Fig. 297.

Zähne in größerer Anzahl). Die Zahndicke wird auch hier etwas kleiner als die Lückenweite gewählt. Die unwesentlichen Teile des Zahnradprofiles gehören dem Kopf- und Fußkreise an, deren Abstände vom Teilkreis sich wie 3:4 verhalten mögen. Man läßt nun den Punkt L in jedem der beiden Systeme Σ_a und Σ_b zwischen dem sekundären Polkreise h_a (oder h_b) und dem zugehörigen Kopfkreise eine Evolvente des ersteren beschreiben und zieht zur Ergänzung des Profiles aus der Spitze ein Stück Radius bis zum Fußkreise. Die Eingriffslinie bildet eine den Punkt L enthaltende Strecke auf l.

448. Triebstockverzahnung. Der Polkreis k_a gehöre dem Zahnrade, der Polkreis k_b dem Triebstockrade an. Das Verhältnis der Radien sei $4:1$; das eine Rad habe 24 Zähne, das andere 6 Triebstöcke. Die Mittelpunkte der Triebstocksquerschnitte bilden ein dem Polkreise k_b eingeschriebenes regelmäßiges Sechseck. Läßt man k_b außen auf k_a abrollen, so beschreibt jeder dieser

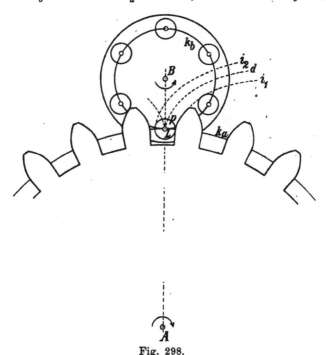

Fig. 298.

Punkte, z. B. derjenige Punkt P, der anfangs mit dem Pole L zusammenfällt, eine vierspitzige Epizykloide d des Kreises k_a (Fig. 298). Als Triebstocksquerschnitt wählen wir eine Äquidistante des Punktes P, also einen Kreis p; sein Radius sei wenig kleiner als $\frac{1}{24}$ der Peripherie von k_b. Lassen wir nun den Kreis k_b auf k_a abrollen, also P im Systeme Σ_a die Epizykloide d durchlaufen, so werden die aufeinanderfolgenden Lagen des mitgeführten Kreises p von zwei Äquidistanten i_1 und i_2 der Kurve d umhüllt. Sie bilden den wesentlichen Teil der Zahnbegrenzung am Gegenrade. Jede solche Äquidistante besteht aus kleineren und größeren

Gängen, die miteinander abwechseln. Die Zahnprofile gehören jedesmal dem kleineren Gange an. Ihre Spitzen fallen nicht auf den Polkreis k_o, sondern dringen in diesen ein wenig ein, da sie auf der zu
d gehörigen Evolute, einer zu d ähnlichen, innerhalb k_a liegenden
Epizykloide sich befinden. Zugleich würden diese Spitzen auch in den
Kreis p ein wenig eindringen, der um den Rückkehrpunkt L der
Kurve d beschrieben ist. Diese nach der strengen Theorie sich
ergebende Schwierigkeit in der Profilbestimmung ist aber praktisch
belanglos; denn die technisch notwendige Abweichung von der genauen
Konstruktion ist so minimal, daß man sie zeichnerisch nur schwer
ersichtlich machen kann. Man benutzt entweder die Äquidistantenbogen nur bis zu der Tangente des Kreises k_a im Punkte L und
ergänzt das Profil durch einen Halbkreis, dessen Radius wenig größer
als der von p ist; oder man benutzt den Äquidistantenbogen bis
zum Kreise k_a und zieht zur Ergänzung des Profils am Zahnfuße
vom Endpunkte jenes Bogens bis zum Fußkreise eine radiale Strecke,
die als Endtangente desselben gelten kann. Die Abstände des Fußkreises und Kopfkreises vom Teilkreis k_o kann man etwa im Verhältnis
5:8 wählen. Über die praktisch brauchbarsten Annahmen lese man in
technischen Werken nach. Was die Eingriffslinie betrifft, so gehört sie, wie eine nähere Untersuchung zeigt, einer verschlungenen
Pascal'schen Schnecke (294) an. Hierauf soll indessen nicht weiter
eingegangen werden.

ZEHNTES KAPITEL.

Schraubenflächen.

Allgemeines über Schraubenflächen.

449. Eine Schraubenfläche[21]) entsteht durch Schraubenbewegung einer Kurve; diese Kurve heißt eine Erzeugende der
Fläche. Jede Schraubenfläche ist in sich selbst verschiebbar.
Sie teilt diese Eigenschaft nur mit den Rotations- und Cylinderflächen. Als Erzeugende kann jede Kurve dienen, die alle auf der
Fläche gezogenen koaxialen Schraubenlinien trifft. Die ebenen
Schnitte der Fläche, welche deren Achse enthalten, heißen Meridianschnitte, die, deren Ebenen normal zur Achse stehen, Normalschnitte. Die Meridiankurven sowohl als auch die Normalkurven

müssen bei der Schraubenbewegung ineinander übergehen; sie sind also unter sich kongruent und können als Erzeugende dienen, weil sie alle Schraubenlinien treffen.

Die Schraubenfläche heißt geschlossen oder offen, je nachdem die Achse auf ihr liegt oder nicht, d. h. je nachdem die Erzeugende die Achse trifft oder nicht trifft. Im letzteren Falle besitzt sie eine Kehlschraubenlinie, beschrieben von demjenigen Punkte der Erzeugenden, der die kürzeste Entfernung von der Achse hat. Bei der geschlossenen Fläche wird die Kehlschraubenlinie durch die Achse selbst vertreten. Die Kehlschraubenlinie bildet in gewissen Fällen eine Rückkehrkante der Fläche.

450. Eine Schraubenfläche kann andererseits auch als Hüllfläche durch Schraubenbewegung einer gegebenen Fläche $\mathfrak{F}$ erzeugt werden. Sie berührt dann die bewegte Fläche in allen ihren Lagen längs einer bestimmten Kurve c, die man als Charakteristik der Hüllfläche bezeichnet. Diese Kurve bildet den Durchschnitt zweier unendlich benachbarten Lagen der erzeugenden Fläche und kann selbst als Erzeugende benutzt werden.

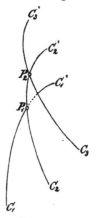

Fig. 299.

Seien $\mathfrak{F}$ und $\mathfrak{F}_1$ zwei unendlich benachbarte Lagen der erzeugenden Fläche und c die Schnittkurve von $\mathfrak{F}$ und $\mathfrak{F}_1$. Geht $\mathfrak{F}$ in $\mathfrak{F}_1$ über, so geht gleichzeitig $\mathfrak{F}_1$ in eine neue Nachbarlage $\mathfrak{F}_2$ und c in eine benachbarte Kurve c_1 über. Sei ferner P ein Punkt auf c, t die zugehörige Kurventangente und P_1 die folgende Lage von P auf c_1. Dann hat die von c erzeugte Schraubenfläche mit $\mathfrak{F}_1$ im Punkte P sowohl die Tangente t, als auch die durch das Linienelement PP_1 bestimmte Tangente gemein. Beide Flächen haben also in P eine gemeinsame Tangentialebene, d. h. sie berühren sich in P. Dies gilt für alle Punkte auf c.

Haben zwei unendlich nahe Lagen der erzeugenden Kurve c und folglich je zwei benachbarte Erzeugende auf der Schraubenfläche einen Punkt gemein, so beschreibt dieser eine Rückkehrkante der Fläche. Seien nämlich $C_1 C_1{}'$, $C_2 C_2{}'$, $C_3 C_3{}'$ Kurvenstücke benachbarter Erzeugenden, von denen sich die beiden ersten in P_1, die beiden letzten in P_2 treffen (Fig. 299), so stoßen die Flächenelemente $C_2 P_2 C_3$ und $C_1{}'P_1 C_2{}'$ längs des Kurvenelementes $P_1 P_2$ von der nämlichen Seite kommend unter unendlich kleinem Winkel zusammen. Daher darf man sagen: Umhüllen die Erzeugenden

auf der Schraubenfläche eine Kurve (Schraubenlinie), so
bildet diese eine Rückkehrkante der Fläche.

451. Die Tangentialebene der Schraubenfläche in einem
ihrer Punkte P enthält die Tangente der von P beschriebenen
Schraubenlinie und die Tangente der durch P gezogenen Erzeugenden
(bezw. wenn diese eine Gerade ist, die Erzeugende selbst). Hierdurch ist sie bestimmt, sofern nicht die genannten beiden Tangenten
zusammenfallen, wie es längs einer etwa vorhandenen Rückkehrkante eintritt. In letzterem Falle ist die Tangentialebene mit der
Schmiegungsebene der Rückkehrkurve identisch. In den Punkten
der Kehlschraubenlinie ist die Tangentialebene der Fläche der
Schraubenachse parallel; denn die Tangente der durch den betrachteten Punkt gezogenen Meridiankurve liegt parallel zur Achse, weil
anderenfalls ein Nachbarpunkt derselben eine kürzere Entfernung
von der Achse haben würde als der Berührungspunkt. Da die fragliche Tangentialebene zugleich die Tangente der Kehlschraubenlinie
enthält, so ist sie mit der rektifizierenden Ebene der letzteren identisch. Hieraus folgt nach 435: Die Normalen einer Schraubenfläche entlang ihrer Kehlschraubenlinie schneiden die
Schraubenachse senkrecht. Der Fall der Rückkehrkurve bildet
eine Ausnahme.

452. Bezüglich der Konstruktion der wahren und scheinbaren Umrisse einer Schraubenfläche, sowie ihrer Eigen-
und Schlagschattengrenzen für parallele projizierende, bezw.
Lichtstrahlen ist zunächst auf die allgemeinen Sätze in 375—377 zu
verweisen. Punkte des wahren Umrisses oder der Eigenschattengrenze sind aus der Bedingung zu bestimmen, daß ihre Tangentialebenen dem projizierenden Strahl oder dem Lichtstrahl parallel sein
müssen. Eine Rückkehrkurve oder eine Randkurve der Fläche wird
jedenfalls dem wahren Umrisse bezw. der Eigenschattengrenze zuzurechnen sein.

Für die Darstellung einer Schraubenfläche in orthogonaler Projektion bei vertikaler Stellung ihrer Achse läßt
sich im allgemeinen der Normalschnitt oder der Meridianschnitt
mit Vorteil verwenden. Ersteren stellt man in Π_1 als Spurkurve der
Fläche dar, letzteren als Hauptmeridiankurve (in der zu Π_2 parallelen
Meridianebene), so daß der Aufriß seine wahre Gestalt ergibt. —
Der Umriß der ersten Projektion der Fläche besteht aus konzentrischen Kreisen um den Achsenspurpunkt, die den in Π_1
gelegenen Normalschnitt n berühren. Punkte dieser Kreise werden
auch als erste Spuren der vertikalen Tangenten an die Meridian-

kurve *m* gewonnen. Die Berührungspunkte der Umrißkreise mit der Kurve *n'* beschreiben auf der Fläche Schraubenlinien, die den **wahren Umriß für die erste Projektion** bilden. Namentlich gehört zu letzterem die Kehlschraubenlinie. — **Der wahre Umriß für die zweite Projektion** ist der Ort derjenigen Punkte des verschraubten Normalschnittes, deren Tangenten senkrecht zu Π_2, oder deren Normalen parallel zu Π_2 liegen. Hieraus ergibt sich auch der Umriß der zweiten Projektion. Derselbe wird oft, dafern sich eine einfache Erzeugende für die Fläche angeben läßt, als Hüllkurve der Projektionen dieser Erzeugenden bestimmt.

453. Auf einer Schraubenfläche kann die **Lichtgrenze** *u* für **Parallelbeleuchtung** (oder der wahre Umriß für eine beliebige **Parallelprojektion**) durch verschiedene Methoden gefunden werden, von denen namentlich zwei bemerkenswert sind. Man bestimmt entweder die Punkte der Lichtgrenze auf den einzelnen (koaxialen) Schraubenlinien der Fläche oder auf den einzelnen erzeugenden Kurven. Ersteres — das **Schraubenlinienverfahren** — ist stets anwendbar und erlangt später für die Theorie der Beleuchtung der Schraubenflächen noch besondere Wichtigkeit, letzteres — das **Erzeugendenverfahren** — ist zwar von geringerer Allgemeinheit, aber in vielen Einzelfällen noch einfacher.

Die Schraubenfläche entstehe durch (rechtsgängige) Verschraubung der Raumkurve *c* um die Achse *a*; h_0 sei die reduzierte Ganghöhe. Zur Vereinfachung legen wir die Grundrißebene $\Pi_1 \perp a$ und die Aufrißebene Π_2 durch *a* selbst (Fig. 300). Auf die Achse *a* tragen wir vom Grundriß aufwärts die Strecke h_0 ab; ihr Endpunkt sei *S* und S_* sein Grundrißschatten. Hierdurch ist der Lichtstrahl $l = SS_*$ festgelegt; seine erste Tafelneigung werde durch λ bezeichnet.

Wir werden im folgenden wiederholt dem Lichtstrahle *l* oder irgend einer gegebenen Geraden einen bestimmten Punkt der Grundrißebene zuzuordnen haben, den wir kurz ihren **Pol** (in bezug auf die Schraubenbewegung) nennen wollen. **Man findet den Pol *E* einer Geraden *e*, indem man durch *S* die Parallele zu *e* zieht und ihrem ersten Spurpunkte E_1 im Sinne der aufwärtsgehenden Schraubenbewegung eine Viertelumdrehung um die Achse erteilt.** Analog findet man in jeder Normalebene zu *a* einen Pol von *e*. Alle diese Pole liegen auf der Parallelen zu *a* durch *E*, die als **Polachse der Geraden** *e* bezeichnet werden mag.

454. Sei *P* ein Punkt der erzeugenden Kurve *c* und *e* die zugehörige Tangente, ferner *s* die auf der Fläche durch *P* gezogene

26*

Schraubenlinie und t ihre Tangente (Fig. 300). Wir ziehen parallel zu t den Strahl ST_1, dessen erster Spurpunkt T_1 auf s' liegt ($S'T_1 \| t'$), und parallel zu e den Strahl SE_1; sein Spurpunkt sei E_1 ($S'E_1 \| e'$). Die Ebene SE_1T_1 ist dann parallel zur Tangentialebene et der Schraubenfläche im Punkte P. Rotiert diese Ebene um die Achse a bis ihre Spur durch S_* geht, so wird sie zum Lichtstrahle parallel. Dies tritt aber ein bei einer Rotation um $\angle G_1 S'S_*$ oder um $\angle H_1 S'S_*$, wenn G_1 und H_1 die Schnittpunkte von E_1T_1 mit dem um S' durch S_* geschlagenen Kreise i bedeuten. Wird der Punkt P um die Achse a um eben diese Winkel verschraubt, so nimmt er zwei neue Lagen Q resp. R auf der Fläche ein, in denen er jedesmal der Lichtgrenze u angehört ($\angle P'S'Q' = \angle G_1 S'S_*$ und $\angle P'S'R' = \angle H_1 S'S_*$). Hieraus folgt:

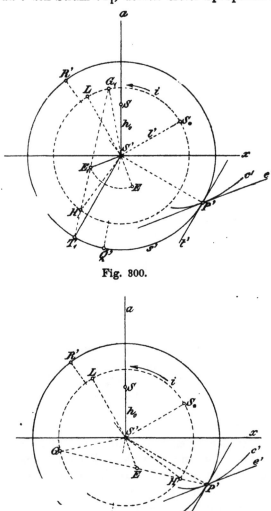

Fig. 300.

Fig. 301.

Auf jedem Gange einer Schraubenlinie s der Fläche liegen zwei reelle (getrennte oder vereinte) oder imaginäre Punkte der Lichtgrenze u.

Um die Konstruktion der Kurve u durchzuführen, muß man den Punkt P die Erzeugende c durchlaufen lassen. Dabei bleibt, falls c eine Gerade ist, also eine Regelschraubenfläche vorliegt (456), der Punkt E_1 ungeändert.

Eine Vereinfachung tritt ein, wenn man den Punkten S_*, E_1 und T_1 eine Viertelumdrehung um S' im Sinne der aufwärtsgehenden Schraubenbewegung (also bei rechtsgängiger Fläche linksum) erteilt (Fig. 301). Hierbei geht T_1 in P' über, S_* in den Pol L des Lichtstrahles l und E_1 in den Pol E der Geraden e ($S'L \perp l'$, $S'E \perp e'$). Hieraus folgt die Konstruktion:

Um auf einer Schraubenlinie s der Fläche die Punkte der Lichtgrenze zu finden, ziehe man in einem beliebigen Punkte P von s die Tangente e der erzeugenden Kurve und bestimme in Π_1 ihren Pol E, ebenso den Pol L des Lichtstrahles l. Ferner zeichne man in Π_1 den mit s' konzentrischen Kreis i durch L. Schneidet die Gerade $P'E$ den Kreis i in G und H, so geht P durch Verschraubung um $\angle GS'L$ oder $\angle HS'L$ in die Punkte Q oder R der Lichtgrenze über. Bei einer Regelschraubenfläche bleibt E unverändert.

455. Aus der ersten Methode folgt, wenn man der Konstruktion eine spezielle Erzeugungsweise der Schraubenfläche zugrunde legt, die zweite, bei der die Punkte der Lichtgrenze auf den einzelnen Erzeugenden bestimmt werden.

Gelten wieder die vorigen Bezeichnungen, bedeutet aber jetzt c einen Normalschnitt der Schraubenfläche (etwa den in Π_1 gelegenen), so liegt der Pol E von e unendlich weit auf dem von S' auf e gefällten Lote; mithin ist auch $PE \perp e$ (Fig. 302). Verschraubt man daher P um $\angle GS'L$ oder $\angle HS'L$,

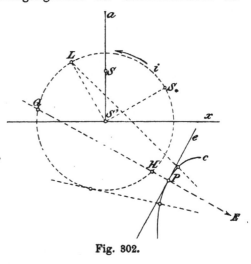

Fig. 302.

so erhält man Punkte Q und R der Lichtgrenze. Sucht man aber auf c selbst die Lichtgrenzpunkte, so darf keine Verschraubung mehr stattfinden, weil dabei c in einen anderen Normalschnitt übergehen würde. Daher folgt: **Alle Punkte des Normalschnittes** c **einer Schraubenfläche, deren Normalen durch den Pol** L **des Lichtstrahles** l **gehen, gehören der Lichtgrenze** u **an.** Da dies für jeden Normalschnitt gilt, können wir auch sagen: **Die Lichtgrenze** u **auf der Schraubenfläche ist der Ort der Punkte auf dem verschraubten Normalschnitte, deren Normalen die Polachse des Lichtstrahles treffen.** Die fraglichen Normalen bilden eine Regelfläche und die Lichtgrenze bildet deren Durchschnittskurve mit der gegebenen Schraubenfläche (oder einen Teil davon).

Bei der Ausführung der Konstruktion beschränkt man sich meist auf die Zeichnung des in Π_1 gelegenen Normalschnittes c. Bestimmt man dann alle Punkte von c, deren Normalen durch irgend einen festen Punkt M des Kreises i gehen und verschraubt diese Punkte um $\angle MS'L$, so bilden sie die Lichtgrenzpunkte auf dem verschraubten Normalschnitte. Die Punkte von c, deren Normalen den Kreis i berühren, bestimmen Schraubenlinien der Fläche, die die Lichtgrenze berühren. Die Berührungspunkte werden hieraus leicht gefunden. — Im allgemeinen wird es leichter sein, Normalen der Kurve c in einzelnen Punkten derselben zu zeichnen, als ihre Normalen aus einem gegebenen Punkte zu ziehen. Man geht dann besser von ersteren aus und bestimmt ihre Schnittpunkte M mit i, um schließlich wieder die erforderliche Verschraubung eintreten zu lassen.

456. Besonders einfache Konstruktionen ergeben sich bei den Regelschraubenflächen (457). Indem die Gerade e durch ihre Verschraubung die Fläche erzeugt (Fig. 303), führt ihr Grundriß e' in Π_1 eine Rotation um den Punkt S' aus und bildet stets eine Tangente der kreisförmigen Projektion k' der Kehlschraubenlinie (bei geschlossenen Flächen reduziert sich k' auf den Punkt S' selbst). Ferner liegt der Pol E der Erzeugenden e stets auf dem durch S' gezogenen Lote von e' in konstanter Entfernung von S', beschreibt also einen Kreis um S'; sein Radius ist $h_0 \cdot \cotg \varphi$, wenn φ die erste Tafelneigung der Erzeugenden bedeutet.

Ist P ein Punkt auf e und trifft $P'E$ den Kreis i in einem von L verschiedenen Punkte G, so geht P durch Verschraubung um $\angle GS'L$ in einen Punkt der Lichtgrenze u auf einer anderen Erzeugenden über. Sucht man aber die Lichtgrenze auf e selbst, so darf keine Verschraubung stattfinden, d. h. LE schneidet e im Grundrisse P' des gesuchten Punktes. Daher gilt für die Lichtgrenze bei Parallelbeleuchtung oder für den wahren Umriß bei beliebiger Parallelprojektion der Satz:

Auf jeder erzeugenden Geraden *e* der·Regelschrauben-
fläche liegt ein Punkt *P* ihrer Lichtgrenze *u*. Man findet
seinen Grundriß *P′* aus dem Pol *L* des Lichtstrahles und
dem Pol *E* der Erzeugenden, indem man *LE* mit dem Grundrisse *e′* schneidet.

Man kann auch sagen:

Der Lichtgrenzpunkt *P* einer Erzeugenden *e* der Regelschraubenfläche wird im Grundrisse bestimmt, indem man

das vom Pole *L* des
Lichtstrahles auf ihren
Schatten *e*∗ gefällte
Lot mit *e′* schneidet.

Denn, da *LE* aus
$S_* E_1$ durch Drehung um
90⁰ hervorgeht (450) und
$S_* E_1$ zum Grundriß-
schatten *e*∗ parallel ist,
so ist *LP′* ⊥ *e*∗.

Man denke sich jetzt
den allgemeinsten Fall: die
Gerade *e* beschreibe um
die Achse *a* eine beliebige
Regelschraubenfläche, und
es handle sich um die
Bestimmung des wahren

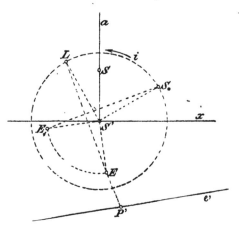

Fig. 303.

Umrisses *u* für irgend eine gegebene Parallelprojektion. Diese Bestimmung wird ausgeführt mittels der senkrechten Projektion auf
eine Normalebene Π zur Achse *a*. In Π seien *A* der Achsenspurpunkt,
L der Pol des projizierenden Strahles, *E* der Pol irgend einer Erzeugenden *e* und *e′* ihre Projektion (*AE* ⊥ *e′*). *A* und *L* sind feste
Punkte; *E* und *e′* dagegen führen, wenn *e* die Fläche durchläuft, miteinander fest verbunden eine Rotation um *A* aus. Hierbei beschreibt
der Schnittpunkt *e′* × *LE* in einem ununterbrochenen Zuge die
Projektion *u′* von *u*. Von der entstehenden Kurve aber gilt der
nachstehende Satz, dessen Einzelheiten erst in den folgenden Ab-
schnitten erörtert werden:

Für jede Parallelprojektion ergibt der wahre Umriß
einer Regelschraubenfläche, senkrecht auf eine Normalebene Π projiziert, eine unikursale Kurve *u′* vierter Ordnung.
Sie entsteht, wenn um den festen Punkt *A* ein Punkt *E*
und eine zu *AE* senkrechte Gerade *e′* rotieren, als Ort der

Schnittpunkte von e' mit den Strahlen, die E mit einem zweiten festen Punkte L verbinden. Die Kurve zerfällt eventuell in mehrere Kurven niederer Ordnung.

Betrachtet man im besonderen projizierende Strahlen senkrecht zu Π (oder $\parallel a$), so liegt L mit A vereint. Werden die projizierenden Strahlen parallel zu Π (oder $\perp a$) angenommen, so liegt L in Π unendlich fern in der zum projizierenden Strahle normalen Richtung und die Strahlen LE werden alle parallel. Sind die projizierenden Strahlen beliebig gegen Π geneigt, so befindet sich L in endlichem Abstande von A. — Offenbar ist die Kurve u' gegen die Gerade AL symmetrisch. Da ferner die Gerade e' bei ihrer Rotation um A den Punkt L im allgemeinen zweimal überschreitet, ist L ein Doppelpunkt der Kurve. Sie besitzt aber außerdem noch zwei weitere Doppelpunkte (symmetrisch zu AL), die reell getrennt, vereint oder konjugiert imaginär sein können. Die Gestalt der Kurve ist sehr verschieden; sie hängt ab von den Verhältnissen der drei Strecken AE, AK und AL, wo AK den kürzesten Abstand der Geraden e' von A bedeutet (vergl. 481, 482).

Allgemeines über Regelschraubenflächen.

457. Wir schicken unserer Betrachtung einige allgemeine Bemerkungen über Regelflächen voraus, die zum Teil auf früher Entwickeltes zurückgreifen.

Eine Regelfläche ist die Bahn einer nach irgend welchem Gesetze im Raume bewegten Geraden; letztere wird als Erzeugende bezeichnet. Man teilt die Regelflächen ein in abwickelbare (developpable) und windschiefe.

Liegen je zwei benachbarte Erzeugende in einer und derselben Ebene, so ist die Regelfläche abwickelbar. Die Verbindungsebene der Nachbarerzeugenden ist eine Tangentialebene der Fläche, und diese wird umgekehrt in allen Punkten einer Erzeugenden von einer und derselben Ebene berührt. Je zwei Nachbarerzeugende haben dann einen Punkt gemein; der Ort dieser Punkte ist eine Raumkurve, die die Erzeugenden der Fläche zu Tangenten, ihre Tangentialebenen zu Schmiegungsebenen hat und eine Rückkehrkante der Fläche bildet. Man erkennt leicht, daß die abwickelbare Regelfläche auch als Hüllfläche einer bewegten Ebene aufgefaßt werden kann, die sie in jeder ihrer Lagen berührt. Die Rückkehrkante liefert in jedem ebenen Schnitte der Fläche einen Rückkehrpunkt und bildet für jede Projektion einen Teil des wahren Umrisses. Zieht man durch einen festen Punkt des Raumes Parallelen zu den Erzeugenden, so bilden dieselben einen **Richtungskegel** der Fläche; die Tangentialebenen der letzteren liegen zu denen des Richtungskegels parallel. Ist der Winkel zweier Erzeugenden unendlich klein von der 1. Ordnung, so ist ihr kürzester Abstand von der 3. Ordnung unendlich klein (vergl. 318—324).

458. Wenn benachbarte Erzeugende einer Regelfläche (von einzelnen Ausnahmen abgesehen) nicht in derselben Ebene liegen, so heißt die Ebene **windschief** und ist nicht abwickelbar. Es steht dann der kürzeste Abstand der Nachbarerzeugenden zu ihrem Neigungswinkel in endlichem Verhältnisse, d. h. sie schneiden einander nicht. Auf jeder Erzeugenden g gibt es einen Punkt C, ihren **Zentralpunkt**, der von der Nachbarerzeugenden g_1 den kürzesten Abstand hat. Der Ort der Zentralpunkte aller Erzeugenden der Fläche heißt ihre **Striktionslinie**. Läßt man einen Punkt P eine Erzeugende g der windschiefen Regelfläche durchlaufen, so dreht sich die zu ihm gehörige Tangentialebene um g und nähert sich, indem sich P ins Unendliche entfernt, einer bestimmten Grenzlage, der zu g gehörigen **asymptotischen Ebene**. Diese liegt, weil sie den unendlich fernen Punkt der Nachbarerzeugenden g_1 enthält, zu g_1 parallel und folglich normal zum kürzesten Abstand beider Erzeugenden. Letzterer liegt in der zum Zentralpunkte von g gehörigen Tangentialebene. Man darf daher sagen: Die **asymptotische Ebene einer Erzeugenden der windschiefen Regelfläche steht senkrecht auf der Tangentialebene im Zentralpunkte derselben Erzeugenden.** Alle asymptotischen Ebenen umhüllen die asymptotische abwickelbare Fläche, welche die gegebene Regelfläche längs ihrer Schnittkurve mit der unendlich fernen Ebene berührt. — Zieht man durch einen Punkt des Raumes die Parallelen zu allen Erzeugenden der windschiefen Regelfläche, so liegen dieselben auf einem **Richtungskegel**. Dieser ist aber hier von beschränkterer Bedeutung, als bei der abwickelbaren Regelfläche; denn seine Tangentialebenen bestimmen nur die Stellungen der asymptotischen Ebenen und nicht mehr die aller Tangentialebenen der Regelfläche.

459. Eine Gerade g, die eine Schraubenbewegung ausführt, beschreibt eine **Regelschraubenfläche**; alle ihre Punkte beschreiben Schraubenlinien der Fläche von einerlei Achse a und einerlei Ganghöhe h. Die Gerade g heißt wiederum die Erzeugende. — Die Regelschraubenfläche ist nach dem Vorigen abwickelbar, wenn zwei unendlich benachbarte Erzeugende als in derselben Ebene befindlich angesehen werden dürfen; im allgemeinen ist sie windschief. Man macht nun folgende weitere Unterscheidungen. Je nachdem die Erzeugende rechtwinklig zur Achse gerichtet ist oder einen spitzen Winkel mit ihr einschließt, heißt die Fläche gerade (normal) oder schief. Je nachdem die Erzeugende die Achse schneidet oder nicht, heißt die Fläche geschlossen (axial) oder offen. Ist sie im besonderen abwickelbar, so bilden ihre Erzeugenden die Tangenten ihrer Rückkehrkurve, d. i. einer Schraubenlinie. Abwickelbar kann daher nur eine offene schiefe Regelschraubenfläche sein.

Bezeichnet man mit r den kürzesten Abstand der Erzeugenden g von der Achse a, also den Radius der Kehlschraubenlinie (443), mit α deren Neigung, so daß $r \cdot \operatorname{tang} \alpha = h_0$ die reduzierte Ganghöhe wird, mit φ die Neigung der Erzeugenden gegen eine Normalebene zur Achse und setzt noch: $p = h_0 \cdot \operatorname{cotg} \varphi$, so gelangt man zu folgender Übersicht der möglichen Arten:

1) $r = 0$, $\varphi = 0$, geschlossene gerade ⎫
2) $r > 0$, $\varphi = 0$, offene gerade   ⎬ Regelschrauben-
3) $r = 0$, $\varphi > 0$, geschlossene schiefe ⎪ fläche.
4) $r > 0$, $\varphi > 0$, offene schiefe   ⎭

Die letzte Art ist abwickelbar, wenn $\varphi = \alpha$, $r = p$ ist.

460. Wenn eine Ebene E eine durch ihren Sinn und den Parameter h_0 bestimmte Schraubenbewegung um eine feste Achse a ausführt, so umhüllt sie eine abwickelbare Schraubenfläche und bildet bei jeder Lage die Schmiegungsebene einer Schraubenlinie s, der Rückkehrkurve dieser Fläche. Es ist für das Folgende nützlich, ihre Bewegung näher zu untersuchen.

Wir wählen eine Normalebene zu a als Grundrißebene Π_1; e_1 ($\perp x$) und e_2 seien zu Anfang die Spurlinien von E, φ ihre Neigung gegen Π_1 und H ihr Schnittpunkt mit a (Fig. 304); endlich werde $p = h_0 \cdot \operatorname{cotg} \varphi$ gemacht. Wir denken uns in der Ebene E eine Falllinie g durch H, sowie noch drei weitere Falllinien g_1, g_2, g_3 gezogen, für deren kürzesten Abstände r_1, r_2, r_3 von der Schraubenachse a die Annahmen

$$r_1 < p, \; r_2 = p, \; r_3 > p$$

gelten mögen. Die ersten Spurpunkte G, G_1, G_2, G_3 liegen auf e_1, die Spurpunkte H_1, H_2, H_3 in einer durch H gelegten Horizontalebene auf einer Parallelen h zu e_1. In Π_1 zeichne man um H' die Kreise k_1, k_2, k_3, welche die Geraden g_1', g_2', g_3' resp. in H_1', H_2', H_3'

berühren. — Bei der Schraubenbewegung von E verschiebt sich H in der Achse a, und es beschreiben H_1, H_2, H_3 koaxiale Schraubenlinien, deren Grundrisse die Kreise k_1, k_2, k_3 sind und für welche die Gerade h stets gemeinsame Hauptnormale bleibt. Gleichzeitig beschreiben die Geraden g, g_1, g_2, g_3 schiefe Regelschraubenflächen, nämlich g eine geschlossene, die anderen offene und speziell g_2 eine abwickelbare. Es ist nämlich φ die Neigung der von H_2 beschriebenen Schraubenlinie, also g_2 ihre Tangente. Die genannte Fläche besteht also aus allen Tangenten dieser Schraubenlinie, die sie zur Rückkehrkante hat; sie ist abwickelbar und bildet die Hüllfläche aller Lagen von E. Der Spurpunkt G_2 beschreibt demnach eine gespitzte Evolvente des Kreises k_2, deren Anfangspunkt A durch Aufwickelung der Strecke $G_2 H_2'$ gefunden wird. Die Spur e_1 der bewegten Ebene E umhüllt diese Kreisevolvente und der Grundriß h' der Geraden h bleibt zu e_1 parallel, indem er sich um H' dreht. Von den zu e_1 senkrechten

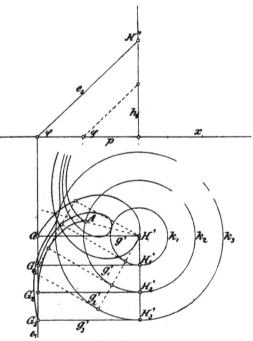

Fig. 304.

Projektionen g', g_1', g_2', g_3' der vier Falllinien geht g' stets durch H', die anderen bilden die Tangenten der Kreise k_1, k_2, k_3, und speziell g_2' rollt auf dem Kreise k_2 ohne Gleiten. Demnach sind die vier Spurpunkte G, G_1, G_2, G_3 mit einer auf dem Kreise k_2 rollenden Tangente fest verbunden, und man erkennt (vergl. 427, 428) den Satz:

Ist r der kürzeste Abstand der Geraden g und a, $R-\varphi$ ihr Neigungswinkel und erfährt g um die feste Achse a eine Schraubenbewegung vom Parameter h_0, so beschreibt der Spurpunkt von g in einer Normalebene zu a eine

Evolvente des Kreises vom Radius $p = h_0 . \cotg \varphi$ um den
Achsenspurpunkt. Die Kreisevolvente ist verschlungen,
gespitzt oder gestreckt für $r \gtreqqless p$ und wird für $r = 0$
(d. h. wenn g und a sich schneiden) eine Archimedische
Spirale.

Man kann diesem Satze auch folgende Fassung geben:

Der Normalschnitt einer schiefen Regelschraubenfläche ist eine Kreisevolvente und zwar bei einer offenen
Fläche verschlungen, gespitzt oder gestreckt, je nachdem
die Neigung α der Kehlschraubenlinie größer als die
Neigung φ der Erzeugenden, ihr gleich (abwickelbare
Fläche) oder kleiner ist. Bei einer geschlossenen Fläche
wird der Normalschnitt eine Archimedische Spirale.

Die abwickelbare Schraubenfläche.

461. Die abwickelbare Schraubenfläche wird (wie bereits
erwähnt) von einer Geraden erzeugt, die sich als Tangente an einer
Schraubenlinie fortbewegt. Die letztere ist die **Rückkehrkante**
und zugleich **Kehlschraubenlinie** der Fläche. Aus der Definition
folgt nach 435, daß der Normalschnitt eine **gespitzte Kreisevolvente** ist. Die erzeugenden Geraden sind **Falllinien** der
Fläche, d. h. sie schneiden jede Normalkurve rechtwinklig; sie haben
sämtlich die gleiche Neigung gegen die Normalebene. Man hat es
daher mit einer abwickelbaren Fläche von **konstantem Fallen**
zu tun.

Wir wollen einen Gang dieser Schraubenfläche in orthogonaler
Projektion darstellen, indem wir ihre Achse senkrecht zum Grundrisse Π_1 voraussetzen. Der Gang werde von der Ebene Π_1 und einer
im Abstand h (Ganghöhe) oberhalb befindlichen Parallelebene Π_3 begrenzt (Fig. 305). Der Grundkreis des Cylinders, der die Rückkehrkurve s trägt, sei s' in Π_1 (Zentrum S', Radius r). Die zweite
Projektion der Schraubenlinie s (Neigung α) wird dann, wie in 437,
als Sinuslinie s'' dargestellt. Der erste Spurpunkt von s sei A auf s';
er bildet zugleich den Grundriß des Spurpunktes dieser Kurve in Π_3.
Bei rechtsgängiger Windung wird die Grundspurlinie (in Π_1) durch
eine volle Windung f_1 der aus dem Ursprung A gezogenen Evolvente
des Kreises s', der Grundriß der Deckspurlinie (in Π_3) durch die
ebenfalls in A beginnende rückläufig beschriebene Evolventenwindung f_3'
dargestellt. Der Grundriß g' einer Erzeugenden g ist stets eine
Tangente des Kreises s', ihre erste Spur G_1 findet sich auf f_1, die

Projektion G_3' der dritten Spur auf f_3', woraus der Aufriß g'', der s'' berührt, leicht gefunden wird. Den wahren Umriß für die erste Projektion bilden die Rückkehrkante s und die als Berandungen des Flächenganges auftretenden Kreisevolventen f_1 und f_3 nebst den ihre Endpunkte verbindenden Erzeugenden h und k. Der Umriß der ersten Projektion wird von den Linien f_1, k', f_3', h' und s'

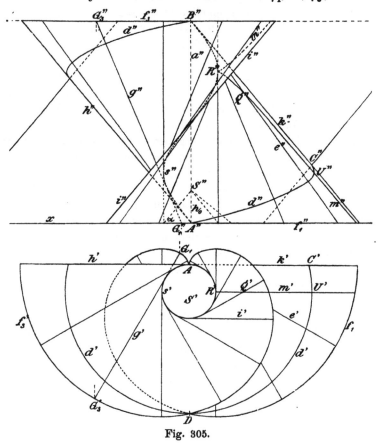

Fig. 305.

gebildet. Den wahren Umriß für die zweite Projektion bildet s in Verbindung mit f_1, f_3 und den zu Π_2 parallelen Erzeugenden h, i, k. Der Umriß der zweiten Projektion besteht also aus f_1'', k'', f_3'', h'', i'' und s''.

Die vollständige Fläche besteht aus unendlich vielen Gängen, von denen wiederum ein jeder sich ins Unendliche erstreckt; ihre Grundspur ist eine vollständige Kreisevolvente mit ihren beiderlei von A ausgehenden Windungen, die sich in unendlich vielen auf dem Kreisdurchmesser AS' liegenden Doppelpunkten überkreuzen. Da man sich die Fläche durch Schraubenbewegung der Evolvente erzeugt denken kann, so wird ersichtlich, daß jeder Doppelpunkt der letzteren, z. B. D, eine Schraubenlinie d als Doppelkurve erzeugt, in der sich zwei Gänge der Fläche schneiden. In der Figur ist ein Teil derjenigen Doppelkurve d dargestellt, die der Achse zunächst liegt; ihre erste Projektion ist der durch D um S' gelegte Kreis d', woraus der Aufriß d'' ohne Schwierigkeit bestimmt werden kann.

462. Um die Meridiankurve m der abwickelbaren Schraubenfläche zu zeichnen, denke man sich letztere mit der Hauptmeridianebene M geschnitten, die durch die Achse parallel zu Π_2 geht. Die erste Spur m' derselben ist durch S' parallel zur x-Achse zu ziehen. Hieraus ergeben sich sofort die Grundrisse ihrer Durchschnittspunkte mit den Erzeugenden e der Fläche, wie Q' auf e', und daraus die Aufrisse, wie Q'' auf e''. Die von den letzteren gebildete Kurve m'' zeigt die wahre Gestalt des Meridianschnittes; sie bildet in R'' eine (auf der Rückkehrkante befindliche) Spitze und hat die Aufrisse i'', k'' der zu Π_2 parallelen Erzeugenden zu Asymptoten. Die vollständige Meridiankurve besitzt unendlich viele Doppelpunkte, in denen sich ihre den verschiedenen Gängen der Fläche entsprechenden Zweige schneiden und die zugleich den Doppelkurven der Fläche angehören, z. B. $U = m \times d$ (Fig. 305).

Mit fast ebensogroßer Leichtigkeit kann die Schnittkurve der abwickelbaren Schraubenfläche mit einer beliebigen Ebene Ω konstruiert werden. Man benutzt dabei die parallelen Spuren o_1 und o_3 der Ebene in Π_1 und Π_3. Um dann ihren Schnittpunkt V mit einer bestimmten Erzeugenden e zu finden, lege man durch diese als Hilfsebene die Tangentialebene T der Fläche, deren erste und dritte Spur t_1 und t_3 auf e in ihren gleichnamigen Spurpunkten senkrecht stehen (und mithin die Kreisevolventen f_1 bezw. f_3 berühren). Die Hilfslinie $l = \mathsf{T} \times \mathsf{E}$, welche durch $L_1 = t_1 \times o_1$ und $L_3' = t_3' \times o_3'$ bestimmt wird, schneidet e in dem gesuchten Punkt V. Die Asymptoten der Schnittkurve liegen in den Tangentialebenen der Fläche durch die zur Schnittebene parallelen Erzeugenden; sie besitzt auf der Rückkehrkante Spitzen, auf den Doppelkurven Doppelpunkte. Die Hilfslinien l bilden, weil sie auf Tangentialebenen der Fläche liegen, zugleich Tangenten der Schnittkurve. In die Figur ist, um sie nicht zu komplizieren, keine

Darstellung eines solchen ebenen Schnittes der abwickelbaren Schraubenfläche eingetragen.

463. Wir sind, um die abwickelbare Schraubenfläche zu erzeugen, von einer bestimmten Schraubenbewegung einer ihrer Erzeugenden ausgegangen, die man auch dadurch vollständig definieren kann, daß man sagt: die Erzeugende *g* gleitet ohne Rollen als Tangente an der Rückkehrkurve. Hierbei beschreiben alle ihre Punkte koaxiale Schraubenlinien, welche die Schnitte der Fläche mit koaxialen Rotationscylindern bilden. Die Fläche wird aber auch von der Erzeugenden *g* beschrieben, wenn diese auf der Rückkehrkurve ohne Gleiten rollt, und dann beschreiben alle ihre Punkte (wie aus 435 hervorgeht) gespitzte Kreisevolventen, welche die Schnitte der Fläche mit den Normalebenen bilden.

Im Anschluß an diese Betrachtung kann die Aufgabe gelöst werden: die Schnittpunkte einer gegebenen Geraden *g* mit einem Gange einer abwickelbaren Schraubenfläche zu konstruieren; oder auch: an einen Gang einer Schraubenlinie die Tangenten zu ziehen, die eine gegebene Gerade *g* schneiden (Fig. 306).

Die Gerade *g* sei durch ihre Spurpunkte G_1 und G_3 in Π_1 und Π_3 bestimmt. Ist *U* ein Schnittpunkt derselben mit der Fläche, so geht durch ihn eine Erzeugende *e*, deren Spurpunkte E_1 und E_3 resp. auf den Spurkurven f_1 und f_3 der Fläche liegen.

Indem man den Punkt *U* zugleich mit *g* und *e* die zur Erzeugung der Fläche dienende Schraubenbewegung in geeignetem Sinne (abwärts) ausführen läßt, wird *e* die Fläche selbst und *U* auf ihr eine Schraubenlinie *u* beschreiben, deren Spurpunkt in Π_1 durch *X* bezeichnet werden mag. *X* gehört dann zugleich den beiden Spurkurven an, welche die bewegten Geraden *e* und *g* in Π_1 bestimmen. Von diesen ist die eine die gespitzte Kreisevolvente f_1, die andere eine (allgemeine) Kreisevolvente g_1 durch den Punkt G_1, die nach 460 gefunden wird. Man bestimme nämlich den Kreis *k* als Horizontalprojektion aller zu der genannten Bewegung gehörigen Schraubenlinien, welche Parallele zu *g* als Tangenten haben und ziehe als Projektion einer solchen an *k* die Tangente *t'*. Rollt *t'* auf *k*, so beschreibt der fest mit *t'* verbundene Punkt G_1 die Kurve g_1. Demnach kann *X* als einer der Schnittpunkte von f_1 und g_1 gefunden werden. Da umgekehrt *X* durch Schraubenbewegung (aufwärts) in den gesuchten Punkt *U* übergehen muß, so findet man dessen Grundriß *U'* auf *g'* mittels eines durch *X* um den Achsenspurpunkt *S'* geschlagenen Kreises. Die Horizontalprojektion e' der durch U gehenden Erzeugenden e ist eine aus U' an den Kreis s' gelegte Tangente. Die Geraden $E_1 G_1$ und $E_3 G_3$ sind als erste und dritte Spur der Ebene eg parallel. Der in der Figur gezeichnete Flächengang hat mit der Geraden g außer U

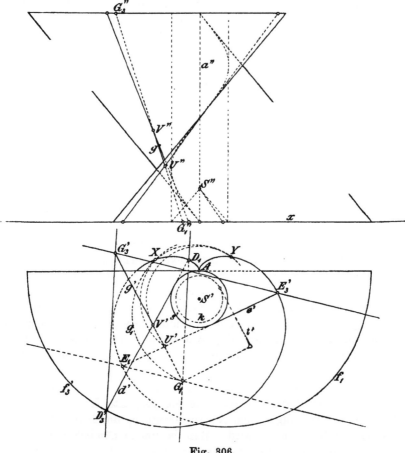

Fig. 306.

noch einen weiteren Punkt V (auf der Erzeugenden d) gemein, der in analoger Weise bestimmt ist.

Das hier zur Bestimmung der Schnittpunkte einer gegebenen Geraden Gesagte läßt sich mit geringen Abänderungen bei allen Schraubenflächen anwenden, deren Normalkurven bekannt sind.

464. Für die Abwickelung der Schraubenfläche sind die in 320—322 entwickelten Sätze zu benutzen. Bei der Ausbreitung der Fläche in eine Ebene geht die Rückkehrschraubenlinie s

in eine ebene Kurve s_0 über, die mit jener in entsprechenden Punkten den gleichen Krümmungsradius ϱ hat. Dieser ist für die Schraubenlinie konstant (434) und wird (nach 437) aus dem Grund-kreisradius r und der Neigung α gemäß der Formel $\varrho = \dfrac{r}{\cos^2 \alpha}$ leicht gefunden (Fig. 307 a). Man zeichnet nämlich ein recht-winkliges Dreieck QRS mit r und h_0 als Katheten und dem Winkel α bei Q und zieht $ST \perp QS$, so ist $QT = \varrho$. Demnach ist hier die Verwandelte s_0 der Rück-kehrkurve s ein Kreis vom Radius ϱ. Die Erzeugenden der Fläche werden als Tangenten von s in die Tangenten von s_0 übergeführt. Die beiden längs s zusammenstoßenden Mäntel der Fläche werden daher in der Abwickelung die Außenfläche des Kreises s_0 doppelt über-decken. Wir stellen die zu dem in Fig. 305 gezeichneten Flächengange gehörigen Flächen-teile mit der dort angegebenen Berandung dar. Die Länge l eines Ganges der Schraubenlinie s wird durch Abwickelung des

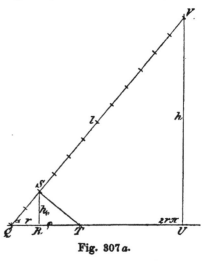

Fig. 307 a.

Schraubencylinders gefunden, nämlich als Hypotenuse eines recht-winkligen Dreiecks QUV, dessen Katheten resp. die Peripherie $2r\pi$ des Grundkreises und die Ganghöhe h bilden (Fig. 307 a); l bildet zugleich die wahre Länge der zur Berandung gehörigen Erzeugenden h und k. Man zeichne daher zuerst (Fig. 307 b) einen Kreisbogen vom Radius ϱ und der Länge l, ziehe in den Endpunkten $A_0 B_0$ seine Tangenten h_0 und k_0 und gebe ihnen dieselbe Länge. Die Randkurven f_1 und f_3 der Fläche sind (435) Evolventen der Schraubenlinie s und geben daher in der Abwickelung Evolventen des Kreises s_0, deren Ursprungspunkte A_0 und B_0 sind. Man teilt daher zweckmäßig den Kreisbogen $A_0 B_0$ in eine hinreichende Anzahl $n (= 16)$ gleicher Teile, zieht in den Teilpunkten die Tangenten und trägt auf ihnen vom m^{ten} Teilpunkt aus nach der einen Seite die Strecke $\dfrac{m}{n} \cdot l$, nach der anderen $\dfrac{n-m}{n} \cdot l$ auf. Diese Teilstrecken werden aus der Hilfs-figur 307 a entnommen.

Die so gefundenen Endpunkte liegen auf den verwandelten Kreisevolventen $f_1{}^0$ und $f_3{}^0$. Um eine auf der Schraubenfläche gezogene Schraubenlinie, also ihren Schnitt mit einem koaxialen Cylinder in die Abwickelung zu übertragen, hat man auf irgend einer Erzeugenden die Strecke zwischen jener Schraubenlinie und dem Berührungspunkte auf der Rückkehrkurve in wahrer Länge abzutragen. Es ergibt sich hieraus, daß die Verwandelten aller Schraubenlinien der Fläche konzentrische Kreise bilden. So

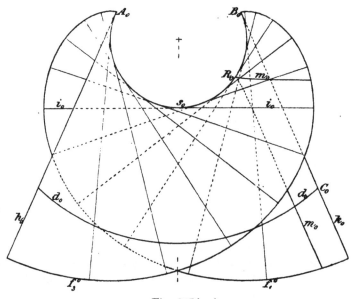

Fig. 307 *b.*

ist die zu s_0 konzentrische Kreislinie d_0 als Verwandelte der Doppelkurve durch Abtragen der Strecke $B_0 C_0 = B'' C''$ (vergl. Fig. 305) auf der Erzeugenden k_0 bestimmt.

Um schließlich in die Abwickelung die Verwandelte m_0 der Meridiankurve m einzutragen, bestimme man zuerst ihre Spitze R_0 auf s_0, indem man den Bogen $B_0 R_0$ dem vierten Teile des Bogens $B_0 A_0$ gleichmacht. Ferner übertrage man die Schnittpunkte der Kurve m mit einzelnen Erzeugenden der Fläche und insbesondere ihre Endpunkte auf den Randkurven f_1 und f_3. Ersteres geschieht, indem man den wahren Abstand des gesuchten Punktes von einem bekannten Punkte der durch ihn gehenden Erzeugenden mißt, letzteres durch Übertragung von Bogen der Randkurven. Die in der Abwickelung verzeichneten Erzeugenden i_0 und k_0 bilden die Asymptoten der Kurve m_0.

465. Die Eigenschatten- und Schlagschattengrenzen der abwickelbaren Schraubenfläche bei Parallelbeleuchtung. — Die Grenzkurve u zwischen Licht und Eigenschatten wird auf der Fläche durch die Berührungspunkte aller der Tangential-ebenen gebildet, welche Lichtstrahlen · enthalten. Da jede solche Ebene die Fläche in allen Punkten einer Erzeugenden berührt, so folgt: **die Lichtgrenze u auf der abwickelbaren Schrauben-fläche besteht aus erzeugenden Geraden; dieselben sind den Mantellinien des Richtungskegels parallel, die seine Lichtgrenze bilden.** Hiernach gestaltet sich die Schattenkonstruk-tion für die in Rede stehende Fläche besonders einfach; wir wollen sie für einen in bestimmter Weise begrenzten Teil unserer Fläche vollständig durchführen und zwar in orthogonaler Projektion unter der Annahme einer vertikalen Schraubenachse.

Wir betrachten nur den einen der beiden in der Rückkehrkante s zusammenstoßenden Mäntel der Fläche und denken uns denselben durch zwei parallele Erzeugende EF und GH, durch den zwischen ihnen liegenden Gang $FMNOH$ von s und den Gang $EJKLG$ einer zweiten mit s koaxialen Schraubenlinie t begrenzt. Die Richtung eines Lichtstrahles l sei durch seine Projektionen l' und l'' fest-gelegt (Fig. 308).

Die Berandung unserer (rechtsgängigen) Schraubenfläche wird im Grundriß durch die konzentrischen Kreise s' und t' mit der Tangente EF' des ersteren, im Aufriß durch die Sinuslinien s'' und t'' und die Tangenten $E''F''$ und $G''H''$ von s'' dargestellt ($G' = E$, $H' = F$), zu denen noch als Umrißlinie $M''K''$ kommt ($M'K' \parallel x$). Irgend ein Punkt S (etwa mit dem ersten Tafelabstand $= 2\,h_0$) werde als Spitze eines Richtungskegels gewählt und für diesen in bekannter Weise (338) die Eigen- und Schlagschattengrenze (in Π_1) konstruiert. Hierauf sind parallel zu den ersten Projektionen der Mantellinien, die auf dem Kegel die Lichtgrenze bilden, in geeignetem Sinne die Tangenten u' und v' des Kreises s' zu ziehen. Sie bilden die Grundrisse zweier Erzeugenden u und v, aus denen in Verbin-dung mit s die Lichtgrenze auf der Schraubenfläche besteht; ihre Aufrisse u'' und v'', die unter Benutzung der Randpunkte leicht konstruiert werden, liegen wieder zu den Aufrissen der entsprechen-den Kegelkanten parallel. (Die in 456 erwähnte Kurve 4. Ordnung zerfällt hier in den Kreis s' und seine Tangenten u' und v'). Man zeichne jetzt die Schatten der Schraubenlinien s und t in Π_1 als

Zykloiden (436). In der Figur ist s_* eine gestreckte, t_* eine verschlungene Zykloide; die beschreibenden Kreise sind s' und t', der
rollende Kreis ist dadurch bestimmt, daß sein Umfang der Länge

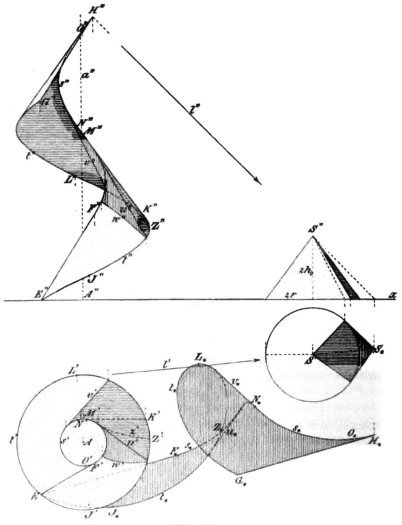

Fig 308.

des Schattens der Ganghöhe $h = FH$ gleichkommt und seine Bahnlinie ist parallel zu l'. Die Scheitel der Zykloiden sind die Schatten
der Punkte N, O, J, L, deren Grundrisse auf s' resp. t' und einem
zu l' senkrechten Durchmesser liegen. Begrenzt werden die Kurven

durch die Punkte $E_* = E$ und G_*, bezw. F_* und H_*. Die Verbindungslinien dieser Punktepaare bilden die Schatten der Erzeugenden EF und GH, die zur Berandung gehören. Schließlich sind parallel zu den Schlagschattengrenzen des Richtungskegels die Geraden u_* und v_* zu ziehen, welche die Kurven s_* und t_* in den Punkten berühren, die den Endpunkten der Geraden u und v auf s und t als Schatten zugehören. Aus den Linien s_*, t_*, u_*, v_*, EF_* und G_*H_* setzt sich die Grenze des Schlagschattens der Fläche auf die Grundrißebene zusammen.

Den Punkten, in denen der Randschatten t_* sich selbst und die Kurve s_* überschneidet, entsprechen Punkte der Linien t und s, die von der Randlinie t Schatten empfangen. Man findet sie, indem man die zu den Überschneidungspunkten gehörigen Lichtstrahlen rückwärts bis zu den fraglichen Kurven verfolgt. Die gefundenen Punkte liegen auf einer ersten Grenzlinie w des Schlagschattens der Fläche auf sich selbst. Will man eine größere Anzahl von Punkten der Grenzlinie w konstruieren, so hat man die Überschneidungspunkte von t_* mit den Schatten geeigneter Erzeugenden der Fläche in analoger Weise zu benutzen. Ferner entspricht dem Punkte Z_*, in welchem s_* die Kurve t_* überschneidet, ein Punkt Z des Randes t, der von dem Rande s Schatten erhält. In Z endigt eine zweite Grenzkurve z des Schlagschattens der Fläche auf sich selbst. Dieselbe berührt s in demselben Punkte wie u. Der von v aufsteigende Teil der Fläche wirft Schatten auf ihre Oberseite zwischen w und u, auf ihre Unterseite zwischen z und v. Der von u absteigende Teil beschattet die Unterseite zwischen u und z.

Windschiefe Regelschraubenflächen.

466. Wir betrachten zuerst die **geschlossene gerade Schraubenfläche.** Ihre die Achse a senkrecht schneidenden Erzeugenden bilden gleichzeitig die **Normal- und Meridiankurven.** Wir denken uns die Fläche rechtsgängig. Um eine einfache Darstellung zu geben, sei ein Gang derselben durch zwei Erzeugende g und h, die in den Normalebenen Π_1 und Π_3 senkrecht zu Π_2 liegen sollen, und durch zwei einem koaxialen Cylinder (Grundkreis s') angehörige Schraubenlinien s und t begrenzt.

Der Umriß der ersten Projektion besteht dann aus dem Kreise s' ($= t'$) und der Geraden g ($= h'$), der Umriß der zweiten Projektion aus zwei kongruenten Sinuslinien s'' und t'', die sich in den Punkten A'', B'', C'' auf a'' schneiden (Fig. 309). Die

Striktionslinie der Fläche wird von ihrer Achse *a* gebildet. Die
Tangentialebene in einem Punkte der Achse verbindet diese mit
der durch ihn gezogenen Erzeugenden, ist also eine Meridianebene;
schreitet der Berührungspunkt auf der Erzeugenden fort, so dreht
sich die Tangentialebene um diese und geht schließlich (als asymptotische Ebene) in die zugehörige Normalebene über. Man konstruiert eine Tangentialebene mittels der Tangente der durch den
Berührungspunkt gezogenen koaxialen Schraubenlinie.

Die Durchstoßpunkte einer gegebenen Geraden mit
einem Flächengange können nach der in 463 angegebenen Methode
gefunden werden. Zur Konstruktion eines ebenen Schnittes der
Fläche teile man die auf der Achse abgetragene Ganghöhe $h = A C$
in eine hinreichende Anzahl gleicher Teile und denke sich durch
die Teilpunkte Normalebenen gelegt, die auf der schneidenden
Ebene E Streichlinien $\parallel e_1$ und e_3 bestimmen. Jede solche Streich-
linie schneide man mit der in der zugehörigen Normalebene liegenden
Erzeugenden. Die so gefundenen Punkte liegen auf der gesuchten
Schnittkurve. Letztere besitzt in jedem Flächengange zwei Asymptoten. Dieselben werden durch Normalebenen bestimmt, welche die
beiden zur Ebene E parallelen (eine Ganghälfte begrenzenden) Erzeugenden enthalten. Die angedeutete Konstruktion ist zuerst im
Grundrisse auszuführen und hieraus der Aufriß der Schnittkurve
abzuleiten.

467. Die Schattengrenzen der geschlossenen geraden
Schraubenfläche werden nach 455 dargestellt. Wird von Π_1 aus
auf die Achse *a* die reduzierte Ganghöhe bis nach *S* abgetragen
$\left(A'' S'' = h_0 = \dfrac{h}{2\pi} \right)$ und der Schatten S_* des Punktes *S* in Π_1 nach
links um 90^0 bis in die Lage *L* gedreht, so ist *L* der Pol des
Lichtstrahles; die Neigung von *l* gegen Π_1 heiße λ. In Fig. 309
sind die Projektionen *l'* und *l''* des Lichtstrahles *l* beide gegen die
x-Achse unter 45^0 gezogen.

Von dem Pole *L* aus fälle man die Lote auf die um *A* sich
drehende Gerade *g*. Der geometrische Ort ihrer Fußpunkte ist der
Kreis über dem Durchmesser *A L* und bildet den Grundriß *u'* der
Lichtgrenze *u*. Diese wird auf der Fläche durch den über *u'*
stehenden Rotationscylinder ausgeschnitten und bildet eine Schraubenlinie von der Ganghöhe $= \dfrac{h}{2}$. Durchläuft ein Punkt die Lichtgrenze eines Flächenganges, so beschreibt sein Grundriß den Kreis
u' doppelt. Ist nämlich *U* auf der Erzeugenden *g* der erste Spur-

punkt der Lichtgrenze u, U_1 ein höherer Punkt derselben und M der Achsenspurpunkt jenes Cylinders, so ist $\angle\, UMU_1' = 2\varphi$, wenn

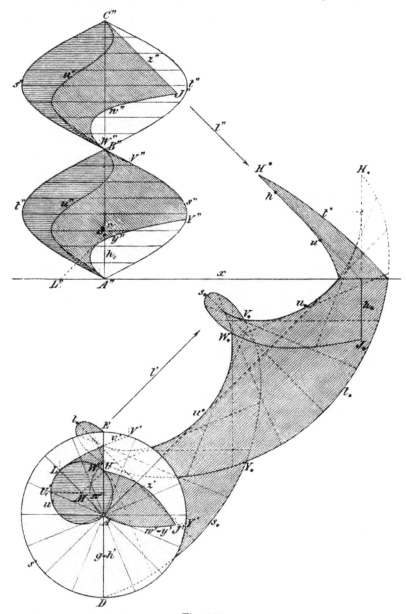

Fig. 309.

$\angle\, UAU_1' = \varphi$ ist. Die Höhe des Punktes U_1 über Π_1 ist $= h_0 \cdot \varphi$, sie wächst proportional dem Winkel $\angle\, UMU_1'$. Hieraus folgt: **Jeder Rotationscylinder, der die Achse der geschlossenen geraden Schraubenfläche zur Mantellinie hat, schneidet auf ihr eine Schraubenlinie von der Ganghöhe $\frac{h}{2}$ aus.** Demnach ergibt sich der Aufriß u'' der Lichtgrenze als eine **Sinuslinie**, welche die Punkte A'', B'', C'' auf a'' enthält. Da die Neigung dieser Schraubenlinie u mit λ übereinstimmt (tang $\lambda = \frac{1}{2} h_0 : LM = h_0 : L\mathcal{A}$), so hat sie Lichtstrahlen zu Tangenten, und ihr **Schatten** u_* in Π_1 wird eine **gespitzte Zykloide.** Letztere entsteht, wenn der Kreis u' auf der durch L gezogenen Lichtstrahlenprojektion l' abrollt als Bahnlinie des Punktes U, den u' mit der tiefsten Erzeugenden g gemein hat. Die Spitzen folgen einander im Abstande $\frac{h}{2} \cdot \cot \lambda$. — Die beiden Randschraubenlinien s und t ergeben als Schatten s_* und t_* in Π_1 ebenfalls Zykloiden. Diese entstehen, wenn der um A mit dem Radius AL beschriebene Kreis auf der Geraden l' abrollt, als Bahnkurven der Endpunkte D und E von g. Unter der Annahme $AD = AE > AL$ sind es verschlungene Zykloiden; ihre Ganglänge ist doppelt so groß als die der Zykloide u_*; sie sind gegeneinander um ihre halbe Ganglänge verschoben und umschließen mit ihren Schleifen abwechselnd die Spitzen von u_*. Zur Begrenzung des Schlagschattens auf die Grundrißebene gehören schließlich noch die Erzeugende g und der Schatten h_* der Erzeugenden h. Man erhält die zu u_*, s_*, t_* gehörigen Elemente am einfachsten, wenn man von einer hinreichenden Anzahl äquidistanter Erzeugenden der Fläche die Schlagschatten in Π_1 zeichnet, weil diese ohnehin noch benutzt werden müssen. Wenn, wie in unserer Figur, ein Teil des Schlagschattens nicht in Π_1, sondern in Π_2 sichtbar wird, so erscheint er an der x-Achse gebrochen. Man konstruiert dann mit Hilfe der Affinität zwischen den Schattenprojektionen in beiden Tafeln. Die Affinitätsachse ist x, die Affinitätsstrahlen werden durch die Schatten H_* und H^* eines Punktes H der Erzeugenden h leicht bestimmt (bei unserer Annahme liegen sie $\parallel x$).

468. Der Schlagschatten der Schraubenfläche auf sich selbst wird von den Kurven v, w, y, z begrenzt, die auf ihr als Schatten der Lichtgrenze u, sowie der Randlinien s, t und h entstehen. Die Kurve v geht tangential von der Lichtgrenze u aus und zwar in den Punkten, deren Tangenten die Richtung der Lichtstrahlen haben. Der Pol L bildet den Grundriß dieser Punkte. In dem dargestellten Flächengange besitzt v zwei Zweige, deren Grundrisse zusammenfallen; der untere endigt auf der Randlinie g in ihrem Schnittpunkte mit u_*, der obere auf der Randlinie s in V ($V_* = u_* \times s_*$). Man bestimmt Punkte ihres Grundrisses, indem man zu den Schnittpunkten von u_*, mit den Schatten erzeugender Geraden die entsprechenden Punkte auf ihren Grundrissen sucht. Um den Randschatten auf der Fläche zu finden, denke man sich durch die Schnittpunkte von s_*, t_* und h_* mit den Grundrißschatten der Erzeugenden Lichtstrahlen gezogen und verfolge dieselben in beiden Projektionen zurück bis zu den betreffenden Erzeugenden selbst. Auf diese Weise ergeben sich Punkte der Grenzlinien w, y, x. Die Kurven w und y schneiden die Achse a, ihre Grundrisse sind identisch. Die Kurve w beginnt auf u in dem Punkte W, dessen Schatten $W_* = u_* \times s_*$ ist, und endigt in dem zu $J_* = s_* \times h_*$ gehörigen Punkte J. Der Anfangspunkt der (im Grundriß völlig verdeckten) Kurve y liegt senkrecht unter W auf u, ihr Endpunkt Y auf s entspricht dem Schnittpunkte $Y_* = s_* \times t_*$. Die Kurve z beginnt in dem vertikal über U auf h gelegenen Punkte und endigt in J; ihr Aufriß fällt mit der durch C'' gezogenen Lichtstrahlprojektion l'' zusammen.

469. Die offene gerade Schraubenfläche mit ihren Schattengrenzen soll unter den bisherigen Annahmen über die Richtung der Achse a und der Lichtstrahlen dargestellt werden, also für $a \perp \Pi_1$ und $\angle l'x = \angle l''x = 45^0$. Ein rechtsgewundener Flächengang sei begrenzt durch die Erzeugenden FG (in Π_1) und HJ (in Π_3) und die auf einem koaxialen Rotationscylinder liegenden Schraubenlinien s und t, deren Endpunkte resp. F, H und G, J sind. Die Kehlschraubenlinie k hat das vom Achsenspurpunkte A auf FG gefällte Lot AQ zum Radius; der in Π_i um A mit diesem Radius beschriebene Kreis k' ist ihr Grundriß, ihr Aufriß eine Sinuslinie k''. Ebenso bildet der mit dem Halbmesser AF beschriebene Kreis s' zugleich den Grundriß von s und t, während die Aufrisse dieser Kurven zwei kongruente Sinuslinien s'' und t'' sind, die sich in den Scheitelpunkten B'' und D'' der Kurve k'' überschneiden. Es ist zweckmäßig, am Aufrisse a'' der Achse die Ganghöhe $h = A''E''$ in eine hinreichende Anzahl (z. B. 16) gleicher Teile zu teilen und durch die Teilpunkte Parallelen zu x als Aufrisse von Erzeugenden zu ziehen, die man numerieren mag. Die Grundrisse derselben berühren den Kreis k'; ihre Berührungspunkte werden durch entsprechende Teilung der Peripherie, die im Berührungspunkte Q von FG beginnt, erhalten. Schließlich bestimme man noch, wie vorher

(453) aus der reduzierten Ganghöhe $h_0 = \frac{l}{2\pi}$ den Pol L des Lichtstrahles in Π_1 $(AL = h_0 \cdot \sqrt{2}, \ \angle AL, x = 45^0)$.

470. Der Grundriß u' der Lichtgrenze u wird von den Fußpunkten der Lote aus dem Pole L auf die Tangenten des Kreises k' gebildet. Diese Kurve 4. Ordnung u' (deren Konstruktion in Fig. 311 wiederholt ist) heißt daher eine **Fußpunktkurve des Kreises** k' und L ihr Pol. Sind e' und f' zwei parallele Tangenten von k', J und K ihre Berührungspunkte, X und Y die auf ihnen liegenden Fußpunkte des gemeinsamen Lotes aus L und schneidet letzteres den über dem Durchmesser AL geschlagenen Kreis m in M, so hat man: $AJ = AK = MX = MY$. Daher zeigt sich, daß die Kurve u' eine **Pascal'sche Schnecke (Konchoide)** ist (vergl. 294). L ist ihr reeller Doppelpunkt.

Der Abstand der Erzeugenden e von ihrem Grundrisse e' ist $= h_0 \cdot \varphi$, wenn $\angle QAJ = \varphi$ und Q der Berührungspunkt der in Π_1 liegenden Erzeugenden e_0 mit k', J der von e' mit k' ist. Der Grundrißschatten e_* geht aus e' durch eine Parallelverschiebung in der Richtung von l' hervor, deren Größe für $\lambda = \angle ll'$ (Neigung des Lichtstrahles gegen Π_1) durch $h_0 \cdot \varphi \cdot \cotg \lambda$ gemessen wird. Schneiden AQ und AJ den mit dem Radius $AL = h_0 \cdot \cotg \lambda$ beschriebenen Kreis n resp. in Q_1 und J_1, so ist der Bogen $Q_1 J_1$ der Verschiebungsgröße gleich. Die Linie e_* ergibt sich als Endlage der mit dem Kreise n fest verbundenen Geraden e_0, wenn n auf der durch L parallel zu l' gezogenen Geraden i um die Bogenlänge $= Q_1 J_1$ fortrollt. Oder: **Die Schattengrenze** u_* **in** Π_1 **ist die Hüllkurve der Geraden** e_0, **die mit dem auf** i **rollenden Kreise** n **fest verbunden bleibt.** Der Berührungspunkt X_* von u_* mit e_* wird nach 416 als Fußpunkt des aus dem augenblicklichen Drehpunkte L_* auf e_* gefällten Lotes bestimmt. Ist P der Fußpunkt des Lotes von L auf e_0, so begrenzen die Schenkel des Winkels PLX auf dem Kreise m einen Bogen $NM = \text{Bogen } Q_1 J_1 = LL_*$. Rollt daher m ebenfalls auf i, so gelangt der Punkt N, indem er eine gespitzte Zykloide c beschreibt, in die Lage M_* auf $L_* X_*$. Letztere Gerade ist die Normale der Zykloide und $M_* X_* = MX$ dem Radius von k' gleich. Hieraus folgt: **Der Schlagschatten der offenen geraden Schraubenfläche auf eine Normalebene** Π_1 **wird durch die Parallelkurve (Äquidistante)** u_* **einer gespitzten Zykloide** c **begrenzt.** Die Zykloide c entsteht beim Rollen eines Kreises m vom Radius $= \frac{1}{2} h_0 \cdot \cotg \lambda$ auf dem Grundrisse i eines Lichtstrahles;

die auf ihren Normalen abzutragende konstante Strecke ist dem kürzesten Abstande AQ einer Erzeugenden von der Achse der Fläche

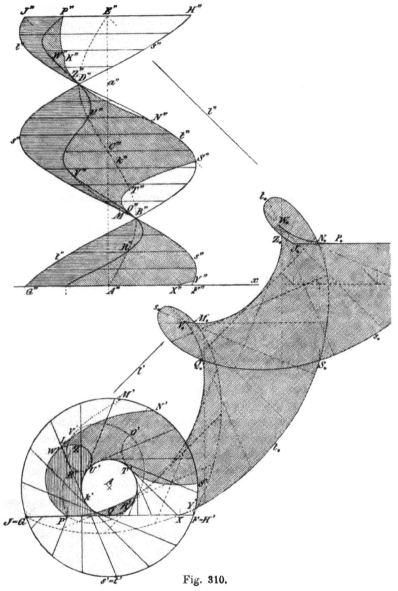

Fig. 310.

gleich. — Die ersten Spurpunkte der die Lichtgrenze u berührenden Lichtstrahlen sind Spitzen von u_*; sie liegen auf der Doppeltangente l' der Kurve u'. Die erste Spitze V_* entspricht dem Berührungspunkte V', die zweite W_* dem Berührungspunkte W', u. s. f.

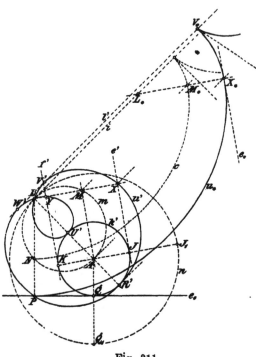

Die Spitzentangenten von c liegen rechtwinklig zu l', die der Parallelkurve u_* abwechselnd rechtwinklig zu LV' und LW'.

471. Der Aufriß u'' der Lichtgrenze auf der Schraubenfläche wird von einer wellenförmigen Kurve gebildet, die den Aufriß k'' der Kehlschraubenlinie in den Punkten R'', U'', B', D'' schneidet, deren Grundrisse auf k' die Endpunkte der $\perp l'$ und $\parallel x$ gezogenen Durchmesser bilden. Der Schnittpunkt von u'' mit dem Aufrisse einer Erzeugenden

Fig. 311.

liegt senkrecht über dem Schnittpunkte ihres Grundrisses mit u'.

Die durch den Pol L parallel zur Achse a gezogene Gerade b bildet die Polachse der Schraubenfläche. Die gemeinsamen Normalen der Polachse b und der Erzeugenden bilden ihrerseits eine zweite gerade Schraubenfläche; dieselbe ist geschlossen und hat denselben Windungssinn und dieselbe Ganghöhe wie die gegebene. Die Lichtgrenze u ist der Durchschnitt dieser Polarschraubenfläche mit der gegebenen (455). Die Schlagschattengrenze der Polarschraubenfläche in Π_1 ist eine gespitzte Zykloide und bildet die gemeinsame Evolute der Kurven u_* und c; sie ist also mit letzterer kongruent (419) und trägt die Spitzen V_*, W_*, $\ldots$ der ersteren (304).

Die Schlagschatten der Randkurven s und t unserer Fläche in Π_1 sind die verschlungenen Zykloiden s_* und t_*. Sie gehen auseinander durch eine Verschiebung in der Richtung l' hervor, deren

Größe sich zu AL verhält, wie der Bogen FG des Grundkreises s' zu seinem Radius. Zu ihnen tritt noch der Grundrißschatten $J_* H_*$ der obersten Erzeugenden JH.

Der Schlagschatten der Fläche auf sich selbst ist nach der schon in 468 angewandten Methode bestimmt. Zu seiner Begrenzung gehören zunächst zwei Zweige VM und WN des Schattens der Lichtgrenze u auf die Fläche. Diese setzen tangential an u in den Berührungspunkten V und W der Lichtstrahlen an und endigen auf den Randlinien s und t. Sodann gehören hierzu die Schatten der Randkurven auf die Fläche. Diese sind aus den Schnittpunkten der Randschatten in Π_1 mit den Schatten der Erzeugenden abgeleitet und bilden die Kurvenzüge PK, XY, ZK und STO. Ersterer rührt von dem Stücke PJ der obersten Erzeugenden her, die beiden folgenden von t und der letzte von s.

472. Wir gehen zur Darstellung einer geschlossenen schiefen Schraubenfläche in orthogonaler Projektion über (Fig. 312). Die Achse a der rechtsgängigen Fläche sei vertikal gestellt, A ihr Spurpunkt in Π_1; sie teilt die Fläche in einen oberen und unteren Teil. Wir stellen nur den unteren Teil dar; er wird von dem Teile einer Erzeugenden e beschrieben, der von der Achse abwärts geht. Als Berandung desselben diene eine (auf koaxialem Rotationscylinder mit dem Grundkreis s' liegende) Schraubenlinie s in Verbindung mit a und zwei einen Flächengang begrenzenden Erzeugenden BC und GH, beide $\|\Pi_2$. Der Randpunkt B der untersten Erzeugenden e_0 liege in Π_1. Durch den Aufriß e_0'' ist der Neigungswinkel ε der Erzeugenden gegen die Normalebenen bestimmt. Die Strecke $C''H''$ auf a'' gibt die Ganghöhe h an, aus welcher h_0 bestimmt und als $A''S''$ aufgetragen wird. $RS\|e_0$ ist eine Mantellinie des Richtungskegels der Fläche mit der Spitze S und der mit dem Radius AR in Π_1 beschriebene Kreis p sein Grundkreis. Nach diesen Festsetzungen können die beiderlei Projektionen aller Randlinien der Fläche in bekannter Weise konstruiert werden.

Es ist zweckmäßig, eine hinreichend große Anzahl von Erzeugenden in Grund- und Aufriß zu zeichnen. Zu diesem Zwecke teile man etwa den Kreis s' von B anfangend in 16 gleiche Teile und ebenso die Ganghöhe $C''H''$. Die in den Teilpunkten von s' endigenden Radien bilden die Grundrisse äquidistanter Erzeugenden. Projiziert man ihre Endpunkte auf die x-Achse und zieht Strahlen durch die sukzessiven Teilpunkte von $C''H''$ parallel und gleich den Verbindungslinien der Punkte auf x mit C'', so bilden diese die zugehörigen Aufrisse. Letztere umhüllen den Umriß u'' der zweiten

Projektion; u'' berührt a'' in den Punkten J'' und K'', die von C'' resp. H'' je um $\frac{1}{4}h$ entfernt sind.

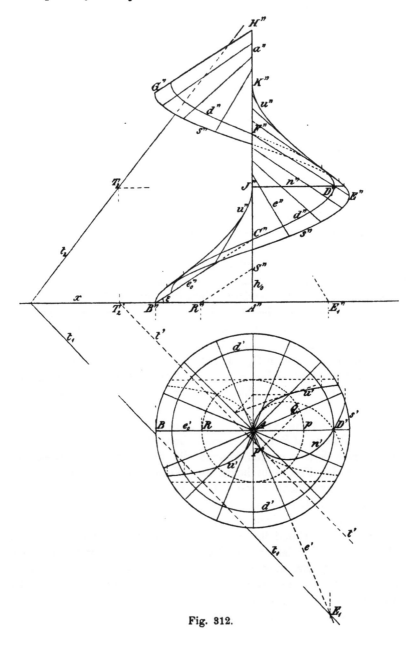

Fig. 312.

473. Die Meridiankurve der vollständigen Schraubenfläche wird von zwei Scharen paralleler Erzeugenden BC, GH, ... und EF, ... gebildet, die gegen die Achse a abwechselnd nach links und rechts unter dem Winkel $R - \varepsilon$ geneigt, sie in Punkten von der gegenseitigen Entfernung $= \frac{1}{2} h$ schneiden. Sie schneiden einander in unendlich vielen Doppelpunkten (z. B. D), die bei der Schraubenbewegung die Doppelkurven (d) der Fläche beschreiben, in denen sich der obere und untere Flächenteil durchsetzen.

Die Normalkurve der Fäche ist nach 460 eine Archimedische Spirale, deren Parameterkreis (428) der mit dem Radius $h_0 \cdot \operatorname{cotg} \varepsilon$ um A beschriebene Kreis p ist. Wir konstruieren die Normalkurve n in einer durch den Punkt J der Achse gelegten Normalebene. Ihr Grundriß n' hat dann den vertikalen Durchmesser des Parameterkreises zur Tangente im Scheitelpunkte A. Der zu A gehörige Krümmungsradius der Spirale ist $\frac{1}{2} h_0 \cdot \operatorname{cotg} \varepsilon$. Man findet weitere Punkte derselben, wenn man von A aus auf die rechts von der genannten Scheiteltangente liegenden Radien die sukzessiven Vielfachen eines Sechzehntels der Peripherie von p aufträgt. Der erste Doppelpunkt D' der Spirale ist der Grundriß von $D = BC \times EF$ und liegt auf der Doppelkurve d. Die Normale der Kurve n' in einem Punkte P' geht durch den Endpunkt Q des zu $P'A$ senkrechten Radius von p.

Die Tangentialebene T in einem Punkte P der Erzeugenden e enthält außer e auch die Tangente t der durch P gelegten Normalkurve n. Ihre erste Spur t_1 geht durch den ersten Spurpunkt E_1 von e parallel zum Grundrisse t', also senkrecht zu $P'Q$, ihre zweite Spur t_2 geht durch den zweiten Spurpunkt T_2 von t. Man schließt hieraus den Satz:

Einer Reihe von Punkten P auf der Erzeugenden e entspricht ein zu ihr projektiver Büschel von Tangentialebenen mit der Achse a.

Denn die Reihe der P ist zu der Reihe der P', diese zu dem Büschel der Strahlen $P'Q$, dieser zu dem der Normalen t_1 (der Spurlinien) und der letzte endlich zu dem Büschel der Tangentialebenen projektiv.

Zur Konstruktion der Durchstoßpunkte einer Geraden und der Schnittkurve einer Ebene mit der Fläche können die in 462 und 463 gegebenen Methoden dienen.

474. Um den wahren Umriß u der Schraubenfläche für die zweite Projektion zu finden, benutzt man die in 456 angegebene allgemeine Konstruktion, indem man in Π_1 den Pol L der projizierenden Strahlen in der Richtung der x-Achse unendlich fern annimmt. Ist daher (Fig. 313) $g' = A\,W$ der Grundriß einer Erzeugenden y und V der Endpunkt des zu g' normalen Radius von p, so schneide man g' mit der Parallelen zu x durch V in U'. U' ist der Grundriß des Punktes U der Umrißkurve, sein Aufriß U''' findet sich senkrecht darüber auf g''.

Die **Horizontalprojektion** u' **des wahren Umrisses** u besteht aus zwei Zweigen, die sich in dem gemeinsamen **Scheitelpunkt** A berühren und die zur x-Achse parallelen Tangenten des

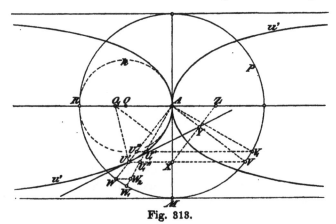

Fig. 313.

Kreises p **zu Asymptoten haben.** Auf den Radien $A\,W$ und $A\,W_1$ des Kreises p seien die Nachbarpunkte U' und U_1' der Kurve u' nach obigem Verfahren bestimmt. Ferner sei $A\,X \perp U'\,V$, $X\,Z \ddagger U'\,A$, $W\,W_2 \parallel U'\,V$ und $\angle\,U'\,A\,X = \omega$. Das durch die Hilfslinien gebildete Viereck $U'\,U''\,U_1'\,U_1''$ nähert sich der Parallelogrammform, wenn das mit seiner Diagonale zusammenfallende Kurvenelement $U'\,U_1'$ unendlich klein wird. Daher wird (290) die Kurventangente in U' als $U'\,Y$ erhalten, wenn man Y auf $X\,Z$ so bestimmt, daß das Verhältnis $X\,Y\colon U'\,X$ dem Grenzwerte von $U'\,U''\colon U'\,U_1''$ gleich wird. Für den Grenzübergang darf man setzen:

$$U'\,U'' = V\,V_1 = W\,W_1$$

und findet daher, wenn Y den Schnittpunkt $X\,Z \times A\,V$ bedeutet:

$$\frac{U'\,U''}{U'\,U_1''} = \frac{W\,W_1}{U'\,U_1''} = \frac{W\,W_2\cdot\cos\omega}{U'\,U_1''} = \frac{A\,W\cdot\cos\omega}{A\,U'} = \frac{X\,V}{A\,U'} = \frac{X\,Y}{U'\,X}.$$

Hierin liegt eine einfache **Tangentenkonstruktion.** Ist U' der gegebene Kurvenpunkt auf u', so zeichne man das rechtwinklige Dreieck $U'\,A\,V$, schneide seine Hypotenuse $U'\,V$ mit $A\,M$ in X und projiziere X senkrecht auf die Kathete AV nach Y, so ist YU' die gesuchte Tangente.

Der Kreis um O_1, der u' in A berührt und außerdem in U' schneidet, geht in den Krümmungskreis k des Scheitels A über, wenn U' sich unbegrenzt A nähert. Dabei ist stets $\angle WAM = \frac{1}{2} \angle U'O_1A$, während der zum Zentriwinkel WAM gehörige Bogen WM des Kreises p der Konstruktion zufolge dem Kurvenelemente $U'A$, also auch dem zum Zentriwinkel $U'O_1A$ gehörigen Bogen des Kreises k gleich wird. Folglich ist $AO = \frac{1}{2}AR$ **der Krümmungsradius im Scheitel der Kurve** u'.

475. Der Umriß u'' der zweiten Projektion der Schraubenfläche wurde bereits als Hüllkurve der Aufrisse ihrer Erzeugenden bestimmt. Die zugehörigen Berührungspunkte ergeben sich aus dem Grundrisse. Er besteht aus zwei Scharen hyperbelartig verlaufender Zweige, die den Achsenaufriß a'' abwechselnd von links und rechts berühren und die Aufrisse der zu Π_2 parallelen Erzeugenden zu Asymptoten haben. Die Erzeugenden, deren Aufrisse sich mit a'' decken, treffen a in Punkten, deren zweite Projektionen die Berührungspunkte von a'' und u'' bilden. Jeder solche Punkt ist ein Scheitel von u'', weil irgend zwei gleich weit von ihm entfernte Erzeugende sich als Gerade projizieren, die zur Normalen von a'' symmetrisch liegen.

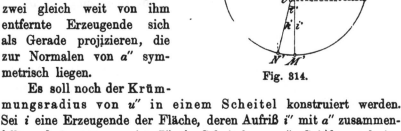

Fig. 314.

Es soll noch der Krümmungsradius von u'' in einem Scheitel konstruiert werden. Sei i eine Erzeugende der Fläche, deren Aufriß i'' mit a'' zusammenfällt und $J = i \times a$, so ist J'' ein Scheitel von u''. Sei ferner k eine benachbarte Erzeugende, $K = k \times a$ und U der auf k gelegene Punkt des wahren Umrisses u, setzt man endlich:

$$\tau' = \angle i'k', \quad \tau'' = \angle i''k'',$$

so gehören zu den Bogenelementen $U''J''$ und $U'J'$ der Kurven u''

und u' resp. die Kontingenzwinkel τ'' und $2\,\tau'$ (474). Auf der Achse a werde von K aus abwärts die reduzierte Ganghöhe h_0 abgetragen und durch ihren Endpunkt eine Parallelebene zum Grundrisse gelegt, die k in N und die Parallele zu i durch K in M schneiden mag. Dann ist:

$$K'M' = K'N' = h_0 \cdot \operatorname{cotg} \varepsilon,$$

und man findet (Fig. 314):

$$M'N' = \tau' \cdot h_0 \cdot \operatorname{cotg} \varepsilon, \quad M''N'' = h_0 \cdot \operatorname{tang} \tau'',$$

also:

$$\frac{M'N'}{M''N''} = \frac{\tau'}{\operatorname{tang} \tau''} \cdot \operatorname{cotg} \varepsilon.$$

Indem τ' und τ'' gleichzeitig unendlich klein werden, nähert sich $M'N' : M''N''$ dem Werte 1; man darf $\operatorname{tang} \tau''$ durch τ'' selbst ersetzen und findet den Grenzwert:

$\alpha)$ $$\frac{\tau'}{\tau''} = \operatorname{tang} \varepsilon.$$

Sofern man beim Grenzübergange von unendlich kleinen Größen höherer Ordnung absehen kann, wird:

$\beta)$ $$\frac{U''K''}{U'K'} = \frac{N''K''}{N'K'} = \frac{M''K''}{M'K'} = \operatorname{tang} \varepsilon$$

und

$\gamma)$ $$U''J'' = 2 \cdot U''K''.$$

Für r als Krümmungsradius von u'' in J'' folgt aus $\gamma)$:

$$U''K'' = \tfrac{1}{2}\, U''J'' = \tfrac{1}{2}\, r \cdot \tau'',$$

ebenso, weil die Kurve u' in J' den Krümmungsradius $\tfrac{1}{2} h_0 \cdot \operatorname{cotg} \varepsilon$ hat (474):

$$U'K' = h_0 \cdot \operatorname{cotg} \varepsilon \cdot \tau'.$$

Aus der Relation $\beta)$ erhält man endlich mit Benutzung von $\alpha)$:

$\delta)$ $$r = 2\, h_0 \cdot \operatorname{tang} \varepsilon.$$

Hiernach ist der **Krümmungsradius** r leicht konstruierbar.

476. **Die Eigen- und Schlagschattengrenzen der geschlossenen schiefen Schraubenflächen bei Parallelbeleuchtung** (Fig. 315). Ein Gang des unteren Flächenteiles sei wie vorher dargestellt. Unter der Annahme:

$$\angle\, l'x = \angle\, l''x = 45^0$$

bezüglich der Richtung der Lichtstrahlen l werde zuerst von dem Punkte S der Achse a, dessen erster Tafelabstand der reduzierten Ganghöhe h_0 gleich ist, der Grundrißschatten S_* und aus diesem der Pol L der Lichtstrahlen bestimmt. Über dem Grundkreise s' denke man sich einen Richtungskegel der Fläche konstruiert.

Seine Spitze ist *C,* ihr Grundrißschatten C∗, seine Mantellinien haben
die erste Tafelneigung ε.

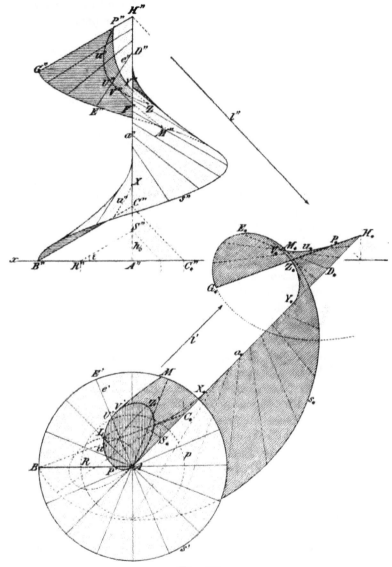

Fig. 315.

Der Grundriß *u′* der Lichtgrenze *u* wird erhalten, indem man
von *L* aus Lote auf die Schatten der Erzeugenden in Π₁ (oder auf

die parallelen Schatten der Mantellinien eines Richtungskegels) fällt und dieselben mit den Grundrissen der Erzeugenden schneidet (456). Wird z. B. der Punkt U der Lichtgrenze auf der Erzeugenden $e = D\,E$ gesucht, so ist E' der erste Spurpunkt der zu e parallelen Mantellinie des Richtungskegels und $E'C_*$ deren Schatten; man findet also U' auf e' durch die Normale $L\,U'$ zu $E'C_*$. — Die Kurve u' kann, wie in der Folge noch erörtert wird, verschiedene Gestalten annehmen. Sie besitzt stets in L einen Doppelpunkt und in A einen Selbstberührungspunkt. Wenn sich aus dem Punkte L an dem um A mit dem Radius $= h_0 \cdot \cot g \, \varepsilon$ geschlagenen Kreis p Tangenten ziehen lassen, so hat u' diese zu Asymptoten. Für die Bestimmung der Lichtgrenze auf dem unteren Flächenteile kommt nur die eine Hälfte der Kurve u' in Betracht.

Der Aufriß u'' der Lichtgrenze u wird aus dem Grundrisse u' mit Hilfe beider Risse die Erzeugenden bestimmt. So findet sich z. B. der Punkt U'' auf e'' senkrecht über $U' = u' \times e'$.

Um den Grundrißschatten der Fläche zu bestimmen, ist es zweckmäßig, zuerst den Schatten a_* der Schraubenachse a und auf ihm den Schatten C_*H_* der Ganghöhe $C\,H$ zu suchen. Letzteren teile man in ebensoviel (z. B. 16) gleiche Teile wie $C''H''$. Die Teilpunkte sind die Schatten der Achsenschnittpunkte äquidistanter Erzeugenden. Durch einen jeden Teilpunkt ziehe man den Schatten e_* der betreffenden Erzeugenden e parallel zum Schatten der entsprechenden Mantellinie des Richtungskegels und erteile ihm auch die Länge desselben (z. B. $D_*E_* \mathbin{\#} C_*E'$). Die Endpunkte E_* liegen auf einer Zykloide s_*, dem Schatten der Randschraubenlinie s. Die Schatten der Erzeugenden selbst umhüllen die Kurve u_*, den Schatten der Lichtgrenze u. Diese Linie u_* berührt a_* in den Punkten, welche den Schnittpunkten von u mit a entsprechen; solche sind X und Y. Den Punkten von u, deren Tangenten die Lichtstrahlrichtung haben, entsprechen Spitzen von u_*; so entspricht V_* dem Punkte V. — Die Kurven u_* und s_*, der Achsenschatten a_* und die Schatten BC_* resp. G_*H_* der untersten resp. obersten Erzeugenden des Flächenganges begrenzen zusammen den Grundrißschatten der Fläche. Um seine Form deutlicher erkennen zu lassen, ist seine Fortsetzung über die x-Achse hinweg in den vom Aufrisse eigentlich verdeckten Teil der Grundrißebene gezeichnet worden.

Der Schlagschatten der Fläche auf sich selbst wird analog dem Früheren aus den Überschneidungen der Grundrißschatten ermittelt. Zu seiner Begrenzung gehören die Linienzüge VM, PZ und die aus dem Achsenpunkte Y gezogene Erzeugende, deren

Grundriß mit a_* zusammenfällt. Sie bilden auf der Fläche resp. die Schlagschatten der Lichtgrenze u, der obersten Erzeugenden GH und der Achse a.

477. Untersuchung der Kurven 4. Ordnung, die den Grundriß der Lichtgrenze einer geschlossenen schiefen Schraubenfläche bilden. Benutzt man statt des früheren den aus der Spitze S beschriebenen Richtungskegel der Fläche, der über dem Grundkreise p vom Radius $= h_0 \cdot \operatorname{cotg} \varepsilon$ steht, so erhält man die Punkte der ersten Projektion der Lichtgrenze, wenn man den Grundriß einer Mantellinie dieses Kegels mit dem Lote aus L auf ihren Grundrißschatten schneidet. — Der Achsenspurpunkt A, der Pol L der Lichtstrahlen, und der Schatten S_* der Kegelspitze S bilden in der Grundebene Π_1 ein gleichschenklig-rechtwinkliges Dreieck. Der Grundriß jeder Erzeugenden ist ein Durchmesser des um A beschriebenen Kreises p und ihr Schatten verbindet einen seiner Endpunkte mit S_*. Das Entstehungsgesetz der hier zu untersuchenden Kurve c läßt sich daher unabhängig von ihrer Beziehung zu der Schraubenfläche folgendermaßen aussprechen.

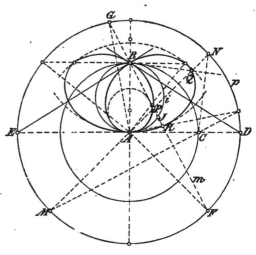

Fig. 316.

Sind die Schenkel AB und AC eines rechten Winkels einander gleich, so wird jeder Durchmesser MN eines um seinen Scheitel A beschriebenen Kreises p von den Loten aus B auf MC und NC in zwei Punkten P und Q der Kurve c getroffen.

Die beiden Lote fallen zusammen, wenn sich der Durchmesser MN mit AC oder AB deckt; daher sind A und B Doppelpunkte der Kurve und zwar charakterisiert sich ersterer als Selbstberührungspunkt (d. h. als Vereinigung zweier Doppelpunkte). Die Gerade AB bildet eine Symmetrieachse der Kurve; denn liegt ein Kreisdurchmesser M_1N_1 mit MN zu AB und folglich auch zu AC symmetrisch, so schließen die Geraden NC und M_1C, sowie ihre

Lote mit AB gleiche Winkel ein. — Weil die durch A gezogenen
Strahlen außer diesem doppelt zählenden Punkte noch je zwei weitere
Punkte der Kurve tragen, schließt man, daß die Kurve c von der
4. Ordnung ist (denn als Ordnung einer ebenen Kurve bezeichnet
man die Anzahl ihrer Schnittpunkte mit irgend einer Geraden der
Ebene).

Den drei Annahmen, daß B innerhalb des Kreises p, auf
demselben oder außerhalb liegt, entsprechen die drei verschiedenen
in Figg. 316, 317 und 318 dargestellten Formen der Kurve c. Im
zweiten Falle besitzt sie unendliche Zweige; sie zerfällt nämlich in die
gerade Linie AC und eine Kurve 3. Ordnung, die sog. Strophoide.
Im letzten Falle verläuft die Kurve wiederum durchs Unendliche.

478. Die obige Konstruktion läßt offenbar folgende Umkehrung zu:

Schneidet ein durch B gezogener Strahl m den Kreis p

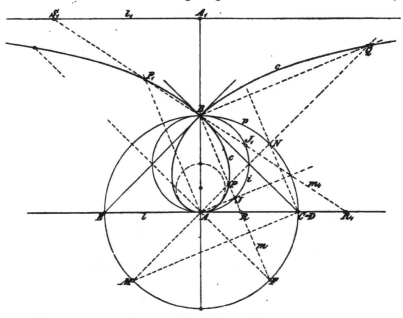

Fig. 317.

**in F und G, so treffen ihn die zu AF und AG normalen
Durchmesser in Punkten P und R der Kurve c.**

Hieraus ist für den Fall, daß B außerhalb p liegt, zu schließen,
daß die aus B an den Kreis p gelegten Tangenten $BT = t$ und
$BU = u$ Asymptoten der Kurve c bilden. Denn für eine solche

Tangente t fallen die beiden Durchmesser, die ihre Schnittpunkte mit c bestimmen, in den Parallelstrahl zu t durch A zusammen. Für den zweiten der obigen Fälle folgt, daß alle Punkte R der zu AB normalen Geraden CE der Kurve c angehören, weil stets der eine Endpunkt G der durch B gezogenen Sehne des Kreises p mit B selbst zusammenfällt.

Die Halbierungslinie des Winkels NAC steht auf der Strecke PR in ihrem Mittelpunkte J senkrecht. Daher gehören diese Mittel-

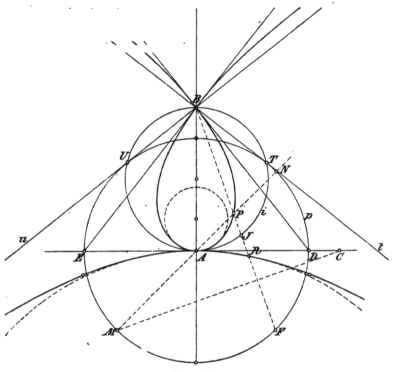

Fig. 318.

punkte J dem Kreise i an, der über dem Durchmesser AB beschrieben ist. Diese Bemerkung ergibt, auf den zweiten Fall angewendet, eine neue Konstruktion der Strophoide:

Sei B ein fester Punkt, A seine senkrechte Projektion auf die feste Gerade l und der Kreis i über dem Durchmesser AB beschrieben; schneidet ein um B sich drehender Strahl m den Kreis i in J und die Gerade l in R, so beschreibt sein Punkt P eine Strophoide, unter der Voraussetzung, daß $PJ = JR$ ist.

Hieraus schließt man weiter: Die im Abstande $BA_1 = AB$ von B gezogene Parallele l_1 zu l ist Asymptote der Strophoide. Es besteht nämlich für den Strahl m_1 durch B die Relation:

$$S_1 P_1 = S_1 J_1 - P_1 J_1 = S_1 J_1 - R_1 J_1,$$

wenn J_1, P_1, R_1, S_1 seine Schnittpunkte mit i, c, l, l_1 resp. bedeuten. Nähert sich nun m_1 der Parallelen zu l durch B, so nähert sich $S_1 P_1$ der Grenze Null.

479. Um für die Tangenten der Kurve 4. Ordnung c eine einfache Konstruktion abzuleiten, gehen wir von der zweiten Erzeugungsweise derselben (478) aus. Auf dem Strahle m durch B sei

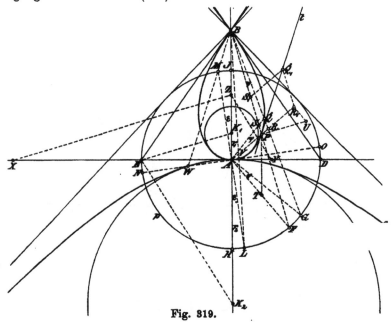

Fig. 319.

F ein Punkt des Kreises p und P ein Punkt von c, also FAP ein rechter Winkel. Wir setzen $\angle AFB = \alpha$. Dreht sich m um einen unendlich kleinen Winkel $FBG = \psi$ in die Lage m_1, so dreht sich AP nach AQ um den unendlich kleinen Winkel $\varphi = \angle PAQ = \angle FAG$, und man hat (Fig. 319):

$$FG = AF \cdot \varphi = \frac{BF \cdot \psi}{\cos \alpha},$$

also:

$$\frac{\psi}{\varphi} = \frac{AF \cdot \cos \alpha}{BF}.$$

Die Schenkel der an den Scheiteln A und B liegenden Winkel φ und ψ bilden das unendlich kleine Viereck $PRQS$, das als ein Parallelogramm anzusehen ist, und seine Diagonale PQ fällt mit der Tangente der Kurve c im Punkte P zusammen. Nach 290 hat man ein zu ihm ähnliches Parallelogramm $PR_1Q_1S_1$ zu zeichnen, so daß für seine auf AP und BP gelegenen Seiten

$$PR_1 : PS_1 = PR : PS$$

wird; seine Diagonale PQ_1 ist die gesuchte Tangente t. Es ergibt sich aber aus der Figur:

$$PR = \frac{BP \cdot \psi}{\cos \alpha}, \quad PS = \frac{AP \cdot \varphi}{\cos \alpha},$$

folglich:

$$\frac{PR}{PS} = \frac{BP}{AP} \cdot \frac{\psi}{\varphi} = \frac{BP \cdot AF}{AP \cdot BF} \cdot \cos \alpha.$$

Zieht man $PT \parallel AB$, so hat man:

$$BP : BF = AT : AF$$

und mithin:

$$PR : PS = AT \cdot \cos \alpha : AP.$$

Hiernach hat man schließlich $PS_1 = PA$, und $PU = AT$ senkrecht zu m, sowie UR_1 senkrecht zu AP zu ziehen; man findet daraus das Parallelogramm $PR_1Q_1S_1$ und als seine Diagonale die Tangente t.

Aus dieser Konstruktion erkennt man leicht, daß die Tangenten der Kurve c in ihrem Doppelpunkte B durch die Endpunkte D und E des zu AB senkrechten Durchmessers von p gehen.

480. Für eine genaue Zeichnung der Kurve empfiehlt es sich noch, die Krümmungsradien ihrer beiden Zweige in dem gemeinsamen Scheitelpunkte A derselben zu ermitteln. Sei (Fig. 319) HJ der auf AB liegende Durchmesser des Kreises p und LM ein benachbarter Durchmesser, der mit dem vorigen den unendlich kleinen Winkel ε einschließt. Der zu LM normale Durchmesser NO schneidet auf BL und BM zwei Nachbarpunkte V und W von A auf beiden Kurvenzweigen aus. AV und AW sind also unendlich kleine Sehnen der Kurvenzweige, bezw. ihrer Krümmungskreise, und da die Tangenten eines Kreises in den Endpunkten einer Sehne einen doppelt so großen Winkel einschließen als die Sehne mit einer von ihnen, so ist 2ε als der zu den Elementen AV und AW gehörige Kontingenzwinkel zu nehmen. Sind r_1 und r_2 die zugehörigen Krümmungsradien, so ist:

$$2\,r_1 \cdot \varepsilon = AV, \quad 2\,r_2 \cdot \varepsilon = AW.$$

Andererseits ist

$$HL = JM = AH \cdot \varepsilon = AJ \cdot \varepsilon,$$

und

$$HL : AV = BH : BA, \quad JM : AW = BJ : BA$$

also schließlich:

$$r_1 = \frac{AB}{2} \cdot \frac{AH}{BH}, \quad r_2 = \frac{AB}{2} \cdot \frac{AJ}{BJ}.$$

Halbiert man die Strecke AB in Z und trägt auf einen Durchmesser des Kreises p von seinem Endpunkte E aus nach beiden Seiten die Strecke AB als EX und EY auf, so treffen die durch E geführten Parallelen zu XZ resp. YZ die Gerade AB in den gesuchten Krümmungszentren K_1 resp. K_2. Speziell für die Strophoide (Fig. 317) wird $r_1 = \frac{1}{4} AB$ und $r_2 = \infty$.

481. Die offene schiefe Schraubenfläche von rechtsgängiger Windung soll mit Eigen- und Schlagschattengrenzen in orthogonaler Projektion dargestellt werden. Die Achse a sei wieder vertikal gestellt, A ihr Spurpunkt in Π_1. Als Berandung dienen die Schraubenlinien s und t, in denen die Fläche von einem koaxialen Rotationscylinder geschnitten wird, sowie zwei einen Flächengang begrenzende Erzeugende BC und DE, beide $\| \Pi_2$. Der Randpunkt B der untersten Erzeugenden e_0 liegt auf dem Grundkreise $s' = t'$ des Cylinders in Π_1. Ist S auf a die Spitze eines Richtungskegels von der Höhe $= h_0$, $RS \| e_0$ eine Mantellinie desselben und ε deren Neigung gegen Π_1, so ist in Π_1 der Kreis p mit dem Radius $AR = h_0 \cdot \operatorname{cotg} \varepsilon$ zu schlagen. Endlich schlage man um A den Kreis k' mit dem Radius $r = AQ' = (A \dashv e_0)$, der den Grundriß der Kehlschraubenlinie k bildet. Hierauf werden die Schraubenlinien k, s, t im Aufrisse als Sinuslinien in bekannter Weise verzeichnet und ebenso beliebig viele (etwa äquidistante) Erzeugende der Fläche, deren Grundrisse die auf $s' = t'$ endigenden Tangenten von k' bilden (Fig. 320).

Der Normalschnitt der Fläche ist nach 460 eine Kreisevolvente und zwar verschlungen, gespitzt oder gestreckt, je nachdem $r \gtreqless h_0 \cdot \operatorname{cotg} \varepsilon$ ist. Die Doppelpunkte der Kreisevolvente erzeugen die Doppelkurven der Fläche. Der Meridianschnitt m der Fläche wird zweckmäßig im Hauptmeridian $\| \Pi_2$ dargestellt, so daß der Aufriß m'' die wahre Gestalt zeigt. Er besteht aus unendlich vielen Zweigen, deren Aufrisse die Sinuslinie k'' abwechselnd von rechts und links in ihren Scheiteln berühren und die sich in Punkten der Doppelkurven überschneiden. Den schon beim Normalschnitt unterschiedenen Eventualitäten $r \gtreqless h_0 \cdot \operatorname{cotg} \varepsilon$ entsprechend besitzt der einzelne Zweig der Meridiankurve einen Doppelpunkt (wie

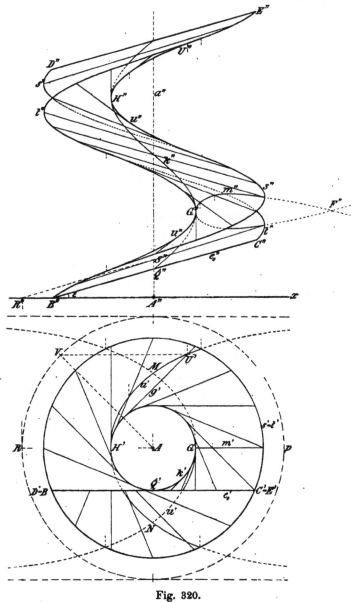

Fig. 320.

F in der Figur) oder eine Spitze oder keines von beiden, so daß
man ihn ebenfalls als verschlungen, gespitzt, bezw. gestreckt be-

zeichnen kann. Dem Doppelpunkte entspricht eine weitere Doppelkurve, der Spitze eine Rückkehrkurve der Fläche, die alsdann
abwickelbar ist. Die Kurve m'' wird einfach konstruiert, indem
man die Schnittpunkte der Grundrisse von Erzeugenden mit der
Hauptmeridianspur m' auf die Aufrisse überträgt. Die Aufrisse der
zu Π_2 parallelen Erzeugenden (z. B. e_0'') bilden Asymptoten von m''.

482. Zur Bestimmung der asymptotischen abwickelbaren
Fläche und der Striktionslinie der offenen schiefen Schraubenfläche dient die Betrachtung ihres Richtungskegels mit der Spitze
$S(AS = h_0)$, dessen Grundkreis in Π_1 der mit dem Radius $h_0 \cdot \cot\varepsilon$
um A beschriebene Parameterkreis p ist. Wir greifen die zu
Π_2 parallele Erzeugende e_0 der Fläche heraus; die zu ihr parallele
Mantellinie des Richtungskegels ist SR und die zu SR gehörige
Tangentialebene des Kegels liegt parallel zur asymptotischen
Ebene von e_0 (vergl. 458). Letztere enthält e_0 selbst und erzeugt,
indem sie zugleich mit e_0 verschraubt wird, die asymptotische Fläche
als Hüllfläche aller ihrer Lagen. Daher folgt (460):

Die asymptotische Fläche der allgemeinen Regelschraubenfläche ist die abwickelbare Fläche derjenigen
Schraubenlinie, die über dem Parameterkreis p mit der
Ganghöhe und im Sinne der gegebenen Fläche beschrieben
ist. Denn ihre Tangentialebenen sind denen des Richtungskegels
über dem Grundkreise p und von der Höhe h_0 parallel.

Im Zentralpunkte einer Erzeugenden steht die Tangentialebene der gegebenen Fläche senkrecht auf der asymptotischen Ebene
(458), mithin auf einer Tangentialebene des Richtungskegels und
folglich parallel zur Achse a (92), also liegt (451) ihr Berührungspunkt, d. h. der Zentralpunkt, auf der Kehlschraubenlinie. Daher
der Satz:

Die Striktionslinie einer Regelschraubenfläche ist
deren Kehlschraubenlinie.

483. Der wahre Umriß für die erste Projektion wird bei
unserer Fläche von der Kehlschraubenlinie gebildet. Der wahre
Umriß u für die zweite Projektion ergibt sich nach 456. Der
Pol der projizierenden Strahlen liegt in Π_1 unendlich fern in der
Richtung der x-Achse. Ist daher g' der Grundriß einer Erzeugenden,
V der Endpunkt des zu g' normalen Radius des Parameterkreises p,
so ziehe man durch V die Parallele zur x-Achse, die g' in U'
schneidet. U' ist der Grundriß des Punktes U auf g, der dem
wahren Umriß angehört (Fig. 320). Die Horizontalprojektion
u' des wahren Umrisses u ist eine aus zwei Zweigen bestehende

Kurve 4. Ordnung. Jeder Zweig berührt den Kreis k' in einem Scheitelpunkte (G', H') und hat die zur x-Achse parallelen Tangenten des Kreises p zu Asymptoten. Die Kurve u' hat die durch A parallel und senkrecht zu x gezogenen Geraden zu Symmetrieachsen und besitzt drei reelle Doppelpunkte M, N, L. Die beiden ersten, M und N, liegen im Endlichen symmetrisch zu AL auf der zu x senkrechten Achse, der letzte L ist der unendlich ferne Schnittpunkt ihrer Asymptoten. —

Der Umriß u'' der zweiten Projektion bildet die Hüllkurve der Aufrisse der Erzeugenden. Einzelne Punkte desselben (wie U'') können mit Hilfe der letzteren aus den Punkten (U') von u' abgeleitet werden. Die Kurve u'' besteht aus zwei Scharen hyperbelartig verlaufender Zweige, die k'' abwechselnd von links und rechts berühren und die Aufrisse der zu Π_2 parallelen Erzeugenden zu Asymptoten haben. Die Erzeugenden, deren Aufrisse parallel zu a'' liegen, treffen die Kehlschraubenlinie k in Punkten (G, H), denen die Berührungspunkte von u' mit k' und von u'' mit k'' entsprechen. Dieselben bilden Scheitelpunkte von u' und u'' wegen der Symmetrie dieser Kurven gegen ihre bezüglichen Normalen.

484. Die Eigen- und Schlagschattengrenzen der offenen schiefen Schraubenfläche bei Parallelbeleuchtung. In Fig. 321 sind von dem unteren zwischen der Kehlschraubenlinie k und der Randschraubenlinie s sich erstreckenden Flächenteil drei Viertelgänge dargestellt, die von den Erzeugenden BC und DE begrenzt werden. Letztere liegen in einer Normal- resp. Parallelebene zu Π_2 und speziell der Punkt B in Π_1. Der Lichtstrahl l sei durch seine Projektionen gegeben ($\angle\, l'\, x = 45^0$, $\angle\, l''\, x = 30^0$) und L sei sein Pol in Π_1, endlich p der Parameterkreis mit dem Radius $AR = h_0 \cdot \mathrm{cotg}\, \varepsilon$, wo h_0 die reduzierte Ganghöhe und ε die erste Tafelneigung der Erzeugenden bedeutet.

Der Grundriß u' der Lichtgrenze u wird konstruiert (456), indem man den Grundriß g' einer Erzeugenden als Tangente an k' und den zu ihr normalen Radius des Kreises p zieht; die Verbindungslinie seines Endpunktes auf p mit L schneidet g' in einem Punkte der Kurve u'. Von dieser Kurve, deren Formen im folgenden genauer betrachtet werden, kommen in der Figur die beiden Zweige $T'U'$ und $V'W'$ zur Erscheinung. Der Aufriß u'' der Lichtgrenze u wird aus ihrem Grundriß u' mit Hilfe der Erzeugenden ermittelt.

Der Grundrißschatten der Fläche ist in der Figur über die x-Achse hinweg ungebrochen fortgesetzt worden. Er wird begrenzt

von den Zykloiden k_* und s_*, die als Schlagschatten der Randschraubenlinien k und s auftreten, von zwei Zweigen $T_* U_*$ und
$V_* W_*$ des Schattens u_* der Lichtgrenze u und von den Schatten
BC_*, $D_* E_*$ der untersten und obersten Erzeugenden des dargestellten

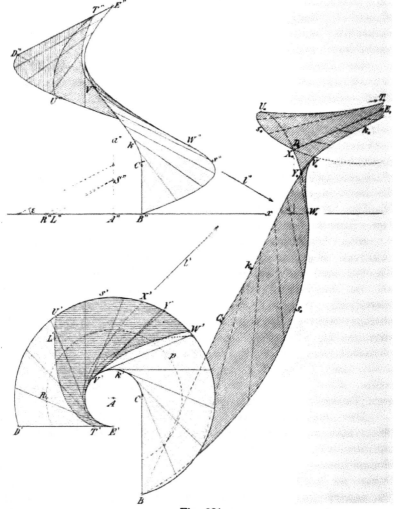

Fig. 321.

Flächenteiles. Für die graphische Ausführung bedarf es der Darstellung einer Anzahl äquidistanter Erzeugenden der Fläche in
Grund- und Aufriß und ihrer Schatten auf Π_1. Die Grundrißschatten umhüllen die Kurve u_*.

Der Schlagschatten der Fläche auf sich selbst wird aus den Überschneidungen der Grundrißschatten der Randkurven mit denen der Erzeugenden, sowie ersterer unter sich konstruiert. Als Begrenzungen treten in der Figur die Linien *TX* und *VY* auf, die beide auf der unteren Seite der Fläche liegen und von denen nur die erstere teilweise im Aufriß sichtbar ist. Sie bilden resp. die Schatten der obersten Erzeugenden *DE* und der Kehlschraubenlinie *k* auf der Fläche.

485. Untersuchung der Kurven vierter Ordnung, die den Grundriß der Lichtgrenze einer offenen schiefen Schraubenfläche bilden (Figg. 322—329).

Wir betrachten eine zur Achse der Schraubenfläche normale Ebene und bezeichnen in ihr mit *A* den Achsenspurpunkt, mit *L* den Pol der Lichtstrahlen, mit *k* den Grundkreis der Kehlschraubenlinie und mit *r* seinen Radius. Den Parameterkreis, d. h. den Grundkreis des Richtungskegels von der Höhe h_0, dürfen wir, ohne Verwechselungen befürchten zu müssen, mit demselben Buchstaben *p* benennen, der bereits früher (459) für seinen Radius $p = h_0 \cdot \operatorname{cotg} \varphi$ gebraucht wurde. Endlich werde $q = AL = h_0 \cdot \operatorname{cotg} \lambda$ gesetzt (φ und λ bedeuten die erste Tafelneigung der Erzeugenden und des Lichtstrahles). Das Entstehungsgesetz der zu untersuchenden Kurven ist schon in 456 angegeben und lautet jetzt:

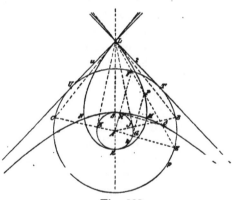

Fig. 322.

Beschreiben die Punkte *E* und *G* eines um *A* rotierenden Halbstrahles die Kreise *p* und *k*, so trifft die Verbindungslinie von *E* mit dem festen Punkte *L* die zu *G* gehörige Tangente des Kreises *k* in einem beweglichen Punkte *P*. Dieser durchläuft eine unikursale, zu *AL* symmetrische Kurve 4. Ordnung *c*.

Wir zeigen zuerst, daß die entstehende Kurve *c* in *L* einen reellen Doppelpunkt hat. Nimmt man vorerst an, *L* liege außerhalb *k*, so überschreitet die Tangente des Kreises *k* bei einem vollen Umlauf um *k* zweimal den Punkt *L*, nämlich in den Lagen *LJ* und LK (Fig. 322); dabei fällt jedesmal der Punkt P mit L zusammen, es verläuft also auch die Kurve c zweimal durch L. Freilich werden, wenn L innerhalb k liegt, die Tangenten LJ und LK konjugiert imaginär (75 Bd. III) und folglich auch die durch J und K verlaufenden Radien AB und AC des Kreises p samt den Strahlen LB und LC. Es schneiden sich dann in L nicht mehr zwei reelle Äste der Kurve c, und man hat L als einen isolierten Doppelpunkt zu betrachten (vergl. 284).

Wir zeigen zweitens, daß ein beliebig durch den Doppelpunkt L gezogener Strahl noch zwei weitere Kurvenpunkte trägt, die reell getrennt, vereint oder konjugiert imaginär sein können. Hieraus folgt dann, daß die Kurve c von der 4. Ordnung ist, wie oben behauptet wurde.[1] In der Tat, schneidet der gedachte Strahl den Kreis p in den Punkten E und F und treffen die Radien AE und AF den Kreis k in G, resp. H, so bestimmen die zu G und H gehörigen Tangenten auf unserem Strahle die beiden Kurvenpunkte P und Q, die von dem doppeltzählenden Punkte L im allgemeinen verschieden sind.

Aus ihrer Entstehungsweise ist unmittelbar klar, daß die Kurve c unikursal ist, d. h. daß sie stetig in einem geschlossenen Zuge beschrieben werden kann. Von isolierten Punkten wird natürlich hierbei abgesehen, und man hat sich die Kurve, falls sie sich nicht im Endlichen schließt, im Unendlichen geschlossen zu denken (vergl. 160 und 266). Die allgemeine Theorie der algebraischen Kurven zeigt — worauf hier nicht näher eingegangen werden kann —, daß eine unikursale Kurve 4. Ordnung stets drei Doppelpunkte besitzt. Einer derselben ist in unserem Falle L, er ist stets reell; die beiden anderen, M und N, können reell und getrennt sein oder sich in einem besonderen Punkte der Kurve miteinander vereinen, oder sie sind konjugiert imaginär. Überdies können sie auch unendlich fern liegen.

Wir werden gewöhnliche Doppelpunkte der Kurve, in denen sich zwei reelle Äste schneiden, kurz als Knotenpunkte bezeichnen. Als Berührungsknoten dagegen bezeichnen wir einen Doppelpunkt, in dem sich zwei Kurvenäste in der 1. Ordnung berühren. Man kann sich diese Singularität durch Vereinigung zweier Knotenpunkte entstanden denken.

---

[1] Eine einfache analytische Untersuchung bestätigt dieses Resultat, indem sie zeigt, daß unsere Kurve durch eine algebraische Gleichung 4. Grades zwischen den rechtwinkligen Koordinaten x, y ihrer Punkte dargestellt wird. Macht man A zum Koordinatenanfang und legt die y-Achse durch L, so lautet diese Gleichung:

$$p^2(x^2 + y^2 - qy)^2 - x^2(qy - pr)^2 - (qx^2 + pry - pqr)^2 = 0\,.$$

486. Die Linie AL bildet offenbar stets eine Symmetrie-achse unserer Kurve c. Falls L außerhalb des Kreises p liegt, lassen sich aus L die Tangenten LT und LU an p ziehen; sie bilden Asymptoten der Kurve c. Es fallen nämlich die auf LT und LU nach der obigen Konstruktion zu bestimmenden, von L verschiedenen, Kurvenpunkte jedesmal im unendlich fernen Punkte des betreffenden Strahles zusammen, weil die sie ausschneidenden Tangenten des Kreises k in eine zu diesem Strahle parallele Tangente zusammen-fallen. Sind ferner die vom Punkte L aus an den Kreis k gezogenen Tangenten LJ und LK reell und schneiden die Radien AJ und AK ihres Berührungspunkte den Parameterkreis p in B und C, so sind LB und LC die Tangenten im Doppelpunkte L der Kurve c; denn von den beiden auf LB und LC noch zu bestimmenden Kurvenpunkten fällt jedesmal einer mit L zusammen. Fallen ins-besondere die Tangenten LB und LC im Doppelpunkte L zusammen,

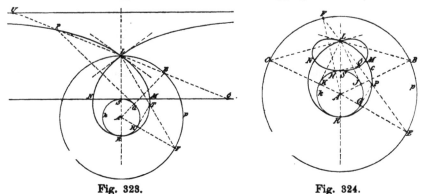

Fig. 323.　　　　　　　　　　　Fig. 324.

was für $q^2 = pr$ eintritt, so wird L ein sog. Oskulationsknoten, d. h. ein Doppelpunkt, in dem sich zwei Kurvenäste oskulieren (in der 2. Ordnung berühren). Es fallen in ihm die drei Doppelpunkte L, M, N zusammen. Die Endpunkte S und R des auf AL liegenden Durchmessers des Kreises k gehören der Kurve c an und bilden wegen der Symmetrie gegen AL Scheitelpunkte derselben. Fällt insbesondere L mit einem dieser Punkte S zusammen, so wird er zur Spitze, weil alsdann die aus L an k gezogenen Tangenten und folglich auch die Tangenten an c im Doppelpunkte L koinzidieren. Fällt der Pol L des Lichtstrahles auf den Grundkreis p des Rich-tungskegels der Fläche, so gibt es eine Erzeugende derselben, die die Richtung des Lichtstrahles besitzt und folglich in ihrer ganzen Aus-dehnung zur Lichtgrenze gehört. Der Grundriß dieser Erzeugenden

bildet daher einen Bestandteil der Kurve *c*, und diese zerfällt in
eine Gerade (Tangente des Kreises *k*) und eine Kurve 3. Ordnung.
 Wir geben im folgenden eine allgemeine Übersicht der verschiedenen Formen der Kurve *c*. Die Einteilung erfolgt nach den

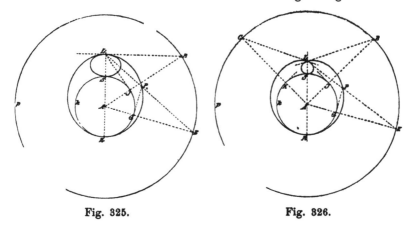

Fig. 325. Fig. 826.

Werten der Größen *p*, *q*, *r* und zwar dürfen wir den Radius *r* der
Kehlschraubenlinie stets als endlich, sowie *p* und *q* als von Null

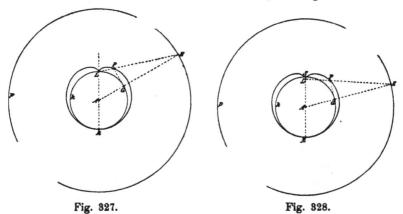

Fig. 327. Fig. 828.

verschieden betrachten. Letzteres sagt aus, daß die Erzeugenden
der Regelschraubenfläche und die Lichtstrahlen zur Schraubenachse
geneigt liegen. Als Hauptfälle trennen wir: I. der Lichtstrahl bildet
mit der Achse einen spitzen Winkel, oder die Lichtgrenze ist der
wahre Umriß einer schiefen Parallelprojektion; II. der Lichtstrahl liegt senkrecht zur Achse, und die Lichtgrenze ist mit dem
wahren Umrisse der zweiten orthogonalen Projektion identisch.

487. Gestalten der unikursalen symmetrischen Kurve 4. Ordnung *c*, die bei Parallelbeleuchtung als Grundriß der Lichtgrenze einer Regelschraubenfläche auftritt.

I. Schiefe Projektion ($q = $ endlich).

1. Geschlossene gerade Schraubenfläche:

$r = 0$, $p = \infty$. Doppeltzählender Kreis über dem Durchmesser AL (Fig. 309).

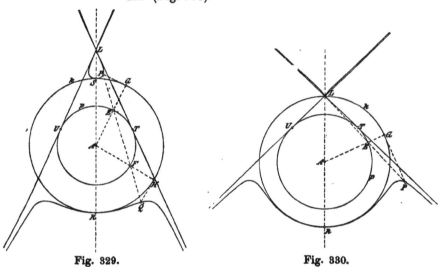

Fig. 329.   Fig. 330.

2. Offene gerade Schraubenfläche:

$r > 0$, $p = \infty$. Konchoiden. *M* und *N* imaginäre Doppelpunkte; *c* schließt sich im Endlichen.

 α) $q > r$. *L* Knotenpunkt (Verschlungene Konchoide, Fig. 310).

 β) $q = r$. *L* Spitze (Kardioide).

 γ) $q < r$. *L* isolierter Doppelpunkt (Gestreckte Konchoide).

3. Geschlossene schiefe Schraubenfläche:

$r = 0$, p endlich. *L* Knotenpunkt, *M* und *N* erzeugen durch Koinzidenz einen Berührungsknoten *A*.

 α) $q > p$. *c* verläuft durch das Unendliche mit zwei reellen Asymptoten (Fig. 318).

29*

β) $q = p$. *c* zerfällt in eine Kurve 3. Ordnung
(Strophoide) mit *L* als Knotenpunkt und
eine sie in *A* berührende Gerade (Fig. 317).

γ) $q < p$. *c* schließt sich im Endlichen (Fig. 316).

4. Abwickelbare Schraubenfläche:

$r > 0$, $p = r$. *c* zerfällt in den Kreis *k* und die an ihn aus *L*
gelegten beiden Tangenten (Fig. 308).

5. Offene schiefe Schraubenfläche mit verschlungener Meridiankurve:

$r > 0$, $p > r$. Der Kreis *k* liegt innerhalb des Kreises *p*.

α) $q > p$. *L* liegt außerhalb beider Kreise. *c* verläuft
durch das Unendliche mit zwei reellen Asym-
ptoten; *L*, *M*, *N* Knotenpunkte (Fig. 322).

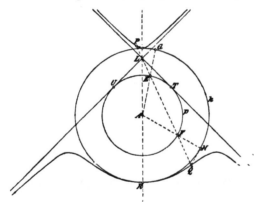

Fig. 331.

β) $q = p$. *L* liegt auf dem Kreise *p*. *c* zerfällt in eine Kurve
3. Ordnung mit *L* als Knotenpunkt und eine
sie in *M* und *N* schneidende Gerade (Fig. 323).

γ) $p > q > r$. *L* liegt zwischen beiden Kreisen. *c* schließt
sich im Endlichen.

$q > \sqrt{pr}$. *L*, *M*, *N* Knotenpunkte (Fig. 324).

$q = \sqrt{pr}$. *M* und *N* fallen mit *L* zusammen und
erzeugen einen Oskulationsknoten
(Fig. 325).

$q < \sqrt{pr}$. *M* und *N* imaginäre Doppelpunkte,
L Knotenpunkt (Fig. 326).

δ) $q = r$. L liegt auf dem Kreise k und bildet eine
Spitze (Fig. 327).

ε) $q < r$. L liegt innerhalb des Kreises k und bildet
einen isolierten Doppelpunkt (Fig. 328).

6. Offene schiefe Schraubenfläche mit gestreckter Meridiankurve:

$r > 0$, $p < r$. Der Kreis p liegt innerhalb des Kreises k.

α) $q > r$. L liegt außerhalb beider Kreise. c verläuft
durch das Unendliche mit zwei reellen
Asymptoten. L Knotenpunkt, M und N
imaginäre Doppelpunkte (Fig. 329).

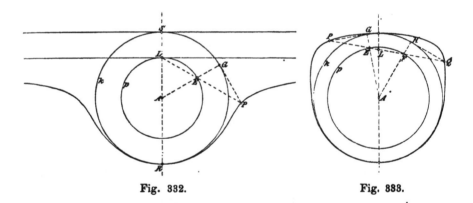

Fig. 332.   Fig. 833.

β) $q = r$. L liegt auf dem Kreise k und bildet eine
Spitze. c verläuft durch das Unendliche
mit zwei Asymptoten (Fig. 330).

γ) $p < q < r$. L liegt zwischen beiden Kreisen und bildet
einen isolierten Doppelpunkt. c verläuft
durch das Unendliche mit zwei Asymptoten
(Fig. 331).

δ) $q = p$. L liegt auf dem Kreise p. c zerfällt in
eine Kurve 3. Ordnung mit L als iso-
liertem Doppelpunkt und eine Gerade
(Fig. 332).

ε) $q < p$. L liegt innerhalb des Kreises p und bildet
einen isolierten Doppelpunkt. c schließt
sich im Endlichen (Fig. 333).

II. Orthogonale Projektion $(q = \infty)$.

Der unendlich ferne Punkt L ist ein Knotenpunkt, c hat zwei
parallele Asymptoten.

1. Geschlossene schiefe Schraubenfläche $(r = 0)$:
Die Punkte M und N fallen in einem Berührungsknoten A zusammen (Fig. 313).

2. Offene schiefe Schraubenfläche $(r > 0)$:

$\alpha) \; p > r.$ M und N Knotenpunkte (Fig. 320).

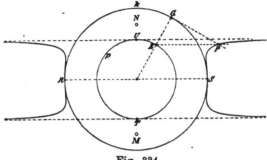

Fig. 334.

$\beta) \; p = r.$ (Abwickelbare Fläche) c zerfällt in den
Kreis k mit zwei parallelen Tangenten
(Fig. 305).

$\gamma) \; p < r.$ M und N isolierte Doppelpunkte (Fig. 334).

Zyklische Schraubenflächen.

488. Die Schraubenfläche von kreisförmigem Normalschnitt (Fig. 335). Die Fläche entstehe durch rechtsgängige Verschraubung des anfänglich in Π_1 gelegenen Kreises n vom Radius r
um eine vertikale Achse a. Auf letzterer sei A der Spurpunkt in
Π_1 und $AS = h_0$ die reduzierte Ganghöhe. Die vom Mittelpunkte N
des erzeugenden Kreises n beschriebene Schraubenlinie sei s.
Die Punkte J und K seiner Peripherie, die von A resp. den größten
und kleinsten Abstand haben, beschreiben die Schraubenlinien i und
k, die den wahren Umriß für die erste Projektion zusammensetzen; letztere ist die Kehlschraubenlinie der Fläche. Die erste
Projektion der Fläche besteht daher aus den konzentrischen Kreisen
i' und k'. Den wahren Umriß für die zweite Projektion bestimmen wir nach 455 als geometrischen Ort der Endpunkte derjenigen Durchmesser des verschraubten Kreises n, die zur x-Achse
parallel liegen. Er besteht demnach aus zwei mit s kongruenten

Schraubenlinien f und g, die aus s hervorgehen, wenn man diese Linie parallel zur x-Achse nach links oder rechts um die Strecke r

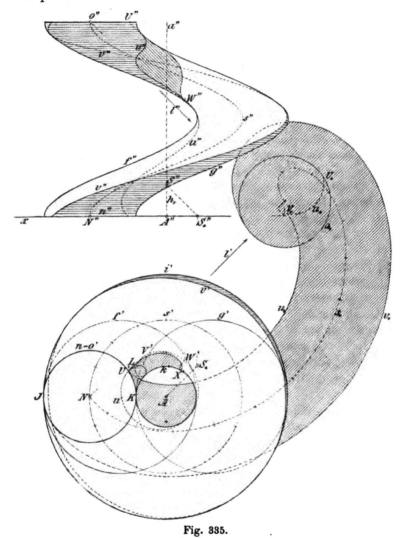

Fig. 335.

verschiebt. In Fig. 335 ist ein zwischen Π_1 und einer dazu parallelen Ebene enthaltener Gang der Fläche dargestellt.

Die Konstruktion der Lichtgrenze für Parallelbeleuchtung erfolgt ebenfalls nach 455. Man hat nach Annahme eines Lichtstrahles l ($\angle\, l\, x = \angle\, l'\, x = 45^0$) den Pol L desselben in Π_1 zu suchen. Die durch ihn gezogene Vertikale bildet die Polachse, und die Endpunkte der durch diese gezogenen Durchmesser des verschraubten Kreises n erzeugen die Lichtgrenze. Letztere besteht aus zwei Zweigen u und v. Man findet zuerst den Grundriß, indem man auf allen durch L gezogenen Strahlen von ihren Schnittpunkten mit dem Kreise s' aus nach beiden Seiten den Radius des Kreises n abträgt. Diese Grundrißkurve der Lichtgrenze hat den Pol L zum Doppelpunkt. Trifft der um L mit dem Radius r beschriebene Kreis den Kreis s' in reellen Punkten, so schneiden sich in L zwei reelle Kurvenzweige. Da ferner jeder durch den Doppelpunkt L gezogene Strahl im allgemeinen und höchstens vier weitere Punkte der Kurve trägt, so ist dieselbe von der 6. Ordnung. Sie wird — wie die in 294 betrachtete Pascal'sche Linie, mit der sie ihrer Entstehungsweise nach verwandt ist — als eine Konchoide bezeichnet. Ihre Form hängt wesentlich von der Lage des Poles L gegen die Kreise s', i' und k' ab. Jedenfalls ist sie symmetrisch in bezug auf den zu l' normalen Durchmesser des Kreises s' und berührt i' resp. k' in den auf diesem Durchmesser gelegenen Punkten. Fällt L auf s', so zerfällt die Kurve in den um L mit dem Radius $= r$ beschriebenen Kreis und in eine Pascal'sche Konchoide (4. Ordnung). In unserer Figur besteht die Kurve aus den Zweigen u' und v'; der innere Zweig u' zeigt den gestaltlichen Typus der Pascal'schen Schnecke und hat L zum Knotenpunkt; der äußere v' bildet ein Oval.

Aus dem Grundriß leitet man leicht den Aufriß der Lichtgrenze ab, der aus zwei wellenförmig verlaufenden Zweigen u'' und v'' besteht.

Der Grundrißschatten der Fläche wird von zwei Parallelkurven u_* und v_* einer Zykloide s_* begrenzt; sie bilden zusammen die Hüllkurve aller Lagen des Kreises n, wenn dessen Zentrum N die Zykloide s_* beschreibt. Letztere ist der Schatten der Schraubenlinie s, und die sukzessiven Lagen des Kreises n bilden die Schatten der Normalschnitte der Fläche. Einzelne Punkte der Kurven u_* und v_* werden mittels der Schatten solcher Durchmesser der Normalschnitte bestimmt, welche die Polachse treffen; sie ergeben die Normalen der Zykloide s_*, auf denen beiderseits die konstante Strecke r abzutragen ist. Die Kurve u_* zeigt in jedem Gange zwei Spitzen U_* und V_*; die durch sie gehenden Lichtstrahlen berühren die Lichtgrenze u, und von den Berührungspunkten U und V gehen Grenzlinien des Schlagschattens der Fläche auf sich selbst aus. Dieser Schlagschatten kommt zum Teil auf der Außenseite der Schraubenfläche zustande, zum Teil liegt er auf der hohlen Innenseite. Der zuletzt erwähnte Teil kommt nicht in Betracht,

wenn der von der Fläche umschlossene Raum von einem Schraubenkörper erfüllt ist, wie hier angenommen werden mag. In der Figur
bildet die Spitze U_* den
Schatten eines Punktes U, der
dem obersten Normalschnitt
o angehört. Die von U ausgehende Grenzlinie UW des
außen sichtbaren Schlag-
schattens rührt von dem
Kreise o her und wird aus
den Überschneidungen von
o_* mit den Grundrißschatten
tiefer liegender Normalschnitt-
kreise mittels rückwärts gezogener Lichtstrahlen konstruiert. Die Linie UW
überschreitet die Kehl-
schraubenlinie k in einem
Punkte X, dem im Grund-
risse ein Berührungspunkt X'
mit dem Kreise k' entspricht;
sie endigt auf u mit einer
zum Lichtstrahl parallelen
Tangente; ihr Grundriß bildet
überdies eine Schleife.

489. Die Schlangen-
rohrfläche (Serpentine)
entsteht als Hüllfläche einer
verschraubten Kugel. Der
Radius dieser Kugel K sei r,
der Abstand ihres Zentrums
M von der vertikal gestellten
Schraubenachse a sei $d > r$.
Die Verschraubung sei rechtsgängig und h_0 die reduzierte

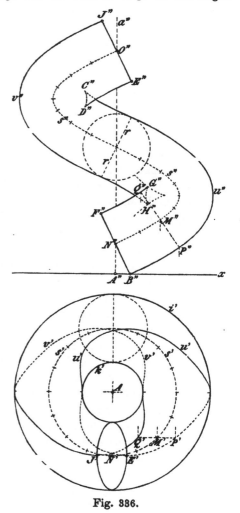

Fig. 386.

Ganghöhe. Die vom Punkte M beschriebene Schraubenlinie wird
durch s bezeichnet (Fig. 336); ihre Projektionen sind in Π_1 ein um
den Achsenspurpunkt A mit dem Radius d beschriebener Kreis s'
und in Π_2 eine Sinuslinie s''. Eine Normalebene der Schraubenlinie s, durch den Punkt M gelegt, schneidet auf der um M
beschriebenen Kugel $\Re$ ihren Berührungskreis c mit der Schrauben-

fläche aus. Dieser bildet die **Charakteristik der Hüllfläche** (450)
und kann als erzeugende Kurve derselben dienen. Wir stellen
einen Gang der Fläche dar, der zwischen den parallelen Ebenen
zweier erzeugender Kreise enthalten sein mag, und legen die
Aufrißebene Π_2 senkrecht zu diesen beiden Ebenen, die Grundrißebene Π_1 aber durch den tiefsten Punkt B des unteren Kreises.
Die beiden Endkreise der Fläche projizieren sich in Π_2 als die Geraden $B''F''$ und $E''J''$, die in den Endpunkten N'' und O'' der Sinuslinie s'' auf dieser normal stehen. Die Grundrisse fallen in eine Ellipse
zusammen, deren Zentrum $N' = O'$ dem Kreise s' angehört; ihre
kleine Achse ist $B'F' = E'J'$, ihre große Achse geht durch A und
hat die Länge $2r$. Die Grundrisse aller erzeugenden Kreise sind kongruente Ellipsen, weil ihre Ebenen gegen Π_1 einerlei Neigung haben.

Der **Umriß der ersten Projektion** unserer Fläche wird von
den beiden Kreisen i' und k' gebildet, die um A mit den Radien
$d + r$ resp. $d - r$ beschrieben sind. Die zugehörigen **wahren Umrisse**, i und k, sind **Schraubenlinien** und speziell ist k die **Kehl-
linie**. Der **Umriß der zweiten Projektion** umhüllt die Aufrisse
der von der Fläche umhüllten Kugeln und besteht daher aus zwei
Parallelkurven u'' und v'' der Sinuslinie s'', die erhalten werden,
wenn man auf den Normalen von s'' nach beiden Seiten die Strecke
r abträgt. In jedem Gange zeigen die beiden (kongruenten) Kurven
u'' und v'' je zwei Spitzen (C'', D'' und G'', H''), in denen sie auf
die Evolute der Sinuslinie s'' auftreffen. Die erste Projektion der
wahren Umrisse u und v besteht aus zwei herzförmigen, geschlossenen Zweigen u' und v', die sich gegenseitig auf der Linie
AA'' kreuzen und beide den zur x-Achse parallelen Durchmesser
des Kreises s' zur Symmetrieachse haben. Sie berühren die Kreise
i' und k' in ihren Schnittpunkten mit dieser Geraden. Man findet
beliebig viele Punkte der Kurven u' und v' auf folgendem Wege.
Sei M ein Punkt der Schraubenlinie s und PQ der zum Aufriß
parallele Durchmesser des um M beschriebenen erzeugenden Kreises,
so liegen P'' und Q'' auf dem Umriß der zweiten Projektion, und
$P''Q''$ ist eine Normale von s''. Die erste Projektion $P'Q'$ desselben
Durchmessers ist parallel zur x-Achse durch den Punkt M' von s'
zu ziehen und endigt resp. auf den Kurven u' und v'.

490. Ist eine **Schlangenrohrfläche** nach dem Vorausgeschickten in Grund- und Aufriß dargestellt, so soll jetzt die Konstruktion der **Lichtgrenze** auf ihr, des **Schlagschattens** auf
der Grundrißebene und auf der Fläche selbst hinzugefügt
werden (Fig. 337).

Sucht man auf jeder der Fläche einbeschriebenen Kugel den Lichtgrenzkreis *w* und den erzeugenden Kreis *c* (die Charakteristik), so

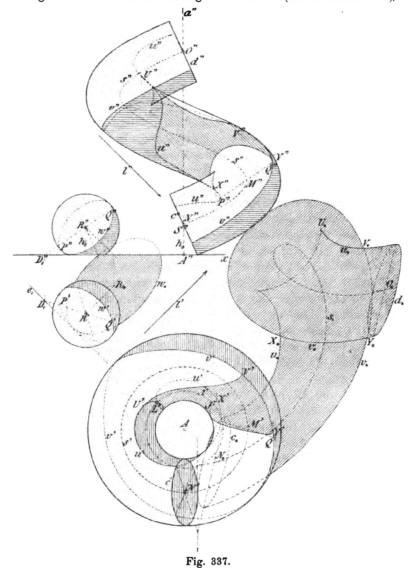

Fig. 337.

schneiden sich diese in Gegenpunkten *P* und *Q* der Kugel, die zugleich der Lichtgrenze auf der Schraubenfläche angehören. Die Ebene von *c* steht senkrecht zur Tangente der Schraubenlinie *s*, die vom Kugelzentrum M beschrieben wird, die Ebene von w normal zum Lichtstrahl l. Hieraus kann ihre Schnittlinie, d. i. der Durchmesser PQ in Grund- und Aufriß gefunden werden. Die Konstruktion nimmt man zweckmäßig an einer Hilfskugel vor, die mit dem gegebenen Radius r um irgend einen Punkt R des Raumes beschrieben ist, und überträgt dann die Resultate in die Hauptfigur (in Fig. 337 ist $RR' = h_0$ angenommen). Die Konstruktion läßt sich aber noch bedeutend vereinfachen, indem man den Pol L des Lichtstrahles in Π_1 benützt (453). Sind nämlich P' und Q' die Grundrisse der gesuchten Lichtgrenzpunkte, so gehen (nach 454) ihre Verbindungslinien $P'L$ und $Q'L$ mit dem Pole L resp. durch die Pole der Tangenten des erzeugenden Kreises c in P und Q. Da aber diese parallel sind, haben sie einerlei Pol, und die Linien $P'L$ und $Q'L$ fallen zusammen in den durch L gezogenen Durchmesser der Ellipse c', die den Grundriß von c bildet. Alle diese Ellipsen sind kongruent und gehen auseinander durch Drehung um den Achsenspurpunkt A hervor. Wir zeichnen eine derselben c' mit dem Zentrum N' auf s' und denken uns eine zweite um M' beschrieben, deren Durchmesser $P'Q'$ durch L geht. Wird letztere durch Drehung um A mit c' vereinigt, so geht der mitgedrehte Durchmesser nunmehr durch denjenigen Punkt J des um A durch L gelegten Kreises i, der bei der erwähnten Drehung aus L hervorgeht. Hierdurch ist auch die Länge $P'Q'$ bestimmt. Man teilt zweckmäßig die Kreise i und s', von L und N' anfangend, in dieselbe Anzahl gleicher Teile; sind dann J und M' entsprechende Teilpunkte, so ziehe man JN' und LM' und trage auf der zweiten Linie den auf der ersten gefundenen Halbmesser der Ellipse c' von M' aus bis nach P' und Q' ab. Man erhält so Punkte des Grundrisses der Lichtgrenze. Um Punkte ihres Aufrisses zu bestimmen, benützen wir die Hilfskugel mit dem Zentrum R. Die Ebene ihres Lichtgrenzkreises w habe e_1 zur ersten Spurlinie; liegt parallel zu PQ der gleichbezeichnete **Kugeldurchmesser**, so findet man seinen ersten Spurpunkt D_1, aus ihm aber nach Größe und Richtung den Aufriß $P''Q''$, der in die Hauptfigur zu übertragen ist. Das Ergebnis dieser Konstruktionen ist folgendes. Die Lichtgrenze auf der Schlangenrohrfläche besteht aus zwei Kurvenzweigen u und v. Die **Grundrisse** u' und v' sind geschlossen; der innere Zweig u' berührt den inneren Umrißkreis der Fläche in den Endpunkten des zu l normalen Durchmessers, hat den Pol L zum Knotenpunkt und zeigt den gestaltlichen Typus der **Pascal'schen Schnecke**; der äußere Zweig v' bildet ein Oval und berührt den äußeren Umrißkreis in den Endpunkten des zu l normalen

Durchmessers, der für beide Zweige Symmetrieachse ist. Im Aufriß berühren die beiden Zweige u'' und v'' der Lichtgrenze in jedem Gange die Umrißkurven je zweimal in Punkten, die den Durchschnitten von u' und v' mit den ersten Projektionen jener Umrisse entsprechen.

Der Grundrißschatten der Schraubenlinie s ist eine verschlungene Zykloide s_*, von der ein im Punkte N_* beginnender, in O_* endigender Gang gezeichnet ist. Der Grundrißschatten der Schraubenfläche wird einesteils begrenzt durch die Schatten c_* und d_* der beiden als Berandung eines Ganges auftretenden erzeugenden Kreise c und d mit den Mittelpunkten N und O, andernteils durch zwei Kurven u_* und v_*, die zusammen die Hüllkurve der Schatten der verschraubten Kugel bilden. Die Ellipsen c_* und d_* sind kongruent und ihre Achsen parallel; man bestimmt sie als affine Kurven zu c' aus konjugierten Durchmessern. Hat man ferner für die Hilfskugel mit dem Zentrum R den Grundrißschatten als die Ellipse w_* konstruiert (330) und denkt man sich eine mit w_* kongruente Ellipse so bewegt, daß ihr Zentrum die Zykloide s_* beschreibt, während ihre große Achse beständig die Richtung von l' behält, so bilden u_* und v_* zusammen die Hüllkurve aller ihrer Lagen. Einzelne Punkte findet man als Schatten der vorher bestimmten Lichtgrenzpunkte, wie P und Q. Die Kurven u_* und v_* zeigen den gestaltlichen Typus der Parallelkurven der verschlungenen Zykloide; erstere hat in jedem Gange zwei Spitzen, letztere ist verschlungen. Durch die Spitzen von u_* führen Lichtstrahlen, welche die Lichtgrenze u berühren, und in jedem solchen Berührungspunkte beginnt die Grenzlinie eines Schlagschattens der Fläche auf sich selbst. In unserer Figur wird nur ein solcher Schatten sichtbar, während ein zweiter, im Inneren der Fläche gelegen, nicht zur Erscheinung kommt. Der äußere Schatten wird einerseits durch die Linie UV begrenzt, die in dem der Spitze U_* entsprechenden Punkte U tangential von u ausgeht und auf v dem Punkte V endigt, der dem Schnittpunkte V_* von u_* und v_* entspricht. Andererseits bildet die Grenze die Linie XY, deren Endpunkte auf u und v aus den Kreuzungspunkten X_* und Y_* von v_* mit u_* und v_* ermittelt werden. Um die Kurven UV und XY mit genügender Sicherheit zeichnen zu können, müssen noch einige Zwischenpunkte derselben konstruiert werden. Zu diesem Ende hat man von geeigneten erzeugenden Kreisen der Fläche Grund- und Aufriß, sowie den Grundrißschatten zu suchen, was am leichtesten mit Benutzung konjugierter Durchmesserpaare der betreffenden Ellipsen geschieht. Da die gesuchten Kurven Schatten der Linien u und v bilden, so hat man aus den Schnittpunkten von

u_* und v_* mit den Grundrißschatten der erzeugenden Kreise Lichtstrahlen rückwärts bis zu diesen selbst zu verfolgen.

Schrauben.

491. Eine allseitig begrenzte ebene Fläche erzeugt bei einer
Verschraubung um eine zu ihr senkrechte Achse einen Körper, der
Schraube heißt. Wir nehmen an, daß der erzeugende Querschnitt
der Schraube von einer geschlossenen sich selbst nicht schneidenden
Linie umgrenzt sei. Zu jeder Schraube gehört eine Schraubenmutter; es ist dies ein Körper mit einem schraubenförmigen Hohl-
raume, den die zugehörige Schraube ausfüllt, so daß Schraubenmutter
und Schraube von der nämlichen Schraubenfläche begrenzt werden.
Die Schraube kann in der Schraubenmutter eine Schraubenbewegung
ausführen, indem die Oberflächen beider Körper aufeinander gleiten.
Die Einteilung der Schrauben erfolgt nach den geometrischen Eigenschaften dieser Gleitflächen. Der Schraubenkörper selbst wird im
Gegensatz zur Schraubenmutter öfters als Schraubenspindel bezeichnet.

Die technisch verwendeten Schrauben besitzen meist einen
massiven Kern, der von einem um ihre Achse beschriebenen Rotationscylinder begrenzt wird. Der außerhalb des Kernes befindliche
Teil des Schraubenkörpers heißt das Gewinde. Zur Charakteri-
sierung der Schraube genügt die Angabe eines Meridianschnittes,
dessen Höhe in der Achsenrichtung der Ganghöhe h gleich ist;
er werde begrenzt auf einer Seite von der Achse a, unten und oben
von zwei Radien des Kerncylinders und auf der anderen Seite von
dem sog. Schraubenprofil. Die gebräuchlichsten Profile sind
geradlinig und werden von gleichschenkligen Dreiecken oder von Recht-
ecken gebildet, deren Grundlinien auf der Kernmantellinie liegend
sich in gleichen Abständen folgen (bei Dreiecken können die Grundlinien
unmittelbar aneinander stoßen). Schrauben mit dreieckigem Gewindeschnitt heißen scharfgängig, mit rechteckigeme flachgängig. Enthält das Profil auf eine Ganghöhe h mehrere Dreiecke oder Recht-
ecke, so sagt man, die Schraube habe mehrfaches Gewinde.

492. Darstellung einer flachgängigen Schraube mit
Eigen- und Schlagschattengrenzen (Fig. 338). Die Schraubenspindel habe einen quadratischen Gewindeschnitt, die Entfernung
der Gewindegänge voneinander sei der Quadratseite gleich; ferner
sei der Spindel ein sechsseitiger prismatischer Schraubenkopf auf-
gesetzt. Wir legen die Grundrißebene normal zur Schraubenachse.
Das Gewinde wird von dem Kerncylinder, von einem koaxialen

Rotationscylinder und zwei geschlossenen geraden Regelschraubenflächen begrenzt, deren Durchschnitte mit den Cylinderflächen die
Gewindekanten bilden. Letztere werden im Grundriß durch die
Kreise i und k, im Aufriß durch Sinuslinien dargestellt; in der
zweiten Projektion sind . die Umrißlinien der Cylinder hinzuzufügen,
soweit sie auf dem Gewinde liegen resp. sichtbar sind; endlich

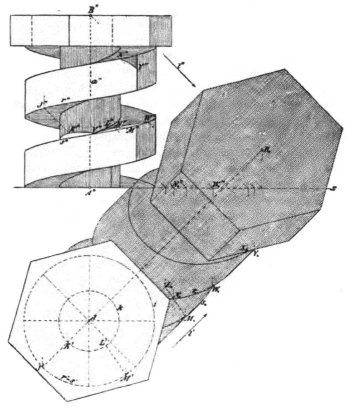

Fig. 338.

zeichne man noch die Kanten des Schraubenkopfes und konstruiere
von allen den genannten Linien die Grundrißschatten unter der
Annahme paralleler Lichtstrahlen (l, l'). Der Grundrißschatten ist
über die x-Achse fortgesetzt. Allenthalben sind nur die in der betreffenden Projektionsrichtung sichtbar werdenden Elemente verzeichnet. Diese Konstruktionen bedürfen nach dem Vorausgegangenen
keiner Erläuterung mehr.

Die Lichtgrenze auf der Schraube setzt sich zusammen

aus je zwei Mantellinien der beiden Cylinder über den Kreisen i und k und der Lichtgrenze auf den geraden Regelschraubenflächen, die das Gewinde begrenzen. Letztere kommt für unsere Figur nicht in Betracht; es würde von jedem Gewindegang, wenn man ihn für sich allein betrachtet, die Oberseite ganz im Lichte, die Unterseite ganz im Schatten liegen. Von den Lichtgrenzlinien auf dem äußeren und auf dem Kerncylinder liegen die ersten Spurpunkte auf i und k in dem zu l' senkrechten Durchmesser. Der Schlagschatten auf der Schraube wird begrenzt von den Schatten der äußeren Randlinien des Gewindes auf den Kern und auf den folgenden (tieferen) Gewindegang, ferner von den Schatten der Kanten des Schraubenkopfes auf die Oberseite des Gewindes resp. auf den äußeren Cylinder. Es können ferner der Schraubenkopf auf den Kerncylinder und dieser auf das Gewinde Schlagschatten werfen; diese Schatten kommen indes in unserer Figur nicht zustande.

Um von einem Punkte J des äußeren Gewinderandes r den Schatten K auf den Kerncylinder zu finden, beachte man, daß der Schatten der durch J gezogenen Mantellinie des äußeren Cylinders auf den inneren eine Mantellinie des letzteren wird, die man aus dem Grundriß sofort bestimmt. Auf ihrer zweiten Projektion liegt K'' so, daß $J''K'' \parallel l''$ wird. Durch Wiederholung dieser Konstruktion findet man Kurvenzüge, wie UV, deren Endpunkte auf dem inneren Gewinderand liegen (U ist in der Figur nicht sichtbar). An diese schließen sich Schlagschattengrenzen auf der Oberseite des Gewindes an, z. B. VW, die auf dem Außenrande endigen. Man bestimmt zuerst diese Endpunkte, z. B. W, aus den Überschneidungen (W_*) der Grundrißschatten r_* und s_* zweier Randschraubenlinien. Um auf einer Erzeugenden LM der Regelschraubenfläche den Punkt N der Kurve VW zu finden, geht man von $N_* = r_* \times L_*M_*$ aus. Analog sind die Schlagschatten der Kanten des Schraubenkopfes ermittelt; in der Figur ist die Linie XY auf dem äußeren Cylinder ein solcher.

493. Darstellung einer scharfgängigen Schraube mit Eigen- und Schlagschattengrenzen (Fig. 339). Die Dreiecke des Gewindeschnittes mögen mit ihren Grundlinien aneinander stoßen; die Ganghöhe sei der Grundlinie gleich, das Gewinde also einfach. Auf der Spindel mag wieder ein sechsseitiger prismatischer Kopf sitzen. Das Gewinde wird von zwei schiefen, geschlossenen Regelschraubenflächen begrenzt, die sich in zwei Schraubenlinien, der äußeren und inneren Gewindekante r und s treffen; letztere liegt auf dem Kerncylinder.

Stellen wir wie vorher die Grundrißebene normal zur Schraubenachse a, so werden die beiden Gewindekanten in Π_1 durch konzentrische Kreise um A, in Π_2 durch Sinuslinien in bekannter Weise dargestellt. Der Umriß der zweiten Projektion ist für die oben genannten beiden Regelschraubenflächen nach 475 genau bestimmbar.

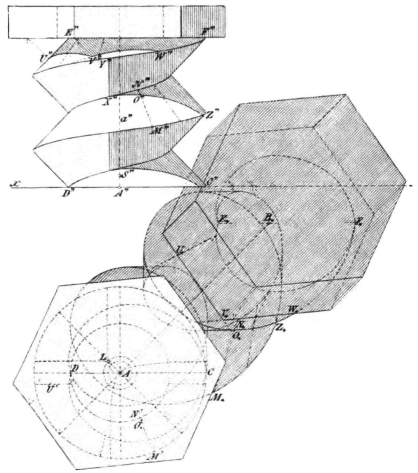

Fig. 339.

Da aber im vorliegenden Falle die beiderlei Projektionen der Umriß-kurven, soweit sie in Erscheinung treten, nahezu geradlinig verlaufen, so genügt eine angenäherte Konstruktion. Man bestimme nämlich nach dem in 454 gegebenen Verfahren auf den Gewindekanten r und s (und zwar im Grundriß) die Punkte des Umrisses

für die zweite Projektion, übertrage sie in den Aufriß und verbinde
je zwei zusammengehörige Punkte durch gerade Linien. Im Aufriß
fallen diese geraden Linien annähernd mit den gemeinsamen Tangenten der beiden Sinuslinien r'' und s'' zusammen, die die Gewindekanten repräsentieren. Zu besserer Verdeutlichung der Lage und
der Sichtbarkeit der Umrißlinien ist in Fig. 341 ein Teil der Aufriß-
figur in beträchtlicher Vergrößerung gezeichnet; für die Scheitel
der Linien r'' und s'' sind die Krümmungszentra J und K angegeben; durch gestrichelte Linien ist der im Hauptmeridian gedachte Gewindeschnitt dargestellt. In derselben Figur sind gleichzeitig die Einzelheiten des Aufrisses der zu unserer Schraube
gehörigen Schraubenmutter gezeichnet. Die zu ihr gehörigen Elemente
sind von den entsprechenden der Schraube selbst durch den Index 1
unterschieden und, um beide auseinander zu halten, ist die eine
Figur ein Stück seitwärts geschoben.

Die Lichtgrenze auf der Schraube (die unter der gewöhn-
lichen Annahme: $\angle\, l'x = \angle\, l''x = 45°$ konstruiert werden mag) setzt
sich aus den Lichtgrenzkurven der beiden schiefen Regelflächen zusammen, die das Gewinde nach oben und unten begrenzen. Ihre
genaue Konstruktion erfolgt nach 476; aber auch hier genügt eine
angenäherte Konstruktion mit Hilfe gerader Linien, die die Kurven
selbst ersetzen können. Man bestimme also wiederum nur die Punkte
der Lichtgrenze auf den Gewindekanten r und s nach 454, und verbinde die zusammengehörigen Punkte, z. B. X'' und Y'', geradlinig.
Die Lichtgrenzlinien auf der oberen Gewindefläche fallen sehr nahe
an den Umriß der zweiten Projektion und liegen außerdem im
Schlagschatten der Schraube auf sich selbst, so daß es zweckmäßig
erschien, sie nicht besonders anzugeben. Im Hinblick auf Fig. 339
bedarf es nach dem Gesagten keiner Erläuterung mehr, um den
Grundrißschatten der Schraube entwerfen zu können.

Der Schlagschatten der Schraube auf sich selbst wird
begrenzt von den Schatten der Lichtgrenzlinien der unteren Gewindefläche auf die obere des folgenden (tieferen) Ganges und von den
Schatten der äußeren Gewindekante r. Dazu treten die Schatten
der Kanten des Schraubenkopfes auf die Oberseite des Gewindes.

Um auf einer Erzeugenden MN der oberen Gewindefläche den
Punkt O der Schlagschattengrenze zu ermitteln, zeichne man $M'N'$,
$M''N''$ und M_*N_*, gehe von dem Überschneidungspunkte O_* der
Geraden M_*N_* mit dem Grundrißschatten der schattengebenden
Linie aus und verfolge den zugehörigen Lichtstrahl in seinen beiden
Projektionen bis zur Erzeugenden MN zurück. Auf diese Art

findet man alle Kurvenzüge, wie *XZ* und *UVW*, die zur Begrenzung des Schlagschattens gehören. Man hat sein Augenmerk vornehmlich auf die Anfangs- und Endpunkte dieser Linien zu richten. Die Linie *XZ* rührt als Schatten von der Lichtgrenze *XY* und einem Teile der äußeren Gewindekante her; die gebrochene Linie *UVW*

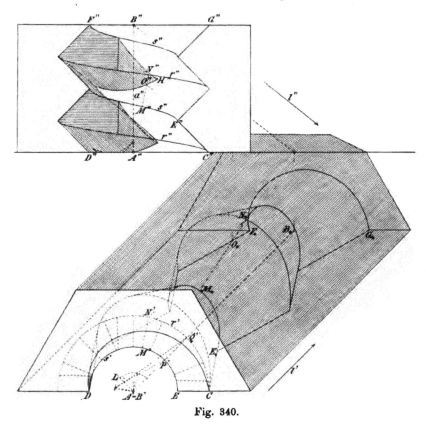

Fig. 340.

bildet den Schatten zweier Unterkanten des Schraubenkopfes, speziell *V* den einer Ecke desselben.

494. Darstellung der Schraubenmutter einer scharf-gängigen Schraube mit Eigen- und Schlagschatten (Fig. 340). Für die Schraube und ihre Lage gegen die Projektionsebenen mögen ebenso wie für die Lichtstrahlen dieselben Annahmen gelten wie vorhin. Die Schraubenmutter aber denken wir uns durch die Haupt-meridianebene ($\parallel \Pi_2$) gehälftet und zeichnen nur ihre hintere, nach dem Beschauer zu geöffnete Hälfte mit zwei Gängen; den Körper,

aus dem sie ausgehöhlt ist, denken wir uns durch die Ebene Π_1
und eine parallele Ebene, sowie durch ein regelmäßiges sechsseitiges
Prisma begrenzt, dessen eine Seitenfläche $\parallel \Pi_2$ liegen mag.

Da das darzustellende Gebilde in seinen wesentlichen Teilen
mit dem vorhin betrachteten übereinstimmt, so ist in bezug auf

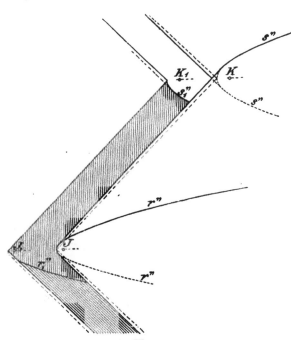

die Konstruktion
des Grund- und
Aufrisses, sowie
des Grundriß-
schattens nichts
Neues zu bemer-
ken. Wegen der
Details im Aufriß
ist auf Fig. 341
zu verweisen. Die
Randlinien be-
stehen aus den
archimedischen
Spiralen CD und
FG und den sie
verbindenden vier-
fach gebrochenen
Linien von C bis
G und D bis F,
die den Haupt-
meridianschnitt

Fig. 341.

des Gewindes bil-
den. Die Licht-
grenze auf der Gewindefläche im Inneren besteht aus den beiden
Teilkurven, die der oberen und unteren Gewindefläche entsprechen und
wird wie vorher bestimmt; sie wird nur auf der unteren Seite sichtbar.
Auch die Verzeichnung der Schlagschattengrenzen auf der Innenfläche erfolgt ganz analog dem früheren. Diese Grenzkurven sind
teils Schatten der inneren Gewindekante s, teils Schatten der Kanten
des Gewindeschnittes im Hauptmeridian. Ihre Punkte werden auf
Erzeugenden (z. B. MN) der betreffenden Schraubenflächen gefunden,
indem man ihre Grundrißschatten mit denen der schattenwerfenden
Kurven schneidet (z. B. in O_*) und den zugehörigen Lichtstrahl
zurückverfolgt.

Literaturnachweise und historische Anmerkungen.

I. Kapitel.

[1]) Die Verwandtschaft der Ähnlichkeit zwischen ebenen Figuren ist schon von den Geometern des Altertums in Betracht gezogen worden und ebenso ihre ähnliche Lage, z. B. von Euklides (ca. 300 v. Chr., Elemente, Ausg. v. Heiberg, Leipzig 1883/88. VI, 18; XI, 27). Die Bezeichnung Ähnlichkeitszentrum (centrum similitudinis) tritt bei L. Euler auf (Nov. Act. Petrop. IX, p. 154). M. Chasles nennt ähnlichliegende Figuren homothetisch (Ann. de math. p. Gergonne, XVIII, p. 280). Wegen der auf solche Figuren anwendbaren allgemeinen Begriffe: kollinear, homographisch, homologisch, perspektiv vergleiche man die späteren Noten.

Wie M. Chasles berichtet (Aperçu historique sur l'origine et le développement des méthodes en géometrie, Paris 1837, 2. Aufl. 1875, p. 553), hat A. C. Clairault (Mém. de l'Acad. des Sc., Paris 1731) die durch Parallelprojektion herstellbare Verwandtschaft ebener Figuren schon vor L. Euler untersucht, von dem sie den Namen Affinität erhalten hat („de similitudine et affinitate linearum curvarum", Introd. in anal. infin., Lausanne 1748, II, 18, p. 239 ff.). J. V. Poncelet bespricht die affinen Figuren als spezielle Fälle seiner „figures homologiques" (Traité des propriétés projectives des figures, Paris 1822, p. 174 ff.). In allgemeinerem Sinne wurde die Affinität aus analytischem Gesichtspunkte von A. F. Möbius betrachtet (Der baryzentrische Calcul, Leipzig 1827, II, 3. p. 191 ff.). — Für die Zwecke der Darstellung legte J. H. Lambert die Gesetze der Parallelprojektion dar (V. d. perspektivischen Entwerfung aus einem unendlich entfernten Gesichtspunkte, Freie Perspektive, Zürich 1774, VII, p. 156 ff.). Aus diesen Prinzipien folgerte K. Pohlke den Hauptsatz der Axonometrie (nach H. A. Schwarz, Crelle's Journ. Bd. 63, im J. 1853 gefunden, aber erst veröffentlicht in der Darstell. Geom., Berlin 1860, 4. Aufl. 1876, p. 109).

II. Kapitel.

[2]) Die Keime zum Grund- und Aufrißverfahren zeigen sich bereits in der „Ichnographie" und „Orthographie" der Alten, von denen M. Vitruvius Pollio spricht (De architectura libri decem, I, 2; Ausg. v. V. Rose, Leipzig 1899, p. 10). Ihre einfachen Regeln wurden in der

mittelalterlichen Rißkunst fortentwickelt und z. B. von A. Dürer (Unterweisung der Messung mit dem Zirkel und Richtscheit, Nürnberg 1525) zusammengestellt. Der Steinschnitt bildete das wichtigste Anwendungsgebiet; seine Aufgaben finden sich geometrisch behandelt bei G. Desargues (Coupe des pierres, 1640; Oeuvres p. Poudra, Paris 1876, p. 304 ff.) und bei M. Frézier (La théorie et la pratique de la coupe des pierres et des bois, ou traité de stéréotomie, Straßburg 1787—89).

Indessen entbehrte bis dahin das Darstellungsverfahren noch einer einheitlichen theoretischen Grundlage, die ihm erst von G. Monge gegeben wurde (Géometrie descriptive, Paris 1798; 6. Aufl. v. M. Brisson mit Zusätzen: théorie des ombres et de la perspective, Paris 1838; deutsch v. R. Haussner, Leipzig 1900). Monge gab den beiden Projektionstafeln eine bestimmte Verbindung untereinander, indem er ihre Schnittlinie (oder Achse) fixierte und um sie die eine Tafel in die andere umlegte; er bestimmte die Punkte, Geraden, Ebenen eindeutig durch ihre Projektionen, bzw. Spuren, stellte ebenso krumme Linien und Flächen dar (letztere mit Hilfe ihrer Erzeugenden) und löste zahlreiche Aufgaben, die zuvor nur analytisch behandelt worden waren, durch die Konstruktion. Insofern Monge nicht nur die Ziele und Aufgaben der darstellenden Geometrie klar zu definieren vermochte, sondern auch ihre Hauptmethode systematisch und vollständig entwickelte, gilt er mit Recht als ihr wissenschaftlicher Begründer.

Die Lehren der deskriptiven Geometrie verbreiteten sich rasch, wozu ihre vielseitige Anwendbarkeit in den technischen Wissenschaften nicht wenig beitrug, und wurden durch die Untersuchungen zahlreicher neuerer Autoren erweitert und vertieft. Es mögen hier nur einige umfassendere Werke genannt werden:[1]

C. F. A. Leroy, Traité de géom. descr., Paris 1842; Traité de stéréotomie, Paris 1844; deutsch v. Kauffmann, Stuttgart.

G. Bellavitis, Lezioni di geometria descrittiva, Padua 1851, 2. Aufl. 1868.

J. de la Gournerie, Traité de géom. descr., Paris 1860, 2. Aufl. 1873.

K. Pohlke, Darstell. Geom., I. Berlin 1860, 4. Aufl. 1876; II. 1876.

W. Fiedler, Die darstell. Geom., Leipzig 1871; 3. Aufl. u. d. T. Die darstell. Geom. in organ. Verbindung mit d. Geom. d. Lage, 3 Tle., Leipzig 1883—88.

A. Mannheim, Cours de géom. descr., Paris 1880.

G. A. v. Peschka, Darstell. u. proj. Geom., 4 Tle., Wien 1883—85.

Chr. Wiener, Lehrb. d. darstell. Geom., Leipzig, I. 1884, II. 1887.

Die neue Disziplin übte alsbald nach ihrem Auftauchen einen befruchtenden Einfluß in anderen Zweigen der geometrischen Wissenschaft aus; so namentlich in der neueren synthetischen Geometrie. Indem

---

[1] Die älteren Schriften von S. F. Lacroix, M. Hachette, G. Schreiber, B. Gugler, Th. Olivier u. a. sind hier nicht mit aufgeführt. Ebenso wurde von Monographien abgesehen, die zum Teil weiterhin noch zu zitieren sein werden.

diese das gesetzmäßige Aneinanderreihen der Elemente, das Projizieren und Schneiden als Erzeugungs- und Transformationsprinzip aufnahm, erstand in der (reinen) Geometrie der Lage und in der (die Mittel der Analysis nicht ganz ausschließenden) projektiven Geometrie die synthetische Raumlehre der Mathematiker des Altertums in vollkommenerer Form zu frischem Leben. Wir nennen einige Hauptwerke dieser Richtung:

L. N. M. Carnot, Géom. de position, Paris 1801; deutsch v. Schuhmacher, Altona 1808—10.

Ch. J. Brianchon, Mém. sur les lignes du 2ième ordre, Paris 1817.

J. V. Poncelet, Traité des propriétés projectives des figures, Paris 1822.

A. F. Möbius, Der barycentr. Calcul, Leipzig 1827.

J. Steiner, Systemat. Entwickelung d. Abhängigkeit geometrischer Gestalten, Berlin 1832; Die geom. Konstruktionen ausgeführt mittels der geraden Linie u. eines festen Kreises, Berlin 1833; Ges. Werke, herausg. v. Weierstraß, Berlin 1882.

M. Chasles, Mém. de géom. sur deux principes généraux, la dualité et l'homographie, Paris 1837; Traité de géom. supérieure, Paris 1852.

G. K. Chr. v. Staudt, Geom. d. Lage, Nürnberg 1847; Beiträge z. Geom. d. Lage, Nürnberg 1856.

Th. Reye, Die Geom. d. Lage, Leipzig 1866—67; 3. Aufl. 1886—92.

L. Cremona, Elementi di geometria projettiva, Turin 1873; deutsch v. Trautvetter, Stuttgart 1882.

Die von den neueren Autoren hergestellte enge Verbindung zwischen der darstellenden und projektiven Geometrie brachte es naturgemäß mit sich, daß die Zentralprojektion als allgemeinstes Verfahren zum Ausgangspunkt für die Entwickelung der deskriptiven Methoden erhoben wurde. Dies betont namentlich W. Fiedler (Darst. Geom. 3. Aufl. I, p. 357). Wenn wir im vorliegenden Lehrbuche uns mehr dem ursprünglichen Gedankengange Monge's angeschlossen und die Parallelprojektion (speziell das Grund- und Aufrißverfahren) in den Vordergrund gestellt haben, so erklärt sich dies aus den damit verbundenen didaktischen Vorteilen und aus der überwiegenden Bedeutung, welche die Methode Monge's vor anderen in den technischen Anwendungen erlangt hat.

III. Kapitel.

[3]) Die Aufgaben über die körperliche Ecke wurden von Monge nur gestreift (Géom. descr. 1798, p. 28); ihre konstruktive Lösung findet sich aber vollständig — und zwar auch unter Verwendung des supplementären oder Polardreikantes — bei M. Hachette (Traité de géom. descr., Paris 1822, p. 122 ff.). G. Bellavitis verband mit der Konstruktion die Ableitung der Grundformeln der sphärischen Trigonometrie (Lez. d. geom. descr. Padua 1851, p. 43 ff.). Man vergleiche über diesen Gegenstand: F. Hemming (Zeitschr. f. Math. u. Phys. XVII. 1872, p. 159).

Die Relation zwischen den Anzahlen der Ecken, Flächen und Kanten eines (einfach zusammenhängenden) Polyëders wurde von L. Euler 1752 (Nov. Comm. Petrop. IV, p. 109 u. 156) gegeben.

[4]) L. Poinsot (Mém. sur les polygones et les polyèdres, Journ. de l'école polyt. 1810, cah. X, p. 16) untersuchte eingehend die Polyëder zweiter Art. Vergl. V. Eberhard (Zur Morphologie der Polyëder, Leipzig 1891).

IV. Kapitel.

[5]) Die im Altertum nur zu einem kleinen Teile bekannten Regeln der Zentralprojektion (Perspektive) wurden im Zeitalter der Renaissance Gegenstand lebhaften Interesses. Mathematisch wurden sie zuerst von G. Ubaldo (Perspectivae libri sex, Pisauri 1600) und S. Stevin (Oeuvres math., 1605—1608, V, 1. Ausg. v. Girard, Leyden 1634, p. 521 ff.) behandelt.

Die „perspektive" Raumauffassung, nach der man einer Geraden nur einen unendlich fernen Punkt, einer Ebene eine unendlich ferne Gerade zuschreibt, hat schon G. Desargues (Oeuvres p. Poudra, I, p. 103 ff.). Der Satz von der perspektiven Lage zweier Dreiecke, deren homologe Seiten sich auf einer Geraden schneiden (woraus der Satz in 162 folgt) rührt ebenfalls von Desargues her (a. a. O. p. 413).

Weitere Fortschritte in der Darstellung durch Zentralprojektion verdankt man W. J. van s'Gravesande (Essai de perspective, Haag 1711), Brook Taylor (New principles of linear perspective, London 1719), F. H. Lambert (Freie Persp., Zürich I. 1759, II. 1774) und später B. E. Cousinery (Géom. persp. ou principes de proj. polaire etc., Paris 1828). Die Untersuchungen dieser Autoren richteten sich auf die Entwickelung der graphischen Methoden, beschränkten sich indessen nicht auf die Abbildung der ebenen Figuren, sondern behandelten auch körperliche Gebilde.

Aber auch von den Gesichtspunkten der reinen synthetischen und der analytischen Geometrie aus betrachtet gewannen die aus der Zentralprojektion entspringenden Beziehungen zwischen den Raumformen ein allgemeineres Interesse und forderten zu ihrer Untersuchung heraus. Wir erwähnen J. V. Poncelet, der auf sie die Ausdrücke: „figures homologiques, centre, axe d'homologie" anwandte (Propr. proj. 297, p. 159). A. F. Möbius definiert seine „kollinearverwandten" Figuren durch die Bedingung, daß den Punkten einer geraden Linie in der ersten stets die Punkte einer geraden Linie in der andern Figur entsprechen (Baryc. Calcul, VII, p. 301); er hebt hervor, daß die Projektionen ebener Figuren auf eine zweite Ebene zur Kollinearverwandtschaft führen (p. 321, Anm.), und beweist, daß sich je zwei kollineare ebene Figuren auf unendlich viele Arten in zentrale Lage bringen lassen, wenn man zwei entsprechende Vierecke derselben kennt (p. 327). Von L. J. Magnus (Aufg. u. Lehrsätze a. d. analyt. Geom., Berlin 1833) rühren die heute gebräuchlichen kürzeren Namen: „Kollineation, kollinear, Kollineationsachse, usw." her (a. a. O. p. 31, 43, 44). Bei M. Chasles tritt die Kollineation in dem „principe d'homographie"

(Aperçu histor., p. 261) als wichtigstes Mittel zur Generalisierung der Eigenschaften der Raumformen auf.

Die Abschnitte: **Perspektive Grundgebilde** (p. 144 ff.), **Harmonische Grundgebilde, Vierseit und Viereck** (p. 156 ff.) behandeln in der für unsere Zwecke geeigneten Form die Grundbegriffe der **Geometrie der Lage**. Näheres hierüber findet man in den obengenannten Werken von **Steiner**, von **Staudt** u. a.

[6]) Präzise Festsetzungen, nach denen die **Messung von Strecken und Winkeln** eindeutig ausgeführt werden kann, verdankt man im wesentlichen **Möbius**, ebenso die Einführung des Begriffes: **Doppelverhältnis** („Doppelschnittsverhältnis", Baryc. Calcul, p. 244 ff.). Vergl. **Chasles** (Ap. hist., Note IX, p. 302). — Der Begriff der **harmonischen Teilung** ist alt; vergl. **Pappus** (Collect. Math. VII, 145). Harmonische Strahlen kommen als „harmonicales" bei **Ph. de La Hire** (Sect. con., Paris 1685), als „faisceau harmonique" bei **Brianchon** (Mém. s. l. lignes du 2ᵉ ordre, Paris 1817) vor.

[7]) Der Name „Involution" führt auf **Desargues** zurück (Traité des coniques, Oeuvres p. Poudra, I, p. 171). Vergl. **Chasles** (Ap. hist., Note X, p. 308, v. **Staudt** (Geom. d. Lage, p. 118).

V. Kapitel.

[8]) Die **Kegelschnitte** sind von den Geometern des Altertums zunächst als Schnitte des geraden Kreiskegels definiert und untersucht worden. **Apollonius von Pergae** (ca. 220 v. Chr.) erkannte diese Kurven als ebene Schnitte eines beliebigen schiefen Kreiskegels (Conicorum l. I). Die Theorie der Kegelschnitte hat eine so ausgebreitete literarische Bearbeitung erfahren, daß wir es uns hier versagen müssen, näher darauf einzugehen. Zum Studium sind **J. Steiner's** Vorlesungen über synthetische Geometrie zu empfehlen (I. Die Theorie der Kegelschnitte in elementarer Darstellung, bearb. v. **C. F. Geiser**; II. Die Theorie der Kegelschnitte, gestützt auf projektivische Eigenschaften, bearb. v. **H. Schröter**, Leipzig 1867); ferner: **M. Chasles** (Traité des sections coniques, Paris 1865), u. s. f. — Wegen der Literatur und der historischen Entwickelung der Theorie lese man: **Fr. Dingeldey** (Kegelschnitte und Kegelschnittsysteme, Encyklopädie der Math. Wiss., III C. 1, 1903).

VI. Kapitel.

[9]) Die einfachen **Singularitäten der ebenen Kurven** wurden zuerst von **Euler** analytisch untersucht (Introd. in. Anal. inf., 1748, II.), synthetisch findet man sie bei **von Staudt** (Geom. d. Lage, 1847, p. 110 ff.) behandelt.

[10]) Diese **Tangentenkonstruktionen** bei ebenen Kurven beruhen auf einer Idee von **G. Persone** gen. **Roberval** (1602—1673), die sich in einer nachgelassenen Abhandlung dargelegt findet (Sur la composition des mouvements etc., Anc. Mém. de l'Ac. d. Sc. VI, Paris 1730).

[11]) Zur Theorie der **Krümmung der ebenen Kurven** machte
Chr. **Huygens** in der Untersuchung: De evolutione et dimensione linearum
curvarum (Horologium oscillatorium, Paris 1673, III. Kap.) den Anfang.
Die beiden Begründer der Infinitesimalrechnung G. W. **Leibniz** (s. Acta
Erudit, Leipzig 1686 u. 1692) und J. **Newton** (s. Principia phil. nat. math.,
1687, The Method of Fluxions etc., London 1736, probl. V., VI., p. 59 ff.)
fügten weitere wesentliche Sätze hinzu.

[12]) Die Relation zwischen dem Krümmungsradius einer Kurve und
dem ihres Bildes leitete für Zentralprojektionen zuerst L. **Geisenheimer**
ab (Zeitschr. f. Math. u. Phys. XXV, 1880); für Orthogonalprojektion gab
schon G. **Bellavitis** (Geom. descritt., 1851, 338, p. 188) das Verhältnis an.

[13]) Chr. **Wiener**, Über die möglichst genaue Rektifikation eines
verzeichneten Kurvenbogens, bestimmt auf Grundlage der Wahrscheinlichkeitsrechnung (Zeitschr. f. Math. u. Phys. XVI, 1871).

[14]) Die Entstehung der gewöhnlichen **Singularitäten der Raumkurven** ist von Chr. **Wiener** (Zeitschr. f. Math. u. Phys. XXV, 1880)
besprochen und durch Modelle (1879) erläutert worden. Man vergl. von
Staudt (Geom. d. Lage, 1847, p. 110 ff.).

VII. Kapitel.

Über die Literatur zu den ersten Teilen dieses Kapitels lese man in
den Anmerkungen zum III. Bd. nach.

[15]) Die **stereographische Projektion** ist von **Hipparch** (ca.
160 v. Chr.) erfunden und von **Ptolemaeus** (ca. 140 n. Chr.) zur Abbildung der scheinbaren Himmelskugel im „Planisphaerium" benutzt worden;
ihren Namen hat sie von Fr. **Aguillon** (Opticorum lib. VI, Antwerpen
1613, p. 498) erhalten. Näheres über dieses Abbildungsverfahren findet
man bei E. **Reusch** (Die stereographische Projektion, Leipzig 1881) und
über seine Verwendung in der Kartographie bei H. **Gretschel** (Lehrbuch d. Kartenprojektion, Weimar 1873).

VIII. Kapitel.

[16]) **Rotationsflächen** einfacher Art (mit elliptischem, parabolischem
oder hyperbolischem Meridianschnitt) wurden schon von **Archimedes** in
seinem Buche von den Konoiden und Sphäroiden (Ausg. v. Heiberg, 1880
bis 81, I) betrachtet. Bei den alten Geometern standen aber die metrischen
Aufgaben, wie die Bestimmung des Körperinhaltes usw., im Vordergrund.
In bezug auf die deskriptiven Probleme wurden die Umdrehungsflächen erst viel später Gegenstand des Interesses. So bei dem Vorläufer
Monge's, M. **Frézier** (Traité de stéréometrie, 1737—39), bei G. **Monge**
selbst (Géom. descr. 1798) und bei vielen seiner Nachfolger. Von den
neueren Autoren sind G. A. **von Peschka** und E. **Koutny** hervorzuheben.
— Für die Schattenkonstruktionen an Ringflächen bei Parallelbeleuchtung
gab **Dusnesme** (Comptes Rendus, Bd. 38 u. 45, 1854 u. 1857) ein

elegantes Verfahren an. Über die Schnittprobleme vergl. A. Mannheim (Cours de géom. descr., 1880), über direkte Konstruktionen der Umrisse lese man R. Niemtschik (Sitz.-Ber. d. Wien. Ak., 52. Bd., 1866).

IX. Kapitel.

[17]) Die der Beobachtung zunächst sich darbietende Rolllinie oder Radlinie, die gemeine Zykloide, hat Galilei (1590) gefunden; er soll ihr auch den Namen gegeben haben. Sie hat später die Gelehrten lange Zeit vorzugsweise beschäftigt, aber wiederum zumeist in Rücksicht auf ihre Ausmessung und das durch die Differentialrechnung in Aufnahme kommende Tangentenproblem. Viele Namen sind hier zu nennen, z. B. R. Descartes (Oeuvres, Ausg. v. Cousin, VII, p. 113 f.), Fermat, Roberval, Wallis, Mersenne, Toricelli, die Bernouilli u. a. G. P. de Roberval (Mém. de l'Ac. d. Sc. VI, 1634) darf als Entdecker der Sinuslinie gelten, die er „trochoidis comes, socia" (compagne de la cycloide) nennt. — Über den Begriff des Momentanzentrums oder Poles einer ebenen Bewegung, der von L. Euler herrührt, lese man F. Reuleaux (Theoret. Kinematik, 1875, p. 64), Chr. Wiener (Zeitschr. f. Math. u. Phys. 26. Bd., 1881, und 27. Bd., 1882) sowie L. Burmester (Lehrb. d. Kinematik, 1886).

[18]) Mit den Epizykloiden, die schon seit den Zeiten des Ptolemaeus Bürgerrecht in der Mathematik gewonnen hatten, beschäftigte sich eingehend Ph. de la Hire (Mém. de l'Ac. d. Sc. IX, 1694). Aber eine umfassende Theorie der zyklischen Linien fehlte noch lange Zeit. Die allgemeine Auffassung der in ihr zu behandelnden Bewegungsgesetze kommt erst in neuerer Zeit zur Geltung. Man lese: L. Burmester (Lehrb. d. Kinematik, 1888), G. Loria (Spezielle algebraische und transzendente ebene Kurven, 1902), sowie Fr. Schilling (Über neue kinematische Modelle, sowie eine neue Einführung in die Theorie der zyklischen Kurven, Zeitschr. f. Math. u. Phys., 44. Bd., 1899).

[19]) Die Schraubenlinie ist ebenfalls schon aus dem Altertum bekannt. Ein Schüler des Pythagoras, Proklus Diadochus, legte in seinem Kommentar zum I. Buche der Elemente des Euklides (Ausg. v. Friedlein, 1873) dar, daß gleiche Teile der Schraubenlinie kongruent seien. Alte Schriftsteller bezeichnen diese Kurve oft als Schneckenlinie (Helix) oder Spirale, mit welchen Ausdrücken man aber heutzutage einen anderen Sinn verbindet. — Nachdem Descartes (Géométrie, 1637) seine Methode der Behandlung geometrischer Fragen erfunden hatte, untersuchte A. Parent (Essais et recherches de mathématique et de physique, 1702, II) die Schraubenlinie analytisch. H. Pitot (Hist. de l'Ac. d. Sc., 1724) stellte fest, daß die Projektion der Schraubenlinie auf eine zur Achse parallele Ebene eine Sinuslinie ist. Bemerkenswert ist, daß Pitot auf die Schraubenlinie zuerst den Ausdruck: „Kurve doppelter Krümmung" (courbe à double courbure) angewendet hat. — Die Schraubenbewegung ist durch Einführung des Begriffes der Momentanachse zur Grundlage einer genauen Untersuchung der räumlichen Bewegungen geworden. Hierüber lese man:

R. Ball (A treatise on the theorie of screws, 1900) und F. Klein (Zur Schraubentheorie von Sir Robert Ball, Zeitschr. f. Math. u. Phys. 47. Bd. 1902).

[20]) Die Erfindung der Zahnräder liegt weit zurück. Die Geometrie der Zahnräder findet man mit Rücksicht auf ihre praktische Verwendung behandelt bei F. Redtenbacher (Der Maschinenbau, I. Bd., 1862) u. F. Reuleaux (Der Konstrukteur, 3. Aufl. 1869). Reuleaux charakterisiert die Methoden der Hilfspolbahnen und sekundären Polbahnen (Theoret. Kinematik, 1875, u. Die praktischen Beziehungen der Kinematik zu Geometrie u. Mechanik, 1900). Man vergleiche in bezug auf die praktischen Anwendungen C. Bach (Die Maschinenelemente usw., 1901) und in bezug auf die theoretischen Entwickelungen Fr. Schilling (Über neue kinematische Modelle zur Verzahnungstheorie nebst einer geometrischen Einführung in dieses Gebiet, Zeitschr. f. Math. u. Phys., 51. Bd., 1904).

X. Kapitel.

[21]) Schrauben soll schon Archimedes gekannt und angewandt haben (vergl. Diodor, I. 35 und V. 37). Pappus von Alexandria (Ausg. v. Hultsch, 1876—78), benutzte eine axial-normale Schraubenfläche, um aus ihr durch einen geeigneten ebenen Schnitt seine „Quadratrix" abzuleiten. — Von den Schülern Monge's beschäftigte sich M. Hachette (Traité de géom. descr., 1822) eingehend mit Schraubenflächen. — Man lese: L. Burmester (Kinematisch-geometrische Konstruktionen der Parallelprojektion der Schrauben u. insbes. des Schattens derselben, Zeitschr. f. Math. u. Phys., 18. Bd., 1873) und J. Tesař (Sitz.-Ber. d. Ak. d. Wiss., Wien, Bd. 86, II, 1882 u. Bd. 94, II, 1886).

Lightning Source UK Ltd.
Milton Keynes UK
UKHW010752210219
337655UK00005B/524/P